电路与电子技术基础简明教程

主　编　王　英

副主编　曹保江　何　虎

参　编　陈曾川　李冀昆　曾欣荣

喻　劼　段　渝　余　嘉

西南交通大学出版社

·成都·

内容简介

本教材分两篇论述，第一篇电路分析，主要内容包括：基本元件、基本定律、基本分析方法、正弦交流电路、对称三相交流电路和一阶电路的时域分析；第二篇电子技术基础，主要内容分为模拟电子技术（讨论半导体基本概念、基本器件、集成运算放大器和基本放大电路等）和数字电子技术（讨论逻辑电路的基本概念，组合电路和时序电路分析与设计、集成计数器的应用等）两部分。

本教材可作为高等工科院校的电类、非电类各专业本、专科生“电路与电子技术基础”课程（少学时）教材，也可作为职业教育和网络教育技术基础教材或辅助教材，还可供相关专业的工程技术人员学习和参考。

图书在版编目（CIP）数据

电路与电子技术基础简明教程／王英主编. —成都：西南交通大学出版社，2018.8
ISBN 978-7-5643-6288-1

Ⅰ. ①电… Ⅱ. ①王… Ⅲ. ①电路理论－高等职业教育－教材②电子技术－高等职业教育－教材 Ⅳ. ①TM13②TN

中国版本图书馆 CIP 数据核字（2018）第 159060 号

电路与电子技术基础简明教程　主编　王英

责任编辑　黄淑文
助理编辑　梁志敏
封面设计　何东琳设计工作室

印张：26.25　字数：649千
成品尺寸：185 mm × 260 mm
版次：2018年8月第1版
印次：2018年8月第1次
印刷：成都中永印务有限责任公司
书号：ISBN 978-7-5643-6288-1

出版发行：西南交通大学出版社
网址：http://www.xnjdcbs.com
地址：四川省成都市二环路北一段111号西南交通大学创新大厦21楼
邮政编码：610031
发行部电话：028-87600564　028-87600533
定价：58.00元

课件咨询电话：028-87600533

前 言

本教材是为高等工科学校各专业编写的《电路与电子技术基础简明教程》，主编参阅了大量“电路分析”“电工技术基础”“模拟电子技术基础”和“数字电子技术基础”等教材和相关书籍，结合近40年的教学经验（曾获4项国家级教学成果奖），以及主编“十一五”“十二五”国家级规划教材、主持国家级电气工程基础实验教学示范中心建设改革与实践的成果编写而成。同时，本书还有与之配套的教材《电路与电子技术基础实验与实训教程》。

本教材分为“电路分析”和“电子技术基础”两篇。第一篇有5章：基本概念和元件及基本定律、分析方法和定理、正弦交流稳态电路分析、对称三相正弦交流电路简介、一阶电路的时域分析。第二篇有6章：半导体及二极管应用、基本放大电路、集成运算放大电路、逻辑代数的基本概念、组合逻辑电路、时序逻辑电路。

本教材因受学科专业要求和教学学时限制，力求在保证基础知识的同时，精选内容，由浅入深，简明扼要，理论融合实践，注重应用。其特点是以电路、电子技术为主线，以“学习指导”为开篇，以“理论知识”奠基础，以“例题求解”助拓展，以“常见问题”强概念，以“本章小结”示重点，并通过“选择题”加强基本概念的掌握，通过“习题”注重综合能力培养目标，用较少的篇幅将电路、模电和数电等知识融为一体，易教、易学、易实践，有助于学生对“电路与电子技术基础”的掌握。

在电路与电子技术基础课程的教学中，由于各个学科专业的要求不同，各院校可根据具体的授课学时和专业要求，对本教材中的内容做适当的调整和选择。本教材参考学时为64~80学时。

本教材由西南交通大学王英老师执笔主编，曹保江、何虎任副主编，陈曾川、李冀昆、曾欣荣　喻劼、段渝、余嘉等参编。在教材编写过程中，参考了众多优秀教材，受益匪浅，另外，很多同行也给予了大量的支持，在此编者表示衷心的感谢。

由于编者水平有限，书中难免有疏漏和不妥之处，恳请广大读者批评指正。

编者　王英

2018年6月

目 录

第一篇 电路分析

第二篇 电子技术基础

第一篇　电路分析

本篇主要介绍线性电路的基本概念、基本元件（电阻、电压源和电流源等）、基本定律（KCL、KVL）、基本结构（串联、并联、星形连接和三角形连接等）、基本定理（叠加原理和戴维南定理等）和基本分析方法（电源模型等效变换法、支路电流法、相量分析法和三要素法等）等知识。重点讨论直流电路、正弦稳态交流电路、对称三相交流电路和一阶电路的时域分析。

第 1 章　基本概念、基本元件和基本定律

1.1　学习指导

本章为电路分析的基础篇，即第 2、3、4、5 章的内容是建立在掌握本章知识基础上的继续深入学习；本章也是第二篇模拟电子技术学习的基础。

1.1.1　内容提要

本章主要讨论了电路的基本概念、基本变量（电压、电流）、基本元件（电阻、电压源、电流源）、基本定律（KCL、KVL）及电气安全与参数测量方法。

1.1.2　重点与难点

1. 重　点

掌握电路的基本概念（线性电路、电路图、电压、电流及参考方向）；掌握电路的基本元件的伏安特性及测量方法；掌握基尔霍夫定律；掌握电气安全知识。

2. 难点

基本概念的建立，基本元件伏安特性的理解，基本定律的应用和电气参数的测量方法。

1.2　基本概念

1.2.1　线性电路概述

1.2.1.1　线性电路

电路是由电气设备、电路器件等通过各种方式相互连接并提供电流通过途径的系统。日常用到的电路有手机、计算机、家用电器设备等，城市轨道交通的供电系统、电力监控系统、交通控制系统、交通通信系统、动力照明供电系统等。

所谓线性电路是指由线性元件组成的电路。线性电路最基本的特性是具有叠加性和齐次性，其含义用电路图 1.1、图 1.2 简单说明。

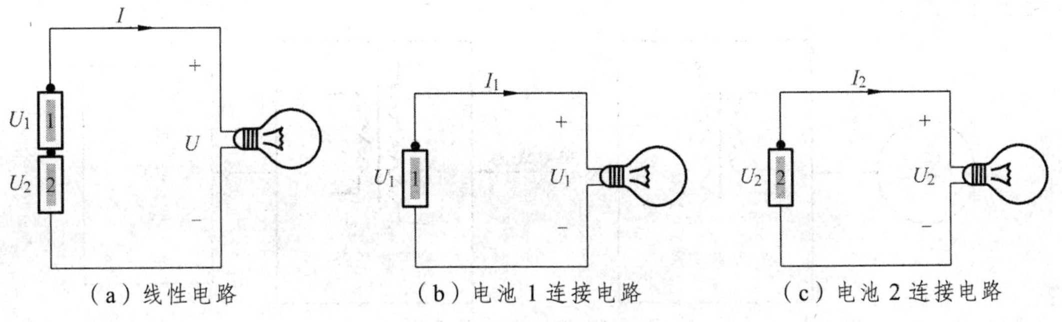

（a）线性电路　（b）电池 1 连接电路　（c）电池 2 连接电路

图 1.1　线性电路的叠加性

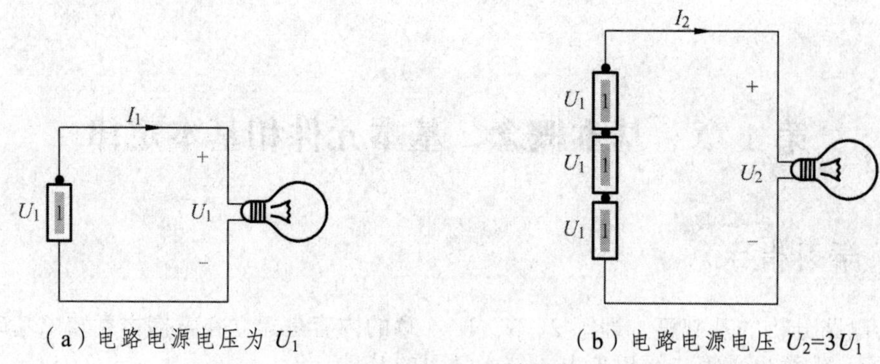

（a）电路电源电压为 U_1　　（b）电路电源电压 $U_2=3U_1$

图 1.2　线性电路的齐次性

1. 叠加性

线性电路中含有若干个理想电源共同作用时，其电路中的电压、电流等于各个理想电源单独作用时产生的电压、电流叠加，这就是线性电路的叠加性。

例如：设图 1.1（a）所示电路中，白炽灯为阻值固定不变器件，电池 1、电池 2 为恒压电源（即理想电压源）。当电池 1、电池 2 共同作用时，如图 1.1（a）所示，白炽灯的端电压为 U 及通过的电流为 I。当电池 1 单独作用时，如图 1.1（b）所示，白炽灯的端电压为 U_1，通过的电流为 I_1。当电池 2 单独作用时，如图 1.1（c）所示，白炽灯的端电压为 U_2，通过的电流为 I_2。则图 1.1（a）中的 U、I 与图 1.1（b）、图 1.1（c）中的 U_1、U_2、I_1、I_2 关系为：$U=U_1+U_2$，$I=I_1+I_2$。即电池 1、电池 2 共同作用时的 U、I，等于电池 1、电池 2 单独作用时产生的 U_1、U_2、I_1、I_2 的叠加。

2. 齐次性

设图 1.2（a）所示电路中，电池 1 为理想电压源，白炽灯为阻值固定器件，则图 1.2（b）中电压 $U_2=3U_1$，电流 $I_2=3I_1$。这就是线性电路的齐次性。

严格地讲，在实际中线性电路是不存在的。但是大量的实际电路通过“理想化”和“抽象化”处理，在一定条件下，可以视为线性电路进行分析。

1.2.1.2　电路的作用

1. 实现电能的传输、转换及分配

1）电力系统示例

电力系统示例如图 1.3 所示，其主要作用是将发电机提供的电能传输、转换、分配到各用电设备。

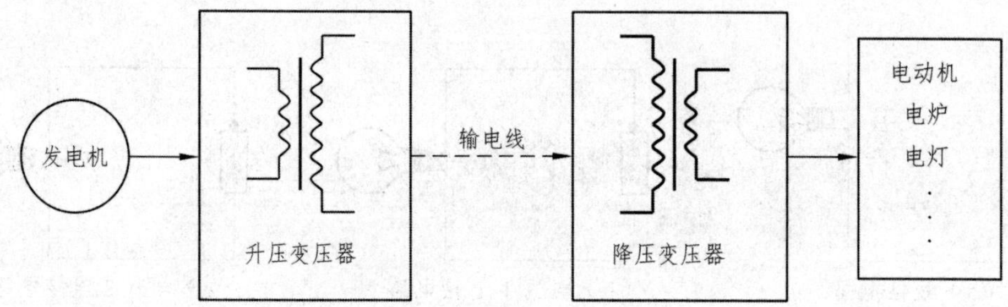

图 1.3　电力系统示意图

发电机又称为电源，是提供电能的设备，其功能是把热能、水能或核能等其他形式的能量转换成电能。

变压器和输电线的功能是实现电能的分配和传输。

电动机、电炉、电灯等用电设备统称为负载，其功能是把电能转换成为机械能、热能和光能等。

2）城市轨道供电系统示例

图 1.4 为城市轨道供电系统组成示意图，其功能是将电力网传输的 220 kV 电压输入变电站，由变电站、外部供电系统、直流牵引变电所等将电力系统供应的电能转变为适于电力牵引及其供电方式的电能，通过直流牵引网传输，为城市地铁列车输送电能并转换成动能；同时由降压变电所为地铁其他设备（如为照明、通风、空调、给水排水、通信、信号、防灾报警、自动扶梯等）提供电能并转换为其他能。

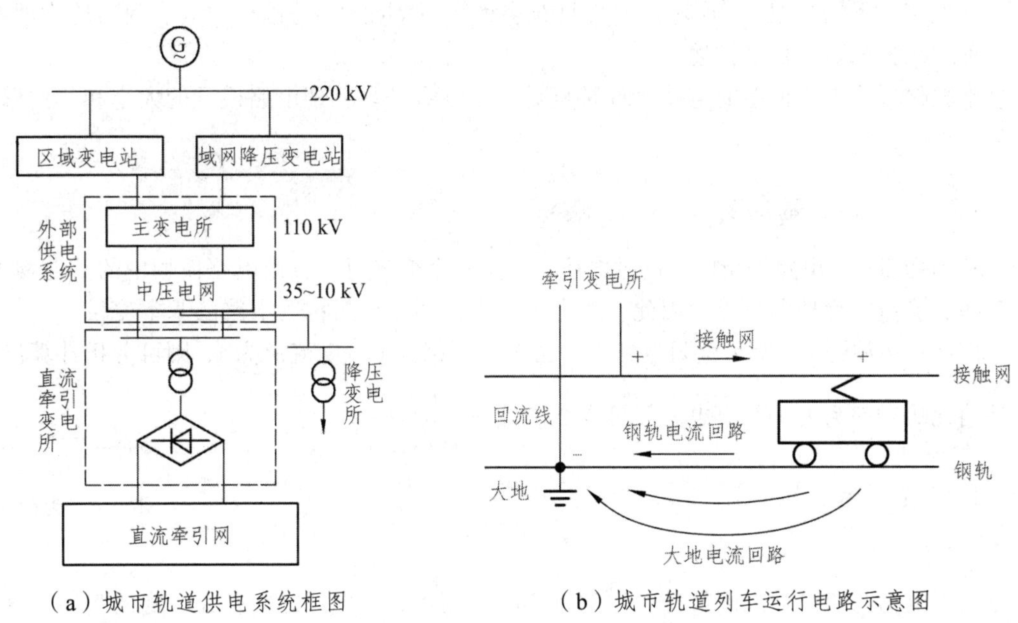

（a）城市轨道供电系统框图　　（b）城市轨道列车运行电路示意图

图 1.4　城市轨道供电系统组成示意图

2. 实现信号的传递和处理

信号传递和处理的实例很多，如手机、计算机、电视机等，它们接收载有语言、文字、音乐、图像信息的电磁波后转换为相应的电信号，通过电子电路对信号进行传递和处理，还原为原始信息（如声音、图像等）输出到扬声器、显示器等。

1.2.2　电路模型

实际电路是由电子元件、电气器件和设备及导线等构成，这些实际部件在电路工作过程中往往同时产生几种物理效应，而在电路理论中的各个元件则仅描述了一种物理特征。例如：白炽灯[见图 1.5（a）]通电后除了发光发热（电阻特性）外，在灯丝两端之间具有电压，故两端之间具有电场效应（电容特性）；当灯丝中通过电流时，则有磁场产生，即灯丝又具有电感性。可见白炽灯工作过程中同时存在三种物理效应，即电阻性、电容性和电感性。但是，在三种物理效应中，其电阻特性最为突出，而电容性和电感性较小，常常忽略不计。因此，可把实际的白炽灯理想化为只具的电阻特性的集中参数元件 R，并在电路图中用抽象化的电路图形符号表示，如图 1.5（b）所示。

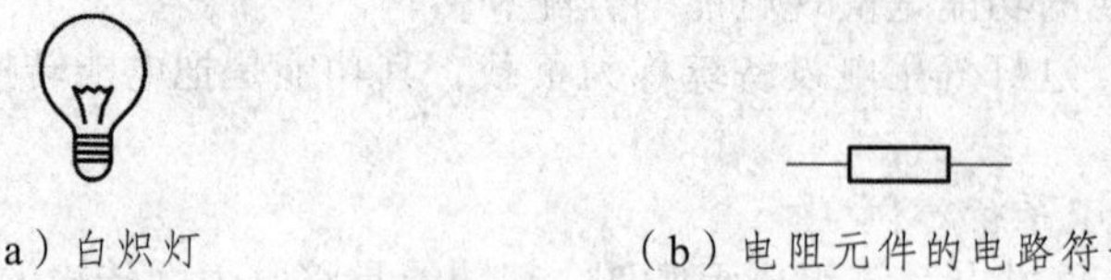

（a）白炽灯　　（b）电阻元件的电路符号

图 1.5　白炽灯与其电路模型

电路理论往往不是直接研究实际的电路，而是研究实际电路的电路模型或称电路图。

电路模型是经“抽象化”和“理想化”，只表征电路元件（简称元件）一种物理特性及它们相互连接关系的模型。当实际的器件具有多种物理特性时，可以根据其表现出的物理效应，用一种或几种电路元件来描述。

本教材讨论电路模型的电路元件都满足集中参数条件，即电路模型的大小和几何形状不影响电路的特性。

1.2.3　电路的基本变量

基本变量：在电路分析时，通过电压、电流两个变量可计算出电路模型中的其他物理量，如功率、能量、元件参数等，因此，将电压、电流两个变量称为电路的基本变量。

例如：在如图 1.6 所示电阻电路中，已知电压值为 U，电流值为 I，则可分析计算出电阻元件消耗的功率为 $P=UI$；电阻元件参数 R 为 $R=\dfrac{U}{I}$ 等。

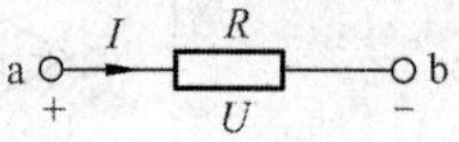

a　I　R　b　+　U　−

图 1.6　电阻电路

1.2.3.1　电　压

1. 定　义

当正电荷与负电荷之间拉开一定的距离时，其正、负电荷之间存在一定的势能，这种电荷的势能差称为电势差，又称为电压。电压是电路中的驱动力，是产生电流的原因。

设一个定量的正电荷 dq 从电路中 a 点移动到 b 点时，能够放出的能量为 dw，则电路中 a、b 两点间的电压 u[单位为伏特（V）]定义为

$$u=\frac{\mathrm{d}w}{\mathrm{d}q} \tag{1.1}$$

式（1.1）中，u 的单位为伏特（V），w 的单位为焦耳（J），q 的单位为库仑（C）。

在电路分析中常用电位来描述电压，即任意两点间的电位之差称为电压。

接地：“接地”这个术语源自交流配电系统采用的方法。在交流配电系统中，电线的一端与插入地下的金属棒相连，使它成为中性。这种接地方法称为“地球地”。

在城市轨道直流牵引供电系统中，接触网将电能输送给列车，再从列车经大地、轨道（钢轨）和回流线（供牵引电流流回牵引变电所的导线称回流线）流回直流牵引变电所，从而形成闭合的回路。如图 1.4（b）所示。

从电气的角度来看，大地可被定义为导电的土壤，人们习惯认为它任一点的电位都等于零。

参考点：在电路分析中，“接地”点是电路的“参考点”，“接地”点的电位定义为“零伏”，而且“参考点”可与大地接触，也可不接触。在同一个电路中，所有的“参考点”具有相同的“零伏”电压，因此他们是电路中的公共点。如图 1.7（a）（b）所示的是同一个电路。

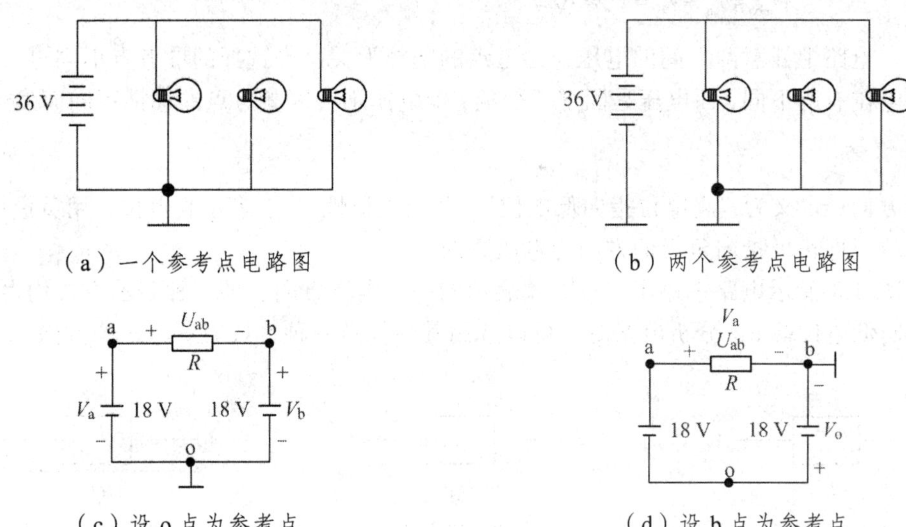

（a）一个参考点电路图　（b）两个参考点电路图

（c）设 o 点为参考点　（d）设 b 点为参考点

图 1.7　参考点、电位与电压之间的关系图

电路理论中对“参考点”的选择没有严格的规定，因此，在分析电路时，可根据电路的结构和特点任意选择电路中某一点为“参考点”（零电位点）。例如：图 1.7（c）（d）是同一个电路图，但图 1.6（c）电路中“o”点是参考点，则 V_o=0 V；图 1.7（d）电路中 b 点是参考点，则 V_b=0 V。

电位：相对参考点间的电势差称为电位。

例如图 1.7（c）（d）所示电路中，电位 V_a 是 a 点相对参考点[图 1.7（c）电路参考点为 o 点，图 1.7（d）电路参考点为 b]的电位；电位 V_b 是 b 点相对参考点 o 的电位[见图 1.7（c）]，电位 V_o 是 o 点相对参考点 b 的电位[见图 1.7（d）]。则图 1.7（c）电路中各点电位有

$$V_a = 18\ \text{V}$$
$$V_b = 8\ \text{V}$$
$$V_o = 0\ \text{V}$$

图 1.7d 电路中各点电位有

$$V_a = (18-8)\ \text{V} = 10\ \text{V}$$
$$V_b = 0\ \text{V}$$
$$V_o = -8\ \text{V}$$

可见，电路中各点的电位值与所选定的参考点有关，即电位的大小是随参考点选择不同而发生改变的。

电压：图 1.7（c）（d）电路中 a、b 两点间的电位差为电压 U_{ab}。

图 1.7（c）电路中

$$U_{ab} = V_a - V_b = (18-8)\ \mathrm{V} = 10\ \mathrm{V}$$

图 1.7（d）电路中

$$U_{ab} = V_a - V_b = V_a = 10\ \mathrm{V}$$

因此，电路中任意两点间的电压与参考点的选择无关。当选择的参考点不同时，电路中同一点的电位有所不同，而电压是固定不变的，即电压不会因参考点的选择不同而发生变化。

2. 方　向

电压方向：定义为“高电位指向低电位”。并用正极性“+”表示高电位，用负极性“－”表示低电位，即正极指向负极的方向为电压方向。

在如图 1.8 所示电路中用了三种方式表示同一个电压方向。即三种表示方式均表示高电位端 a 指向低电位端 b。分析电路时，可以选用其中任意一种方式表示电压的方向。

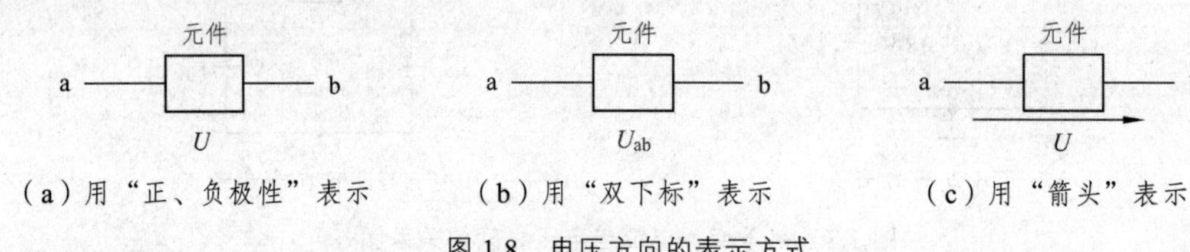

（a）用“正、负极性”表示　（b）用“双下标”表示　（c）用“箭头”表示

图 1.8　电压方向的表示方式

电位方向：指定参考点为“－”，其他相对参考点的电路各点为“+”。如图 1.7 所示电路中，图 1.7（c）中 a、b 点为“+”，o 点为参考点“－”；图 1.7（d）中 a、o 点为“+”，b 点为参考点“－”。

3. 电压的测量

测量电压的仪器仪表种类很多，但电压测量的方法是相同，即将仪表的电压测试端与被测器件或装置的两端连接（并联连接）。如图 1.9 所示，电阻 R 上的端电压 U_{ab} 是被测电压，图 1.9（a）为电压测量仪表连接图，图 1.9（b）为电路理论中电压测量连接图，其中，符号“Ⓥ”表示电压测量仪。

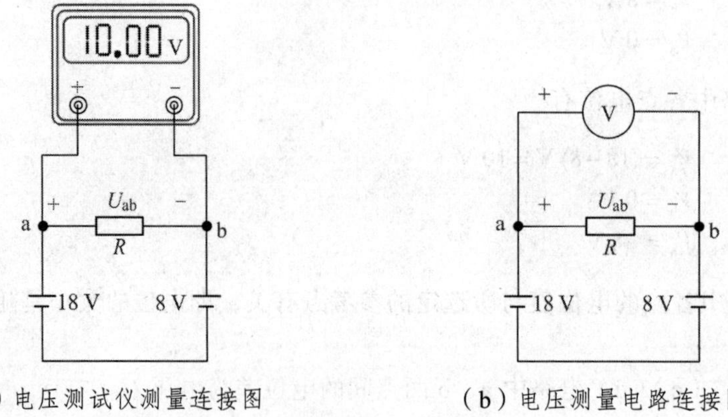

（a）电压测试仪测量连接图　（b）电压测量电路连接图

图 1.9　电压的测量连接图

在测量直流电压时，注意电表的正极必须与被测器件的正极相连接，电表的负极必须与被测器件的负极相连接，如图 1.9（a）所示。

特别提示：使用万用表测量电压时，如被测电压值无法估算时，则将万用表设置在最大电压测量量程上，然后逐渐减小电压量程，直到一个合适的电压测量量程。

本教材主要讨论两种电压，即直流（用 DC 表示直流电）电压和正弦交流（用 AC 表示正弦交流电）电压。在城市轨道供电系统中，同时提供直流电压和正弦交流电压。如图 1.4（a）所示框图中，变电站、外部供电系统为正弦交流电供电系统，而直流牵引变电所输入为正弦交流电，输出则为城市地铁列车输送直流电；降压变电所为地铁其他设备提供正弦交流电。

直流电压：电压的大小、方向都不随时间发生变化，即直流电压是常数电量。其电压电量用大写的英文字母 U 表示。例如，如图 1.10（a）所示的直流电压表达式为 $U=20\ \text{V}$。

正弦交流电压：电压的大小、方向都随时间按正弦规律发生变化。其电压电量用小写的英文字母 u 或 $u(t)$ 表示，例如，如图 1.10（b）所示的电压表达式为 $u(t)=U_{\text{m}}\sin\omega t\ (\text{V})$。

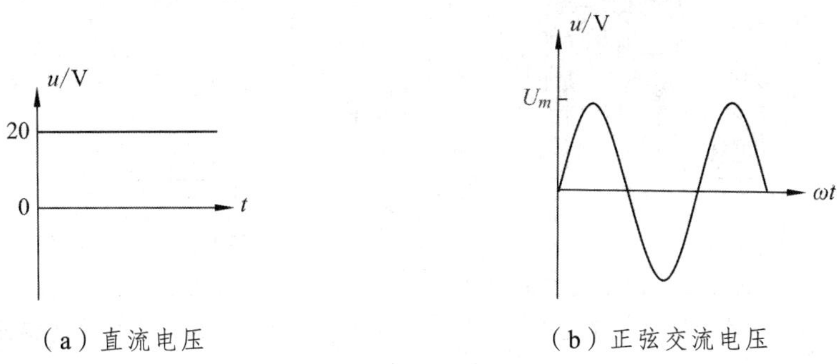

（a）直流电压　　（b）正弦交流电压

图 1.10　电压波形图

在多用测量仪表上用“DCV”标志表示测量直流电压；用“ACV”标志表示测量正弦交流电压。

人物简介

亚历山德罗·伏特（Alessandro Volta，1745—1827），意大利物理学家，他发明了一种用以产生静电的设备，并且发现了甲烷气体。伏特仔细研究了异金属之间的化学反应，于 1800 年发明了第一节电池。为了纪念他，电势（或电压）的单位用他的名字伏特命名。

1.2.3.2　电　流

1. 定　义

电流的物理意义是电荷质点的定向运动。单位时间内通过导体横截面积的电量定义为电流强度 i（简称电流），即

$$i=\frac{\mathrm{d}q}{\mathrm{d}t} \tag{1.2}$$

式（1.2）中，i 的单位为安培（A），q 的单位为库仑（C），t 的单位为秒（s）。

2. 方　向

在工程上规定正电荷移动的方向为电流方向。

电流的方向有两种表示方式，即“箭头”表示法和“下标”表示法，如图 1.11 所示，两种表示方式均表示电流方向为从 a 流到 b。分析电路时，可以选用其中任意一种方式表示电流的方向。

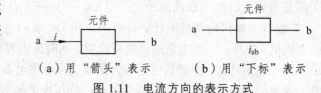

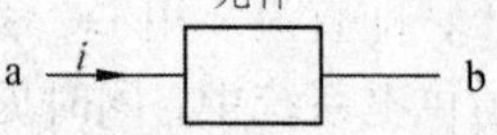

元件　a i b　（a）用“箭头”表示

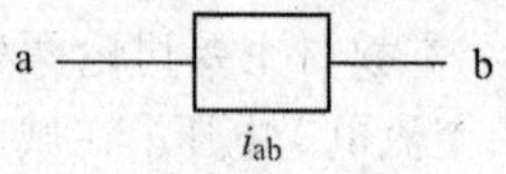

元件　a b i_{ab}　（b）用“下标”表示

图 1.11　电流方向的表示方式

3. 电流的测量

测量电流的仪器仪表种类很多，但电流测量的方法是相同的，即将仪表的电流测试端串接被测器件或装置（串联连接）。如图 1.12 所示，测量流过电阻 R 元件的电流，图 1.12（a）为电流测量仪表连接图，图 1.12（b）为电路理论中电流测量连接图，其中，符号“Ⓐ”表示电流测量仪。

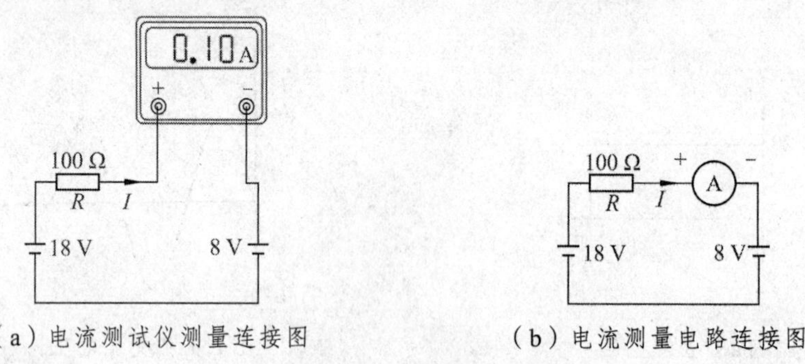

（a）电流测试仪测量连接图　（b）电流测量电路连接图

图 1.12　电流的测量连接图

在测量直流电流时，注意电路中电流的方向，即被测电流必须从电表的正极流入、负极流出，测量直流电流仪表必须与被测器件串联连接，如图 1.12（a）所示。

特别提示：使用万用表测量电流时，如被测电流值无法估算，则将万用表设置在电流最大测量量程上，然后逐渐减小电流量程，直到一个合适的电流测量量程。

本教材主要讨论两种电流，即直流电流和正弦交流电流。

直流电流：电流的大小、方向都不随时间发生变化，即电流为常数。其电流电量用大写的英文字母 I 表示。例如，如图 1.13（a）所示的电流表达式为 $I = 10\ \text{A}$。

正弦交流电流：电流的大小、方向都随时间按正弦规律发生变化。其电流电量用小写的英文字母 i 或 $i(t)$ 表示，如图 1.13（b）所示的电流表达式为 $i(t) = I_{\text{m}} \sin \omega t\ (\text{A})$。

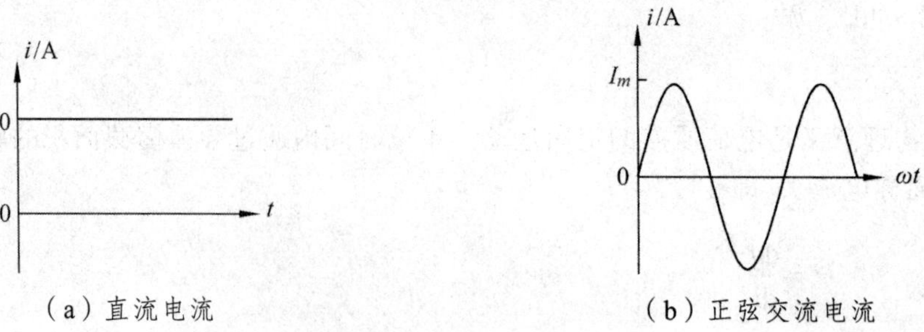

（a）直流电流　（b）正弦交流电流

图 1.13　电流波形图

在多用测量仪表上用 DCI 标志表示测量直流电流；用 ACI 标志表示测量正弦交流电流。

人物简介

安德烈·玛丽·安培（Andre Marie Ampere，1775—1836），法国物理学家。1820 年提出了电磁理论，奠定了 19 世纪该领域的发展基础。他是第一个用仪器来测量电荷流动（电流）的人。后人为了纪念他，电流的单位用他的名字安培命名。

1.2.3.3　功率和能量

在电路分析时，经常分析电路中的能量和功率的分布和转移。因此，功率和能量是电路中两个重要的物理量。

功率：单位时间内所转换的电能。功率 p 与能量 w 的关系为

$$p(t)=\frac{\mathrm{d}w}{\mathrm{d}t} \tag{1.3}$$

式（1.3）中，功率 p 的单位为瓦特（W），能量 w 的单位为焦耳（J）。

在分析元件功率时，设参考方向如图 1.14 所示，即电流从电压的“+”极流到“－”极。由式（1.1）得元件所吸收的能量为

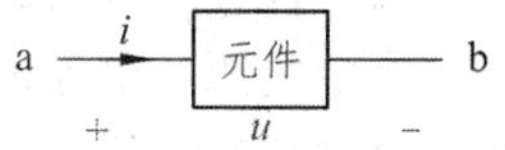

图 1.14　电压、电流参考方向关系

$$\mathrm{d}w=u(t)\mathrm{d}q$$

上式代入式（1.3）得元件吸收功率为

$$p(t)=\frac{\mathrm{d}w}{\mathrm{d}t}=u(t)\frac{\mathrm{d}q}{\mathrm{d}t}=u(t)i(t) \tag{1.4}$$

即功率也可以用式 $p(t)=u(t)i(t)$ 进行定义。

注意：

（1）式（1.4）中电压 u 方向与电流 i 方向的关系，是电流方向由电压的“+”流到“－”。

（2）当式（1.4）中的 $p(t)>0$ 时，说明元件吸收（输入、消耗）功率；当式（1.4）中的 $p(t)<0$ 时，说明元件提供（输出）功率。

本教材讨论各变量时均采用国际单位制的基本单位，如表 1.1 所示。

表 1.1　国际常用词冠

词　冠	符　号		因　子
	中　文	国　际	
giga	吉	G	10^{9}
mega	兆	M	10^{6}
kilo	千	k	10^{3}
milli	毫	m	10^{-3}
micro	微	μ	10^{-6}
nano	纳	n	10^{-9}
pico	皮	p	10^{-12}

人物简介

詹姆士·瓦特（James Watts，1736—1819），苏格兰发明家，因对蒸汽机的改进而闻名于世，他使蒸汽机可以在工业中使用。为了纪念他，功率的单位用他的名字瓦特命名。

詹姆斯·普雷斯科特·焦耳（James Prescott Joule，1818—1889），英国物理学家，因在电学和热力学方面的研究成果而闻名于世。为了纪念他，能量的单位用他的名字焦耳命名。

1.2.4 参考方向

在复杂的电路分析中，电压和电流都是根据设定的参考方向进行讨论，即任意假设电压、电流的正方向称为参考方向。参考方向概念的引入，解决了复杂电路中实际电压、电流方向难以确定的问题，同时又不影响电路分析的结果。

在参考方向条件下，电路分析计算的结果存在两种情况：

（1）计算结果为“+”，说明参考方向与实际方向相同，如图 1.15（a）所示。

（2）计算结果为“-”，说明参考方向与实际方向相反，如图 1.15（b）所示。

由于电压、电流的参考方向都是任意假设的，因此，参考电流从参考电压的正极（高电位）流到负极（低电位）时，这种电压与电流的参考方向称为关联参考方向。如图 1.15（c）所示。

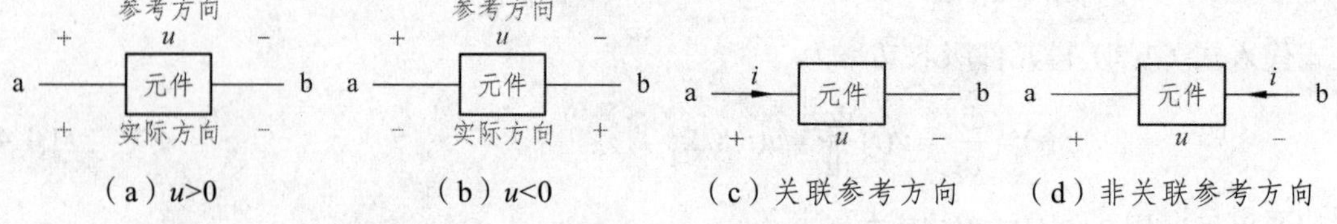

（a）$u>0$ （b）$u<0$ （c）关联参考方向 （d）非关联参考方向

图 1.15 参考方向

在关联参考方向条件下，如果计算的功率 $p=ui>0$，则说明元件吸收功率（可称为负载）；功率 $p<0$，则说明元件提供功率（可称为电源）。

图 1.15（d）中，参考电流从参考电压的负极流到正极，称电压、电流的参考方向为非关联参考方向。在非关联参考方向条件下，如果用 $p=-ui$ 计算功率，计算出的功率性质的判断与关联参考方向的相同，即 $p>0$ 的元件吸收功率；$p<0$ 的元件提供功率。

注意：

（1）元件上的电压、电流参考方向是否关联与元件的属性（电源或负载）无关。

（2）非关联参考方向条件下，也可以用 $p=ui$ 计算功率，只是此时功率 $p>0$ 的元件为提供功率；$p<0$ 的元件为吸收功率。

（3）电源在电路中既可能为电源，也可能为负载，这由电源外接电路的结构、元件性质与参数决定。因此，必须通过电路分析、计算来判断电源是否提供功率。例如手机电池，在充电时吸收功率为负载，在向手机供电时为电源。

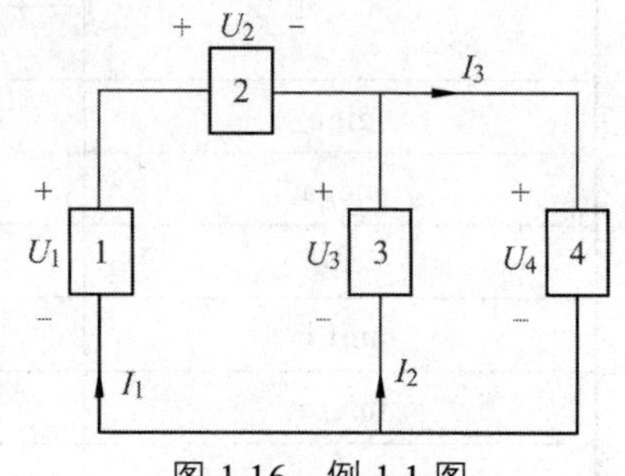

图 1.16 例 1.1 图

【例 1.1】已知图 1.16 所示电路中电压 $U_1=5\ \text{V}$，$U_2=-5\ \text{V}$，$U_3=U_4=10\ \text{V}$，电流 $I_1=1\ \text{A}$，$I_2=-2\ \text{A}$，$I_3=-1\ \text{A}$。

（1）试说明电路中的各元件上的电压、电流参考方向是否关联？

（2）计算各元件消耗的功率，并判断元件的性质（电源或负载），验证功率是否平衡？

分析：

（1）当电流由电压的“+”流向“－”时，电压、电流参考方向为关联参考方向，否则为非关联参考方向。

（2）在关联参考方向条件下，功率大于零为消耗功率；消耗功率的元件为负载，而提供功率的元件为电源；电路中的输入功率等于输出功率，简称电路功率平衡。

解

（1）试说明电压、电流参考方向是否关联。

元件 1、3：电流从电压“－”极流向“+”极，故其参考方向是非关联参考方向；

元件 2、4：电流从电压“+”极流向“－”极，故其参考方向是关联参考方向。

（2）计算各元件消耗的功率，并判断元件的性质，验证功率平衡。

元件 1：$P_1 = -U_1 I_1 = -(5\times 1) = -5\ (\mathrm{W})$ (提供功率)

元件 2：$P_2 = -U_2 I_1 = (-5)\times 1 = -5\ (\mathrm{W})$ (提供功率)

元件 3：$P_3 = -U_3 I_2 = -10\times(-2) = 20\ (\mathrm{W})$ (消耗功率)

元件 4：$P_4 = U_4 I_3 = 10\times(-1) = -10\ (\mathrm{W})$ (提供功率)

元件 1、2、4：因提供功率，则是电源元件；

元件 3：因消耗功率，则是负载元件。

验证功率平衡：

$$\sum P = P_1 + P_2 + P_3 + P_4 = (-5)+(-5)+20+(-10) = 0\ (\mathrm{W})$$

结论：电能的守恒是指“电源提供的功率等于电路消耗的功率”，常称为功率平衡。在电路分析计算中，可利用功率平衡的概念，检验计算结果的正误。

1.2.5　常见问题讨论

（1）实际元件与电路分析中的元器件区别？

解答：主要区别在于所反映的物理效应上。实际元件工作时常常具有多种物理特性，而电路分析中的元器件是经抽象、理想化后只具有一种物理特性。

（2）电压、电流是有方向的电量，分析电路时是否要关注其电量的方向？

解答：分析电路时必须关注电压、电流的方向。

例如，在图 1.17 电压源串联电路中，如不关注电压源的正负方向，其端电压 U 为 $U = 4.5\ \mathrm{V}$，显然此答案是错的。正确的解答为 $U = (-1.5+1.5+1.5)\ \mathrm{V} = 1.5\ \mathrm{V}$，即运算式中关注了电量的方向因素。

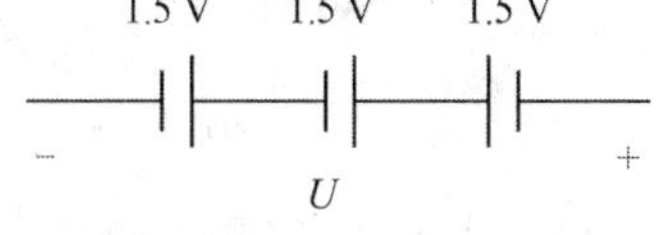

图 1.17　电压源串联电路

（3）任意设定电压、电流的参考方向，是否会改变实际电路中的电压、电流方向？

解答：电压、电流参考方向是可以任意设定，但不改变实际电路中的电压、电流方向。当计算结果为“＋”，说明参考方向与实际方向相同；计算结果为“－”，说明参考方向与实际方向相反。

（4）任意设定电压、电流参考方向，是否会改变电路元器件的功率特性？

解答：电路元器件功率的特性与电路中电压、电流参考方向的设定无关。即元器件功率特性是由电路元器件特性、电路结构和电气参数所决定的。

（5）如要测量某个元器件上端电压大小，测量电压仪器应如何连接测试？

解答：测量电压仪器两端与被测元器件两端并联，进行电压测试。

（6）如要测量流过某个元器件中电流大小，测量电流仪器应如何连接测试？

解答：测量电流仪器串联于被测元器件支路中，即测量电流仪器与被测元器件串联，从而测试电流。

（7）电路中，参考点（接地点）的电位为多少？如果电路中有多个参考点（接地点），则他们之间的电位关系和电路连接关系是什么？

解答：参考点（接地点）的电位为“零伏”。电路中每个参考点（接地点）的电位都相等（零伏），常将这种具有相同电位的点称为等电位点。所以，可将所有的参考点（接地点）连接在一个公共点上。

1.3 电阻、电源元件

电路元件：电路图中最基本的组成单元。每一种元件都有唯一对应的物理特性和电路符号，在分析电路元件时，重点关注电路元件的线性元件的数学模型和伏安特性。

1.3.1 电阻 R

在任意时刻，能用 u-i 平面上一条曲线来描述外部特性的元件称为电阻元件。它是一种反映消耗电能转换成其他形式能量物理特征的电路模型。

线性电阻元件（简称电阻）如图 1.18 所示，其伏安特性曲线在 u-i 平面上是过原点的直线，即电阻 R 为常数。

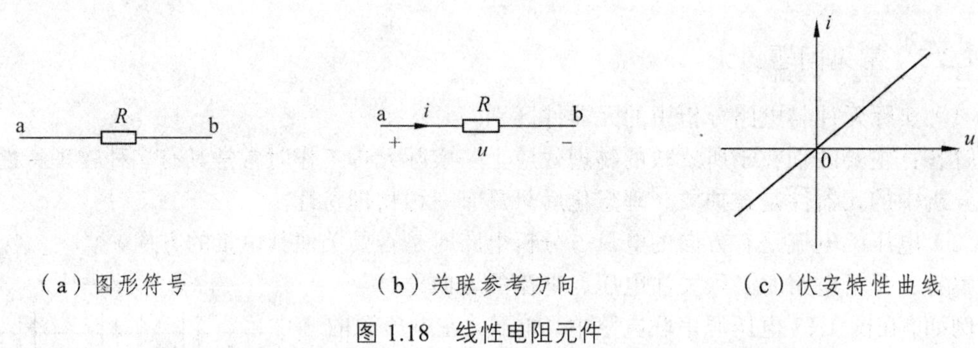

（a）图形符号　（b）关联参考方向　（c）伏安特性曲线

图 1.18　线性电阻元件

1.3.1.1 定律与特性

1. 欧姆定律

在电阻元件两端电压与电流为关联参考方向时，电阻元件的欧姆定律为

$$u = R\,i \tag{1.5}$$

式（1.5）中，R 为线性电阻，单位为欧姆（Ω）。

电阻的倒数称为电导（G）。即

$$G = \frac{1}{R}$$

则欧姆定律为

$$i = G\,u \tag{1.6}$$

式（1.6）中，G 为电阻元件的电导，单位为西门子（S）。R 和 G 都是电阻元件的参数。

欧姆定律 $u = R\,i$ 表明：电阻元件上某时刻的端电压 u 由该时刻的电流 i 确定，而与过去的电流值大小无关，称电阻 R 为“无记忆”的元件。

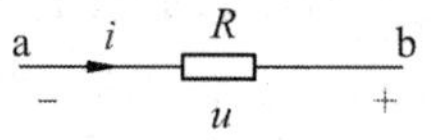

图 1.19　u 与 i 为非关联参考方向

2. 注　意

（1）电阻元件上的电压 u 与电流 i 为非关联参考方向时，如图 1.19 所示，欧姆定律方程式中应加一个负号，即 $u = -R\,i$。

（2）如电流 i 值为负（或电压 u 值为负）说明实际电流 i（或电压 u）方向与电路图中所设定的参考方向相反，即电路图中的电压 u、电流 i 参考方向与数学分析计算的结果结合起来才有物理意义。

3. 电阻元件的开路、短路特性

1）开路特性

如果一个电阻元件 R 的端电压 U 不为零值（即 $U \neq 0\,\text{V}$）时，而流过电阻 R 的电流 I 恒为零值（即 $I = 0\,\text{A}$），则这时电阻值 R 为无穷大（即 $R = \infty$），称电阻 R 为开路，在电路图中可用“开路”等效替代阻值为无穷大的电阻 R，如图 1.20（a）所示。

2）短路特性

如果流过一个电阻元件 R 的电流 I 不为零值（即 $I \neq 0\,\text{A}$）时，而电阻元件 R 的端电压 U 恒为零值（即 $U = 0\,\text{V}$），则这时电阻值 R 为零（即 $R = \dfrac{U}{I} = 0\,\Omega$），称电阻 R 为短路，在电路图中可用“短路线”等效替代阻值为零的电阻 R，如图 1.20（b）所示。

（a）电阻元件的开路特性　　（b）电阻元件的短路特性

图 1.20　电阻元件的开、短路等效电路图

1.3.1.2　功　率

在电压 u 和电流 i 的关联参考方向下[如图 1.21（a）所示]，电阻元件吸收（消耗）功率计算式为

$$p = u\,i = R\,i^2 = \frac{u^2}{R}$$

因为电阻 $R \geqslant 0$，所以电阻 R 吸收（消耗）的功率 $p = Ri^2 \geqslant 0$，则说明电阻元件 R 是耗能元件。

在直流电路中，其电压、电流和功率的变量用大写英文字母（U、I、P）表示。在关联参考方向条件下有

$$P = UI \tag{1.7}$$

用计算式（1.7）判断电路是否消耗功率时，必须根据电压、电流的参考方向来确定功率的性质。如图 1.21 所示，图 1.21（a）（c）所引用的功率计算式相同，但当功率大于零时，功率的性质则不同。

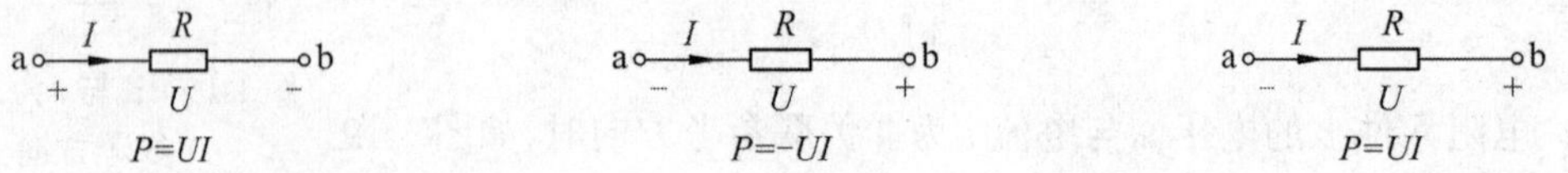

（a）$P>0$ 消耗功率　　（b）$P>0$ 消耗功率　　（c）$P>0$ 提供功率

图 1.21　功率计算式与功率性质的关系

【例 1.2】 电路如图 1.21（a）（b）所示，已知 $R = 6\,\Omega$，$I = -2\text{ A}$，试求各图电阻上的电压 U 和功率，并说明功率的性质。

分析：首先分析图 1.21a、b 中 U、I 参考方向是“关联”还是“非关联”，如“关联”用式 $P = UI$ 计算，“非关联”用式 $P = -UI$ 计算。当 $P > 0$ 时消耗功率，$P < 0$ 时提供功率。

解 图 1.21（a）中：

$$U = IR = -2 \times 6 = -12\ (\text{V})$$
$$P = UI = -12 \times (-2) = 24\ (\text{W})\ （吸收功率）$$

图 1.21（b）中：

$$U = -IR = -(-2 \times 6) = 12\ (\text{V})$$
$$P = -UI = -12 \times (-2) = 24\ (\text{W})\ （吸收功率）$$

结论：“关联参考方向”条件下有 $U = IR$；“非关联参考方向”为 $U = -IR$；功率的物理性质与参考方向的设置无关。

电路理论中的“电阻元件 R”是一个抽象理想化的物理元件模型，具有更深层次的内涵。当然它也具有实际意义。例如：实际电阻器的理想化模型为电阻 R；白炽灯在一定条件下理想化模型为 R 等。

1.3.1.3　电阻值的测量

1. 万用表测量电阻值

测量电路中的电阻时，应先切断电源，如电路中有电容元件，则应对电容进行放电，绝对不能在带电线路上用万用表测量电阻值。因为这样做实际上是把欧姆表当作电压表使用，极易烧坏电表。

2. 伏安特性测量

电阻 R_X 的伏安特性测量连接电路如图 1.22（a）所示，图 1.22（b）是测试电路图。其测

量步骤为：调节电压源 U_S 值为 0 V，然后调节电压源 U_S 逐渐增加，并记录被测电阻 R_X 上的端电压 U_X 和流过的电流 I_X，根据测量的 U_X、I_X 值画出曲线，即伏安特性曲线，如图 1.22（c）所示。同时，可以计算出其被测的电阻值为

$$R_X = \frac{U_X}{I_X}$$

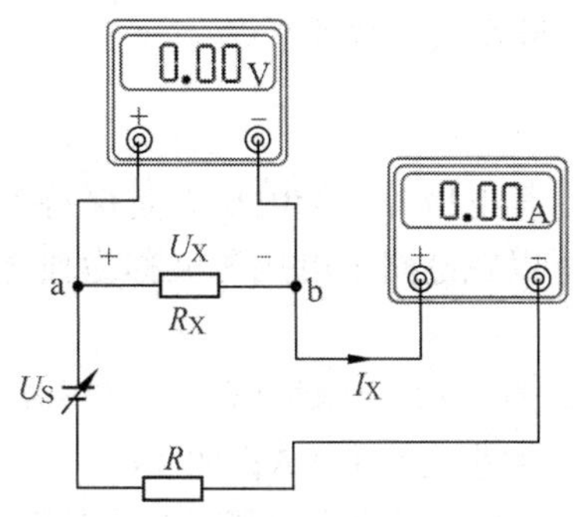

（a）R_X 伏安特性测试连接图（U_S=0）

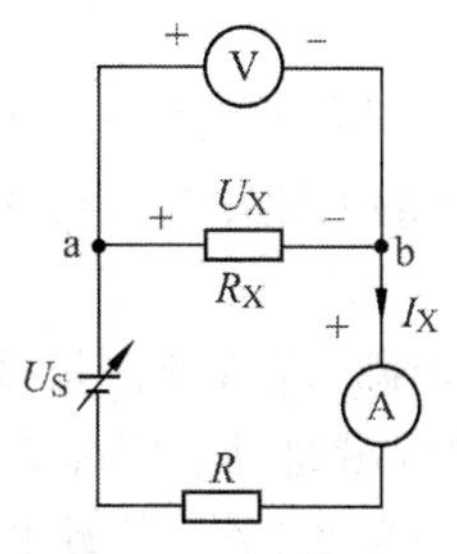

（b）R_X 伏安特性测试电路图

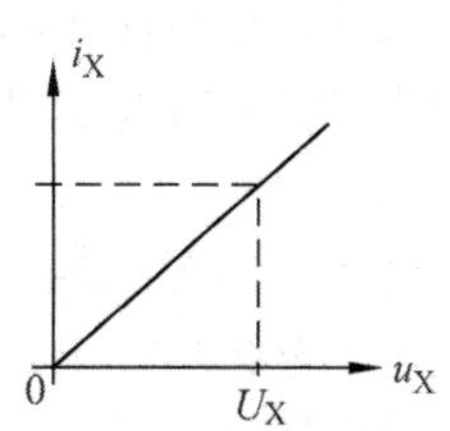

（c）R_X 伏安特性曲线图

图 1.22　电阻元件的伏安特性

人物简介

乔治·西蒙·欧姆（Georg Simon Ohm，1787—1854），生于德国，经过多年的努力，由他确定的电流、电压和电阻之间的关系得到认可，并称为欧姆定律。为了纪念他，电阻的单位用他的名字欧姆命名。

恩斯特·韦尔纳·冯·西门子（Ernst Werner Von Siemens，1816—1892），出生于普鲁士。当他因为参与争斗而入狱时，他就开始进行化学试验，致使他发明了第一个电镀装置。1837 年，西门子开始改进早期的电报，加速了电报系统的发展。为了纪念他，电导的单位用他的名字西门子命名。

1.3.2　独立电源

独立电源：是指在电路中能独立提供能量的元件（电压源或电流源）。实际的独立电源有电池、发电机、信号源等。

在电路分析中，独立电源抽象理想化为只表征一种物理特征的独立电源元件，称为理想电源元件，即理想电压源（教材中常简称电压源）、理想电流源（教材中常简称电流源）。

1.3.2.1　电压源

电压源：表征了一个二端有源元件所提供的电压与流过的电流无关的物理特征。

本教材主要讨论直流电压源 U_S 和正弦交流电压源 u_S，其电路图形符号如图 1.23（a）（b）所示。直流电压源的伏安特性曲线如图 1.23（c）所示。

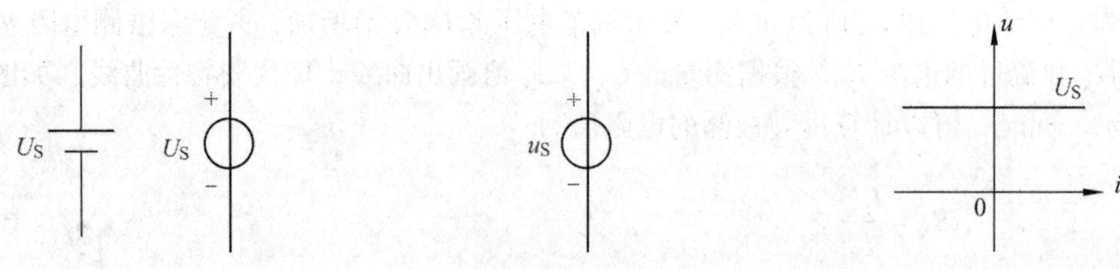

（a）直流电压源电路符号　　（b）交流电压源电路符号　　（c）直流电压源伏安特性曲线

图 1.23　理想电压源的图形符号及伏安特性

1. 电压源的性质

无论流过电压源的电流值（有限值）大小、方向如何，其电压源的端电压总是保持为规定的 U_S 或 $u_S(t)$，其流过电压源的电流由外接电路决定。所以在电路中电压源又称为独立电压源。

例如：如图 1.24 所示的电压源 U_S 性质测量接线图中，图（a）中测量出通过电压源 U_S 的电流 I 为 0.5 A；图（b）中测量出通过电压源 U_S 的电流 I 大小变为 0.2 A；图（c）中测量出通过电压源 U_S 的电流 I 大小变为 0.4 A，并且电流 I 方向也发生了改变。可见，电压源 U_S 的大小和方向不随外接电路的变化而发生改变。

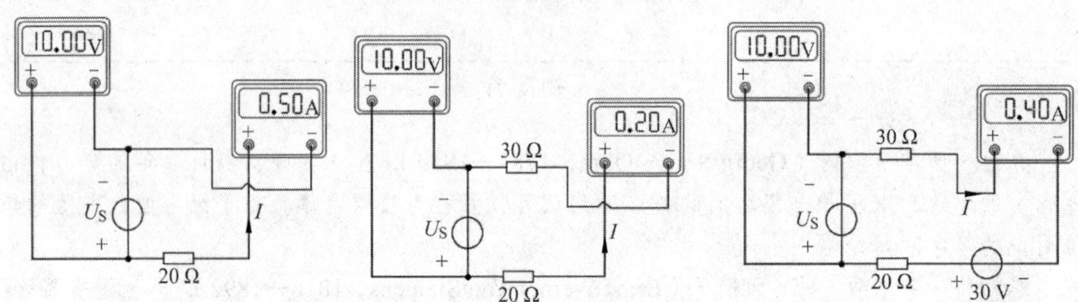

（a）电压源外接 20Ω 电阻　　（b）改变电压源外接电阻大小　　（c）改变电压源外接电路

图 1.24　电压源的性质测量接线图

理想电压源最主要特点就是电压源输出的值与外接电路无关，其伏安特性如图 1.23（c）所示。

2. 实际电压源的电路模型

实际的电压源是有内部电阻存在的，如果用电路元件符号来描述实际电压源，其等效的电路模型如图 1.25（a）所示，即用理想电压源串联电阻等效替代实际电压源。

例如：图 1.4 中所示了“直流牵引网”为列车提供 DC 1 500 V（DC 表示直流）电压的系统框图，而在电路理论分析中，则可以用一个理想电压源串联电阻等效替代整个城市轨道供电系统[见图 1.4（a）]。这就是电路分析中元件图形符号的实际应用意义所在。

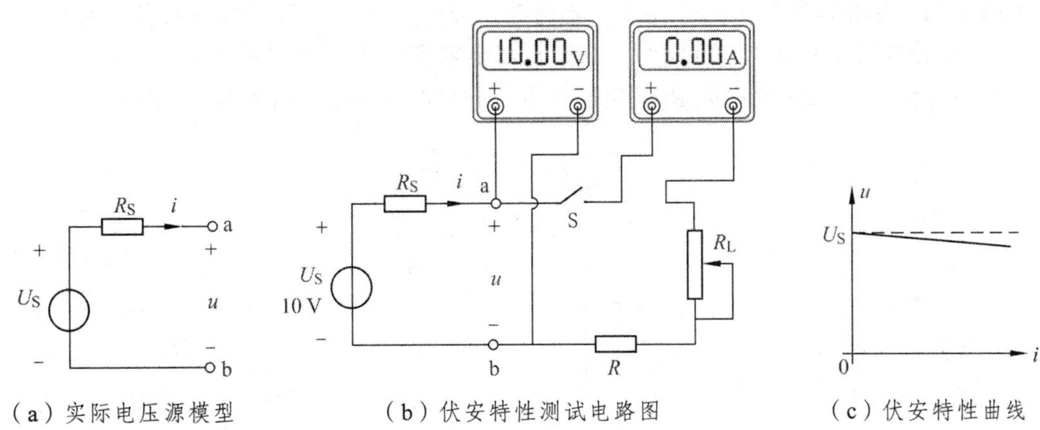

（a）实际电压源模型　　（b）伏安特性测试电路图　　（c）伏安特性曲线

图 1.25　实际电压源的电路模型和伏安特性曲线

图 1.25（a）所示实际电压源模型接有外电路时[见图 1.25（b）]，电压源内部电阻 R_S 会产生一定的内耗，其内耗对电压输出值的影响，可通过图 1.25（b）进行伏安特性测试。即当开关 S 打开时，电压表测得值为 U_S（设 U_S=10 V），而后闭合开关 S，逐渐减小电阻 R_L 的值，测得对应的电压、电流值，并根据测量结果画出曲线，如图 1.25（c）所示（这个曲线又称为实际电压源的外特性曲线）。

因此，实际电压源与外电路连接后，其输出的端电压值会有一定的减小，其变化的大小与实际电压源的内电阻大小有关。对于实际电压源，内电阻越小其伏安特性越接近理想电压源，性能越好。

3. 注意事项

1）实际电压源不能短路

根据欧姆定律可知，短路时，流过理想电压源的短路电流趋近于无穷大。对于实际电压源输出端口更不能短路，因为实际电压源虽然有内电阻 R_S，但 R_S 很小，因此，当实际电压源发生短路时（见图 1.26），短路电流 $I=\dfrac{U_S}{R_S}\approx\infty$ 非常之大（即趋近于无穷大）。这时，实际电压源会因电流过大而损坏。

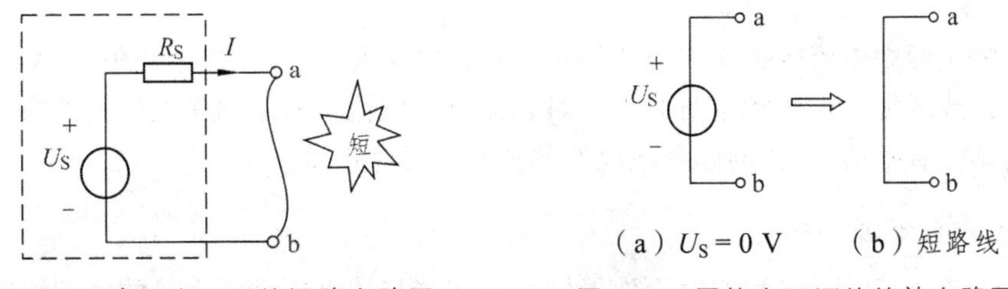

图 1.26　实际电压源的短路电路图

（a）$U_S=0$ V　　（b）短路线

图 1.27　零值电压源的等效电路图

2）“零电压”等效为“短路”

在电路分析中，当电压源输出的电压为零伏时，可用“短路线”等效替代零值电压源，其等效电路如图 1.27 所示。

【例 1.3】 电路如图 1.28（a）所示，直流电压源 $U_S = 30\text{ V}$，R_L 为可变电阻，试求：

（1）R_L 分别为 150 Ω 和 200 Ω 时，电流 I_L 和电阻 R_L 所消耗的功率 P_L。

（2）分别画出测量可变电阻 R_L 端电压和电流的仪器仪表接线图和测量电路图。

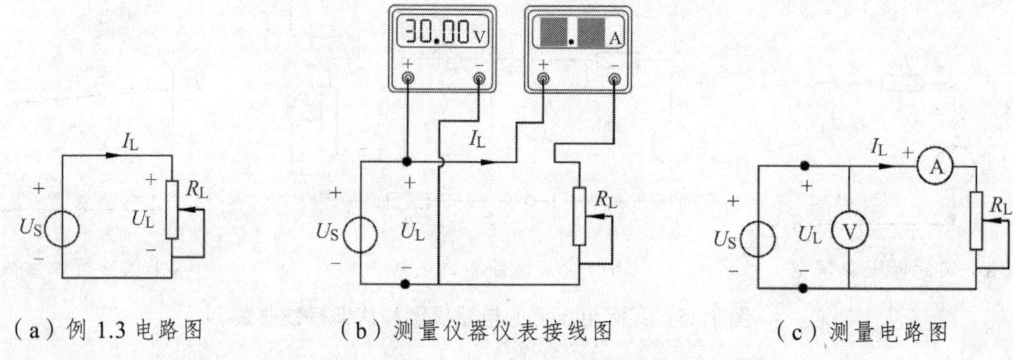

（a）例 1.3 电路图　　（b）测量仪器仪表接线图　　（c）测量电路图

图 1.28　例 1.3 图和电气参数测电路

分析：由图 1.28（a）电路可知电压 $U_L = U_S = 30\text{ V}$，而电压源上的电压值 U_S 与电流 I_L 无关，所以，可通过欧姆定律计算电流 I_L；电阻 R_L 上的电压与电流为关联参考方向，即电阻 R_L 所消耗的功率为 $P_L = U_S I_L$。

解 （1）求 I_L、P_L。

当 $R_L = 150\ \Omega$ 时

$$I_L = \frac{U_S}{R_L} = \frac{30}{150} = 0.2\ (\text{A})$$

$$P_L = U_S I_L = 30 \times 0.2 = 6\ (\text{W})$$

当 $R_L = 200\ \Omega$ 时

$$I_L = \frac{U_S}{R_L} = \frac{30}{200} = 0.15\ (\text{A})$$

$$P_L = U_S I_L = 30 \times 0.15 = 4.5\ (\text{W})$$

（2）测量 U_L、I_L 的仪器仪表接线图，如图 1.28b 所示；测量 U_L、I_L 的电路原理图，如图 1.28（c）所示。

结论：电压源中电流的大小取决于外接电路，电压源 U_S 输出的电压值 30 V 不随电流的变化而改变，或者说，电压源本身并没有对其流过的电流（有限值）做任何约束，即电压源中的电流大小（有限值）、方向随外接电路的变化而发生改变。

1.3.2.2　电流源

电流源：表征了一个二端有源元件提供的电流与其端电压完全无关的物理特征。

本教材主要讨论直流电流源 I_S 和正弦交流电流源 i_S，其电路符号如图 1.29（a）所示。直流电流源的伏安特性曲线如图 1.29（b）所示。

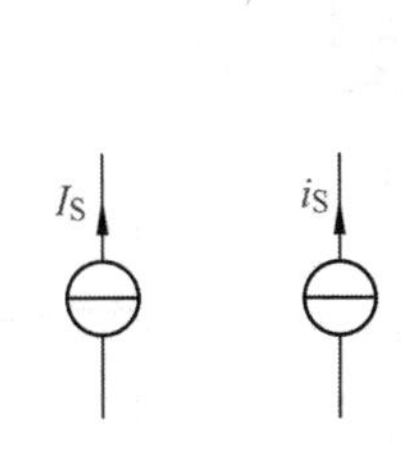

（a）电流源图形符号

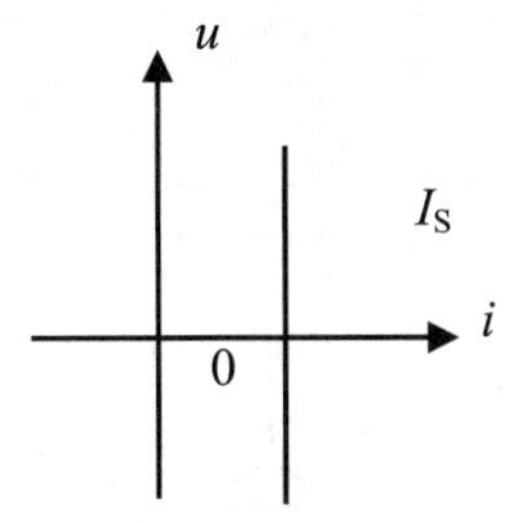

（b）直流电流源伏安特性曲线

图 1.29　理想电流源的图形符号和伏安特性曲线

1. 电流源的性质

无论电流源两端电压值大小（有限值）、方向如何，其电流源的电流值总是保持规定的 I_S 或 $i_S(t)$，其电流源的端电压由外接电路决定。所以电流源又称为独立电流源。

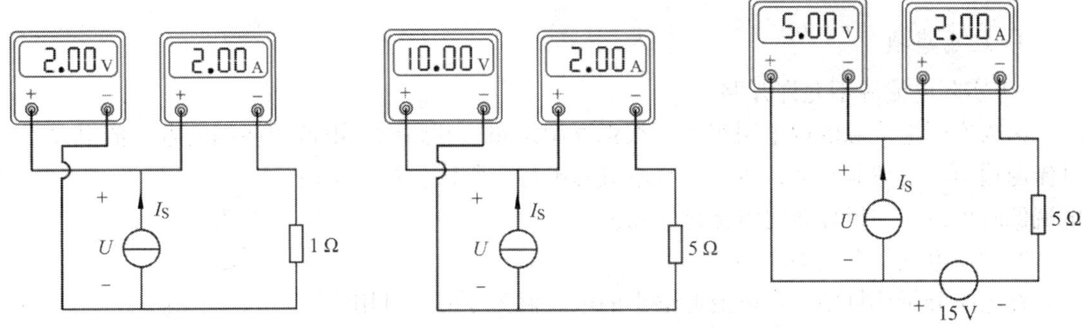

（a）电流源外接 1 Ω 电阻　（b）改变电流源外接电阻为 5 Ω　（c）改变电流源端电压的大小和方向

图 1.30　电流源的性质测量接线图

例如：如图 1.30 所示的电流源 I_S 性质测量接线图中，图（a）中测量出电流源 I_S 的端电压 U 为 2 V；图（b）中测量出电流源 I_S 的端电压 U 增加为 10 V；图（c）中测量出电流源 I_S 的端电压 U 大小变为 5 V，并且端电压 U 方向也发生了改变。可见，电流源 I_S 输出的电流大小和方向不随外接电路的变化而发生改变。

理想电流源最主要特点就是电流源输出的值与外接电路无关，其这一特点如图 1.29（c）所示伏安特性曲线所示。

2. 实际电流源的电路模型

实际的电流源是有内部电阻存在的，如果用电路元件符号来描述实际电流源，其等效的电路模型如图 1.31（a）所示，即用理想电流源并联电阻等效替代实际电流源。

图 1.31（a）所示实际电流源模型接有外电路时[见图 1.31（b）]，电流源内部电阻 R_S 会产生一定的内耗，其内耗对电流源特性的影响程度如图 1.31（c）伏安特性所示。图 1.31（b）为实际电流源的伏安特性测试电路图，先调节使电阻 $R_L=0$，测得电流 $i=I_S$，电压 $u=0$ V；而后逐渐增大电阻 R_L 值，随着 R_L 值增加，电压 u 逐渐增大，而电流 i 逐渐减小，如图 1.31（c）所示（这个曲线又称为实际电流源的外特性曲线）。

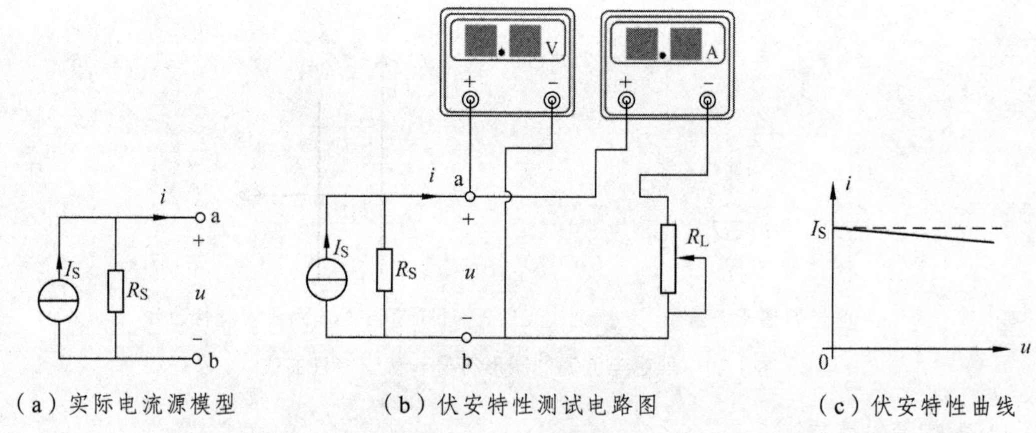

（a）实际电流源模型　　（b）伏安特性测试电路图　　（c）伏安特性曲线

图 1.31　实际电流源的电路模型和伏安特性曲线

因此，实际电流源与外电路连接后，其输出的电流值会有一定的减小。实际电流源的内电阻越大其伏安特性越接近理想电流源，性能越好。

3. 注意事项

1）实际电流源不允许开路

因为实际电流源的内电阻很大，根据欧姆定路，开路时，电流源两端的电压值很大，使电流源输出的功率非常大，将会导致电流源损坏。所以，在不使用电流源时可以用一根导线将电流源短路。

2）“零电流”等效为“开路”

在电路分析计算中，当电流源输出的电流值为零时，可用“开路”等效替代零值电流源，其等效电路如图 1.32 所示。

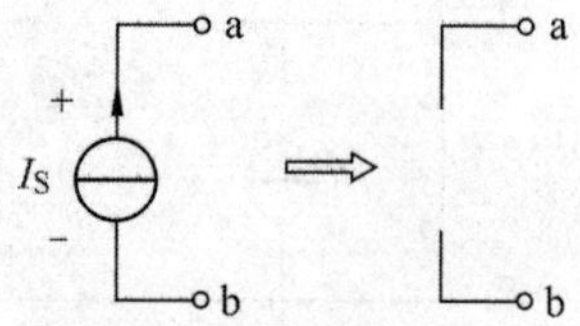

（a）$I_S = 0$ A　（b）开路

图 1.32　零值电流源的等效电路图

【例 1.4】 电路如图 1.33 所示，直流电流源 $I_S = 2\text{A}$，R_L 为可变电阻，试求：

（1）可变电阻 R_L 分别为 5 Ω 和 10 Ω 时的电流源 I_S 两端的电压 U_L 和电阻 R_L 所消耗的功率 P_L。

（2）分别画出测量电压 U_L 和电流 I_S 的仪器仪表接线图和测量电路图。

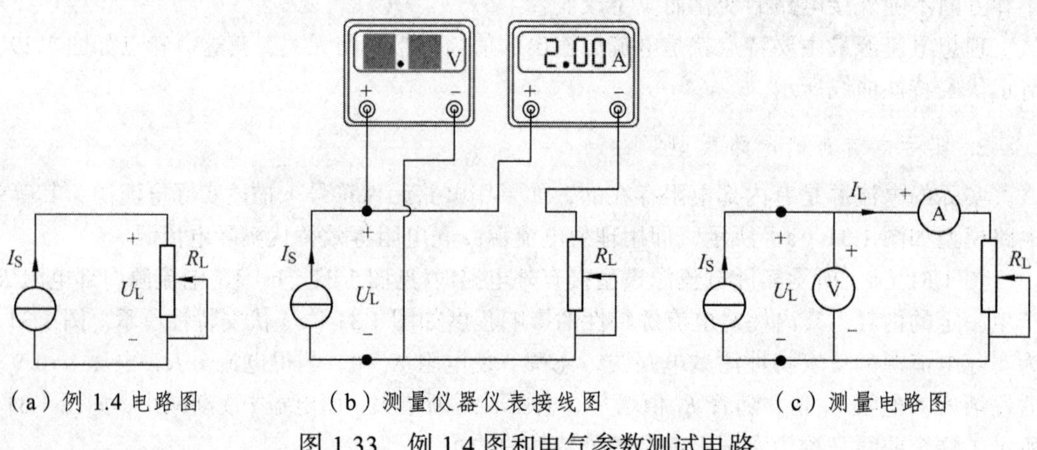

（a）例 1.4 电路图　　（b）测量仪器仪表接线图　　（c）测量电路图

图 1.33　例 1.4 图和电气参数测试电路

分析：电流源 I_S 不随其端电压大小、方向变化。根据图 1.33（a）分析，电阻上的电压 U_L 等于电流源的端电压，则由欧姆定律得 $U_L = R_L I_S$；在关联参考方向条件下，电阻 R_L 所消耗的功率为 $P_L = R_L I_S^2$。

解　（1）求 U_L、P_L。

$R = 5\,\Omega$ 时

$$U_L = I_S R_L = 2\times 5 = 10\,(\text{V})$$
$$P_L = R_L I_S^2 = 5\times 2^2 = 20\,(\text{W})$$

$R = 10\,\Omega$ 时

$$U_L = I_S R_L = 2\times 10 = 20\,(\text{V})$$
$$P_L = R_L I_S^2 = 10\times 2^2 = 40\,(\text{W})$$

（2）测量电压 U_L 接线图如图 1.33（b）所示；测量电流 I_S 的电路如图 1.33（c）所示。

结论：电流源 I_S 两端电压的大小取决于外电路，而电流源 I_S 输出的电流值始终不变。

1.3.3　开路、短路特性

"开路"与"短路"是电路元件的一种特殊伏安特性。

1.3.3.1　开　路

开路：是指电路中两点之间无论电压大小（有限值）、方向如何，通过该两点的电流值恒为零的物理特征。如图 1.34 所示。

（1）当电阻 R 的阻值为无穷大（即 $R = \infty$）时，流过的电流 i 恒为零，如图 1.34（a）所示。在电路图中可用"开路"等效替代电阻 R 元件，如图 1..34（c）所示。

（2）当电流源的电流值恒为零（即 $i_S = 0$）时，电流源相当于开路，如图 1.34（b）所示。在电路图中可用"开路"等效替代电流源元件，如图 1..34（c）所示。

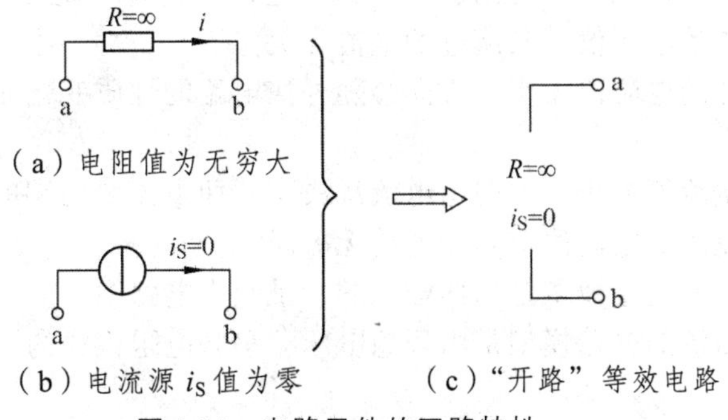

图 1.34　电路元件的开路特性

1.3.3.2　短　路

短路：是指电路中两点之间电压恒为零，与通过该两点的电流大小（有限值）、方向无关。如图 1.35 所示。

（1）当电阻 R 的阻值为零（即 $R = 0$）时，其端电压 u 恒为零，如图 1.35（a）所示。在电路图中可用"短路线"等效替代电阻元件 R，如图 1.35（c）所示。

（2）当电压源的电压值恒为零（即 $u_S=0$）时，如图 1.35（b）所示。在电路图中可用“短路线”等效替代电压源元件，如图 1.35（c）所示。

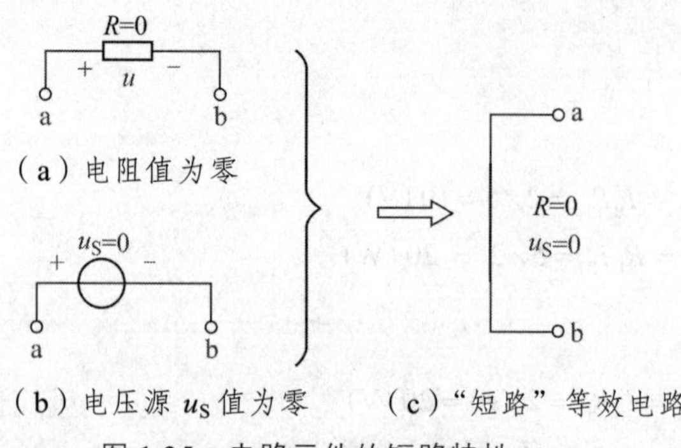

（b）电压源 u_S 值为零　　（c）“短路”等效电路

图 1.35　电路元件的短路特性

1.3.4　常见问题讨论

（1）电阻 R 的伏安特性表达式 $u=Ri$ 与其电压 u、电流 i 的参考方向有关吗？

解答：有关。

电阻 R 的伏安特性数学模型与其电压 u、电流 i 的参考方向有关，即在关联参考方向条件下伏安特性数学模型 $u=Ri$ 才成立。

（2）电路中理想电压源、理想电流源有内阻吗？

解答：理想电源没有内阻存在。

理想电压源表征的是电压值由电压源决定，与其流过的电流值大小、方向无关的物理特性；理想电流源表征的是电流值大小、方向由电流源决定，与其电流源两端电压大小、方向无关的物理特性。

（3）理想电压源的电压值大小、方向会随外接电路的性质变化而发生改变吗？

解答：不会改变。

理想电压源的电压值大小、方向由电压源决定，流过电压源的电流大小、方向则是由外接电路决定，电压源的电压值与其流过的电流无关。

（4）理想电流源的电流值大小、方向会随外接电路的性质变化而发生改变吗？

解答：不会改变。

理想电流源的电流值大小、方向由电流源决定，而电流源两端的电压大小、方向则是由外接电路决定，电流源的电流值与其端电压无关。

（5）实际电压源的电路模型是怎样构成的？试画出电路图。

解答：实际电压源的电路模型是由理想电压源串联电阻构成的，如图 1.36（a）所示。

（a）实际电压源的电路模型　　（b）实际电流源的电路模型

图 1.36　实际电源的电路模型图

（6）实际电流源的电路模型是怎样构成的？试画出电路图。

解答：实际电流源的电路模型是由理想电流源并联电阻构成的，如图 1.34（b）所示。

（7）电路中如果某个元件两端电压值为零，该元件可用“开路”等效替代吗？

解答：不能。

当电路中任意两点发生短路时，这两点间的电压为零。所以，如果某个元件两端电压值为零，则该元件可用“短路”等效替代。

（8）如果流过某个元件的电流值为零，可用“短路线”等效替代该元件吗？

解答：不能。

因为，只有电路发生了“开路”（即“断路”）时，“开路”中的电流为零。

（9）理想开关元件可以看成特殊的电阻元件，当它断开时，其电阻值为多少？

解答：无穷大。

当电阻值为无穷大时，电阻电路中的电流为零，即电阻元件等效为开路。

1.4　基尔霍夫定律

在电路分析中，电路中的电压和电流受到两类约束：一类是对电路元件的约束，另一类是对电路中电压、电流的约束。

基尔霍夫定律是分析计算电路电压、电流的基本定律，它包括基尔霍夫电流定律和基尔霍夫电压定律。

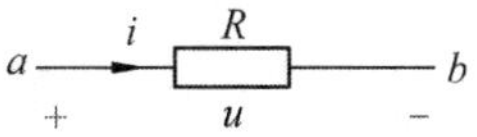

a —→ i —[R]— b　+　u　−

图 1.37　电阻元件

电路元件的约束：是指对元件自身物理特性的约束。例如，线性电阻元件上的端电压 u 和电流 i 在关联参考方向（如图 1.37 所示）条件下，必须满足欧姆定律 $u = Ri$ 的关系（即电阻元件上的电压和电流受欧姆定律约束）。

电路电压、电流的约束：是指电路中的回路电压、支路电流所受到的约束。即各支路电流之间受基尔霍夫电流定律的约束，回路电压受基尔霍夫电压定律的约束。

可见，基尔霍夫定律与元件的性质无关，任何电路（线性电路和非线性电路）均满足基尔霍夫定律。

1.4.1　支路、结点和回路

在讨论基尔霍夫定律之前，必须先明确电路中支路、结点和回路等基本概念。

1. 支　路

在电路中没有分支的一段电路称为支路，支路中的电流称为支路电流。例如，图 1.38（a）所示电路中有 3 条支路，即 BAD、BCD、BD 等 3 条支路，电流 I_1、I_2、I_3 为支路电流。

支路的特点：同一支路中只有一个电流流过。例如，图 1.38（a）所示电路中，电阻 R_3 和电压源 U_{S3} 在同一支路上，所以，流过 R_3、U_{S3} 的电流相等。

2. 结　点

电路中 3 条或 3 条以上支路的汇集点称为结点。例如，图 1.36（a）中有 2 个结点，即结点 B 和结点 D。

注意：汇集点之间如果直接用导线连接，视为一个结点。

3. 回　路

电路中由支路构成的闭合路径称为回路。如果回路中不包含其他支路，则称这样的回路为网孔。例如，图 1.38（b）中有 3 个回路（即回路 1、回路 2、回路 3）和 2 个网孔（即网孔 1、网孔 2）。

4. 虚拟回路

在图 1.38（c）中，a、b 两点间是开路，不是支路，当一个回路是由开路和支路构成时，称这种回路为虚拟回路。即图 1.38（c）中所示的回路 2、3 都是虚拟回路，它们是通过设定的开路电压 U 来虚拟 a、b 两点间的支路，从而构成一个含虚拟支路的回路。

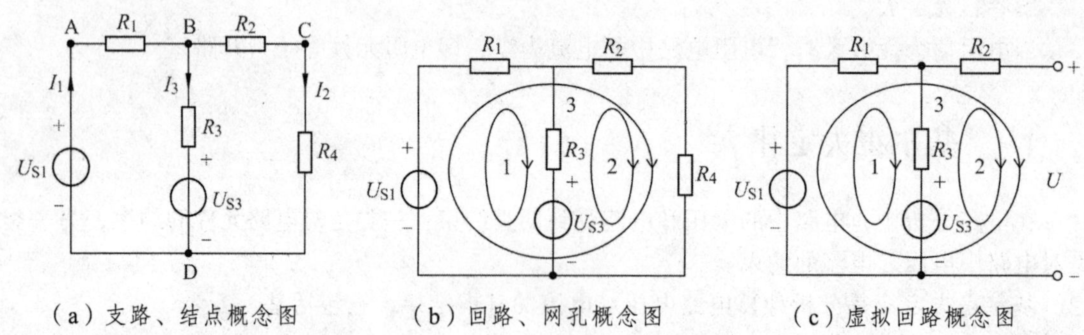

（a）支路、结点概念图　　（b）回路、网孔概念图　　（c）虚拟回路概念图

图 1.38　支路、结点和回路等基本概念图

1.4.2　基尔霍夫电流定律

1. 定律（简称 KCL）

KCL：“在集总电路中，任何时刻，对任意一个结点，所有流出结点的支路电流代数和恒等于零”。基尔霍夫电流定律体现了电流的连续性。

即在电路中，任意选择一个电路结点，则有

$$\sum i = 0 \tag{1.8}$$

【例 1.5】 电路如图 1.39 所示，试列出所有结点的 KCL 方程，并分析其独立性。

分析：

（1）方程的独立性。图 1.39 所示电路中有 A、B、C、D 四个结点，即可列出 4 个 KCL 方程，但只有 3 个 KCL 方程为独立方程，余下的一个 KCL 方程为非独立方程。

（2）在写式（1.8）方程前，先设定结点上各支路电流方向，本题设流入结点的电流为“+”，流出结点的电流为“−”。

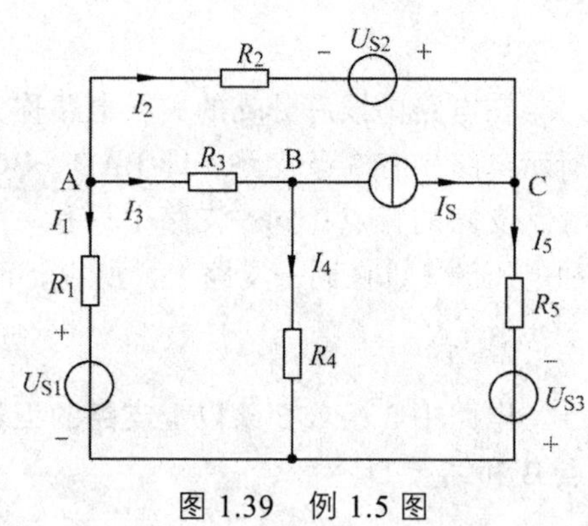

图 1.39　例 1.5 图

解　列 KCL 方程

结点 A　　$-I_1 - I_2 - I_3 = 0$

结点 B　　$I_3 - I_4 - I_S = 0$

结点 C　　　$I_S + I_2 - I_5 = 0$

即上列 3 个 KCL 方程为独立方程。如果再列结点 D 的 KCL 方程，则为非独立方程。

证明：结点 D 为 KCL 非独立方程。

将三个结点 A、B、C 的 KCL 方程相加，得

$$(-I_1 - I_2 - I_3) + (I_3 - I_4 - I_S) + (I_S + I_2 - I_5) = 0$$

简化上列方程，得

$$I_1 + I_4 + I_5 = 0$$

可见，方程 $I_1 + I_4 + I_5 = 0$ 为结点 D 的 KCL 方程，经前几个方程推导，它具有非独立性。

结论：利用数学线性理论分析可知，上述 4 个 KCL 方程中，任意一个方程均可用其余 3 个方程的线性组合来表示。因此，上述 4 个 KCL 方程中只有 3 个是独立方程。即对于一个含有 n 个结点的电路，可列出 $(n-1)$ 个独立 KCL 方程。

2. KCL 的拓展与应用

（1）流出结点的支路电流等于流入该结点的支路电流，即

$$\sum i_{出} = \sum i_{入} \tag{1.9}$$

如图 1.39 中结点 B 的 KCL 方程还可以根据式（1.9）写成

$$I_3 = I_4 + I_S$$

【例 1.6】电路如图 1.40（a）所示，已知电压源 U_S=－15 V，电流源 I_S=2 A，电阻 R=5 Ω，试求电流 I_U、I_R，并画出测量电压 U_S 和电流 I_U、I_R 的电路图。

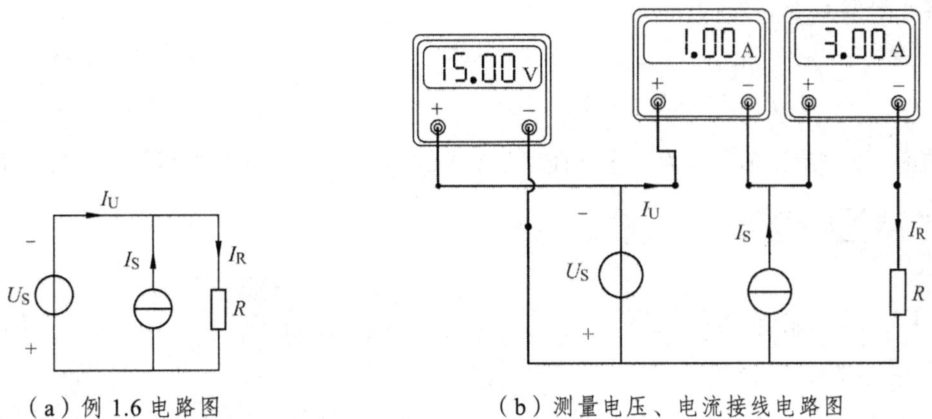

（a）例 1.6 电路图　　（b）测量电压、电流接线电路图

图 1.40　例 1.6 图及测量电路图

分析：

（1）电路图 1.40（a）中有 2 个结点，则可列出 1 个结点的独立 KCL 方程，即流入结点的电流等于流出结点的电流（$I_U + I_S = I_R$）；其中，电阻 R 元件上的端电压 U_S 与电流 I_R 为非关联参考方向，即电流为 $I_R = -\dfrac{U_S}{R}$。

（2）绘制测量电压 U_S 的电路图时，注意已知条件中，电压源值为“负”值，所以，电压

表的正极应与电压源 U_S 的“负极”相连接。

解　根据欧姆定律得

$$I_R = -\frac{U_S}{R} - \frac{-15}{5} = 3\,(A)$$

根据 KCL 得

$$I_U = I_R - I_S = 3 - 2 = 1\,(A)$$

测量电压 U_S 和电流 I_U、I_R 的电路如图 1.40（b）所示。各元件间连接成的电路结构，即“并联”。

结论：本题解题过程中主要涉及 3 个知识点：一是电阻元件的伏安特性，即非关联条件下的欧姆定律方程为 $U_S = -RI_R$；二是结点的概念和 KCL 的应用，即 $\sum i_{出} = \sum i_{入}$；三是测量电压、电流的接线图，即注意电压表、电流表上标定的“+、－”与被测电路中实际的“+、－”方向的对应关系。

（2）任何时刻，流出封闭面的支路电流的代数和恒等于零；或者说，流出封闭面的电流等于流入该封闭面的电流，又称为广义结点的 KCL。

【例 1.7】电路如图 1.41 所示，已知电路中电流 $I_1 = 10\text{ A}$，$I_2 = 4\text{ A}$。试求电路中电流 I_3。

分析：注意图 1.41 电路中的各元件参数都是未知量，所以，常采用广义结点的 KCL 法进行分析求解，即做一个封闭面（如图 1.41 所示，以虚线为封闭面），列封闭面的 KCL 方程 $-I_1 + I_2 - I_3 = 0$（设：流入封闭面电流为“+”，流出为“－”）。

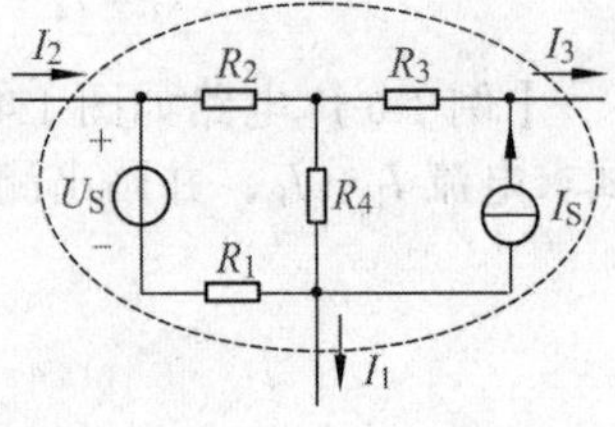

图 1.41　例 1.7 图

解　根据 KCL，得

$$-I_1 + I_2 - I_3 = 0$$
$$I_3 = I_2 - I_1 = 4 - 10 = -6\,(A)$$

结论：将“封闭面”视为一个“直径”较大的结点，其列 KCL 方程的基本概念不变，即 $\sum i = 0$ 或 $\sum i_{出} = \sum i_{入}$。

1.4.3　基尔霍夫电压定律

1. 定律（简称 KVL）

KVL：“在集总电路中，任何时刻，沿着任一回路，所有电压降的代数和恒等于零”。基尔霍夫电压定律体现了电压的单值性。

即在电路中，任意地选择一个回路，沿着一个绕行方向写出其回路的电压方程为

$$\sum u = 0 \tag{1.10}$$

绕行方向：当沿着回路列式（1.10）时，回路中所有元件上的端电压都必须计算在内，为了能正确的列出 KVL 方程，一般先选择回路中某个元件为起点，然后沿着回路列 KVL 方程。其中，“沿着回路”指的是沿“顺时针”或“逆时针”旋转方向的回路，这个“顺时针”

或“逆时针”旋转方向就称为绕行方向。

【例 1.8】 试列出图 1.42 所示电路中回路 1、回路 2 的 KVL 方程。

分析：图 1.42 所示电路中的绕行方向均为顺时针方向。

解　列 KVL 方程

回路 1　　$-U_{S1}-R_1I_1+U_{S2}+R_2I_2=0$

回路 2　　$U+R_3I_3-U_{S3}-R_2I_2=0$

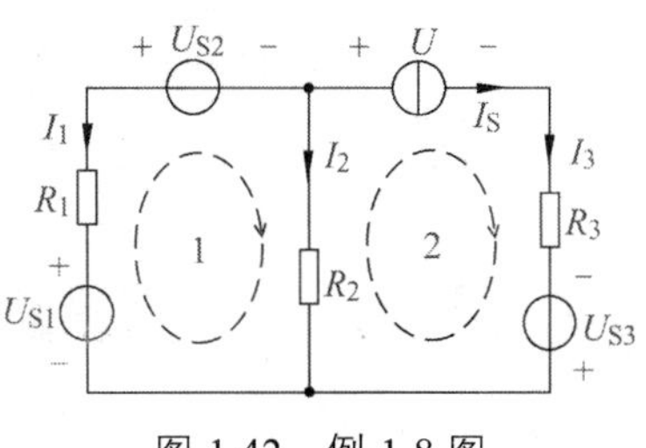

图 1.42　例 1.8 图

结论：在写 KVL 方程时，注意“绕行方向”与“电压参考方向”的关系。当绕行方向与电压降方向一致时，KVL 方程中的电压量为“+”，例如：回路 1 绕行方向与电压源 U_{S2} 方向一致（即绕行方向由电压“+”极指向“−”极），则 KVL 方程中 U_{S2} 为“+”。当绕行方向与电压降方向不一致时，KVL 方程中的电压量为“−”，例如：回路 1 绕行方向与电压源 U_{S1} 方向不一致（即绕行方向由电压“−”极指向“+”极），则 KVL 方程中 U_{S1} 为“−”。

2. 注　意

（1）在写 KVL 方程时涉及电压参考方向和回路的绕行方向的假设。回路绕行方向和电压参考方向都可以任意假设，但是方向一旦设定，在整个分析过程中不能更改。

（2）当电压的参考方向与回路绕行方向一致时，KVL 方程中取正号，否则取负号。

【例 1.9】 电路如图 1.43（a）所示，已知电阻 $R_1=2\,\Omega$，$R_2=20\,\Omega$，电压源 $U_{S1}=10\text{ V}$，$U_{S2}=12\text{ V}$，$U_{S3}=-6\text{ V}$，电流源 $I_S=2\text{ A}$，试求：

（1）各元件上的电压和开路电压 U_O。

（2）画出测量各电压的仪器仪表接线电路图。

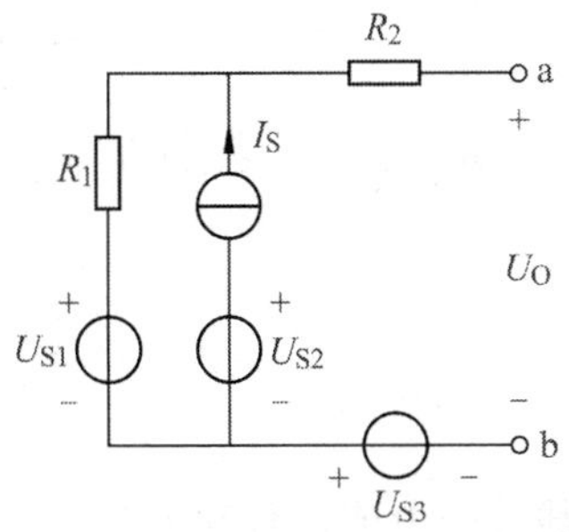

（a）例 1.9 电路图

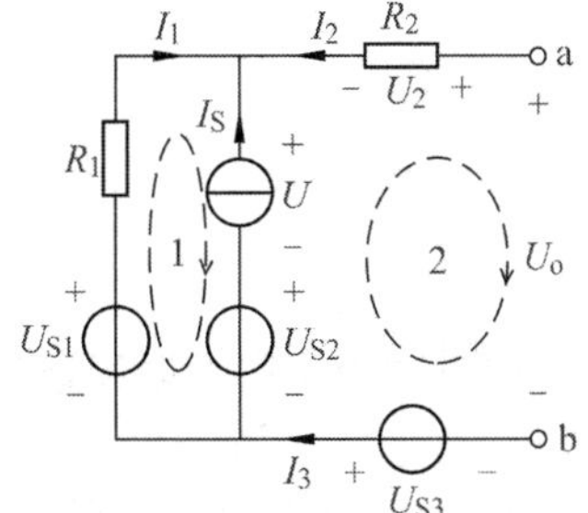

（b）设图（a）电路中各电量参考方向

图 1.43　例 1.9 及电量参考方向图

分析：

（1）设图（a）中各待求电量的参考方向，如图（b）所示。

（2）由于电路 a、b 端为开路，所以电流 $I_2=I_3=0\text{A}$。

（3）图（b）中，根据 KCL 有 $I_1+I_S+I_2=0$，则 $I_1=-I_S$。

解　（1）求各元件上的电压和开路电压 U_O。

由 $I_2=I_3=0\text{A}$，得

$$U_2=R_2I_2=0\,(\text{V})$$

根据 KCL，得

$$I_1 = -I_S = -2\ \text{A}$$

由欧姆定律，得

$$U_1 = R_1 I_1 = 2\times(-2) = -4\ (\text{V})$$

列回路 1 的 KVL 方程，得

$$U_1 + U + U_{S2} - U_{S1} = 0$$
$$-4 + U + 12 - 10 = 0$$
$$U = 2\ \text{V}$$

列回路 1 的 KVL 方程，得

$$U_O - U_{S3} - U_{S2} - U - U_2 = 0$$
$$U_O - (-6) - 12 - 2 - 0 = 0$$
$$U_O = 8\ \text{V}$$

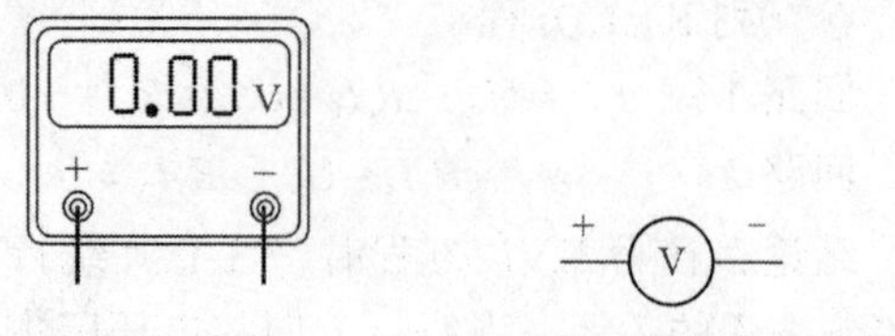

（a）电压表　　（b）电压表的电路图形符号

图 1.44　电压表的图形符号示意图

（2）画出测量各电压的仪器仪表接线电路图。

当有多个电压被测量时，其测量电路图中常常不再画电压表的外观图[见图 1.44（a）]，而是用电压表的图形符号[见图 1.44（b）]来表示测量仪器仪表，即本题的测量各电压的接线图如图 1.45 所示。

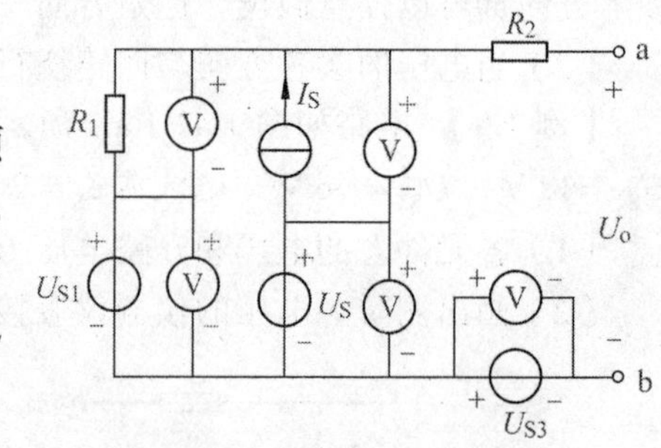

图 1.45　测量各电压的接线图

结论：

（1）对于待求的电压、电流电量，在列方程前，必须先在电路图上设定其电量的参考方向，如图 1.41（b）所示。

（2）由开路电压和其他支路电压组成的回路（又称为虚拟回路），仍然可以应用 KVL 进行分析，即 KVL 不仅适用于闭合回路，也可应用于虚拟回路。如图 1.41（b）中的回路 2 所示

1.4.4　常见问题讨论

（1）KCL 是针对电路中的回路电流展开讨论的吗？

解答：不是。

KCL 是针对电路中的结点电流展开讨论的，即流入结点的电流代数和恒等于零。

（2）列 KCL 方程时应注意什么？

解答：注意与结点相关的各支路电流的参考方向，并确定一个（流入或流出）参考方向电流为“正”。

如果设流入结点电流为“正”，则所列方程中流出结点电流为“负”，列结点上连接的所有支路电流代数和为零的 KCL 方程。

（3）一个结点上可列出的 KCL 方程有几个？

解答：一个 KCL 方程。

即每个结点对应的 KCL 方程是唯一的。

（4）如果电路中有 n 个结点，则可列出多少个 KCL 独立方程？

解答：可列出 $(n-1)$ 个独立的 KCL 方程。

对于一个含有 n 个结点的电路，可列出 $(n-1)$ 个独立 KCL 方程。

（5）KVL 是针对电路中的回路电流展开讨论的吗？

解答：不是。

KVL 是针对电路中的回路电压展开讨论的。

（6）一般电压的方程是指的电位升。

解答：错。

电压方向是指的电位降，即由“+”极指向“-”极方向称为电压方向。

（7）列 KVL 方程时应注意什么？

解答：注意各支路电压参考方向与回路绕行方向的关系。

当支路电压的参考方向与回路绕行方向一致时，KVL 方程中取正号，否则取负号。

（8）一个回路中可列出的 KVL 方程有几个？

解答：一个。

每个回路对应的 KVL 方程是唯一的。

（9）如果电路出现开路，则由开路与其他支路所构成的“回路”能应用 KVL 进行分析计算吗？

解答：可以。

由开路电压和其他支路电压组成的回路，仍然可以应用 KVL 进行分析，即用“开路电压”表示“开路支路”的电压特性。

人物简介

基尔霍夫（Gustav Robert Kirchhoff，1824—1887），德国物理学家。当他 21 岁在柯尼斯堡大学就读期间，就根据欧姆定律总结出网络电路的两个定律（基尔霍夫电路定律），对电路理论做出了显著成绩。大学毕业后，他又着手把电势概念推广到稳态电路。长期以来，电势与电压这两个概念常常被混为一谈，当时都称为“电张力”。基尔霍夫明确区分了这两个概念，同时又指出了它们之间的联系。他还与本生合作，在光谱研究中，开拓出一个新的学科领域——光谱分析，采用这一新方法，发现了两种新元素铯（1860 年）和铷（1861 年）。

1.5　串联电路

在电路的分析化简过程中，常用到一个概念，即“等效电路”概念。

等效电路：当图 1.46（a）所示电路中某一部分电路 N_1，用图 1.46（b）所示电路 N_2 替代后，未被替代部分电路 N_L 的端电压 u 和电流 i 均保持不变，则称电路 N_1 与电路 N_2 互为等效电路，即这就是“等效电路”概念，其“等效电路”图形符号如图 1.46（c）所示。

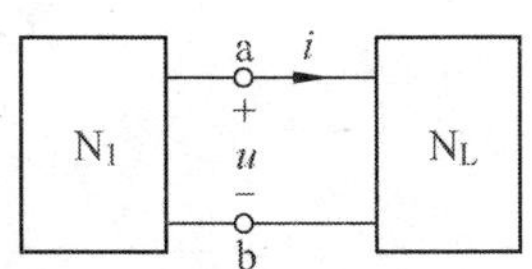

（a）电路 N_1 组成电路图

（b）电路 N_2 组成电路图

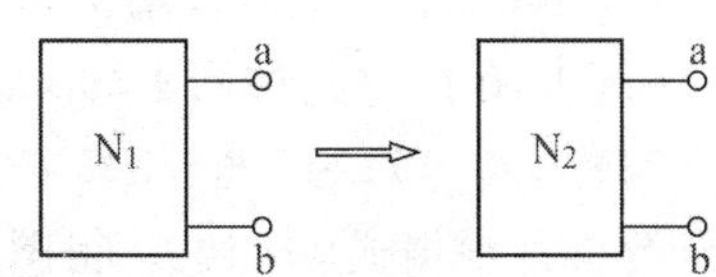

（c）电路 N_1 与电路 N_2 为等效电路

图 1.46　电路 N_2 等效替代电路 N_1 的概念图

注意："等效"指的是等效电路的端口电压 u 和端口电流 i 保持不变，等效电路对外接电路 N_L 的作用是相同的，即外电路 N_L 的电压 u 和电流 i 均保持不变，常称为"对外等效"。

1.5.1　电阻串联

1. 电阻串联电路图

电阻串联时，所有的电阻连接在同一条支路中（即同一条线上），流过每个串联电阻的电流都相同。

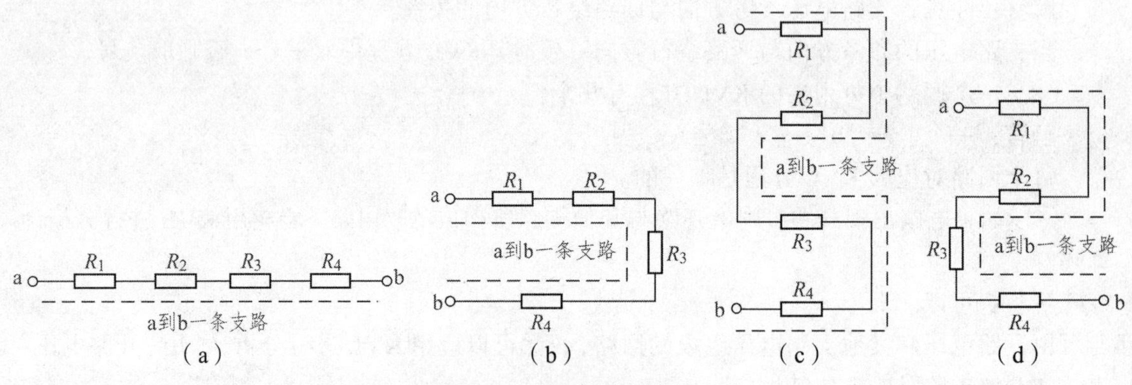

图 1.47　电阻串联电路图

如图 1.47 所示，图（a）（b）（c）（d）的电路几何图形虽有不同，但从 a 点到 b 点之间只有一条电流通路，即只有一条支路，则 a、b 两点之间的 4 个电阻为串联。

2. 串联电阻电路的总电阻

当有 n 个电阻按顺序相连，其电路中每个电阻所流过的电流为同一个电流，则称这 n 个电阻的连接方式为电阻串联电路。如图 1.48（a）所示。

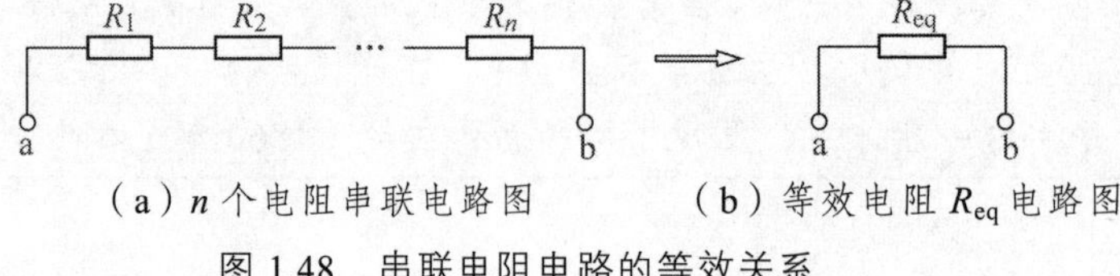

（a）n 个电阻串联电路图　（b）等效电阻 R_{eq} 电路图

图 1.48　串联电阻电路的等效关系

图 1.48（a）所示电路的总电阻 R_{eq} 等于各个电阻值之和，其总电阻 R_{eq} 值计算式为

$$R_{eq} = R_1 + R_2 + R_3 + \cdots + R_n = \sum_{k=1}^{n} R_k \tag{1.11}$$

式（1.11）中的总电阻 R_{eq} 常称为等效电阻，即电路图 1.48（b）可以等效替代图 1.48（a）电路。

【例 1.10】 电路如图 1.49（a）所示，已知电阻 $R_1 = 3\,\Omega$，$R_2 = 7\,\Omega$，$R_3 = 8\,\Omega$。试求总电阻 R_{ab}。

分析：根据式（1.10），得图 1.49（b）中等效电阻 $R_{ab} = R_1 + R_2 + R_3$。

解

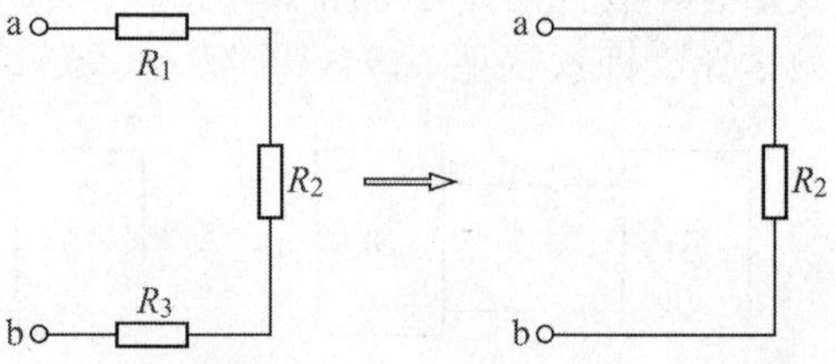

（a）电阻串联电路　（b）图（a）的等效电路

图 1.49　例 1.10 图

$$R_{ab}=R_1+R_2+R_3=3+7+8=18\ (\Omega)$$

结论：n 个电阻串联电路，对外电路可用一个阻值为 $R_{eq}=\sum_{k=1}^{n}R_k$ 的电阻等效替代。

3. 电阻串联电路的分压器作用

电阻串联电路可实现分压器功能。如图 1.50 所示，总电压 U 可分解为 n 个不同或相同的电压 U_k，根据 KVL 得

图 1.50　电阻串联电路的分压器示意图

$$U=U_1+U_2+U_3+\cdots+U_n$$

因串联电路中，通过所有电阻的电流都为 I，则根据欧姆定律，电阻 R_k 上的分压值 U_k 为

$$U_k=R_kI=\frac{R_k}{R_{eq}}U\quad k=1,2,3\cdots,n \tag{1.12}$$

式（1.12）中 $R_{eq}=R_1+R_2+R_3+\cdots+R_n=\sum_{k=1}^{n}R_k$，即等效电阻。式（1.11）称为电压分配公式，或称分压公式。

【例 1.11】电路如图 1.51(a)所示，已知电阻 $R_1=3\ \Omega$，$R_2=9\ \Omega$，$R_3=18\ \Omega$，电压 $U_S=60\ \text{V}$。试求：

（1）电流 I 和电阻上的电压。

（2）画出测量各电压、电流的接线电路图。

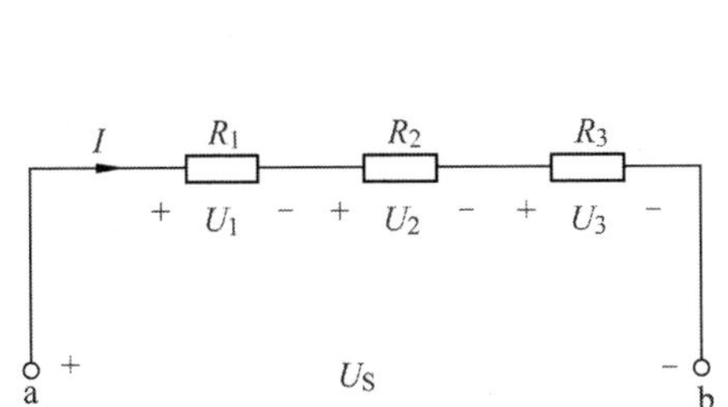

（a）例 1.11 电路图

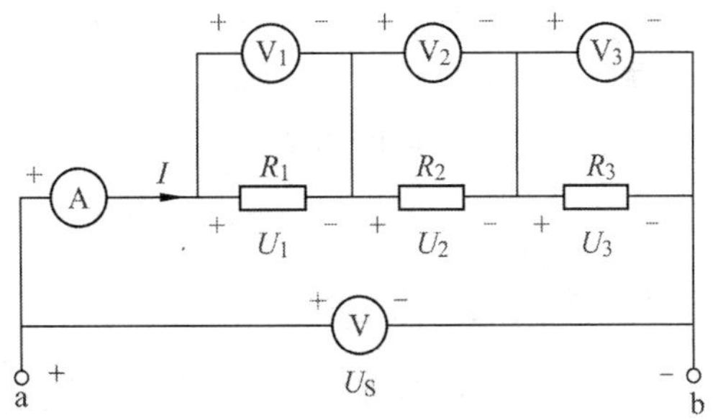

（b）测量电压、电流接线电路图

图 1.51　例 1.11 图及电量测量接线图

分析：先计算总电阻 $R_{ab}=R_1+R_2+R_3$；根据欧姆定律计算电流 $I=\frac{U_S}{R_{ab}}$ 和各电阻上的电压。

解　（1）求图 1.51（a）的电流 I 和电阻上的电压。

由式（1.11）得总电阻 R_{ab} 为

$$R_{ab}=R_1+R_2+R_3=3+9+18=30\ (\Omega)$$

由式（1.12）所示欧姆定律得

$$I=\frac{U_S}{R_{ab}}=\frac{60}{30}=2\ (\text{A})$$

$$U_1 = R_1 I = 3 \times 2 = 6\ (\text{V})$$
$$U_2 = R_2 I = 9 \times 2 = 18\ (\text{V})$$
$$U_3 = R_3 I = 18 \times 2 = 36\ (\text{V})$$

（2）画出测量各电压、电流的接线电路图。

电流仪表 A 与电阻串联；电压表与被测元件并联，如图 1.51（b）所示。

结论：

（1）总电压 U 通过 3 个串联电阻分解（分压）成 3 个不同的电压（即 6 V、18 V、36 V），实现分压器的作用。

（2）串联电路中的电流相同，所以，测量电流只接一个电流表。串联电阻 R_k 端电压 U_k 与其电阻值 R_k 成正比，即串联电阻值 R_k 越大，其端电压 U_k 就越高，所以，测量电压时每个串联元件上并联一个电压表。

4. 电阻串联电路的功率

串联电阻电路（如图 1.50 所示）的总功率 P 等于各个电阻 R_k 消耗的功率 P_k 之和，即

$$P = P_1 + P_2 + P_3 + \cdots + P_n = \sum_{k=1}^{n} P_k \tag{1.13}$$

式（1.13）中：$P_k = IU_k = R_k I^2 = \dfrac{U_k^2}{R_k}$。

【例 1.12】 试求例 1.11 电路中各电阻上的功率、总功率，并验证功率平衡。

分析：用 $P_k = IU_k$ 计算各电阻消耗的功率；用 $P = P_1 + P_2 + P_3$ 计算电路消耗的总功率；用 $P_S = IU_S$ 计算电源提供的功率；“功率平衡”是指电路提供的总功率等于电路消耗的总功率，即 $P = P_S$ 或 $P - P_S = 0$。

解 R_1 电阻消耗的功率为

$$P_1 = IU_1 = 2 \times 6 = 12\ (\text{W})$$

R_2 电阻消耗的功率为

$$P_2 = IU_2 = 2 \times 18 = 36\ (\text{W})$$

R_3 电阻消耗的功率为

$$P_3 = IU_3 = 2 \times 36 = 72\ (\text{W})$$

由式（1.13）得电阻消耗的总功率为

$$P = P_1 + P_2 + P_3 = 12 + 36 + 72 = 120\ (\text{W})$$

电源提供的功率为

$$P_S = IU_S = 2 \times 60 = 120\ (\text{W})$$

电路功率平衡 $P = P_S$，即

$$P - P_S = 120 - 120 = 0\ (\text{W})$$

结论：电路消耗的总功率 P 等于电源提供的功率 P_S，即 $P - P_S = 0$，常称为功率平衡。

1.5.2　电压源串联

1. 电压源串联电路图

电压源的连接一般以串联连接为主。如图 1.52（a）所示为 3 个电压源串联电路。图 1.52（b）为图 1.52（a）的等效电压源电路，其电压源 U_S 值可根据 KVL 得

$$U_S = U_1 + U_2 + U_3$$

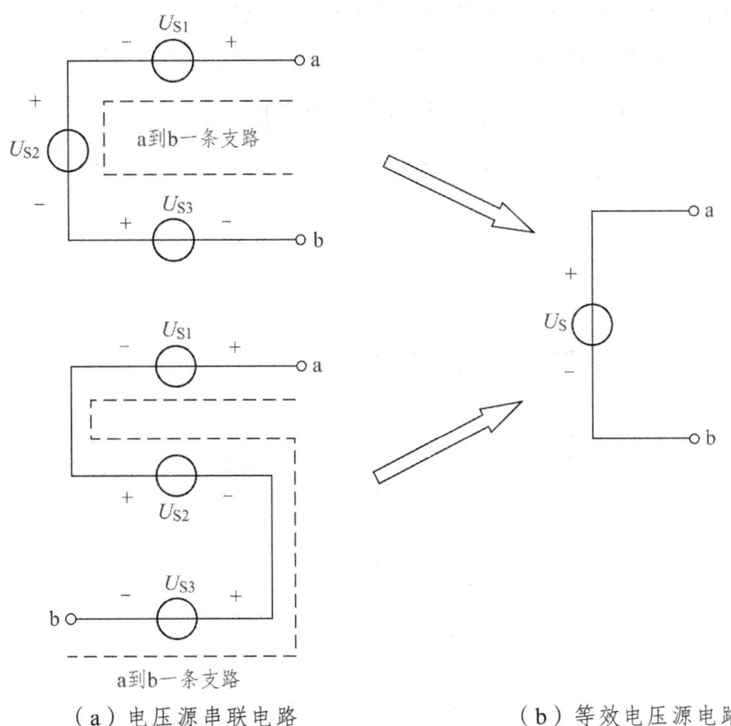

（a）电压源串联电路　　　（b）等效电压源电路

图 1.52　电压源串联电路与等效电路

2. 等效电压源的计算

【例 1.13】 电路如图 1.53（a）所示，已知电压源 $U_{S1}=5\text{ V}$，$U_{S2}=10\text{ V}$，$U_{S3}=6\text{ V}$，试求：

（1）如图 1.53（b）所示电路中等效电压源值 U_S。

（2）画测量电压接线电路图。

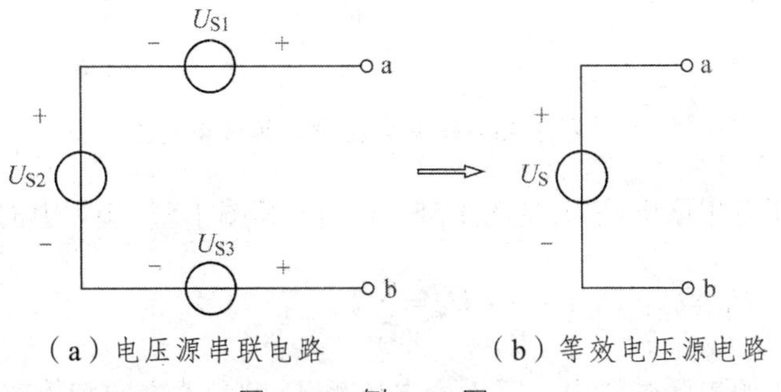

（a）电压源串联电路　　　（b）等效电压源电路

图 1.53　例 1.13 图

分析：

（1）图 1.53（a）为电压源串联电路，其 a、b 端口等效电压值 U_S 可根据 KVL 分析计算。注意在计算等效电压源 U_S 值时，串联电路中各电压源的参考方向[如图 1.53（a）中的电压源 U_{S1}、U_{S2} 的电压方向与图 1.53（b）等效电压源 U_S 的方向一致，电压源 U_{S3} 的电压方向与等效电压源 U_S 的方向相反]。

（2）测量电压时，电压表与被测元件或电路模块为并联关系。

解 （1）求图 1.53（b）所示电路中等效电压源值 U_S。

图 1.53（b）等效电压源值为

$$U_S = U_{S1} + U_{S2} - U_{S3} = 5 + 10 - 6 = 9\ (\text{V})$$

（2）测量电压接线电路如图 1.54 所示。

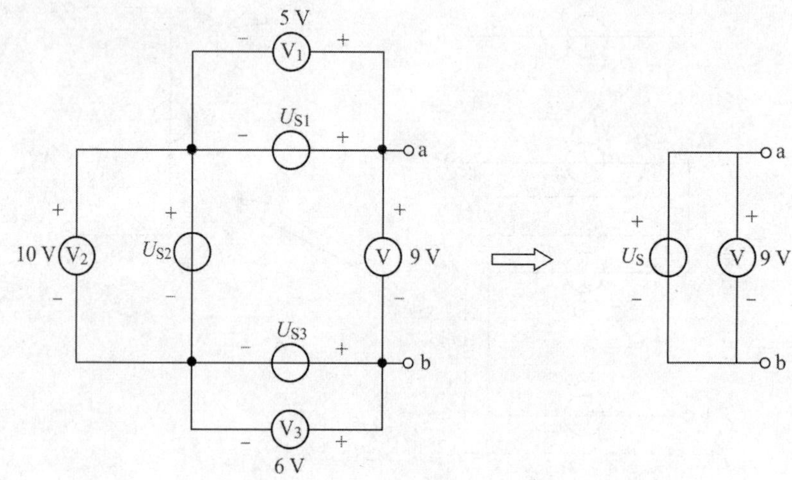

图 1.54 测量电压接线电路图

结论：用一个电压源 U_S 可以等效替代电压源串联电路。注意：电压源 U_S 等效运算时，串联中的电压源 U_k 方向与等效电压源 U_S 方向一致时为“+”，否则为“－”。另“等效”是对外电路等效，即对 a、b 端口外接的电路等效。

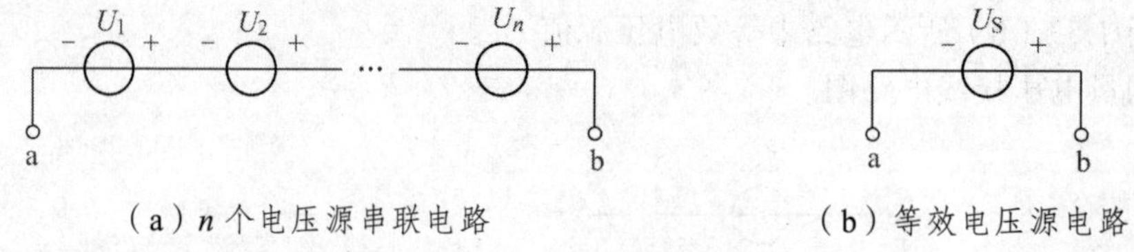

（a）n 个电压源串联电路　　（b）等效电压源电路

图 1.55 串联电压源的等效电路图

当有 n 个电压源串联电路时[见图 1.55（a）]，其图 1.55（b）中的等效电压源 U_S 值为

$$U_S = U_1 + U_2 + \cdots\cdots + U_n = \sum_{k=1}^{n} U_k \tag{1.14}$$

注意：当电压源串联电路中，第 k 个电压源 U_k 的参考方向与等效电压源 U_S 的参考方向一致时，式（1.14）中 U_k 的前面取“＋”号，否则，取“－”号。

3. 电压源的功率

【例 1.14】 电路如图 1.56 所示，已知电压源 $U_{S1}=25\text{ V}$，$U_{S2}=10\text{ V}$，$U_{S3}=5\text{ V}$，电阻 $R=5\,\Omega$，试求：

（1）电流 I 和等效电压源 U_S。

（2）每个元件的功率，并说明电压源在电路中是电源还是负载。

（3）验证功率平衡。

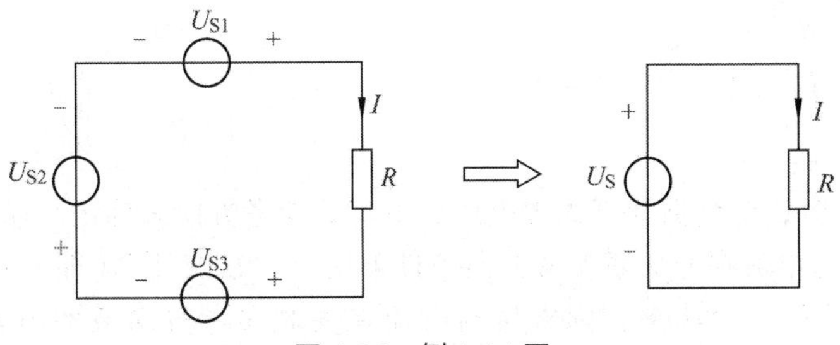

图 1.56　例 1.14 图

分析：

（1）根据式 1.13 计算等效电压值 $U_S=U_{S1}-U_{S2}-U_{S3}$；再由欧姆定律计算电流 $I=\dfrac{U_S}{R}$。

（2）由 $P_k=IU_k$ 分析计算各元件功率。

（3）验证功率平衡，即消耗功率等于提供功率。

解　（1）求电流 I 和等效电压源 U_S。

由式（1.13）得等效电压源 U_S 为

$$U_S=U_{S1}-U_{S2}-U_{S3}=25-10-5=10\,(\text{V})$$

由欧姆定律得

$$I=\frac{U_S}{R}=\frac{10}{5}=2\,(\text{A})$$

（2）求每个元件的功率。

电压源 U_{S1} 提供功率为

$$P_{S1}=IU_{S1}=2\times 25=50\,(\text{W})$$

电压源 U_{S2} 提供功率为

$$P_{S2}=-IU_{S2}=-(2\times 10)=-20\,(\text{W})$$

电压源 U_{S3} 提供功率为

$$P_{S3}=-IU_{S3}=-2\times 5=-10\,(\text{W})$$

电阻 R 消耗功率为

$$P_R=RI^2=5\times 2^2=20\,(\text{W})$$

电压源 U_{S1} 提供功率 $P_{S1}>0$，是电源；而电压源 U_{S2}、U_{S3} 提供功率均小于零（即 $P_{S2}<0$、$P_{S3}<0$），说明是消耗功率，所以，电压源 U_{S2}、U_{S3} 是负载。

（3）验证功率平衡。

电路中消耗的总功率为

$$P_{耗} = -P_{S2} - P_{S3} + P_{R} = -(-20) - (-10) + 20 = 50\ (\mathrm{W})$$

电路中提供的总功率为

$$P_{供} = P_{S1} = 50\ (\mathrm{W})$$

功率平衡式得

$$P_{供} - P_{耗} = 50 - 50 = 0$$

结论：

（1）功率定性时，要根据计算式中电压、电流的参考方向来确定。如果问元件“提供”多少功率，则电压与电流在非关联参考方向条件下用 $P = IU$ 式计算（即 $P = IU > 0$ 提供功率）；如果问元件“消耗”多少功率，则电压与电流在关联参考方向条件用 $P = IU$ 式计算（即 $P = IU > 0$ 消耗功率）。

（2）电压源在电路中是提供功率，还是消耗功率，与电压源外接电路有关。当电压源提供功率时，常称电压源的功能为“电源”；当电压源消耗功率时，常称电压源为“负载”。

1.5.3 电流源串联

电流源只有在满足电流值相等、连接方向一致的条件下才允许串联，否则违背 KCL。

例如，图 1.57（a）为两个电流值相等的电流源串联电路，对 a、b 端外接电路可以等效为一个电流源 I_S，如图 1.57（b）所示。

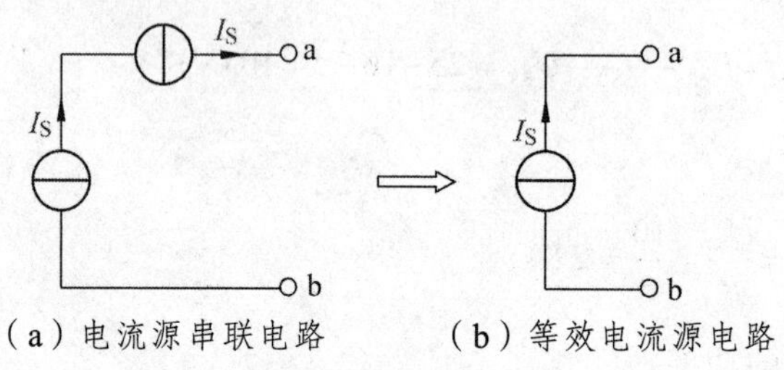

图 1.57 等值电流源串联等效电路

【例 1.15】 电路如图 1.58 所示，已知电流源 $I_S = 2\ \mathrm{A}$，电压源 $U_S = 8\ \mathrm{V}$，电阻 $R = 3\ \Omega$，$R_1 = 10\ \Omega$，试求：

（1）a、b 电路中的电压 U、U_1。

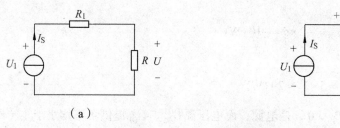

图 1.58 例 1.15 图

（2）元件上的功率，并说明元件是电源还是负载。

分析：

（1）图 1.58（a）为电流源与电阻构成串联回路，流过电阻中的电流为 2A。

（2）图 1.58（b）为电流源、电压源与电阻构成串联回路，即电压源和电阻中的电流为 2 A。

解　（1）求 a、b 电路中电压 U、U_1。

图 1.58（a）中

$$U = I_S R = 2\times 3 = 6\,(\text{V})$$
$$U_1 = (R_1 + R)\cdot I_S = (10+3)\times 2 = 26\,(\text{V})$$

解图 1.58（b）中

$$U = I_S R = 2\times 3 = 6\,(\text{V})$$
$$U_1 = U + U_S = 6+8 = 14\,(\text{V})$$

（2）元件上的功率，并说明元件是电源还是负载。

图 1.58（a）中

电流源提供功率：

$$P_S = I_S U_1 = 2\times 26 = 52\,(\text{W})\ （电源）$$

电阻消耗总功率：

$$P_R = (R_1 + R)I_S^2 = (10+3)\times 2^2 = 52\,(\text{W})\ （负载）$$

解图 1.58（b）中

电流源提供功率：

$$P_S = I_S U_1 = 2\times 14 = 28\,(\text{W})\ （电源）$$

电压源提供功率：

$$P_{US} = -I_S U_S = -(2\times 8) = -16\,(\text{W})\ （负载）$$

电阻消耗功率：

$$P_R = R I_S^2 = 3\times 2^2 = 12\,(\text{W})\ （负载）$$

结论：串联电路中，各元件（如电阻、电压源）中的电流相等。如果串联支路中含有电流源，则串联支路的电流大小及方向由电流源决定。例如 a、b 串联电路中电流大小及方向都是由电流源 I_S 决定的，与所串联的元件和电气参数无关。即理想电流源 I_S 与任何二端网络 N 或任何元件（如果是理想电流源元件，应不违背 KCL）串联[见图 1.59（a）]，对 a、b 端外接电路可用一个理想电流源 I_S 等效替代[如图 1.59（b）]。

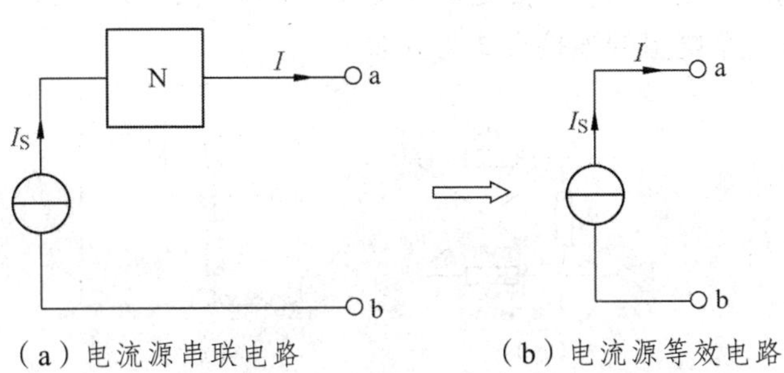

（a）电流源串联电路　　（b）电流源等效电路

图 1.59　二端网络 N 与电流源的串联等效电路

1.5.4　常见问题讨论

（1）在电路分析中，常常把电路中的某一部分等效简化成一个较为简单的电路，其简化后的电路端电压、端电流会发生变化吗？

解答：不会。

“等效变换”的前提是电路的端口电压和端口电流等效，即电路在等效简化后，其电路的端口电压和端口电流不变。

（2）“等效”指的是电路中的电压、电流均保持不变吗？

解答：不是。

“等效”指的是电路的端口电压和端口电流等效。

（3）电阻串联电路中，各电阻元件上的端电压一定相等吗？

解答：不一定相等。

虽然串联电路中，流过各电阻元件的电流 I 相同，但由欧姆定律可知，各电阻 R_k 元件上的端电压 $U_k = R_k I$，当电流 I 一定时，电阻 R_k 元件上的端电压 U_k 与电阻 R_k 大小成正比。

（4）电阻串联电路具有“分压”特性吗？

解答：有。

电阻串联电路的“分压”特性如式（1.11）所示。

（5）两个理想电流源可以串联吗？

解答：不一定。

只有当理想电流源的电流值大小相等、连接方向一致时，才可以串联[见图 1.57（a）]，否则违背 KCL。

（6）有 3 个电压源 U_{S1}、U_{S2}、U_{S3} 串联，其等效电压源 $U_S = U_{S1} + U_{S2} + U_{S3}$。

解答：不一定。

只有电压源 U_{S1}、U_{S2}、U_{S3} 的参考方向与等效电压源 U_S 的电压方向一致时，等效电压源 $U_S = U_{S1} + U_{S2} + U_{S3}$ 才成立。

1.6　并联电路

1.6.1　电阻并联

1. 电阻并联电路图

当 3 个电阻同时连接在两个结点之间（见图 1.60）时，形成三条支路，这三条支路具有相同的电压，则称 3 个电阻的连接方式为并联。

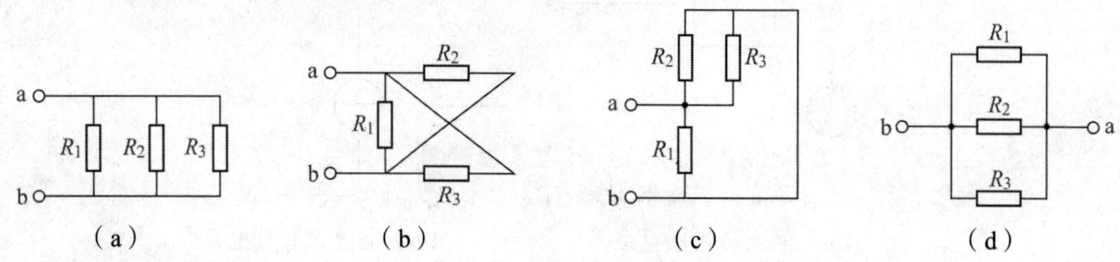

图 1.60　3 个电阻并联电路图

图 1.60 展现了 4 个不同几何图形的并联电路，4 个电路的连接结构（并联）和电压特性（每一条支路电压都相等）是完全相同的。

并联电阻之间的关系常用两条平行直线“//”来表示，例如图 1.60 中相互并联的电阻关系，可表示为

$$R_1 // R_2 // R_3$$

2. 并联电阻的总电阻

若有 n 个电阻连接在两个结点之间，其电阻之间的电压都是相等的，则称这 n 个电阻的连接方式为并联。如图 1.61（a）所示。

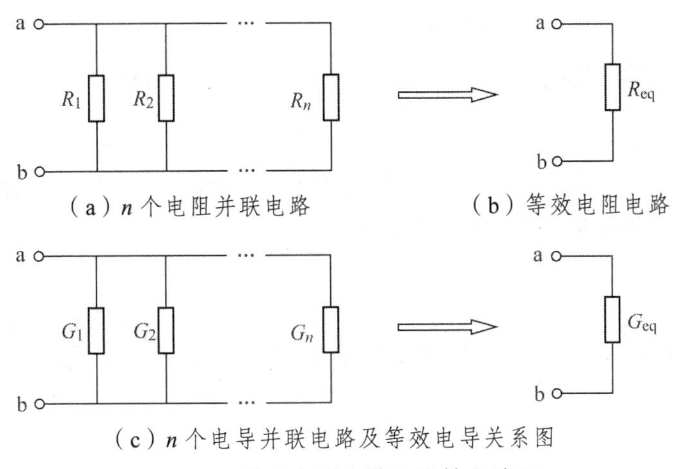

（a）n 个电阻并联电路　　（b）等效电阻电路

（c）n 个电导并联电路及等效电导关系图

图 1.61　并联电阻电路及等效电路图

图 1.61（a）所示电路的总电阻 R_{eq} 的倒数等于各个电阻值的倒数之和，即

$$\frac{1}{R_{eq}}=\frac{1}{R_1}+\frac{1}{R_2}+\cdots+\frac{1}{R_n}=\sum_{k=1}^{n}\frac{1}{R_k} \tag{1.15}$$

由式（1.15）得图 1.61（b）总电阻 R_{eq} 值的计算式为

$$R_{eq}=R_1 // R_2 // \cdots // R_n=\frac{1}{\sum\limits_{k=1}^{n}\frac{1}{R_k}} \tag{1.16}$$

当图 1.61（a）中的并联电阻相等时，即 $R_1=R_2=\cdots=R_n=R$，则总电阻为

$$R_{eq}=R_1 // R_2 // \cdots // R_n=\frac{R}{n} \tag{1.17}$$

令式（1.15）中 $\frac{1}{R_{eq}}=G_{eq}$、$\frac{1}{R_k}=G_k$，其 G_{eq}、G_k 称为电导，则图 1.61（c）所示电路的总电导为

$$G_{eq}=G_1+G_2+\cdots+G_n=\sum_{k=1}^{n}G_k \tag{1.18}$$

式（1.18）中电导 G_{eq} 的单位为西门子（S）。

若图 1.61（c）中 $G_1 = G_2 = \cdots = G_n = G$，则由式（1.18）得总电阻为

$$G_{eq} = nG \tag{1.19}$$

【例 1.16】 电路如图 1.62 所示，已知电阻 $R_1 = 3\,\Omega$，$R_2 = 6\,\Omega$，试求等效电阻 R_{ab}。

分析：计算等效电阻的电路图，常常直接用如图 1.62 所示电路形式表示。根据式 1.16 得等效电阻为 $R_{ab} = R_1 // R_2 = \dfrac{R_1R_2}{R_1 + R_2}$。

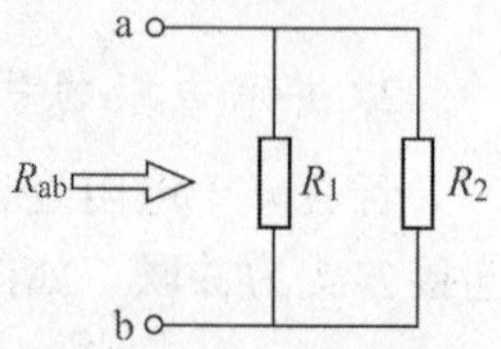

解

$$R_{ab} = R_1 // R_2 = \frac{R_1R_2}{R_1 + R_2} = \frac{3\times6}{3+6} = 2\,(\Omega)$$

图 1.62　例 1.16 图

结论：n 个电阻并联的电路，对外电路可用一个电阻等效替代。

3. 电阻并联的分流作用

并联电阻电路中，各并联支路的端电压是相等的，如图 1.63 所示电路中电阻 R_1 至 R_n 的端电压都等于 U。其电流关系可根据 KCL 得

$$I = I_1 + I_2 + I_3 + \cdots + I_n$$

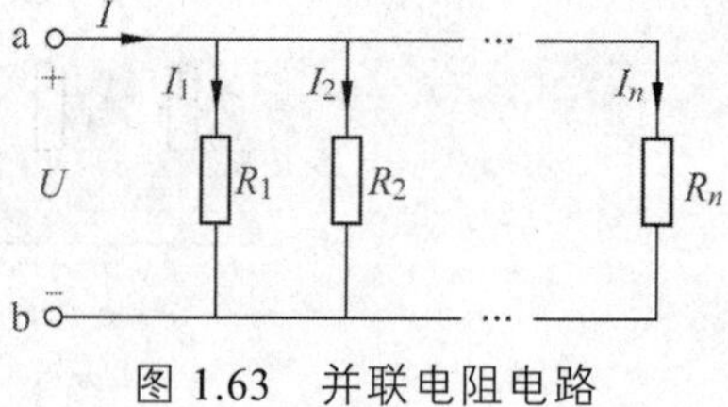

图 1.63　并联电阻电路

根据欧姆定律，总电流 $I = \dfrac{U}{R_{eq}}$，支路电阻 R_k 上的电流 $I_k = \dfrac{U}{R_k}$，则

$$I = \frac{R_k}{R_{eq}} I_k$$

上式中电阻 R_{eq} 为并联电路的等效总电阻。则各支路电流 I_k 的计算式为

$$I_k = \frac{U}{R_k} = \frac{R_{eq}}{R_k} I \quad k = 1,2,3,\cdots,n \tag{1.20}$$

式（1.20）称为电流分配公式，或称分流公式。式（1.20）说明各个支路电流 I_k 与其各并联的电阻 R_k 值成反比，即电阻 R_k 值越大，则支路电流 I_k 越小。

当 $R_1 = R_2 = \cdots = R_n = R$ 时，各支路电流相等，即 $I_1 = I_2 = \cdots = I_n$，则支路电流 I_k 为

$$I_k = \frac{U}{R} = \frac{1}{n} I \quad k = 1,2,3,\cdots,n \tag{1.21}$$

总电流 I 为

$$I = nI_k \quad k = 1,2,3,\cdots,n \tag{1.22}$$

【例 1.17】 电路如图 1.64（a）所示，试分别计算两种已知条件下的电流 I_1、I_2、I_3、I 和图 1.64（b）等效电阻 R_0，并画出测量 1.64（a）电路中电压、电流的仪表符号接线电路图。

（1）已知电阻 $R_1 = R_2 = R_3 = 6\,\Omega$，电压 $U_S = 12\text{ V}$。

（2）已知电阻 $R_1 = 2\,\Omega$，$R_2 = 3\,\Omega$，$R_3 = 6\,\Omega$，电压 $U_S = 12\text{ V}$。

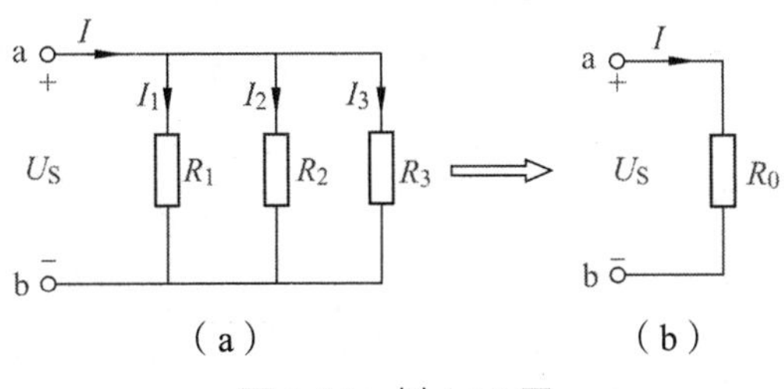

图 1.64　例 1.17 图

分析：

（1）并联电阻相等时，由式（1.17）得等效电阻 $R_0 = \dfrac{R_1}{3}$；由欧姆定律得支路电流 $I_1 = I_2 = I_3 = \dfrac{U_S}{R_1}$；由式（1.22）得总电流 $I = 3I_1$。

（2）由式（1.16）得等效电阻 $R_0 = R_1 /\!/ R_2 /\!/ R_3$；由式 $I = \dfrac{U_S}{R_0}$ 得总电流；由式（1.20）得支路电流 $I_k = \dfrac{U_S}{R_k}$。

（3）测量电流时，电流表串联在支路中；测量电压时，电压表并联于电路的两点上。

解　（1）$R_1 = R_2 = R_3 = 6\,\Omega$，$U_S = 12\text{ V}$。

等效电阻

$$R_0 = \frac{R_1}{3} = \frac{6}{3} = 2\,(\Omega)$$

由欧姆定律得支路电流

$$I_1 = I_2 = I_3 = \frac{U_S}{R_1} = \frac{12}{6} = 2\,(\text{A})$$

总电流为

$$I = 3I_1 = 3 \times 2 = 6\,(\text{A})$$

因 $R_1 = R_2 = R_3$，则图 1.64（b）中等效电阻 R_0 为

$$R_0 = \frac{R_1}{3} = 2\,(\Omega)$$

（2）$R_1 = 2\,\Omega$，$R_2 = 3\,\Omega$，$R_3 = 6\,\Omega$，$U_S = 12\text{ V}$。

等效电阻

$$R_0 = R_1 /\!/ R_2 /\!/ R_3 = 2 /\!/ \left(\frac{3 \times 6}{3 + 6}\right) = 2 /\!/ 2 = \frac{2}{2} = 1\,(\Omega)$$

由欧姆定律得各支路电流

$$I_1=\frac{U_S}{R_1}=\frac{12}{2}=6\,(A)$$

$$I_2=\frac{U_S}{R_2}=\frac{12}{3}=4\,(A)$$

$$I_3=\frac{U_S}{R_3}=\frac{12}{6}=2\,(A)$$

总电流为

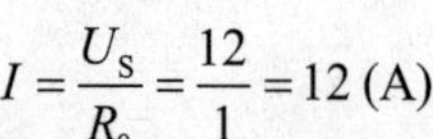

$$I=\frac{U_S}{R_0}=\frac{12}{1}=12\,(A)$$

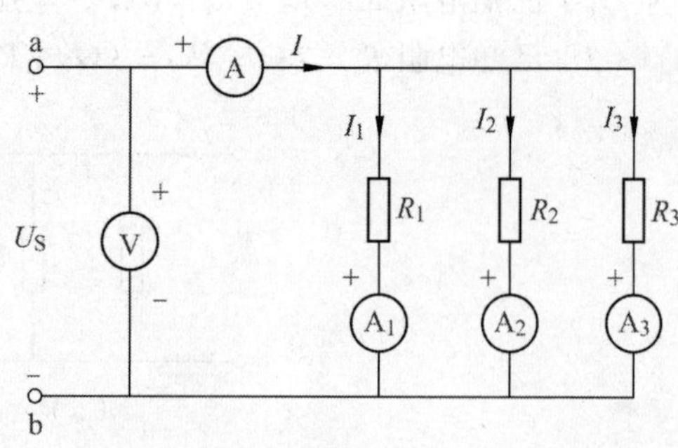

图 1.65　电压、电流的测量接线电路图

（3）测量 1.64（a）电路中电压、电流的接线电路，如图 1.65 所示。

结论：并联支路的端电压相等，但各支路电流可有所不同（或相同），即并联电路具有分流功能。

4. 电阻并联电路的功率

并联电阻电路（见图 1.65）的总功率 P 等于各个电阻 R_k 消耗的功率 P_k 之和，如式（1.13）所示，即

$$P=P_1+P_2+P_3+\cdots+P_n=\sum_{k=1}^{n}P_k$$

【例 1.18】 试求例 1.17 各元件消耗的功率及消耗的总功率，并验证功率平衡。已知电阻 $R_1=2\,\Omega$，$R_2=3\,\Omega$，$R_3=6\,\Omega$，电压 $U_S=12\text{ V}$。

分析：各电阻消耗的功率为 $P_k=I_kU_S$；电路消耗的总功率为 $P_R=P_1+P_2+P_3$；电源提供的总功率为 $P_S=IU_S$；功率平衡为 $P_R-P_S=0$。

解　电阻 R_1 消耗功率为

$$P_1=I_1U_S=6\times12=72\,(W)$$

电阻 R_2 消耗功率为

$$P_2=I_2U_S=4\times12=48\,(W)$$

电阻 R_3 消耗功率为

$$P_3=I_3U_S=2\times12=24\,(W)$$

电路消耗的总功率为

$$P_R=P_1+P_2+P_3=72+48+24=144\,(W)$$

电源提供的总功率为

$$P_S=IU_S=12\times12=144\,(W)$$

验证功率平衡

$$P_R-P_S=144-144=0$$

结论：电路的功率计算与电路的结构（串联或并联）无关，只与元件上的端电压U_k、电流I_k有关，即$P_k = I_k U_k$；功率的性质（是“提供”还是“消耗”功率）与电压U_k、电流I_k之间的方向关系（是“关联”还是“非关联”方向）有关。当电压U_k与电流I_k为关联方向时，$P_k = I_k U_k > 0$为消耗功率，$P_k = I_k U_k < 0$为提供功率；当电压U_k与电流I_k为非关联方向时，$P_k = I_k U_k > 0$为提供功率，$P_k = I_k U_k < 0$为消耗功率。

1.6.2　电流源并联

电流源的连接一般以并联连接为主。由于我们讨论的电流源是理想电流源，因此必须在一定条件下，才允许理想电流源串联。

1. 电流源并联电路图

图 1.66（a）展示的是 3 个电流源并联电路图，虽然两个电路的几何图形有所不同，但其连接的结构（并联）和电源的方向是完全相同的，即每条电流源支路都连接在 a、b 两点间，电流源的端电压相同。因此，两个并联的电流源电路图都等效为图 1.66（b）。

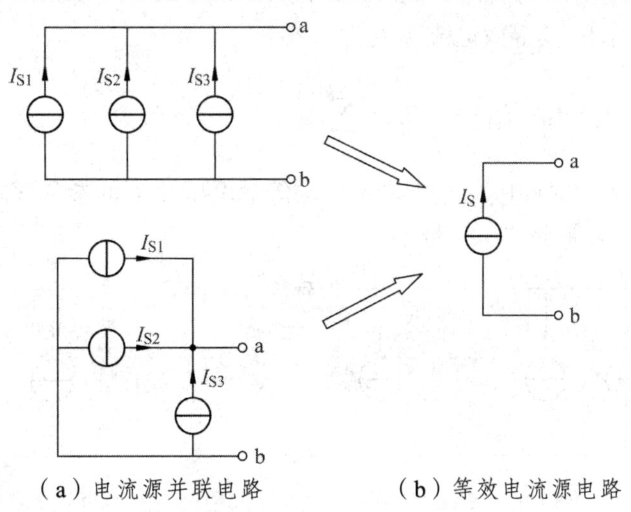

（a）电流源并联电路　　　　（b）等效电流源电路

图 1.66　电流源并联电路及等效电路图

2. 等效电流源的计算

图 1.66（b）为电流源并联电路图 1.66（a）的等效电路，其电流源I_S的值可根据 KCL 得

$$I_S = I_1 + I_2 + I_3$$

注意：上式中，图 1.66（a）电流源I_{Sk}的方向与图 1.66（b）等效电流源I_S方向一致为“+”，否则为“－”。

【例 1.19】 电路如图 1.67（a）所示，试求图 1.67（b）所示电路中的等效电流源电流I_S，并画出测量电流源电流的接线电路图。

分析：图 1.67（a）为电流源并联电路。求解时注意 3 A 电流源和 8 A 电流源方向与等效电流源I_S方向相反。

解

$$I_S = 10 - 3 - 8 = -1\,(\mathrm{A})$$

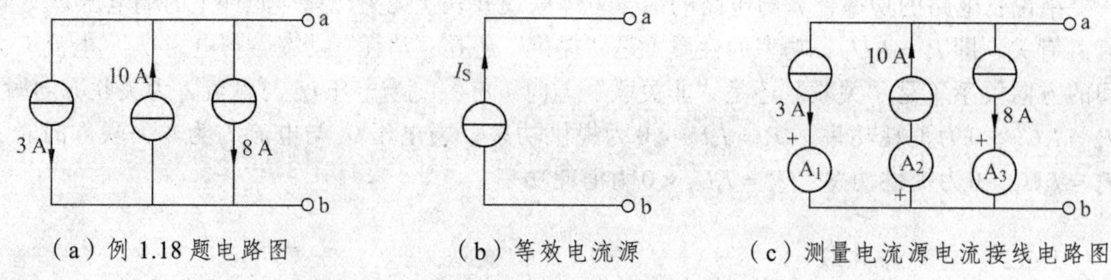

（a）例 1.18 题电路图　　（b）等效电流源　　（c）测量电流源电流接线电路图

图 1.67　例 1.19 图及测量电流接线电路图

测量电流源电流的接线电路如图 1.67（c）所示。

结论：

（1）多个电流源的并联可以用一个电流源进行等效替代，这里的“等效”是对外电路等效，即外电路中的 a、b 端电压和电流在等效变换前后保持不变。

（2）在测量电流时，注意被测电流的方向，即被测电流由电流表的“+”流入。

当有 n 个电流源并联时[如图 1.68（a）所示]，根据 KCL，可以用一个电流源 I_S 等效替代[如图 1.68（b）所示]。其等效电流源 I_S 为

$$I_S = I_{S1} + I_{S2} + \cdots + I_{Sn} = \sum_{k=1}^{n} I_{Sk} \tag{1.23}$$

注意：当图 1.68（a）中 I_{Sk} 的参考方向与等效电压源 I_S 的参考方向一致时，式（1.23）中 I_{Sk} 取“+”号，否则取“−”号。

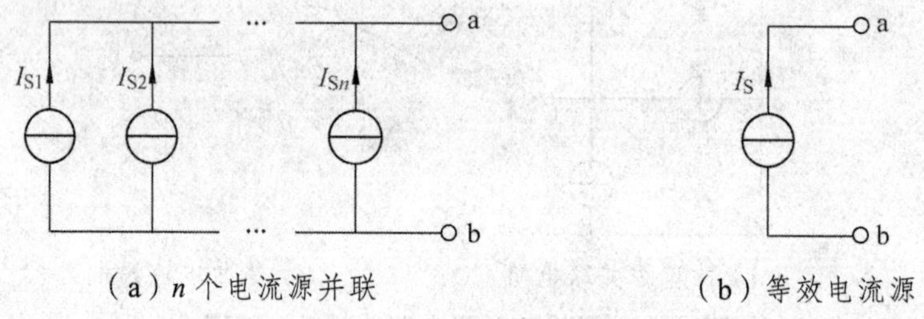

（a）n 个电流源并联　　（b）等效电流源

图 1.68　电流源并联等效电路

3. 电流源并联电路的功率

【例 1.20】 将例 1.19 题的电路与外电阻连接，如图 1.69（a）所示，已知电阻 $R_1 = 10\,\Omega$。试求电压 U 和各元件的功率，并说明各元件是电源还是负载，验证功率平衡。

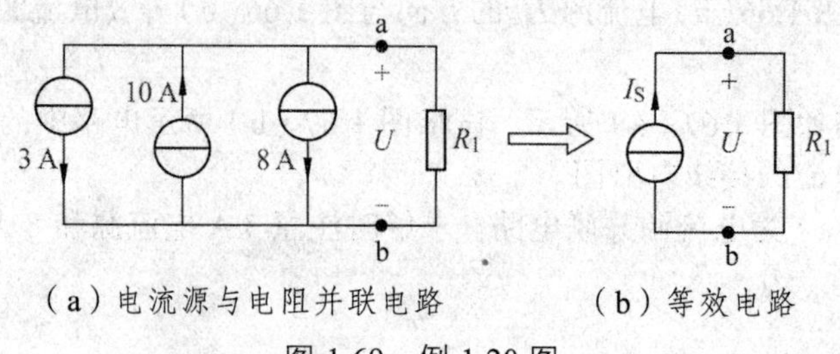

（a）电流源与电阻并联电路　　（b）等效电路

图 1.69　例 1.20 图

分析：

（1）例 1.19 中已得图 1.69（b）等效电流源 $I_S = -1\text{ A}$。所以，由欧姆定律计算电压 $U = R_1 I_S$。

（2）功率 $P = IU$。

解　欧姆定律得电压

$$U = R_1 I_S = 10 \times (-1) = -10\ (\text{V})$$

电阻 R_1 消耗功率为

$$P_R = I_S U = (-1) \times (-10) = 10\ (\text{W})$$（消耗功率，是负载）

电流源 I_{S1} 提供功率为

$$P_{S1} = -3U = -3 \times (-10) = 30\ (\text{W})$$（提供功率，是电源）

电流源 I_{S2} 提供功率为

$$P_{S2} = 10U = 10 \times (-10) = -100\ (\text{W})$$（消耗功率，是负载）

电流源 I_{S3} 提供功率为

$$P_{S3} = -8U = -8 \times (-10) = 80\ (\text{W})$$（提供功率，是电源）

电路消耗的总功率为

$$P_{耗} = P_R - P_{S2} = 10 - (-100) = 110\ (\text{W})$$

电路提供的总功率为

$$P_{供} = P_{S1} + P_{S3} = 30 + 80 = 110\ (\text{W})$$

验证功率平衡

$$P_{耗} = P_{供}$$

结论：电流源在电路中的作用是“电源”还是“负载”，与电流源外接电路有关。功率平衡又称功率守恒，即电源提供的功率等于电路消耗的功率。

1.6.3　电压源并联

电压源并联是有条件的，即电压源只有在满足电压值相等、连接极性一致的条件下才允许并联，否则违背 KVL。

例如，有两个 10 V 电压源并联，如图 1.70（a）所示，对 a、b 端外接电路可以等效为一个 10 V 电压源，如图 1.70（b）所示。

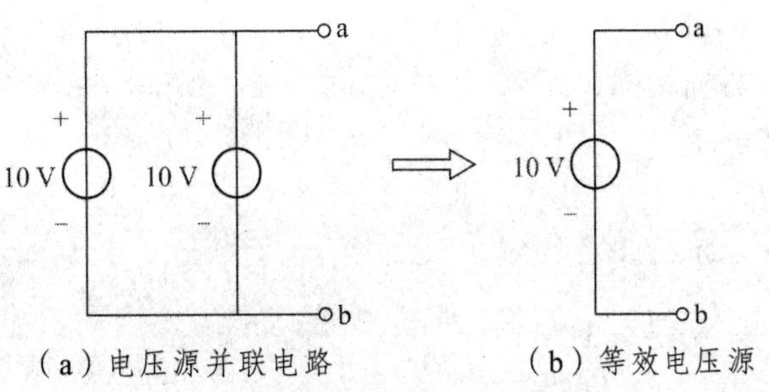

（a）电压源并联电路　　（b）等效电压源

图 1.70　电压源并联电路及等效电路

【例 1.21】 电路如图 1.71 所示，已知电压源 $U_S = 12\ \text{V}$，电流源 $I_S = -8\ \text{A}$，电阻 $R = 2\ \Omega$，试求电流 I、I_1、I_2 及电压源提供的功率。

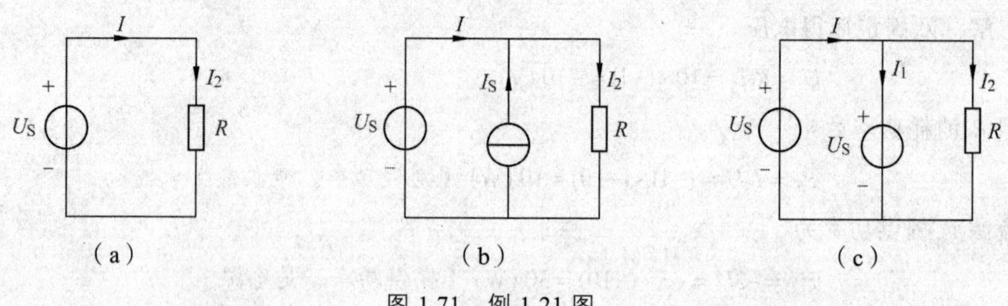

图 1.71　例 1.21 图

分析：图中元件之间为并联电路，即元件端电压相等；图 1.71（c）中，两电压源大小相等，方向相同，则 $I = -I_1$。

解 （1）图 1.71（a）中：

$$I = I_2 = \frac{U_S}{R} = \frac{12}{2} = 6\ (\text{A})$$

电压源提供的功率为

$$P_a = IU_S = 6 \times 12 = 72\ (\text{W})\ （提供功率，是电源）$$

（2）解图 1.71（b）

$$I_2 = \frac{U_S}{R} = \frac{12}{2} = 6\ (\text{A})$$

由 KCL 得

$$I = -I_S + I_2 = -8 + 6 = -2\ (\text{A})$$

电压源提供的功率为

$$P_b = IU_S = (-2) \times 12 = -24\ (\text{W})\ （消耗功率，是负载）$$

（3）图 1.71（c）

$$I_2 = \frac{U_S}{R} = \frac{12}{2} = 6\ (\text{A})$$

由 KCL 得

$$I = I_1 + I_2$$

两电压源电流大小、方向相同，即

$$I = -I_1$$

则

$$I = -I + I_2$$

$$I = \frac{I_2}{2} = \frac{6}{2} = 3\ (\text{A})$$

$$I_1 = -I = -3\ (\text{A})$$

每个电压源提供的功率为

$$P_c = IU_S = 3\times 12 = 36\,(\text{W})\text{（提供功率，是电源）}$$

结论：

（1）对于电阻 R 而言，$I_2 = 6$ A 保持不变，图 1.71（a）可以等效替代图 1.71（b）（c）。即电压源 U_S 并联电流源 I_S，或并联相同的电压源 U_S，对电阻 R 等效为电压源 U_S 电路。

（2）由图 1.71（a）（c）分析计算可知，并联电路图 1.71（c）中的电源电流 I_S 和功率 P_c 是图 1.71（a）中电源电流或功率的 $\frac{1}{2}$，即 $I_S = \frac{I}{2}$，$P_c = \frac{P_a}{2}$。

（3）电压源提供或消耗的功率大小，由外接电路所决定。

当有 n 个电压源并联[见图 1.72（a）]时，对外电路 N 而言，可以等效为一个电压源连接的电路，如图 1.72（b）所示。

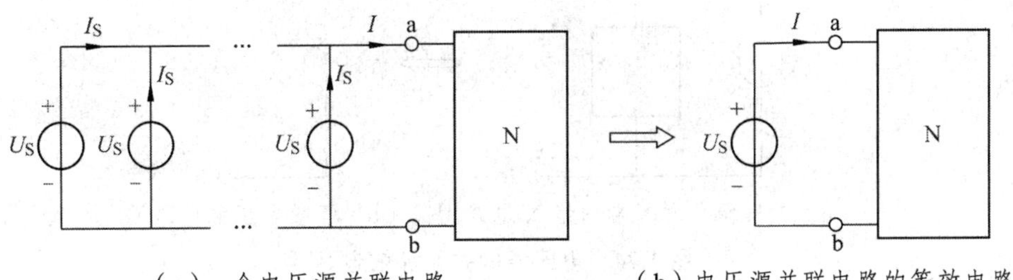

（a）n 个电压源并联电路　　（b）电压源并联电路的等效电路图

图 1.72　电压源并联电路及等效电路图

图 1.72 所示电路的电流、功率关系为

$$I_S = \frac{I}{n}$$

$$P_k = \frac{P_S}{n}$$

上式中 P_k 是图 1.72（a）中每个电压源的功率；P_S 是图 1.72（b）中电压源的功率。

可见，并联电压源可在保持外电路工作状态不变条件下，减小并联电压源中的电流和功率的输出。

【例 1.22】　电路如图所示 1.73（a）所示，试求电流 I。

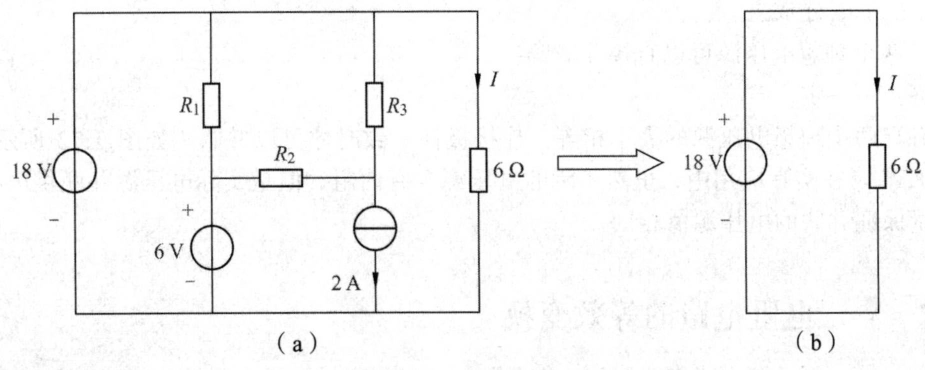

（a）　　（b）

图 1.73　例 1.22 图

分析：电路图 1.73（a）中，18 V 电压源与 6 Ω 电阻并联，即 6 Ω 电阻上的端电压为 18 V，可用如图 1.73（b）所示等效电路分析计算。

解

$$I = \frac{18}{6} = 3\,(\mathrm{A})$$

结论：不管在电压源 U_S 两端并联电阻电路还是其他电路，对 6 Ω 电阻来讲，其端电压 18 V 保持不变，即移去与 18 V 电压源并联的电路，不影响 6 Ω 电阻电路中的电流。如图 1.73（b）所示。

因此，当理想电压源 U_S 与任何二端网络 N 或任何元件（如果是理想电压源元件，应不违背 KVL）并联[见图 1.74（a）]，对 a、b 端外接电路可等效为一个理想电压源 U_S[见图 1.74（b）]。

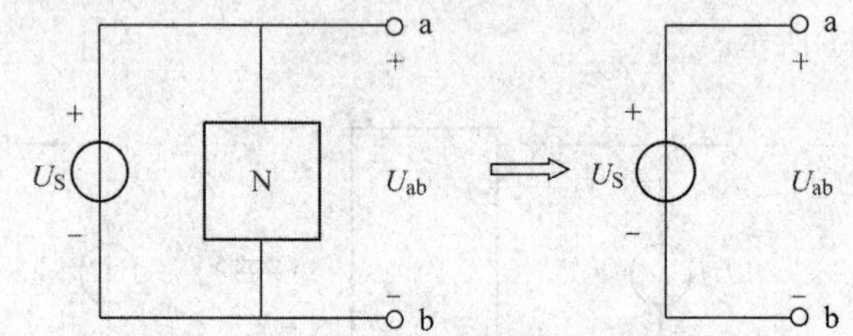

（a）电压源并联二端网络 N 电路图　（b）等效电压源电路图

图 1.74　电压源的并联等效电路

1.6.4　常见问题讨论

（1）并联在同一两点之间的各支路上端电压相同吗？

解答：相同。

并联电路电压特性：并联电路的各支路两端的电压大小、方向相同。

（2）并联电阻电路具有“分流”特性吗？

解答：有。

式（1.19）为“分流”计算式。

（3）有 3 个电流源 I_{S1}、I_{S2}、I_{S3} 并联，其等效电流源 $I_S = I_{S1} + I_{S2} + I_{S3}$。

解答：不一定。

只有电流源 I_{S1}、I_{S2}、I_{S3} 的电流方向与等效电流源 I_S 电流方向一致时，其等效电流源 $I_S = I_{S1} + I_{S2} + I_{S3}$ 才成立。

（4）两个理想电压源可以直接并联吗？

解答：不一定。

只有当两个理想电压源的大小相等、连接极性一致时才可以并联（如图 1.72 所示），否则违背 KVL。在实际应用中，虽然实际的电压源含有内阻，但是实际电压源并联供电时，还是要尽量保证并联的电压源值相同。

1.7　Y-△电阻电路的等效变换

电阻除了串联、并联连接外，还有 Y 形和△形两种连接方式。如图 1.75 所示。

Y 形连接：也称为星形连接。三条电阻支路都有一端接在一个公共结点上，另一端则分别接到 3 个端子（或结点）上，如此组成 Y 形连接电路，如图 1.75（a）所示。

△形连接：△形连接称为三角形连接。三条电阻支路分别接在 3 个结点之间构成一个单孔回路，如图 1.75（b）所示。

（a）Y 形连接电路　　（b）△形连接电路

图 1.75　电阻的 Y 形和△形连接电路

1.7.1　Y 接等效变换成△接

等效变换时，注意 Y 形连接与△形连接所对应的端子（即图 1.75 电路中的 1 端、2 端、3 端的对应关系），在等效变换中是固定不动的电路点，而这三个点内部的电路连接可是 Y 形（由电阻 R_1、R_2、R_3 构成）或是△形（由电阻 R_{12}、R_{23}、R_{31} 构成），如图 1.75 所示。

当用图 1.75（b）中的△形连接等效替代图 1.75（a）中的 Y 形连接电路时，△形连接的电阻 R_{12}、R_{23}、R_{31} 值可根据已知的 Y 形连接的电阻 R_1、R_2、R_3 参数计算，其计算式为

$$\begin{cases} R_{12} = R_1 + R_2 + \dfrac{R_1 R_2}{R_3} \\ R_{23} = R_2 + R_3 + \dfrac{R_2 R_3}{R_1} \\ R_{31} = R_1 + R_3 + \dfrac{R_3 R_1}{R_2} \end{cases} \tag{1.24}$$

式（1.24）中，当电阻 $R_1 = R_2 = R_3 = R_Y$ 时，Y 形连接电路称为对称电路。其等效变换成△形对称电路的参数为

$$R_{12} = R_{23} = R_{31} = 3R_Y$$

【例 1.23】 电路如图 1.76（a）所示，已知电阻 $R = 12.5\,\Omega$，$R_1 = R_3 = R_5 = 3\,\Omega$，$R_2 = 9\,\Omega$，$R_4 = 6\,\Omega$，电压源 $U_S = 30\text{ V}$。试求电路中电流 I。

分析：图 1.76（a）中，因电阻 $R_1 = R_3 = R_5 = 3\,\Omega$，所以，电阻 R_1、R_3、R_5 组成 Y 形对称电路，由式（1.24）得△形对称电路 R_6、R_7、R_8 参数值，如图 1.76（b）所示。图 1.76（c）所示电路中电阻 R_9、R_{10} 是根据图 1.76（b）中电阻并联电路（即 $R_6 /\!/ R_2$、$R_7 /\!/ R_4$）解得。

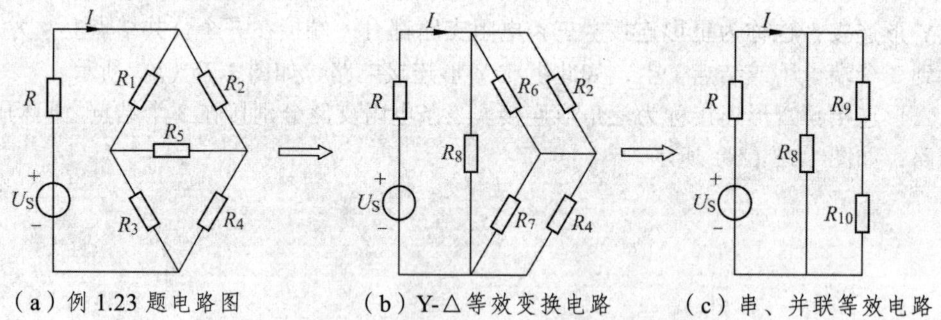

（a）例 1.23 题电路图　（b）Y-△等效变换电路　（c）串、并联等效电路

图 1.76　例 1.23 电路及等效变换电路图

解　等效电路图 1.76（b）中电阻 R_6、R_7、R_8 为

$$R_6 = R_7 = R_8 = 3R_1 = 3\times 3 = 9\,(\Omega)$$

由图 1.76（b）得图 1.76（c）中电阻 R_9、R_{10} 为

$$R_9 = R_6 // R_2 = 9//9 = \frac{9}{2} = 4.5\,(\Omega)$$

$$R_{10} = R_7 // R_4 = \frac{9\times 6}{9+6} = 3.6\,(\Omega)$$

由图 1.76（c）得电流 I 为

$$\begin{aligned} I &= \frac{U_S}{R + R_8 //(R_9 + R_{10})} = \frac{30}{12.5 + 9//(4.5+3.6)} \\ &= \frac{30}{17.77 + \dfrac{9\times 8}{9+8}} \approx \frac{30}{15.77 + 4.235} \approx 1.5\,(\text{A}) \end{aligned}$$

结论：电路分析中，常常要综合运用电阻的串联、并联及 Y 形和△形连接的等效运算，即每一种连接方式的分析计算是独立的，但由一种连接方式等效转换为另一种连接方式时，其各种连接方式之间又存在着某种必然的等效关系。

1.7.2　△接等效变换成 Y 接

当用图 1.75（a）中的 Y 形连接等效替代图 1.75（b）中的△形连接电路时，Y 形连接的电阻 R_1、R_2、R_3 值可根据已知的△形连接的电阻 R_{12}、R_{23}、R_{31} 参数计算，其计算式为

$$\begin{cases} R_1 = \dfrac{R_{31}R_{12}}{R_{12}+R_{23}+R_{31}} \\ R_2 = \dfrac{R_{23}R_{12}}{R_{12}+R_{23}+R_{31}} \\ R_3 = \dfrac{R_{31}R_{23}}{R_{12}+R_{23}+R_{31}} \end{cases} \tag{1.25}$$

当式（1.25）中，电阻 $R_{12}=R_{23}=R_{31}=R_{\triangle}$ 时，△形连接电路称为对称电路。其等效变换成 Y 形对称电路的参数为

$$R_1=R_2=R_3=\frac{1}{3}R_{\triangle}$$

【例 1.24】 电路如图 1.77（a）所示，已知电阻 $R=2\,\Omega$，$R_1=R_2=R_5=6\,\Omega$，$R_3=1\,\Omega$，$R_4=4\,\Omega$，电压源 $U_S=6\text{ V}$。试求电路中电流 I。

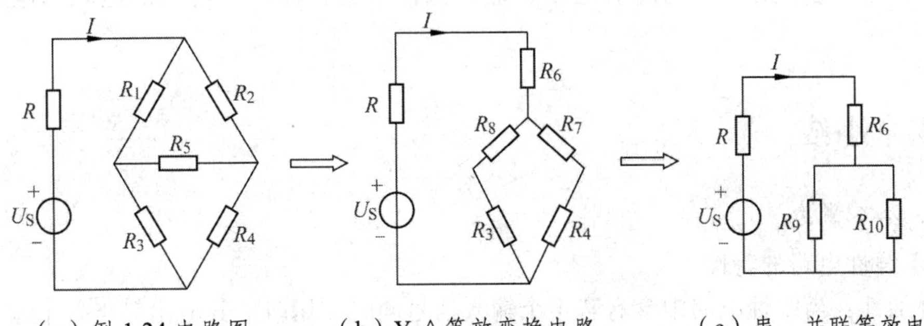

（a）例 1.24 电路图　（b）Y-△等效变换电路　（c）串、并联等效电路

图 1.77　例 1.24 电路及等效变换电路图

分析：图 1.77（a）中，因电阻 $R_1=R_2=R_5=6\,\Omega$，所以电阻 R_1、R_2、R_5 组成△形对称电路，由式（1.26）得 Y 形对称电路 R_6、R_7、R_8 参数值，如图 1.77（b）所示。图 1.77（c）所示电路中电阻 R_9、R_{10} 是根据图 1.77（b）中电阻串联（即 R_8 串联 R_3、R_7 串联 R_4）解得。

解　等效电路图 1.77（b）中电阻 R_6、R_7、R_8 为

$$R_6=R_7=R_8=\frac{R_1}{3}=\frac{6}{3}=2\,(\Omega)$$

由图 1.77（b）得图 1.77（c）中电阻 R_9、R_{10} 为

$$R_9=R_8+R_3=2+1=3\,(\Omega)$$
$$R_{10}=R_7+R_4=2+4=6\,(\Omega)$$

由图 1.77（c）得电流 I 为

$$I=\frac{U_S}{R+R_6+R_9//R_{10}}=\frac{6}{2+2+\dfrac{3\times 6}{3+6}}=1\,(\text{A})$$

结论：Y-△等效变换中，注意电路中的 3 点连接位置不能改变。

1.7.3　常见问题讨论

（1）当电路进行 Y-△等效变换时，将改变 Y 形连接或△形连接的端电压或端电流。

解答：错。

当电路进行 Y-△等效变换时，电阻值随连接的结构改变而等效变换，但对外电路来讲，Y 形连接与△接的端电压、端电流均不发生改变。

（2）是否只有电阻元件可以连接成 Y 形或△形？

解答：不是。

“Y 形”“△形”指的是电路元件连接时的一种方式，一种电路结构。如同串联、并联一样，都指的是元件之间的一种连接关系。

（3）Y 形连接中的各电阻端电压是否等于△形连接中电阻的电压？

解答：不等。

“等效”指的是对外电路的电压、电流保持不变，而对内电路的电阻端电压、电流不等效。

本章小结

1. 基本概念

1）线性电路的特性

叠加性：当线性电路中含有若干个输入信号同时作用时，其输出等于各个输入信号单独作用时产生的输出叠加，称为叠加性；

齐次性：设输入信号 x 产生的输出为 y，则输入信号为 kx 时，所产生的输出为 ky，称为齐次性。

2）基本变量

电压、电流为线性电路分析的基本变量。通过基本变量，可以计算出线性电路中的所有变量及参数。

3）参考方向

列方程首先要确定电压、电流的方向，即电压、电流的参考方向。任意假设的电压、电流方向称为参考方向。

当电流方向由电压的正极流到负极时，称电压与电流的方向关系为关联参考方向。

当电流方向由电压的负极流到正极时，称电压与电流的方向关系为非关联参考方向

4）等效变换

当电路中的某一部分用其等效电路替代时，未被替代部分（称为外电路）的电压与电流均保持不变，即“对外等效，对内不等效”。

2. 元件特性

元件伏安特性是对元件本身的约束。设电压与电流参考方向为关联参考方向，即

电阻 R 伏安特性：$u = Ri$，耗能元件。

电压源 u_S 伏安特性：理想电压源提供的电压值与流过的电流无关。

电流源 i_S 伏安特性：理想电流源提供的电流值与其端电压无关。

功率：当 $P = IU > 0$ 时，元件耗能功率，即是负载；当 $P = IU < 0$ 时，元件提供功率，即是电源。

3. 基尔霍夫定律

基尔霍夫定律是对电路结点电流和回路电压的约束，与电路中的元件性质无关。

对电路结点有 KCL：$\sum i=0$；

对电路回路有 KVL：$\sum u=0$。

4. 基本计算

1）电阻电路

（1）电阻串联。n 个电阻 R 串联可等效成一个电阻 R_{eq} 为

$$R_{\text{eq}}=R_1+R_2+R_3+\cdots+R_n=\sum_{k=1}^{n}R_k$$

（2）电阻并联。n 个电阻 R 并联可等效成一个电导 G_{eq} 为

$$G_{\text{eq}}=G_1+G_2+G_3+\cdots+G_n=\sum_{k=1}^{n}G_k$$

（3）电阻电路的 Y-△变换。当 Y 形连接的 3 个电阻都等于 R_{Y}，△形连接的 3 个电阻都等于 $R_{\triangle}$ 时，Y-△变换为

$$R_{\text{Y}}=\frac{1}{3}R_{\triangle}$$

2）电源电路

（1）电压源串联。n 个电压源串联可等效成一个电压源 u_{S} 为

$$u_{\text{S}}=\sum_{k=1}^{n}u_k$$

注意：u_k 的参考方向与 u_{S} 的参考方向一致时，u_k 为正，否则为负。

（2）电流源并联。n 个电流源并联可等效成一个电流源 i_{S} 为

$$i_{\text{S}}=\sum_{k=1}^{n}i_k$$

注意：i_k 的参考方向与 i_{S} 的参考方向一致时，i_k 为正，否则为负。

选择题

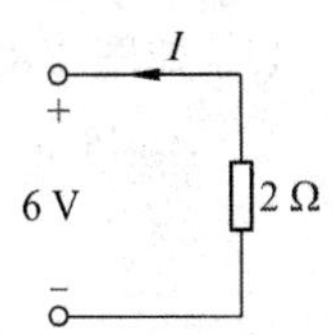

图 1.78　选择题 1 图

1. 电路如图 1.78 所示，流过电阻的电流 I 为（　　）。

   A. 3 A　　B. −3 A　　C. 0.33 A　　D. 12 A

2. 如图 1.79 所示电路中的电流 I 大小随电阻值 R 的减小而（　　）。

   A. 增大　　B. 减小　　C. 不变　　D. 不可确定

3. 如图 1.79 所示电路中的电压 U_{S} 大小随电阻值 R 的增大而（　　）。

   A. 增大　　B. 减小　　C. 不变　　D. 不可确定

4. 如图 1.79 所示电路中的电压源 U_{S} 提供的功率大小随电阻值 R 的增大而（　　）。

   A. 增大　　B. 减小　　C. 不变　　D. 不可确定

5. 如图 1.80 所示电路中的电压 U 大小随电阻值 R 增大而（　　）。

A. 增大　　B. 减小　　C. 不变　　D. 不可确定

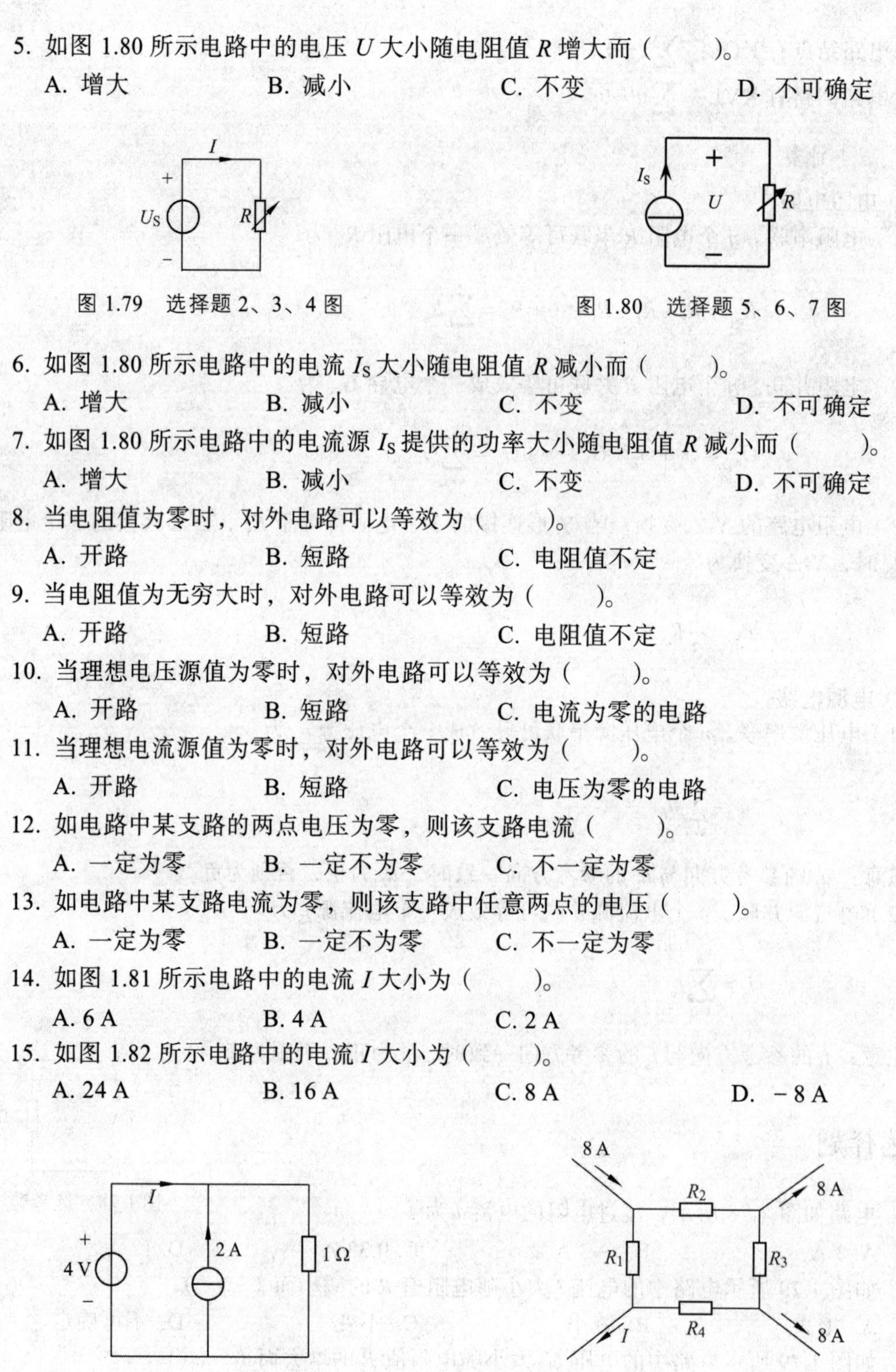

图 1.79　选择题 2、3、4 图　　图 1.80　选择题 5、6、7 图

6. 如图 1.80 所示电路中的电流 I_S 大小随电阻值 R 减小而（　　）。

A. 增大　　B. 减小　　C. 不变　　D. 不可确定

7. 如图 1.80 所示电路中的电流源 I_S 提供的功率大小随电阻值 R 减小而（　　）。

A. 增大　　B. 减小　　C. 不变　　D. 不可确定

8. 当电阻值为零时，对外电路可以等效为（　　）。

A. 开路　　B. 短路　　C. 电阻值不定

9. 当电阻值为无穷大时，对外电路可以等效为（　　）。

A. 开路　　B. 短路　　C. 电阻值不定

10. 当理想电压源值为零时，对外电路可以等效为（　　）。

A. 开路　　B. 短路　　C. 电流为零的电路

11. 当理想电流源值为零时，对外电路可以等效为（　　）。

A. 开路　　B. 短路　　C. 电压为零的电路

12. 如电路中某支路的两点电压为零，则该支路电流（　　）。

A. 一定为零　　B. 一定不为零　　C. 不一定为零

13. 如电路中某支路电流为零，则该支路中任意两点的电压（　　）。

A. 一定为零　　B. 一定不为零　　C. 不一定为零

14. 如图 1.81 所示电路中的电流 I 大小为（　　）。

A. 6 A　　B. 4 A　　C. 2 A

15. 如图 1.82 所示电路中的电流 I 大小为（　　）。

A. 24 A　　B. 16 A　　C. 8 A　　D. −8 A

图 1.81　选择题 14 图　　图 1.82　选择题 15 图

16. 电路如图 1.83 所示，当用图 1.83（b）电路等效代替图 1.83（a）电路时，其图 1.83（b）中的等效电压源 U_S 的表达式为（　　）。

A. $U_S = U_{S1} + U_{S2} + U_{S3}$　　B. $U_S = -U_{S1} - U_{S2} - U_{S3}$

C. $U_S = -U_{S1} - U_{S2} + U_{S3}$　　D. $U_S = U_{S1} + U_{S2} - U_{S3}$

17. 电路如图 1.84 所示，若电流源的电流 $I_S > 1$ A，则电路的功率情况为（　　）。

A. 电阻吸收功率，电流源与电压源供出功率

B. 电阻与电流源吸收功率，电压源供出功率

C. 电阻与电压源吸收功率，电流源供出功率

D. 电阻上的功率为零，电压源吸收功率，电流源供出功率

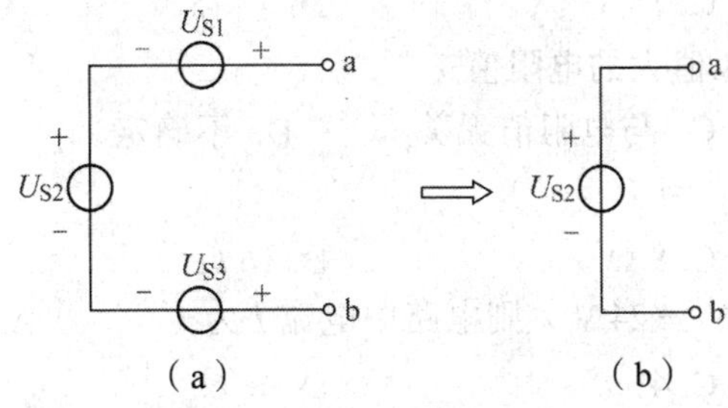

图 1.83　选择题 16 图

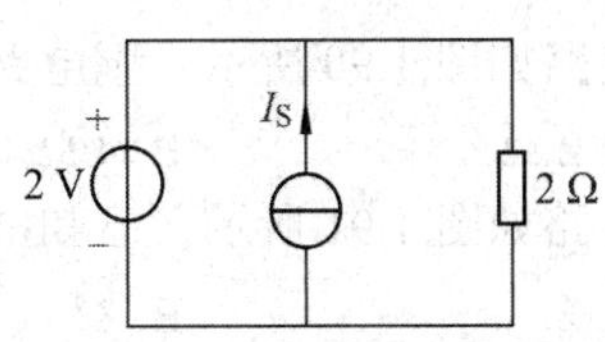

图 1.84　选择题 17 图

18. 仪表测量值如图 1.85 所示。试问 A、B 两点间的电压 U_{AB} 为（　　）。

A. 3 V　　B. 9 V　　C. 12 V

19. 电路如图 1.86 所示，当电压源 U_S 值为零时，电路中的电压 U_{AB} 将（　　）。

A. 变大　　B. 变小　　C. 为零　　D. 不变

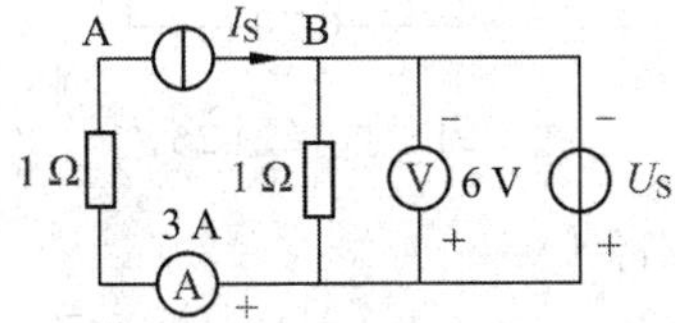

图 1.85　选择题 18 图

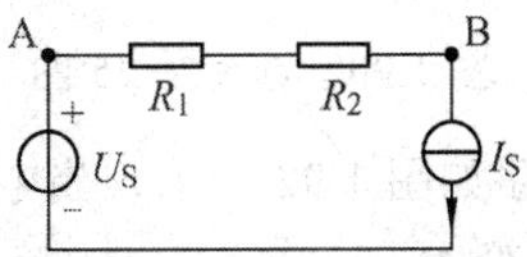

图 1.86　选择题 19、20 图

20. 电路如图 1.86 所示，当电流源 I_S 值为零时，电路中的电压 U_{AB} 将（　　）。

A. 变大　　B. 变小

C. 为零　　D. 不变

21. 电路如图 1.87 所示，已知源 U_S =4 V，电流源 I_S = 2 A，电阻 $R_1 = R_2 = 2\,\Omega$。图中电阻 R_1 消耗的功率由（　　）供给。

A. 电压源 U_S　　B. 电流源 I_S

C. 电压源 U_S 和电流源 I_S　　D. 电压源 U_S 或电流源 I_S

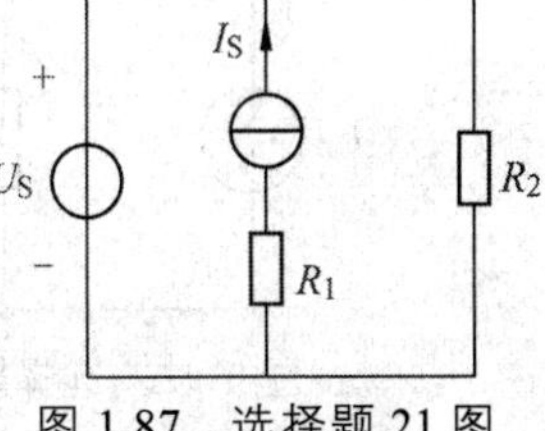

图 1.87　选择题 21 图

22. 电路如图 1.88 所示，已知电阻 $R_1 = 4\,\Omega$，$R_2 = 4\,\Omega$，$R_3 = 5\,\Omega$，则电路的等效电阻 R 为（　　）。

A. 7 Ω　　B. 9 Ω　　C. 13 Ω

23. 电路如图 1.89 所示，已知电阻 $R_1 = 3\,\Omega$，$R_2 = 5\,\Omega$，$R_3 = 8\,\Omega$，电路端口电压 U_S=30 V，则电阻 R_3 上的端电压 U_3 为（　　）。

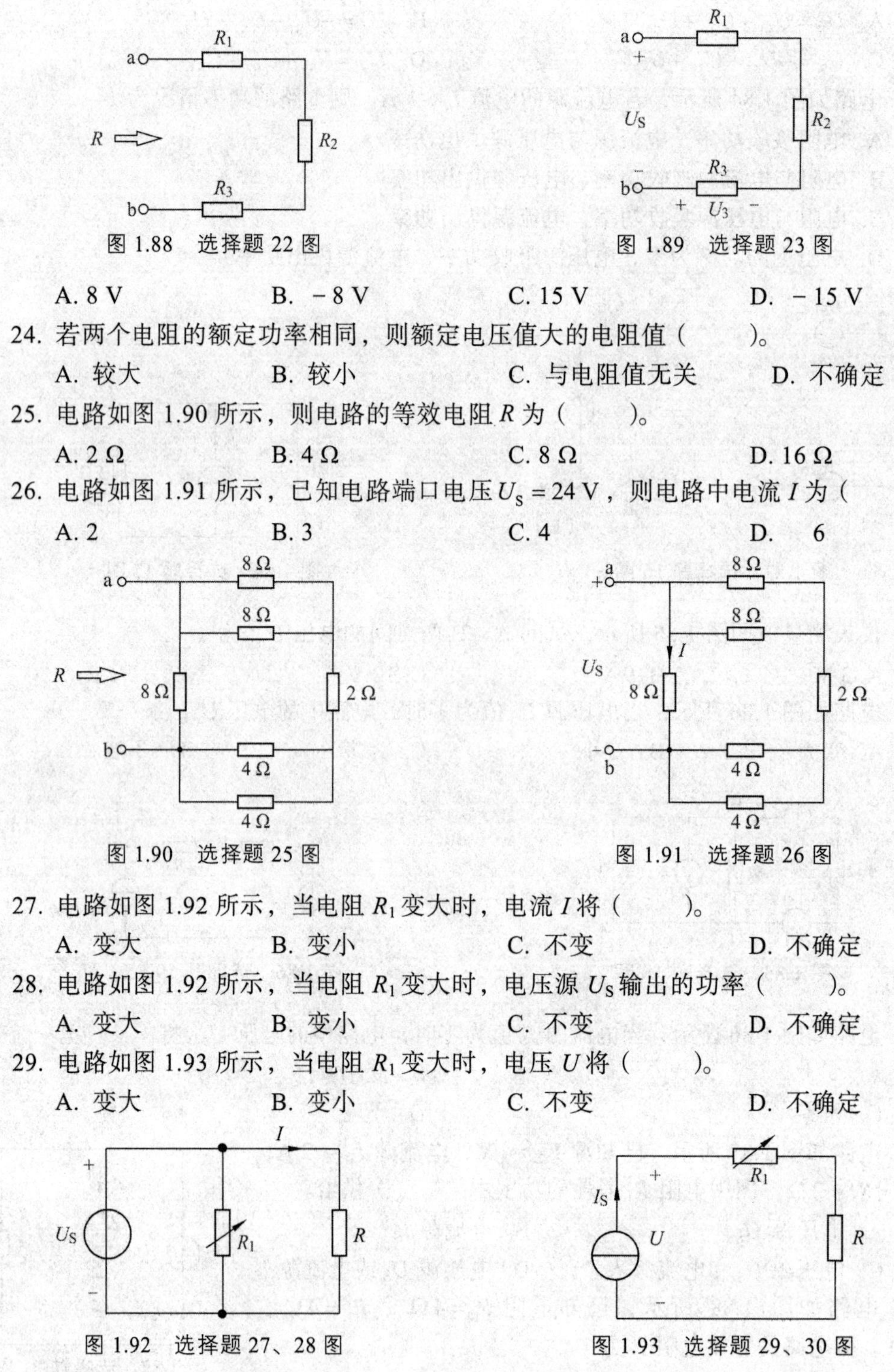

图 1.88　选择题 22 图

图 1.89　选择题 23 图

A. 8 V　　　　B. −8 V　　　　C. 15 V　　　　D. −15 V

24. 若两个电阻的额定功率相同，则额定电压值大的电阻值（　　）。

A. 较大　　　　B. 较小　　　　C. 与电阻值无关　　　　D. 不确定

25. 电路如图 1.90 所示，则电路的等效电阻 R 为（　　）。

A. 2 Ω　　　　B. 4 Ω　　　　C. 8 Ω　　　　D. 16 Ω

26. 电路如图 1.91 所示，已知电路端口电压 $U_S = 24$ V，则电路中电流 I 为（　　）A。

A. 2　　　　B. 3　　　　C. 4　　　　D. 6

图 1.90　选择题 25 图

图 1.91　选择题 26 图

27. 电路如图 1.92 所示，当电阻 R_1 变大时，电流 I 将（　　）。

A. 变大　　　　B. 变小　　　　C. 不变　　　　D. 不确定

28. 电路如图 1.92 所示，当电阻 R_1 变大时，电压源 U_S 输出的功率（　　）。

A. 变大　　　　B. 变小　　　　C. 不变　　　　D. 不确定

29. 电路如图 1.93 所示，当电阻 R_1 变大时，电压 U 将（　　）。

A. 变大　　　　B. 变小　　　　C. 不变　　　　D. 不确定

图 1.92　选择题 27、28 图

图 1.93　选择题 29、30 图

30. 电路如图 1.93 所示，当电阻 R_1 变大时，电流源 I_S 输出的功率（　　）。

A. 变大　　　　B. 变小　　　　C. 不变　　　　D. 不确定

31. 电路如图 1.94 所示，已知电压源 U_S=4 V，电流源 I_S=4 A。则 A、B 两点间的电压 U_{AB} 为（　　）。

A. 0 V　　　　B. 4 V　　　　C. −4 V　　　　D. 8 V

32. 电路如图 1.95 所示，试问电流表的测量值为（　　）。

A. 0 A　　　　B. 1 A　　　　C. 2 A　　　　D. 3 A

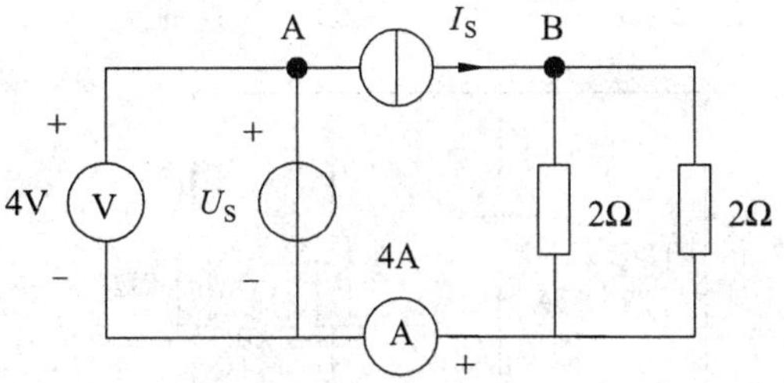

图 1.94　选择题 31 图

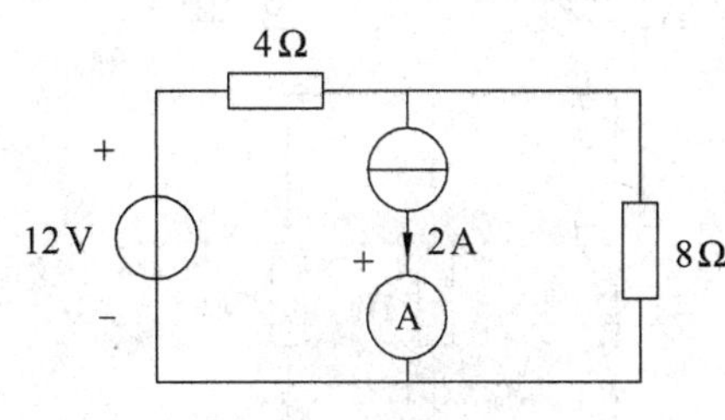

图 1.95　选择题 32 图

33. 电路如图 1.96 所示，已知电压源 $U_S = 5V$，电流源 $I_S = 2$ A，则电路中输出功率的元件是（　　）。

A. 电压源　　　　B. 电流源　　　　C. 电压源和电流源　　　　D. 电阻

34. 电路如图 1.97 所示，电流源 I_S 提供的功率为（　　）。

A. 12 W　　　　B. 12 W　　　　C. 20 W　　　　D. 20 W

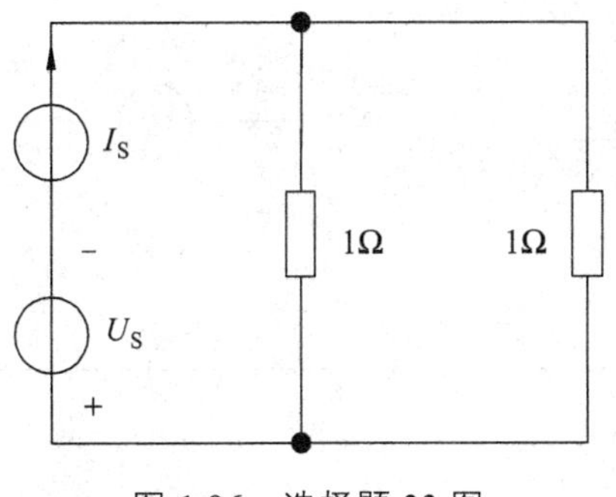

图 1.96　选择题 33 图

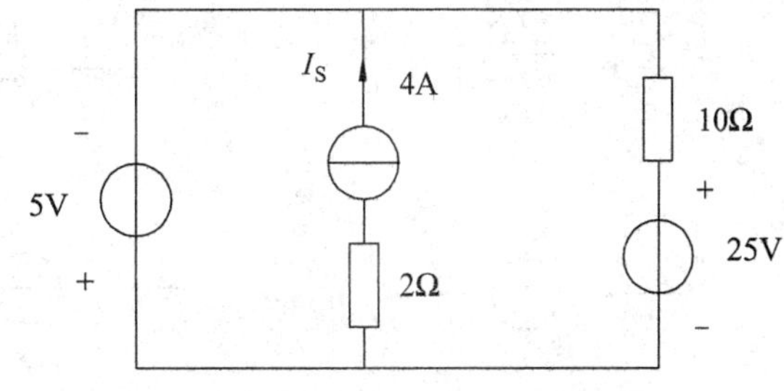

图 1.97　选择题 34 图

35. 电路如图 1.98 所示，已知电流源 $I_S = 5$ A，电压 $U_{AB} = 4V$。试问当电流源 $I_S = 0$ A 时，电路中的电压 U_{AB} 为（　　）。

A. −2 V　　　　B. 2 V　　　　C. 6 V　　　　D. 8 V

36. 电路如图 1.99 所示，已知电压源 $U_S = 10$ V，电流源 $I_S = 4$ A，试问电路中 A 点的电位 V_A 是（　　）。

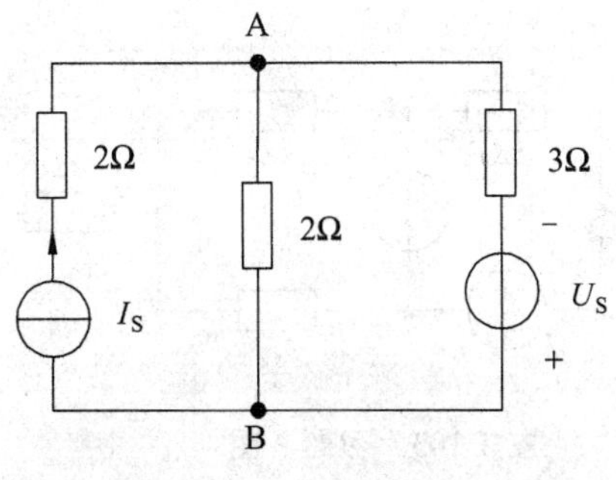

图 1.98　选择题 35 图

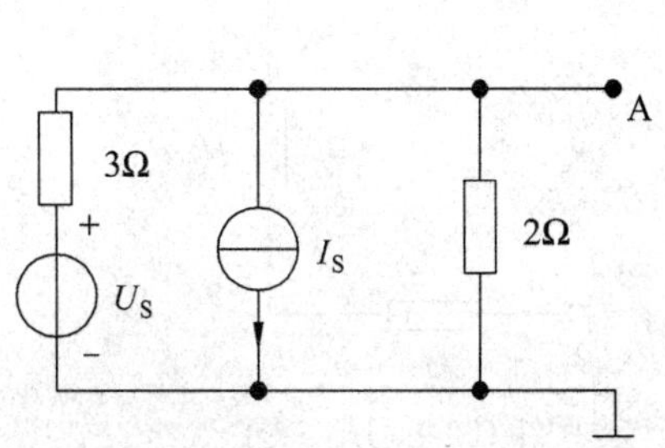

图 1.99　选择题 36 图

A. −0.8 V　　B. 0.8 V　　C. 8.8 V　　D. − 8.8 V

37. 电路如图 1.100 所示，把图 1.100（a）所示的电路更改为图 1.100（b）所示的电路，则电流 I_1 和 I_2 将（　　）。

A. 不变　　B. 增大　　C. 减小　　D. 不能确定

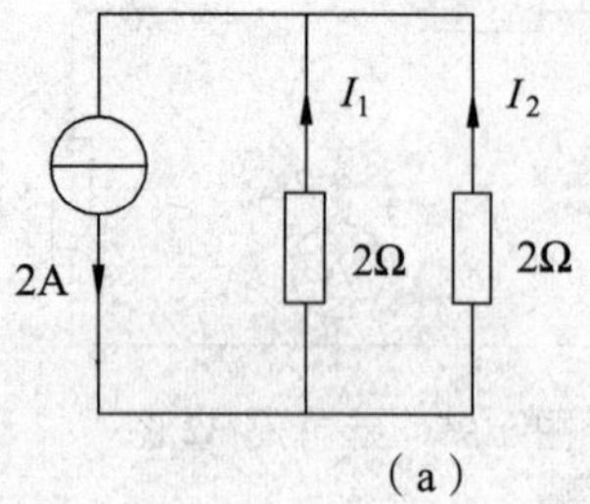

（a）

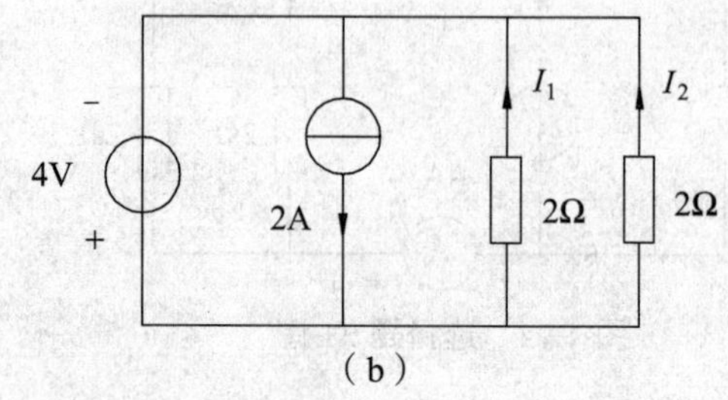

（b）

图 1.100　选择题 37 图

习　题

1. 各元件的电压和电流参考方向如图 1.101 所示，试写出各元件电压 u 和电流 i 的约束方程式。并说明 u 与 i 的参考方向是否关联。

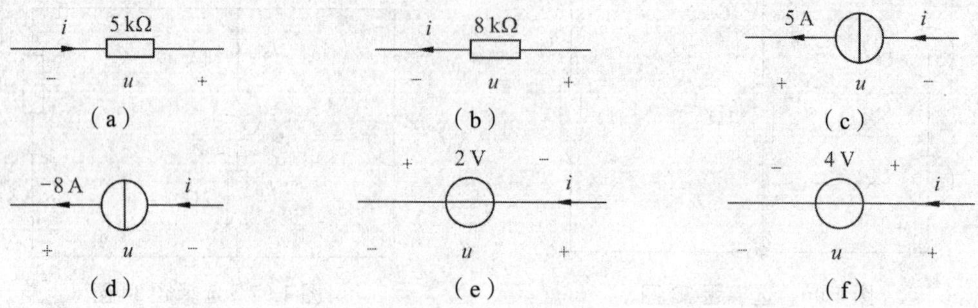

图 1.101　习题 1 图

2. 电路如图 1.102 所示，已知各元件的发出功率分别为：元件 1 的功率为 $P_1 = 100$ W，元件 2 的功率为 $P_2 = -50$ W，元件 3 功率为 $P_3 = 150$ W，电流 $I = 5$ A，试求电压 U_1. U_2. U_3 和 U_S。

3. 已知图 1.103 电路中电流源 $I_S = 2$ A，电压源 $U_{S1} = 3$ V，$U_{S2} = 6$ V，试求开路电压 U_{AB}。

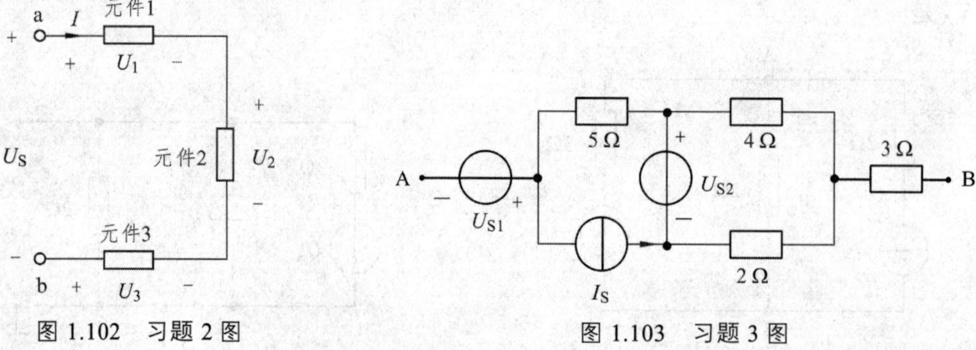

图 1.102　习题 2 图　　图 1.103　习题 3 图

4. 试计算如图 1.104 所示各电路的开路电压 U。

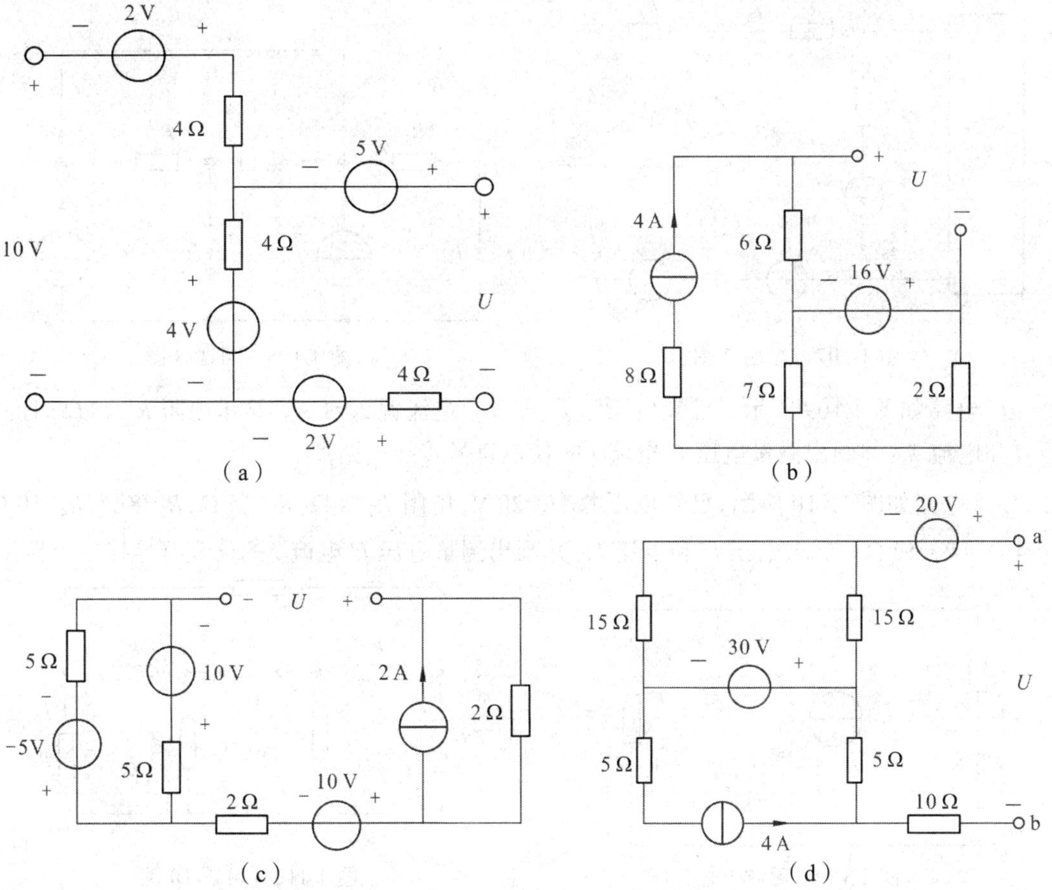

（a）　　（b）

（c）　　（d）

图 1.104　习题 4 图

5. 电路如图 1.105 所示，已知电流源 $I_{S1}=2$ A，$I_{S2}=1$ A，$I_{S3}=3$ A。试求电流 I_1、I_2 和 I_3。

6. 试求如图 1.106 所示电路中的电流 I_1、I_2、I_3、I_4、I_5 和电压 U。

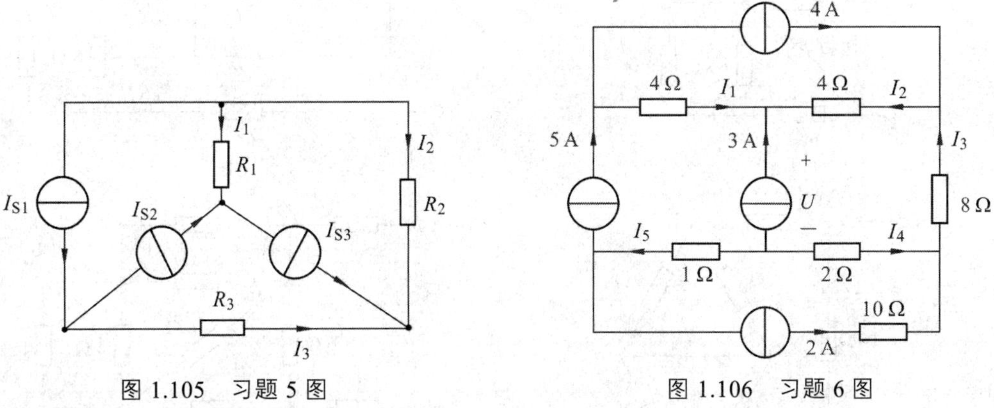

图 1.105　习题 5 图　　图 1.106　习题 6 图

7. 电路如图 1.107 所示，已知电流源 $I_{S1}=8$ A、$I_{S2}=4$ A，电流 $I_1=3$ A，$I_4=-11$ A。试求电流 I_2、I_3、I_5、I_6。

8. 电路如图 1.108 所示，已知电流源 $I_{S1}=2$ A，$I_{S2}=3$ A，电阻 $R_1=10\ \Omega$，$R_2=10\ \Omega$，$R_3=5\ \Omega$。试求电流 I_4 和 I_5，并画出测量电流 I_4 和 I_5 的仪表符号接线电路图。

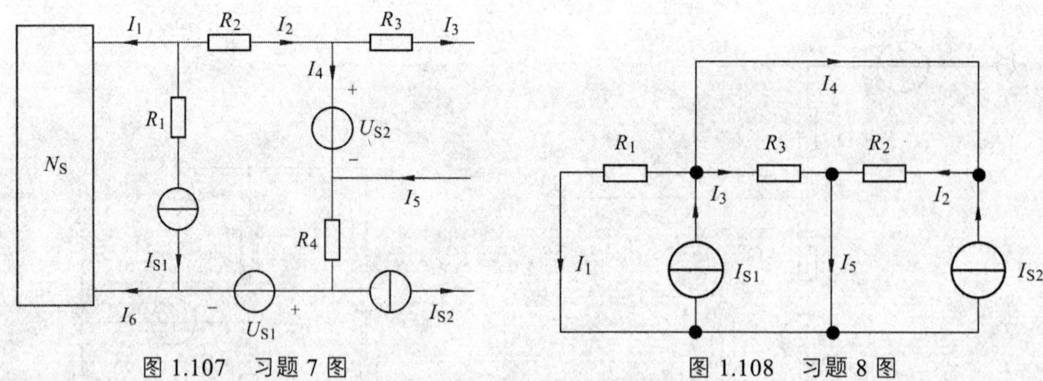

图 1.107　习题 7 图　　　　图 1.108　习题 8 图

9. 电路如图 1.109 所示，已知电压源 U_S=5 V，电流源 I_S=1 A，试求电阻 $R_L=1\,\Omega$ 时的电压 U 和电流 I，并画出测量电压 U 电流 I 的仪表符号接线电路图。

10. 电路如图 1.110 所示，已知电压源 U_S=20 V，电阻 R_1=4 Ω，R_2=15 Ω，R_3=8 Ω，R_4=10 Ω，R_5=4 Ω，R_6=12 Ω。试求电压 U 和电流 I，并画出测量电压 U 电流 I 的仪表符号接线电路图。

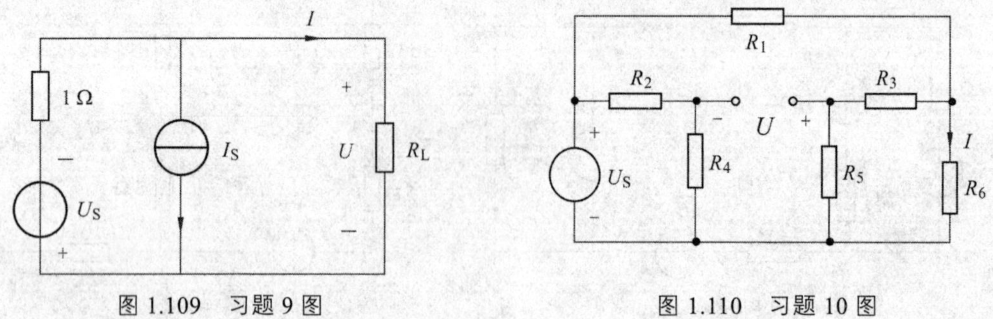

图 1.109　习题 9 图　　　　图 1.110　习题 10 图

11. 试求如图 1.111 所示各电路的等效电阻 R_{ab}。

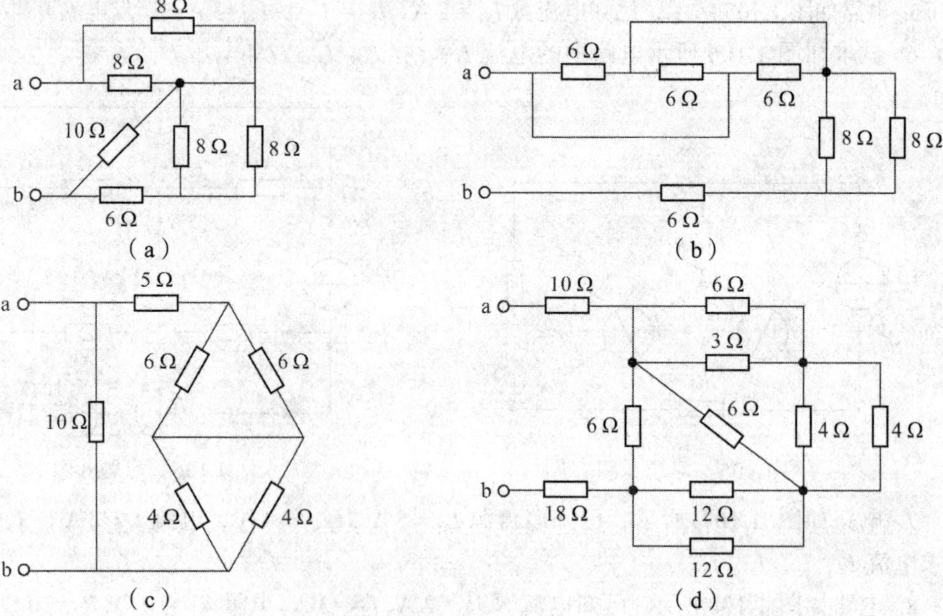

图 1.111　习题 11 图

12. 应用 Y-△等效变换法，试求如图 1.112 所示电路的等效电阻 R_{ab}。

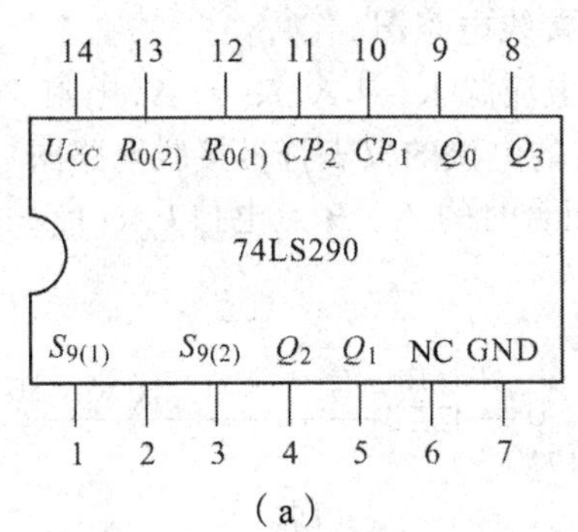

（a）

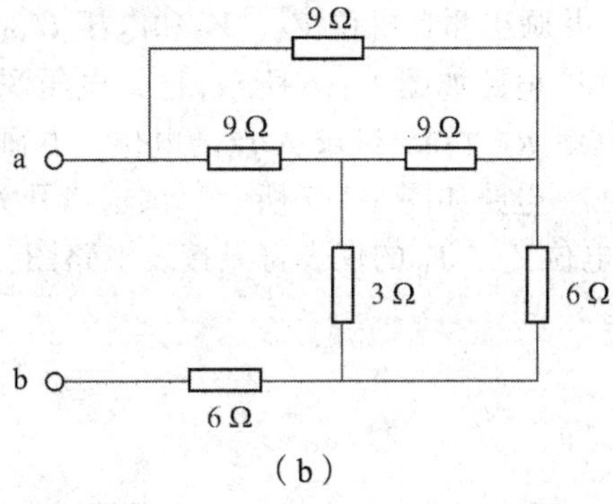

（b）

图 1.112　习题 12 图

13. 应用 Y-△等效变换法，试求如图 1.113 所示各电路中的电压 U 和电流 I，并画出测量电压 U 和电流 I 的仪表符号接线电路图。

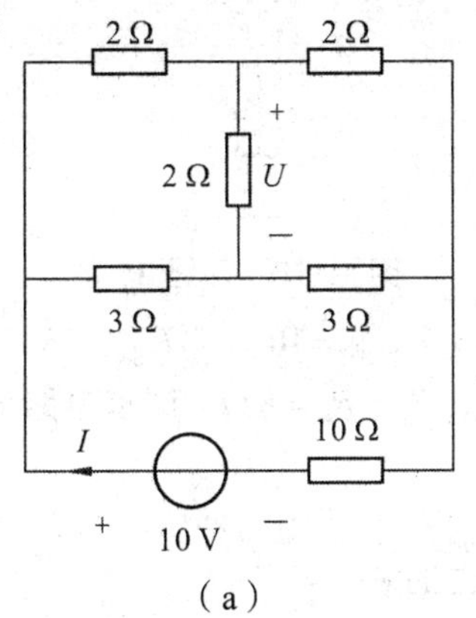

（a）

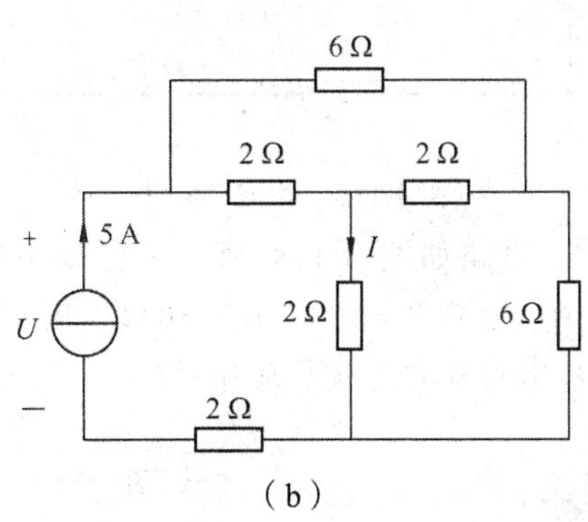

（b）

图 1.113　习题 13 图

14. 电路如图 1.114 所示，已知电阻 $R_1 = 7\,\Omega$，$R_2 = 3\,\Omega$，$R_3 = R_4 = 4\,\Omega$，$R_5 = R_6 = 2\,\Omega$，电流源 $I_S = 8\text{ A}$，电压源 $U_S = 5\text{ V}$。试求电流 I_1、I_2 和电压 U。

15. 电路如图 1.115 所示，已知电压源 $U_S = 24\text{ V}$，电阻 $R_1 = 3\,\Omega$，$R_2 = 6\,\Omega$，$R_3 = 1\,\Omega$，$R_4 = 2\,\Omega$，

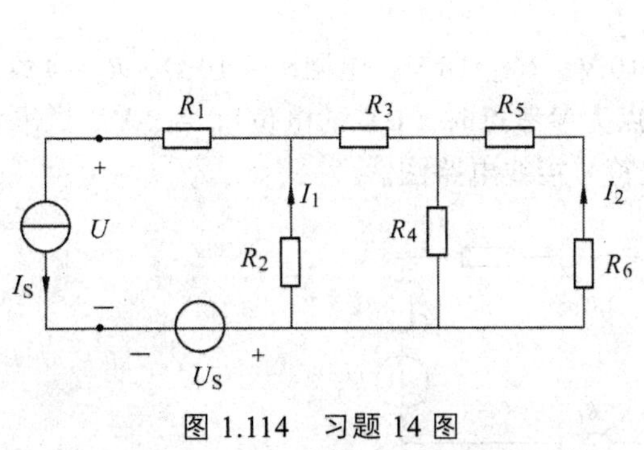

图 1.114　习题 14 图

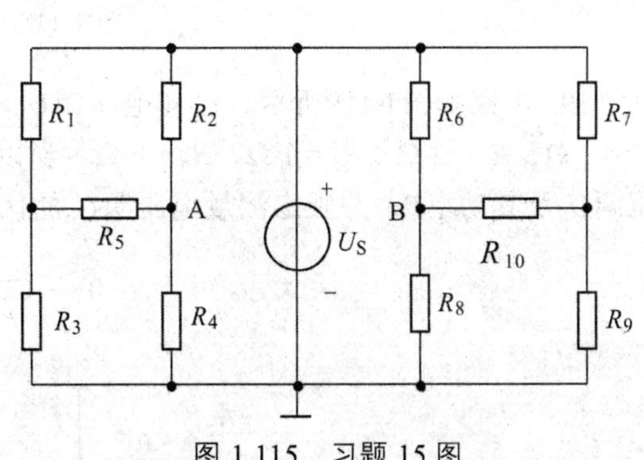

图 1.115　习题 15 图

$R_5 = 7\ \Omega$，$R_6 = R_7 = 4\ \Omega$，$R_8 = R_9 = 2\ \Omega$，$R_{10} = 2\ \Omega$。试求电路中 A、B 点的电位 V_A、V_B 和电压 U_{AB}，并画出测量电位 V_A、V_B 和电压 U_{AB} 的仪表符号接线电路图。

16. 电路如图 1.116 所示，已知电压源 $U_S = 20$ V，电流源 $I_{S1} = 1$ A，$I_{S2} = 2$ A，电阻 $R = 10\ \Omega$，$R_1 = 4\ \Omega$，$R_2 = 2\ \Omega$。试求 A 点的电位，并画出测量 A 点的电位的仪表符号接线电路图。

17. 电路如图 1.117 所示，试求当开关 S 断开和闭合时的 A、B 点电位 V_A、V_B，并画出测量电位 V_A、V_B 的仪表符号接线电路图。

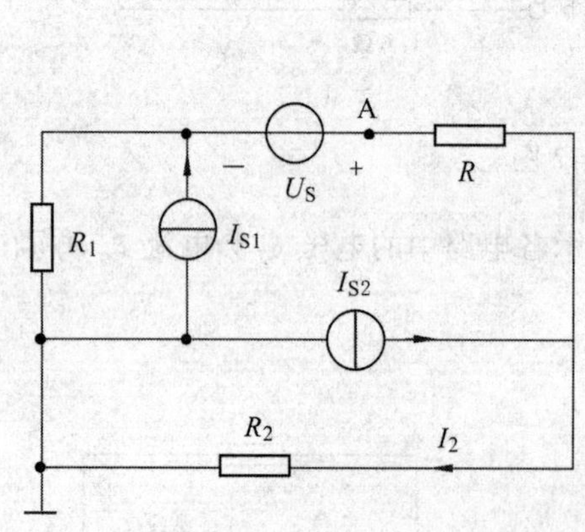

图 1.116　习题 16 图

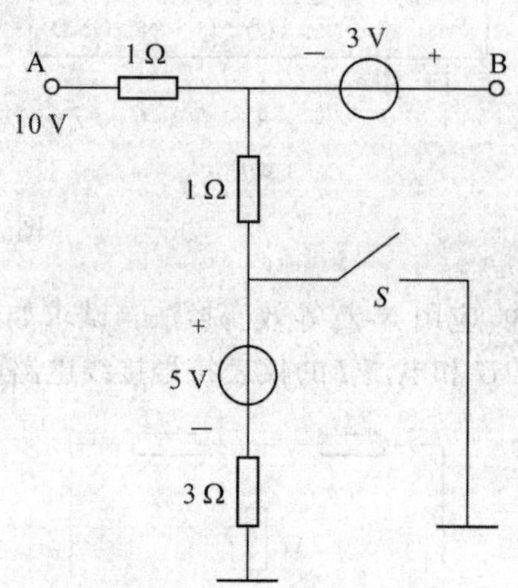

图 1.117　习题 17 图

18. 电路如图 1.118 所示，已知电压源 $U_{S1} = -40\ \text{V}$，$U_{S2} = 10\ \text{V}$，$U_{S3} = 18\ \text{V}$，电流源 $I_S = 2\ \text{A}$，电阻 $R_1 = 5\ \Omega$，$R_2 = 10\ \Omega$，$R_3 = 15\ \Omega$，$R_4 = 2\ \Omega$，$R_5 = R_6 = 8\ \Omega$。试求电路中电位 V_A、V_B、V_C 和电压 U_{AB} 及电流 I_1、I_2。

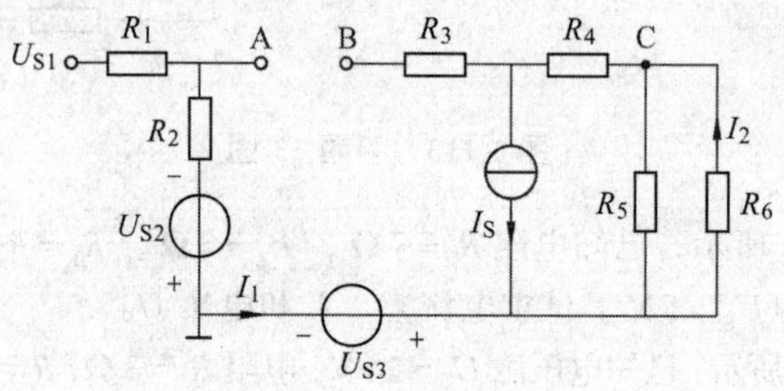

图 1.118　习题 18 图

19. 电路如图1.119所示，已知电压源$U_{S1} = 10$ V，$U_{S2} = 18$ V，电阻$R_1 = 10\ \Omega$，$R_2 = 4\ \Omega$，$R_3 = 1\ \Omega$，$R_4 = 2\ \Omega$，$R_5 = 1\ \Omega$，$R_6 = 6\ \Omega$。当以F点为参考点时，B点的电位$V_B = 2$ V。试求电压源U_S及其功率P，并画出测量电压源U_S的仪表符号接线电路图。

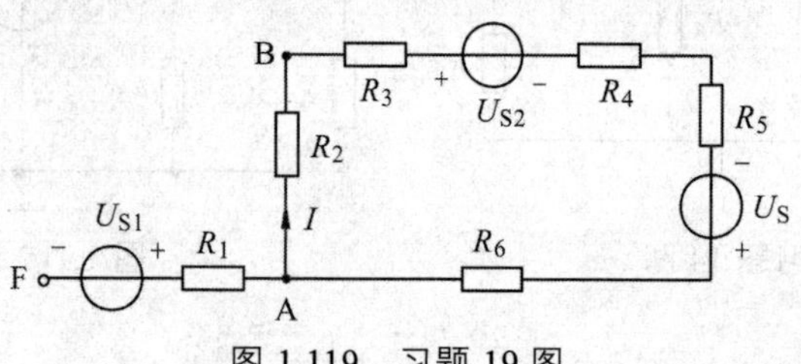

图 1.119　习题 19 图

20. 电路如图1.120所示，N为二端网络，已知E_1=20 V，E_2 = 10 V，R_2 = 4 Ω，I_2 = 2 A。若流入二端网络的电流I = 3 A，求电阻R_1及输入二端网络N的功率。

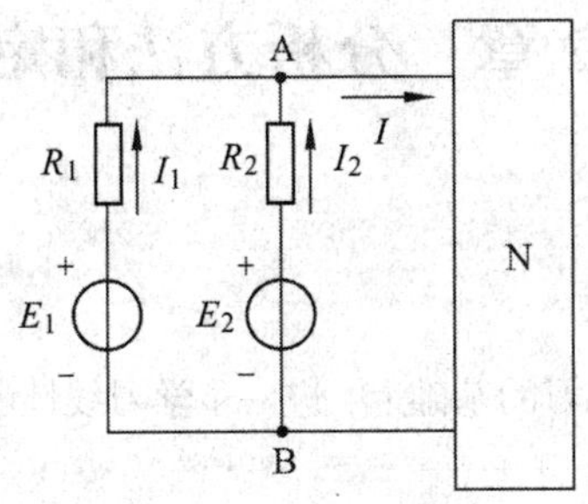

图 1.120 习题 20 图

第 2 章　分析方法和定理

2.1　学习指导

本章学习是建立在第 1 章节学习的基础上，进一步学习线性电路中电压、电流的分析计算方法。

2.1.1　内容提要

本章以线性电阻、直流电源组成的线性电路为对象，以欧姆定律和基尔霍夫定律为依据，讨论电源模型等效变换法、支路电流法、叠加定理、戴维南定理和最大功率传输定理等。

2.1.2　重点与难点

1. 重　点

重点掌握电源模型等效变换法、支路电流法、叠加定理、戴维南定理。

2. 难　点

综合应用电路的基本概念、伏安特性、基尔霍夫定律、基本分析方法和基本定理等，求解电路各电量。

2.2　电源模型的等效变换法

实际的电源常常含有一定的内电阻，所以，在电路中用电阻和理想电源构成电路模型（见图 2.1）来等效替代实际的电源，并表征实际电源的伏安特性。

（a）电压源模型　　（b）电流源模型

图 2.1　电源模型

2.2.1　电源模型

电源模型分为“电压源模型”和“电流源模型”两种，即电阻串联理想电压源电路称为电压源模型；电阻并联理想电流源电路称为电流源模型。图 2.1 所示电源模型中，电源均为理想电源，电阻均为线性电阻。

2.2.2　电源模型之间的等效变换

电源模型之间“等效变换”的首要条件是“对外电路等效”。所以，将电源模型图 2.1 的 a、b 端口连接一个相同的负载电阻 R_L，并且设负载电阻 R_L 上具有相同的电压 U 和电流 I（即“等效”），如图 2.2 所示。

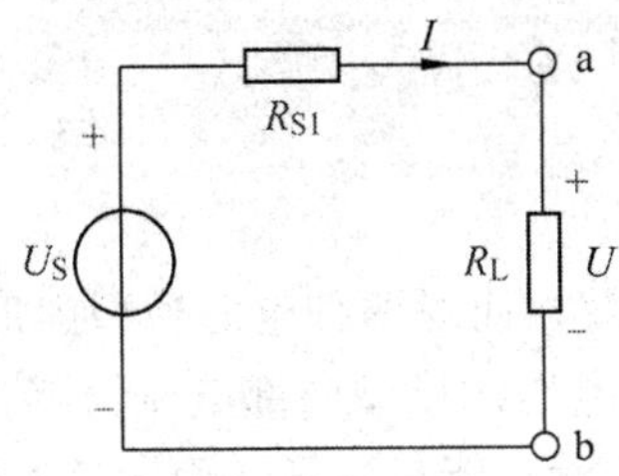

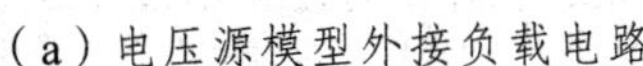
（a）电压源模型外接负载电路

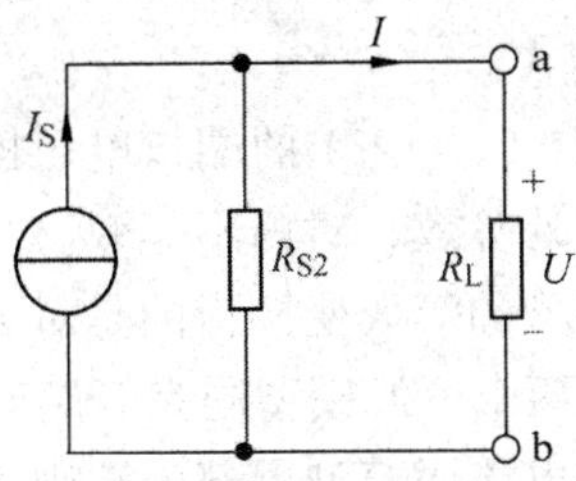

（b）电流源模型外接负载电路

图 2.2　电源模型的等效互换分析电路图

下面列图 2.2 所示电路的电压 U 、电流 I 方程式：

列图 2.2（a）的 KVL 方程

$$U = U_S - IR_{S1} \tag{2.1}$$

列图 2.2（b）的 KCL 方程

$$I = I_S - \frac{U}{R_{S2}}$$

整理上式，得

$$U = I_S R_{S2} - IR_{S2} \tag{2.2}$$

由式（2.1）等于式（2.2），得

$$U_S - IR_{S1} = I_S R_{S2} - IR_{S2}$$

根据“等效变换”的基本概念，如电源模型之间要“等效变换”，上式必须成立，即电源模型内阻相同 $R_{S1} = R_{S2} = R$ ，则由上式 $U_S - IR = I_S R - IR$ 解得，电源模型之间的等效变换条件为

$$U_S = RI_S \tag{2.3}$$

其电源模型的等效变换关系如图 2.3 所示。

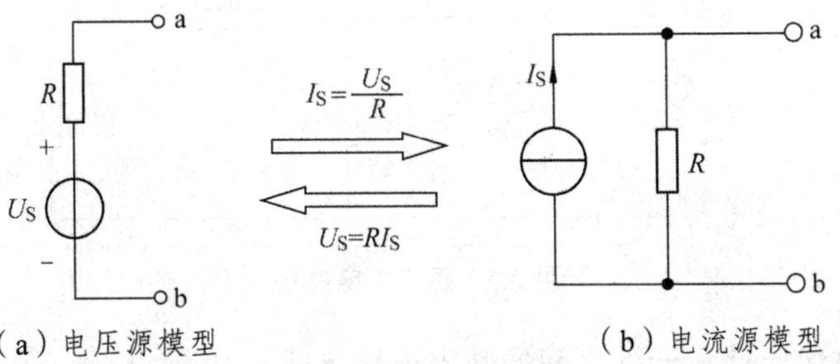

（a）电压源模型　　（b）电流源模型

图 2.3　电源模型之间的等效变换电路图

注意：

（1）电源模型端口的电压极性相同。

电压源模型：如图 2.3（a）所示电路中，a、b 端口的电压 U_{ab} 等于电压源电压，即 $U_{ab}=U_S$，a 端为“+”；

电流源模型：如图 2.3（b）所示电路中，a、b 端口的电压 U_{ab} 等于电阻 R 端电压，即 $U_{ab}=RI_S$，a 端为“+”。

即图 2.3（a）（b）的端口电压极性满足相同条件。

（2）对外等效，对内不等效。

电源模型的等效变换指的是对 a、b 端外接的电路等效，而对两种电源模型内部不等效。

例如：两个电源模型同是开路时，图 2.3（a）所示的电压源模型内部电流为零，而图 2.3（b）所示的电流源模型内部电流则不为零。即图 2.3（a）没有能量消耗，而图 2.3（b）存在能量消耗。

（3）当图 2.3 中 $R=0$ 或 $R=\infty$ 时，电源模型之间不存在等效变换关系。

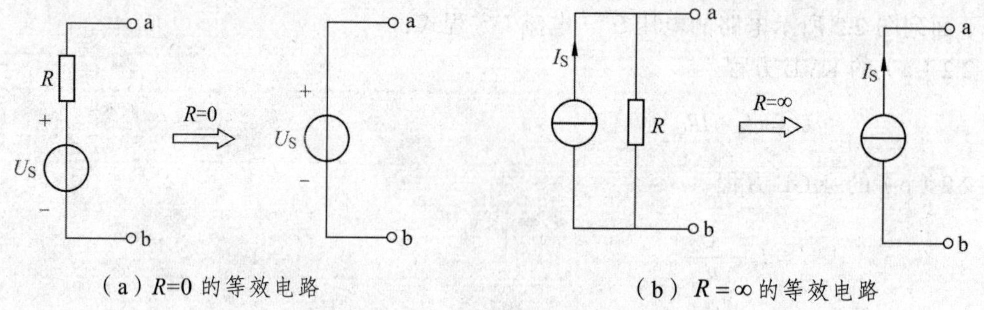

（a）R=0 的等效电路　　　　（b）$R=\infty$ 的等效电路

图 2.4　$R=0$ 或 $R=\infty$ 时的等效电路

电压源模型：内电阻 $R=0$ 时，其模型等效为理想电压源，如图 2.4（a）所示；

电流源模型：内电阻 $R=\infty$ 时，其模型等效为理想电流源，如图 2.4（b）所示。

2.2.3　电源模型等效变换法的应用

对于存在电源模型的电路，一般可以利用电源模型等效变换法，将复杂电路化简为简单的电路，从而分析求解电路。

【例 2.1】 试用电源模型等效变换法求如图 2.5 所示电路中的电流 I。

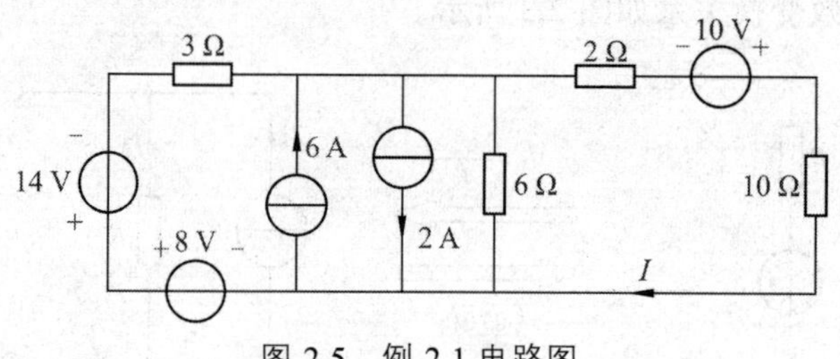

图 2.5　例 2.1 电路图

分析：首先关注元件与元件之间的基本连接方式，如图 2.6（a）所示串联、并联模块；其次根据元件的串、并联关系等效变换，如图 2.6（b）所示；再应用图 2.3 所示的电源模型等效变换法求解电路电流 I。

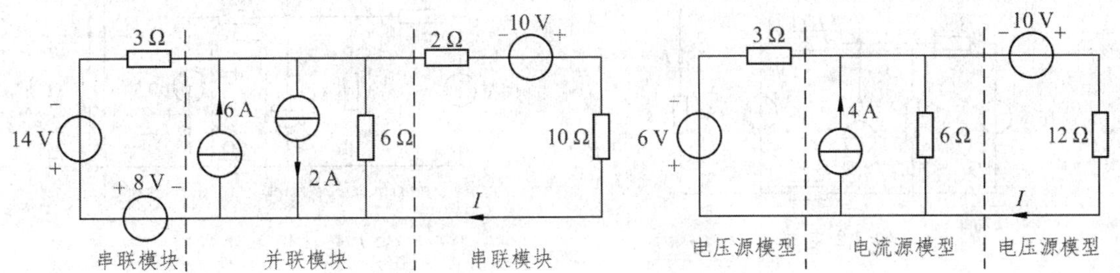

（a）图 2.5 电路的串、并联分析图　　　（b）图 2.5 元件之间的串、并联等效变换电路图

图 2.6　图 2.5 等效变换的电路分析图

解　用等效变换法解。

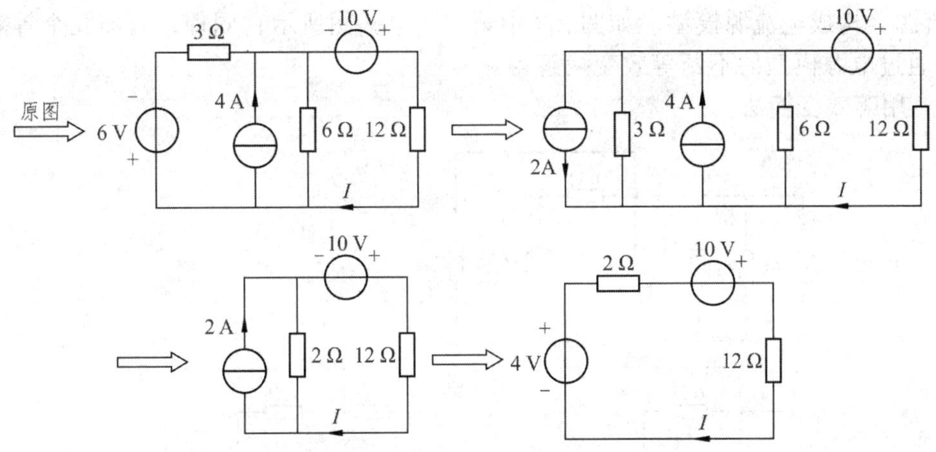

图 2.7　例 2.1 电路等效变换的解题过程

由图 2.7 解得

$$I = \frac{4+10}{2+12} = 1\,(\mathrm{A})$$

结论：

（1）当电源模型与外电路（或另一个电源模型）并联时，电源模型等效变换为电流源模型；当电源模型与外电路（或另一个电源模型）串联时，电源模型等效变换为电压源模型。

例如：图 2.6（b）中电压源模型与电流源模型为并联方式，所以，将电压源模型等效变换为电流源模型。

（2）当电源模型中含有待求参数电路时，注意保留待求变量，即不是每一个电源模型都必须进行等效变换。

例如：图 2.7 等效变换过程中，12 Ω 电阻串联 10 V 电压源组成的电压源模型中含有待求电流 I，因此，该电压源模型不进行等效变换。

【例 2.2】 试用电源模型的等效变换法求如图 2.8（a）所示电路中的电流 I。

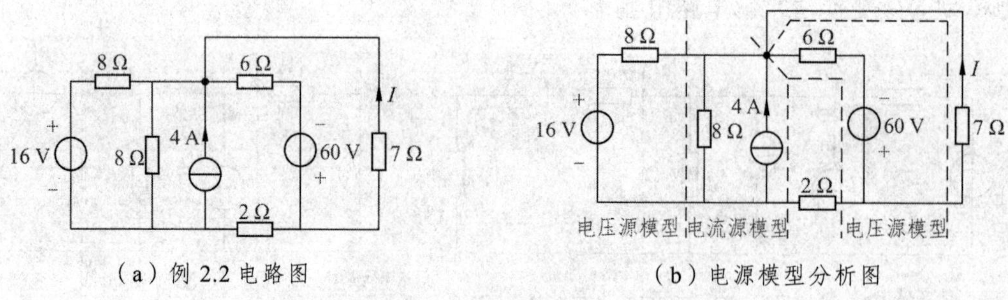

（a）例 2.2 电路图　　（b）电源模型分析图

图 2.8　例 2.2 图

分析：电源模型分析如图 2.8（b）所示。由于 16 V 的电压源模型与 4 A 的电流源模型是并联关系，则将 16 V 的电压源模型等效变换为电流源模型，如图 2.9 中第一个等效电路图所示；再将图 2.9 中两个并联 8 Ω 电阻等效为 4 Ω 电阻，两个并联电流源等效为 6A 电流源，构成电流源模型。如图 2.9 中第二个电路图所示；同理，后面几个等效电路图也是通过电源模型的不断等效变换解得。

解　用等效变换法。

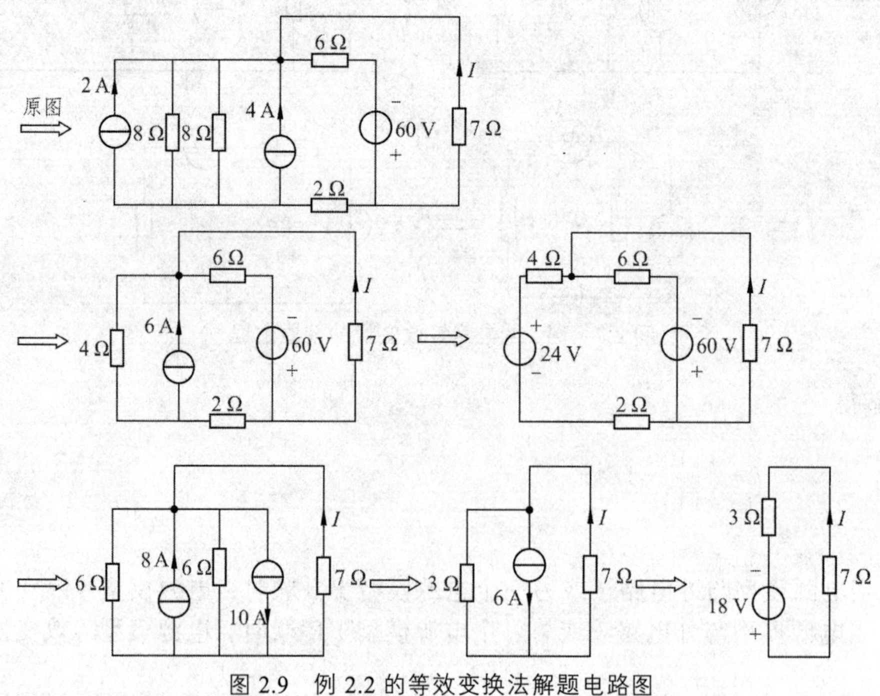

图 2.9　例 2.2 的等效变换法解题电路图

由图 2.9 解得

$$I = \frac{18}{3+7} = 1.8\,(\mathrm{A})$$

结论：

（1）用电源模型等效变换法解题时，根据电路的结构，决定电源模型变换的时机。例如：60 V 的电压源模型在第 4 步才等效变换为电流源模型。

（2）等效变换中可有多个电源模型同时等效变换。例如：图 2.9 的第 4 个等效电路图，就是第 3 个图中的两个电压源模型同时等效变换解得。

【例 2.3】 电路如图 2.10（a）所示，已知电压源 U_{S1}=15 V，U_{S2} = 3 V，电流源 I_{S1} = 2 A，I_{S2} = 1 A，电阻 R_1=10 Ω，R_2 = 20 Ω，R_3 = 1 Ω，R_4 = 4 Ω，R_5 = 5 Ω，R_6 = 0.1 Ω，R = 30 Ω。试用电源模型等效变换法，求如图 2.10（a）所示的电压源模型和开路电压 U_{ab}。

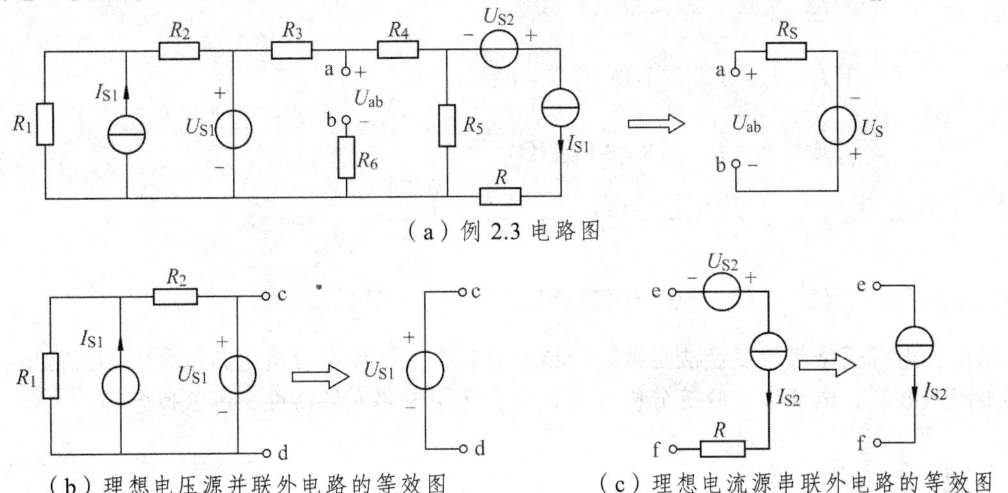

（a）例 2.3 电路图

（b）理想电压源并联外电路的等效图

（c）理想电流源串联外电路的等效图

图 2.10　例 2.3 图

分析：本题的关键是两个理想电源概念的应用，即理想电压源 U_{S1} 直接与不含待求量电路并联，可等效为电压源 U_{S1}，如图 2.10（b）所示；理想电流源 I_{S2} 直接与不含待求量电路串联，可等效为电流源 I_{S2}，如图 2.10（c）所示。

解　用等效变换法。

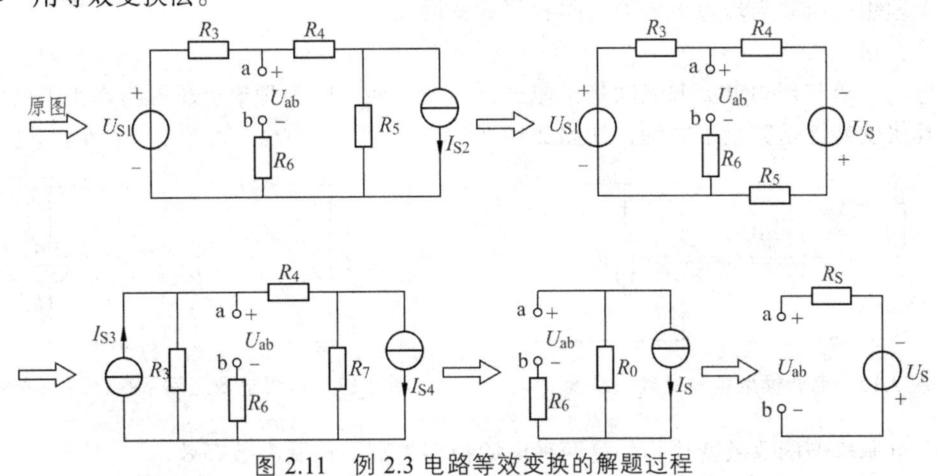

图 2.11　例 2.3 电路等效变换的解题过程

图 2.11 中各参数为

$$U_S = R_5 I_{S2} = 5\times1 = 5\,(\text{V})$$

$$I_{S3} = \frac{U_{S1}}{R_3} = \frac{15}{1} = 15\,(\text{A})$$

$$R_7 = R_4 + R_5 = 4 + 5 = 9\ (\Omega)$$

$$I_{S4} = \frac{U_S}{R_7} = \frac{5}{9}\ (\text{A})$$

$$R_0 = R_3 \mathbin{//} R_7 = \frac{1 \times 9}{1 + 9} = 0.9\ (\Omega)$$

$$I_S = I_{S4} - I_{S3} = \frac{5}{9} - 15 = -\frac{130}{9}\ (\text{A})$$

$$R_S = R_0 + R_6 = 0.9 + 0.1 = 1\ (\Omega)$$

$$U_S = R_0 I_S = 0.9 \times \frac{-130}{9} = -13\ (\text{V})$$

$$U_{ab} = -U_S = -(-13) = 13\ (\text{V})$$

结论：电源模型等效变换法是解题的核心分析方法，但在分析电路过程中，常常要综合运用电阻串并联、电源串并联等分析方法；综合运用电路元件特性、等效概念等。

2.2.4 常见问题讨论

（1）电源模型在等效变换时，电压源的方向与电流源的方向无关。

解答：错。

当电压源模型转变为电流源模型时，电压源的方向决定电流源模型中电流源的方向；当电流源模型转变为电压源模型时，电流源的方向决定电压源模型中电压源的方向。即保持电源模型的端口电压极性一致，如图 2.12 所示。

（2）理想电压源与理想电流源之间有等效变换。

解答：错。

理想电压源与理想电流源之间是不能进行等效变换。因为理想电压源与理想电流源的物理特征及伏安特性是完全不同的，如图 2.13 所示。

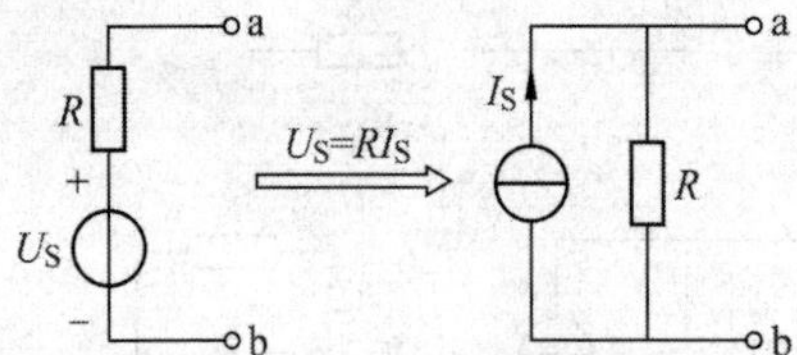

图 2.12 电源模型等效变换关系图

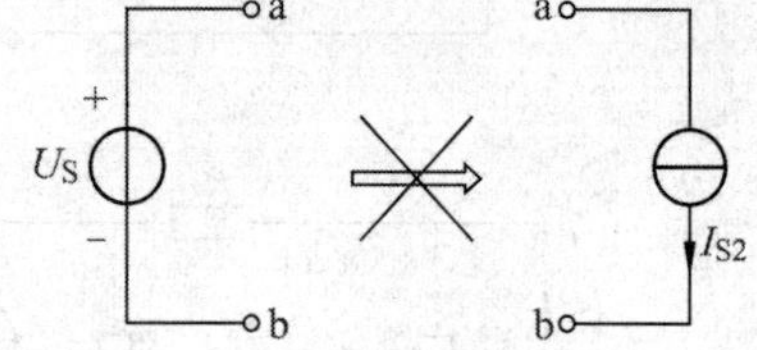

图 2.13 理想电源之间不存在等效变换

（3）电源模型的等效变换指的是两种电源模型内部结构及参数等效。

解答：错。

电源模型的等效变换是对外电路等效，其两种电源模型内部结构及电源参数是不等效的。即电压源模型是由电阻串联电压源组成，电流源模型是由电阻并联电流源组成，如图 2.12 所示。

（4）当电压源模型并联电流源模型时，如何等效变换分析电路？

解答：当电压源模型并联电流源模型时，则将电压源模型转变为电流源模型。如图 2.14 所示。

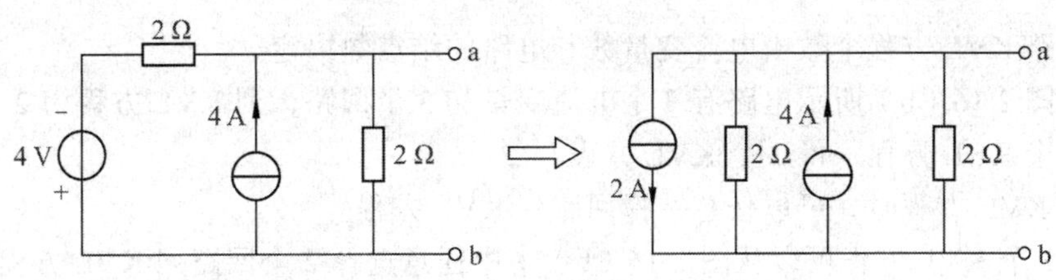

图 2.14　电源模型之间并联时的等效变换

（5）当电压源模型串联电流源模型时，如何等效变换分析电路?

解答：当电压源模型串联电流源模型时，则将电流源模型转换为电压源模型。如图 2.15 所示。

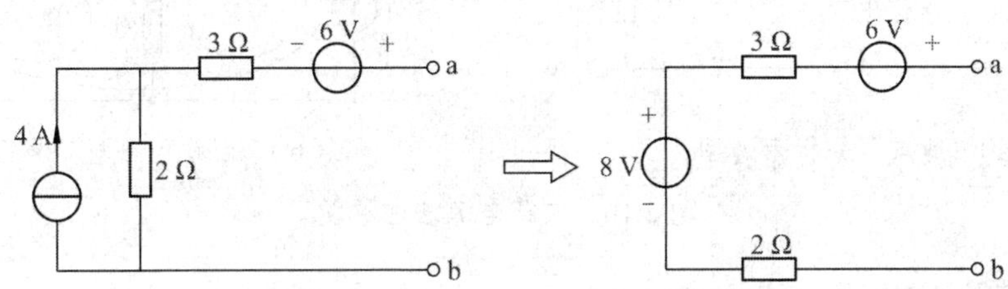

图 2.15　电源模型之间串联时的等效变换

（6）在应用“等效变换法”解题时，只要有电源模型，就可直接应用电源模型等效变换法分析求解电路。

解答：不一定。

在应用电源模型等效变换同时，还要关注电源模型与外电路的连接方式（即是串联还是并联）和电源模型中是否含有待求电量。例如图 2.6（b）所示电路中，三个电源模型的连接方式为并联，则只对不含有待求电流电量的电源模型进行等效变换，而含有待求电流 I 电量的电压模型保持不变。

2.3　支路电流法

2.3.1　基本概念

支路电流法：以支路电流为求解变量，根据基尔霍夫定律，列出 KCL、KVL 独立方程组，从而解得各支路电流。

1. 注　意

（1）当电路具有 b 条支路电流变量和 n 个结点时，则可列出（$n-1$）个独立 KCL 方程，（$b-n+1$）个独立 KVL 方程。

例如：图 2.16（a）中 3 条支路电流变量和 2 个结点，则可列 1 个结点的 KCL 方程，2 个 KVL 方程（即从数学角度分析，3 个变量，需列 3 个方程求解）。

（2）结点 KCL 方程须满足独立性。

例如：图 2.16（a）中有 2 个结点，则独立的 KCL 方程为 1 个（即：2 个结点 - 1=1 个 KCL 方程）。

（3）回路 KVL 方程个数由电流变量数和电路的结点数决定。

例如：图 2.16（b）所示电路有 3 个电流变量和 3 个回路，列 KVL 方程为 2 个，即 3 个变量减去 1 个 KCL 方程，得 2 个 KVL 方程。

（4）列 KVL 方程时，可以任意选择回路列 KVL 方程。

例如：2 个 KVL 方程可以从图 2.16（b）中中任意选择 2 个回路列 KVL 方程。

（5）列 KVL 方程时，尽可能选择不含电流源的回路，以避免增加变量及方程数量。

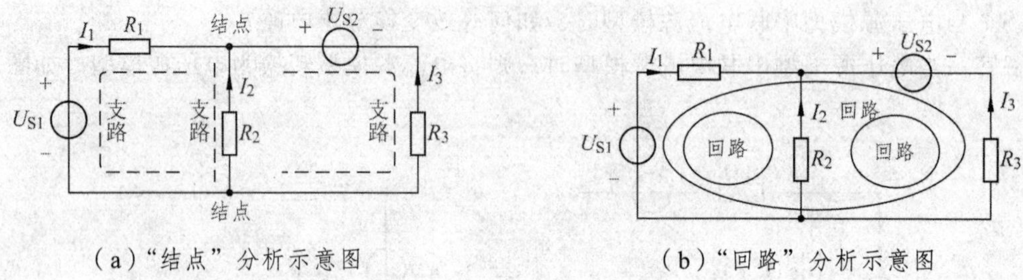

（a）“结点”分析示意图　　（b）“回路”分析示意图

图 2.16　支路电流法注释图

2. 解题步骤

(1) 设支路电流为变量。

标出电路中各未知支路电流变量及参考方向（设 b 为支路电流变量数，n 为结点数）。

(2) 列 KCL、KVL 方程并解之。

列（$n-1$）个 KCL 结点电流方程和（$b-n+1$）个 KVL 回路电压方程。并求解联立方程组中的电流变量值。

(3) 解电路中的其他待求电量，如功率、元件参数等。

2.3.2　支路电流法的应用

【例 2.4】 电路如图 2.16（a）所示，试列出支路电流法所需要的方程。

分析：图 2.16（a）所示电路有 3 个电流变量 I_1、I_2、I_3；2 个结点，则可列 1 个结点 KCL 方程；从 3 个回路中任意选择 2 个回路列 KVL 方程；3 个方程可求解 3 个变量 I_1、I_2、I_3。

解　列 KCL 方程：

$$I_1 + I_2 + I_3 = 0$$

列 KVL 方程：

$$R_1 I_1 - R_2 I_2 - U_{S1} = 0$$
$$U_{S2} - R_3 I_3 + R_2 I_2 = 0$$

结论：支路电流法是以未知支路电流为变量，列 KCL、KVL 方程。

【例 2.5】电路如图 2.17（a）所示，已知电流源 $I_S = 2\text{ A}$，电压源 $U_S = 16\text{ V}$，电阻 $R_1 = 2\,\Omega$，$R_2 = 8\,\Omega$。试用支路电流法求各支路电流及电压 U。

分析：本题指定了解题方法为“支路电流法”。由于电路有 2 个结点，则列 1 个 KCL 方程；又因电路有 2 个变量，则再列 1 个 KVL 方程就可解得支路电流 I_1、I_2。在列回路 KVL 方程时，注意选择图 2.17（b）中不含有电流源的回路 2 列 KVL 方程。

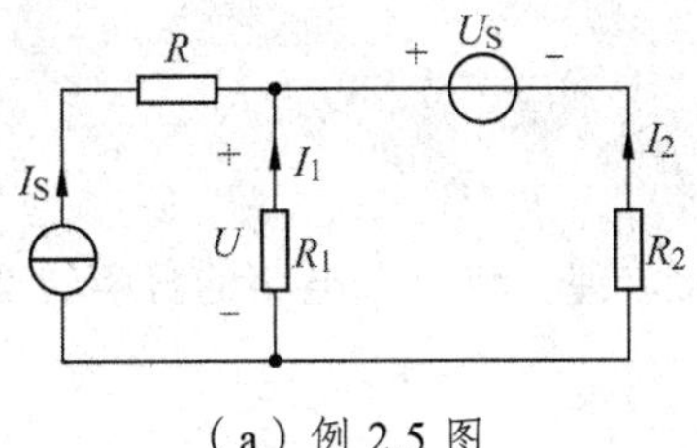

（a）例 2.5 图

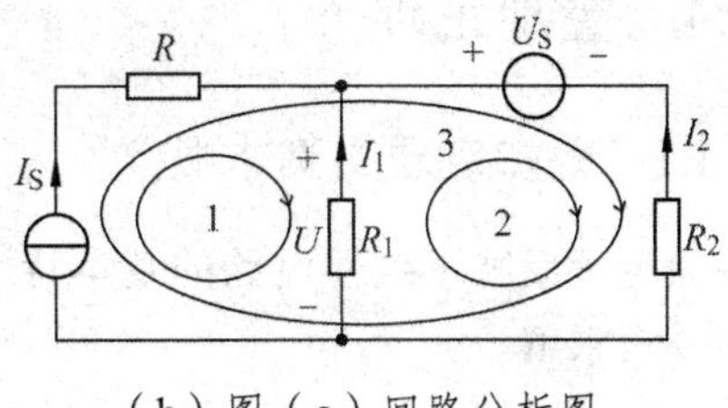

（b）图（a）回路分析图

图 2.17　例 2.5 图及电路分析图

解　列 KCL 方程，有

$$I_1 + I_2 + I_S = 0$$

列回路 2 的 KVL 方程，有

$$U_S - R_2 I_2 + R_1 I_1 = 0$$

将已知参数代入上式，得

$$\begin{cases} I_1 + I_2 + 2\text{A} = 0 & (1) \\ 16 - 8I_2 + 2I_1 = 0 & (2) \end{cases}$$

将 $I_1 = -(I_2 + 2)$ 代入式（2）解得

$$16 - 8I_2 + 2(-I_2 - 2) = 0$$
$$I_2 = 1.2\ (\text{A})$$

将 $I_2 = 1.2\ \text{A}$ 代入式（1）解得

$$I_1 + 1.2 + 2 = 0$$
$$I_1 = -3.2\ (\text{A})$$

由欧姆定律得

$$U = -R_1 I_1 = -2 \times (-3.2) = 6.4\ (\text{V})$$

结论：

（1）注意尽量选择不含有电流源的回路，作为 KVL 方程回路。

（2）写 KVL 方程时，注意确定一个绕行方向[如图 2.17（b）中所示的为顺时针绕行方向]。当电压 U_k 方向与绕行方向一致时，U_k 在 KVL 方程中为“+”，否则为“－”。

2.3.3　常见问题讨论

（1）支路电流法中是以电路的待求量为变量。

解答：不一定。

支路电流法是以未知的支路电流为变量，而电路的待求量可以不是各支路电流。

（2）电路如果有 n 个结点，则可列 n 个独立的 KCL 结点电流方程。

解答：错。

因在 n 个 KCL 方程中，任意一个方程都可通过其他（n-1）个 KCL 方程推导出来，常称为非独立方程。所以，电路如果有 n 个结点，则独立的 KCL 方程数为（n-1）。

2.4 叠加定理

2.4.1 叠加定理的基本概念

叠加定理反映了线性电路的基本特性。可应用叠加定理，将复杂电路的分析转变为简单电路的分析求解。

1. 定　理

叠加定理：在有多个独立电源同时作用的线性电路中，任一支路中的响应电流（或电压）等于电路中各个独立电源单独作用时在该支路产生的电流（或电压）的代数和。

注意：

（1）叠加定理只适用于线性电路，不适用于非线性电路。

（2）“独立电源单独作用”是指在画每一个叠加电路时，图中只保留一个独立电源，其他独立电源参数值设置为零；同时，除电源之外的元件及电路结构均保持不变。

“电源参数值设置为零”的等效电路：电压源为零时用“短路线”等效替代；电流源为零时用“开路”等效替代。如图 2.18 所示。

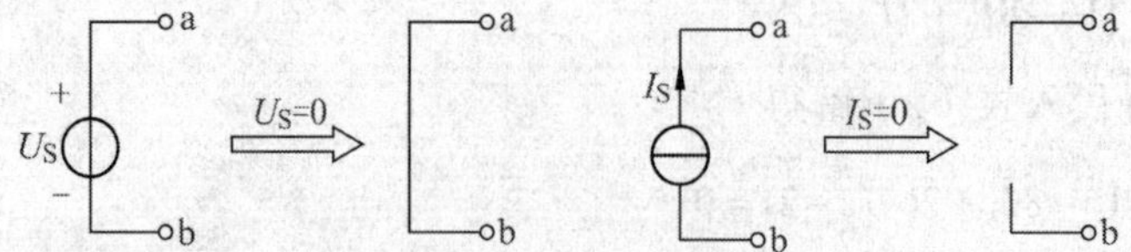

图 2.18　为零值电源的等效电路图

（3）功率不能使用叠加定理计算，因为功率不是电压或电流的一次函数。

2. 解题步骤

（1）画叠加电路图。即画出各个独立电源单独作用时的电路图。

（2）解叠加电路图。即计算各个叠加电路图中待求电压、电流变量。

（3）叠加。即解得叠加电路图的电压、电流的代数和。

2.4.2 叠加定理的应用

【例 2.6】 试用叠加定理求解例 2.5。

分析：分三步完成计算，即画叠加电路图（见图 2.19）、解叠加电路图和叠加。图 2.19（a）所示为电压源为零等效短路线的叠加图；图 2.19（b）所示为电流源为零等效开路的叠加图。

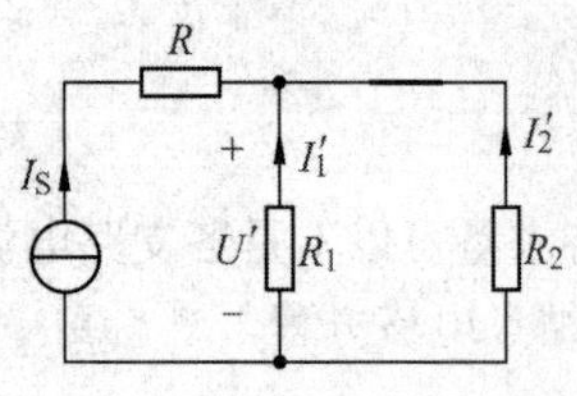

（a）电流源单独作用电路图

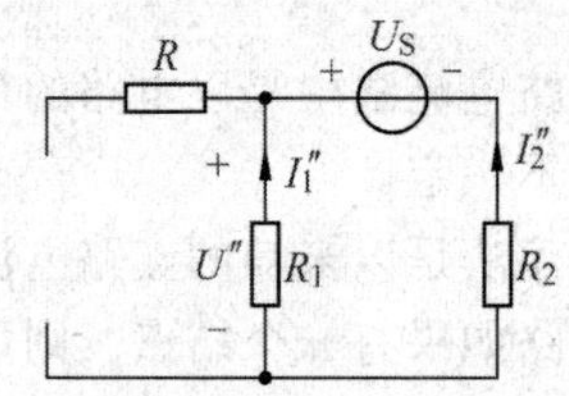

（b）电压源单独作用电路图

图 2.19　叠加电路图

解　（1）画叠加电路图。

（2）解 I_1'、I_1''、I_2'、I_2''、U'、U''。

由图 2.19（a）得

$$U' = (R_1 // R_2)I_S = (2//8)\times 2 = \frac{2\times 8}{2+8}\times 2 = 3.2\ (\text{V})$$

$$I_1' = -\frac{U'}{R_1} = -\frac{3.2}{2} = -1.6\ (\text{A})$$

$$I_2' = -I_S - I_1' = -2-(-1.6) = -0.4\ (\text{A})$$

由图 2.19（b）得

$$-I_1'' = I_2'' = \frac{U_S}{R_1+R_2} = \frac{16}{2+8} = 1.6\ (\text{A})$$

$$U'' = -R_1 I_1'' = -2\times(-1.6) = 3.2\ (\text{V})$$

（3）叠加。

$$I_1 = I_1' + I_1'' = -1.6-1.6 = -3.2\ (\text{A})$$

$$I_2 = I_2' + I_2'' = -0.4+1.6 = 1.2\ (\text{A})$$

$$U = U' + U'' = 3.2+3.2 = 6.4\ (\text{V})$$

结论：

（1）画叠加图时，各叠加变量的参考方向，一般与原题电路图变量的参考方向一致。

（2）写叠加方程时，注意各叠加变量的参考方向与原题电路中的变量参考方向是否一致，如不一致，则叠加时在变量前加负号。

【例 2.7】电路如图 2.20（a）所示，已知电流源 $I_{S1}=3\ \text{A}$，$I_{S2}=0.15\ \text{A}$，电阻 $R_2=R_4=5\ \Omega$，$R_1=R_3=10\ \Omega$。试用叠加定理求：

（1）当电压源 $U_S=9\ \text{V}$ 时，电压 U_{AB} 是多少？

（2）当电压源 $U_S=-9\ \text{V}$ 时，电压 U_{AB} 又是多少？

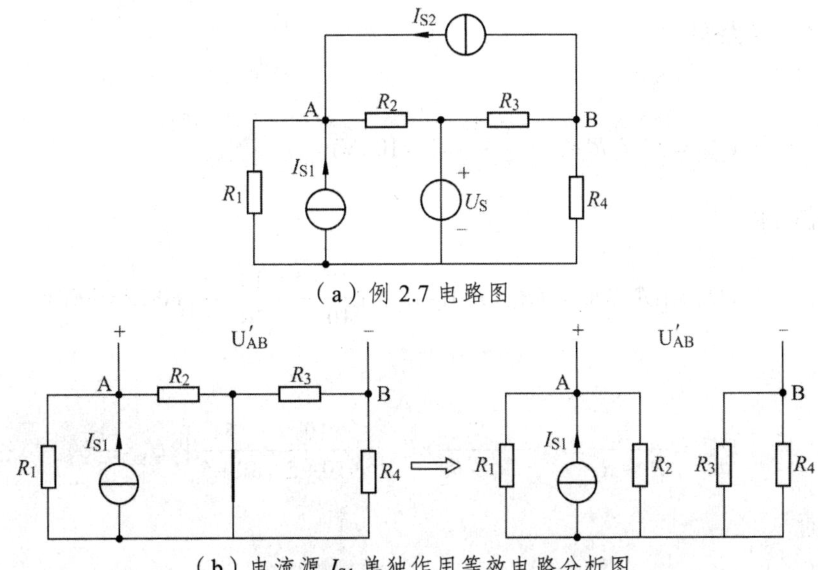

（a）例 2.7 电路图

（b）电流源 I_{S1} 单独作用等效电路分析图

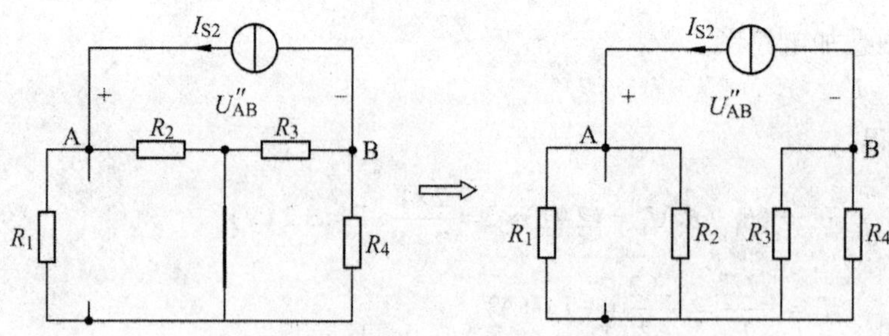

（c）电流源 I_{S2} 单独作用等效电路分析图

图 2.20　例 2.7 图

分析：

（1）画叠加电路图，如图 2.21 所示。

（2）解叠加电路图的电压 U'_{AB}、U''_{AB}、U'''_{AB}，其叠加图的等效电路分析图如图 2.20（b）（c）所示。

（3）分别叠加 $U_S=9$ V 和 $U_S=-9$ V 时的 U_{AB}。

解　（1）画叠加电路图。

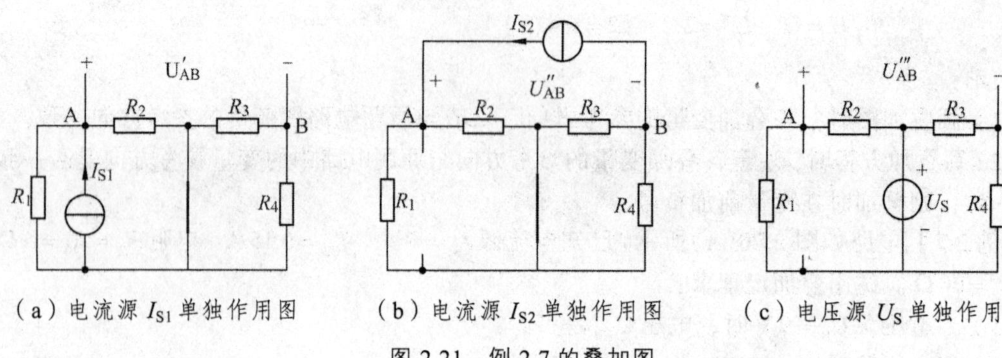

（a）电流源 I_{S1} 单独作用图　（b）电流源 I_{S2} 单独作用图　（c）电压源 U_S 单独作用图

图 2.21　例 2.7 的叠加图

（2）解叠加电路图。

由图 2.21（a）得

$$U'_{AB}=(R_2 // R_1)I_{S1}=\frac{5\times10}{5+10}\times3=10\ (\text{V})$$

由图 2.21（b）得

$$U''_{AB}=\left[(R_1 // R_2)+(R_3 // R_4)\right]\times I_{S2}=\left(\frac{10\times5}{10+5}+\frac{10\times5}{10+5}\right)\times0.15=1\ (\text{V})$$

由图 2.21（c）得

$$U'''_{AB}=\frac{R_3}{R_3+R_4}\times U_S-\frac{R_2}{R_1+R_2}\times U_S=\left(\frac{10}{10+5}-\frac{5}{10+5}\right)\times U_S=\frac{1}{3}U_S$$

（3）叠加。

当 U_S=9 V 时

$$U'''_{AB}=\frac{1}{3}U_S=\frac{1}{3}\times 9=3\,(\text{V})$$

$$U_{AB}=U'_{AB}+U''_{AB}+U'''_{AB}=10+1+3=14\,(\text{V})$$

当 $U_S=-9$V 时

$$U'''_{AB}=\frac{1}{3}U_S=\frac{1}{3}\times(-9)=-3\,(\text{V})$$

$$U_{AB}=U'_{AB}+U''_{AB}+U'''_{AB}=10+1-3=8\,(\text{V})$$

结论：在线性电路中，当已知电源单独作用下各支路电流 I'_k 或电压 U'_k 时，如保持电源大小不变，而改变其电源的方向，则可得改变电源方向后各支路电流或电压为 $-I'_k$、$-U'_k$。例如：当独立电压源 U_S=9 V 时，解为 $U'''_{AB}=3$ V；$U_S=-9$ V 时，解为 $U'''_{AB}=-3$ V。

【例 2.8】 在图 2.22（a）所示电路中，已知电压源 $U_{S3}=U_{S4}$，当开关 S 合在 A 点时，电流 $I=2$ A；S 合在 B 点时，电流 $I=-2$ A。试用叠加定理求开关 S 合在 C 点时的电流 I。

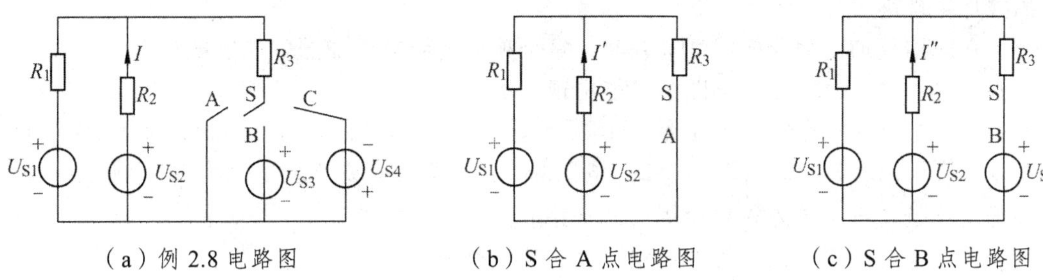

图 2.22　例 2.8 图及分析计算电路图

分析：

（1）由已知条件可知，当开关 S 合在 A 点时，电路如图 2.22（b）所示，$I'=2$ A，即电流 I' 为电压源 U_{S1}、U_{S2} 共同作用所得；当开关 S 合在 B 点时，电路如图 2.22（c）所示，$I''=-2$ A，即电流 I'' 为 3 个电压源 U_{S1}、U_{S2} 、U_{S3} 共同作用所得。

（2）根据线性电路的叠加性，通过图 2.22（b）（c）分析解得电压源 U_{S3} 单独作用的电流 $I'''=I''-I'$。

（3）因 $U_{S3}=U_{S4}$，由图 2.22（a）可知，电压源 U_{S4} 与 U_{S3} 在连接时极性相反，得电压源 U_{S4} 单独作用电流为 $-I'''$；当开关 S 合在 C 点时电流 I 为电压源 U_{S1}、U_{S2}、U_{S4} 作用的叠加，即 $I=I'+(-I''')$。

解　当开关 S 合在 A 点时，得电流 I'：

$$I'=2\,(\text{A})$$

当开关 S 合在 B 点时，得电流 I''：

$$I''=-2\,(\text{A})$$

电压源 U_{S3} 单独作用时的电流 I'''：

$$I'''=I''-I'=-2-2=-4\,(\text{A})$$

当开关 S 合在 C 点时，得电流 I 为

$$I = I' + (-I''') = 2 + 4 = 6\,(\text{A})$$

结论：叠加定理应用可拓展为多电源作用。即已知 n 个电源作用电路的解为 I_n 或 U_n，（n+k）个电源作用电路的解为 I_{n+k} 或 U_{n+k}；则可解得 k 个电源作用电路的解为 $I_k = I_{n+k} - I_n$ 或 $U_k = U_{n+k} - U_n$。

2.4.3　常见问题讨论

（1）叠加定理可以分析所有的电路。

解答：错。

叠加定理仅能应用于线性电路的分析与计算。不能用于非线性电路的分析计算。

（2）在线性电路中，各支路电流、电压、功率可以应用叠加定理分析求解。

解答：功率不能叠加。

在线性电路中，各支路的电流、电压可应用叠加定理分析，但各支路或元件上的功率不能应用叠加定理进行分析计算。

（3）在应用叠加定理分析线性电路时，每个独立电源在叠加图中能出现几次？

解答：每个独立电源在叠加图中只能出现一次。

例如，线性电路中有一个电压源 U_S 作用在第 k 条支路上电流为 I_k。如果电压源 U_S 分别在两个叠加图中出现，则相当于一个 $2U_S$ 电压源作用在第 k 条支路上电流为 $2I_k$。所以叠加定理中明确说明是“各个电源单独作用”的支路电流、电压的叠加。

（4）电压源值为零时，可用“断路”等效替代电压源。

解答：错。

电压源为零，说明电压源端口的电位差为零，即用“短路”等效替代。当电路处于“断路”时，其端口的电流为零，但端口电压不一定为零。

（5）电流源值为零时，可用“短路”等效替代电流源。

解答：错。

电流源值为零时，可用“断路”等效替代电流源。即为零值的电流源说明电流源支路中没有电流，则电路处于“开路”状态；另电路处于“短路”时，其“短路”的两个端点电压为零，但通过“短路”的电流不一定为零。

2.5　戴维南定理

在分析电路时，常常关注电路中某条支路（或某部分电路）的电量大小。例如，在如图 2.23（a）所示电路中求解电压 U。其分析方法可用“等效变换法”“支路电流法”和“叠加定理”。每一种解题方法都是从不同的角度进行讨论分析，而戴维南定理则是另一种将电路中的一部分简化为电压源模型的分析方法。

例如，将图 2.23（a）划分为两部分：一部分电路是含有待求量的电路，常称为“外电路”；另一部分电路称为“有源网络 N_S”，如图 2.23（b）所示。当将图 2.23（b）中的“外电路”移去后，“有源网络 N_S”转换成“有源二端网络 N_S”，如图 2.23（c）所示。图 2.23（c）可等效变换为一个电压源模型电路。

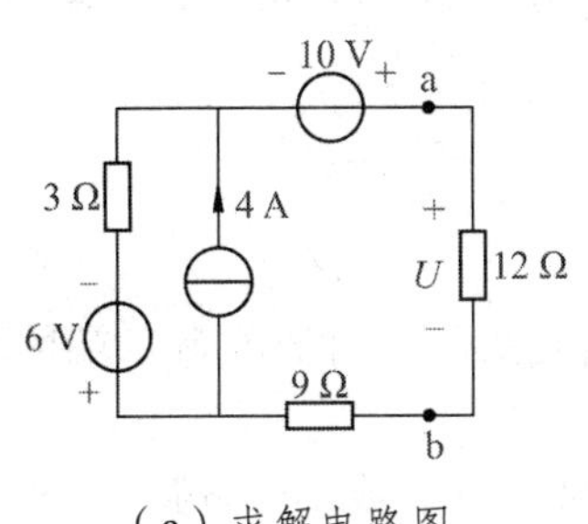

（a）求解电路图

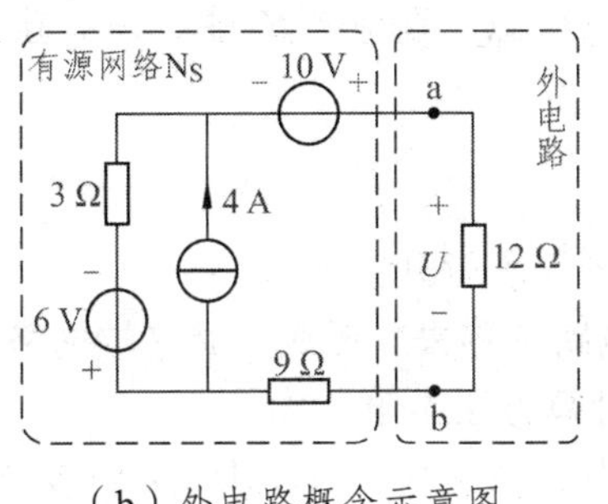

（b）外电路概念示意图

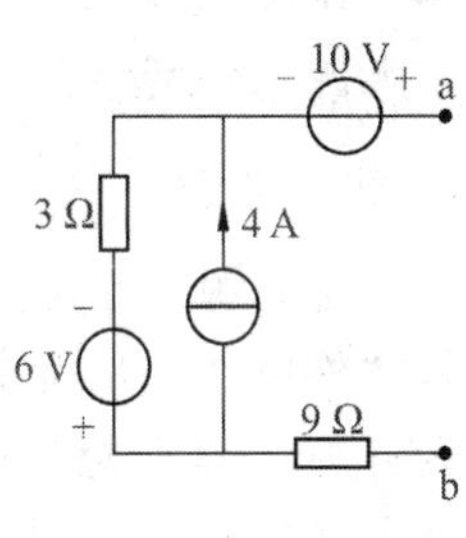

（c）有源二端网络 N_S

图 2.23　戴维南定理基本概念分析图

戴维南定理讨论中常用到以下术语：

（1）二端网络：对外具有两个端钮的网络称为“二端网络”，也可称为“单口网络”或“一端口网络”。如图 2.23（c）所示电路具有 a、b 两个端钮，则称为二端网络。

（2）有源二端网络：含有理想电源的二端网络称为“有源二端网络”，常用 N_S 表示。图 2.23（c）称为有源二端网络 N_S。

（3）无源二端网络：将不含理想电源的二端网络称为无源二端网络，常用 N_0 表示。

2.5.1　戴维南定理的基本概念

1. 定　理

戴维南定理：任何一个线性有源二端网络 N_S[见图 2.24（a）]，对外电路来说，总可以用一个电压源和电阻串联组合等效代替[见图 2.24（b）]，该电压源等于有源二端网络 N_S 的开路电压[如图 2.24（c）所示开路电压 U_{OC}]，电阻等于有源二端网络 N_S 中全部独立电源为零后的无源二端网络 N_0 端口处的输入电阻[如图 2.24（d）所示输入电阻 R_0]。

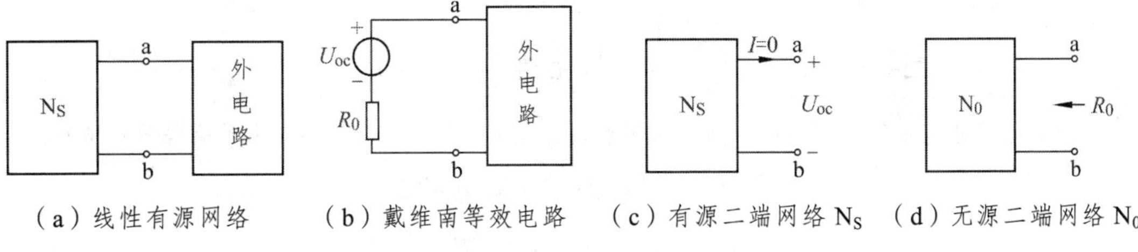

（a）线性有源网络　（b）戴维南等效电路　（c）有源二端网络 N_S　（d）无源二端网络 N_0

图 2.24　戴维南定理

2. 注　释

（1）在图 2.24（b）中，电压源 U_{OC} 串联电阻 R_0 构成的电压源模型称为戴维南等效电路，其电压 U_{OC} 称为有源二端网络 N_S 开路电压[见图 2.23（c）]；电阻 R_0 称为戴维南等效电阻[见图 2.24（d）]。

（2）用戴维南等效电路等效替代有源二端网络 N_S 时，只对外接电路等效。

（3）电压源 U_{OC} 大小、方向由有源二端网络 N_S 的开路电压所决定。

例如，图 2.24（c）所示开路电压 U_{OC} 极性为 a 点为“+”极，b 点为“－”极，则图 2.24（b）中电压源 U_{OC} 的极性也是“+”极对着 a 点，“-”极对着 b 点。

（4）设图 2.24（c）所示的有源二端网络 N_S 中，所有独立电源为零，则得到图 2.24（d）所示的无源二端网络 N_0。

3. 解题步骤

（1）画有源二端网络 N_S 图，求解开路电压。

将“外电路”从待求解电路中移去，形成有源二端网络 N_S 电路图，计算有源二端网络 N_S 开路电压，其开路电压的计算方法不限。

在电路分析中，“外电路”一般是指含有待求电量的支路（或元件、或部分电路）。

（2）画无源二端网络 N_0 图，求解戴维南等效电阻 R_0。

令有源二端网络 N_S 中所有独立电源为零（即电压源为零用短路等效替换，电流源为零用开路等效替换），形成无源二端网络 N_0 电路图，计算戴维南等效电阻 R_0。

（3）画戴维南等效电路图，求解电路的待求电量。

由开路电压和等效电阻 R_0 串联得戴维南等效电路图，并与移去的“外电路”连接，分析计算电路中的待求量。

2.5.2 戴维南定理的应用

【例 2.9】试用戴维南定理求如图 2.25 所示电路中的电压 U。

分析：

（1）画如图 2.26 所示的三个电路图。

（2）求解三个电路图的电量，即电压 U_{ab}、U 和电阻 R_0。

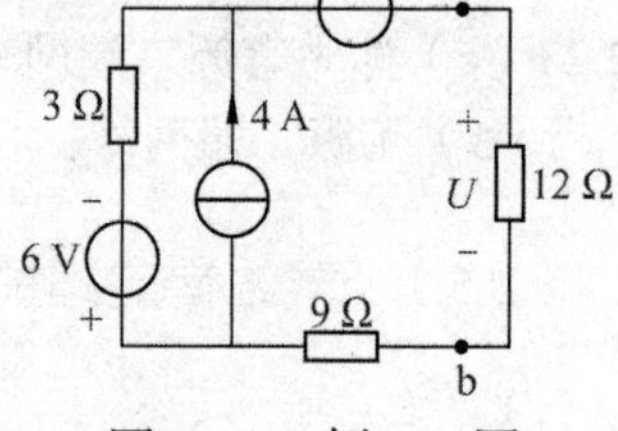

图 2.25 例 2.9 图

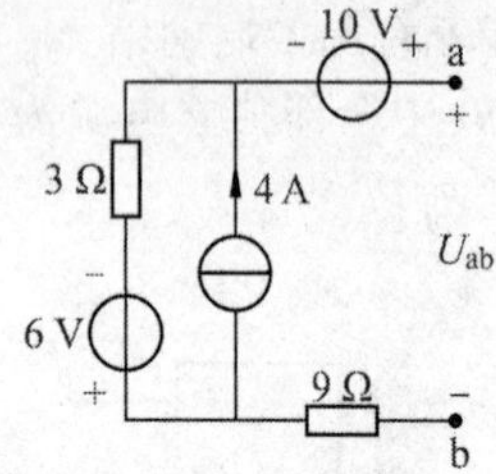

（a）求开路电压图

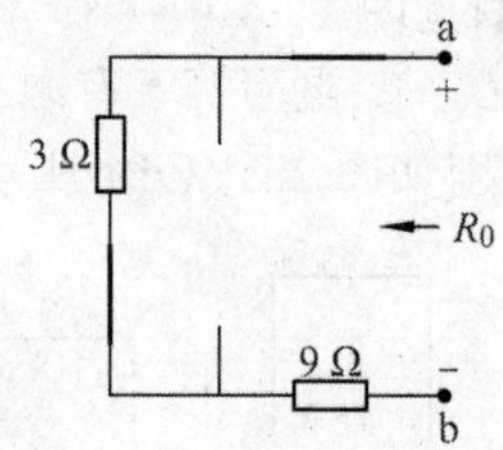

（b）求戴维南等效电阻图

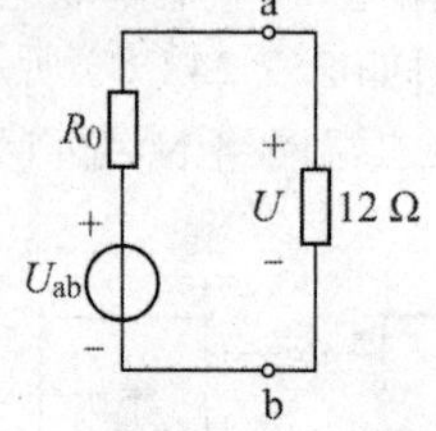

（c）戴维南等效电路图

图 2.26 例 2.9 的求解电路图

解

（1）求解图 2.26（a）中的开路电压 U_{ab}。

$$U_{ab} = 10 + 3 \times 4 - 6 = 16\,(\text{V})$$

（2）求解图 2.26（b）中的等效电阻 R_0。

$$R_0 = 3 + 9 = 12\,(\Omega)$$

（3）求解图 2.26（c）中的电压 U。

$$U = \frac{U_{ab}}{R_0 + 12} \times 12 = \frac{16}{12 + 12} \times 12 = 8\,(\text{V})$$

结论：用戴维南定理分析电路时，注意：

（1）正确画出三个电路图，即求开路电压图、求等效电阻图、戴维南等效电路图。

（2）解三个电路图中的待求电量，即求开路电压、求等效电阻、戴维南等效电路计算待求量。

【例 2.10】 电路如图 2.27 所示，已知电阻 R_1=4 Ω，R_2=6 Ω，R_3=12 Ω，R =16 Ω。试用戴维南定理求电流 I 。

分析：本题重点关注开路电压的计算方法，如图 2.28 所示，即用叠加定理计算开路电压 U_0。

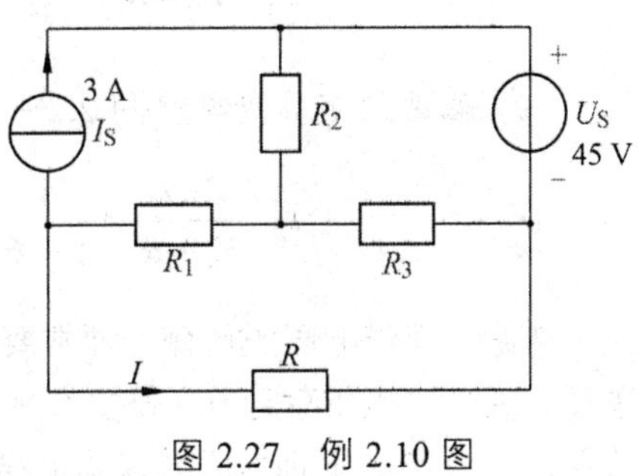

图 2.27　例 2.10 图

解　（1）求如图 2.28（a）所示电路的开路电压 U_0。

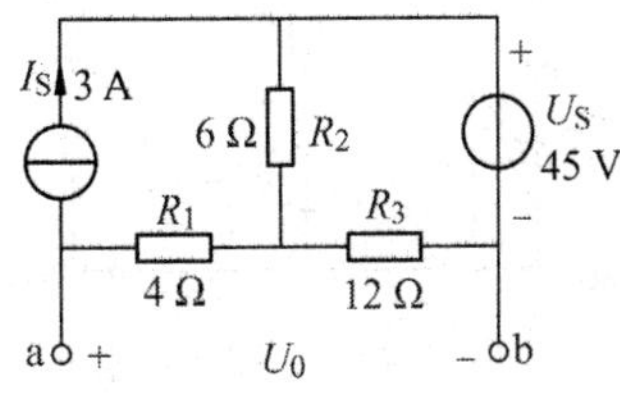

（a）求开路电压图

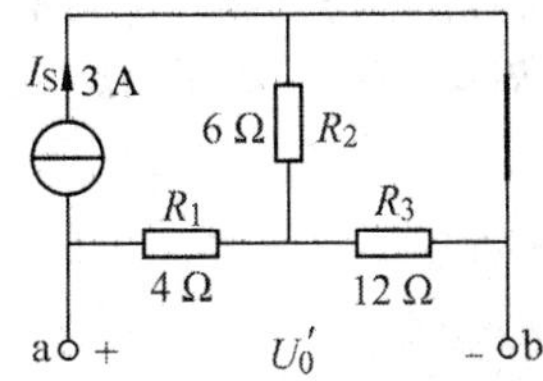

（b）电流源单独作用图

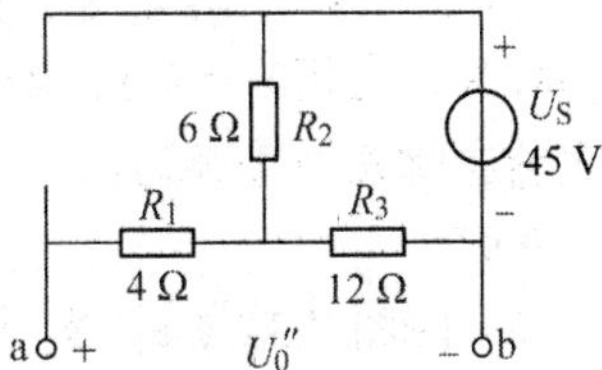

（c）电压源单独作用图

图 2.28　用叠加定理求开路电压 U_0

解叠加图 2.28（b）得

$$U_0' = -(R_2 // R_3 + R_1)I_S = -\left(\frac{6\times12}{6+12}+4\right)\times3 = -24\ (\text{V})$$

解叠加图 2.28（c）得

$$U_0'' = \frac{U_S}{R_2+R_3}\times R_3 = \frac{45}{6+12}\times12 = 30\ (\text{V})$$

叠加得

$$U_0 = U_0' + U_0'' = -24+30 = 6\ (\text{V})$$

（2）求如图 2.29（a）所示电路的等效电阻 R_0。

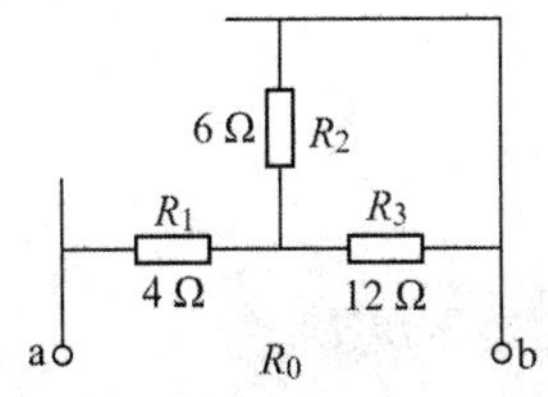

（a）求戴维南等效电阻图

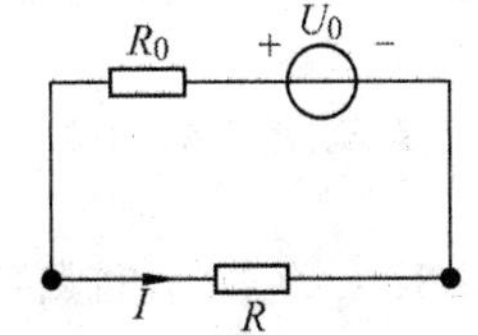

（b）戴维南等效电路图

图 2.29　等效电阻和戴维南等效电路

由图 2.29（a）得

$$R_0 = R_1 + R_2 // R_3 = 4 + \frac{6 \times 12}{6+12} = 8\,(\Omega)$$

（3）解戴维南等效电路图 2.29（b）中电流 I。

$$I = \frac{U_0}{R_0 + R} = \frac{6}{8+16} = 0.25\,(\mathrm{A})$$

结论：开路电压的计算，常常要运用其他分析方法，如叠加定理、支路电流法、等效变换法等。所以“戴维南定理”仅提供了一个解题的逻辑推理方法，其开路电压、等效电阻的分析计算，还会涉及前面所学的基本定律、基本定理、基本分析方法等知识。

【例 2.11】 电路如图 2.30 所示，已知电压源 U_{S1}=18 V，U_{S2}=12 V，电流 $I = 4$ A，电阻 $R_1 = R_2 = 2\,\Omega$，$R_3 = 3\,\Omega$。试用戴维南定理求电压源 U_S。

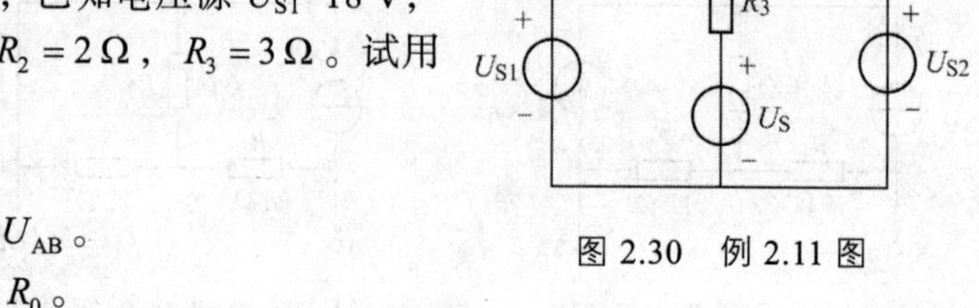

图 2.30 例 2.11 图

分析：

（1）由图 2.31（a）求开路电压 U_{AB}。

（2）由图 2.31（b）求等效电阻 R_0。

（3）由图 2.31（c）所示的戴维南等效电路解得电压源 U_S。

解 （1）求解图 2.31（a）所示电路的开路电压 U_{AB}。

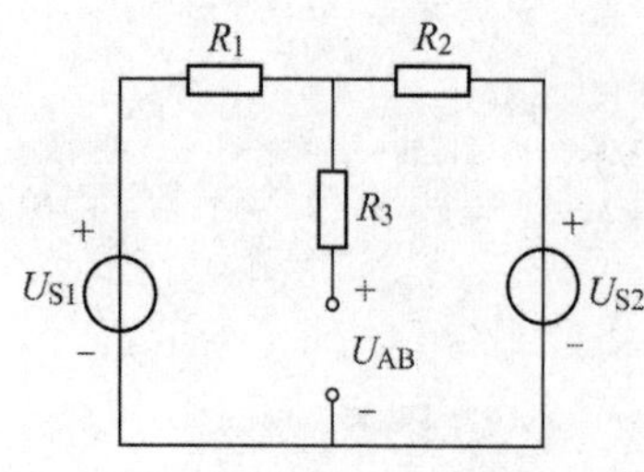

（a）求开路电压图

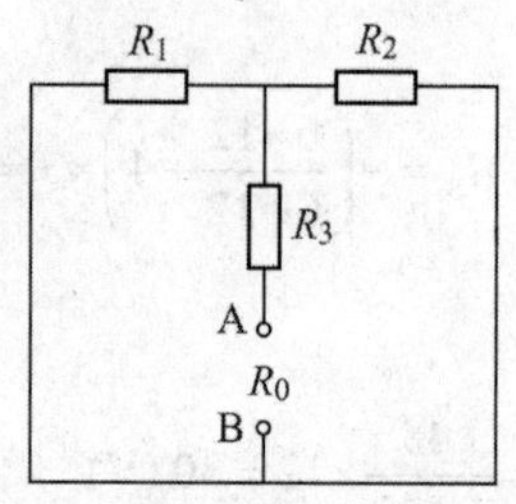

（b）求戴维南等效电阻图

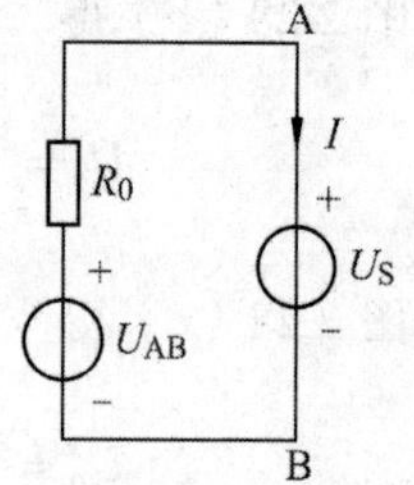

（c）戴维南等效电路图

图 2.31 开路电压、等效电阻和戴维南等效电路

$$U_{AB} = \frac{U_{S1} - U_{S2}}{R_1 + R_2} \times R_2 + U_{S2} = \frac{18-12}{2+2} \times 2 + 12 = 15\,(\mathrm{V})$$

（2）求解图 2.31（b）所示电路的等效电阻 R_0。

$$R_0 = (R_1 // R_2) + R_3 = \frac{2 \times 2}{2+2} + 3 = 4\,(\Omega)$$

（3）求解图 2.31（c）所示的戴维南等效电路中的电压源 U_S。

$$U_S = -R_0 I + U_{AB} = -4 \times 4 + 15 = -1\,(\mathrm{V})$$

结论：戴维南定理的应用重点是掌握解题步骤，第一步画求解开路电压电路图，并解之；第二步画求解等效电阻的电路图，并解之；第三步画戴维南等效电路，并求解待求电量。

2.5.3 常见问题讨论

（1）由图 2.32（a）（b）所示电路解得戴维南等效电路图 2.32（c）试问图 2.32（c）对吗？

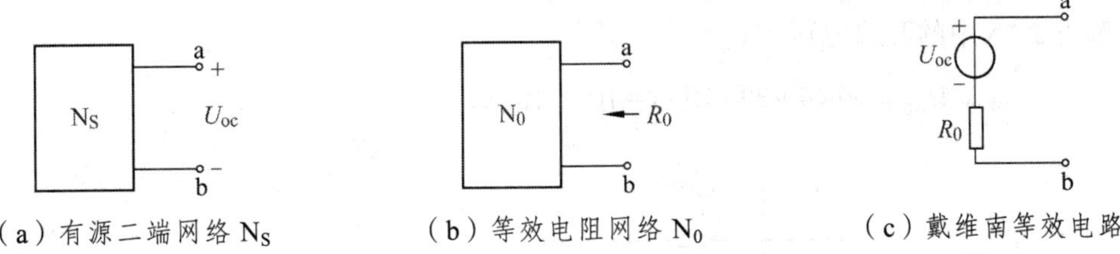

（a）有源二端网络 N_S　（b）等效电阻网络 N_0　（c）戴维南等效电路

图 2.32 线性有源二端网络 N_S 的戴维南等效电路

解答：不对。

图 2.32（c）电路中电压源 U_{OC} 的方向错了。图 2.32（a）中所设定的开路电压方向为：a 端为“+”极，b 端为“－”极。而图 2.32（c）电路中电压源 U_{OC} 的“－”极接在 a 端，电压源 U_{OC} 的“+”极接在 b 端，即戴维南等效电路中电压源的方向接错了。

（2）在应用戴维南定理分析线性电路时，是否必须画出求解过程中的电路图？

解答：是的。

在应用戴维南定理分析线性电路时，必须先画出求开路电压的电路图，并标定其开路电压方向及变量，再解之；必须先画出求戴维南等效电阻 R_0 的电路图，再解之；必须先画出求解戴维南等效电路图（注意电压源的方向与开路电压方向的关系），再解之。

2.6 最大功率传输定理

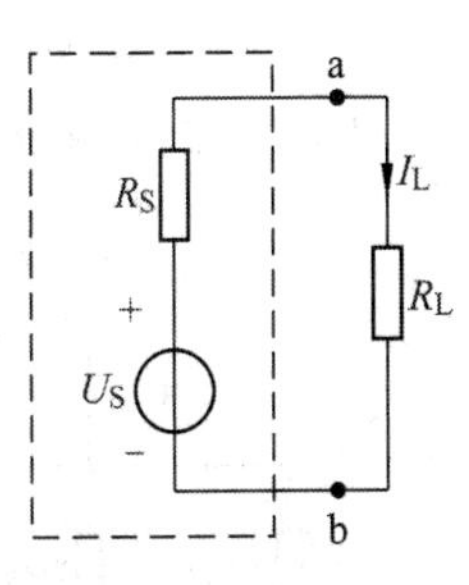

图 2.33 电压源模型与负载 R_L

电子电路分析中，常常关注负载上是否能获得最大功率。因此，在讨论有关电子电路获得最大功率问题时，将电子电路分解为两个电路模块，即：给负载提供功率的电路模块 N_S 和负载电路模块 R_L。其中，模块 N_S 总可以用戴维南等效电路来替代（如图 2.33 所示）。这样，电子电路获得最大功率的问题转化为电路理论中最大功率传输定理。

最大功率传输定理：设有一个电压源模型与一个电阻负载相接，当负载电阻等于电压源模型的内电阻时，则负载能从电压源模型中获得最大功率。

例如：在图 2.33 所示电路中，当 $R_L = R_S$ 时，

负载 R_L 上获得最大功率为 P_{Lmax}，有

$$I_L = \frac{U_S}{R_S + R_L} = \frac{U_S}{2R_L}$$

$$P_{Lmax} = R_L I_L^2 = \frac{U_S^2}{4R_L}$$

负载获得最大功率状态又称为负载与电源相匹配。

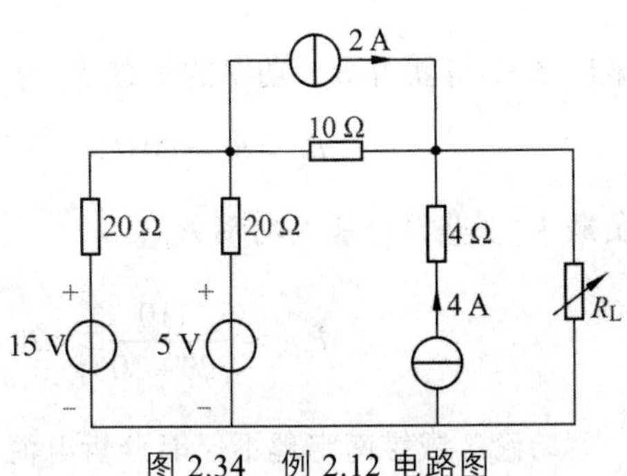

图 2.34 例 2.12 电路图

【例 2.12】 在图 2.34 所示电路中，当可变电阻 R_L 等于多大时它能从电路中吸收最大的功率，并求此最大功率。

分析：利用戴维南定理将电阻 R_L 之外的电路用戴维南等效电路替代，再根据最大功率传输定理，得吸收最大的功率的电阻 R_L 值及最大功率。

解 （1）计算戴维南等效电路。

求解图 2.35 中的开路电压 U_{AB}

$$U_{AB}=10\times4+20+10\times4+10=110\ (\text{V})$$

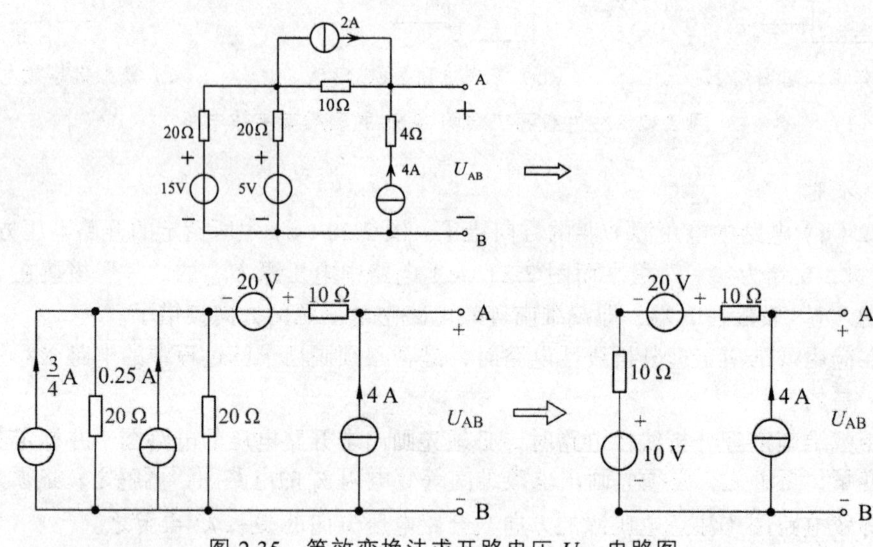

图 2.35 等效变换法求开路电压 U_{AB} 电路图

求解图 2.36 中的等效电阻 R_0

$$R_0=10+20\,//\,20=20\ (\Omega)$$

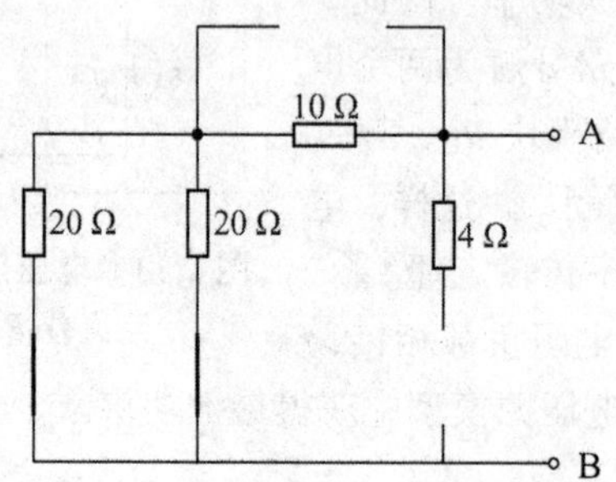

图 2.36 求戴维南等效电阻电路图

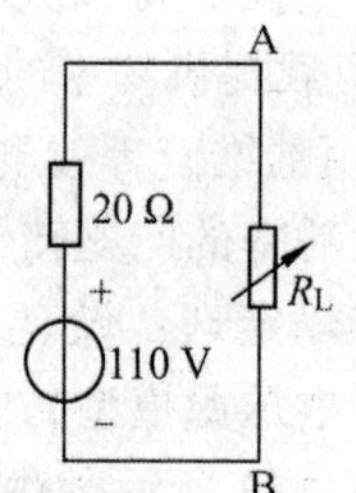

图 2.37 戴维南等效电路

解图 2.37 得获得最大功率的负载 R_L 为

$$R_L=R_0=20\ (\Omega)$$

负载 R_L 上获得的最大功率 P_{max}

$$P_{max}=\left(\frac{110}{20+20}\right)^2\times20=151.25\ (\text{W})$$

结论：戴维南定理不仅能分析电流、电压，还可应用于分析最大功率的传输电路。

本章小结

1. 等效变换法

用如图 2.38 所示的两个电源模型等效变换进行电路分析计算的方法，称为电源模型等效变换法（简称等效变换法）。

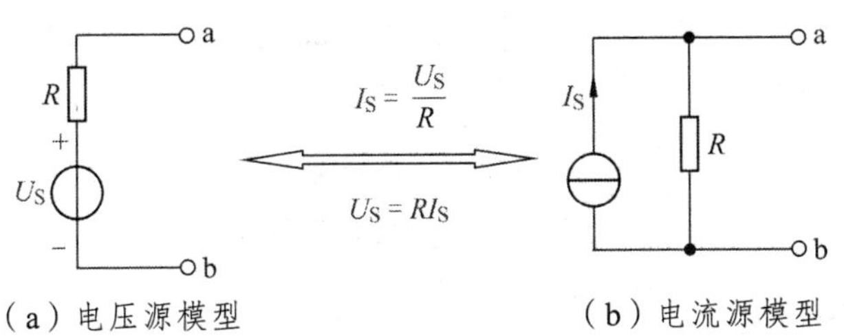

（a）电压源模型　　（b）电流源模型

图 2.38　电源模型的等效变换

2. 支路电流法、结点电压法

支路电流法：是以支路电流为变量，由 KCL、KVL 建立独立方程组，解得各支路电流的方法。

3. 叠加定理

1）解题步骤

（1）画各个独立电源单独作用的叠加电路图。

（2）解叠加电路图中的各电量。

（3）各电量叠加。

2）注意

（1）叠加定理只能应用于线性电路分析。

（2）独立电压源为零用“短路”等效替代，独立电流源为零用“开路”等效替代。

（3）功率计算不能叠加。

4. 戴维南定理

1）解题步骤

分三步完成图 2.39（a）所示电路的分析计算。即

（1）画求开路电压电路图，如图 2.39（b）所示，并解之。

（2）画求等效电阻电路图，如图 2.39（c）所示，并解之。

（3）画戴维南等效电路图，如图 2.39（d）所示，并解之。

2）注意

（1）图 2.39（b）所示的是线性电路。

（2）戴维南等效电路中电压源方向应与开路电压的参考方向相同。

（3）计算开路电压 U_{OC}、等效电阻 R_0 方法不限。

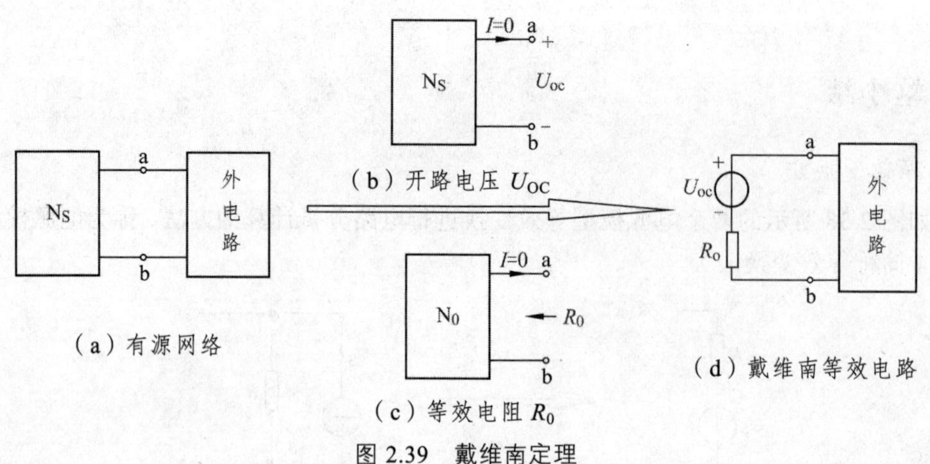

（a）有源网络　（b）开路电压 U_{OC}　（c）等效电阻 R_0　（d）戴维南等效电路

图 2.39　戴维南定理

5. 最大功率传输定理

设有一个电压源模型与一个电阻负载 R_L 相接，如图 2.40 所示，则负载电阻 R_L 要获得最大功率的条件为 $R_L = R_S$。

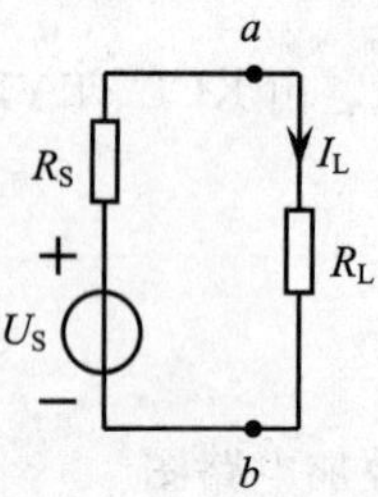

图 2.40　电压源模型与负载 R_L

选择题

1. 理想电流源和理想电压源之间（　　）等效变换关系。

   A. 有　　B. 没有　　C. 在一定条件下有　　D. 不一定有

2. 电路如图 2.41 所示，对负载电阻 R 而言，虚线框中的电路可用（　　）等效代替。

   A. 理想电压源　　B. 理想电流源　　C. 理想电压源与理想电流源均可

3. 图 2.42 所示电路，对 A、B 端外接电路可以用（　　）等效替代。

   A. 2 V 电压源　　B. 2 V 电压源串联 2 A 电流源　　C. 2 A 电流源

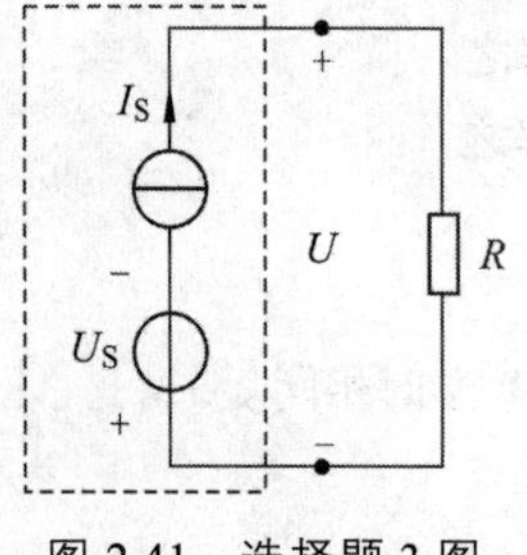

图 2.41　选择题 3 图

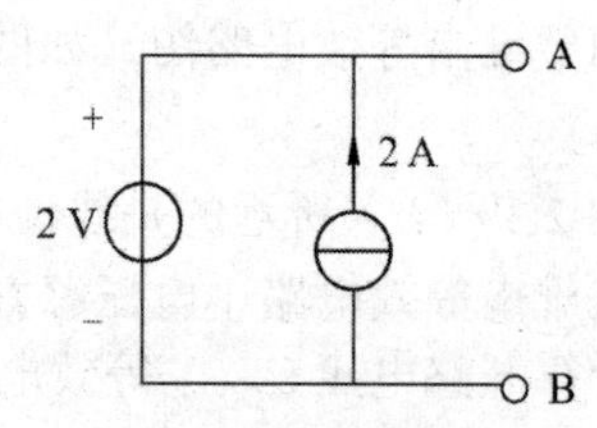

图 2.42　选择题 2 图

4. 用图 2.43（b）所示电路等效替代图 2.43（a）电路，则图 2.43（b）中的电量参数为（　　）。

A. I_S=1 A，R=6 Ω　　B. I_S=1 A，R=3 Ω

C. I_S=10 A，R=6 Ω　　D. I_S=10 A，R=3 Ω

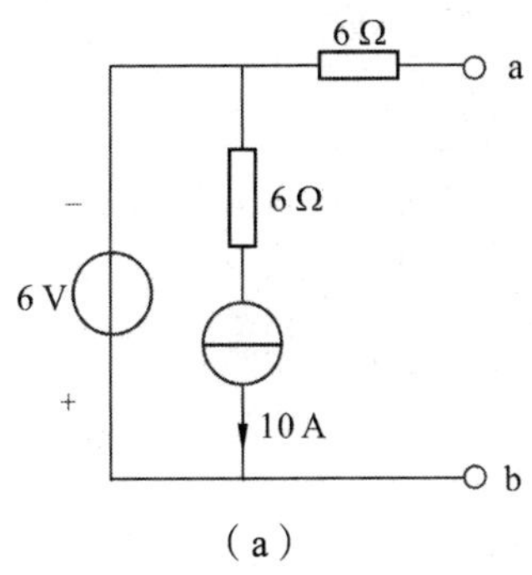

（a）

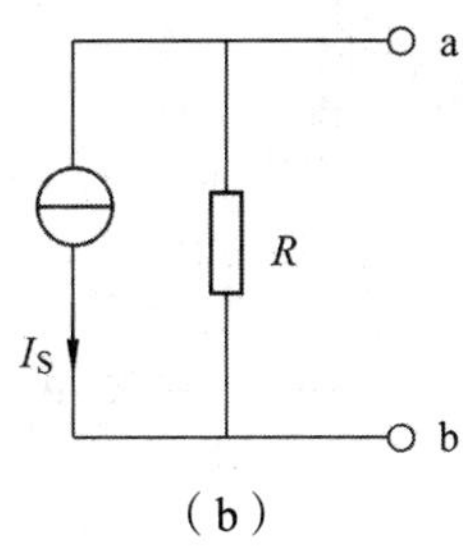

（b）

图 2.43　选择题 4 图

5. 用图 2.44（b）所示电路等效替代图 2.44（a）电路，其等效电路图 2.44（b）中的电量参数为（　　）。

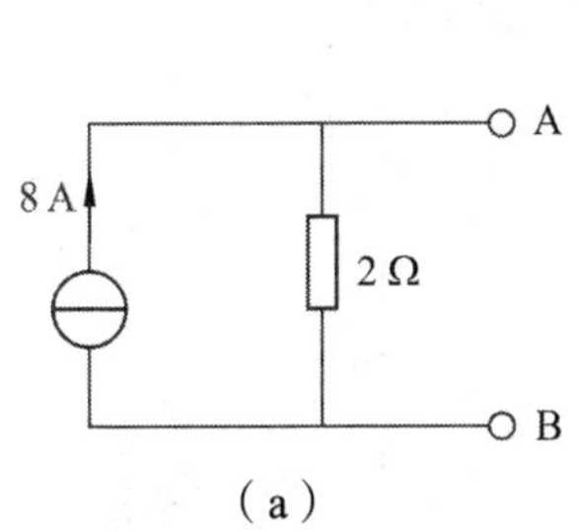

（a）

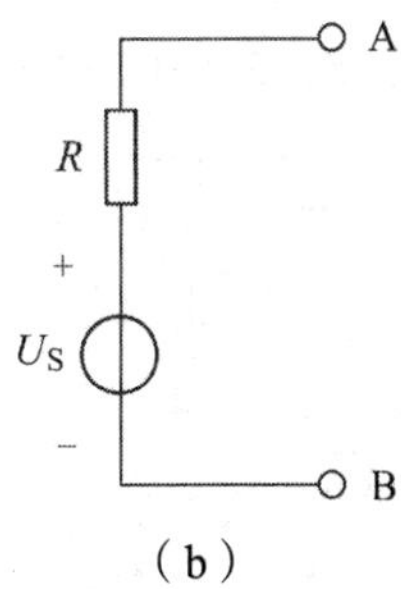

（b）

图 2.44　选择题 5 图

A. U_S= 16 V，R = 1 Ω　　B. U_S = 16 V，R =1 Ω

C. U_S = − 16 V，R =2 Ω　　D. U_S =16 V，R =2 Ω

6. 用图 2.45（b）所示电路等效替代图 2.45（a）电路，其等效电路图 2.45（b）中的电量参数为（　　）。

A. U_S= 16 V，R = 1 Ω　　B. U_S = 16 V，R =1 Ω

C. U_S = − 16 V，R =2 Ω　　D. U_S =16 V，R =2 Ω

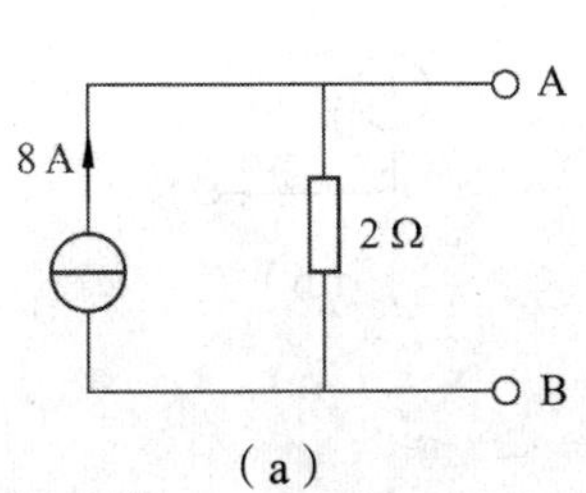

（a）

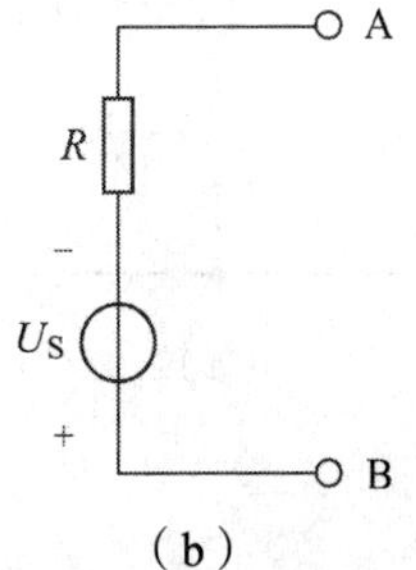

（b）

图 2.45　选择题 6 图

7. 已知图 2.46 所示电路中的 $U_S = 4\ \text{V}$。试用图 2.46（b）所示的电流源模型等效代替图 2.46（a）所示的电压源模型，则等效电流源模型的参数为（　　）。

A. $I_S = 2\ \text{A}$，$R = 2\ \Omega$　　B. $I_S = -2\ \text{A}$，$R = 2\ \Omega$

C. $I_S = 4\text{A}$，$R = 1\ \Omega$　　D. $I_S = -4\ \text{A}$，$R = 1\ \Omega$

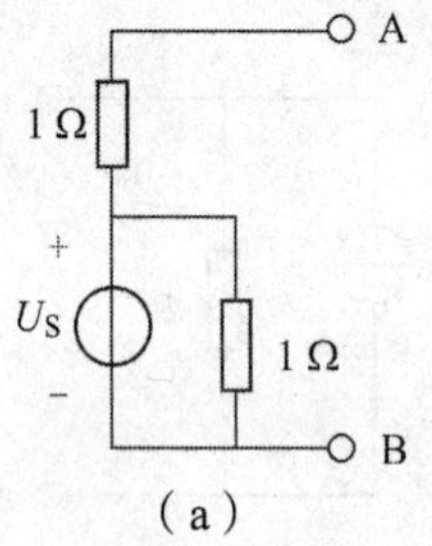

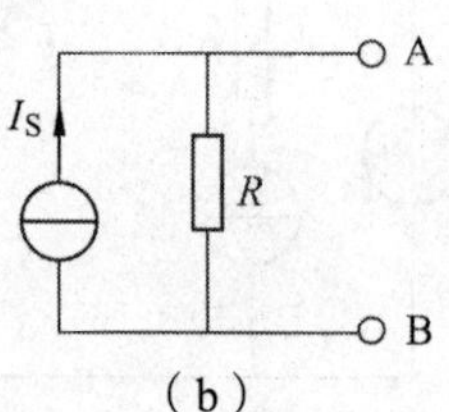

图 2.46　选择题 7 图

8. 电路如图 2.47 所示，已知电流源 $I_S = 2\ \text{A}$，试问用图 2.47（b）所示的电路等效替代图 2.47（a）电路时，图 2.47（b）所示电路的参数为（　　）。

A. $U_S = 1\ \text{V}$，$R = 2\ \Omega$　　B. $U_S = 2\ \text{V}$，$R = 1\ \Omega$

C. $U_S = 2\ \text{V}$，$R = 0.5\ \Omega$　　D. $U_S = -2\ \text{V}$，$R = 0.5\ \Omega$

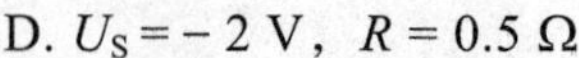

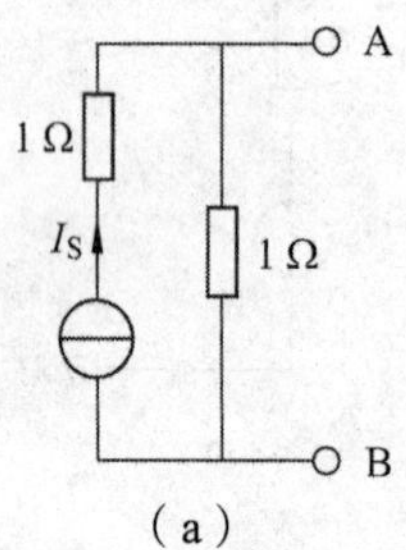

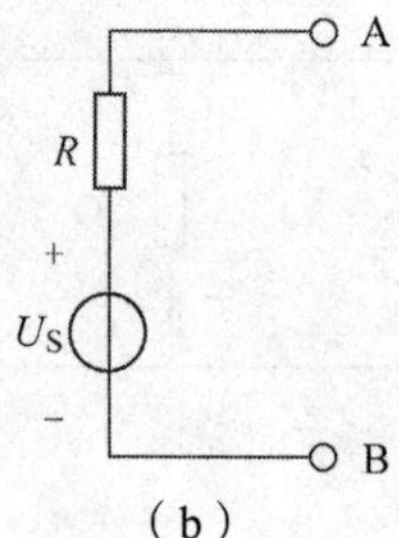

图 2.47　选择题 8 图

9. 用图 2.48（b）所示的电路等效替代图 2.48（a）电路，则图 2.48（b）中的 U_S 和 R_0 分别为（　　）。

A. 2 V，2 Ω　　B. −2 V，2 Ω　　C. −4 V，9 Ω　　D. 4 V，9 Ω

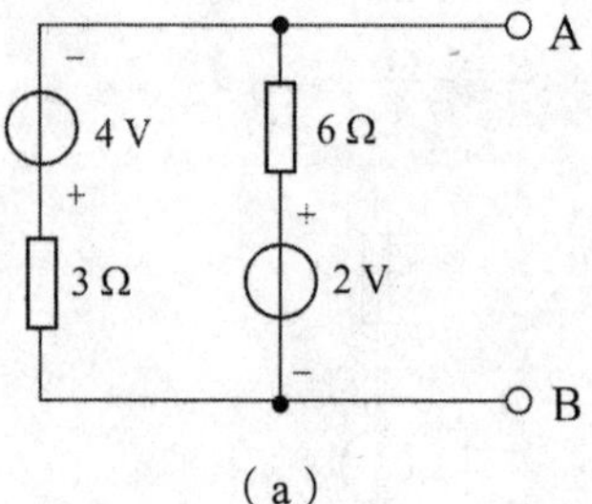

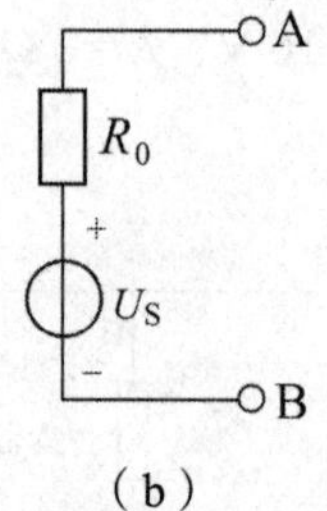

图 2.48　选择题 9 图

10. 用支路电流法求图 2.49 所示电路中电流 I，试问列 KCL 和 KVL 方程分别为（　　）。

A. 3 和 4　　B. 4 和 3　　C. 3 和 3　　D. 4 和 4

11. 如图 2.50 所示电路中，已知电流源 I_S =5 A。当电压源 U_S 单独作用时，电流表测得电流为 3A，当电流源 I_S 和电压源 U_S 共同作用时，电流 I 为（　　）。

A. 6 A　　B. 5 A　　C. 3 A　　D. 0 A

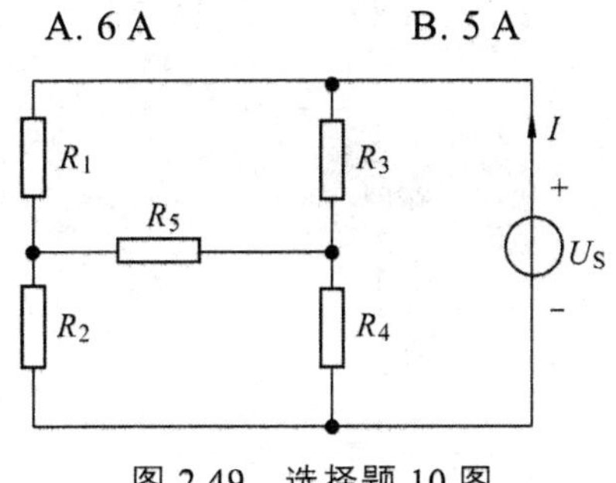

图 2.49　选择题 10 图

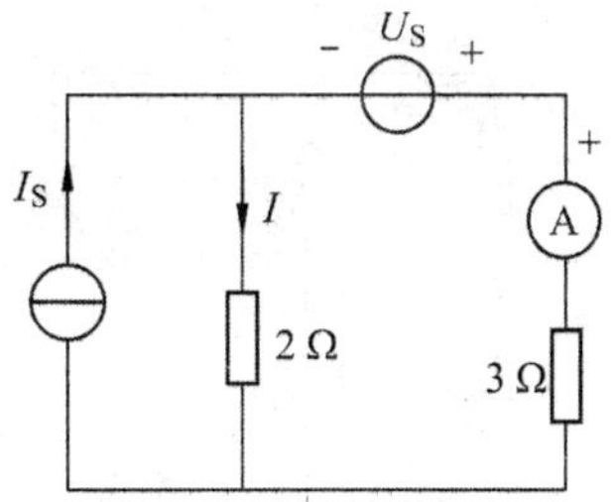

图 2.50　选择题 11 图

12. 应用叠加定理分析电路的方法适用于（　　）。

A. 线性电路　　B. 非线性电路　　C. 线性电路和非线性电路

13. 叠加定理可以用于计算线性电阻元件上的（　　）。

A. 电压和功率　　B. 电流和功率

C. 电流和电压　　D. 电压、电流和功率

14. 如图 2.51 所示电路中，当电压源 U_S 单独作用时，电压表测得电压 5 V；试求电流源 I_S 单独作用时的电压表测得电压为（　　）。

A. 0 V　　B. 4 V　　C. –20 V　　D. 20 V

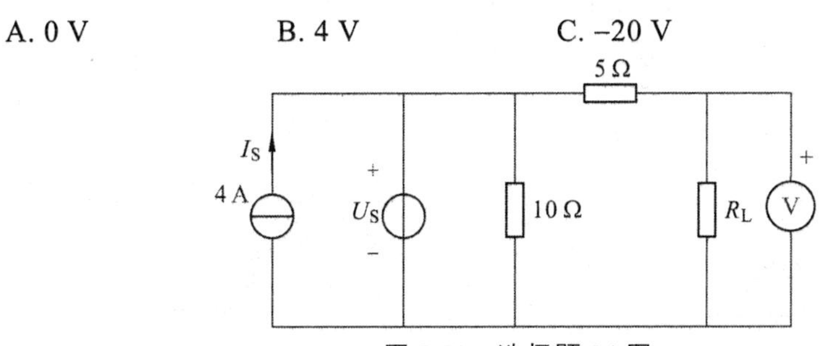

图 2.51　选择题 14 图

15. 电路如图 2.52 所示，已知电压 U_{AB} =8 V，当电流源 I_S 单独作用时，电压 U_{AB} 将（　　）。

A. 变大　　B. 变小　　C. 不变　　D. 不确定

16. 电路如图 2.53 所示，已知电压源 U_S = 15 V，当电流源 I_S 和电压源 U_S 共同作用时，电压 U_{AB} = 12 V。则当电流源 I_S 单独作用时，电压 U_{AB} 为（　　）。

A. 3 V　　B. 6 V　　C. 9 V　　D. 18 V

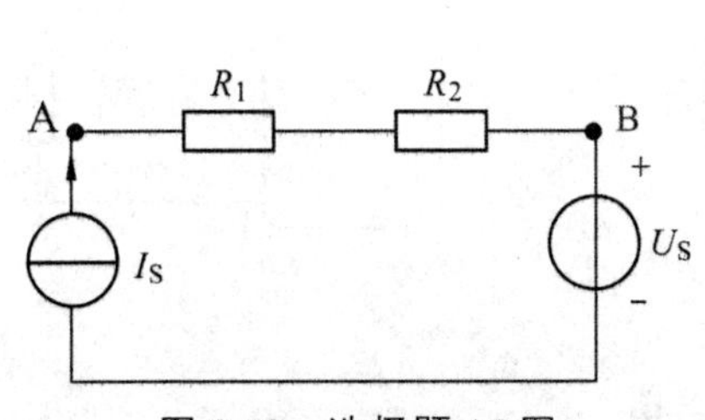

图 2.52　选择题 15 图

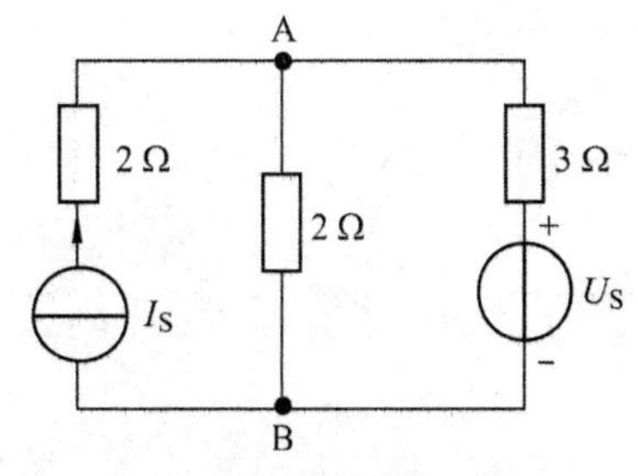

图 2.53　选择题 16 图

17. 电路如图 2.54（a）所示，已知电阻 $R_1 = R_2 = 10\,\Omega$，电流源 $I_S = 2\,A$，电压源 $U_{S2} = 10\,V$，则戴维南等效电路图 2.54（b）中电压源 U_S 和等效电阻 R_0 参数分别为（ ）。

A. 10 V，5 Ω　　B. －10 V，5 Ω　　C. －30 V，10 Ω　　D. 30 V，10 Ω

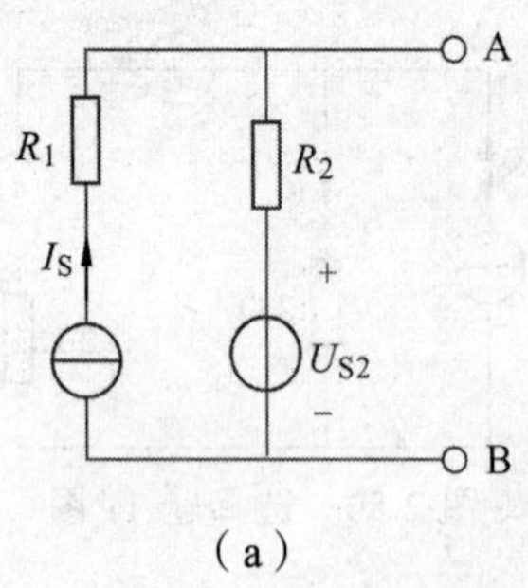

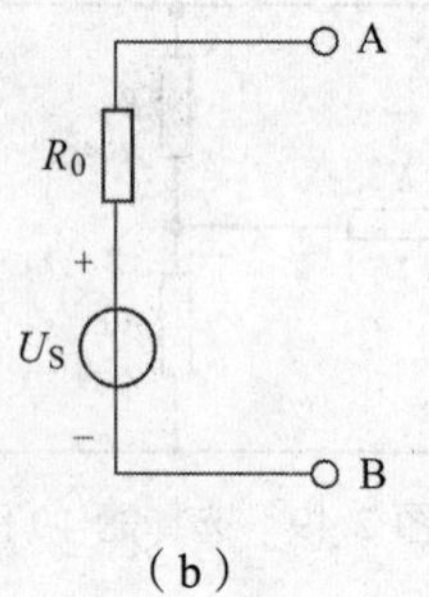

图 2.54　选择题 17 图

18. 电路如图 2.55（a）所示，已知电阻 $R_1 = R_2 = R_3 = 8\,\Omega$，电源为直流电源，则图 2.55（b）所示电路中电阻 R_0 值为（　　）。

A. 24 Ω　　B. 16 Ω　　C. 12 Ω　　D. ∞

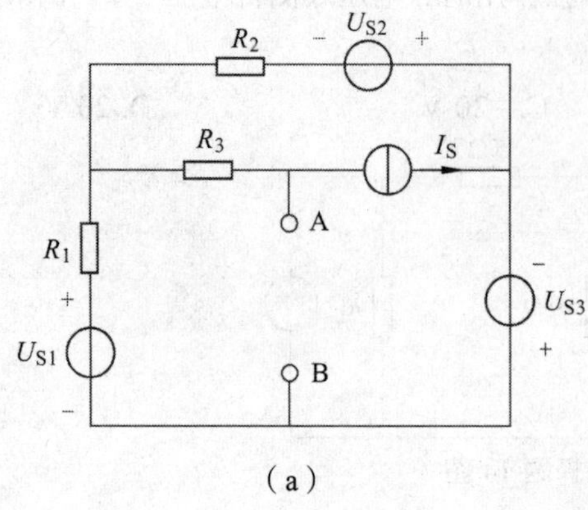

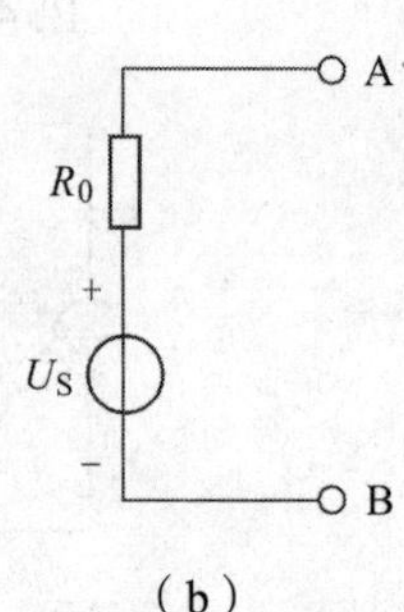

图 2.55　选择题 18 图

19. 电表测量线性有源二端网络 N_S 数据如图 2.56（a）（b）所示，当网络 N_S 外接 4 Ω 电阻时[见图 2.56（c）]，其电压 U_{AB} 为（　　）。

A. 8 V　　B. 4 V　　C. 2.5 V　　D. 2 V

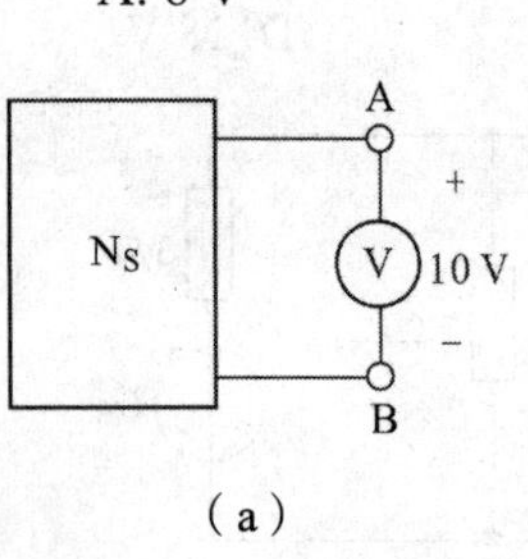

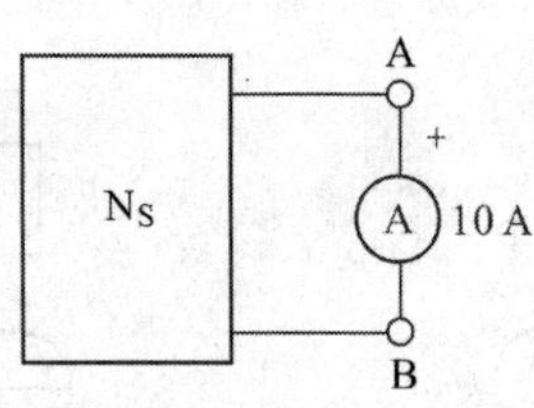

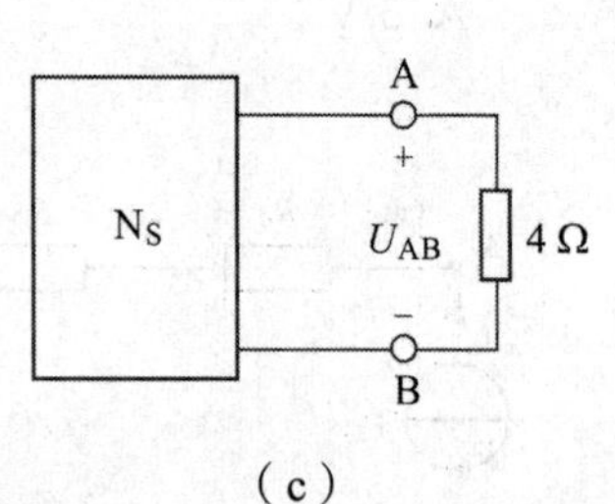

图 2.56　选择题 19 图

20. 电路如图 2.57 所示，负载电阻 R_L 可调，当 R_L=（　　）时，负载 R_L 可获得最大功率。

A. 4 Ω　　B. 3 Ω　　C. 2 Ω　　D. 1 Ω

21. 电路如图 2.58 所示，试问负载 RL 获得的最大功率为（　　）。

A. 1 W　　B. 2 W　　C. 4 W　　D. 8 W

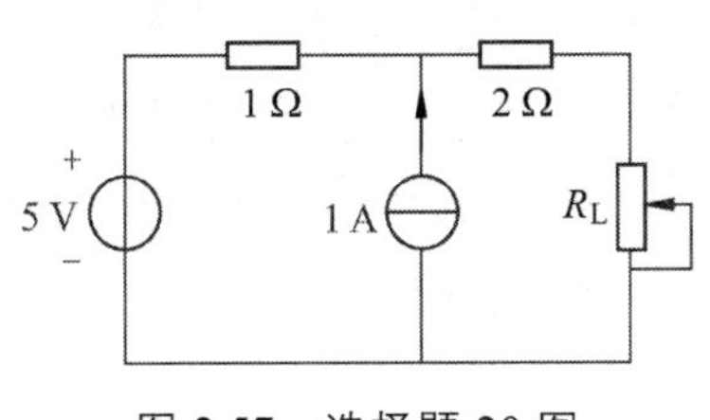

图 2.57　选择题 20 图

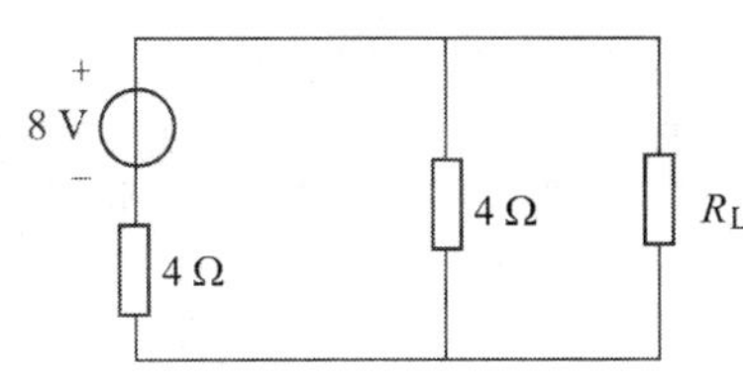

图 2.58　选择题 21 图

习　题

1. 电路如图 2.59 所示，试用电源模型等效变换法求解各电路的电流 I。

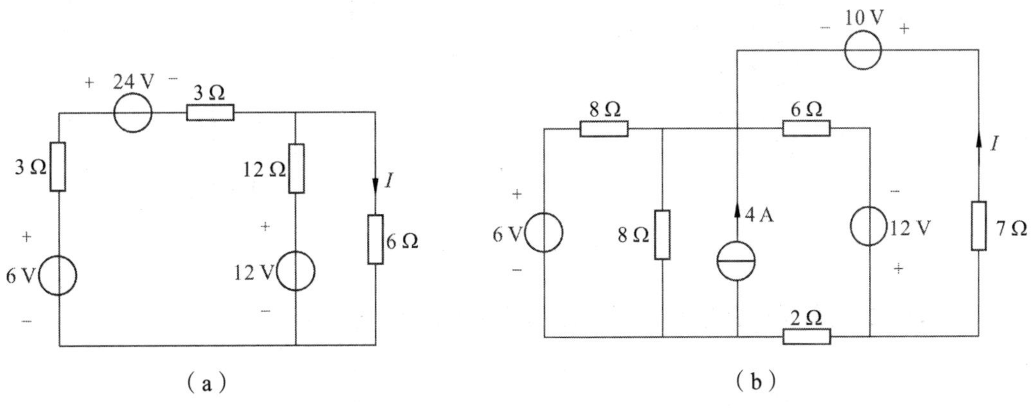

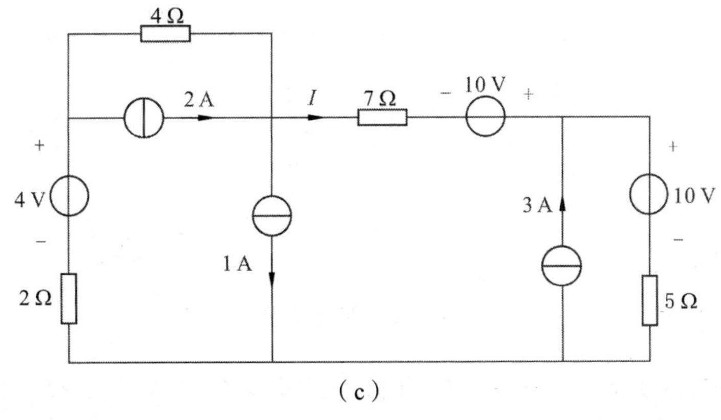

图 2.59　习题 1 图

2. 电路如图 2.60 所示，试用电源模型等效变换法求解各电路中的电压 U_{AB}。

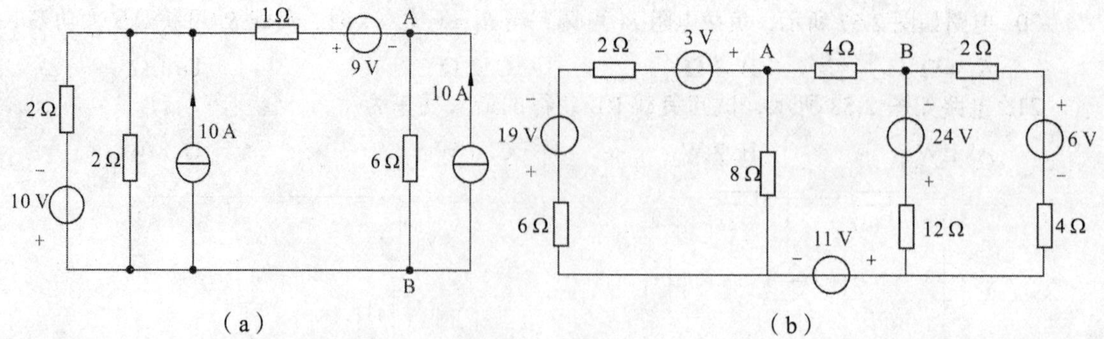

图 2.60　习题 2 图

3. 电路如图 2.61 所示，试列出各电路的支路电流法方程组。

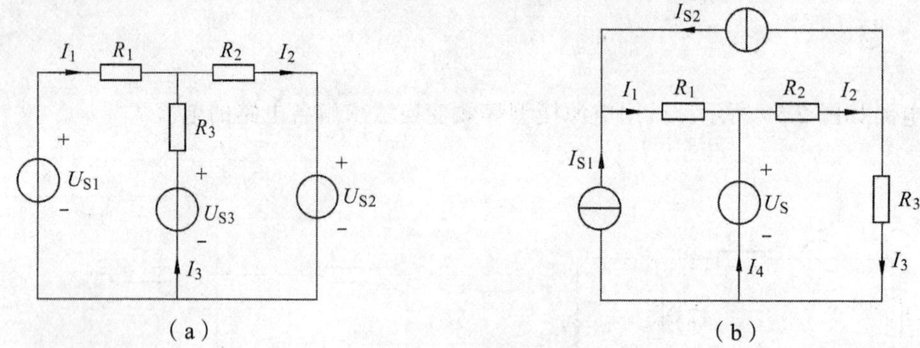

图 2.61　习题 3 图

4. 在图 2.62 所示电路中，试用叠加定理求电流 I、电压 U。

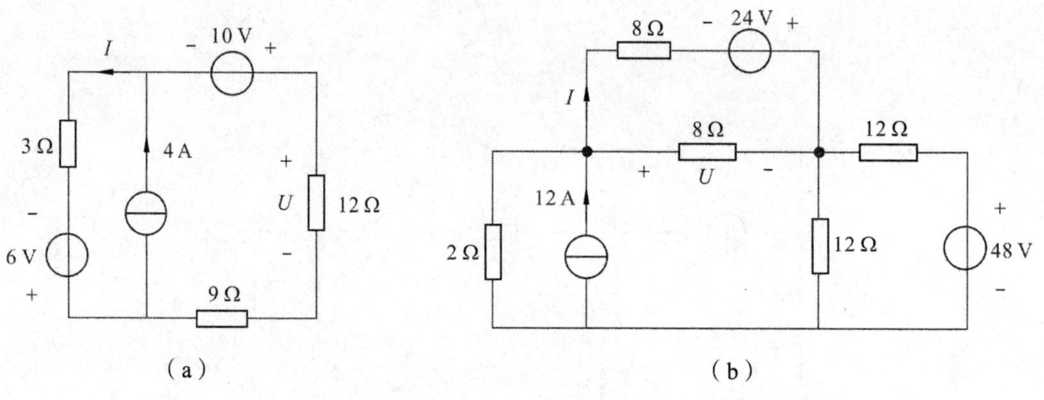

图 2.62　习题 4 图

5. 电路如图 2.63 所示，当开关 S 断开时，测得电流 $I_1' = 2\text{ A}$，$I_2' = I_3' = 1\text{ A}$，试利用叠加定理求开关 S 闭合后的电流 I_1、I_2 和 I_3。

6. 当电压源 $U_{S2} = 12\text{ V}$ 时，如图 2.64 所示电路中电压 $U = 10\text{ V}$。试求当电压源 $U_S = 0\text{ V}$ 时的电压 U。

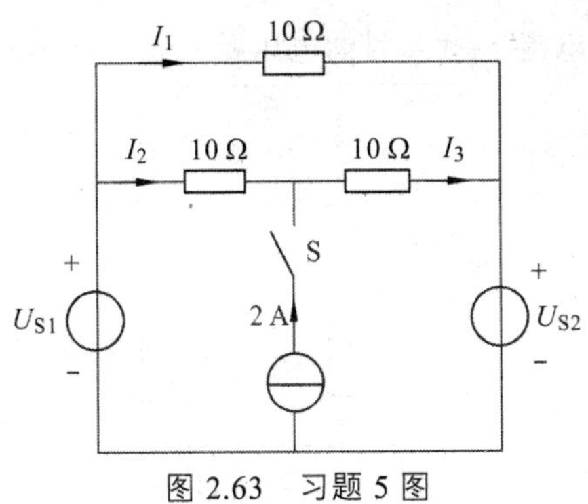

图 2.63　习题 5 图

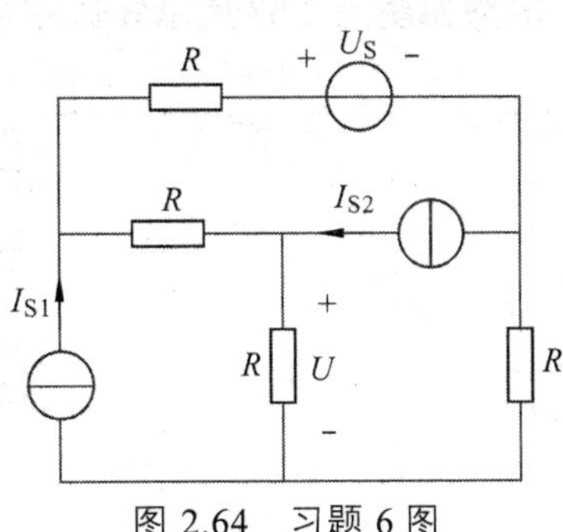

图 2.64　习题 6 图

7. 在图 2.65 所示电路中，当开关 S 合在 a 点时，电流 I 为 2 A；当开关 S 合在 b 点时，电流 I 为 6 A。如果将开关 S 合在 c 点，则利用叠加定理求电流 I 为多少？

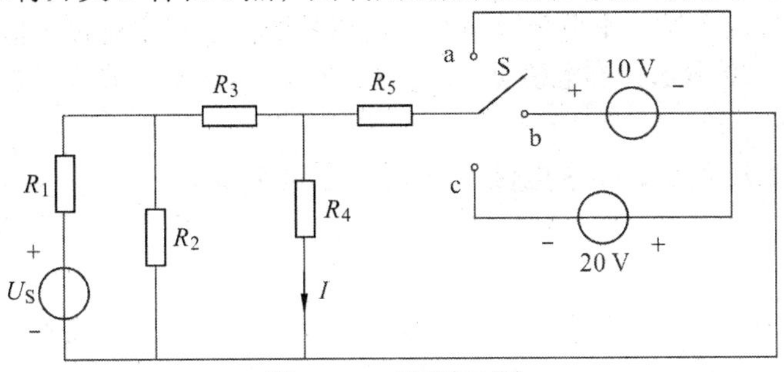

图 2.65　习题 7 图

8. 电路如题图 2.66 所示。试用戴维南定理求电流 I。

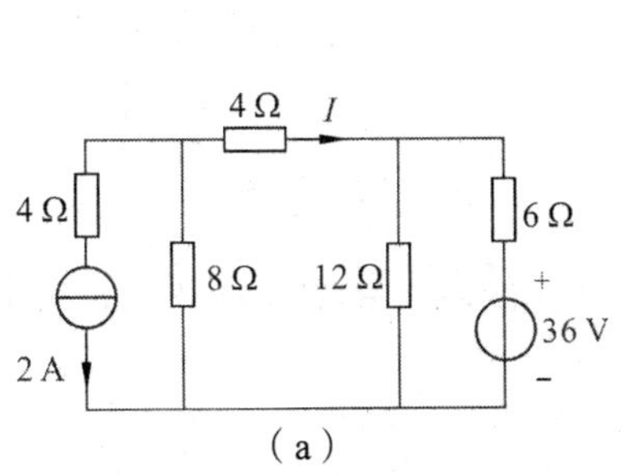

（a）

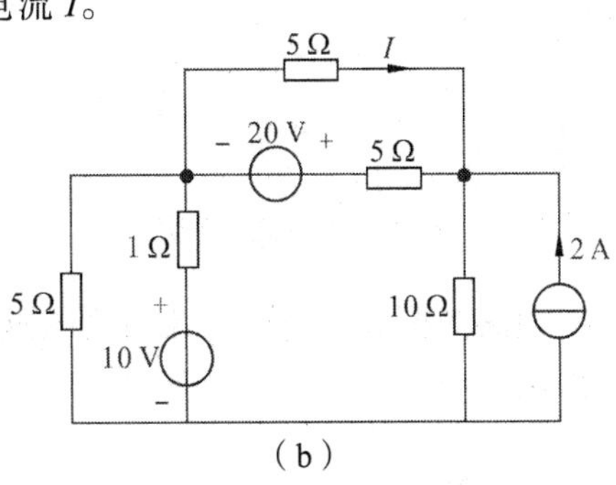

（b）

图 2.66　习题 8 图

9. 电路如题图 2.67 所示。试用戴维南定理求电压 U_{AB}。

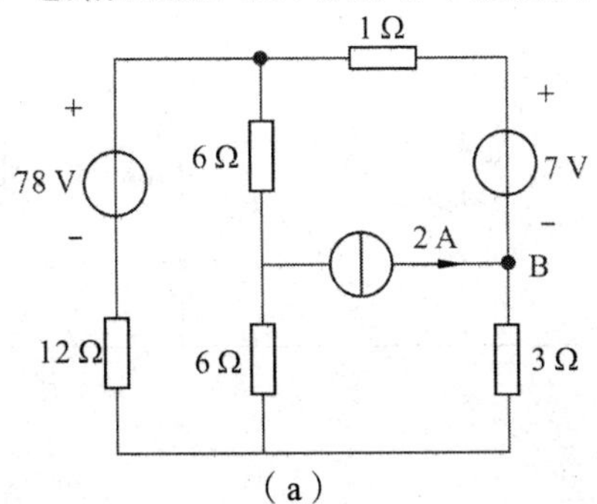

（a）

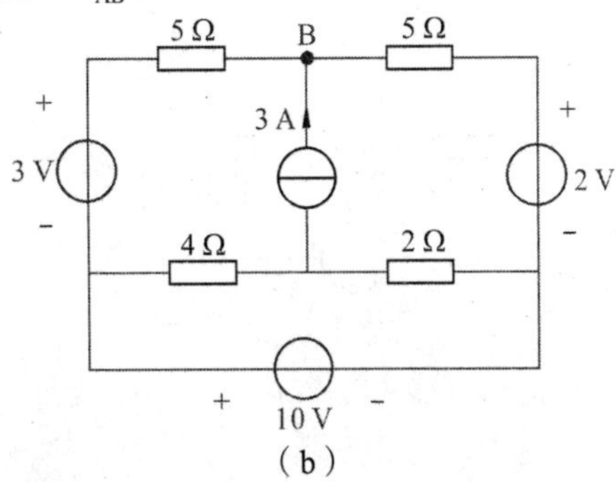

（b）

图 2.67　习题 9 图

10. 电路如题图 2.68 所示。试用戴维南定理求电流 I=0 A 时的电压源 U_S。

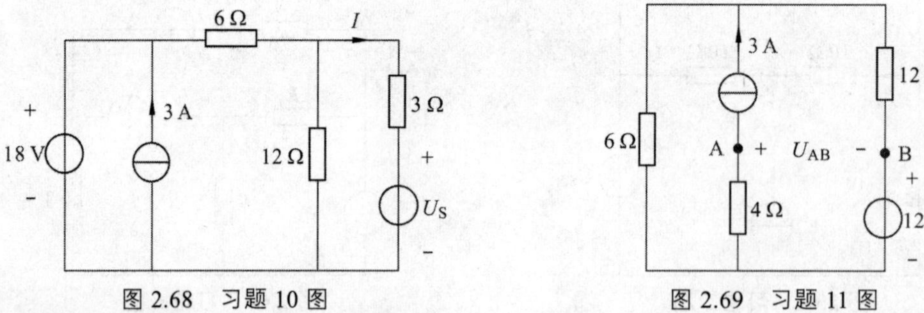

图 2.68　习题 10 图　　　　图 2.69　习题 11 图

11. 电路如题图 2.69 所示。试求：

（1）A、B 两点的开路电压 U_{AB}。

（2）若在 A、B 间连接一个电阻 R=4 Ω，试用戴维南定理求流过电阻 R 的电流 I_{AB}。

12. 电路如图 2.70 所示，当电阻 $R=4\,\Omega$ 时，电流 $I=4$ A。试求当电阻 $R=8\,\Omega$ 时，电路中电流 I 等于多少？

13. 电路如图 2.71 所示，试求电流 $I=0$ 时的电阻 R_X 值。

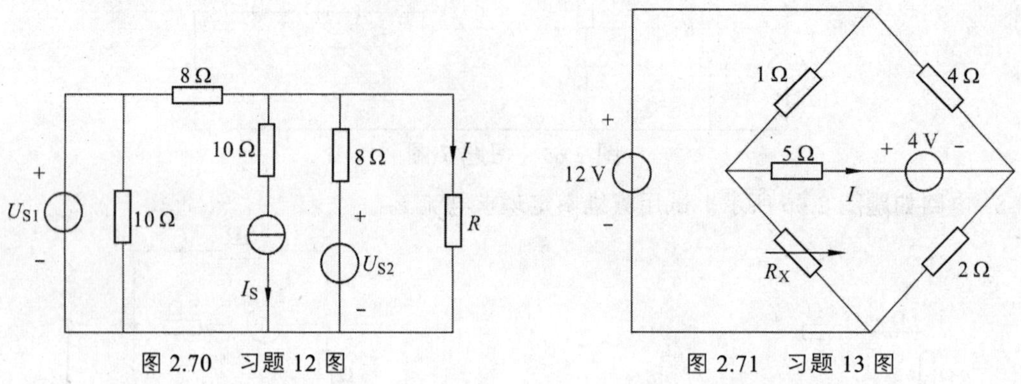

图 2.70　习题 12 图　　　　图 2.71　习题 13 图

14. 电路如图 2.72 所示，当可变电阻 R_L 等于多大时它能从电路中吸收最大的功率，并求此最大功率。

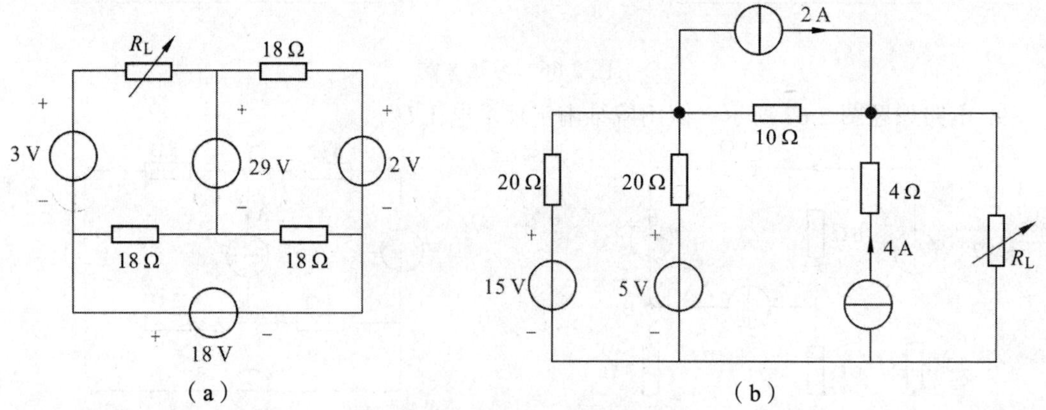

图 2.72　习题 14 图

2.15 试求如图 2.73 所示电路中的电流 I_L。

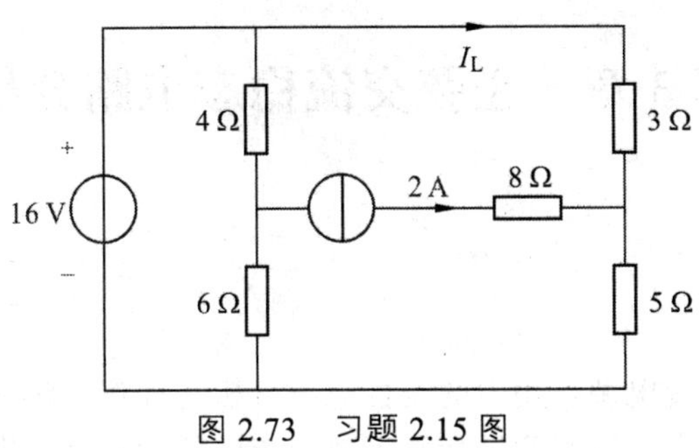

图 2.73　习题 2.15 图

第 3 章　正弦交流稳态电路分析

3.1　学习指导

本章主要针对正弦交流电源作用下的线性电路分析与计算。学习中注意正弦交流电路与直流电路分析方法的共同点；注意两种特殊正弦交流电路的特性，即功率因数提高电路和谐振电路。

3.1.1　内容提要

本章首先讨论线性电容（C）元件、电感（L）元件的伏安特性，再讨论由线性电阻（R）、电容（C）、电感（L）和正弦交流电源等元件所组成的线性交流电路，即讨论在同频率正弦电源激励下的稳态电路分析方法及电路特性。

3.1.2　重点与难点

1. 重　点

重点掌握元件伏安特性；基尔霍夫定律的相量形式；相量图及正弦交流电路的功率分析与计算。

2. 难　点

掌握相量法的数学基础；特别是电容（C）、电感（L）元件的伏安特性和基尔霍夫定律的相量形；相量电路的分析方法和相量图分析方法。

3.2　电容元件和电感元件

本章主要讨论正弦交流电源作用下的电路分析，即电压源为 $u_S(t)=U_m\sin(\omega t+\varphi_u)$ 的正弦交流电压源，电流源为 $i_S(t)=I_m\sin(\omega t+\varphi_i)$ 的正弦交流电流源；其电路元件除了有电阻（R）元件外，还增加了电容（C）和电感（L）两个元件。

3.2.1　电容元件

1. 电容元件的基本概念

实际电容器是由用某种绝缘介质隔开的两个理想导电极板构成，如图 3.1（a）所示。在外电路的作用下，两个极板上分别聚集起等量的正、负电荷 q，并在介质中建立电场而具有电场能量。将外电路移去后，电荷依靠电场吸力可继续聚集在极板上，电场继续存在。因此，电容器是一种储存电荷或者说储存电场能量的部件，如图 3.1（b）所示。

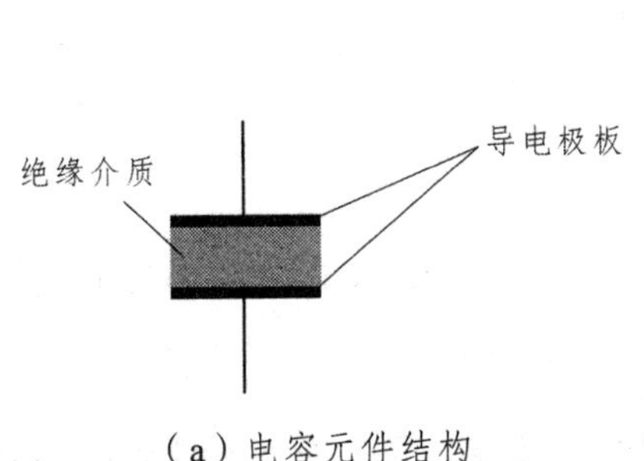

(a) 电容元件结构

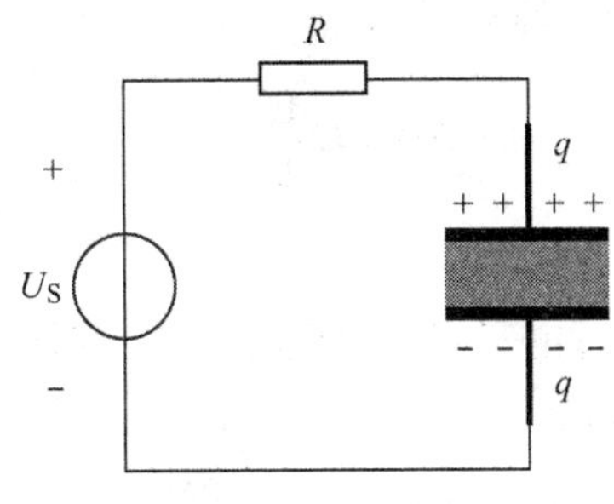

(b) 电容元件储存电场能特性

图 3.1　电容元件结构及电场特性

电容元件是表征储存电场能这一物理特征的电路模型。电路分析中讨论的是在理想条件下抽象化的线性电容元件。

2. 电容元件的定义

线性电容（简称电容）元件的电路符号、电压和电流参考方向如图 3.2（a）所示，特性曲线如图 3.2（b）所示，即特性曲线在 q-u 平面上任意时刻 t 都是过原点的直线。

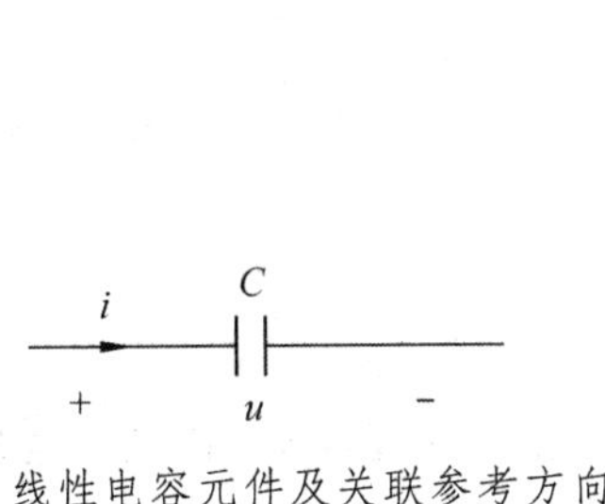

(a) 线性电容元件及关联参考方向

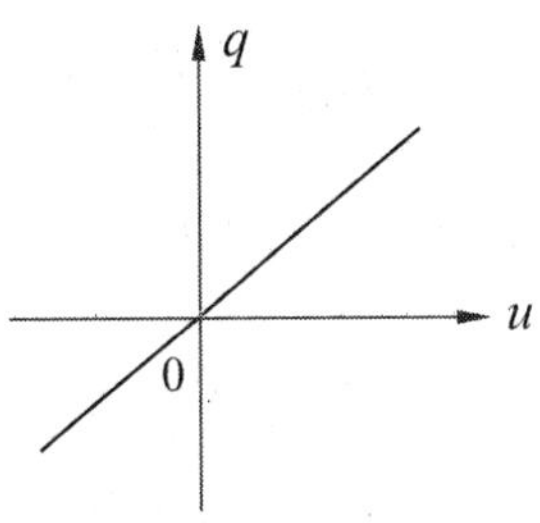

(b) 线性电容的库伏特性

图 3.2　线性电容元件

电容元件由电容电荷 q 与电容端电压 u 的正比关系来定义，即

$$q = Cu$$

式中，C 称为电容值，是一个正实常数，单位为法拉（F）。实际电容值的大小常常为 10^{-6} F 或 10^{-12} F 数量级，即

$$1\ \mu\text{F}\ (\text{微法}) = 10^{-6}\ \text{F}$$

$$1\ \text{pF}\ (\text{皮法}) = 10^{-12}\ \text{F}$$

3. 电容元件的伏安特性

在电路分析中，主要研究电容元件的伏安关系。如果电容元件的电压 u 和电流 i 取关联参考方向，如图 3.2（a）所示，则伏安关系为

$$i(t) = \frac{\mathrm{d}q}{\mathrm{d}t} = \frac{\mathrm{d}(Cu)}{\mathrm{d}t}$$

因 C 为常数，即

$$i(t)=C\frac{\mathrm{d}u}{\mathrm{d}t} \tag{3.1}$$

式（3.1）表明：

（1）通过电容 C 某时刻的电流 i 与该时刻其端电压 u 的大小无关，而是与端电压 u 的变化率 $\frac{\mathrm{d}u}{\mathrm{d}t}$ 成正比。

（2）当电容 C 端电压 u 不随时间变化时，电流 i 为零。即端电压 u 为直流电量时，通过电容 C 的电流 $i(t)=C\frac{\mathrm{d}u}{\mathrm{d}t}=0$，电容 C 等效为开路。所以，常称电容元件具有隔断直流（在电子技术中简称隔直）的作用。

注意：当采用非关联参考方向时，如图 3.3 所示，式（3.1）前需加负号，即

$$i(t)=-C\frac{\mathrm{d}u}{\mathrm{d}t}$$

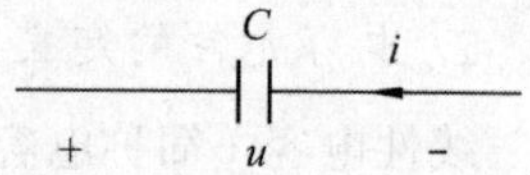

图 3.3　非关联参考方向

电容 C 两端的电压 $u(t)$ 可由式（3.1）得

$$u(t)=\frac{1}{C}\int_{-\infty}^{t} i\mathrm{d}\xi = u(t_0)+\frac{1}{C}\int_{t_0}^{t} i\mathrm{d}\xi \tag{3.2}$$

式（3.2）中 $u(t_0)$ 常称为初始电压值，当 $t_0=0$ 时，有

$$u(t)=u(0)+\frac{1}{C}\int_{0}^{t} i\mathrm{d}\xi$$

可见，电容 C 电压 $u(t)$ 大小与 $t=-\infty$ 至 t 时段中所通过的电流有关。因此，电容元件是一种有“记忆”的元件。

4. 电容元件的功率与电能

在电压 u 和电流 i 关联[见图 3.2（a）]参考方向下，电容元件的瞬时吸收功率为

$$p(t)=ui=Cu\frac{\mathrm{d}u}{\mathrm{d}t}$$

当 $p(t)>0$ 时 C 元件吸收功率，储存的电场能量增加，称这一种状态为“电容充电”；当 $p(t)<0$ 时 C 元件释放功率，释放储存的电场能量，这时称为“电容放电”。由于理想电容不消耗能量，只储存电场能量，因此，电容元件属于储能元件。

电容元件从 0 到 t 时间内吸收的电能为

$$\begin{aligned} w(t)&=\int_0^t p\mathrm{d}\xi=\int_0^t Cu\frac{\mathrm{d}u}{\mathrm{d}\xi}\mathrm{d}\xi=C\int_{u(0)}^{u(t)}u\mathrm{d}u \\ &=\frac{1}{2}Cu^2(t)-\frac{1}{2}Cu^2(0) \end{aligned}$$

上式表明：任意时刻电容元件的储能 $w(t)\geq 0$，因此，电容元件属于无源元件。

3.2.2　电感元件

1. 电感元件的基本概念

实际电感器通常是由导线绕制在磁性材料上的线圈构成，如图 3.4（a）所示。当线圈中流过电流时，其周围便产生磁场，电能转化为磁场能，以磁场的形式存在。

所以，电感元件是表征电流产生磁通和储存磁场能这一物理特征的电路模型。在电路分析中讨论的是在理想条件下抽象化的线性电感元件。

2. 电感元件的基本定义

线性电感（简称电感）元件的电路符号、电压和电流参考方向如图 3.4（b）所示，特性曲线如图 3.4（c）所示，即特性曲线在 Ψ-i 平面上任意时刻 t 都是过原点的直线。

电感元件由磁链 Ψ 与电流 i 的正比关系来定义，即

$$\psi = Li$$

式中，比例系数 L 称为线性电感值，是一个正实常数，单位为亨利（H）。当电感值较小时，常用毫亨（$1\ \mathrm{mH} = 10^{-3}\ \mathrm{H}$）或微亨（$1\ \mu\mathrm{H} = 10^{-6}\ \mathrm{H}$）表示。

（a）电感器结构图

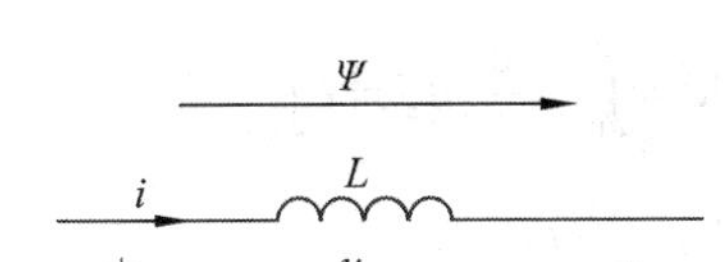

（b）线性电感元件及关联参考方向

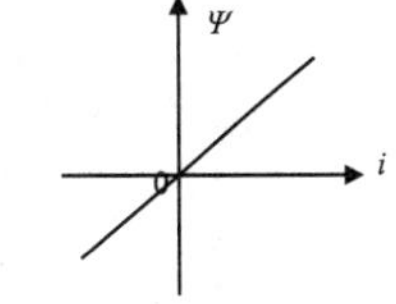

（c）线性电感的韦安特性

图 3.4　实际电感器和线性电感元件

3. 电感元件的伏安特性

在电压 u 和电流 i 关联参考方向条件下[如图 3.4（b）所示]，当电感元件中的电流 i 变化时，根据电磁感应定律，可得到电感元件的伏安关系

$$u(t) = \frac{\mathrm{d}\psi}{\mathrm{d}t} = \frac{\mathrm{d}(Li)}{\mathrm{d}t}$$

因 L 为常数，即

$$u(t) = L\frac{\mathrm{d}i}{\mathrm{d}t} \tag{3.3}$$

式（3.3）表明：

（1）电感 L 中某时刻的电压 u 与该时刻电流 i 的大小无关，与流过的电流 i 变化率 $\frac{\mathrm{d}i}{\mathrm{d}t}$ 成正比。

（2）当电感 L 中的电流为直流时，$u(t) = L\frac{\mathrm{d}i}{\mathrm{d}t} = 0$，即电感元件的端电压为零，电感元件可用“短路线”等效替代。

通过式（3.3）计算电感 L 中流过的电流 i，则有

$$i(t)=\frac{1}{L}\int_{-\infty}^{t}u\mathrm{d}\xi \;=i(t_0)+\frac{1}{L}\int_{t_0}^{t}u\mathrm{d}\xi$$

当 $t_0=0$ 时，有

$$i(t)=i(0)+\frac{1}{L}\int_{0}^{t}u\mathrm{d}\xi \tag{3.4}$$

式（3.4）表明电感 L 中的电流大小与 $t=-\infty$ 至 t 时段中电感元件上的端电压有关。因此，电感元件也是一个“记忆”元件。

4. 电感元件的功率与电能

在电压和电流关联[见图 3.4（a）]参考方向下，电感元件的瞬时吸收功率为

$$p(t)=ui=Li\frac{\mathrm{d}i}{\mathrm{d}t}$$

电感元件的瞬时吸收功率不会转变成其他能而消耗掉，而是以磁能的形式储存在电感线圈形成的磁场中，因此，电感元件属于储能元件。电感元件从 0 到 t 时间内吸收的电能为

$$\begin{aligned}w(t)&=\int_{0}^{t}p\mathrm{d}\xi=\int_{0}^{t}Li\frac{\mathrm{d}i}{\mathrm{d}\xi}\mathrm{d}\xi=L\int_{i(0)}^{i(t)}i\mathrm{d}i\\&=\frac{1}{2}Li^2(t)-\frac{1}{2}Li^2(0)\end{aligned}$$

上式表明：任意时刻电感元件的储能 $w(t)\geqslant 0$，因此，电感元件属于无源元件。

3.2.3 常见问题讨论

（1）因为，电容 C、电感 L 与电阻 R 都是无源元件，所以，电容 C、电感 L 与电阻 R 元件都是耗能元件。

解答：电阻 R 是耗能元件；电容 C、电感 L 是储能元件。

电容是表征储存电场能这一物理特征的电路模型；电感是表征储存磁场能这一物理特征的电路模型。

（2）当电容端电压 u_C 和电流 i_C 的参考方向如图 3.5 所示时，则电容元件的伏安特性为：

$$i_C(t)=C\frac{\mathrm{d}u_C}{\mathrm{d}t}$$

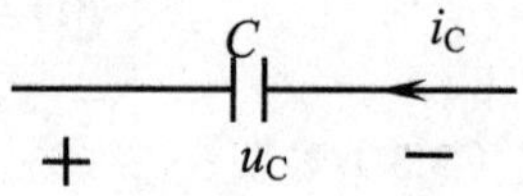

图 3.5　电容元件

解答：错。

注意图 3.5 中电压 u_C 与电流 i_C 的参考方向为非关联参考方向，即电流 i_C 的方向是从电压 u_C 的负极流向正极。而方程式 $i_C(t)=C\frac{\mathrm{d}u_C}{\mathrm{d}t}$ 是在关联参考方向条件下成立，则图 3.5 的正确方程式为 $i_C(t)=-C\frac{\mathrm{d}u_C}{\mathrm{d}t}$。

（3）当电感中的电流 i_L 与电感端电压 u_L 的参考方向如图 3.6 所示时，电感元件的伏安特性为

$$u_L(t)=L\frac{di_L}{dt}$$

解答：错。

注意图 3.6 中电压 u_L 与电流 i_L 的参考方向为非关联参考方向，即电流 i_L 的方向是从电压 u_L 的负极流向正极。而方程式 $u_L(t)=L\frac{di_L}{dt}$ 是在关联参考方向条件下成立，则图 3.6 的正确方程式为 $u_L(t)=-L\frac{di_L}{dt}$。

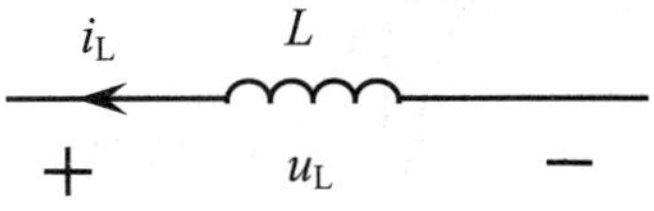

图 3.6　电感元件

（4）电容 C 中某时刻的电流 i_C 与该时刻其端电压 u_C 的大小有关，即只要电容 C 两端有电压 u_C 存在，则电容 C 中就有电流 i_C 流过。

解答：错。

因为 $i_C(t)=C\frac{du_C}{dt}$，所以电容 C 中某时刻的电流 i_C 与该时刻其端电压 u_C 的大小无关，而是与端电压 u_C 的变化率 $\frac{du_C}{dt}$ 成正比。

（5）电感 L 某时刻的端电压 u_L 与该时刻的电流 i_L 大小有关，即只要电感 L 中有电流 i_L 流过，电感 L 两端就有电压 u_L 存在。

解答：错。

因为 $u_L(t)=L\frac{di_L}{dt}$，所以电感 L 某时刻的端电压 u_L 与该时刻的电流 i_L 大小无关，与流过的电流 i_L 变化率 $\frac{di_L}{dt}$ 成正比。

（6）当电容 C 端电压 u_C 不随时间变化时，电容 C 中的电流 i_C 为零，则电容 C 可用“短路线”等效替代。

解答：当电容 C 中的电流 i_C 为零，则电容 C 可用“开路”等效替代。

电容 C 端电压 u_C 为不随时间变化电量时，电容 C 处于直流电路中；在直流电路中，因为 $\frac{di_L}{dt}=0$，即 $i_C(t)=C\frac{du_C}{dt}=0$，根据电流为零可等效为“开路”的概念，电容 C 在直流电路中可用“开路”等效替代。

（7）当电感 L 中的电流 i_L 不随时间变化时，电感 L 中的端电压 u_L 为零，则电感 L 元件可用“开路”等效替代。

解答：当电感 L 中的端电压 u_L 为零，则电感 L 元件可用“短路线”等效替代。

当电感 L 中的电流 i_L 不随时间变化时，电感 L 处于直流电路中；在直流电路中，因为 $\frac{du_C}{dt}=0$，即 $u_L(t)=L\frac{di_L}{dt}=0$，根据电压为零可等效为“短路”的概念，电感 L 在直流电路中可用“短路线”等效替代。

3.3 正弦函数与相量

3.3.1 正弦函数的基本概念

正弦波：随时间 t 按照正弦规律变化的物理量，称为正弦量，其波形称为正弦波。如图 3.7 所示的波形为正弦电流波形图，图 3.7（b）的正弦函数表达式为 $i(t)=I_{\mathrm{m}}\sin(\omega t+\varphi_{\mathrm{i}})$。

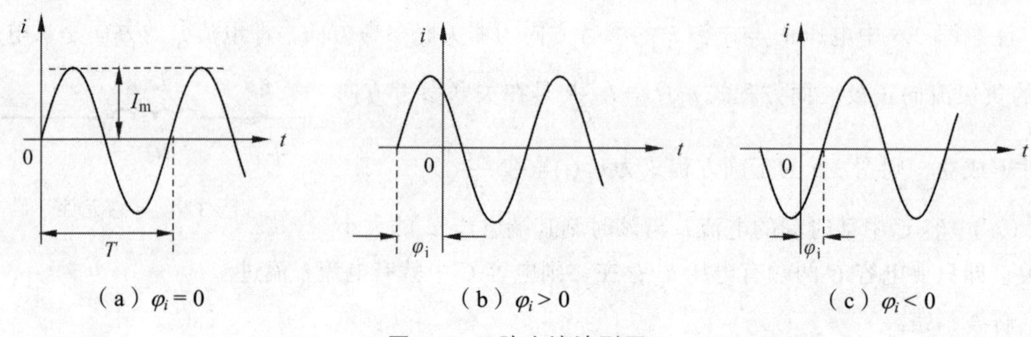

图 3.7 正弦电流波形图

1. 正弦函数的三要素

下面以 $i(t)=I_{\mathrm{m}}\sin(\omega t+\varphi_{\mathrm{i}})$ 表达式为例，讨论瞬时值 $i(t)$、幅值 I_{m}、角频率 ω、初相位 φ_{i} 等基本概念。

瞬时值：$i(t)$ 表示时间函数的正弦量，它表示了在某时刻的电流值，称为 t 时刻的瞬时值。在电路分析中，规定用小写字母 i、u 表示的电流、电压为正弦函数电量。

幅值：I_{m} 表示正弦波的最大值，或称振幅、峰值。即相对零值而言正弦波的最大值，对于给定的正弦波，其幅值是恒定的，如图 3.7（a）所示。

角频率：ω 是正弦波的角频率，它反映了正弦波变化的快慢。其单位为弧度/秒（rad/s）。

$$\omega=\frac{2\pi}{T}=2\pi f$$

$$f=\frac{1}{T}$$

式中：T 表示正弦波完成一个循环变化所需的时间，称为周期，单位为秒（s），如图 3.7（a）所示；f 表示正弦波在 1 秒内完成的周期数，称为频率，单位为赫兹（Hz）。

我国工业供电系统提供的正弦交流电的频率为 50 Hz，习惯上称之为工频。

初相位：φ_{i} 表示正弦函数 $i(t)$ 在 t=0 时的相位，称为初相位。初相位的取值范围一般为 $|\varphi_{\mathrm{i}}|\leqslant 180°$，单位为弧度或度。如图 3.7 所示。

例如，对于正弦电流 $i(t)=I_{\mathrm{m}}\sin(\omega t+\varphi_{\mathrm{i}})$，有

当 $\varphi_i=0$ 时：

$$i(t)=I_{\mathrm{m}}\sin\omega t$$

当 $\varphi_i=135°$ 时：

$$i(t) = I_m \sin(\omega t + 135°)$$

当 $\varphi_i = -85°$ 时：

$$i(t) = I_m \sin(\omega t - 85°)$$

正弦函数也可用余弦函数来表示，即

$$i(t) = I_m \sin(\omega t + \varphi_i) = I_m \cos(\omega t + \varphi_i - 90°)$$

所以，在电路分析中，可以用余弦函数或正弦函数来表示一个正弦交流电量，并统称为正弦交流电路。

由于幅值 I_m、角频率 ω、初相位 φ_i 决定了正弦交流电的瞬时值 $i(t)$，因此，将幅值、角频率和初相位称为正弦函数的三要素。

【例 3.1】 已知正弦交流电流为 $i(t) = 5\sin(314t + 30°)$ A，试求其电流的最大值 I_m、角频率 ω、频率 f、周期 T 和初相位 φ_i。

分析：在 $i(t) = I_m \sin(\omega t + \varphi_i)$ 式中，I_m 为最大值；ω 为角频率；φ_i 为初相角。

解

$$I_m = 5 \text{ A}$$

$$\omega = 314 \text{ rad/s}$$

$$f = \frac{\omega}{2\pi} \approx 50 \text{ Hz}$$

$$T = \frac{1}{f} = \frac{1}{50 \text{ Hz}} = 0.02 \text{ s}$$

$$\varphi_i = 30°$$

结论：正弦交流函数表达出电量的最大变化范围，即最大值；正弦波变化的快慢，即角频率；正弦波完成一个循环变化所需的时间，即周期；正弦波在 1 秒内完成的周期数，即频率；t=0 时的相位，即初相位。

【例 3.2】 已知正弦交流电流的幅值 $I_m = 10\sqrt{2}$ A，频率 $f = 50$ Hz，初相角 $\varphi_i = 30°$，试写出正弦交流电流的瞬时表达式，并画出波形图。

分析：正弦交流电流的表达式为 $i(t) = I_m \sin(\omega t + \varphi_i)$，其中角频率为 $\omega = 2\pi f$。

解

$$\omega = 2\pi f = 2 \times 3.14 \times 50 = 314 \text{ (rad/s)}$$

瞬时表达式 $i(t)$ 为

$$i(t) = 10\sqrt{2}\sin(314t + 30°) \text{ (A)}$$

其波形如图 3.8 所示。

结论：根据正弦量的三要素，可以直接写出正弦量的瞬时表达式。

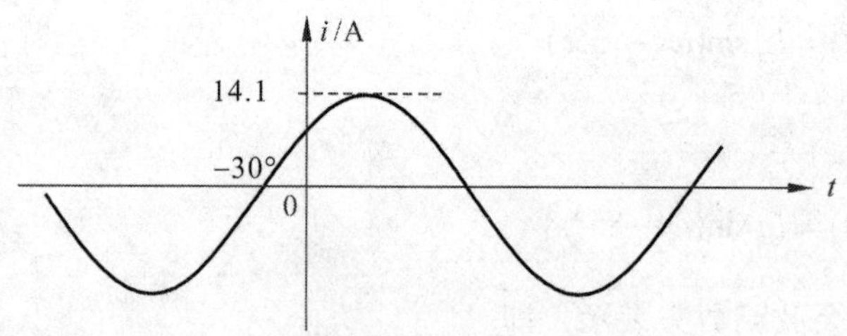

图 3.8　正弦交流电流 $i(t)$的波形图

2. 相位差

同频率下的不同正弦波（或不同余弦波）之间初相位之差称为相位差。

例如，设有两个正弦交流量为

$$i_1(t) = I_{m1}\sin(\omega t + \varphi_1)$$
$$i_2(t) = I_{m2}\sin(\omega t + \varphi_2)$$

其相位差 φ_{12} 为

$$\varphi_{12} = \varphi_1 - \varphi_2$$

即在同频率条件下，相位差等于初相位之差，与正弦交流量的频率大小和变化时间无关，即相位差是一个常量。

一般，两个正弦波的相位关系可以分为三种情况，如图 3.9 所示。

（1）$\varphi_{12} = \varphi_1 - \varphi_2 > 0$ 时：$\varphi_1 > \varphi_2$，称 i_1 超前（或引前）i_2，或者称 i_2 滞后 i_1，如图 3.9（a）所示。

（2）$\varphi_{12} = \varphi_1 - \varphi_2 = 0$ 时：$\varphi_1 = \varphi_2$，称 i_1 与 i_2 同相，如图 3.9（b）所示。

（3）$\varphi_{12} = \varphi_1 - \varphi_2 = 180°$ 时：$\varphi_1 = -\varphi_2$，称 i_1 与 i_2 反相，如图 3.9（c）所示。

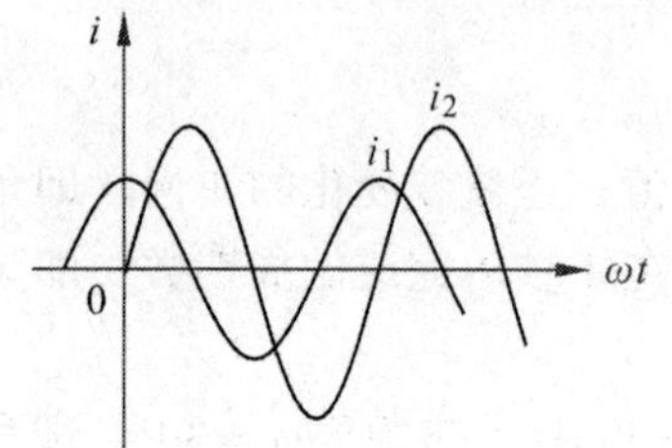

（a）$\varphi_{12} > 0$，i_1 超前 i_2

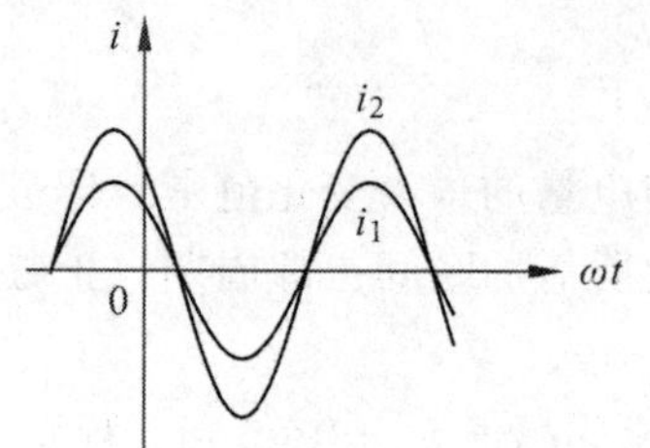

（b）$\varphi_{12} = 0$，i_1 与 i_2 同相

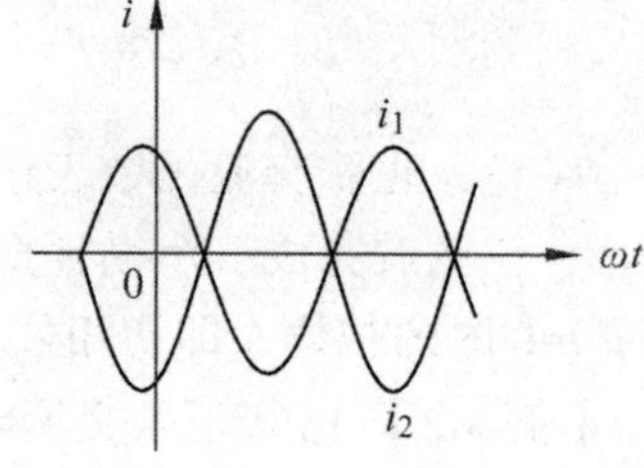

（c）$\varphi_{12} = 180°$，i_1 与 i_2 反相

图 3.9　相位差

【例 3.3】 已知电压 $u(t) = 8\sin(\omega t + 30°)$ (V)，电流 $i_1(t) = 5\sin(\omega t + 50°)$ (A)，电流 $i_2(t) = 10\cos(\omega t - 90°)$ (A)，试计算电压 $u(t)$ 与电流 $i_1(t)$、$i_2(t)$ 间的相位差，并说明其相位关系。

分析：电量 $u(t)$、$i_1(t)$、$i_2(t)$ 的角频率为 ω，即三个电量为同频率电量。注意 $i_2(t)$ 为余弦函数，要转换成正弦函数。

解　$u(t)$ 与 $i_1(t)$ 间的相位差 φ_1 为

$$\varphi_1 = 30° - 50° = -20°$$

即电压 $u(t)$ 滞后电流 $i_1(t)$ 相位 20°。

$u(t)$ 与 $i_2(t)$ 间的相位差 φ_2 为

$$i_2(t) = 10\cos(\omega t - 90°) = 10\sin\omega t\ (\text{A})$$

则

$$\varphi_2 = 30° - 0° = 30°$$

即电压 $u(t)$ 引前电流 $i_2(t)$ 相位 30°。

结论：

（1）相位差必须在同频率条件下进行计算，并且相位差是一个常数。

（2）相位差分析时注意必须是相同的函数。

3. 有效值

在工程上，人们关心交流电所产生的效果，其效果常用有效值和平均值来表示。例如，人们常说照明电路的电压是 220 V，指的是正弦交流电压所产生的有效值效果。各种正弦交流电的电器设备上所标的额定电压和额定电流均为有效值。另外，利用交流电流表和交流电压表测量的交流电流和交流电压也都是正弦交流电的有效值。

有效值：又称为均方根值，是按等值热效应概念来定义的，即是正弦波热效应的度量。

例如：在图 3.10（a）所示电路中，当电阻 R 与正弦交流电压源 $u_S(t)$ 连接，在一周 T 内，其电流 $i(t) = I_m \sin(\omega t + \varphi_i)$ 在电阻 R 上产生的热量为

$$Q_1 = \int_0^T i^2 R dt$$

在图 3.10（b）所示电路中，当同一个电阻 R 连接于直流电压源 U_S 上，在相同的时间周期 T 内，其直流电流 I 在电阻 R 上产生的热量为

$$Q_2 = I^2 RT$$

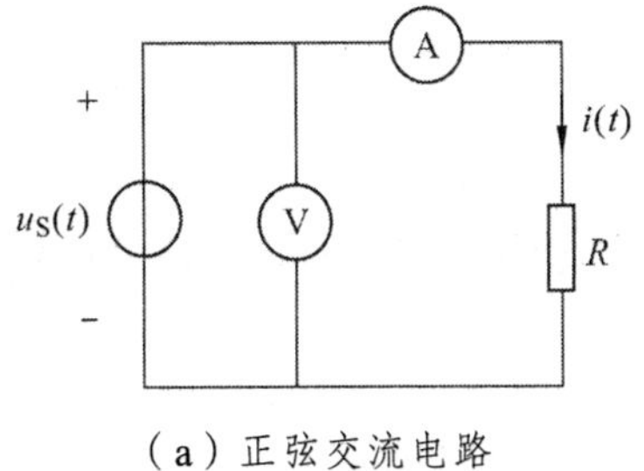

（a）正弦交流电路

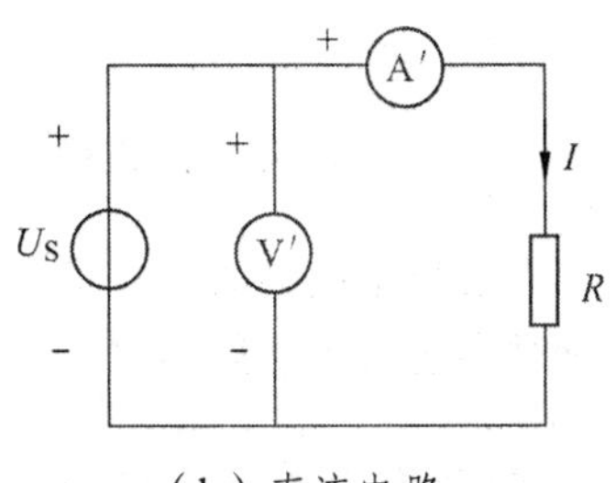

（b）直流电路

图 3.10　当电阻 R 产生相同热量时，有效值等于直流电量

由在相同电阻 R 上产生相同热量 $Q_1 = Q_2$ ，得

$$\int_0^T i^2 R dt = I^2 RT$$

解上式得

$$I = \sqrt{\frac{1}{T}\int_0^T i^2 dt}$$

将 $i(t)=I_m\sin(\omega t+\varphi_i)$ 代入上式，得

$$I=\sqrt{\frac{1}{T}\int_0^T i^2 dt}=\sqrt{\frac{1}{T}\int_0^T I_m^2\sin^2(\omega t+\varphi_i)dt}=\frac{I_m}{\sqrt{2}}$$

即正弦交流电流和直流电流流过等值 R 的电阻，在相同的时间周期 T 内，当两者产生的热效应相等时，称直流电流 I 为周期电流 i 的有效值。其电流正弦量的有效值 I 与最大值 I_m 的关系为

$$I=\frac{I_m}{\sqrt{2}}=0.707I_m \tag{3.5}$$

同理，正弦交流电压的有效值与最大值的关系有

$$U=\frac{U_m}{\sqrt{2}}=0.707U_m \tag{3.6}$$

另：由图 3.10 所示电压表、电流表接线电路可知，测量仪表的连接方式方法相同，即电压表与被测电压端并联，电流表串联于被测电流支路中。所不同的是，直流电表在连接时应注意被测直流电压的“正、负”极性、直流电流的方向。

【例 3.4】 已知正弦电流的有效值 $I=5\text{ A}$，频率 $f=50\text{ Hz}$，初相位 $\varphi_i=-45°$，试写出正弦电流 $i(t)$ 表达式。

分析：最大值与有效值的关系为：$I_m=\sqrt{2}I$。

解 最大值为

$$I_m=\sqrt{2}I=5\sqrt{2}\ (\text{A})$$

角频率为

$$\omega=2\pi f=(2\times3.14\times50)\ \text{rad/s}=314\ (\text{rad/s})$$

则 $i(t)$ 为

$$i(t)=5\sqrt{2}\sin(314t-45°)\ (\text{A})$$

结论：当已知正弦量的三要素（最大值或有效值、角频率和初相角）时，可以直接写出正弦量的瞬时表达式（三角函数式）。

3.3.2 相量工具的基本概念

正弦量的三个要素中的频率 f 是由电源所给定，在整个同频率的正弦稳态电路分析中，其电路的频率始终保持不变，因此，重点是分析计算最大值（或有效值）和初相位两个参数。

注意：最大值（或有效值）和初相位都是常量。

1. 相量表达式

设有一复数指数为 $I_m e^{j(\omega t+\varphi_i)}$，则由欧拉公式得

$$I_m e^{j(\omega t+\varphi_i)}=I_m e^{j\omega t}e^{j\varphi_i}=I_m\cos(\omega t+\varphi_i)+jI_m\sin(\omega t+\varphi_i) \tag{3.7}$$

式（3.7）中的 $I_m\cos(\omega t+\varphi_i)$ 为复数的实部，$I_m\sin(\omega t+\varphi_i)$ 为复数的虚部；可见，无论是复数的实部还是虚部，其运算式都是正弦函数形式，即可引用欧拉公式来分析正弦交流电路。

在同频率正弦稳态电路中，因角频率 ω 是一个已知常量，所以，式（3.7）中 $e^{j\omega t}$ 为已知量，而最大值 I_m、初相位 φ_i 是未知的常量，即 $I_m e^{j\varphi_i}$ 为一个复常数，称复常数 $I_m e^{j\varphi_i}$ 为相量。在电路中，可用变量“最大值相量 $\dot{I}_m$”或“有效值相量 $\dot{I}$”符号表示。

例如，有一正弦交流电流为 $i(t)=5\sqrt{2}\sin(314t+45°)\ (A)$，其相量式为

最大值相量式：

$$\dot{I}_m=5\sqrt{2}e^{j45°}\ (A)\quad 或\quad \dot{I}_m=5\sqrt{2}\angle 45°\ (A)$$

有效值相量式：

$$\dot{I}=5e^{j45°}\ (A)\quad 或\quad \dot{I}=5\angle 45°\ (A)$$

2. 相量图

相量式在复平面上用“有向线段”表示的图形称为相量图。如图 3.11 所示。

例如：设 $i(t)=\sqrt{2}I\sin(\omega t+\varphi_i)\ (A)$ 的相量式为

$$\dot{I}=Ie^{j\varphi_i}\ (A)=I\angle\varphi_i\ (A)$$

设 $0<\varphi_i<90°$，在复平面坐标下，用相量线段 $\dot{I}$ 的长短表示有效值 I；用线段 $\dot{I}$ 与实轴的夹角表示初相位 φ_i，则 $\dot{I}$ 相量式的相量图如图 3.11 所示（注意：横轴为实轴，纵轴 j 为虚轴）。

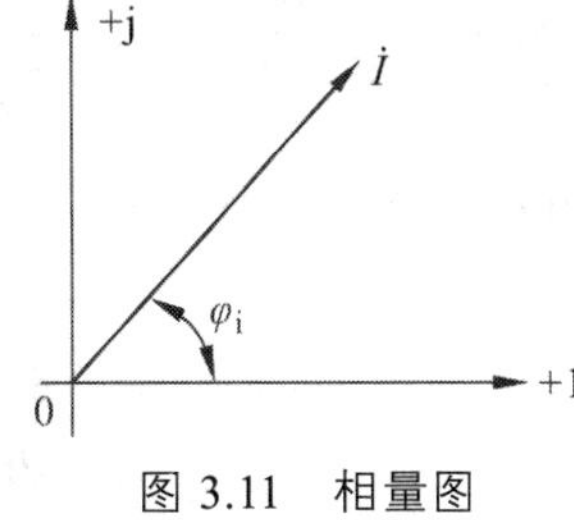

图 3.11　相量图

注意：

（1）相量式可用最大值相量式或有效值相量式表示。

（2）在电路分析中，注意采用同一种相量形式，即电压、电流都用有效值相量式，或都用最大值相量式。

（3）相量仅是正弦量的一种数学计算工具。

3. 例　题

【例 3.5】 试写瞬时表达式 $u_1(t)=10\sqrt{2}\sin(\omega t+90°)\ (V)$、$u_2(t)=20\sin(\omega t-135°)\ (V)$ 的相量表达式。

分析：

（1）在 $u_1(t)=10\sqrt{2}\sin(\omega t+90°)\ (V)$ 表达式中，$10\sqrt{2}$ V 为最大值；10 V 为有效值；90°为初相位。

（2）在 $u_2(t)=20\sin(\omega t-135°)\ (V)$ 表达式中，20 V 为最大值；$\dfrac{20}{\sqrt{2}}$ V 为有效值；−135° 为初相位。

解　（1）$u_1(t)=10\sqrt{2}\sin(\omega t+90°)\ (V)$。

有效值相量式

$$\dot{U}_1=10\angle 90°\ (V)$$

最大值相量式

$$\dot{U}_{m1}=10\sqrt{2}\angle 90^\circ\ (\text{V})$$

（2）$u_2(t)=20\sin(\omega t-135^\circ)\ (\text{V})$。

有效值相量式

$$\dot{U}_2=\frac{20}{\sqrt{2}}\angle -135^\circ\ (\text{V})$$

最大值相量式

$$\dot{U}_{m2}=20\angle -135^\circ\ (\text{V})$$

结论：由正弦函数式写相量式时，关注正弦量的最大值或有效值、初相位。

【例 3.6】 已知电流 $i_1(t)=20\sqrt{2}\sin(314t+30^\circ)\ (\text{A})$，$i_2(t)=30\sqrt{2}\sin(314t-20^\circ)\ (\text{A})$。试求频率 f、有效值 I、初相位φ和相量式，并画出电流 $i_1(t)$、$i_2(t)$ 的相量图，比较它们相位关系。

分析：$i_1(t)$、$i_2(t)$ 的频率相同，则可根据 $\omega=2\pi f$ 解得频率 f；根据电流 $i_1(t)$、$i_2(t)$ 式得有效值 I、初相位φ；根据相量式 $\dot{I}_1$、$\dot{I}_2$ 可画出相量图，并判定两个电流间的相位关系。

解 频率 f 为

$$f=\frac{\omega}{2\pi}=\frac{314}{2\times 3.14}\approx 50\ (\text{Hz})$$

由 $i_1(t)$ 得

$$I_1=20\ \text{A}$$
$$\varphi_1=30^\circ$$
$$\dot{I}_1=20\angle 30^\circ\ (\text{A})$$
$$\dot{I}_{m1}=20\sqrt{2}\angle 30^\circ\ (\text{A})$$

由 $i_2(t)$ 得

$$I_2=30\ \text{A}$$
$$\varphi_2=-20^\circ$$
$$\dot{I}_2=30\angle -20^\circ\ (\text{A})$$
$$\dot{I}_{m2}=30\sqrt{2}\angle -20^\circ\ (\text{A})$$

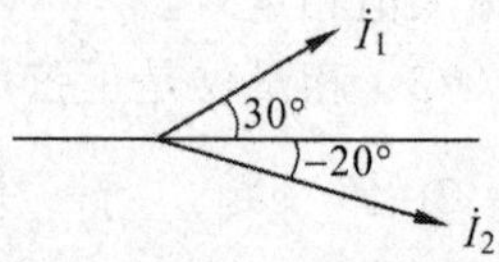

图 3.12 $\dot{I}_1$、$\dot{I}_2$ 的相量图

相量图如图 3.12 所示，$i_1(t)$ 引前 $i_2(t)$ 相位 50°；或者说，$i_2(t)$ 滞后 $i_1(t)$ 相位 50°。

结论：相量图非常直观地展示出正弦量之间的相位关系，同时，也可以通过作相量图解得各相量值，这种方法称为相量图解法。

3.3.3 复 数

相量是正弦交流稳态电路分析计算的一种有效的数学工具，其运算是通过复数运算来实现的。

1. 复数表达式

复数式 $\dot{A}=a+\text{j}b$ 可分为四种表达式：代数式、极坐标式、三角式和指数式，其中，j 表示复数的虚数单位。

1）代数式

$$\dot{A} = a + \mathrm{j}b$$

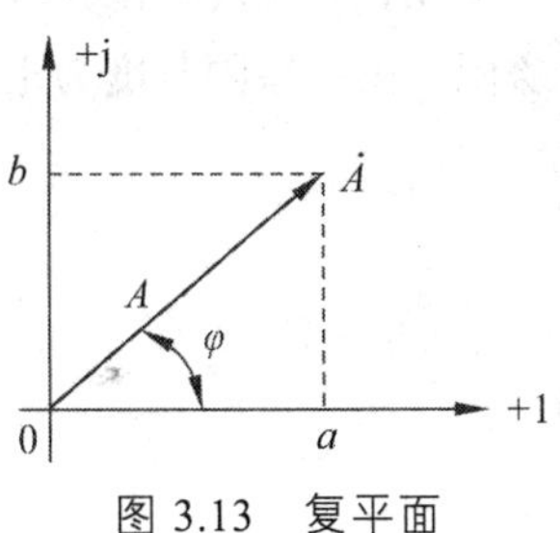

图 3.13　复平面

上式中，a 为实部，b 为虚部。在如图 3.13 所示的复平面上，横轴为实部 a，纵轴为虚部 b，其平行四边形的对角线为复数 $\dot{A}$。

2）极坐标式

根据图 3.13 可得复数的极坐标式，为

$$\dot{A} = A\angle\varphi$$

上式中，A 称为复数的模，ϕ 称为复数的辐角，其计算关系式为

$$\begin{cases} A = \sqrt{a^2 + b^2} \\ \varphi = \arctan\dfrac{b}{a} \end{cases}$$

3）三角式

由图 3.13 中直角三角形分析得

$$\begin{cases} a = A\cos\varphi \\ b = A\sin\varphi \end{cases}$$

则三角式为

$$\dot{A} = A\cos\varphi + \mathrm{j}A\sin\varphi$$

4）指数式

由欧拉公式，得

$$\dot{A} = A\mathrm{e}^{\mathrm{j}\varphi}$$

【例 3.7】 已知电压的相量式 $\dot{U} = 220\mathrm{e}^{\mathrm{j}30^\circ}$ (V)，电流的相量式 $\dot{I} = (-4 - \mathrm{j}3)$ (A)，试分别写出其他几种复数表达式。

解　电压的相量式

$$\begin{aligned} \dot{U} &= 220\mathrm{e}^{\mathrm{j}30^\circ} && \text{指数式} \\ &= 220\cos 30^\circ + \mathrm{j}220\sin 30^\circ && \text{三角式} \\ &= 190.5 + \mathrm{j}110 && \text{代数式} \\ &= 220\angle 30^\circ\ (\mathrm{V}) && \text{极坐标式} \end{aligned}$$

电流的相量式

$$\begin{aligned} \dot{I} &= -4 - \mathrm{j}3 && \text{代数式} \\ &= \sqrt{4^2 + 3^2}\angle\arctan\left(\frac{-3}{-4}\right) = 5\angle -143.1^\circ && \text{极坐标式} \\ &= 5\cos(-143.1^\circ) + \mathrm{j}5\sin(-143.1^\circ) && \text{三角式} \\ &= 5\mathrm{e}^{-\mathrm{j}143.1^\circ}\ (\mathrm{A}) && \text{指数式} \end{aligned}$$

结论：复数的代数形式转换为极坐标形式的时，特别要注意复数的辐角所在的象限，即第一象限、第二象限角度为正角度值；第三象限、第四象限的角度为负角度值，如图 3.14 所示。

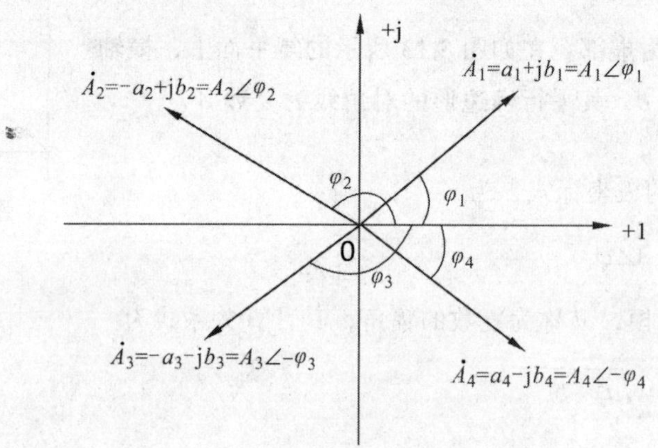

图 3.14　复平面上复数的辐角与复数式

2. 复数四则运算

已知：$\dot{A}_1 = a + \mathrm{j}b = A_1\angle\varphi_1$，$\dot{A}_2 = c + \mathrm{j}d = A_2\angle\varphi_2$。

1）和差运算

$$\dot{A}_1 \pm \dot{A}_2 = (a + \mathrm{j}b) \pm (c + \mathrm{j}d) = (a \pm c) + \mathrm{j}(b \pm d)$$

即用代数式进行复数的和差运算：实部与实部相加减，虚部与虚部相加减。

复数的和差运算也可以用平行四边形法。如图 3.15 所示。

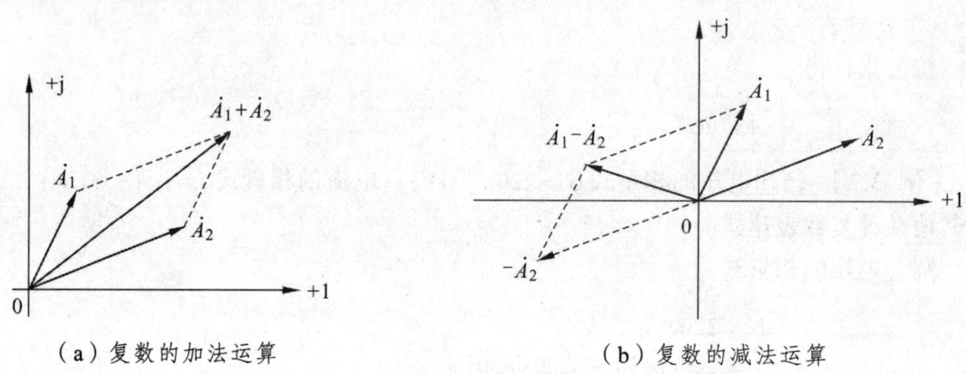

（a）复数的加法运算　　　　（b）复数的减法运算

图 3.15　复数运算的图解法

2）乘除运算

$$\dot{A}_1\dot{A}_2 = A_1\angle\varphi_1 \cdot A_2\angle\varphi_2 = A_1A_2\angle(\varphi_1 + \varphi_2)$$

$$\frac{\dot{A}_1}{\dot{A}_2} = \frac{A_1\angle\varphi_1}{A_2\angle\varphi_2} = \frac{A_1}{A_2}\angle(\varphi_1 - \varphi_2)$$

即用极坐标式进行复数的乘法和除法运算：乘法运算为模相乘，初相位相加；除法运算为模相除，初相位相减。

【例 3.8】 已知复数 $\dot{A}_1$=6+j8，$\dot{A}_2$=4+j4，试求它们的和、差、积、商。

$$\dot{A}_1+\dot{A}_2=(6+\mathrm{j}8)+(4+\mathrm{j}4)=10+\mathrm{j}12$$

$$\dot{A}_1-\dot{A}_2=(6+\mathrm{j}8)-(4+\mathrm{j}4)=2+\mathrm{j}4$$

$$\dot{A}_1\cdot\dot{A}_2=10\angle 53.1^\circ\times 5.657\angle 45^\circ=56.57\angle 98.1^\circ$$

$$\frac{\dot{A}_1}{\dot{A}_2}=\frac{10\angle 53.1^\circ}{5.657\angle 45}=1.77\angle 8.1^\circ$$

结论：一般“和、差”运算时，采用复数的代数形式；而“积、商”运算时，则用复数的极坐标式。

3. 正弦量的微分与相量式

设：$i(t)=\sqrt{2}I\sin(\omega t+\varphi)$，其对应的相量式为

$$\dot{I}=I\angle\varphi$$

$i(t)$ 微分为

$$\frac{\mathrm{d}i}{\mathrm{d}t}=\frac{\mathrm{d}}{\mathrm{d}t}\left[\sqrt{2}I\sin(\omega t+\varphi)\right]=\sqrt{2}\omega I\sin(\omega t+\varphi+90^\circ)$$

上式的相量式为

$$\dot{I}'=\omega I\angle(\varphi+90^\circ)=\mathrm{j}\omega\cdot I\angle\varphi$$

将式 $\dot{I}=I\angle\varphi$ 代入上式，得

$$\dot{I}'=\mathrm{j}\omega\cdot\dot{I}$$

可见，$i(t)$ 相量式 $\dot{I}$ 乘以 $\mathrm{j}\omega$ 等于 $\frac{\mathrm{d}i}{\mathrm{d}t}$ 所对应的相量式 $\dot{I}'$。如表 3.1 所示。

表 3.1　正弦函数式与相量式对应关系

正弦函数式	相量式
$i(t)=\sqrt{2}I\sin(\omega t+\varphi_{\mathrm{i}})$	$\dot{I}=I\angle\varphi_{\mathrm{i}}$
$i'(t)=\frac{\mathrm{d}i(t)}{\mathrm{d}t}$	$\dot{I}'=\mathrm{j}\omega\dot{I}=\mathrm{j}\omega I\angle\varphi_{\mathrm{i}}$

4. 虚数运算

$$\mathrm{j}=1\angle 90^\circ$$

$$\mathrm{j}^2=-1$$

$$\frac{1}{\mathrm{j}}=-\mathrm{j}=1\angle -90^\circ$$

【例 3.9】 已知正弦交流电流 $i_1(t)=5\sin(\omega t-45^\circ)$ (A)，$i_2(t)=10\sqrt{2}\sin(\omega t+120^\circ)$ (A)。试求 $i(t)=i_1(t)+i_2(t)$。

分析：首先将正弦电流量转换成有效值相量式电流量；其次，因两个电量是加法运算，所以相量式应写成代数式。

解

$$\dot{I}_1=\frac{5}{\sqrt{2}}\angle-45^\circ=\frac{5}{\sqrt{2}}(\cos45^\circ-\mathrm{j}\sin45^\circ)$$
$$=\frac{5}{\sqrt{2}}\cdot\frac{\sqrt{2}}{2}-\mathrm{j}\frac{5}{\sqrt{2}}\cdot\frac{\sqrt{2}}{2}=(2.5-\mathrm{j}2.5)\ (\mathrm{A})$$

$$\dot{I}_2=10\angle120^\circ=10(\cos120^\circ+\mathrm{j}\sin120^\circ)$$
$$=-10\frac{1}{2}+\mathrm{j}10\frac{\sqrt{3}}{2}=(-5+\mathrm{j}8.66)\ (\mathrm{A})$$

则有

$$\dot{I}=\dot{I}_1+\dot{I}_2=(2.5-\mathrm{j}2.5)+(-5+\mathrm{j}8.66)$$
$$=-2.5+\mathrm{j}6.16=6.65\angle112.1^\circ\ (\mathrm{A})$$

$i(t)$ 为

$$i(t)=i_1(t)+i_2(t)=6.65\sqrt{2}\sin(\omega t+112.1^\circ)\ (\mathrm{A})$$

结论：正弦函数式的加减运算，可借用相量运算工具来完成，其解题步骤为：先将“时域式”转换成“相量式”，再进行相量式运算，最后将“相量式”变换成“时域式”。

3.3.4 常见问题讨论

（1）$u(t)=U_\mathrm{m}\cos(\omega t+\varphi_\mathrm{u})$ 是正弦交流电量吗？

解答：是。

随时间 t 按照正弦规律变化的物理量，称为正弦交流电量。

（2）交流电量式可以用相量式来表示吗？

解答：只有正弦交流电量才能用相量表示。

交流电量是一种大小和方向随时间而变化的电量，而正弦交流电量只是交流电量中的一种；“相量”运算是针对电路输入为“正弦交流电量”而引用的一种数学计算工具。

（3）有效电压值 U 和有效电流值 I 是有方向的电量。

解答：错。

因为，有效值是按等值热效应概念来定义的，即是正弦波热效应的度量。所示，注意有效值电压 U 和有效值电流 I 是一种没有“方向”的电量。

（4）如果电压 $u(t)=220\sqrt{2}\sin(314t+30^\circ)\ (\mathrm{V})$，则对应的相量式为 $\dot{U}_\mathrm{m}=220\sqrt{2}\angle30^\circ\ (\mathrm{V})$，所以，电压表达式可写为：$u(t)=220\sqrt{2}\sin(314t+30^\circ)\ (\mathrm{V})=220\sqrt{2}\angle30^\circ\ (\mathrm{V})$。

解答：错。

“电压 $u(t)=220\sqrt{2}\sin(314t+30^\circ)\ (\mathrm{V})$ 的对应相量式为 $\dot{U}_\mathrm{m}=220\sqrt{2}\angle30^\circ\ (\mathrm{V})$”这一概念是正确的。但是，电压表达式 $u(t)=220\sqrt{2}\sin(314t+30^\circ)\ (\mathrm{V})\neq220\sqrt{2}\angle30^\circ\ (\mathrm{V})$。因为，$u(t)=220\sqrt{2}\sin(314t+30^\circ)\ (\mathrm{V})$ 为实数域表达式，而 $\dot{U}_\mathrm{m}=220\sqrt{2}\angle30^\circ\ (\mathrm{V})$ 为复数域表达式。

（5）已知 $\dot{U}=220\angle-30^\circ\ \mathrm{V}$，$\omega=314\ \mathrm{rad/s}$，则 $u(t)=220\sin(314t+30^\circ)\ (\mathrm{V})$。

解答：错。

（1）表达式 $u(t)$ 中“最大值”错。因为，$\dot{U}=220\angle-30°$ V 表达式为“有效值相量式”。即 $U=220$ V 为电压有效值，其最大值为 $U_{\mathrm{m}}=220\sqrt{2}$ V。

（2）表达式 $u(t)$ 的“初相位 φ_{u}”错。因为已知 $\dot{U}=220\angle-30°$ V 中初相位 $\varphi_{\mathrm{u}}=-30°$。所以，正确表达式为：$u(t)=220\sqrt{2}\sin(314t-30°)$ (V)。

3.4　基尔霍夫定律和元件伏安特性的相量式

前面，讨论了元件受伏安特性约束和电路电压、电流受 KCL、KVL 约束的问题。在正弦稳态电路中，这两类约束仍保持不变，只是在借助了相量工具分析电路时，这两类约束的数学式用相量式来体现。下面讨论这两类约束的相量形式。

3.4.1　基尔霍夫定律的相量式

基尔霍夫定律的相量形式是分析与计算相量电路的基本定律，它包括基尔霍夫电流定律的相量形式和基尔霍夫电压定律相量形式。

3.4.1.1　基尔霍夫电流定律的相量式

1. KCL 的相量式

KCL：在正弦稳态电路中，任何时刻，流入任一结点的电流代数和恒等于零，即

$$\sum_{k=1}^{b} i_k(t)=0$$

KCL 的相量式：在同频率的正弦稳态相量电路中，任何时刻，流入任一结点电流的相量和恒等于零，即

$$\sum_{k=1}^{b} \dot{I}_k=0 \tag{3.8}$$

或

$$\sum_{k=1}^{b} \dot{I}_{\mathrm{m}k}=0 \tag{3.9}$$

式（3.8）为 KCL 有效值相量式；式（3.9）为 KCL 最大值相量式。

【例 3.10】 在同频率正弦交流电源激励下，稳态电路中某结点电流关系如图 3.16 所示，试写出图中结点的 KCL 方程，即写出 $\sum_{k=1}^{b} i_k(t)=0$、$\sum_{k=1}^{b} \dot{I}_k=0$ 方程。

（a）正弦稳态电路　　（b）图 a 的相量电路

图 3.16　例 3.10 图

分析：书写结点 KCL 方程时，注意设定一个电流参考方向（即“流入”或“流出”结点）为“正”。本题设流入结点的电流为“正”。

解　图 3.16（a）的 KCL 方程：

$$i_1 - i_2 + i_3 + i_4 = 0$$

图 3.16（b）的 KCL 相量式：

$$\dot{I}_1 - \dot{I}_2 + \dot{I}_3 + \dot{I}_4 = 0$$

结论：列 KCL 相量方程的方式方法与直流电路相似，所不同的是计算中采用的数学工具不同。

2. KCL 拓展与应用

1）结点的拓展

在同频率的正弦稳态相量电路中，任何时刻，流出结点电流等于流入该结点的电流。即

$$\sum \dot{I}_{出} = \sum \dot{I}_{入} \quad 或 \quad \sum \dot{I}_{m出} = \sum \dot{I}_{m入}$$

【例 3.11】 电路如图 3.17（a）所示，已知电流源电流 $i_S(t) = 2\sqrt{2}\sin\omega t\ (A)$，电阻 R 电流 $i_R(t) = 3\sqrt{2}\sin\omega t\ (A)$，试求电压源 $u_S(t)$ 中的有效值电流 I_U 和瞬时值电流 $i_U(t)$，并画出测量电流 I_U 的接线电路图。

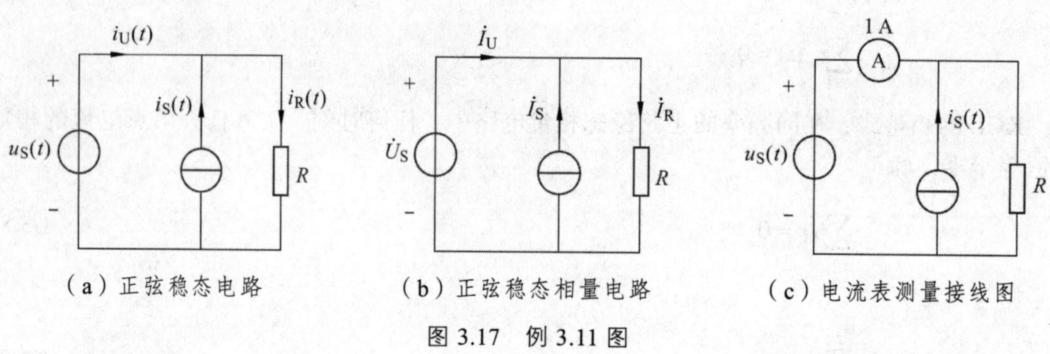

（a）正弦稳态电路　（b）正弦稳态相量电路　（c）电流表测量接线图

图 3.17　例 3.11 图

分析：首先将图 3.17（a）转换为相量电路图 3.17（b），再根据 KCL 相量式求解。

解　画相量电路图，如图 3.17（b）所示，其已知相量式为

$$\dot{I}_S = 2\angle 0°\ (A)$$
$$\dot{I}_R = 3\angle 0°\ (A)$$

根据 KCL 得

$$\dot{I}_U = \dot{I}_R - \dot{I}_S = (3-2)\angle 0° = 1\angle 0°\ (A)$$

有效值电流 I_U 为

$$I_U = 1\ A$$

瞬时值电流 $i_U(t)$ 为

$$i_{\mathrm{U}}(t)=\sqrt{2}\sin\omega t\ \text{（A）}$$

电流表测量接线电路如图 3.17（c）所示。

结论：如已知电路中的电量为正弦电量时，解题时首先将正弦电量转换为相量式，再根据电路结构分析相量电路。正弦交流电路电流表测量的值为电流有效值，其连接方式与直流电表相同，即串联在被测电流支路中。

2）结点拓展到封闭面

KCL 相量式推广到封闭面：在同频率的正弦稳态相量电路中，任何时刻，流出封闭面的电流相量等于流入该封闭面的电流相量。

2.4.1.2　基尔霍夫电压定律的相量式

1. KVL 的相量式

KVL：在正弦稳态电路中，任一时刻，沿任一闭合路径的电压代数和恒等于零，即

$$\sum_{k=1}^{b}u_k=0$$

KVL 的相量式：在同频率的正弦稳态相量电路中，任何时刻，任一回路中的电压相量和恒等于零，即

$$\sum_{k=1}^{b}\dot{U}_k=0 \tag{3.10}$$

或

$$\sum_{k=1}^{b}\dot{U}_{\mathrm{m}k}=0 \tag{3.11}$$

式（3.10）为 KVL 有效值相量式；式（3.11）为 KVL 最大值相量式。

【例 3.12】 试列出如图 3.18（a）所示电路中回路 1、2、3 的电压相量方程，并画出测量电压 U 的接线电路图。

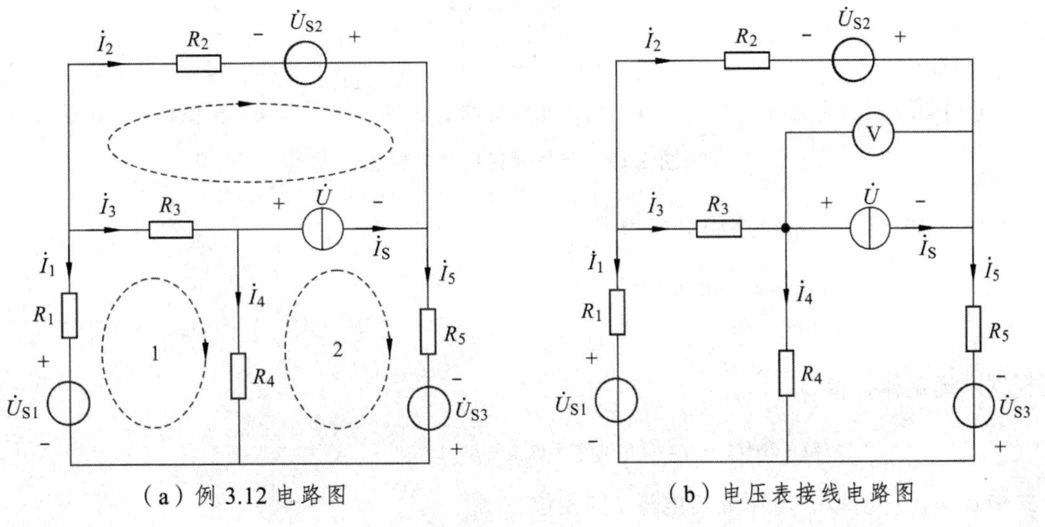

（a）例 3.12 电路图　　（b）电压表接线电路图

图 3.18　例 3.12 图

分析：

（1）图 3.18（a）所示回路 1、2、3 中，均以顺时针方向标定了其电压降的绕行方向，则可沿着这个设定的顺时针绕行方向列 KVL 相量方程。

（2）关联参考方向下，电阻元件上伏安相量特性为：$\dot{U}_R = R\dot{I}_R$。

解　列 KVL 相量方程。

回路 1：　$-\dot{U}_{S1} - R_1\dot{I}_1 + R_3\dot{I}_3 + R_4\dot{I}_4 = 0$

回路 2：　$\dot{U} + R_5\dot{I}_5 - \dot{U}_{S3} - R_4\dot{I}_4 = 0$

回路 3：　$R_2\dot{I}_2 - \dot{U}_{S2} - \dot{U} - R_3\dot{I}_3 = 0$

测量电压 U 的接线电路如图 3.18（b）所示。

结论：在列 KVL 相量方程时，可以根据所设定的回路绕行方向列回路的 KVL 相量方程。当绕行方向是由电压的“+”极指向“－”极时，KVL 相量电压为“+”，否则相量电压为“－”。

2. 注　意

（1）在列 KVL 相量方程时，涉及相量电压参考方向和回路绕行方向的假设。回路绕行方向和相量电压参考方向都可以任意假设，但是一旦确定，在整个分析过程中不能更改。

（2）在正弦稳态相量电路中，结点电流的相量满足 KCL，而结点电流的有效值一般不满足 KCL；同理，回路电压也只有相量值才满足 KVL。

3.4.2　元件伏安特性的相量式

本节讨论在正弦交流激励下，电路电阻 R、电感 L、电容 C 等元件伏安特性的相量式。

3.4.2.1　电阻元件 R

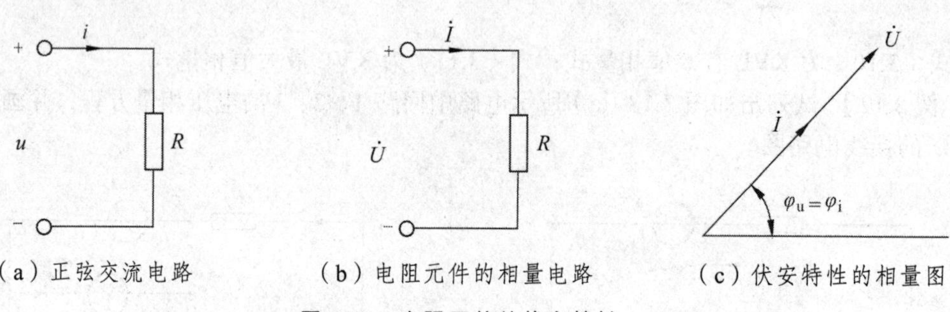

（a）正弦交流电路　　（b）电阻元件的相量电路　　（c）伏安特性的相量图

图 3.19　电阻元件的伏安特性

设图 3.19（a）所示电路中电流为

$$i(t) = \sqrt{2}I\sin(\omega t + \varphi_{\text{i}})$$
$$0 < \varphi_{\text{i}} < 90^\circ$$

则根据欧姆定律，得

$$u(t) = Ri(t) = \sqrt{2}RI\sin(\omega t + \varphi_{\text{u}})$$

上式中 $\varphi_{\text{u}} = \varphi_{\text{i}}$，所以，电压 u 与电流 i 同相位。

$i(t)$ 式的相量式为

$$\dot{I} = I\angle\varphi_{\mathrm{i}} \tag{3.12}$$

$u(t)$ 式的相量式为

$$\dot{U} = RI\angle\varphi_{\mathrm{u}} \tag{3.13}$$

将式（3.12）代入式（3.13）得

$$\dot{U} = R\dot{I} \tag{3.14}$$

因式（3.14）仍满足欧姆定律，则 $\dot{U} = R\dot{I}$ 称为广义的欧姆定律，其相量电路如图 3.19（b）所示，$\dot{U}$ 与 $\dot{I}$ 的同相位关系如图 3.19（c）所示。

【例 3.13】 试列出如图 3.20（a）所示电路中电阻元件上的电压 $\dot{U}_1$、$\dot{U}_2$、$\dot{U}_3$ 的方程式及电压 $\dot{U}_{\mathrm{S}}$ 的方程式，并画出测量电压、电流有效值的仪表接线电路图。

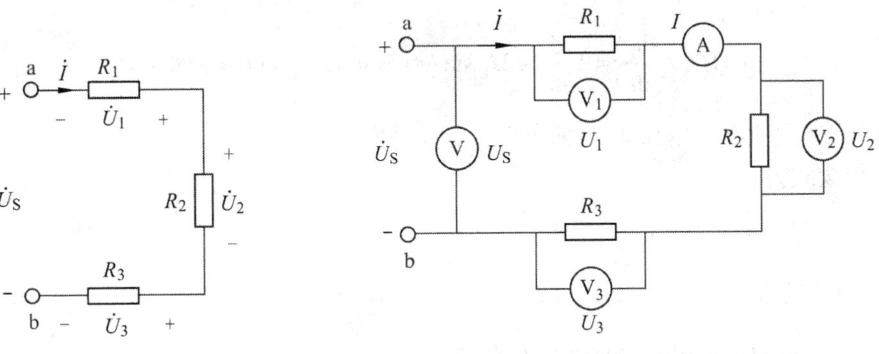

（a）例 3.13 电路图　　（b）电压、电流测量接线电路图

图 3.20　例 3.13 图

分析：电路为电阻串联电路，根据广义的欧姆定律式（3.14）解得 $\dot{U}_1$、$\dot{U}_2$、$\dot{U}_3$ 式。再根据 KVL 的 $\sum_{k=1}^{b}\dot{U}_k = 0$ 得 $\dot{U}_{\mathrm{S}}$ 式。

解　由广义的欧姆定律得

$$\dot{U}_1 = R_1\dot{I} \qquad \dot{U}_2 = R_2\dot{I} \qquad \dot{U}_3 = R_3\dot{I}$$

由 KVL 得

$$\begin{aligned}\dot{U}_{\mathrm{S}} &= \dot{U}_1 + \dot{U}_2 + \dot{U}_3 = R_1\dot{I} + R_2\dot{I} + R_3\dot{I} \\ &= (R_1 + R_2 + R_3)\cdot\dot{I}\end{aligned}$$

测量电压、电流有效值的仪表接线电路如图 3.20（b）所示。

结论：列广义的欧姆定律 $\dot{U} = R\dot{I}$ 方程式时，注意电压与电流的关联参考方向关系。列 KVL 相量式时，注意各支路端电压的参考方向。

3.4.2.2　电感元件 L

设图 3.21（a）所示电路中电流为

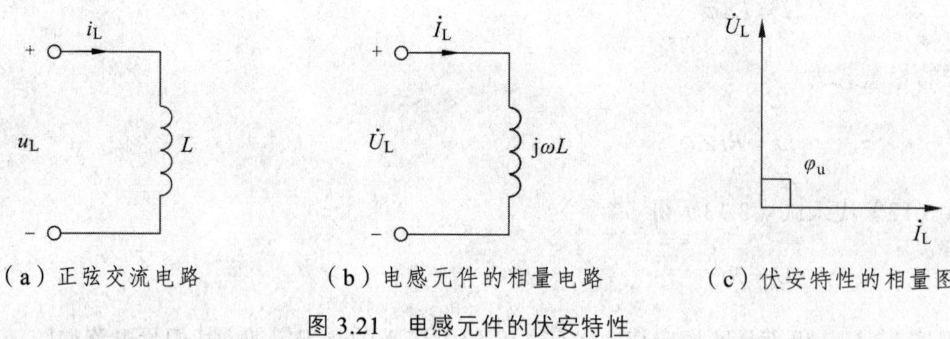

（a）正弦交流电路　（b）电感元件的相量电路　（c）伏安特性的相量图

图 3.21　电感元件的伏安特性

$$i_L(t)=\sqrt{2}I_L\sin\omega t$$
$$\varphi_i=0°$$

则电感电压为

$$u_L(t)=L\frac{\mathrm{d}i_L}{\mathrm{d}t}=L\frac{\mathrm{d}}{\mathrm{d}t}(\sqrt{2}I_L\sin\omega t)=\sqrt{2}\omega LI_L\sin(\omega t+90°)$$

上式中 $\varphi_u=90°$，所以，电压 u_L 超前电流 i_L 相位 90°。

$i_L(t)$ 式的相量式为

$$\dot{I}_L=I_L\angle0° \tag{3.15}$$

$u_L(t)$ 式的相量式为

$$\dot{U}_L=\omega LI_L\angle90°=j\omega L\cdot I_L \tag{3.16}$$

将式（3.15）代入式（3.16）得

$$\dot{U}_L=j\omega L\cdot\dot{I}_L=jX_L\cdot\dot{I}_L \tag{3.17}$$

式（3.17）具有广义的欧姆定律特性，其中，X_L 称为感抗，单位为欧姆（Ω）；jX_L 是电感元件 L 的相量式，相量电路如图 3.21（b）所示；$\dot{U}_L$ 超前 $\dot{I}_L$ 相位 90° 关系如图 3.21（c）所示。

【例 3.14】电路如图 3.21（a）所示，已知电感 $L=10\text{ mH}$，电流 $i_L(t)=10\sqrt{2}\sin(314t)\text{ (A)}$，试求：

（1）电感元件的感抗 X_L、电感两端的电压 $\dot{U}_L$ 和 $u_L(t)$。

（2）若电源频率增加 5 倍，则以上量值有何变化？

分析：首先将 $i_L(t)$ 式转换成相量式，写出电感元件的感抗 $X_L=j\omega L$；再根据电感元件的伏安相量式 $\dot{U}_L=jX_L\dot{I}_L$ 得电压 $\dot{U}_L$。

解：(1)求 X_L、$\dot{U}_L$ 和 $u_L(t)$。

$i_L(t)$ 相量式为

$$\dot{I}_L=10\angle0°\text{ (A)}$$

感抗 X_L 为

$$X_L=\omega L=314\times10\times10^{-3}=3.14\ (\Omega)$$

$\dot{U}_L$ 为

$$\dot{U}_L = jX_L\dot{I} = j3.14\times10\angle0° = 31.4\angle90°\ (V)$$

由 $\dot{U}_L$ 式得 $u_L(t)$ 为

$$u_L(t) = 31.4\sqrt{2}\sin(314t+90°)\ (V)$$

（2）若电源频率增加 5 倍，X_{L5}、$\dot{U}_{L5}$ 和 $u_{L5}(t)$ 的变化。
5 倍频率 ω_5 为

$$\omega_5 = 5\omega = 5\times314 = 1\,570\ (rad/s)$$

感抗 X_{L5} 为

$$X_{L5} = \omega_5 L = 1\,570\times10\times10^{-3} = 15.7\ (\Omega)$$

电压 $\dot{U}_{L5}$ 为

$$\dot{U}_{L5} = jX_{L5}\dot{I} = j15.7\times10\angle0° = 157\angle90°\ (V)$$

由 $\dot{U}_{L5}$ 得 $u_{L5}(t)$ 为

$$u_{L5}(t) = 157\sqrt{2}\sin(1\,570t+90°)\ (V)$$

结论：感抗 X_L 的大小随频率 f 的变化而改变。

3.4.2.3　电容元件 C

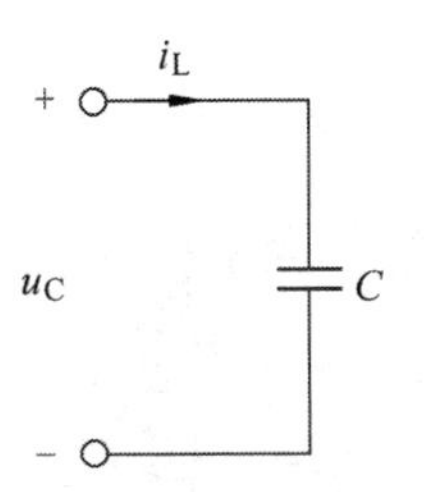

（a）正弦交流电路

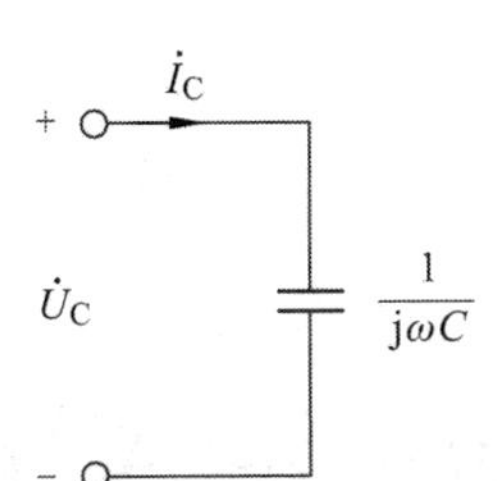

（b）电容元件的相量电路

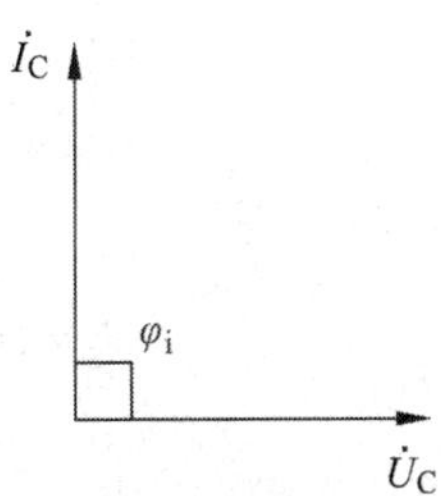

（c）伏安特性的相量图

图 3.22　电容元件的伏安特性

设图 3.22（a）电路中，电容元件 C 的端电压为

$$u_C(t) = \sqrt{2}U_C\sin\omega t$$
$$\varphi_u = 0°$$

则电容电流为

$$i_C(t) = C\frac{du_C}{dt} = C\frac{d}{dt}(\sqrt{2}U_C\sin\omega t) = \sqrt{2}\omega CU_C\sin(\omega t+90°)$$

上式中 $\varphi_i = 90°$，所以，电压 u_C 滞后电流 i_i 相位 90°。
$u_C(t)$ 式的相量式为

$$\dot{U}_C = U_C\angle 0°$$

$i_C(t)$ 式的相量式为

$$\dot{I}_C = \omega C U_C \angle 90° = j\omega C \cdot \dot{U}_C$$

由上式得

$$\dot{U}_C = \frac{1}{j\omega C}\cdot \dot{I}_C = -jX_C\dot{I}_C \tag{3.18}$$

式（3.18）具有广义的欧姆定律特性，其中，X_C 称为容抗，单位为欧姆（Ω）；jX_C 是电容元件 C 的相量式，相量电路如图 3.22（b）所示；$\dot{U}_C$ 滞后 $\dot{I}_C$ 相位 90°，关系如图 3.22（c）所示。

【例 3.15】 试列出如图 3.23 所示电路中电感元件上的电压 $\dot{U}_1$、$\dot{U}_2$ 方程式和电压 $\dot{U}_S$ 方程式。

分析：电容 C_1、C_2 构成串联电容电路，根据广义欧姆定律式（3.18）可得 $\dot{U}_1$、$\dot{U}_2$ 相量式。再根据 KVL 相量式 $\sum_{k=1}^{b}\dot{U}_k = 0$ 得 $\dot{U}_S$ 相量式。

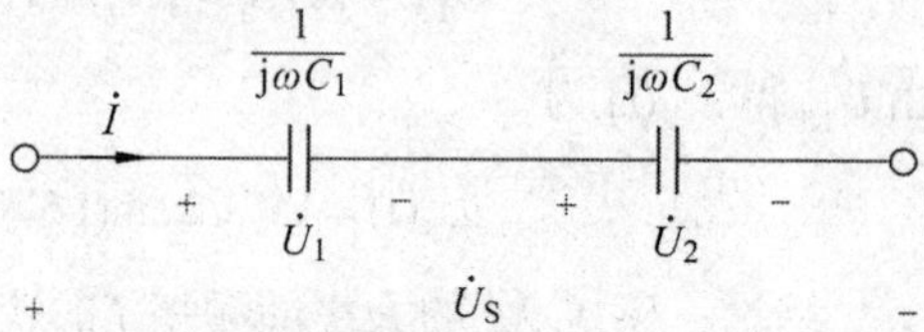

图 3.23 例 3.15 图

解 由广义的欧姆定律 $\dot{U}_C = \frac{1}{j\omega C}\dot{I}_C$ 得

$$\dot{U}_1 = \frac{1}{j\omega C_1}\dot{I}$$

$$\dot{U}_2 = \frac{1}{j\omega C_2}\dot{I}$$

由 KVL 得

$$\begin{aligned}\dot{U}_S &= \dot{U}_1 + \dot{U}_2\\ &= \frac{1}{j\omega C_1}\dot{I} + \frac{1}{j\omega C_2}\dot{I} = \left(\frac{1}{j\omega C_1} + \frac{1}{j\omega C_2}\right)\cdot \dot{I}\end{aligned} \tag{3.19}$$

结论：写广义欧姆定律 $\dot{U}_C = \frac{1}{j\omega C}\dot{I}_C$ 方程式时，注意相量电压与电流的关联参考方向关系。

由式（3.19）得电容串联等效关系如图 3.24 所示，其中等效容抗为 $\frac{1}{j\omega C} = \frac{1}{j\omega C_1} + \frac{1}{j\omega C_2}$。

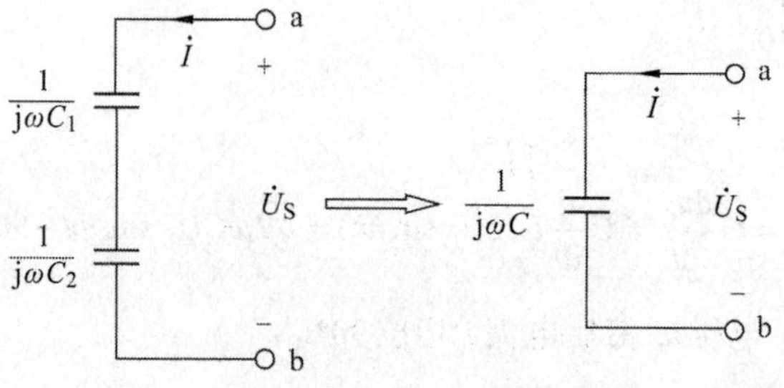

图 3.24 电容串联电路等效变换

3.4.3　常见问题讨论

（1）相量形式的基尔霍夫电流定律，描述的是在任意正弦电源频率作用下，相量电路中任一结点可列方程式$\sum_{k=1}^{b}\dot{I}_k=0$或$\sum_{k=1}^{b}\dot{I}_{mk}=0$。

解答：只有在同频率的正弦电源作用下，相量式$\sum_{k=1}^{b}\dot{I}_k=0$或$\sum_{k=1}^{b}\dot{I}_{mk}=0$才成立。

当正弦电源含有多频率时，如电流源$i_S(t)=20+2\sqrt{2}\sin 200t+4\sin(314t+30°)$ (A)，则可利用叠加定理分析计算电路，即将电流源$i_S(t)$分解为 3 个并联电流源，即构成 20 A 的直流电流源、$i_{S1}(t)=2\sqrt{2}\sin 200t$ (A)和$i_{S2}(t)=4\sin(314t+30°)$ (A)并联电源电路。

同理，相量形式的基尔霍夫电压定律只有在同频率的正弦电源作用下才成立。

（2）相量形式的基尔霍夫定律也可以写成有效值式，即$\sum_{k=1}^{b}I_k=0$、$\sum_{k=1}^{b}U_k=0$。

解答：错。

因为，有效值是按等值热效应概念来定义的，是一种没有“参考方向”的电量。而基尔霍夫定律是在确定的电压、电流参考方向条件下讨论回路相量电压$\sum_{k=1}^{b}\dot{U}_k=0$、结点相量电流$\sum_{k=1}^{b}\dot{I}_k=0$的关系。

（3）在相量电路中，电阻的串联、并联等效计算与直流电路中的电阻串并联计算有区别吗？

解答：没有。

相量电路中，n 个电阻串联电路的等效电阻 R，$R=R_1+R_2+R_3+\cdots\cdots+R_n$

相量电路中，n 个电阻并联电路的等效电导 G，$G=G_1+G_2+G_3+\cdots\cdots+G_n$

（4）在如图 3.25 所示相量电路中，试写出等效感抗 jωL 式，并注明感抗 jωL 的单位。

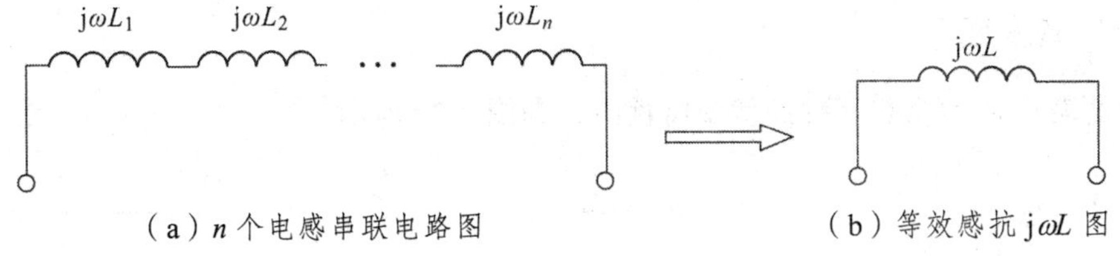

（a）n 个电感串联电路图　　（b）等效感抗 jωL 图

图 3.25　电感串联电路的等效感抗图

解答：n 个电感串联电路的等效感抗 jωL 为

$$\mathrm{j}\omega L=\mathrm{j}(\omega L_1+\omega L_2+\cdots\cdots+\omega L_n)=\mathrm{j}\omega(L_1+L_2+\cdots\cdots+L_n)$$

感抗 jωL 的单位为欧姆(Ω)。

（5）在如图 3.26 所示相量电路中，试写出等效容抗$\frac{1}{\mathrm{j}\omega C}$式，并注明容抗$\frac{1}{\mathrm{j}\omega C}$的单位。

解答：n 个电容串联电路的等效容抗$\frac{1}{\mathrm{j}\omega C}$为

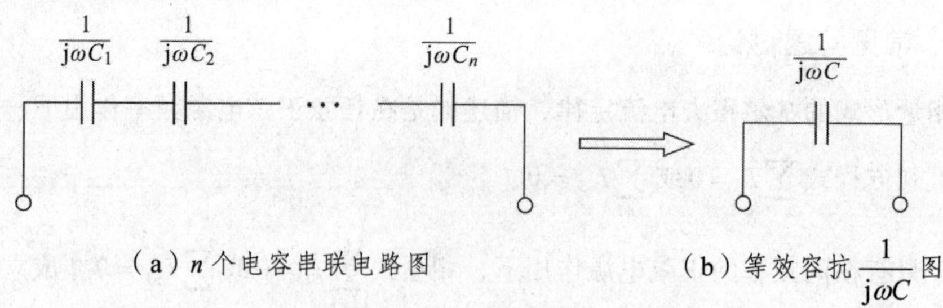

（a）n 个电容串联电路图　　（b）等效容抗 $\dfrac{1}{j\omega C}$ 图

图 3.26　电容串联电路的等效容抗图

$$\frac{1}{j\omega C}=-j\left(\frac{1}{\omega C_1}+\frac{1}{\omega C_2}+\cdots\cdots+\frac{1}{\omega C_n}\right)=\frac{1}{j\omega}\left(\frac{1}{C_1}+\frac{1}{C_2}+\cdots\cdots+\frac{1}{C_n}\right)$$

容抗 $\dfrac{1}{j\omega C}$ 的单位为欧姆（Ω）。

（6）当电路频率上升时，其感抗 jX_L 是增加还是减小？

解答：增加。

因为：$jX_L=j\omega L=j2\pi fL$，所以，当频率 f 上升时，ω 上升，导致感抗 jX_L 增加。即感抗 jX_L 的大小随频率上升而上升。

（7）当电路频率上升时，其容抗 $-jX_C$ 是增加还是减小？

解答：减小。

因为 $-jX_C=-j\dfrac{1}{\omega C}=-j\dfrac{1}{2\pi fC}$，所以当频率 f 上升时，ω 上升，导致容抗 $-jX_C$ 减小。即容抗 $-jX_C$ 的大小随频率上升而减小。

3.5 阻抗

3.5.1 基本概念

用相量表示 R、L、C 元件的伏安特性时，如图 3.27 所示。

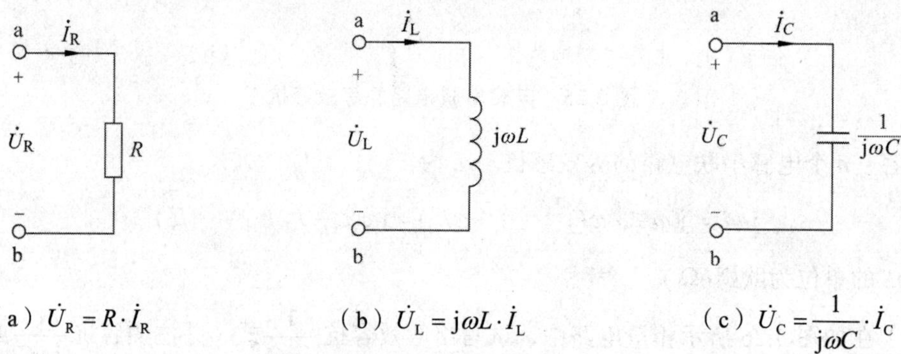

（a）$\dot{U}_R=R\cdot\dot{I}_R$　（b）$\dot{U}_L=j\omega L\cdot\dot{I}_L$　（c）$\dot{U}_C=\dfrac{1}{j\omega C}\cdot\dot{I}_C$

图 3.27　相量电路图的伏安特性

当用 RLC 构成一个无源线性二端相量网络 N_0 时，如图 3.28（a）所示。其二端相量网络

N_0 对外电路可等效为如图 3.28（b）所示电路，其参数 Z 称阻抗，单位欧姆(Ω)，Z 定义为

$$Z = \frac{\dot{U}}{\dot{I}} \tag{3.20}$$

式（3.20）是欧姆定律的相量形式，称为广义的欧姆定律。

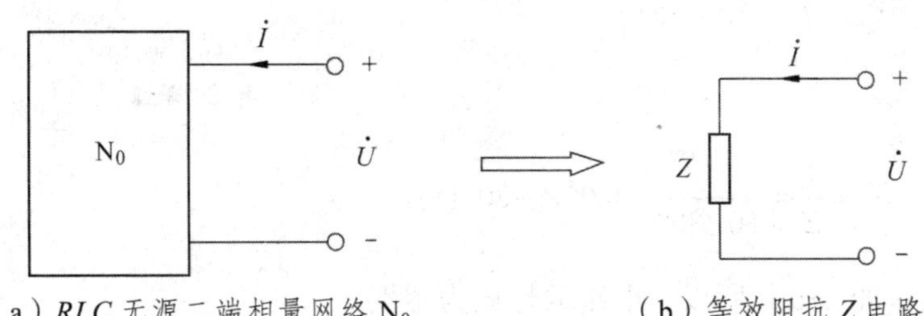

（a）*RLC* 无源二端相量网络 N_0　　（b）等效阻抗 Z 电路图

图 3.28　阻抗 Z 定义

设图 3.28 电路中的电流 $i(t) = \sqrt{2}I\sin(\omega t + \varphi_{\rm i})$，电压 $u(t) = \sqrt{2}U\sin(\omega t + \varphi_{\rm u})$，则对应的相量式 $\dot{I} = I\angle\varphi_{\rm i}$、$\dot{U} = U\angle\varphi_{\rm u}$，代入式（3.20）得

$$\begin{aligned} Z &= \frac{\dot{U}}{\dot{I}} = \frac{U\angle\varphi_{\rm u}}{I\angle\varphi_{\rm i}} = \frac{U}{I}\angle(\varphi_{\rm u} - \varphi_{\rm i}) \\ &= |Z|\angle\varphi_{\rm Z} = R + {\rm j}X\ (\Omega) \end{aligned}$$

上式中，$|Z|$ 称为阻抗模，单位为欧姆（Ω）；$\varphi_{\rm Z}$ 称为阻抗角；R 称为等效电阻（阻抗实部）；X 称为电抗（阻抗虚部），单位为欧姆（Ω）。

阻抗模 $|Z|$ 和阻抗角 $\varphi_{\rm Z}$ 参数的计算式分别为

$$\begin{cases} |Z| = \dfrac{U}{I} = \sqrt{R^2 + X^2} \quad (\Omega) \\ \varphi_{\rm Z} = \varphi_{\rm u} - \varphi_{\rm i} = \arctan\dfrac{X}{R} \end{cases}$$

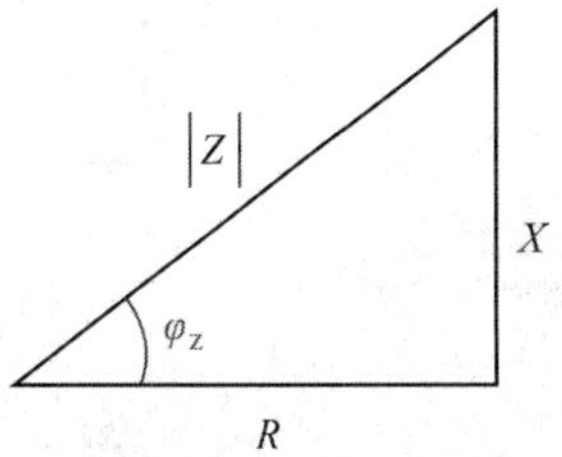

阻抗模 $|Z|$、电抗 X、电阻 R 和阻抗角 $\varphi_{\rm Z}$ 之间的关系，可以用阻抗三角形来表示，如图 3.29 所示。

图 3.29　阻抗三角形

阻抗 Z 的大小直接反映出二端网络 N_0 的电路性质（感性、容性或阻性），即

$$\begin{cases} \text{当电抗 } X > 0 \text{ 时，阻抗角 } \varphi_{\rm Z} > 0\text{，电压超前电流，图 3.28 所示网络 } N_0 \text{ 呈现感性；} \\ \text{当电抗 } X < 0 \text{ 时，阻抗角 } \varphi_{\rm Z} < 0\text{，电压滞后电流，图 3.28 所示网络 } N_0 \text{ 呈现容性；} \\ \text{当电抗 } X = 0 \text{ 时，阻抗角 } \varphi_{\rm Z} = 0\text{，} Z = R\text{，电压与电流同相，图 3.28 所示网络 } N_0 \text{ 呈现阻性。} \end{cases}$$

由阻抗 Z 的倒数定义为复数的导纳 Y，有

$$\begin{aligned} Y &= \frac{1}{Z} = \frac{\dot{I}}{\dot{U}} = \frac{I}{U}\angle(\varphi_{\rm i} - \varphi_{\rm u}) \\ &= |Y|\angle\varphi_{\rm Y} = G + {\rm j}B \end{aligned}$$

式中，G 称为电导，B 称为电纳，单位为西门子（S）。

【例 3.16】 已知图 3.28（a）的电压、电流为 $\dot{U} = 100\angle45°\ ({\rm V})$，$\dot{I} = 2\angle-35°\ ({\rm A})$，试求二

端相量网络 N_0 的等效阻抗 Z 和导纳 Y，并判断电路的性质。

分析：直接运用广义的欧姆定律式（3.20）解之。

解　根据式（3.20）得等效阻抗 Z。

$$Z=\frac{\dot{U}}{\dot{I}}=\frac{100\angle 45^\circ}{2\angle -35^\circ}=50\angle 80^\circ\ (\Omega)$$

导纳为

$$Y=\frac{1}{Z}=\frac{1}{50\angle 80^\circ}=0.02\angle -80^\circ\ (\mathrm{S})$$

因阻抗角 $\varphi_Z=80^\circ>0$，所以，电路的性质为感性。

结论：当阻抗角 $\varphi_Z>0$，电路呈现感性，电压 u 超前电流 i 相位 80°，所以，无源二端网络 N_0 的性质为感性。

3.5.2　*RLC* 串联电路

在正弦交流电路中，电路元件 *RLC* 的基本连接方式有：串联、并联、星形和三角形连接；电压、电流关系中同样有分压、分流的基本概念。

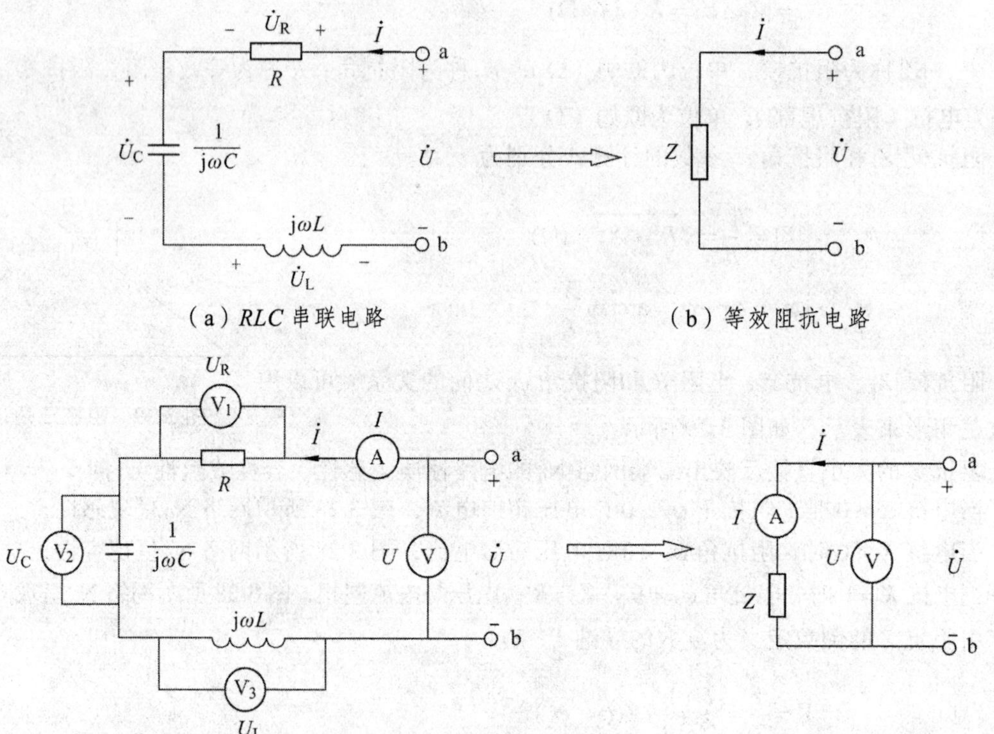

(a) RLC 串联电路
(b) 等效阻抗电路
(c) 各电压、电流测量接线电路图

图 3.30　*RLC* 串联电路与等效阻抗 Z

RLC 串联电路如图 3.30（a）所示，根据元件的伏安相量特性，有

$$\begin{cases}\dot{U}_{\mathrm{R}}=R\dot{I}\\ \dot{U}_{\mathrm{C}}=\dfrac{1}{\mathrm{j}\omega C}\dot{I}\\ \dot{U}_{\mathrm{L}}=\mathrm{j}\omega L\dot{I}\end{cases}$$

其各有效值电压、电流测量电路如图 3.30（c）所示；而总电压$\dot{U}$由 KVL 得

$$\begin{aligned}\dot{U}&=\dot{U}_{\mathrm{R}}+\dot{U}_{\mathrm{C}}+\dot{U}_{\mathrm{L}}\\ &=\left(R+\mathrm{j}\omega L+\frac{1}{\mathrm{j}\omega C}\right)\dot{I}=\left[R+\mathrm{j}\left(\omega L-\frac{1}{\omega C}\right)\right]\dot{I}\\ &=(R+\mathrm{j}X)\dot{I}=Z\dot{I}\end{aligned}$$

上式中，电抗$X=\omega L-\dfrac{1}{\omega C}$，阻抗$Z$为

$$Z=R+\mathrm{j}\left(\omega L-\frac{1}{\omega C}\right)=|Z|\angle\varphi_{\mathrm{Z}}$$

其等效阻抗Z电路及有效值电压、电流测量电路如图 3.30（b）（c）所示。

当图 3.30（a）所示电路的频率f一定时，元件RLC参数的大小将决定其电路的性质，即

$$\begin{cases}\text{当 }\omega L>\dfrac{1}{\omega C}\text{ 时，}\varphi_{\mathrm{Z}}>0\text{，电压 }u\text{ 超前电流 }i\text{，}RLC\text{ 串联电路呈感性；}\\ \text{当 }\omega L<\dfrac{1}{\omega C}\text{ 时，}\varphi_{\mathrm{Z}}<0\text{，电压 }u\text{ 滞后电流 }i\text{，}RLC\text{ 串联电路呈容性；}\\ \text{当 }\omega L=\dfrac{1}{\omega C}\text{ 时，}\varphi_{\mathrm{Z}}=0\text{，}Z=R\text{，电压 }u\text{ 与电流 }i\text{ 同相，}RLC\text{ 串联电路呈阻性。}\end{cases}$$

【例 3.17】RLC串联交流电路如图 3.30（a）所示，已知：$u(t)=220\sqrt{2}\sin(314t+20^\circ)\ (\mathrm{V})$，$R=30\ \Omega$，$L=127.39\ \mathrm{mH}$，$C=39.81\ \mu\mathrm{F}$，试求：

（1）电流的有效值I和瞬时式$i(t)$。

（2）各元件上的电压有效值和瞬时表达式。

（3）画相量图。

（4）画测量各元件端电压的仪表接线电路图及测量值。

分析：

（1）根据电压$u(t)$得相量$\dot{U}$。

（2）根据角频率$\omega=314\ \mathrm{rad/s}$，计算感抗$X_{\mathrm{L}}=\omega L$，容抗$X_{\mathrm{C}}=\dfrac{1}{\omega C}$和阻抗$Z=R+\mathrm{j}(X_{\mathrm{L}}-X_{\mathrm{C}})$。

（3）根据广义的欧姆定律$\dot{U}=Z\dot{I}$得电流$\dot{I}$、I和$i(t)$。

（4）根据元件伏安相量特性解之各元件上的电压有效值和瞬时表达式。

解　根据$u(t)$得

$$\dot{U}=220\angle 20^\circ\ (\mathrm{V})$$

根据ω得容抗、感抗为

$$X_C = \frac{1}{\omega C} = \frac{1}{314 \times 39.81 \times 10^{-6}} \approx 80\ (\Omega)$$
$$X_L = \omega L = 314 \times 127.39 \times 10^{-3} \approx 40\ (\Omega)$$

则 RLC 串联电路等效阻抗为

$$\begin{aligned} Z &= R + \mathrm{j}(X_L - X_C) \\ &= 30 + \mathrm{j}(40 - 80) \\ &= \sqrt{30^2 + (-40)^2} \angle \arctan \frac{-40}{30} \\ &= 50\angle -53^\circ\ (\Omega) \end{aligned}$$

（1）电流的有效值 I 和瞬时值 $i(t)$。

由广义欧姆定律得

$$\dot{I} = \frac{\dot{U}}{Z} = \frac{220\angle 20^\circ}{50\angle -53^\circ} = \frac{22}{5}\angle(20^\circ + 53^\circ) = 4.4\angle 73^\circ\ (\mathrm{A})$$

电流的有效值

$$I = 4.4\ \mathrm{A}$$

电流的瞬时表达式

$$i = 4.4\sqrt{2}\sin(314\mathrm{t} + 73^\circ)\ (\mathrm{A})$$

（2）各元件上的电压有效值和瞬时表达式。

$$\dot{U}_R = R\dot{I} = 30 \times 4.4\angle 73^\circ = 132\angle 73^\circ\ (\mathrm{V})$$
$$\dot{U}_L = \mathrm{j}X_L\dot{I} = 40\angle 90^\circ \times 4.4\angle 73^\circ = 176\angle 163^\circ\ (\mathrm{V})$$
$$\dot{U}_C = -\mathrm{j}X_C\dot{I} = 80\angle -90^\circ \times 4.4\angle 73^\circ = 352\angle -17^\circ\ (\mathrm{V})$$

电阻电压有效值

$$U_R = 132\ \mathrm{V}$$

电阻电压瞬时表达式

$$u_R = 132\sqrt{2}\sin(314t + 73^\circ)\ (\mathrm{V})$$

电感电压有效值

$$U_L = 176\ \mathrm{V}$$

电感电压瞬时表达式

$$u_L = 176\sqrt{2}\sin(314t + 163^\circ)\ (\mathrm{V})$$

电感电压有效值

$$U_C = 352\ \mathrm{V}$$

电容电压瞬时表达式

$$u_C = 352\sqrt{2}\sin(314t - 17°)\ (\text{V})$$

（3）相量图如图 3.31（a）所示。

（4）测量各元件端电压的仪表接线电路及测量值如图 3.31（b）所示。

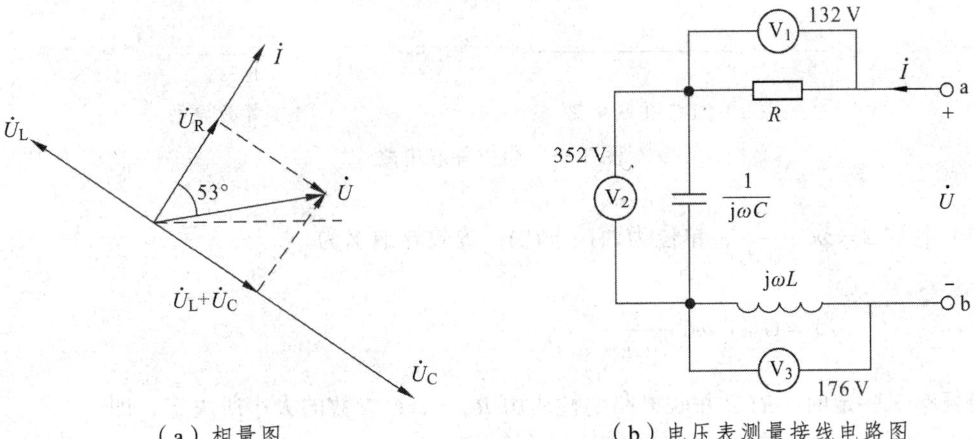

（a）相量图　　　　　　（b）电压表测量接线电路图

图 3.31　相量图和测量电压图

结论：

（1）*RLC* 串联电路的计算，在形式上与电阻的串联电路计算相似，所不同的是，直流电路采用实数代数运算，相量电路采用复数数学工具。

（2）在同频率正弦交流中，$\sum_{k=1}^{b}\dot{U}_k = 0$，即$\dot{U} = \dot{U}_R + \dot{U}_C + \dot{U}_L$；而$\sum_{k=1}^{b}U_k \neq 0$，即$U \neq U_R + U_C + U_L$。

对于有 n 个阻抗串联的电路[见图 3.32（a）]，其等效总阻抗 Z 为

$$Z = Z_1 + Z_2 + \cdots + Z_n \tag{3.21}$$

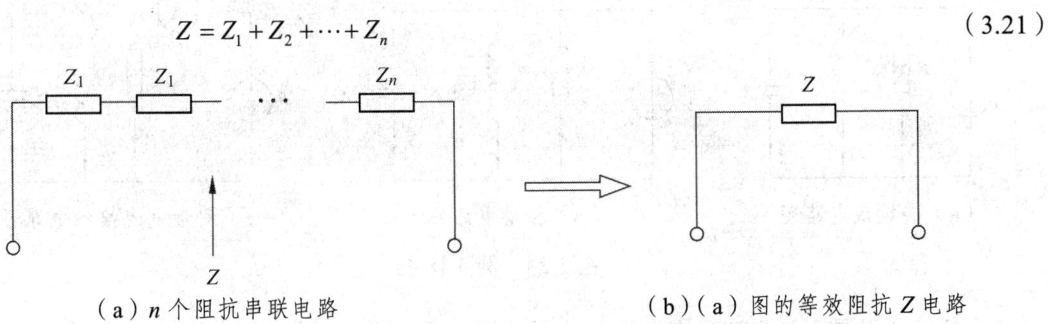

（a）n 个阻抗串联电路　　　　（b）（a）图的等效阻抗 Z 电路

图 3.32　n 个阻抗串联

3.5.3　*RLC* 并联电路

RLC 并联电路如图 3.33（a）所示，根据 KCL，有

$$\begin{aligned}\dot{I} &= \dot{I}_R + \dot{I}_C + \dot{I}_L \\ &= \left(G + j\omega C + \frac{1}{j\omega L}\right)\dot{U} = \left[G + j\left(\omega C - \frac{1}{\omega L}\right)\right]\dot{U} \\ &= (G + jB)\dot{U} = Y\dot{U}\end{aligned}$$

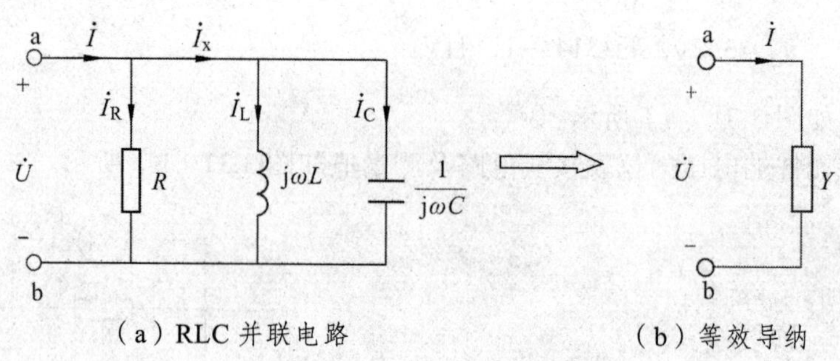

（a）RLC 并联电路　　（b）等效导纳

图 3.33　阻抗并联电路

上式中的电纳 $B=\omega C-\dfrac{1}{\omega L}$，单位为西门子(S)；等效导纳 Y 为

$$Y=G+\mathrm{j}\left(\omega C-\frac{1}{\omega L}\right)$$

当频率 f 一定时，RLC 并联电路的性质由 R、L、C 参数的大小所决定，即

$$\begin{cases}\text{当 } \omega C>\dfrac{1}{\omega L} \text{ 时，电压 } u \text{ 滞后电流 } i\text{，}RLC\text{ 并联电路呈容性；}\\ \text{当 } \omega C<\dfrac{1}{\omega L} \text{ 时，电压 } u \text{ 超前电流 } i\text{，}RLC\text{ 并联电路呈感性；}\\ \text{当 } \omega C=\dfrac{1}{\omega L} \text{ 时，} Y=G\text{，电压 } u \text{ 与电流 } i \text{ 同相，}RLC\text{ 并联电路呈阻性。}\end{cases}$$

【例 3.18】 电路如图 3.34（a）所示，已知电阻 $R=15\,\Omega$，电感 $L=4$ H，电容 $C=0.02$ F，电压源 $u(t)=120\sqrt{2}\sin 5t$，试求电流 $i(t)$，并画出测量 $i(t)$ 的仪表接线电路图。

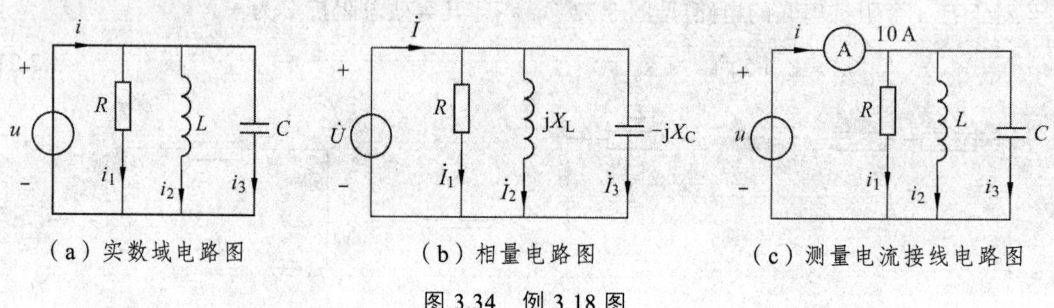

（a）实数域电路图　　（b）相量电路图　　（c）测量电流接线电路图

图 3.34　例 3.18 图

分析：相量是正弦交流稳态电路的分析计算工具，因此，先将图 3.34（a）转换为相量图 3.34（b），并计算对应的感抗 $\mathrm{j}X_\mathrm{L}$、容抗 $-\mathrm{j}X_\mathrm{C}$ 等参数；再根据 KCL 相量式计算电流 $\dot{I}$。

解　根据已知得相量式

$$\dot{U}=120\angle 0°\ (\mathrm{V})$$

$$\mathrm{j}X_\mathrm{L}=\mathrm{j}\omega L=\mathrm{j}(5\times 4)=\mathrm{j}20\ (\Omega)$$

$$-\mathrm{j}X_\mathrm{C}=-\mathrm{j}\frac{1}{\omega C}=-\mathrm{j}\frac{1}{5\times 0.02}=-\mathrm{j}10\ (\Omega)$$

由 KCL 得

$$\begin{aligned}\dot{I}&=\dot{I}_1+\dot{I}_2+\dot{I}_3=\frac{\dot{U}}{R}+\frac{\dot{U}}{\mathrm{j}X_{\mathrm{L}}}+\frac{\dot{U}}{-\mathrm{j}X_{\mathrm{C}}}\\&=\frac{120}{15}+\frac{120}{\mathrm{j}20}-\frac{120}{\mathrm{j}10}\\&=8-\mathrm{j}6+\mathrm{j}12=8+\mathrm{j}6=10\angle 36.9^\circ\ (\mathrm{A})\end{aligned}$$

根据 $\dot{I}$ 写电流瞬时表达式

$$i(t)=10\sqrt{2}\sin(5t+36.9^\circ)\ (\mathrm{A})$$

测量 $i(t)$ 的仪表接线电路如图 3.34（c）所示。

结论：RLC 并联电路的计算，在形式上与电阻的并联电路计算相似。即对于有 n 个导纳并联电路[见图 3.35（a）]，则其等效总导纳 Y[见图 3.35（b）]为

$$Y=Y_1+Y_2+\cdots+Y_n \tag{3.22}$$

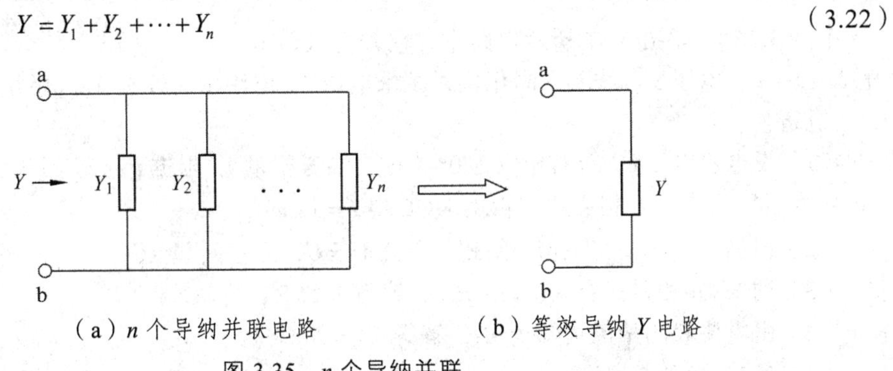

（a）n 个导纳并联电路　　（b）等效导纳 Y 电路

图 3.35　n 个导纳并联

3.5.4　串、并联阻抗电路

【例 3.19】 电路如图 3.36（a）所示，已知 $R=1\,\Omega$，$\mathrm{j}X_{\mathrm{L}}=\mathrm{j}\,\Omega$，$-\mathrm{j}X_{\mathrm{C}}=-\mathrm{j}\,\Omega$，试求图示电路的等效阻抗 Z_{ab}。

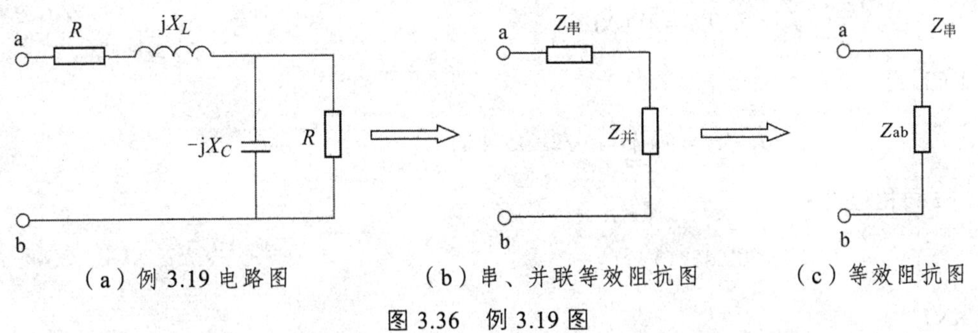

（a）例 3.19 电路图　　（b）串、并联等效阻抗图　　（c）等效阻抗图

图 3.36　例 3.19 图

分析：对图 3.36（a）电路进行串、并联阻抗等效计算，得图 3.36（b）；对图 3.36（b）进行阻抗串联计算，得图 3.36（c）阻抗 Z_{ab}

解　图 3.36（a）的 RL 串联阻抗 $Z_串$ 为

$$Z_{串} = R + \mathrm{j}X_{\mathrm{L}} = (1+\mathrm{j})\,(\Omega)$$

图 3.36（a）的 RC 并联阻抗 $Z_{并}$ 为

$$Z_{并} = \frac{R\times(-\mathrm{j}X_{\mathrm{C}})}{R+(-\mathrm{j}X_{\mathrm{C}})} = \frac{-\mathrm{j}}{1-\mathrm{j}} = \left(\frac{1}{2}-\mathrm{j}\frac{1}{2}\right)(\Omega)$$

由图 3.36（b）得图 3.36（c）的等效阻抗 Z_{ab}

$$Z_{\mathrm{ab}} = Z_{串} + Z_{并} = 1+\mathrm{j}+\frac{1}{2}-\mathrm{j}\frac{1}{2}$$

$$= \frac{3}{2}+\mathrm{j}\frac{1}{2} = (1.5+\mathrm{j}0.5)\,(\Omega)$$

结论：相量电路中等效阻抗 Z 的分析计算方法与直流电路中等效电阻 R 的计算方法相同，只是它们所采用的数学工具有所不同。

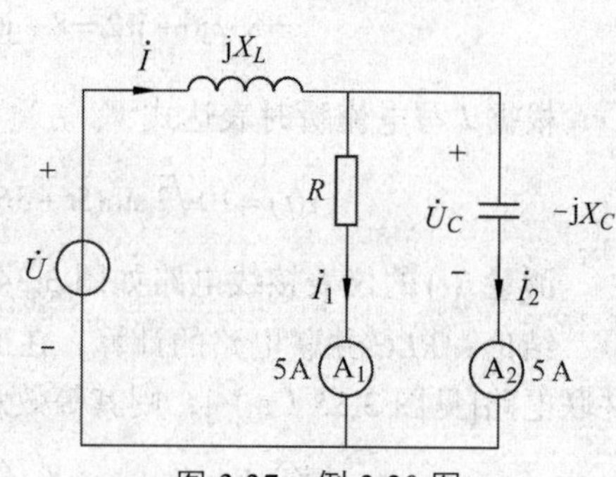

图 3.37 例 3.20 图

【例 3.20】 如图 3.37 所示电路中，已知有效值电压 $U = 50$ V，电压 u 与电流 i 同相位，试求电流 I、电阻 R、容抗 X_{C}、感抗 X_{L}。

分析：

（1）设电容电压 $\dot{U}_{\mathrm{C}}$ 的初相位为 0°（称为参考相量），根据 i_1 与 u_{C} 同相位、i_2 引前 u_{C} 相位 90° 特性，写出 $\dot{I}_1$、$\dot{I}_2$ 相量式；再由 KCL 得 $\dot{I} = I\angle\varphi_1$。

（2）根据"电压 u 与电流 i 同相位"得 $\dot{U} = U\angle\varphi_1$。

（3）列 KVL 相量式 $\dot{U} = \mathrm{j}X_{\mathrm{L}}\dot{I} + R\dot{I}_1$，解得参数 R、X_{L}。

（4）由电流表测量值可知 $I_1=I_2$，解得 $X_{\mathrm{C}} = R$。

解　设 $\dot{U}_{\mathrm{C}}$ 为参考相量

$$\dot{U}_{\mathrm{C}} = U_{\mathrm{C}}\angle 0°\,(\mathrm{V})$$

由元件的相量伏安特性得

$$\dot{I}_1 = 5\angle 0°\,(\mathrm{A})$$
$$\dot{I}_2 = 5\angle 90° = \mathrm{j}5\,(\mathrm{A})$$

根据 KCL 得

$$\dot{I} = \dot{I}_1 + \dot{I}_2 = 5+\mathrm{j}5 = 5\sqrt{2}\angle 45°\,(\mathrm{A})$$

由 u 与 i 同相位得

$$\dot{U} = 50\angle 45°\,(\mathrm{V})$$

根据 KVL 得

$$\dot{U} = \mathrm{j}X_{\mathrm{L}}\dot{I} + R\dot{I}_1$$
$$50\angle 45° = \mathrm{j}X_{\mathrm{L}}\times(5+\mathrm{j}5) + 5R$$

$$\frac{50}{\sqrt{2}}+\mathrm{j}\frac{50}{\sqrt{2}}=\mathrm{j}5X_{\mathrm{L}}-5X_{\mathrm{L}}+5R \qquad (3.23)$$

由式（3.23）的两边虚部相等得

$$\frac{50}{\sqrt{2}}=5X_{\mathrm{L}}$$

$$X_{\mathrm{L}}=\frac{50}{\sqrt{2}}\times\frac{1}{5}=5\sqrt{2}\ (\Omega)$$

由式（3.23）的两边实部相等得

$$\frac{50}{\sqrt{2}}=-5X_{\mathrm{L}}+5R$$

$$\frac{50}{\sqrt{2}}=-5\times5\sqrt{2}+5R$$

$$R=10\sqrt{2}\ (\Omega)$$

由 I_1=I_2 得

$$X_{\mathrm{C}}=R=10\sqrt{2}\ (\Omega)$$

结论：

（1）当相量电路中，没有指定参考相量时，可根据题意任意设定一个电量为电路的各电量的参考相量，即参考相量的初相位为零度（0°）。

（2）当两个电量为同相时，说明这两个电量的初相位相同。

（3）在同频率正弦交流中，$\sum_{k=1}^{b}\dot{I}_k=0$，即 $\dot{I}=\dot{I}_1+\dot{I}_2$；而 $\sum_{k=1}^{b}I_k\neq0$，即 $I=I_1+I_2$。

【例 3.21】 电路如图 3.38 所示。已知电流有效值 I_1=10 A、电压有效值 U_{ab}=100 V，试求电流表 A 和电压表 V_0 的读数。

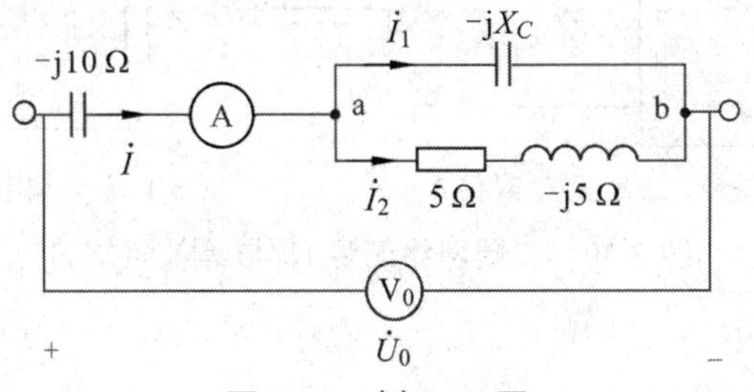

图 3.38　例 3.25 图

分析：电流表 A、电压表 V_0 测量的电量为有效值。选择 $\dot{U}_{ab}$ 为参考相量，由广义欧姆定律 $\dot{U}_{ab}=Z\dot{I}_2$ 计算得电流 $\dot{I}_2$；由电容中 $\dot{I}_1$ 引前 $\dot{U}_{ab}$ 相位 90° 得 $\dot{I}_1$，根据 KCL 相量式 $\dot{I}=\dot{I}_1+\dot{I}_2$ 得电流表 A 读数；根据 KVL 相量式 $\dot{U}_0=-\mathrm{j}10\dot{I}+\dot{U}_{AB}$ 得电压表 V_0 读数。

解　设 $\dot{U}_{ab}$ 为参考相量。

$$\dot{U}_{ab}=100\angle0^\circ\ (\mathrm{V})$$

则电流 $\dot{I}_1$ 为

$$\dot{I}_1 = 10\angle 90° = \text{j}10\ (\text{A})$$

由广义欧姆定律得

$$\begin{aligned}\dot{I}_2 &= \frac{\dot{U}_{\text{ab}}}{5+\text{j}5} = \frac{100\angle 0°}{5+\text{j}5} \\ &= \frac{100\angle 0°}{5\sqrt{2}\angle 45°} = 10\sqrt{2}\angle -45°\ (\text{A})\end{aligned}$$

根据 KCL 得

$$\begin{aligned}\dot{I} &= \dot{I}_1 + \dot{I}_2 = \text{j}10 + 10\sqrt{2}\angle -45° \\ &= \text{j}10 + 10 - \text{j}10 = 10\angle 0°(\text{A})\end{aligned}$$

即电流表 A 读数为 10 A。

根据 KVL 得

$$\begin{aligned}\dot{U}_0 &= -\text{j}10\dot{I} + \dot{U}_{\text{AB}} \\ &= -\text{j}10\times 10 + 100 = 100\sqrt{2}\angle -45°\ (\text{V})\end{aligned}$$

即电压表 V_0 读数约为 141V。

结论：电流表 A、电压表 V_0 测量的电量为有效值电量。

3.5.5　常见问题讨论

（1）当图 3.39 网络 N_0 中的电压 u 与电流 i 同相位时，电路呈什么性质？

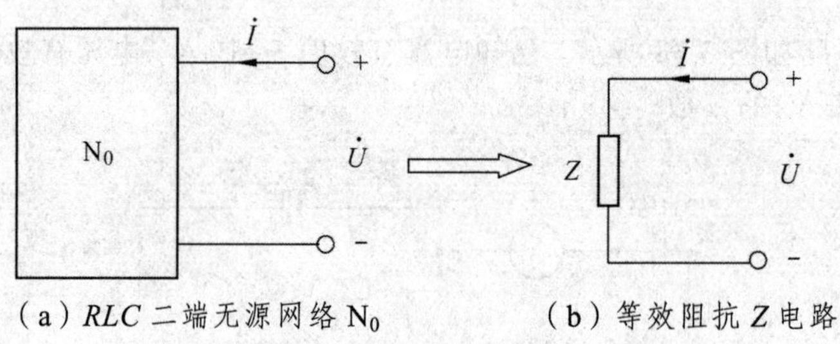

（a）*RLC* 二端无源网络 N_0　　（b）等效阻抗 Z 电路

图 3.39　二端网络无源 N_0 与等效阻抗 Z

解答：电路呈阻性。

因为，*RLC* 二端无源网络 N_0 端口“电压 u 与电流 i 同相”，说明其端口等效阻抗 Z 的虚部为零，即电路呈阻性。

（2）当图 3.39 网络 N_0 中的电压 u 引前电流 i 相位 90°时，电路呈什么性质？

解答：电路呈感性。

因为，电感元件上的电压与电流相位特性为“电压 u 引前电流 i 相位 90°”，所以，电路为纯电感电路，即等效阻抗 Z 的实部为零，$Z = \text{j}X > 0$。

（3）当图 3.39 网络 N_0 中的电压 u 滞后电流 i 相位 90°时，电路呈什么性质？

解答：电路呈容性。

因为，电容元件上的电压与电流相位特性为“电压 u 滞后电流 i 相位 90°”，所以，电路为纯电容电路，即等效阻抗 Z 的实部为零，$Z=-\mathrm{j}X<0$。

（4）当图 3.39 网络 N_0 中的电压 u 引前电流 i 相位 45° 时，电路呈什么性质？

解答：电路呈感性，$Z=R+\mathrm{j}X$，并且 $R=X$。

因为，$X>0$，$Z=|Z|\angle 45°$，“电压 u 引前电流 i 相位 45°”，所以，电路呈“感性”。

（5）当图 3.39 网络 N_0 中的电压 u 滞后电流 i 相位 30° 时，电路呈什么性质？其阻抗 $Z=?$

解答：电路呈容性，$Z=R-\mathrm{j}X$，并且 $R\neq X$。

因为，$Z=\dfrac{\dot{U}}{\dot{I}}=|Z|\angle -30°=R-\mathrm{j}X$，“电压 u 滞后电流 i”，电路呈“容性”。

（6）对于有 n 个阻抗串联电路，其等效总阻抗 $Z=?$

解答：等效总阻抗 $Z=Z_1+Z_2+\cdots+Z_n$。

（7）对于有 n 个阻抗并联电路，其等效总阻抗 $Z=?$

解答：等效总阻抗 $\dfrac{1}{Z}=\dfrac{1}{Z_1}+\dfrac{1}{Z_2}+\cdots+\dfrac{1}{Z_n}$ 或 $Y=Y_1+Y_2+\cdots+Y_n$。

3.6　正弦稳态电路的分析

在正弦交流激励下，由于相量分析工具的引入，其相量电路中的电压、电流仍受到元件伏安相量特性和基尔霍夫相量定律等两类相量约束。

本节主要讨论相量电路支路电流法、叠加定理、戴维南定理。

3.6.1　相量电路的支路电流法

支路电流法：以支路相量电流为求解变量，根据基尔霍夫相量定律，对电路列出独立 KCL、KVL 相量方程组，解得各支路相量电流。

【例 3.22】 电路如图 3.40 所示。试列支路电流法方程。

分析：图 3.40 中相量电流为变量，记为 $\dot{I}_1$、$\dot{I}_2$、$\dot{I}_3$、$\dot{I}_4$、$\dot{I}_5$；列 3 个 KCL 结点相量电流方程，2 个 KVL 回路相量电压方程。

解　列 KCL 相量式。

结点 A：　$\dot{I}_1+\dot{I}_2+\dot{I}_3=0$

结点 B：　$\dot{I}_3-\dot{I}_4-\dot{I}_S=0$

结点 C：　$\dot{I}_S+\dot{I}_2-\dot{I}_5=0$

列 KVL 相量式。

回路 1：　$-\mathrm{j}X_C\dot{I}_3+\mathrm{j}X_L\dot{I}_4-\dot{U}_{S1}-R_1\dot{I}_1=0$

回路 2：　$R_2\dot{I}_2-\dot{U}_{S2}+R_3\dot{I}_5-\dot{U}_{S3}-\dot{U}_{S1}-R_1\dot{I}_1=0$

结论：支路电流相量法的变量是各支路相量电流；列（$n-1$）个 KCL 结点电流相量方程，列（$k-n$）个 KVL 回路电压相量方程，求解联立 KCL、KVL 相量方程组，得各支路电流相量电量值。（k 为变量数，n 为结点数。）

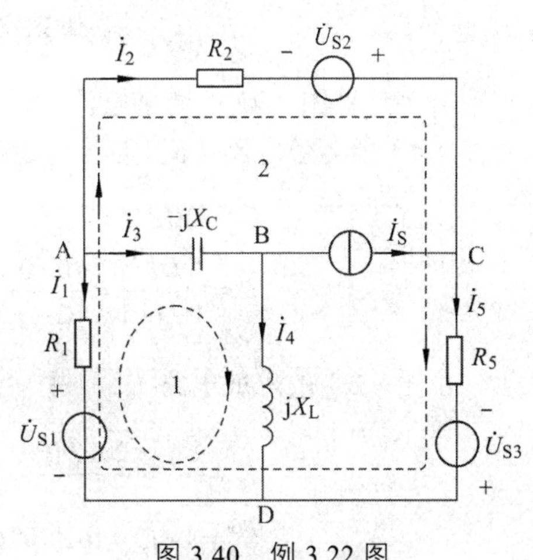

图 3.40　例 3.22 图

3.6.2 相量电路的叠加定理

叠加定理：在有多个同频率独立相量电源同时作用的线性电路中，任一支路中的响应相量电流（或相量电压）等于电路中各个独立相量电源单独作用时在该支路产生的相量电流（或相量电压）的相量代数和。

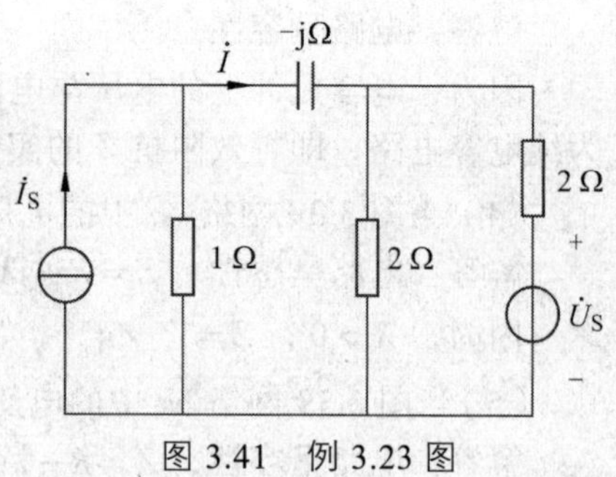

图 3.41 例 3.23 图

【例 3.23】电路如图 3.41 所示，电压源 $\dot{U}_S = 20\angle 90°$ V，电流源 $\dot{I}_S = 10\angle 0°$ A，试用叠加定理求电容元件中的电流 $\dot{I}$。

分析：第一步画叠加电路图；第二步计算叠加图中的电流变量；第三步叠加。

解 （1）画叠加电路图，如图 3.42 所示。

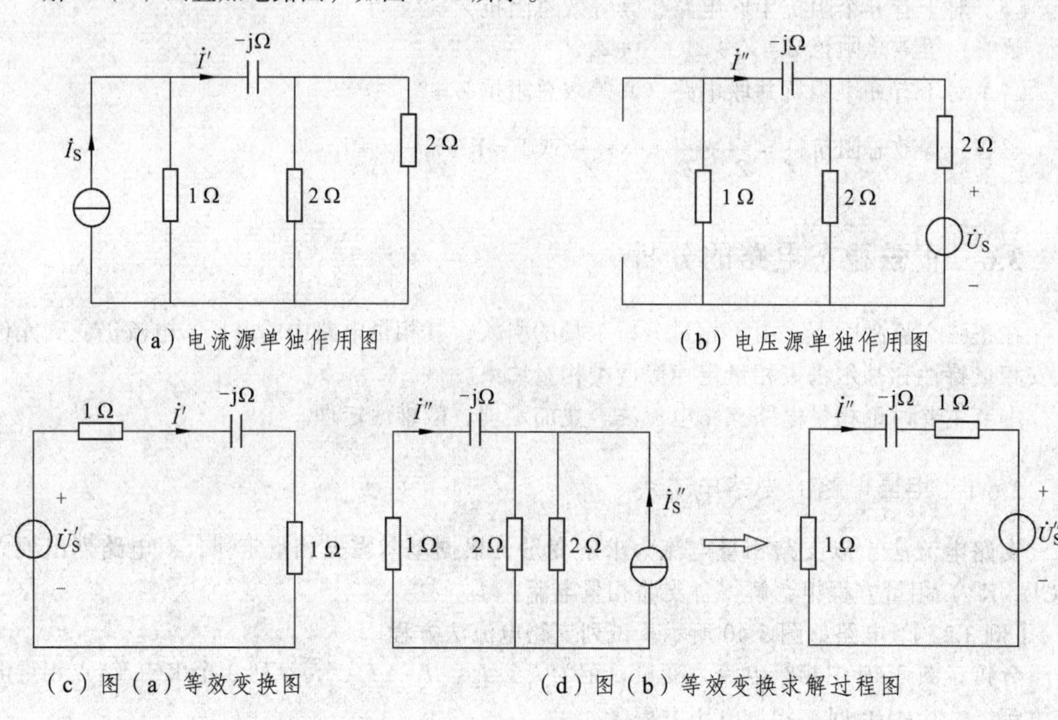

图 3.42 叠加电路图及解题步骤

（2）计算图 3.42 的变量电流。

由图（a）的等效电路（b）得

$$\dot{U}_S' = 10\angle 0° \text{ (V)}$$

$$\dot{I}' = \frac{\dot{U}_S'}{1-\text{j}+1} = \frac{10\angle 0°}{2-\text{j}} = (4+\text{j}2) \text{ (A)}$$

由图（b）的等效电路（c）得

$$\dot{I}_S'' = \frac{\dot{U}_S}{2} = \frac{20\angle 90°}{2} = 10\angle 90° \text{ (A)}$$

$$\dot{U}_S'' = 1\times \dot{I}_S'' = 10\angle 90° \text{ (V)}$$

$$\dot{I}'' = -\frac{\dot{U}_S''}{1+1-j} = -\frac{10\angle 90^\circ}{2-j} = (2-j4)\,(A)$$

（3）叠加。

$$\begin{aligned}\dot{I} &= \dot{I}' + \dot{I}'' \\ &= (4+j2)+(2-j4) = (6-j2)\,(A)\end{aligned}$$

结论：画相量叠加电路图时，注意电压源为零用“短路线”等效替代，电流源为零用“开路”等效替代。

3.6.3　相量电路的戴维南定理

戴维南定理：任何一个线性有源二端相量网络 N_S，对外电路来说，总可以用一个相量电压源和阻抗串联等效代替，该相量电压源等于二端相量网络 N_S 的开路电压，阻抗等于二端相量网络 N_S 中所有独立相量源置零后的无源二端相量网络 N_0 端口等效阻抗（如图 3.43 所示）。

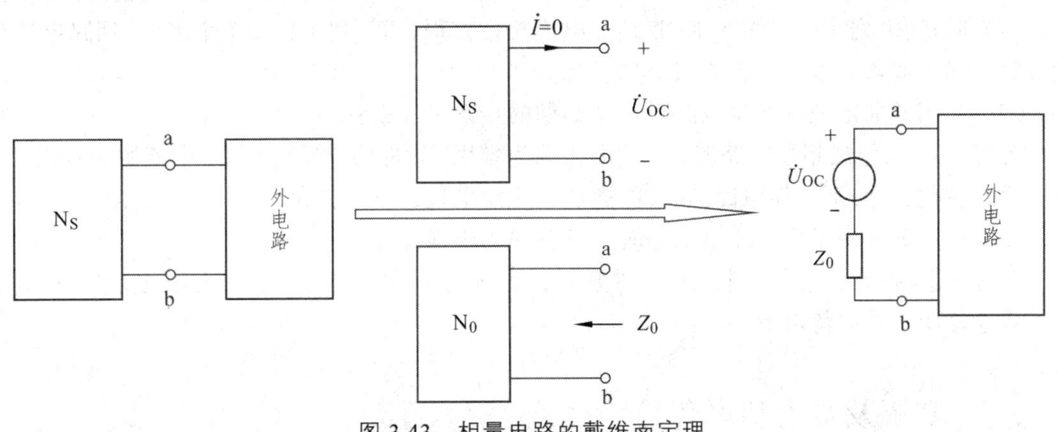

图 3.43　相量电路的戴维南定理

【例 3.24】 试用戴维南定理求例 3.23 中的电流 $\dot{I}$ 。

分析：第一步画求开路电压电路图，并解之；第二步画求等效阻抗电路图，并解之；第三步画戴维南电路计算电流 $\dot{I}$ 。

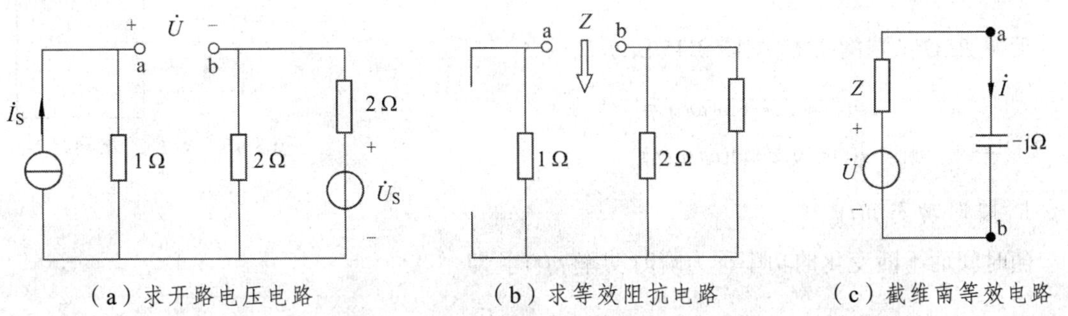

（a）求开路电压电路　（b）求等效阻抗电路　（c）截维南等效电路

图 3.44　戴维南定理求解过程电路图

解　（1）求图 3.44（a）电路的开路电压 $\dot{U}$ 。

$$\dot{U} = 1 \times \dot{I}_S - \frac{\dot{U}_S}{2} = 10 - \frac{20\angle 90°}{2} = (10 - j10)\ (V)$$

（2）求图 3.44（b）电路的等效阻抗 Z

$$Z = 1 + \frac{2 \times 2}{2 + 2} = 2\ (\Omega)$$

（3）由戴维南等效电路图 3.44（c）求电流 $\dot{I}$

$$\dot{I} = \frac{\dot{U}}{Z - j} = \frac{10 - j10}{2 - j} = (6 - j2)\ (A)$$

总结：相量电路的解题步骤与直流电路的解题步骤完全相同。

3.6.4 常见问题讨论

（1）在用支路电流法解相量电路时，其解题的步骤是什么？

解答：设相量电路有 k 个支路电流变量，结点数为 n；解题的步骤：① 设支路相量电流的参考方向；② 列（$n-1$）个 KCL 结点电流相量方程；③ 列（$k-n$）个 KVL 回路电压相量方程；（4）解联立 KCL、KVL 相量方程组。

（2）在用叠加定理解相量电路时，其解题的步骤是什么？

解答：① 画叠加相量电路图，注意电压源为零用“短路线”等效替代，电流源为零用“开路”等效替代；② 解叠加电路图；③ 叠加，注意电量的参考方向。

（3）在用戴维南定理解相量电路时，其解题的步骤是什么？

解答：① 画求开路电压电路图，并解之；② 画求等效阻抗电路图，并解之；③ 画戴维南等效电路图，并解待求量。

3.7 功率及最大功率传输

主要讨论正弦稳态电路的功率，即瞬时功率、有功功率、无功功率和视在功率和最大功率传输等问题。

3.7.1 功 率

无源 RLC 二端网络 N_0 如图 3.45 所示，设

$$u(t) = \sqrt{2}U \sin(\omega t + \varphi_u)$$
$$i(t) = \sqrt{2}I \sin(\omega t + \varphi_i)$$

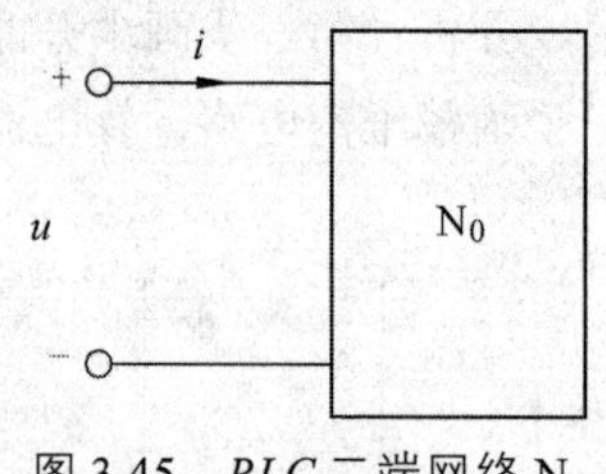

图 3.45 RLC 二端网络 N_0

1. 瞬时功率 $p(t)$

随时间而不断变化的功率称为瞬时功率 $p(t)$。即

$$\begin{aligned} p(t) &= u(t)i(t) = \sqrt{2}U \sin(\omega t + \varphi_u) \cdot \sqrt{2}I \sin(\omega t + \varphi_i) \\ &= UI\cos(\varphi_u - \varphi_i) - UI\cos(2\omega t + \varphi_u - \varphi_i) \end{aligned}$$

设 $\varphi = \varphi_u - \varphi_i$，则

$$p(t)=UI\cos\varphi-UI\cos(2\omega t+\varphi)$$

当 $p(t)>0$ 时，RLC 二端网络 N_0 吸收能量；当 $p(t)<0$ 时，RLC 二端网络 N_0 释放能量。吸收与释放不断的交替，反映出电阻元件消耗能量、储能元件存储能量的物理特征。

在实际测量中，主要测量二端网络 N_0 的有功分量能量和无功分量能量，即称为有功功率和无功功率。

2. 有功功率 P

电阻消耗的能量称为有功功率 P，因其值 P 是由 $p(t)$ 的平均值而得 $P=\frac{1}{T}\int_0^T p(t)\mathrm{d}t$，又称为平均功率，即

$$P=UI\cos\varphi \tag{3.24}$$

式中，P 的单位为瓦特（W）； $\cos\varphi$ 称为功率因数；φ 称为功率因数角，即 $\varphi=\varphi_u-\varphi_i$。其功率换算有

10^3 W = 1 kW　（称为 1 千瓦）

10^6 W = 1 MW　（称为 1 兆瓦）

设图 3.45 所示 RLC 无源二端网络 N_0 的等效阻抗为 Z，即

$$Z=\frac{\dot{U}}{\dot{I}}=\frac{U}{I}\angle(\varphi_u-\varphi_i)=|Z|\angle\varphi_Z$$

其中

$$\varphi=\varphi_u-\varphi_i=\varphi_Z$$

上式表明：功率因数角 φ 等于电压与电流的相位差 $(\varphi_u-\varphi_i)$，也等于阻抗角 φ_Z。所以，功率因数 $\cos\varphi$ 的大小，由电路参数 RLC、电源频率 f 及电路结构所决定。

一般情况下，$|\varphi|\leqslant 90°$，则 $0\leqslant\cos\varphi\leqslant 1$，常用 $\lambda=\cos\varphi$ 表示功率因数。

(1)当电路为纯电阻（R）电路时，即 $Z=R$，有

$$\varphi=0$$
$$\lambda=\cos 0°=1$$
$$P=UI\cos\varphi=UI=I^2R=\frac{U^2}{R}$$

（2）当电路为纯电感（L）电路时，即 $Z=\mathrm{j}\omega L$，有

$$\varphi=90°$$
$$\lambda=\cos 90°=0$$
$$P=UI\cos\varphi=0$$

（3）当电路为纯电容（C）电路时，即 $Z=-\mathrm{j}\frac{1}{\omega C}$，有

$$\varphi=-90°$$
$$\lambda=\cos(-90°)=0$$
$$P=UI\cos\varphi=0$$

即电容和电感是储能元件，不消耗功功率，有功功率仅与电阻元件有关。

【例 3.25】 电路如图 3.46（a）所示。已知电压 $u(t)=220\sqrt{2}\sin 314t$（V），电阻 R_1=3 Ω、R_2=8 Ω、感抗 X_L=4 Ω、容抗 X_C=6 Ω，试求电流 i、i_1、i_2 及电路的有功功率 P。

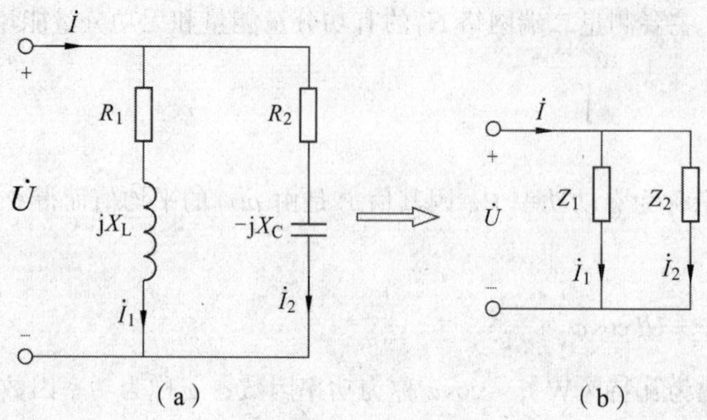

图 3.46　例 3.25 图

分析：先分别计算 RL、RC 串联电路等效阻抗 Z_1、Z_2，如图 3.46（b）所示；根据广义欧姆定律 $\dot{U}=Z\dot{I}$，计算电流 $\dot{I}_1$、$\dot{I}_2$；根据 KCL 计算电流 $\dot{I}$；由电流 $\dot{I}$、$\dot{I}_1$、$\dot{I}_2$ 写出电流 i、i_1、i_2 的表达式，并计算有功功率 $P=UI\cos\varphi$。

解　（1）由 $u(t)$ 得相量式为

$$\dot{U}=220\angle 0°\ (\text{V})$$

求解图 3.46（b）中的等效阻抗 Z_1、Z_2。

$$Z_1=R_1+\text{j}X_L=3+\text{j}4=5\angle 53°\ (\Omega)$$
$$Z_2=R_2-\text{j}X_C=8-\text{j}6=10\angle -37°\ (\Omega)$$

由广义欧姆定律得电流 $\dot{I}_1$、$\dot{I}_2$。

$$\dot{I}_1=\frac{\dot{U}}{Z_1}=\frac{220}{5\angle 53°}=44\angle -53°\ (\text{A})$$

$$\dot{I}_2=\frac{\dot{U}}{Z_2}=\frac{220}{10\angle -37°}=22\angle 37°\ (\text{A})$$

根据 KCL 得

$$\dot{I}=\dot{I}_1+\dot{I}_2=44\angle -53°+22\angle 37°=49.2\angle -26.5°\ (\text{A})$$

则电流的正弦式为

$$i(t)=49.2\sqrt{2}\sin(314t-26.5°)\ (\text{A})$$

$$i_1(t)=44\sqrt{2}\sin(314t-53°)\ (\text{A})$$

$$i_2(t)=22\sqrt{2}\sin(314t+37°)\ (\text{A})$$

功率 P

$$P = UI\cos\varphi = 220\times 49.2\times\cos 26.5° = 9\,680\ (\text{W})$$

结论：

（1）有功功率还可以通过电路电阻元件计算，即

$$P = I_1^2 R_1 + I_1^2 R_2 = 44^2\times 3 + 22^2\times 8 = 9\,680\ (\text{W})$$

（2）通过 RL 支路有功功率 $P_1 = UI\ \cos\varphi_1$ 和 RC 支路有功功率 $P_2 = UI_2\cos\varphi_2$ 之和计算功率 P，即

$$\begin{aligned}P &= P_1 + P_2 = UI_1\cos\varphi_1 + UI_2\cos\varphi_2\\ &= 220\times 44\times\cos 53° + 220\times 44\times\cos(-37°) = 9\,680\ (\text{W})\end{aligned}$$

3. 无功功率 Q

在工程中还引用了无功功率的概念，用来反映电路与外界能量交换的最大速率，衡量电抗元件的功率特性，其定义为

$$Q = UI\sin\varphi \tag{3.25}$$

式中，Q 称为无功功率，单位为乏（var）；φ 称为功率因数角。

（1）当电路为纯电阻（R）电路时，有

$$\varphi = 0$$
$$\sin\varphi = 0$$
$$Q = UI\sin\varphi = 0$$

（2）当电路为纯电感（L）电路时，有

$$Q = UI\sin\varphi = UI\sin 90° = UI = I^2 X_\text{L} = \frac{U^2}{X_\text{L}}$$

（3）当电路为纯电容（C）电路时，有

$$Q = UI\sin\varphi = UI\sin(-90°) = -UI = -I^2 X_\text{C} = -\frac{U^2}{X_\text{C}}$$

可见，电容 C、电感 L 元件中功率为无功功率 Q。无功功率的大小表征出电路的性质，即

$$\begin{cases}\text{当 } Q>0 \text{ 时，} \varphi>0\text{，电压超前电流，电路呈感性；}\\ \text{当 } Q<0 \text{ 时，} \varphi<0\text{，电压滞后电流，电路呈容性；}\\ \text{当 } Q=0 \text{ 时，电压与电流同相，电路呈阻性。}\end{cases}$$

【例 3.26】 电路如图 3.47 所示，已知感抗 $X_\text{L} = 3\ \Omega$，容抗 $X_\text{C} = 8\ \Omega$，电阻 $R_1 = 4\ \Omega$，$R_2 = 6\ \Omega$，电压源 $\dot{U} = 100\angle 0°$。试求：

（1）A、B 间电压 U_AB。

（2）电路的有功功率 P 和无功功率 Q。

（3）说明该电路呈何性质？

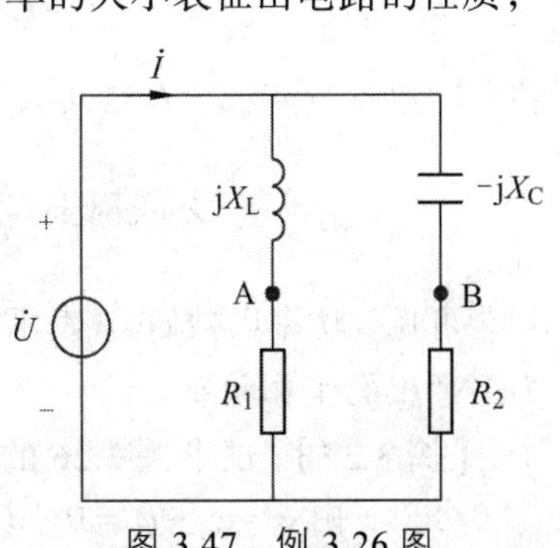

图 3.47　例 3.26 图

分析：注意 RL、RC 支路直接与电源并联；计算总电流 $\dot{I}$ 后，用式（3.24）、式（3.25）计算有功功率 P 和无功功率 Q。

解 （1）求 U_{AB}。

$$\begin{aligned}\dot{U}_{AB} &= \frac{\dot{U}R_1}{R_1+\mathrm{j}X_L} - \frac{\dot{U}R_2}{R_2-\mathrm{j}X_C} \\ &= \frac{100\times4}{4+\mathrm{j}3} - \frac{100\times6}{6-\mathrm{j}8} \\ &= 100\times(0.28-\mathrm{j}0.96) \\ &= 100\angle-73.74^\circ\ (\mathrm{V})\end{aligned}$$

（2）求 P 和 Q。

$$\begin{aligned}\dot{I} &= \frac{\dot{U}}{R_1+\mathrm{j}X_L} + \frac{\dot{U}}{R_2-\mathrm{j}X_C} \\ &= \frac{100}{4+\mathrm{j}3} + \frac{100}{6-\mathrm{j}8} = 100(0.22-\mathrm{j}0.04) = 22.36\angle-10.30^\circ\ (\mathrm{A})\end{aligned}$$

则

$$P = UI\cos\varphi = 100\times22.36\cos10.30^\circ \approx 2\,200\ (\mathrm{W})$$
$$Q = UI\sin\varphi = 100\times22.36\times\sin10.30^\circ \approx 400\ (\mathrm{Var})$$

（3）电路性质。

因为，$Q>0$，所以电路呈感性。

4. 视在功率

设电力设备所能达到的最大有功功率为设备的容量，称为视在功率 S。即定义为

$$S = UI \tag{3.26}$$

式（3.26）中，S 称为视在功率，单位为伏安（VA）。

有功功率 P、无功功率 Q、视在功率 S 和功率因数角 ϕ 之间的关系，可以用功率三角形来表示。如图 3.48 所示。其中 S、P、Q 之间的数学关系为

$$S = \sqrt{P^2+Q^2}$$

功率因数 $\cos\varphi$ 与 S、P 之间关系为

$$\lambda = \cos\varphi = \frac{P}{S}$$

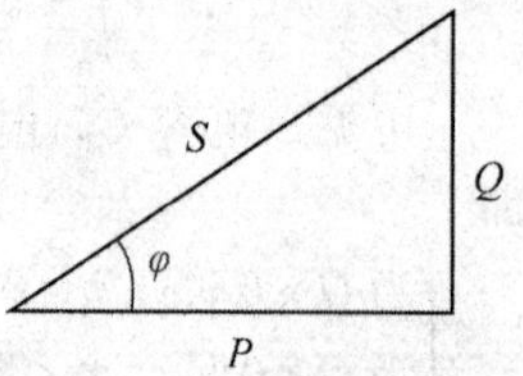

图 3.48 功率三角形

可见，功率因数 $\cos\varphi$ 表示了 P 与 S 的比例关系。当 $P=S$ 时，$\lambda=1$，$Q=0$，电路呈阻性，为最理想的工作状态。

【例 3.27】 试求例 3.26 的功率因数和视在功率。

分析：由 $\varphi=\varphi_u-\varphi_i=0^\circ-(-10.20^\circ)=10.30^\circ$ 得功率因数；由 $U=100\ \mathrm{V}$、$I=22.36\ \mathrm{A}$ 得视在功率。

解 由功率因数角 $\varphi=10.30^\circ$ 得功率因数

$$\cos\varphi = \cos 10.30°$$

视在功率

$$S = UI = 100 \times 22.36 = 2\,236\ (\text{VA})$$

结论：功率因数角等于电压与电流的初相角之差，即 $\varphi = \varphi_u - \varphi_i$。

5. 复功率

复功率是功率的计算工具，即电压 $\dot{U} = U\angle\varphi_u$ 与电流 $\dot{I} = I\angle\varphi_i$ 的共轭量 $\dot{I}^*$ 之乘积，称为复功率，用 $\tilde{S}$ 表示。则复功率为

$$\tilde{S} = \dot{U}\dot{I}^* \tag{3.27}$$

式（3.27）中，共轭电流量为 $\dot{I}^* = I\angle -\varphi_i$ A，复功率 $\tilde{S}$ 单位为伏安（VA）。

复功率 $\tilde{S}$ 可通过 P、Q、S 和功率因数角 φ 解得，即

$$\tilde{S} = U\angle\varphi_u \cdot I\angle -\varphi_i = S\angle(\varphi_u - \varphi_i) = S\angle\varphi = P + jQ$$

注意：

（1）复功率守恒、有功功率守恒、无功功率守恒。

$$\sum_{k=1}^{b}\tilde{S}_k = 0 \qquad \sum_{k=1}^{b}P_k = 0 \qquad \sum_{k=1}^{b}Q_k = 0$$

（2）视在功率不守恒。

$$\sum_{k=1}^{b}S_k \neq 0$$

（3）复功率 $\tilde{S}$ 不是正弦量功率，仅是一个辅助复数计算工具，没有物理意义。

【例 3.28】 电路如图 3.49 所示。已知电路中电压为 $\dot{U}_1 = (1+j)$ V，$\dot{U}_2 = (-j2)$ V，电流为 $\dot{I}_1 = (1+j)$ A，$\dot{I}_3 = (1-j)$ A，试求各元件有功功率、无功功率、视在功率，并判断其性质。

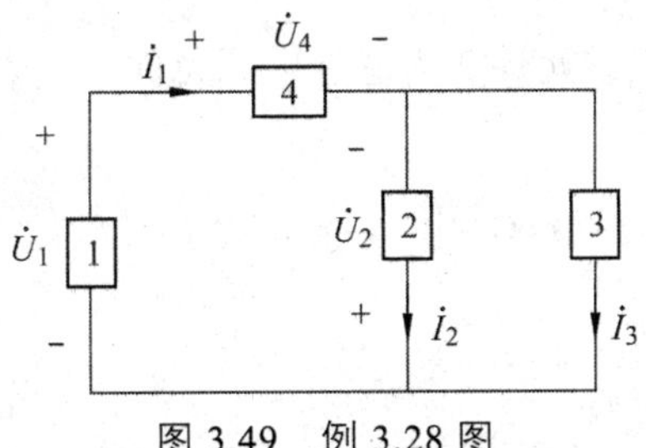

图 3.49　例 3.28 图

分析：先根据电路连接的结构，应用 KVL、KCL 解得电压 $\dot{U}_4$ 和电流 $\dot{I}_2$；再通过复功率计算得元件功率及性质。

解　由 KVL 得

$$\dot{U}_4 = \dot{U}_1 + \dot{U}_2 = (1+j) + (-j2) = (1-j)\ (\text{V})$$

由 KCL 得

$$\dot{I}_2 = \dot{I}_1 - \dot{I}_3 = (1+\mathrm{j}) - (1-\mathrm{j}) = \mathrm{j}2\ (\mathrm{A})$$

元件 1 复功率为

$$\tilde{S}_1 = -\dot{U}_1\dot{I}_1^* = -(1+\mathrm{j})\times(1-\mathrm{j}) = -2\ (\mathrm{VA})$$

即

$$P_1 = -2\ \mathrm{W}$$
$$Q_1 = 0\ \mathrm{Var}$$
$$S_1 = 2\ \mathrm{VA}$$

因为 $P_1 < 0$，$Q_1 = 0\ \mathrm{Var}$，元件 1 提供 2 W 功率，所以，元件 1 为电源元件。

元件 2 复功率为

$$\tilde{S}_2 = -\dot{U}_2\dot{I}_2^* = -\left(-\mathrm{j}2\right)\times(-\mathrm{j}2) = 4\ (\mathrm{VA})$$

即

$$P_2 = 4\ \mathrm{W}$$
$$Q_2 = 0\ \mathrm{Var}$$
$$S_2 = 4\ \mathrm{VA}$$

因为 $P_2 > 0$，$Q_2 = 0\ \mathrm{Var}$，元件 2 消耗 4 W 功率，所以，元件 2 为电阻元件。

元件 3 复功率为

$$\tilde{S}_3 = -\dot{U}_3\dot{I}_3^* = -(-\mathrm{j}2)\times(1+\mathrm{j}) = (-2+\mathrm{j}2)\ (\mathrm{VA})$$

即

$$P_3 = -2\ \mathrm{W}$$
$$Q_3 = 2\ \mathrm{Var}$$
$$S_3 = \sqrt{(-2)^2 + 2^2} = 2\sqrt{2}\ \mathrm{VA}$$

因为 $P_3 < 0$，$Q_3 > 0$，所以，元件 3 为感性电源元件。

元件 4 复功率为

$$\tilde{S}_4 = \dot{U}_4\dot{I}_1^* = (1-\mathrm{j})\times(1-\mathrm{j}) = (-\mathrm{j}2)\ (\mathrm{VA})$$

即

$$P_4 = 0\ \mathrm{W}$$
$$Q_4 = -2\ \mathrm{Var}$$
$$S_4 = 2\ \mathrm{VA}$$

因为 $P_4 = 0\ \mathrm{W}$，$Q_4 < 0$，所以，元件 4 为电容元件。

结论：根据复功率的计算结果，可直接得出有功功率 P、无功功率 Q、视在功率 S 和功率因数角 φ，即 $\tilde{S} = \dot{U}\dot{I}^* = P + \mathrm{j}Q = S\angle\varphi$。如果在关联参考方向条件下，$P > 0$，$Q < 0$，说明电路呈容性；$P > 0$，$Q > 0$，说明电路呈感性；$P < 0$，$Q = 0$，说明电路呈电源性；$P > 0$，

$Q=0$，说明电路呈纯电阻性；$P=0$，$Q<0$，说明电路呈纯电容性；$P=0$，$Q>0$，说明电路呈纯电感性；$P<0$，$Q>0$，说明电路呈感性电源性。

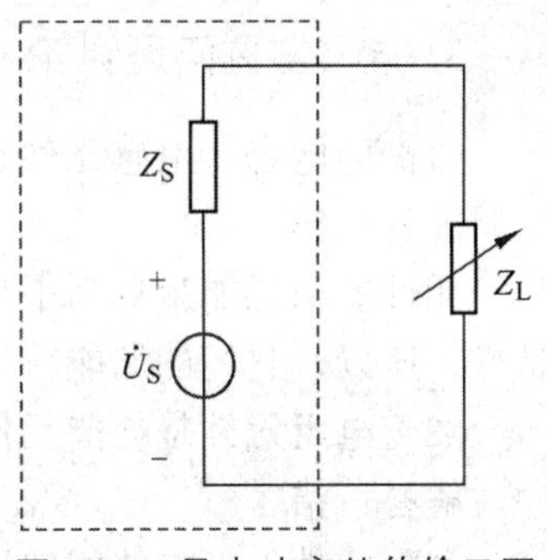

图 3.50　最大功率的传输示图

3.7.2　最大功率传输

正弦交流电路中最大功率传输定理为：当负载阻抗 Z_L 等于阻抗 Z_S 的共轭复数（即：$Z_L=Z_S^*$）时，负载 Z_L 能从信号源 $\dot{U}_S$ 中吸收到最大的有功功率（见图 3.50）。

图 3.50 电路中负载 Z_L 获得的最大有功功率 P_{Lmax} 为：

$$P_{Lmax}=\frac{U^2}{4R_S} \tag{3.28}$$

在正弦交流电路中，当满足 $Z_L=Z_S^*$ 条件时，称电路实现了最大功率传输，或称电路实现了共轭匹配，或称负载 Z_L 获得了最大功率。

【例 3.29】电路如图 3.51(a)所示，已知电路中电流为 $\dot{I}_S=6\angle 0°\ (A)$，阻抗为 $Z_2=(6+j8)\ \Omega$，$Z_1=(10+j5)\ \Omega$，试求负载 Z_L 为多大时可获得最大功率？该最大功率为多大？

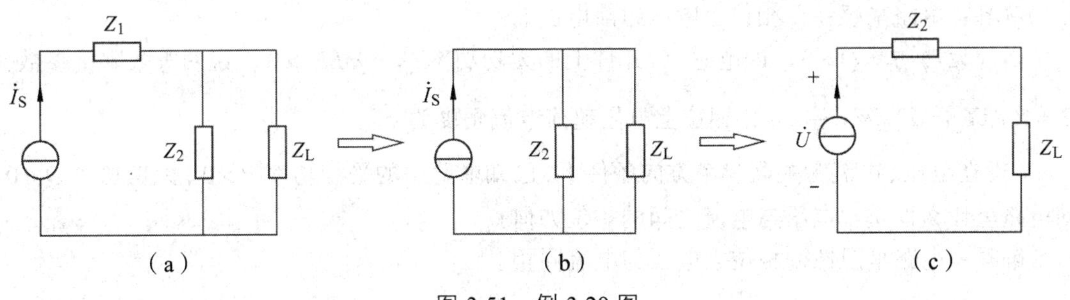

图 3.51　例 3.29 图

分析：用等效变换法将图 3.51（a）等效为图 3.51（c），注意图 3.51（a）电路中电流源 $\dot{I}_S$ 串联阻抗 Z_1 支路对外等效为电流源 $\dot{I}_S$[见图 3.51（b）]。负载 Z_L 要获得最大功率必须满足条件 $Z_L=Z_2^*$，解得 Z_L；再由式（3.28）得最大功率。。

解　图 3.51（c）电路中的电压源 $\dot{U}$ 为

$$\dot{U}=\dot{I}_S Z_2=6\angle 0°\times(6+j8)=60\angle 53.1°\ (V)$$

由最大功率必须满足 $Z_L=Z_2^*$ 条件得

$$Z_L=Z_2^*=R-jX=(6-j8)\ (\Omega)$$

负载 Z_L 获得最大功率为

$$P_{max}=\frac{U^2}{4R}=\frac{60^2}{4\times 6}=150\ (W)$$

结论：在负载获得最大功率计算中，常常要运用“等效变换法”“戴维南定理”将负载之外的电路等效为电压源模型，再通过最大功率必须满足的条件进一步分析电路。

3.7.4 常见问题讨论

（1）因电容、电感元件是储能元件，所以储能元件电容、电感的平均功率不为零。

解答：错。

元件的消耗能量称为平均功率，而电容、电感元件只具有储能特性，不具有消耗电能量特性，所以，它们的储能特性用无功功率描述。

（2）电阻元件是耗能元件，但其无功功率不一定为零。

解答：错。

电阻元件不具有储能特性，所以其元件的无功功率一定为零。

（3）在电压、电流为关联参考方向条件下，已知电路中的平均功率 $P>0$，无功功率 $Q<0$，问电路呈什么性质？电压与电流之间的相位如何？

解答：电路呈容性，相位上电压滞后电流。

因为无功功率 $Q<0$，即电容 C 元件上的无功功率 $Q_{\mathrm{C}}=-\omega CU_{\mathrm{C}}^2<0$，说明等效阻抗参数为 $Z=R-\mathrm{j}X_{\mathrm{C}}=|Z|\angle-\varphi=\dfrac{U}{I}\angle-\varphi$，相位上电压滞后电流角度为 φ。

（4）在电压、电流为关联参考方向条件下，已知电路中的平均功率 $P>0$，无功功率 $Q>0$，问电路呈什么性质？电压与电流之间的相位如何？

解答：电路呈感性，相位上电压超前电流。

因为无功功率 $Q>0$，即电感 L 元件上的无功功率 $Q_{\mathrm{L}}=\omega LI_{\mathrm{L}}^2>0$，说明等效阻抗参数为 $Z=R+\mathrm{j}X_{\mathrm{L}}=|Z|\angle\varphi=\dfrac{U}{I}\angle\varphi$，相位上电压超前电流角度为 φ。

（5）在电压、电流为关联参考方向条件下，已知电路中的平均功率 $P>0$，无功功率 $Q=0$，问电路呈什么性质？电压与电流之间的相位如何？

解答：电路呈阻性，相位上电压与电流同相。

因为无功功率 $Q=0$，而平均功率 $P>0$，说明等效阻抗的虚部为零，即 $Z=R=\dfrac{U}{I}\angle 0°$，所以，相位上电压与电流相位差为零（同相）。

（6）在电压、电流为关联参考方向条件下，已知电路中的平均功率 $P<0$，无功功率 $Q=0$，问电路呈什么性质？电压与电流之间的相位如何？

解答：电路为电源，相位上电压与电流同相。

因为平均功率 $P<0$，反映元件为电路提供功率。

3.8 功率因数的提高

3.8.1 功率因数

由功率三角形（见图 3.48）可定义功率因数 λ 如下：

$$\lambda=\frac{P}{S}=\cos\varphi \tag{3.29}$$

最理想的功率因数值为 $\cos\varphi=1$，即 $P=S$，供电设备输出的功率全部转换为有功功率，但是，用电设备常常达不到 $\cos\varphi = 1$ 技术要求，即 $P < S$。一般情况下，功率因数 $\lambda = \cos\varphi$ 太低，会直接引起两个问题：

（1）降低供电设备的利用率。

由式（3.29）得

$$P = S\cos\varphi$$

当供电设备容量 S 一定时，用电设备的功率因数 $\cos\varphi$ 越低，则供电设备所能提供的有功功率 P 越小。其主要原因是电路存在无功功率 Q，即

$$S = \sqrt{P^2 + Q^2}$$

无功功率 Q 通过占用供电设备容量 S 的方式，在供电设备和储能元件之间来回转换能量，从而降低了供电设备的利用率。

（2）增加供电传输线上的损耗。

供电传输线上电流 I 为

$$I = \frac{P}{U\cos\varphi}$$

当 P 和 U 一定时，功率因数 $\cos\varphi$ 越低，供电传输线上电流 I 越大，则供电设备和传输线路的有功功率消耗也就越大。

3.8.2　提高功率因数的方法

在保证用电设备正常工作的条件下，如何降低电路无功功率，提高功率因数呢？现以例 3.30 为例，讨论提高功率因数的方式方法。

【例 3.30】 如图 3.52（a）所示为一个 RL 串联感性负载电路，已知负载端电压有效值 U、电源角频率 ω、负载的有功功率 P 和功率因数 $\lambda_1 = \cos\varphi_1$，试求电路功率因数提高到 $\lambda_2 = \cos\varphi_2$ 时（即 $\lambda_2 > \lambda_1$），所需并联的电容值 C 是多少？

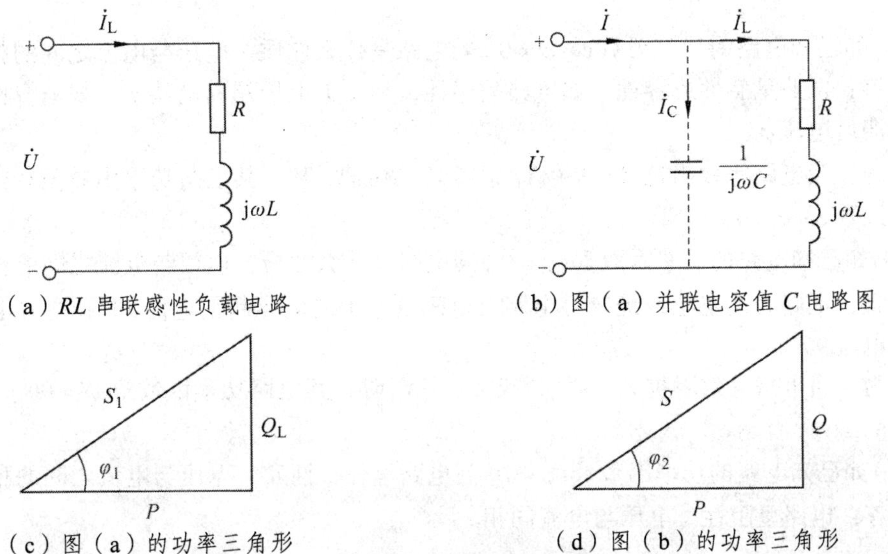

（a）RL 串联感性负载电路　　（b）图（a）并联电容值 C 电路图

（c）图（a）的功率三角形　　（d）图（b）的功率三角形

图 3.52　提高功率因数

分析：因已知负载的有功功率 P 和功率因数 $\lambda_1=\cos\varphi_1$，则由功率三角形[见图 3.52（c）]得图 3.52（a）感性电路的无功功率 Q_L；图 3.52（a）并联电容后如图 3.52（b）所示，其特点是电路并联电容 C 前后的有功功率 P 不变（即负载的工作状态不变），则由功率三角形图 3.52（d）解得图 3.52（b）电路的无功功率 Q。根据无功功率守恒定律 $Q=Q_C+Q_L$ 解得电容元件无功功率 Q_C；最后由电容元件无功功率特性式 $Q_C=-\omega CU^2$ 解得提高功率因数所需并联的电容值 C 式。

解　图（a）的无功功率 Q_L 为

$$Q_L=P\tan\varphi_1$$

图（b）的无功功率 Q 为

$$Q=P\tan\varphi_2$$

电容的无功功率 Q_C 为

$$Q_C=Q-Q_L=P\tan\varphi_2-P\tan\varphi_1$$

电容无功功率特性

$$Q_C=-\omega CU^2$$

由上式得

$$C=-\frac{Q_C}{\omega U^2}=\frac{P}{\omega U^2}(\tan\varphi_1-\tan\varphi_2) \tag{3.30}$$

结论：提高功率因数是在保证感性负载工作状态不发生变化条件下并联电容 C 实现的。并联电容 C 后，电源输出的有功功率 P 不变，而输出的无功功率 Q 则减少，即利用电容与感性的无功功率互相补偿改善电路的总功率因数。

3.8.3　常见问题讨论

（1）如已知电路的功率因数 $\cos\varphi\neq0$，问电路呈什么性质？电压与电流之间的相位如何？

解答：电路呈感性或容性。如电路呈感性，相位上电压超前电流 φ；如呈容性，则相位上电压滞后电流 φ。

因为，当电路等效阻抗 $Z=R+jX_L$，或 $Z=R-jX_C$ 时，其电路功率因数角 $0<|\varphi|<90°$，即功率因数 $\cos\varphi\neq0$。

（2）如已知电路的功率因数 $\cos\varphi=0$，问电路呈什么性质？电压与电流之间的相位如何？

解答：电路为纯电感或纯电容电路。电感电路中的电压超前电流 90°；电容电路中的电压滞后电流 90°。

因为，当电路等效阻抗 $Z=jX_L$，或 $Z=-jX_C$ 时，其电路功率因数角 $|\varphi|=90°$，即功率因数 $\cos90°=0$。

（3）如已知电路的功率因数 $\cos\varphi=1$，问电路呈什么性质？电压与电流之间的相位如何？

解答：电路呈阻性，电压与电流同相。

当电路等效阻抗 $Z=R=\dfrac{U}{I}\angle0°$ 时，其电路功率因数角 $\varphi=0°$，即功率因数 $\cos0°=1$。

3.9　谐振基本概念

谐振是频率选择的基础，因此，电路中的谐振对于电子系统的工作而言尤其重要。例如，收音机的接收器选台的功能，就是基于谐振原理的。

在电路系统中，当局部 *RCL* 电路（或整个 *RCL* 电路）阻抗（或导纳）的虚部为零时，称局部电路发生谐振，即其谐振频率 ω_0 由虚部为零时的方程式解得。

（1）串联谐振频率 ω_0：根据阻抗 $Z = R + \mathrm{j}X$ 的 X=0 式或 $Y = G + \mathrm{j}B$ 的 $B = 0$，解得谐振频率 ω_0。常称 ω_0 为固有频率。

（2）电路发生谐振条件：外加信号电源的频率 ω 等于固有频率 ω_0，即 $\omega = \omega_0$。谐振又称电共振。

（3）谐振频率的调节：元件参数和电路结构决定谐振频率 ω_0 的大小。

本书主要介绍两种基本的谐振电路，即串联谐振电路和并联谐振电路。

3.9.1　*RLC* 串联谐振电路

1. 串联谐振频率

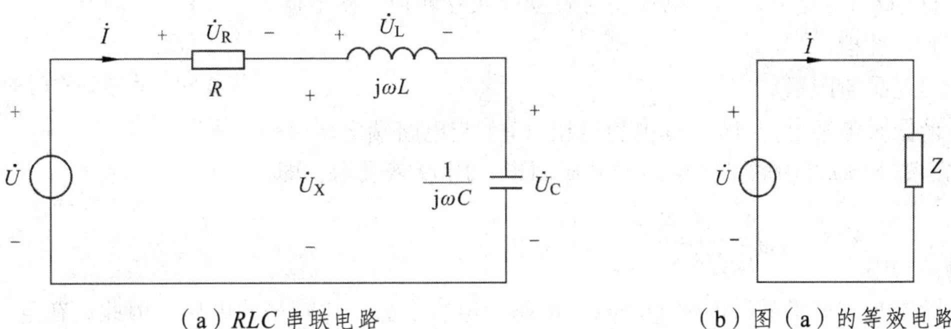

（a）*RLC* 串联电路　　（b）图（a）的等效电路

图 3.53　*RLC* 串联谐振电路图

图 3.53（a）电路 KVL 电压关系为

$$\dot{U} = \dot{U}_R + \dot{U}_L + \dot{U}_C$$

图 3.53（b）等效阻抗 Z 为

$$Z = R + \mathrm{j}(\omega L - \frac{1}{\omega C}) = R + \mathrm{j}X$$

设图 3.53（a）电路发生谐振（称为串联谐振），由等效阻抗 Z 的虚部 $X = \omega L - \frac{1}{\omega C} = 0$，得谐振角频率 ω_0（或由 $\omega_0 = 2\pi f_0$ 得 f_0）为

$$\omega_0 L = \frac{1}{\omega_0 C}$$

$$\omega_0 = \frac{1}{\sqrt{LC}} \tag{3.31}$$

$$f_0 = \frac{1}{2\pi\sqrt{LC}} \tag{3.32}$$

结论：频率与电路性质关系：

$$\begin{cases} \omega < \omega_0 \text{时}，\ X = X_L - X_C < 0，\text{电路呈容性}； \\ \omega > \omega_0 \text{时}，\ X = X_L - X_C > 0，\text{电路呈感性}； \\ \omega = \omega_0 \text{时}，\ X = X_L - X_C = 0，\text{电路呈阻性，电路发生谐振。} \end{cases}$$

2. 串联谐振特征

（1）阻抗 $Z = R$ 最小；电流有效值 $I_0 = \dfrac{U}{R}$ 最大；$\cos\varphi = 1$、u 与 i 同相位、电路呈阻性；$Q = UI\sin\varphi = 0$；u_L 与 u_C 大小相等相位相反，如图 3.54 所示。

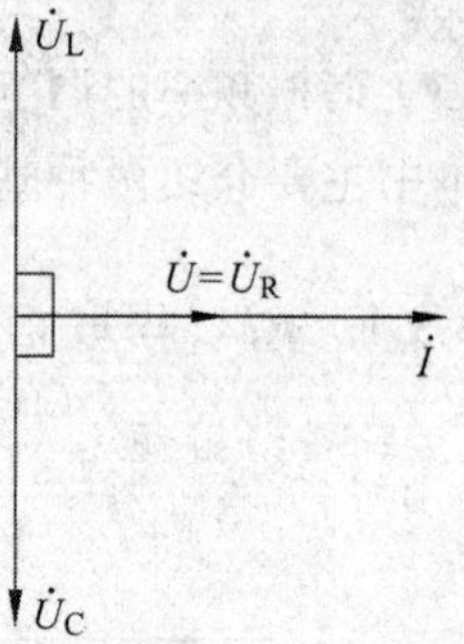

（2）储能不为零。

$$Q_L(\omega_0) = \omega_0 L I_0^2$$

$$Q_C(\omega_0) = -\frac{1}{\omega_0 C} I_0^2$$

$Q = Q_L + Q_C = 0$ 说明：电场能与磁场能相互转换，此增彼减，完全补偿。

图 3.54　串联谐振时的相量图

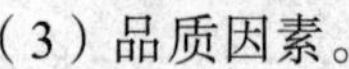

（3）品质因素。

谐振时电感电压 U_L（或电容电压 U_C）与电路端电压 U 之比，称为 RLC 串联谐振电路的品质因素，用 Q 来表示，即

$$Q = \frac{U_L}{U} = \frac{U_C}{U}$$

谐振时，如果品质因数 $Q >> 1$，电感和电容上会产生较高的电压。因此，在电子电路中充分利用谐振特性，接收、传输或放大信号；而在一些电气设备中，且要尽力避免谐振现象的发生，以免导致电气设备的损坏。

【例 3.31】某收音机的输入等效电路如图 3.55（a）所示。已知 $R = 8\,\Omega$，$L = 300\,\mu\text{H}$，C 为可调电容器，电台信号 $u_1 = 1.5\,\text{mV}$，$f_1 = 540\,\text{kHz}$；$u_2 = 1.5\,\text{mV}$，$f_2 = 600\,\text{kHz}$。试求：

（1）当电路对信号 u_1 发生谐振时的电容值；

（2）当电路对信号 u_2 发生谐振时的电容值。

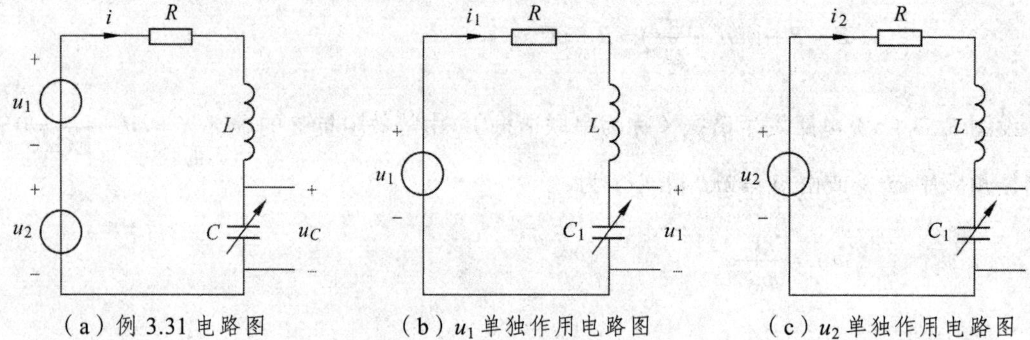

（a）例 3.31 电路图　（b）u_1 单独作用电路图　（c）u_2 单独作用电路图

图 3.55　例 3.38 图及解析电路图

分析：谐振时，频率与元件参数关系如式 3.32 所示。

（1）根据信号 u_1 发生谐振时的信号源频率 f_1，解得图 3.55（b）电路中电容 C_1 值。

（2）根据信号 u_2 发生谐振时的信号源频率，解得图 3.55（c）电路中电容 C_2 值。

解　（1）对 u_1 发生谐振电路如图 3.55（b）所示。解电容 C_1 值为

$$C_1 = \frac{1}{(2\pi f_1)^2 L}$$

$$= \frac{1}{(2\times 3.14\times 540\times 10^3)^2\times 300\times 10^{-6}} = 289.849\times 10^{-6}\,(\text{F}) = 289.849\,(\text{pF})$$

（2）对 u_2 发生谐振电路如图 3.55（c）所示。解电容 C_2 值为

$$C_2 = \frac{1}{(2\pi f_2)^2 L}$$

$$= \frac{1}{(2\times 3.14\times 600\times 10^3)^2\times 300\times 10^{-6}} = 234.778\times 10^{-6}\,(\text{F}) = 234.778\,(\text{pF})$$

总结：根据谐振时电路的固有频率 ω_0 必须等于信号源频率 ω_S（即 $\omega_S = \omega_0$）特性和电路的串联结构，计算电路元件的参数值。

3.9.2　*RLC* 并联谐振电路

1. 并联谐振频率

电路如图 3.56 所示。

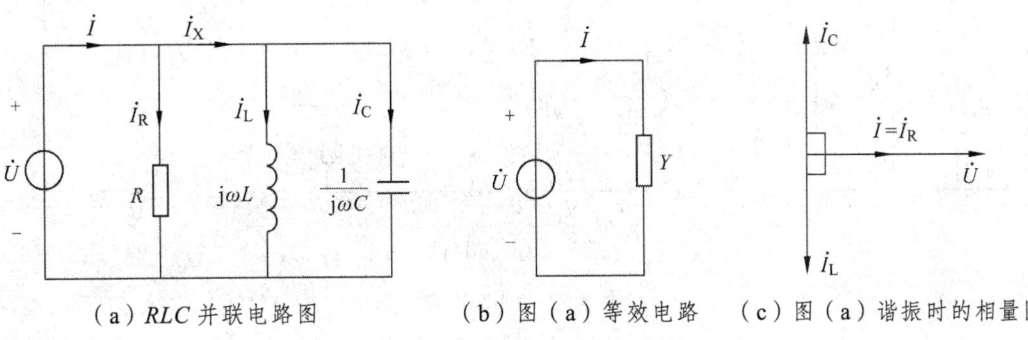

（a）*RLC* 并联电路图　　（b）图（a）等效电路　　（c）图（a）谐振时的相量图

图 3.56　*RLC* 并联谐振电路

图 3.56（a）电路的 KCL 方程为

$$\dot{I} = \dot{I}_R + \dot{I}_C + \dot{I}_L$$

图 3.56（b）等效导纳 Y 为

$$Y = G + \mathrm{j}\left(\omega C - \frac{1}{\omega L}\right) = G + \mathrm{j}B$$

谐振导纳 Y 虚部为零时，即 $B = \omega C - \dfrac{1}{\omega L} = 0$，谐振角频率为

$$\omega_0 C - \frac{1}{\omega_0 L} = 0$$

$$\omega_0 = \frac{1}{\sqrt{LC}}$$

2. 并联谐振特征

（1）电流 $I_0 = \dfrac{U}{R}$、导纳 $Y = G$ 最小；$\cos\varphi = 1$、电路呈阻性、u 与 i 同相位；$Q = 0$；i_L 与 i_C 大小相等相位相反，如图 3.56（c）所示。

（2）储能不为零。

电容中的电场能与电感中的磁场能相互转换。

（3）品质因素。

谐振时，电感电流 I_L（或电容电流 I_C）与电流 I 之比，称为 RLC 并联谐振电路的品质因素，用 Q 来表示，即

$$Q = \frac{I_L}{I} = \frac{I_C}{I}$$

【例 3.32】电路如图 3.57（a）所示，已知 $i_S(t) = \sin t$ A，$i_2(t) = 0$ A，$L_1 = 3$ H，$L_2 = 8$ H，$C_1 = \dfrac{1}{3}$ F，$R_1 = R_2 = R_3 = 1\,\Omega$，试求 C_2、$i_1(t)$、$i_3(t)$、$i_4(t)$。

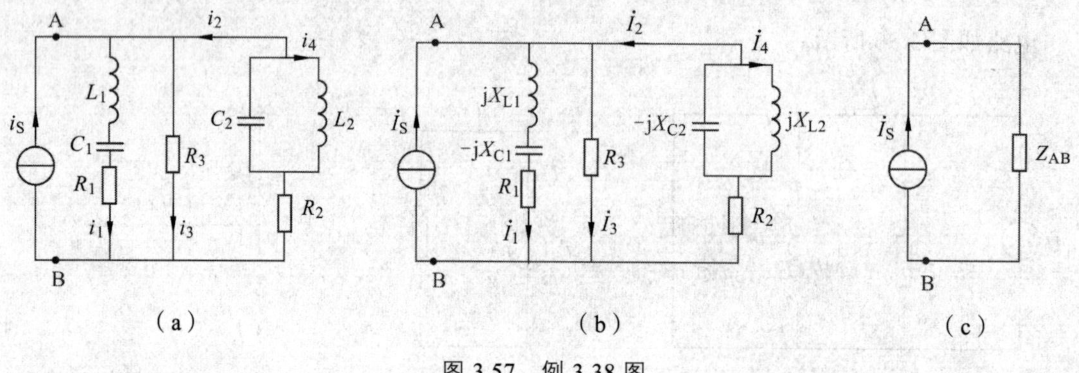

图 3.57　例 3.38 图

分析：

（1）将图（a）转换成相量电路图，如图（b）所示。

（2）分析图（b）得 $jX_{L1} - jX_{C1} = 0$，电路发生 L_1C_1 串联谐振；已知 $i_2(t) = 0$ A，说明电路发生 L_2C_2 并联谐振。

（3）并联谐振可用“断路”等效替代；串联谐振可用“短路”等效替代，则图（b）电路可简化图（c），阻抗 $Z_{AB} = R_1 // R_2$。

解

$$jX_{L2} = j\omega L_2 = j \times 1 \times 8 = j8\,(\Omega)$$

$i_2(t) = 0$ A，L_2C_2 并联谐振，得

$$\mathrm{j}\omega C_2+\frac{1}{\mathrm{j}\omega L_2}=0$$

$$C_2=\frac{1}{\omega^2 L_2}=\frac{1}{1^2\times 8}=0.125\ (\mathrm{F})$$

L_1C_1 串联参数

$$\mathrm{j}X_{\mathrm{L1}}=\mathrm{j}\omega L_1=\mathrm{j}\times 1\times 3=\mathrm{j}3\ (\Omega)$$

$$-\mathrm{j}X_{\mathrm{C1}}=-\mathrm{j}\frac{1}{\omega C_1}=-\mathrm{j}\frac{1}{1\times\frac{1}{3}}=-\mathrm{j}3\ (\Omega)$$

即 $\mathrm{j}X_{\mathrm{L1}}-\mathrm{j}X_{\mathrm{C1}}$=0，$L_1C_1$ 发生串联谐振，则图（c）有

$$Z_{\mathrm{AB}}=R_1//R_2=1//1=0.5\ (\Omega)$$

电流源两端电压 $\dot{U}_{\mathrm{AB}}$ 为

$$\dot{U}_{\mathrm{AB}}=Z_{\mathrm{AB}}\dot{I}_{\mathrm{S}}=0.5\times\frac{1}{\sqrt{2}}\angle 0°=0.3536\angle 0°\ (\mathrm{V})$$

各支路电流为

$$\dot{I}_1=\dot{I}_3=\frac{\dot{U}}{R_1}=\frac{0.3536\angle 0°}{1}=0.3536\angle 0°\ (\mathrm{A})$$

$$\dot{I}_4=\frac{\dot{U}}{\mathrm{j}X_{\mathrm{L2}}}=\frac{0.3536\angle 0°}{\mathrm{j}8}=0.0442\angle -90°\ (\mathrm{A})$$

则各支路电流的时域形式为

$$i_1(t)=0.3536\sqrt{2}\sin t=0.5\sin t\ (\mathrm{A})$$
$$i_3(t)=0.3536\sqrt{2}\sin t=0.5\sin t\ (\mathrm{A})$$
$$i_4(t)=0.0442\sqrt{2}\sin(t-90°)=0.0625\sin(t-90°)\ (\mathrm{A})$$

结论：谐振往往发生于电路系统中的局部电路中，并联谐振、串联谐振可同时存在于同一个电路系统中。LC 并联电路如对外电路呈电流为零，则发生并联谐振，即可用“断路”等效替代；LC 串联电路如对外电路呈端电压为零，则发生串联谐振，即可用“短路”等效替代。

3.9.3　常见问题讨论

（1）谐振频率 ω_0 的大小是由电源的频率所决定。

解答：错。

谐振频率 ω_0 是由电路元件的参数及元件组成的电路连接结构所决定。

（2）如何判断电路发生了串联谐振频率？

解答：判断电路发生了串联谐振频率可以从以下几方面来判断。

（a）通过电路阻抗虚部为零来确定电路发生了串联谐振，即阻抗 $Z=R$。

（b）通过电压与电流相位差来确定电路是否发生串联谐振，即在 RLC 串联支路中，如果其端电压与其电流相位上相同（同相），则判定 LC 串联支路发生了谐振。

（c）在 RLC 串联电路中，如果电路的无功功率 Q 为零，则发生串联谐振。

（d）在 RLC 串联支路中，如果 LC 串联支路端电压为零，则发生串联谐振。

（3）如何判断电路发生了并联谐振频率？

解答：判断电路发生了并联谐振频率可以从以下几方面来判断。

（a）通过电路导纳虚部为零来确定电路发生了并联谐振，即导纳 $Y=G$。

（b）通过电压与电流相位差来确定电路是否发生并联谐振，即在 RLC 并联电路中，如果其端电压与其端电流相位上相同（同相），则判定 LC 并联电路发生了谐振。

（c）在 RLC 并联电路中，如果电路的无功功率 Q 为零，则发生并联谐振。

（d）在 RLC 并联电路中，如果 LC 并联电路端电流为零，则发生并联谐振。

本章小结

1. 正弦量与相量

1）正弦量

（1）正弦量的三要素。

有效值（或最大值）、角频率 $\omega=2\pi f$、初相位 φ 称为正弦交流电量的三要素。其中有效值与最大值关系为 $U_{\mathrm{m}}=\sqrt{2}U$ 或 $I_{\mathrm{m}}=\sqrt{2}I$。

（2）在同频率条件下，相位差 φ 等于初相位之差，即 φ 是一个与时间无关的常量。

2）相量

（1）正弦量 $u(t)$ 式与相量式 $\dot{U}$ (或 $\dot{U}_{\mathrm{m}}$)。

设初相位角度为 φ_{u}，$0°<\varphi_{\mathrm{u}}<90°$，正弦交流电压 $u(t)$ 为

$$u(t)=\sqrt{2}U\sin(\omega t+\varphi_{\mathrm{u}})$$

则对应的相量式为

$$\begin{cases}\dot{U}=U\angle\varphi_{\mathrm{u}}\\ \dot{U}_{\mathrm{m}}=\sqrt{2}U\angle\varphi_{\mathrm{u}}\end{cases}$$

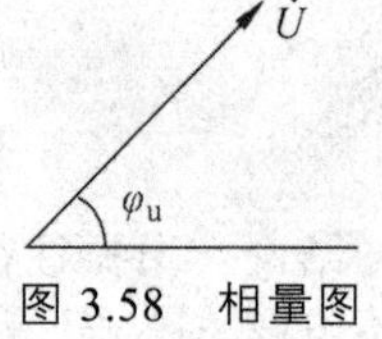

图 3.58　相量图

电压 $\dot{U}$ 相量图如图 3.58 所示。

（2）正弦量 $i(t)$ 式与相量式 $\dot{I}$（或 $\dot{I}_{\mathrm{m}}$）。

设初相位角度为 φ_{i}，$0°<\varphi_{\mathrm{i}}<90°$，正弦电流 $i(t)$ 为

$$i(t)=\sqrt{2}I\sin(\omega t-\varphi_{\mathrm{i}})$$

则对应的相量式为

$$\begin{cases}\dot{I}=I\angle-\varphi_{\mathrm{i}}\\ \dot{I}_{\mathrm{m}}=\sqrt{2}I\angle-\varphi_{\mathrm{i}}\end{cases}$$

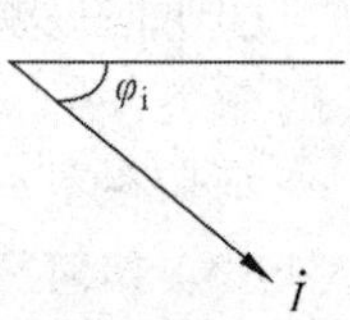

图 3.59　相量图

电流 $\dot{I}$ 相量图如图 3.59 所示。

2. 元件伏安特性和基尔霍夫定律的相量形式

1）元件伏安特性的相量形式

表 3.2　元件伏安特性的相量形式

相量模型图	相量关系式	相量图 （设电压的初相位为 0°）
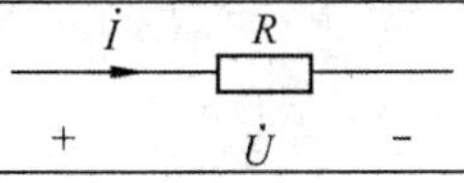 $\dot{I}$　R　+　$\dot{U}$　−	$\dot{U}=R\dot{I}$ 电压 $u(t)$ 与电流 $i(t)$ 同相	 $\dot{U}$　$\dot{I}$
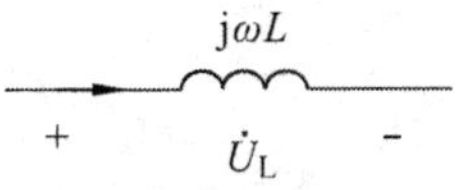 $\mathrm{j}\omega L$　+　$\dot{U}_{\mathrm{L}}$　−	$\dot{U}_{\mathrm{L}}=\mathrm{j}\omega L\dot{I}_{\mathrm{L}}$ 电压 $u(t)$ 引前电流 $i(t)$ 90°	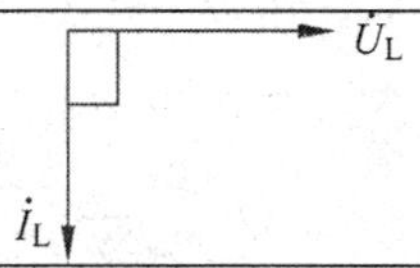 $\dot{U}_{\mathrm{L}}$　$\dot{I}_{\mathrm{L}}$
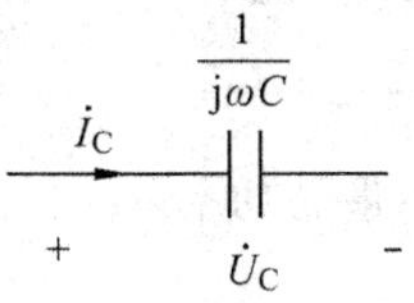 $\dfrac{1}{\mathrm{j}\omega C}$　$\dot{I}_{\mathrm{C}}$　+　$\dot{U}_{\mathrm{C}}$　−	$\dot{U}_{\mathrm{C}}=\dfrac{1}{\mathrm{j}\omega C}\dot{I}_{\mathrm{C}}$ 电流 $i(t)$ 引前电压 $u(t)$ 90°	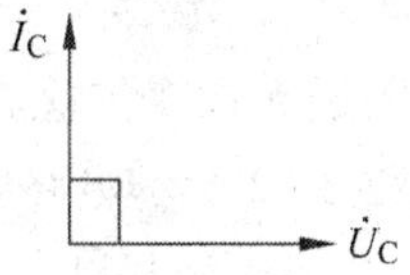 $\dot{I}_{\mathrm{C}}$　$\dot{U}_{\mathrm{C}}$

2）基尔霍夫定律的相量形式

在电路频率为单一频率条件下，有

KVL：$\sum\limits_{k=1}^{b}\dot{U}_k=0$　　$\sum\limits_{k=1}^{b}\dot{U}_{\mathrm{m}k}=0$

KCL：$\sum\limits_{k=1}^{b}\dot{I}_k=0$　　$\sum\limits_{k=1}^{b}\dot{I}_{\mathrm{m}k}=0$

3）阻抗

电压与电流在关联参考方向下，如图 3.60 所示。有

$$Z=\frac{\dot{U}}{\dot{I}}=R+\mathrm{j}X=|Z|\angle\varphi_{\mathrm{Z}}$$

其阻抗可构成阻抗三角形，如图 3.61 所示。

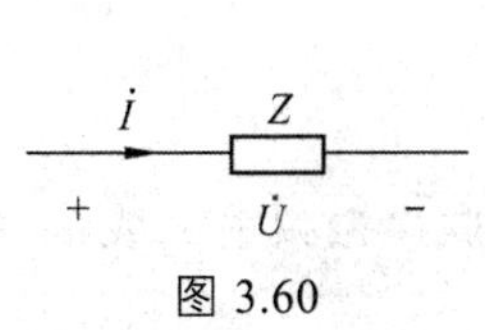

图 3.60

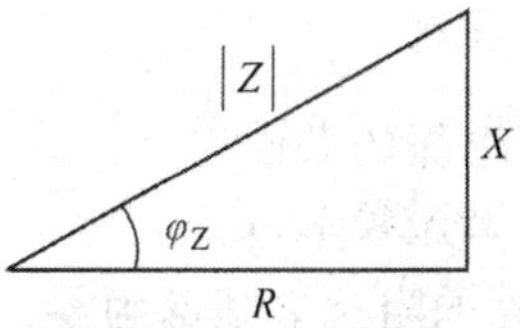

图 3.61　阻抗三角形

3. 正弦稳态电路的分析

1）相量式分析法

运用线性电路的基本分析方法（如等效变换法、支路电流法等）和电路定理（如叠加定理、戴维南定理等），用相量工具分析相量电路。

2）相量图分析法

设电路中某个电量的初相位为 0°（或电路中已知某电量的初始相位为 0°），根据元件上

电压与电流的相位关系做相量图，即称为相量图分析法。

4. 功率及功率因数

1）功率

（1）瞬时功率　$p(t)=u(t)i(t)$。

（2）有功功率　$P=UI\cos\varphi$（W）。

（3）无功功率　$Q=UI\sin\varphi$（Var）。

（4）视在功率　$S=UI$（VA）。

（5）复功率　$\tilde{S}=\dot{U}\dot{I}^{*}=P+\mathrm{j}Q=S\angle\varphi$（VA）。

注意：视在功率不守恒，即

$$\sum_{k=1}^{b}P_k=0 \qquad \sum_{k=1}^{b}Q_k=0 \qquad \sum_{k=1}^{b}\tilde{S}_k=0 \qquad \sum S\neq 0$$

（6）最大功率传输。

如图 3.62 所示电路中，当电路阻抗满足 $Z_{\mathrm{L}}=Z_{\mathrm{S}}^{*}$时，负载 Z_{L}获得最大功率。

2）功率因数提高

已知如图 3.63 所示电路中，感性负载电路的有功功率为 P、电压有效值为 U、角频率为 ω、功率因素 $\lambda_1=\cos\varphi_1$。若并联电容 C 后功率因数提高为 $\lambda_2=\cos\varphi_2$，则需并联的电容 C 为

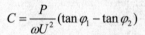

$$C=\frac{P}{\omega U^2}(\tan\varphi_1-\tan\varphi_2)$$

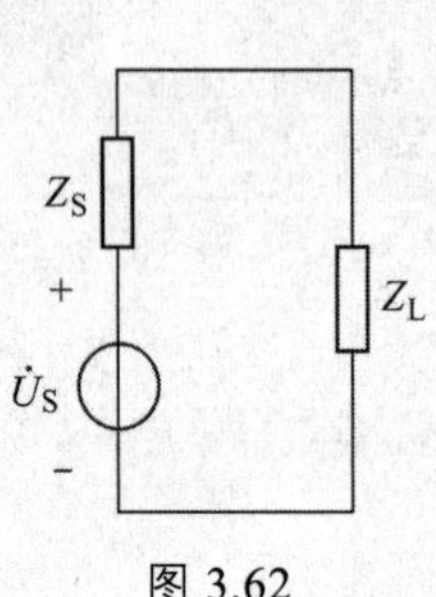

图 3.62

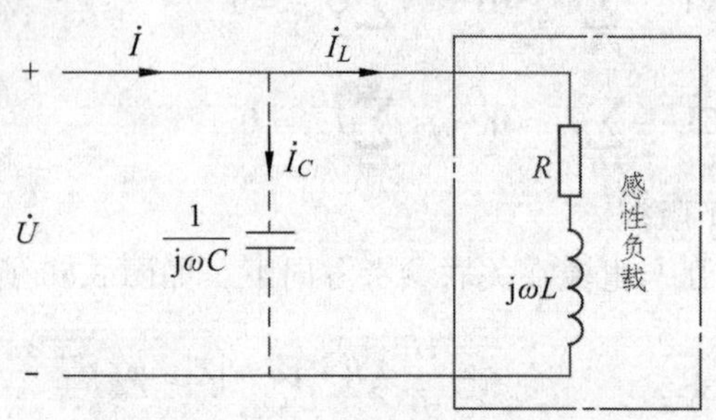

图 3.63　功率因素提高电路图

5. 谐振电路

1）发生谐振的条件

a）串联谐振频率 ω_0

串联电路的阻抗 Z 虚部为零，即 $Z=R$；可由此推导串联谐振频率 f_0 或 ω_0。

b）并联谐振频率 ω_0

并联电路的导纳 Y 的虚部为零，即 $Y=G$；可由此推导并联谐振频率 f_0 或 ω_0。

2）谐振的发生

当电路中外加信号源（或称为独立电源）频率 ω 等于谐振频率 ω_0时，称电路发生谐振。即 $\omega=\omega_0$ 时电路发生谐振。

3）特点

发生谐振电路中的电压与电流同相，电路呈阻性。

选择题

1. 已知电压 $\dot{U}=(5+\mathrm{j}5)\mathrm{V}$，试写出极坐标式为（　　）。

A. $\dot{U}=5\sqrt{2}\angle 0°\ \mathrm{V}$　　B. $\dot{U}=5\sqrt{2}\angle -45°\ \mathrm{V}$

C. $\dot{U}=5\sqrt{2}\angle 45°\ \mathrm{V}$　　D. $\dot{U}=10\ \mathrm{V}$

2. 已知电压 $u_1(t)=220\sqrt{2}\sin 314t\ \mathrm{V}$ 、$u_2(t)=110\sqrt{2}\sin(314t-60°)\ \mathrm{V}$，则两个电压之间的相位差 $(\varphi_1-\varphi_2)$ 为（　　）。

A. $314t-60°$　　B. $60°$

C. $-60°$　　D. $0°$

3. 已知电流 $\dot{I}=(4+\mathrm{j}3)\ \mathrm{A}$，角频率为 ω，试写出正弦电流 $i(t)$ 表达式为（　　）。

A. $i=5\sin(\omega t+53.1°)\mathrm{A}$　　B. $i=5\sqrt{2}\sin(\omega t+53.1°)\mathrm{A}$

C. $i=5\sqrt{2}\sin(\omega t+36.9°)\mathrm{A}$　　D. $i=5\sin(\omega t+36.9°)\mathrm{A}$

4. 已知电压 $u=U_{\mathrm{m}}\sin（\omega t+\varphi）$，则其对应的相量表示式为（　　）。

A. $\dot{U}=U_{\mathrm{m}}\angle\varphi$　　B. $\dot{U}=U\angle\varphi$

C. $\dot{U}=U_{\mathrm{m}}\angle(\omega t+\varphi)$　　D. $\dot{U}=U\angle(\omega t+\varphi)$

5. 已知电压 $\dot{U}_{\mathrm{m}}=U_{\mathrm{m}}\angle-\varphi\,\mathrm{V}$，角频率为 ω，试写出电压 $u(t)$ 表达式为（　　）。

A. $u(t)=U_{\mathrm{m}}\sqrt{2}\sin(\omega t+\varphi)\mathrm{V}$　　B. $u(t)=U_{\mathrm{m}}\sin(\omega t+\varphi)\mathrm{V}$

C. $u(t)=U_{\mathrm{m}}\sqrt{2}\sin(\omega t-\varphi)\mathrm{V}$　　D. $u(t)=U_{\mathrm{m}}\sin(\omega t-\varphi)\mathrm{V}$

6. 已知电压 $\dot{U}=U\angle\varphi_{\mathrm{u}}\ \mathrm{V}$，电流 $\dot{I}=I\angle\varphi_{\mathrm{i}}\mathrm{A}$，试写出其 $\dfrac{\dot{U}}{\dot{I}}$ 的表达式为（　　）。

A. $\dfrac{\dot{U}}{\dot{I}}=\dfrac{U}{I}\angle(\varphi_{\mathrm{u}}+\varphi_{\mathrm{i}})$　　B. $\dfrac{\dot{U}}{\dot{I}}=\dfrac{U}{I}\angle(\varphi_{\mathrm{u}}-\varphi_{\mathrm{i}})$

C. $\dfrac{\dot{U}}{\dot{I}}=\dfrac{U}{I}\angle(\varphi_{\mathrm{i}}-\varphi_{\mathrm{u}})$　　D. $\dfrac{\dot{U}}{\dot{I}}=\dfrac{U}{I}\angle(\dfrac{\varphi_{\mathrm{u}}}{\varphi_{\mathrm{i}}})$

7. 已知电压 $\dot{U}_1=(8+\mathrm{j}8)\ \mathrm{V}$，$\dot{U}_2=(-2+\mathrm{j}5)\ \mathrm{V}$，试写出 $\dot{U}_1+\dot{U}_2$ 的表达式为（　　）。

A. $\dot{U}_1+\dot{U}_2=(6+\mathrm{j}13)\mathrm{V}$　　B. $\dot{U}_1+\dot{U}_2=(10+\mathrm{j}13)\mathrm{V}$

C. $\dot{U}_1+\dot{U}_2=(6+\mathrm{j}3)\mathrm{V}$　　D. $\dot{U}_1+\dot{U}_2=(10+\mathrm{j}10)\mathrm{V}$

8. 已知电压 $\dot{U}_1=-\mathrm{j}8\ \mathrm{V}$，则其表达式可写成（　　）。

A. $\dot{U}_1=8\angle 90°\ \mathrm{V}$　　B. $\dot{U}_1=\dfrac{8}{\mathrm{j}}\ \mathrm{V}$

C. $\dot{U}_1=\dfrac{1}{\mathrm{j}8}\ \mathrm{V}$　　D. $\dot{U}_1=\dfrac{\mathrm{j}}{8}\ \mathrm{V}$

9. 已知某支路电路的电压 $u(t)$ 滞后电流 $i(t)$，则该支路为（　　）电路。

A. 阻性　　B. 感性

C. 容性　　D. 感性或容性

10. 已知某支路电路的电压 $u(t)$ 与 $i(t)$ 同相，则该支路为（　　）电路。

A. 阻性　　B. 感性

C. 容性　　D. 感性或容性

11. 如图 3.64 所示电路中，已知无源二端网络 N_0 端电压 $\dot{U}=U\angle 0°$ V，电流 $\dot{I}=I\angle 30°$ A，则该无源二端网络 N_0 为（　　）电路。

A. 阻性　　B. 感性

C. 容性　　D. 感性或容性

12. 如图 3.65 所示电路中，已知电压 $u(t)=U\sqrt{2}\sin(\omega t+10°)$V 与电流 $i(t)$ 相位差为 30°，无源二端网络 N_0 呈容性特性，试问电流 $i(t)$ 的初相角为（　　）。

A. 20°　　B. －20°

C. 40°　　D. －40°

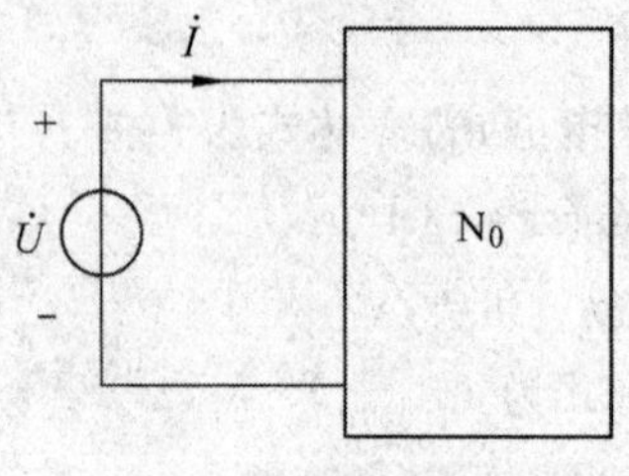

图 3.64　选择题 11 图

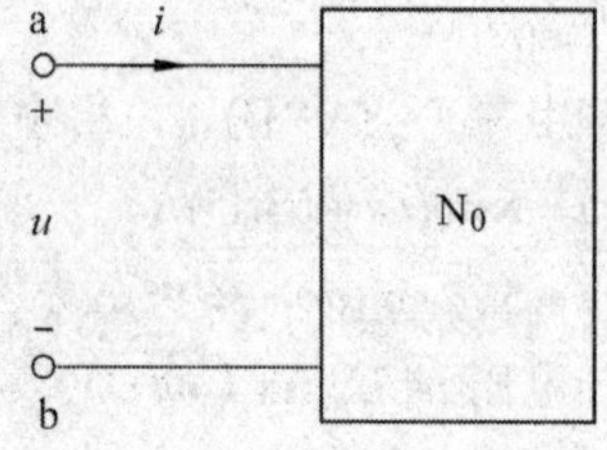

图 3.65　选择题 12 图

13. 已知如图 3.66 所示电路中，电容 C=314 μF，频率 f=100 Hz，则容抗 X_C 为（　　）。

A. 0.197 Ω　　B. 31.8 Ω

C. 5.06 Ω　　D. 3.14 Ω

14. 已知如图 3.67 所示电路中，电感 L=2 H，频率 f=50 Hz，则感抗 X_L 为（　　）。

A. 100 Ω　　B. 200 Ω

C. 314 Ω　　D. 628 Ω

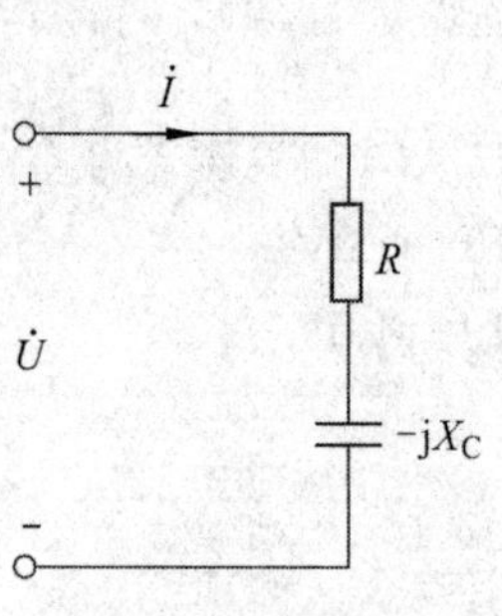

图 3.66　选择题 13 图

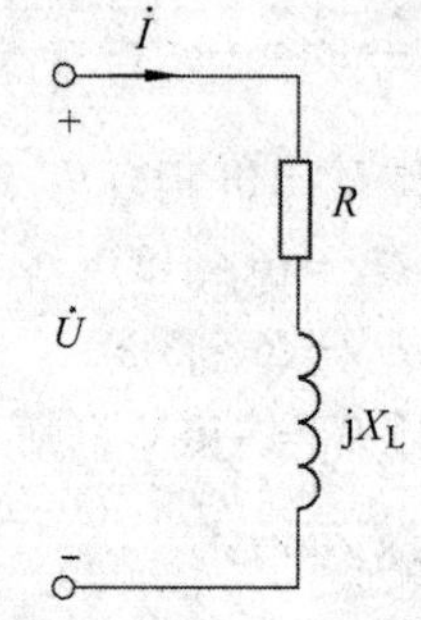

图 3.67　选择题 14 图

15. 电路如图 3.68 所示，其等效阻抗 Z 为（　　）。

A. $Z=R-jX_C$　　B. $Z=R+jX_C$

C. $Z=R-X_C$　　D. $Z=R+X_C$

16. 电路如图 3.69 所示，其等效阻抗 Z 为（　　）。

A. $Z=R-jX_L$　　B. $Z=R+jX_L$

C. $Z=R-X_L$　　D. $Z=R+X_L$

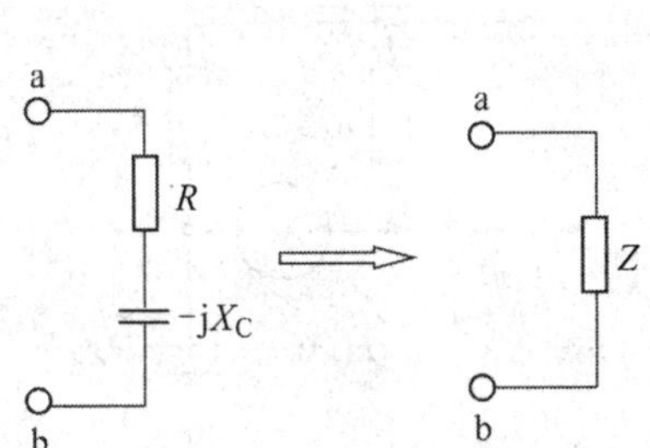

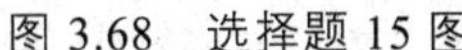
图 3.68　选择题 15 图

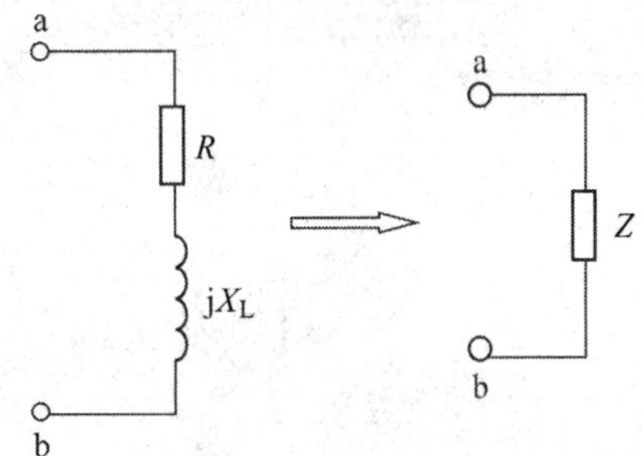

图 3.69　选择题 16 图

17. 在电感与电容并联的正弦交流电路中，当 $X_L>X_C$ 时，电路呈现为（　　）。

A. 电感性　　B. 电容性

C. 阻性　　D. 不可确定属性

18. 电路如图 3.70 所示。已知电流 $i=5\sin(314t+30°)$ A，电压 $u=4\sin(314t+60°)$ V，则其阻抗 Z 为（　　）。

A. $0.8\angle-90°\ \Omega$　　B. $0.8\angle30°\ \Omega$

C. $1.25\angle-90°\ \Omega$　　D. $\mathrm{j}1.25\ \Omega$

19. 电路如图 3.71 所示，已知 $R=X_L=10\ \Omega$，功率因数 $\lambda=0.707$，试问容抗 X_C 为（　　）。

A. 20 Ω　　B. 10 Ω

C. 5 Ω　　D. 2 Ω

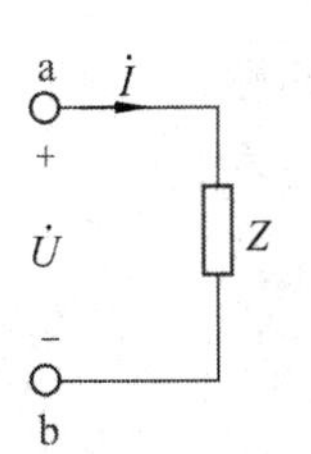

图 3.70　选择题 18 图

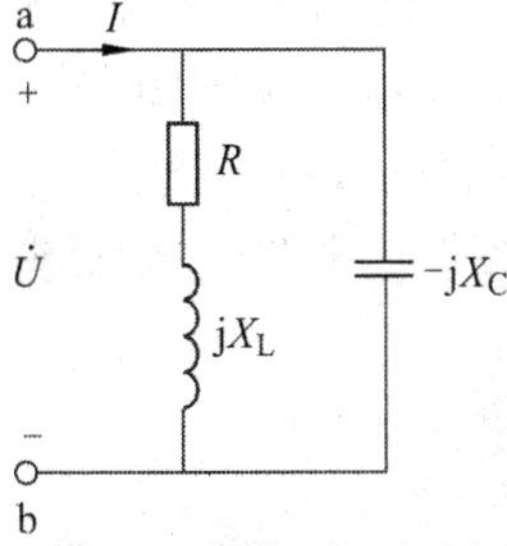

图 3.71　选择题 19 图

20. 电路如图 3.72 所示，已知电阻 $R=100\ \Omega$，频率 f=50 Hz，电压 $\dot{U}_R$ 滞后 $\dot{U}$ 相位 30°，则电感 L 为（　　）。

A. 275.8 mH　　B. 183.8 mH

C. 551.6 mH　　D. 421 mH

21. 电路如图 3.73 所示，已知 $R=X_L=X_C=1\ \Omega$，则电压表的读数为（　　）。

A. 0 V　　B. 1 V

C. 2 V　　D. 3 V

22. 在 RL 并联正弦交流电路中，已知电阻 $R=40\ \Omega$，感抗 $X_L=30\ \Omega$，无功功率 $Q=480$ Var，则视在功率 S 为（　　）。

A. 866 VA　　B. 800 VA

C. 600 VA　　D. 500 VA

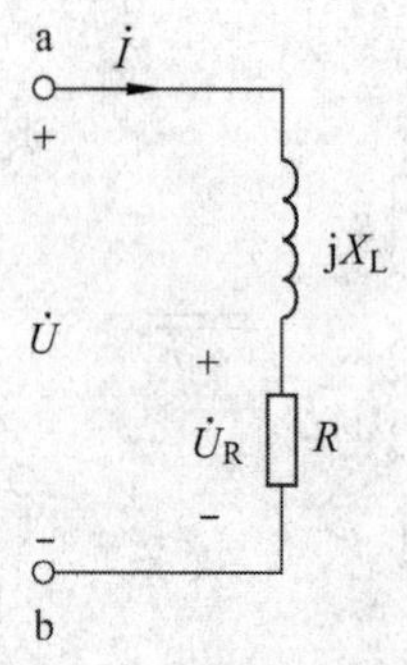

图 3.72　选择题 20 图

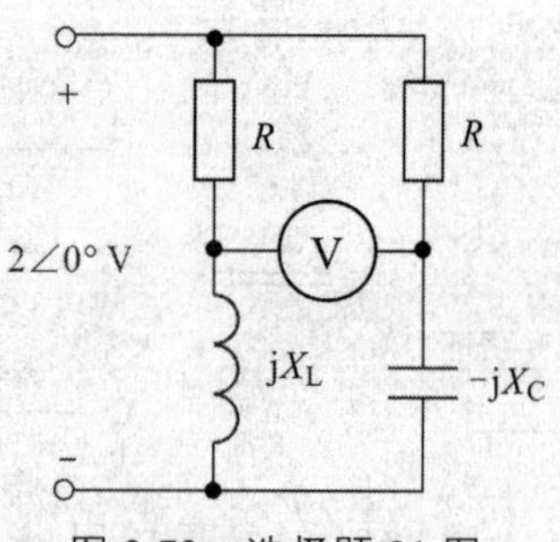

图 3.73　选择题 21 图

23. 提高感性电路的功率因数通常采用的措施是（　　）。

A. 在感性电路中串联电容　　B. 在感性电路中串联电阻

C. 在感性电路两端并联电阻　　D. 在感性电路两端并联电容

24. 在 RL 并联的正弦交流电路中，$R = 4\,\Omega$，$X_L = 3\,\Omega$，电路的无功功率 $Q = 30$ Var，则有功功率 P 为（　　）。

A. 22.5 W　　B. 40 W

C. 60 W　　D. 80 W

25. 正弦交流电路的视在功率 S，有功功率 P 与无功功率 Q 的关系为（　　）。

A. $S^2 = P^2 + (Q_L - Q_C)^2$　　B. $S^2 = P^2 + (Q_L + Q_C)^2$

C. $S = P + Q_L + Q_C$　　D. $S = P + Q_L - Q_C$

26. RLC 串联电路的谐振角频率为 ω_0，设电路中电源信号的角频率为 ω，当 $\omega = \omega_0$ 时电路呈（　　）；当 $\omega < \omega_0$ 时电路呈（　　）；当 $\omega > \omega_0$ 时电路呈（　　）。

A. 阻性；容性；感性　　B. 阻性；感性；容性

C. 容性；阻性；感性　　D. 感性；阻性；容性

习　题

1. 在如图 3.74 所示的相量图中，已知电流 $I_1 = 10$ A，$I_2 = 5$ A，电压 $U = 110$ V，频率 $f = 50$ Hz，试分别写出它们的相量表达式和瞬时值表达式。

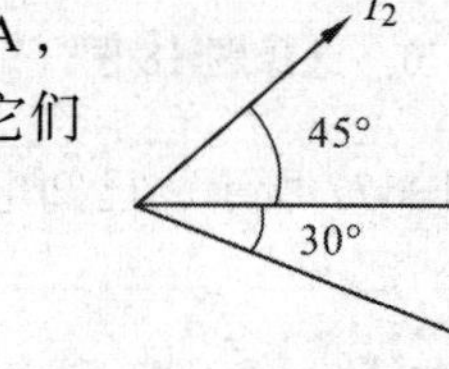

图 3.74　习题 1 图

2. 试计算下列表达式的值：

（1）$5\angle 47° + 10\angle -25° = ?$

（2）$220\angle 35° + \dfrac{(17+j9)(4+j6)}{20+j5} = ?$

3. 已知电压 $u_A(t) = 220\sqrt{2}\sin 314t$ V，$u_B(t) = 220\sqrt{2}\sin(314t - 120°)$ V。试求各正弦量的振幅值、有效值、初相、角频率、频率、周期及两者之间的相位差。

4. 指出下列各式的错误。

（1）$u_1 = 100\sqrt{2}\sin\omega t\ \text{V} = \dot{U}_1$

（2）$\dot{U}_2 = 50\angle 15° = 50\sqrt{2}\sin(\omega t + 15°)$ V

（3）$i = 10\angle -60°$ A

（4）$I = 10\mathrm{e}^{-\mathrm{j}60^\circ}\,\mathrm{A}$

（5）$\dot{Z} = (5+\mathrm{j}6)\,\Omega$

5. 在关联参考方向条件下，试判断下列表达式的正、误。

（1） $u = \omega Li$

（2） $i = 5\cos\omega t = 5\angle 0^\circ$

（3） $\dot{I}_{\mathrm{m}} = \mathrm{j}\omega CU_{\mathrm{m}}$

（4） $X_{\mathrm{L}} = \dfrac{\dot{U}_{\mathrm{L}}}{\dot{I}_{\mathrm{L}}}$

（5） $\dfrac{\dot{U}_{\mathrm{C}}}{\dot{I}_{\mathrm{C}}} = \mathrm{j}\omega C\ \Omega$

（6） $\dot{U}_{\mathrm{L}} = \mathrm{j}\omega L\dot{I}_{\mathrm{L}}$

（7）$u = C\dfrac{\mathrm{d}i}{\mathrm{d}t}$

6. 电路如图 3.75 所示，已知阻抗 Z=(40+j30) Ω，感抗 X_{L}=10 Ω，电压 U_2=200 V，试求电压 U。

7. 电路如图 3.76 所示，已知 a、b 端口等效阻抗 $Z_{\mathrm{ab}} = 2\sqrt{2}\angle 45^\circ\,\Omega$，试求感抗 X_{L}。

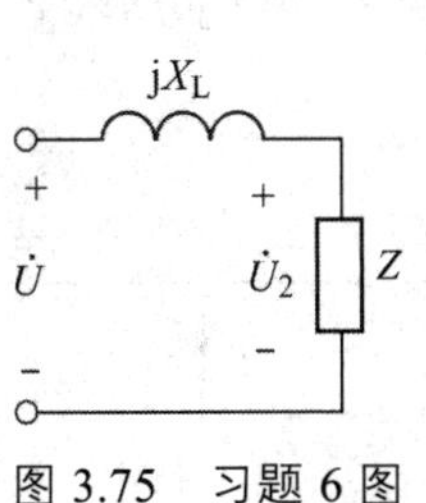

图 3.75　习题 6 图

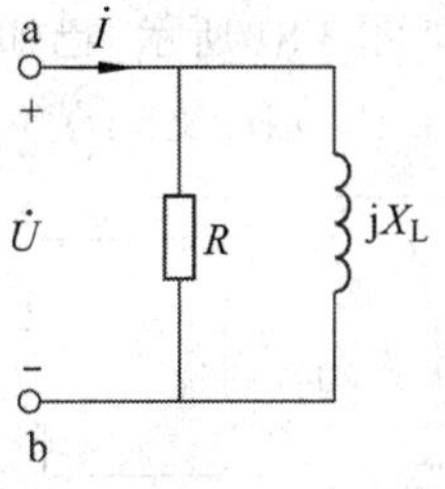

图 3.76　习题 7 图

8. 已知各电流表、电压表的测量值如图 3.77 所示，试求电流表 A_0 或电压表 V_0 的读数。

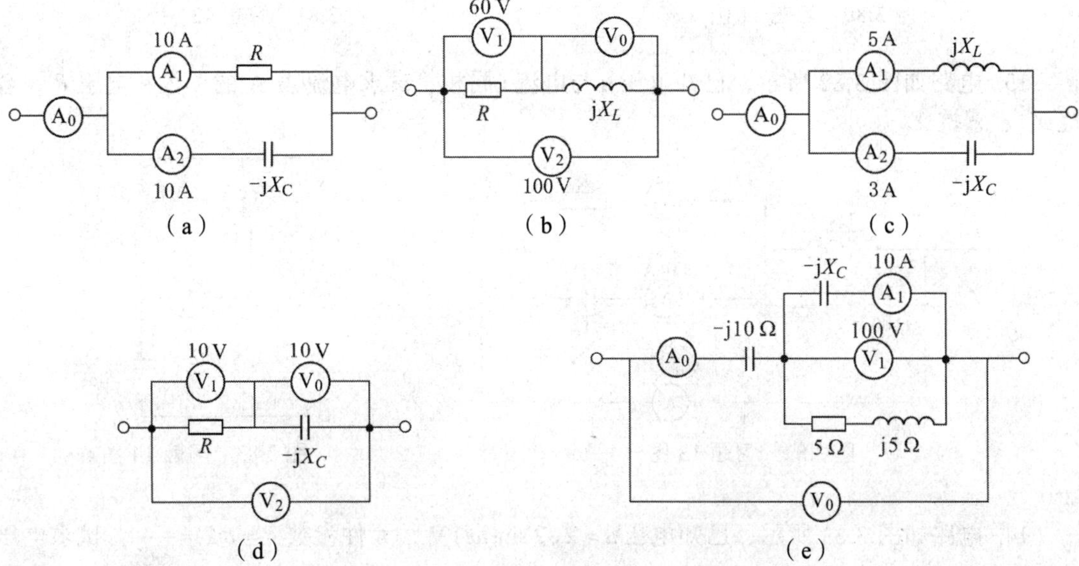

图 3.77　习题 8 图

9. 试求如图 3.78 所示电路的感抗 X_{L2}。

10. 试求如图 3.79 所示电路的电流有效值 I。

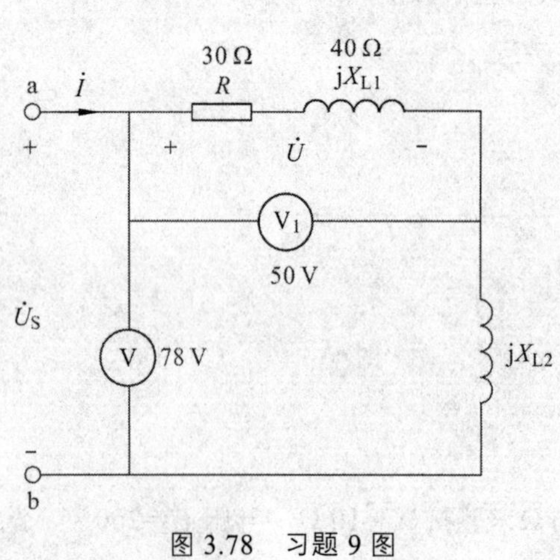

图 3.78　习题 9 图

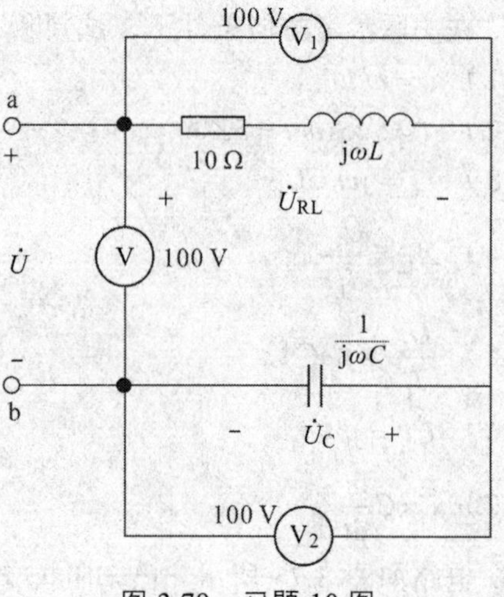

图 3.79　习题 10 图

11. 正弦交流电路如图 3.80 所示，已知电流 $\dot{I}_S = 10\angle 0°\ \text{A}$，$\dot{I}_1 = 10\angle 90°\ \text{A}$，试求电流 $\dot{I}_2$。

12. 电路如图 3.81 所示，已知电流 $\dot{I} = 10\angle -30°\ \text{A}$，阻抗 $Z_1 = (3.16 + \text{j}6)\ \Omega$，$Z_2 = (2.5 - \text{j}4)\ \Omega$。试求正弦交流 $u(t)$、$i_1(t)$ 及 $i_2(t)$。

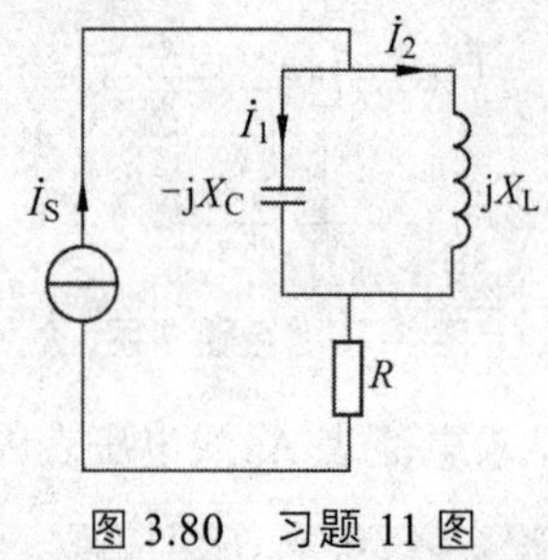

图 3.80　习题 11 图

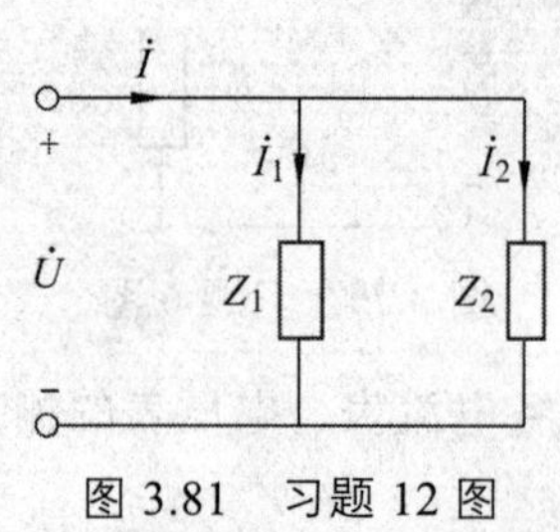

图 3.81　习题 12 图

13. 电路如图 3.82 所示，已知电压 u 与电流 i 同相，试求电流表 A 的读数和电阻 R、容抗 X_C、感抗 X_L。

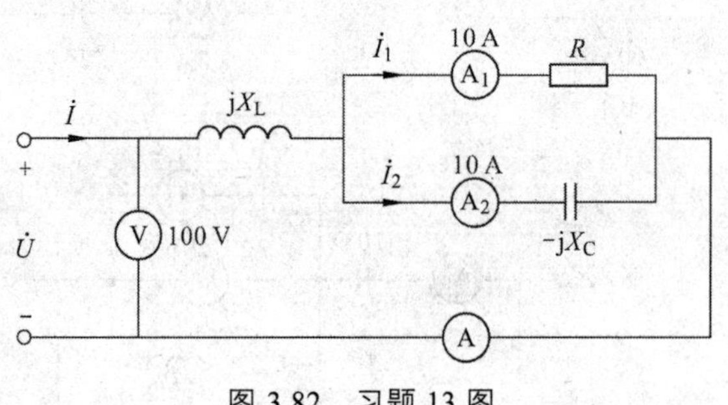

图 3.82　习题 13 图

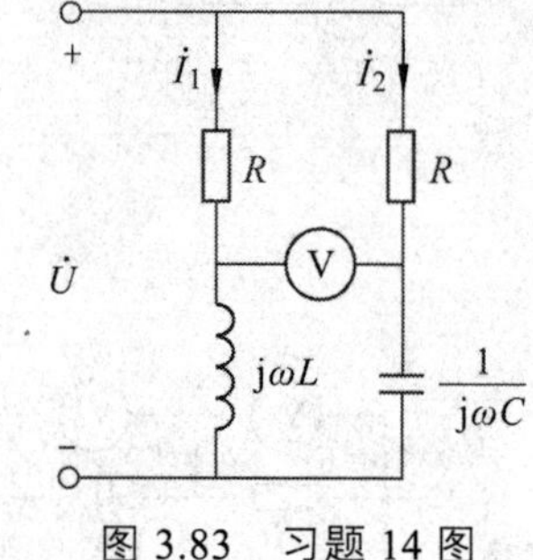

图 3.83　习题 14 图

14. 电路如图 3.83 所示，已知电压 $u = 2\sqrt{2}\sin(\omega t)\ \text{V}$，元件参数 $R = \omega L = \dfrac{1}{\omega C}$，试求电压表的读数和电流 $\dot{I}_1$、$\dot{I}_2$。

15. 电路如图 3.84 所示，已知电阻 $R=15\,\Omega$、电感 L=12 mH、电容 C=5 μF、电压 $u(t)=100\sin\omega t$ V，角频率 ω=5 000 rad/s。试求电路电流 i、电压 u_C、u_L。

16. 电路如图 3. 85 所示，已知电流 $i_1=\sqrt{2}\sin 206t$ V，电阻 $R=200\,\Omega$，电感 $L=0.1$ H，电容 $C=5\,\mu$F。试求各元件的端电压、各支路的电流及电源电压 $u(t)$。

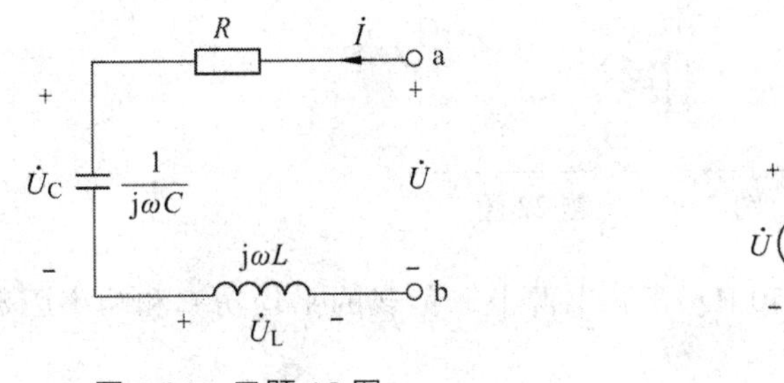

图 3.84　习题 15 图

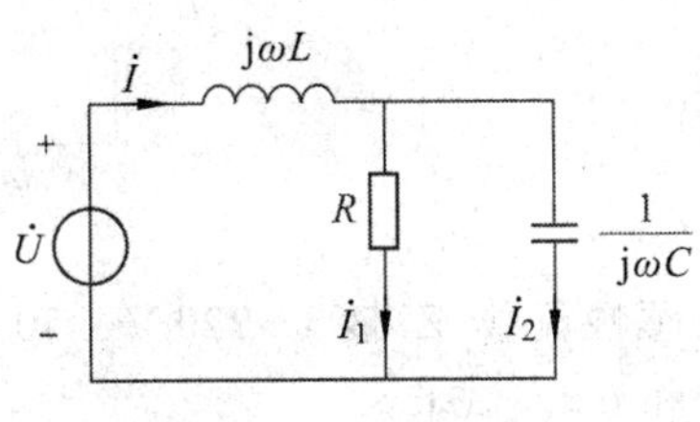

图 3.85　习题 16 图

17. 电路如图3.86所示，已知容抗 $X_C=10\,\Omega$，电阻 $R_1=20\,\Omega$，$R_2=10\,\Omega$，感抗 $X_L=17.3\,\Omega$，电流 $\dot{I}_2=1\angle 0°$ A，试求各元件的端电压和电流 $\dot{I}$、$\dot{I}_1$。

18. 电路如图 3.87 所示，已知电压 $U_R=U_L=10$ V，参数 $X_C=R=10\,\Omega$，试求电流 I_S、I_1、I_2。

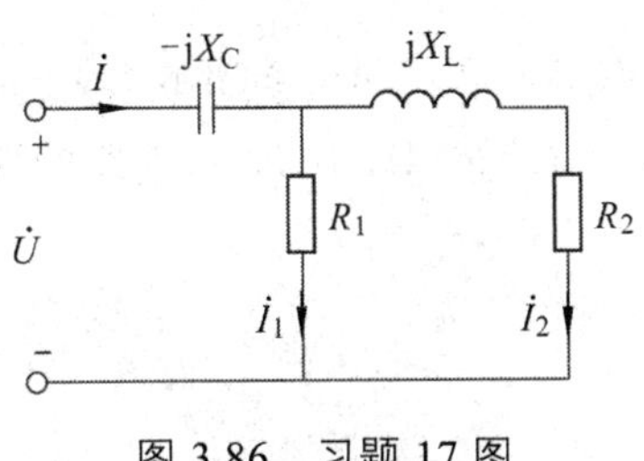

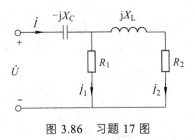

图 3.86　习题 17 图

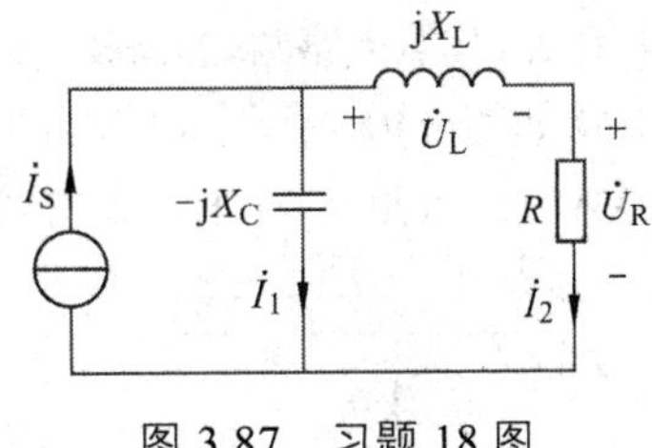

图 3.87　习题 18 图

19. 如图 3.88 所示电路中，已知 $u_S=4\sin 100t$ V，$i_S=4\sin 100t$ V，$C=0.01$ F，$L=0.01$ H，$R_1=R_2=R_3=1\,\Omega$。试分别用叠加定理和戴维南定理两种方法求电流 i。

20. 电路如图 3.89 所示，已知电流 $I_1=8$ A，$I_2=10$ A，总功率因数为 1，试求电流 I。

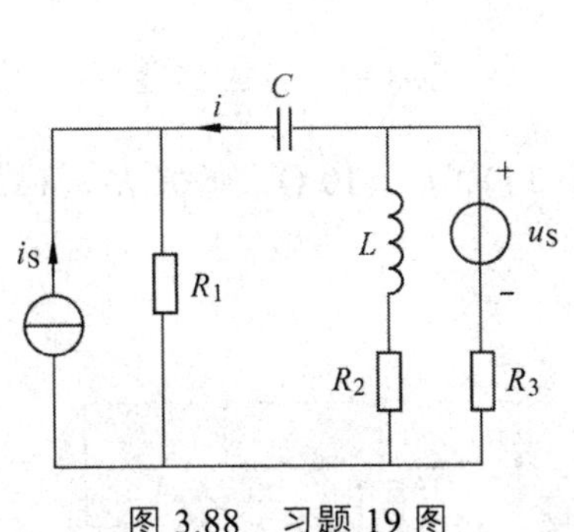

图 3.88　习题 19 图

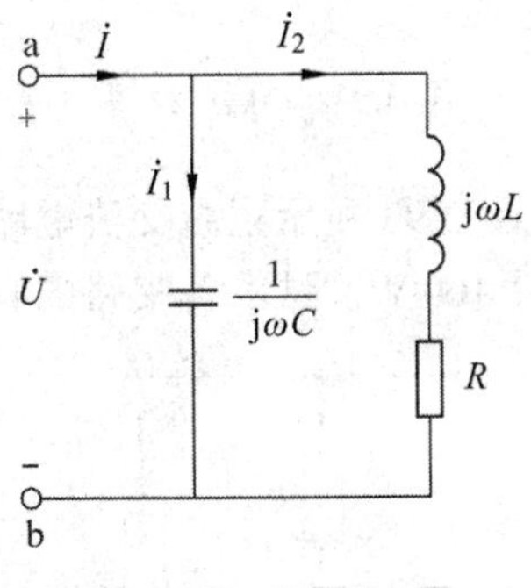

图 3.89　习题 20 图

21. 在工频条件下测得某线圈的端口电压、电流和功率分别为 100 V、5 A 和 300 W。试求此线圈的电阻、电感和功率因数。

22. 在图 3.90 所示电路中，已知阻抗 $Z_1 = \mathrm{j}2\,\Omega$；$Z_2 = (6+\mathrm{j}8)\,\Omega$，电压源 $\dot{U}_S = 3\angle 30°\ \mathrm{V}$，电流源 $\dot{I}_S = 3.6\angle 0°\ \mathrm{A}$，试求电流 $\dot{I}_1$、$\dot{I}_2$ 及电压源 $\dot{U}_S$ 提供的功率 P_{US}。

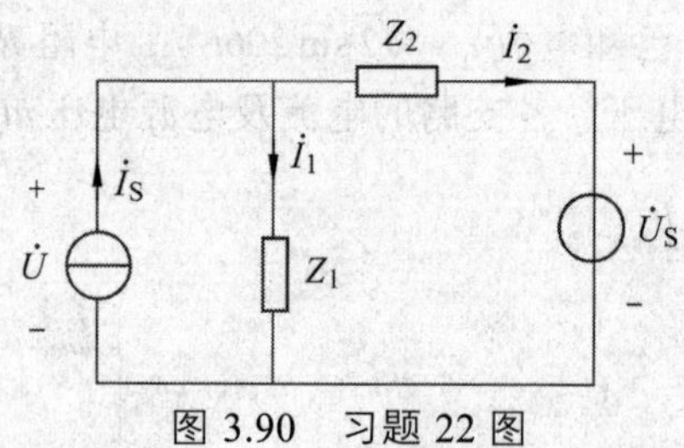

图 3.90　习题 22 图

23. 感性负载 Z 接于 220 V、50 Hz 正弦电源上，负载的平均功率和功率因数分别为 2 200 W 和 0.8。试求：

（1）求并联电容前电源电流、无功功率和视在功率。

（2）并联电容，将功率因数提高到 0.95，求电容大小、并联后电源电流、无功功率和视在功率。

24. 在图 3.91 所示 RL 串联电路中，已知电压 $u(t) = 220\sqrt{2}\sin 314t\ \mathrm{V}$，有功功率 P =1.5 kW，功率因数 λ=0.68。试求：

（1）RL 串联电路电流 i 及电路参数 R、L。

（2）若在 RL 串联电路两端并联电容 C，则电路的总功率因数 $\lambda' = 0.91$，问并联多大的电容 C?

25. 电路如图 3.92 所示，已知阻抗 $Z_1 = (2+\mathrm{j}3)\ \Omega$，$Z_2 = (3+\mathrm{j}6)\ \Omega$，阻抗 Z_2 支路的视在功率 S_2 = 1 490 VA。试求阻抗 Z_1 消耗的有功功率 P_1 。

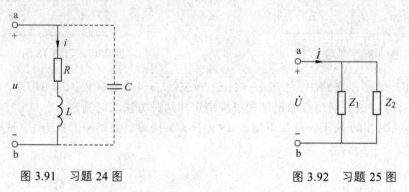

图 3.91　习题 24 图

图 3.92　习题 25 图

26. 在图 3.93 所示正弦交流电路中，已知电阻 R_1=3 Ω，R_2 =10 Ω，感抗 X_{L1}=4 Ω，总有功功率 P =1 100 W。试求各支路的有功功率。

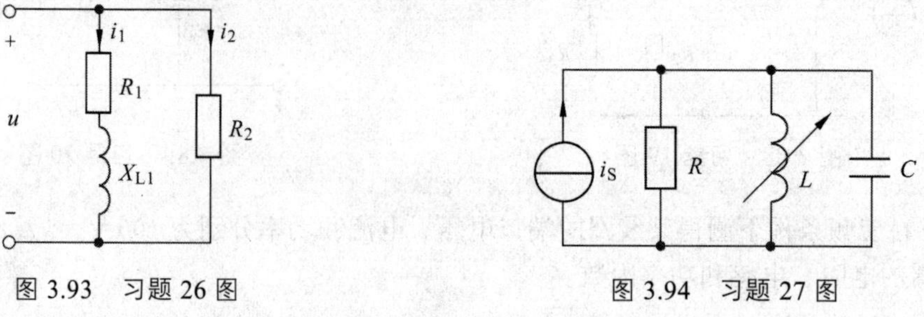

图 3.93　习题 26 图

图 3.94　习题 27 图

27. 在图 3.94 所示电路中，已知电流源 $i_S = 100\sqrt{2}\sin \pi t$ A，电阻 $R = 0.5\ \Omega$，电容 $C = 0.03$ F，调节电感 L 使电路消耗的有功功率为 3.6 kW。试求电感 L 值及电路的功率因数。

28. 一个电感为 0.25 mH，电阻为 25 Ω 的线圈与 85 pF 的电容器接成并联电路，试求该并联电路的谐振频率和谐振时的阻抗。

29. 在图 3.95 所示的 RLC 并联电路中，已知电流源 $i_S = 5\sqrt{2}\sin(2500t + 60°)$ A，电阻 $R = 5\ \Omega$，电感 $L = 30$ mH。试问电容 C 取何值时，电流表的读数为零；并求此时的电压 $\dot{U}$、电流 $\dot{I}_R$、$\dot{I}_L$ 及 $\dot{I}_C$。

30. 在图 3.96 所示的电路中，已知阻抗 $Z_1 = 5\angle 30°\ \Omega$，$Z_2 = 8\angle -45°\ \Omega$，$Z_3 = 10\angle 60°\ \Omega$，电压源 $\dot{U}_S = 100\angle 0°$ V。试求阻抗 Z_L 取何值时可获得最大功率？并求最大功率。

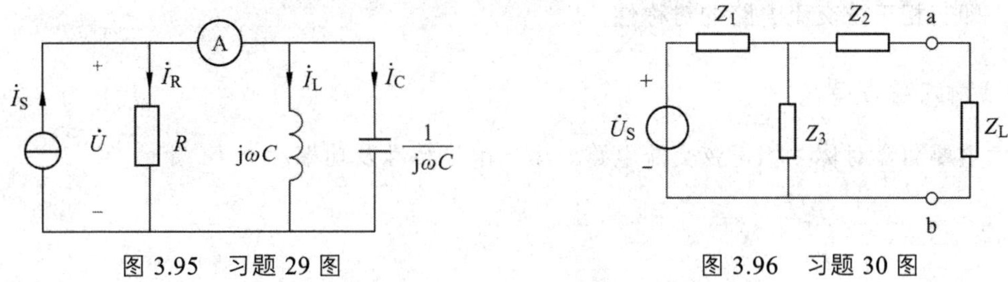

图 3.95　习题 29 图　　　　图 3.96　习题 30 图

31. 在 RLC 串联电路中，已知端电压 $u = 5\sqrt{2}\sin(2\,500t)$ V，当电容 $C = 10\ \mu$F 时，电路吸收的功率 P 达到最大值 $P_{max} = 150$ W。试求电感 L 和电阻 R 的值。

第 4 章　对称三相正弦交流电路简介

4.1　学习指导

三相正弦交流电路是正弦交流电路中第三种特殊的电路。学习中关注三相正弦交流电源的对称特性，电路结构及参数的对称特点，对称相电压与线电压关系，对称相电流与线电流的关系，即三相正弦交流电路的对称性。

4.1.1　内容提要

本章主要简介对称三相正弦交流电路电压、电流特性及功率。

4.1.2　重点与难点

1. 重　点

重点了解三相正弦交流电源的对称特性；Y 形、△形连接电路对称性；线电压、线电流、相电压、相电流基本概念；对称三相正弦交流电路的基本计算及三相功率的分析。

2. 难　点

建立对称三相正弦交流电路的概念；了解 Y 形、△形连接电路的电压、电流特点及分析方法。

4.2　三相正弦交流电路的基本概念

电力系统广泛采用由三相电源、三相负载和三相输电线路三部分组成的三相制系统。

4.2.1　对称三相电源

对称三相电源：是由三个频率相同、幅值相等、相位差均为 120°的正弦交流电压源组成，简称为对称三相电源。其电源如图 4.1（a）所示，设 A 相电源为参考正弦量，即三相电压电源的表达试为

$$\begin{cases} u_{\mathrm{A}} = \sqrt{2}U\sin\omega t \\ u_{\mathrm{B}} = \sqrt{2}U\sin(\omega t - 120^\circ) \\ u_{\mathrm{C}} = \sqrt{2}U\sin(\omega t + 120^\circ) \end{cases} \tag{4.1}$$

式（4.1）的相量式为

$$\begin{cases} \dot{U}_{\mathrm{A}} = U\angle 0^\circ \\ \dot{U}_{\mathrm{B}} = U\angle -120^\circ \\ \dot{U}_{\mathrm{C}} = U\angle 120^\circ \end{cases} \tag{4.2}$$

式（4.2）的相量关系如图 4.1（b）所示。

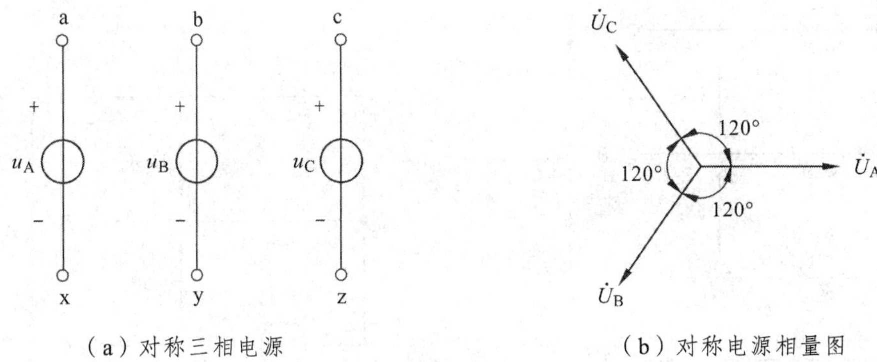

（a）对称三相电源　　（b）对称电源相量图

图 4.1　对称三相电源

可证明式（4.1）、式（4.2）的三相电量之和为零。即

$$\begin{cases} u_A + u_B + u_C = 0 \\ \dot{U}_A + \dot{U}_B + \dot{U}_C = 0 \end{cases}$$

4.2.2　三相电源的相序

相序：三相电压达到最大值或零值的次序称为相序。相序分为“正相序”和“负相序”。

正相序：相电压达到最大值的次序为 A—B—C，称为正相序。如表达式（4.1）为正相序。

负相序：相电压达到最大值的次序为 A—C—B，称为负相序。

我国供配电系统中，用的是正相序，并分别用黄（A 相）、绿（B 相）、红（C 相）三种颜色标定三相电源的相序。

4.2.3　三相电源的连接

1. 三相电源星形连接

中点或零点：三相电源连接成星形方式（见图 4.2），即将三相电源的末端连为一个结点 N，并将结点 N 称为中点或零点，由结点 N 引出的导线称为中线。

火线：三相电源始端 A、B、C 端引出的导线称为火线。

三相四线制：三相电源供电时，如采用三根火线 A、B、C 和一根中线 N 的连接方式供电，称为三相四线制，常用 Y_0 表示，电路如图 4.2（a）所示。

三相三线制：三相电源供电时，若采用无中线连接方式供电，称为三相三线制，常用 Y 表示，电路如图 4.2（b）所示。

线电压：三相电路中火线与火线之间的电压，称为线电压。图 4.2 中 $\dot{U}_{AB}$、$\dot{U}_{BC}$、$\dot{U}_{CA}$ 称为线电压。线电压不随外接负载电路而改变。

2. 三相电源三角形连接

三角形连接：将三相电源依次首尾相连，即图 4.1（a）所示电压源的 a 连 z、b 连 y、c 连 x，如图 4.3 所示电路称为三相电源的三角形连接，用△表示。

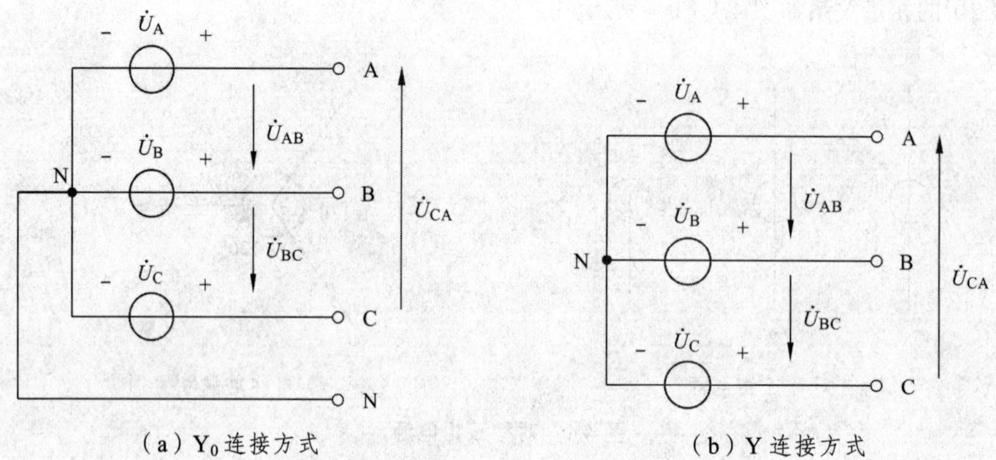

（a）Y_0 连接方式　　（b）Y 连接方式

图 4.2　三相电源的星形连接

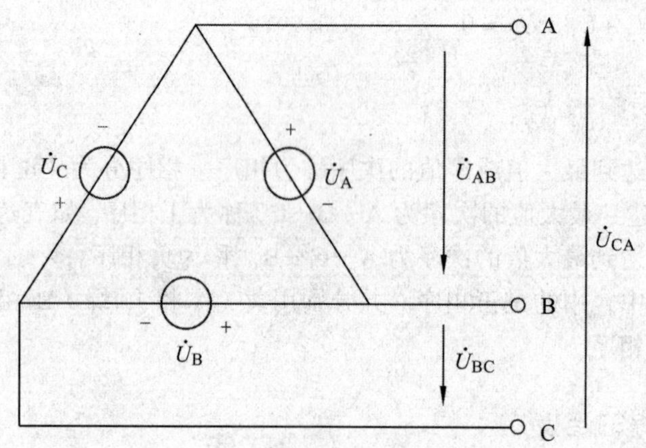

图 4.3　三相电源的三角形连接图

由图 4.3 的电路分析得线电压与相电压关系为

$$\begin{cases} \dot{U}_{AB} = \dot{U}_A \\ \dot{U}_{BC} = \dot{U}_B \\ \dot{U}_{CA} = \dot{U}_C \end{cases}$$

即线电压 $\dot{U}_{AB}$、$\dot{U}_{BC}$、$\dot{U}_{CA}$ 不随外接负载电路而改变。

4.2.4　常见问题讨论

（1）三相电路中的三个电压源是由任意三个正弦交流电压源组成。

解答：错。

三相电路中的三个电压源是由“三个频率相同、幅值相等、相位差均为 120°的正弦交流电压源组成”，即三相电压电源的表达式为

$$u_A = \sqrt{2}U\sin\omega t$$
$$u_B = \sqrt{2}U\sin(\omega t - 120°)$$
$$u_C = \sqrt{2}U\sin(\omega t + 120°)$$

（2）在三相电路中，每个电压源输出的电压均为线电压。

解答：线电压是指三相电路中火线与火线之间的电压，与三相电源和三相负载的连接方式无关。

4.3　对称三相正弦交流电路的分析

4.3.1　基本概念

1. 三相电路图

三相电源无论采用 Y 形连接还是△形连接，其三相电源输出的线电压不随外接负载电路而改变。因此，在三相电路图中，常常不画三相电源电路部分，而只画三相负载电路部分，如图 4.4 所示。

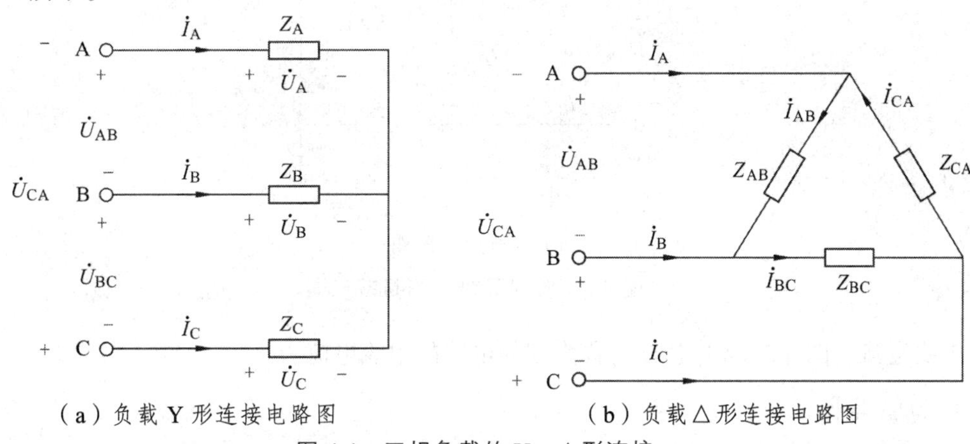

（a）负载 Y 形连接电路图　　（b）负载△形连接电路图

图 4.4　三相负载的 Y、△形连接

2. 电压、电流基本概念

相电压：每相负载的端电压，称为相电压；如图 4.4（a）中 $\dot{U}_A$、$\dot{U}_B$、$\dot{U}_C$ 为相电压。

相电流：流过每相负载的电流，称为相电流；如图 4.4（b）中 $\dot{I}_{AB}$、$\dot{I}_{BC}$、$\dot{I}_{CA}$ 为相电流。

线电压：火线与火线之间的电压，称为线电压；如图 4.4 中 $\dot{U}_{AB}$、$\dot{U}_{BC}$、$\dot{U}_{CA}$ 为线电压。

线电流：火线中流过的电流，称为线电流；如图 4.4（b）中 $\dot{I}_A$、$\dot{I}_B$、$\dot{I}_C$ 为线电流。

3. 对称三相电路

对称三相电源与对称三相负载相连接成的电路称为对称三相电路。

4.3.1　对称三相 Y 形连接电路

1. 对称 Y 形负载电路

对称 Y 形负载电路：当图 4.4（a）中三相负载阻抗相同时，电路对称，如图 4.5 所示，

即 $Z_A = Z_B = Z_C = Z$，称电路为对称 Y 形负载电路。

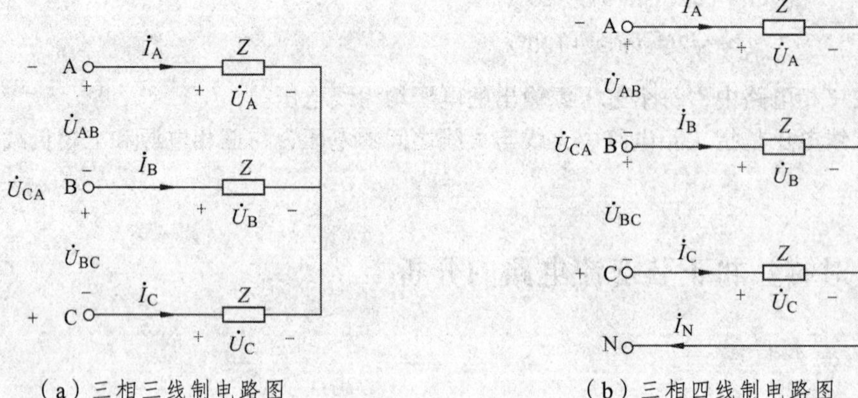

（a）三相三线制电路图　　（b）三相四线制电路图

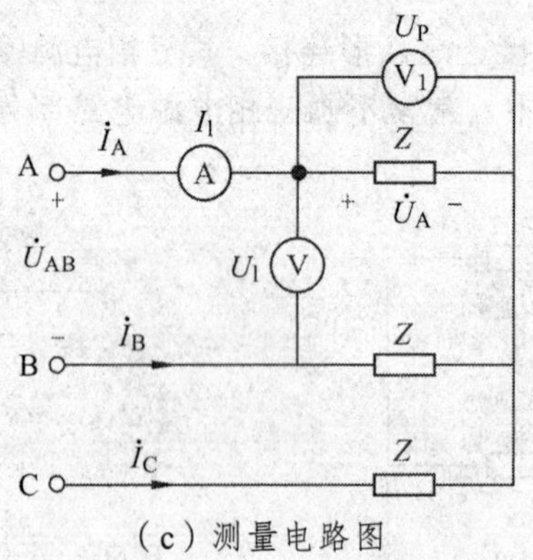

（c）测量电路图

图 4.5　对称三相 Y 形连接电路

中线电流：图 4.5（b）中的 $\dot{I}_N$ 称为三相电路的中线电流。

2. 电流特性

设 U_P 表示相电压有效值，图 4.5 的相电压为

$$\begin{cases} \dot{U}_A = U_P\angle 0^\circ \\ \dot{U}_B = U_P\angle -120^\circ \\ \dot{U}_C = U_P\angle 120^\circ \end{cases}$$

线电流 $\dot{I}_A$、$\dot{I}_B$、$\dot{I}_C$ 为

$$\begin{cases} \dot{I}_A = \dfrac{\dot{U}_A}{Z} = I_l\angle\varphi_A \\ \dot{I}_B = \dfrac{\dot{U}_B}{Z} = I_B\angle\varphi_B = I_l\angle(\varphi_A - 120^\circ) \\ \dot{I}_C = \dfrac{\dot{U}_C}{Z} = I_C\angle\varphi_C = I_l\angle(\varphi_A + 120^\circ) \end{cases} \tag{4.3}$$

对称 Y 接电路的电流特性为

（1）线电流等于对应的相电流。电流对称性如图 4.6（b）所示，其测量接线如图 4.5（c）所示。

（2）中线电流为零，即 $\dot{I}_N = \dot{I}_A + \dot{I}_B + \dot{I}_C = 0$。

（3）因 $\dot{I}_N = 0$，则将对称三相 Y 接电路简化为单相电路计算 $\dot{I}_A$，如图 4.6（a）所示，再根据对称性，解得式（4.3）中 $\dot{I}_B$、$\dot{I}_C$。

3. 电压特性

根据 KVL 和相电压式，图 4.5 电路的线电压为

$$\begin{aligned}\dot{U}_{AB} &= \dot{U}_A - \dot{U}_B \\ &= U_P\angle 0° - U_P\angle -120° \\ &= \sqrt{3}U_P\angle 30° \\ &= \sqrt{3}\dot{U}_A\angle 30° \\ &= U_l\angle 30°\end{aligned}$$

由对称性，得

$$\dot{U}_{BC} = \sqrt{3}\dot{U}_B\angle 30° = U_l\angle -90°$$
$$\dot{U}_{CA} = \sqrt{3}\dot{U}_C\angle 30° = U_l\angle 150°$$

式中，U_l 表示线电压的有效值，U_p 表示相电压有效值，其测量接线电路如图 4.5（c）所示。

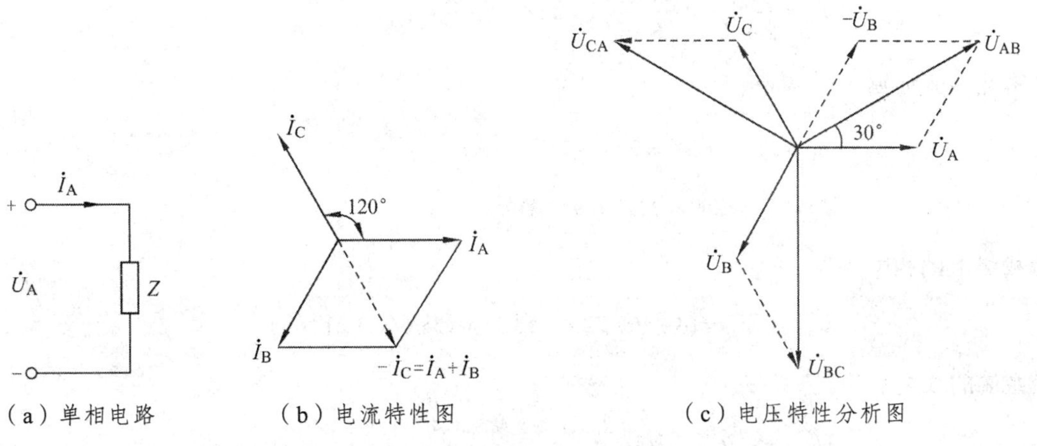

（a）单相电路　（b）电流特性图　（c）电压特性分析图

图 4.6　Y 接电路特性及分析图

由上式分析得电压特性为

（1）线电压有效值 U_l 是相电压有效值 U_p 的 $\sqrt{3}$ 倍，即 $U_l = \sqrt{3}U_P$。

（2）线电压相位超前所对应的相电压的相位 30°。即 $\dot{U}_{AB}$ 超前 $\dot{U}_A$ 相位 30°，$\dot{U}_{BC}$ 超前 $\dot{U}_B$ 相位 30°，$\dot{U}_{CA}$ 超前 $\dot{U}_C$ 相位 30°。其线电压与相电压的相量关系如相量图 4.6（c）所示。

（3）相电压对称，则线电压也对称。

【例 4.1】 电路如图 4.7（a）所示，已知负载阻抗 $Z = (4 + j6)\Omega$，导线阻抗 $Z_L = (2 + j2)\Omega$，

中线阻抗 $Z_N = (1 + j1)\,\Omega$，电源端线电压 $U_l = 380\ \text{V}$，试求相电流和负载端的线电压。

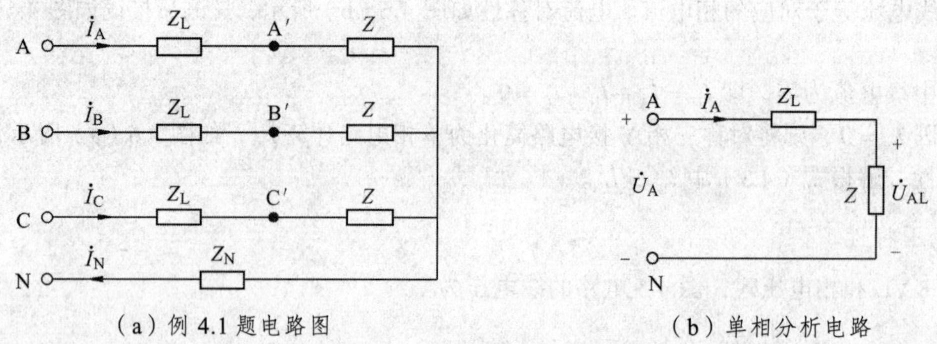

（a）例 4.1 题电路图　　（b）单相分析电路

图 4.7　例 4.1 图及单相分析电路

分析：图 4.7（a）电路是对称三相 Y 接电路，根据对称三相 Y 接电路电流特性，电路中线电流为零，即中线阻抗 Z_N 上端电压为零，$Z_N\dot{I}_N = 0$；电路线电流等于对应相电流。因此，先计算单相电路图 4.7（b）中一相的电流，再利用对称性得其他两相的电流。

解　设 A 相电源电压为

$$\dot{U}_A = \frac{U_l}{\sqrt{3}}\angle 0^\circ = \frac{380}{\sqrt{3}}\angle 0^\circ = 220\angle 0^\circ\ (\text{V})$$

由图 4. 7（b）得 A 相电流为

$$\dot{I}_A = \frac{\dot{U}_A}{Z + Z_L} = \frac{220\angle 0^\circ}{6 + j8} = 22\angle -53.1^\circ\ (\text{A})$$

由电路对称性得

$$\dot{I}_B = \dot{I}_A\angle -120^\circ = 22\angle -172.1^\circ\ (\text{A})$$

$$\dot{I}_C = \dot{I}_A\angle 120^\circ = 22\angle 66.9^\circ\ (\text{A})$$

负载 Z 上的相电压为

$$\dot{U}_{AL} = Z\dot{I}_A = (4 + j6)\cdot 22\angle -53.1^\circ \approx 158.64\angle 3.21^\circ\ (\text{V})$$

负载端的线电压为

$$\begin{aligned}\dot{U}_{A'B'} &= \sqrt{3}\dot{U}_{AL}\angle 30^\circ \\ &= \sqrt{3}\times 158.64\angle(30^\circ + 3.21^\circ) \approx 274.77\angle 33.21^\circ\ (\text{V})\end{aligned}$$

由对称性得

$$\dot{U}_{B'C'} = \dot{U}_{A'B'}\angle -120^\circ = 274.77\angle -86.79^\circ\ (\text{V})$$
$$\dot{U}_{C'A'} = \dot{U}_{A'B'}\angle 120^\circ = 274.77\angle 153.21^\circ\ (\text{V})$$

结论：对于对称三相 Y 接电路，各相电流由各相电源所提供，可用单相电路分析法分析对称三相电路。注意，对称三相 Y 接电路中，中线电流为零，所以中线阻抗 Z_N 上的电压为零，单相电路分析计算时与中线阻抗 Z_N 无关。

4.3.2　对称三相△形连接电路

1、对称△形负载电路

对称△形负载电路：当图 4.4（b）中三相负载阻抗相同时，电路对称。如图 4.8（a）所示，即 $Z_{AB}=Z_{BC}=Z_{CA}=Z$，称电路为对称△形负载电路。

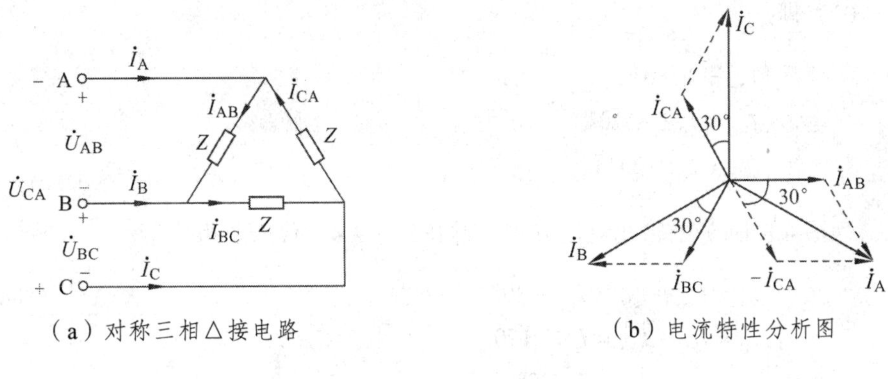

（a）对称三相△接电路　　（b）电流特性分析图

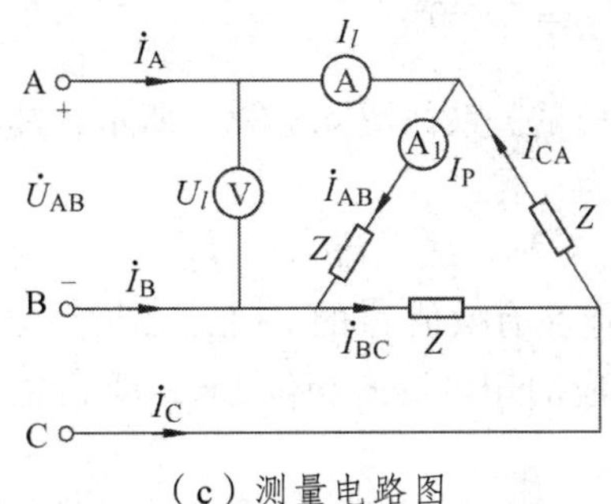

（c）测量电路图

图 4.8　△接电路及电流特性图

2. 电压特性

图 4.8（a）三相电路的线电压由三相电源决定，与三相负载大小无关。设图 4.8（a）电压为

$$\begin{cases}\dot{U}_{AB}=U_l\angle 0^\circ\\ \dot{U}_{BC}=U_l\angle -120^\circ\\ \dot{U}_{CA}=U_l\angle 120^\circ\end{cases}$$

则△形连接对称电路电压特性为

（1）线电压等于对应的相电压（即对应阻抗上的相电压）；其测量电路如图 4.8（c）所示。

（2）线电压有效值 U_1 等于相电压有效值 U_p，即 $U_1=U_P$。

3. 电流特性

设图 4.8（a）电路中负载阻抗为 $Z=|Z|\angle\varphi_Z$，则电路的相电流为

$$\begin{cases}\dot{I}_{AB}=\dfrac{\dot{U}_{AB}}{Z}=\dfrac{U_1\angle 0^\circ}{|Z|\angle\varphi_Z}=I_{AB}\angle-\varphi_Z=I_P\angle-\varphi_Z\\ \dot{I}_{BC}=\dfrac{\dot{U}_{BC}}{Z}=\dfrac{U_1\angle-120^\circ}{|Z|\angle\varphi_Z}=I_P\angle(-120^\circ-\varphi_Z)\\ \dot{I}_{CA}=\dfrac{\dot{U}_{CA}}{Z}=I_P\angle(120^\circ-\varphi_Z)\end{cases}$$

如果设 $\varphi_Z=0^\circ$，即

$$\begin{cases}\dot{I}_{AB}=I_P\angle 0^\circ\\ \dot{I}_{BC}=\dot{I}_P\angle-120^\circ\\ \dot{I}_{CA}=\dot{I}_P\angle 120^\circ\end{cases}\tag{4.4}$$

根据 KCL，列图 4.8（a）电路线电流方程，并将式（4.4）代入，得

$$\begin{cases}\dot{I}_A=\dot{I}_{AB}-\dot{I}_{CA}=I_1\angle-30^\circ\\ \dot{I}_B=\dot{I}_{BC}-\dot{I}_{AB}=I_1\angle-150^\circ\\ \dot{I}_C=\dot{I}_{CA}-\dot{I}_{BC}=I_1\angle 90^\circ\end{cases}$$

式中，线电流与相电流之间的相量关系如图 4.8（b）所示，其测量电路如图 4.8（c）所示。则△形连接对称电路电流特性为

（1）相电流 $\dot{I}_{AB}$、$\dot{I}_{BC}$、$\dot{I}_{CA}$ 对称，线电流 $\dot{I}_A$、$\dot{I}_B$、$\dot{I}_C$ 也对称。

（2）线电流有效值 I_1 是相电流有效值 I_P 的 $\sqrt{3}$ 倍，即 $I_1=\sqrt{3}I_P$。

（3）线电流相位滞后所对应的相电流的相位 30°，即 $\dot{I}_A$ 滞后 $\dot{I}_{AB}$ 相位 30°，$\dot{I}_B$ 滞后 $\dot{I}_{BC}$ 相位 30°，$\dot{I}_C$ 滞后 $\dot{I}_{CA}$ 相位 30°。

【例 4.2】 对称三相电路如图 4.9（a）所示。已知负载阻抗 $Z=(19.2+\mathrm{j}14.4)\,\Omega$，传输线路阻抗 $Z_L=(3+\mathrm{j}4)\,\Omega$，线电压 $U_{AB}=380\text{ V}$。试求负载端的线电压、线电流和负载中的相电流。

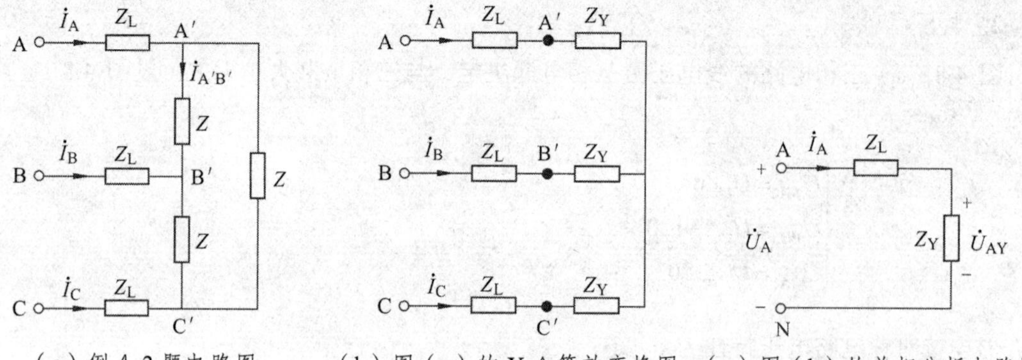

（a）例 4.2 题电路图　（b）图（a）的 Y-△等效变换图　（c）图（b）的单相分析电路图

图 4.9　例 4.2 图及分析计算电路图

分析：图 4.9（a）所示三相对称负载 Z 是△形连接，利用阻抗的 Y-△等效变换，即 $Z_Y=\dfrac{1}{3}Z_\triangle$，将△形负载 Z 等效变换为 Y 形连接，如图 4.9（b）所示。再用单相电路[见图 4.9（c）]分析

计算△形连接的线电流 $\dot{I}_A$。然后，再根据对称特性解得其他各参数。

解　图 4.9（b）负载 Z_Y 为

$$Z_Y=\frac{Z}{3}=\frac{1}{3}(19.2+j14.4)=(6.4+j4.8)\ (\Omega)$$

设 A 相电源电压为

$$\dot{U}_A=\frac{380}{\sqrt{3}}\angle 0^\circ=220\angle 0^\circ\ (V)$$

由图 4.9（c）得线电流 $\dot{I}_A$

$$\dot{I}_A=\frac{\dot{U}_A}{Z_L+Z_Y}=\frac{220\angle 0^\circ}{(3+j4)+(6.4+j4.8)}=17.1\angle -43.2^\circ\ (A)$$

由三相电路的对称性得

$$\dot{I}_B=\dot{I}_A\angle -120^\circ=17.1\angle -163.2^\circ\ (A)$$

$$\dot{I}_C=\dot{I}_A\angle 120^\circ=17.1\angle 76.8^\circ\ (A)$$

根据线电流与相电线的特性，得

$$\dot{I}_{A'B'}=\frac{1}{\sqrt{3}}\dot{I}_A\angle 30^\circ=\frac{1}{\sqrt{3}}\times 17.1\angle -43.2^\circ\cdot\angle 30^\circ=9.9\angle -13.2^\circ\ (A)$$

由对称性，得

$$\dot{I}_{B'C'}=\dot{I}_{A'B'}\angle -120^\circ=9.9\angle -133.2^\circ\ (A)$$

$$\dot{I}_{C'A'}=\dot{I}_{A'B'}\angle 120^\circ=9.9\angle 106.8^\circ\ (A)$$

负载端的线电压

$$\dot{U}_{A'B'}=Z\dot{I}_{A'B'}=(19.2+j14.4)\times 9.9\angle -13.2^\circ=237.6\angle 23.7^\circ\ (V)$$

由对称性，得

$$\dot{U}_{B'C'}=\dot{U}_{A'B'}\angle -120^\circ=237.6\angle -96.3^\circ\ (V)$$

$$\dot{U}_{C'A'}=\dot{U}_{A'B'}\angle 120^\circ=237.6\angle 143.7^\circ\ (V)$$

结论：对称三相△接电路分析中，常常应用 $Z_Y=\frac{1}{3}Z_\triangle$ 等效变换，将△接等效变换为 Y 接，再由单相分析电路计算△接的线电流。根据电压特性、电流特性和电路的对称性，推导出其他电量。

4.3.3　常见问题讨论

（1）在三相电路中，如果线电压对称，则线电流一定也对称。

解答：错。

只有在对称三相电路中，线电压、线电流、相电压、相电流都具有对称性。

（2）由对称三相电源所构成的电路称为对称三相电路。

解答：错。

三相电路中的电源是由对称三相电源所组成，是三相电路的必要条件；而对称三相电路指的是三相电路中的三相负载对称，即三相负载相等。

（3）对称三相 Y 接电路中，线电压等于相电压。

解答：错。

对称三相 Y 接电路中，线电压的有效值 U_1 是相电压的有效值 $\sqrt{3}$ 倍，即 $U_1=\sqrt{3}U_p$；线电压的相位超前对应相电压的相位 30°。

（4）对称三相 Y 接电路中，线电流等于对应相的相电流。

解答：对。

对称三相 Y 接电路中，火线中的电流（即线电流）等于负载中电流（即相电流）。

（5）对称三相△接电路中，线电压等于相电压。

解答：对。

对称三相△接电路中，火线之间的电压（即线电压）等于负载上的端电压（即相电压）。

（6）对称三相△接电路中，线电流等于相电流。

解答：错。

对称三相△接电路中，线电流的有效值 I_1 是相电流的有效值 $\sqrt{3}$ 倍，即 $I_1=\sqrt{3}I_p$；线电流的相位滞后对应相电流的相位 30°。

4.4 对称三相正弦交流电路的功率简介

4.4.1 基本计算式

对称三相电路如图 4.10 所示，设三相电路相电压有效值为 U_P、相电流有效值为 I_P，负载阻抗为 $Z=|Z|\angle\varphi_Z$，则有：

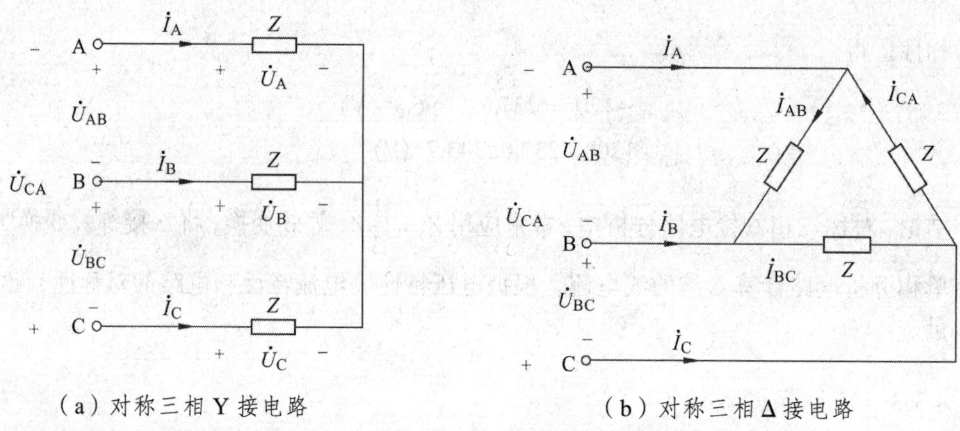

（a）对称三相 Y 接电路　　（b）对称三相 Δ 接电路

图 4.10　对称三相负载电路

单相有功功率 P_p：因为对称三相电路中，每相功率是相等的，即 $P_A=P_B=P_C$，所以，单

相功率为 $P_p = U_p I_p \cos\varphi$。

功率因数 $\cos\varphi$：$\varphi = \varphi_u - \varphi_i = \varphi_Z$。注意，是相电压相位 φ_u 与相电流相位 φ_i 的之差。

单相无功功率 Q_p：同理，对称三相电路中，$Q_A = Q_B = Q_C$。所以，单相无功功率为 $Q_p = U_P I_P \sin\varphi$。

单相视在功率 S_p：同理，对称三相电路中，$S_A = S_B = S_C$，单相视在功率为 $S_p = U_P I_P$。

结论：对称三相电路中，其中一相负载上的单相功率为

$$\begin{cases} P_p = U_P I_P \cos\varphi \\ Q_p = U_P I_P \sin\varphi \\ S_p = U_P I_P \end{cases}$$

上式表明，单相功率计算式与对称三相电路的连接方式无关，仅与相电压 U_P、相电流 I_P 和负载阻抗角 $\varphi = \varphi_Z$ 有关。所以，对称三相电路功率的基本计算式为

$$\begin{cases} P = 3P_p = 3U_P I_P \cos\varphi \\ Q = 3Q_p = 3U_p I_p \sin\varphi \\ S = 3S_p = 3U_P I_P \end{cases} \tag{4.5}$$

根据对称电路的电压特性和电流特性

$$\text{Y接电路}\begin{cases} U_P = \dfrac{U_1}{\sqrt{3}} \\ I_P = I_1 \end{cases}$$

$$\triangle\text{接电路}\begin{cases} I_P = \dfrac{I_1}{\sqrt{3}} \\ U_P = I_1 \end{cases}$$

将上式代入式（4.5）得

$$\begin{cases} P = 3U_P I_P \cos\varphi = \sqrt{3}U_1 I_1 \cos\varphi \\ Q = 3U_P I_P \sin\varphi = \sqrt{3}U_1 I_1 \sin\varphi \\ S = 3U_P I_P = \sqrt{3}U_1 I_1 \end{cases} \tag{4.6}$$

注：无论负载是 Y 形连接还是△形连接，其对称三相电路的功率计算如式（4.6）所示。

同理。对称三相电路也可以借助复功率 $\tilde{S}$ 和功率三角形（见图 4.11），进行功率分析计算，即

$$\tilde{S} = P + jQ = \sqrt{P^2 + Q^2}\angle\arctan\frac{Q}{P} = S\angle\varphi \tag{4.7}$$

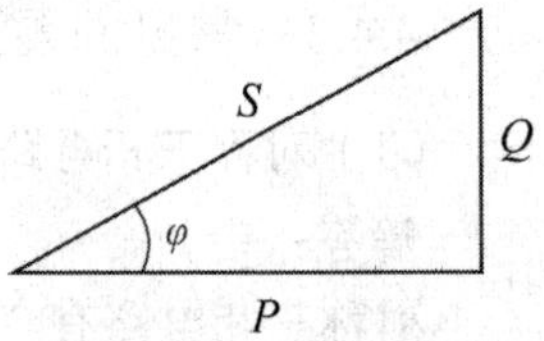

S
Q
φ
P

图 4.11　功率三角形

4.4.2　对称三相电路的分析与计算

【例 4.3】电路如图 4.12 所示，已知 A 相电流 $\dot{I}_A = 22\angle -53.1°$ A，A 相负载 Z 上端电压 $\dot{U}_{AL} = 158.64\angle 3.21°$ V，试求对称三相负载电路的 P、Q、S 和 λ。

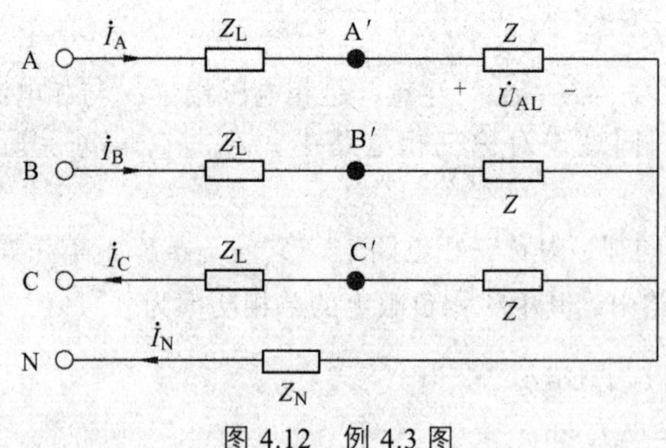

图 4.12　例 4.3 图

分析：

（1）本题求的是“对称三相负载电路”的功率，因此，功率计算中不包含传输线上阻抗 Z_L 的功率。

（2）已知条件是相电流 $\dot{I}_A$、相电压 $\dot{U}_{AL}$，则 $\tilde{S}_p = \dot{U}\dot{I}^*$ 计算得到的是一相的复功率，对称三相负载电路的复功率为 $\tilde{S} = 3\tilde{S}_p$。

解　单相负载的复功率 $\tilde{S}_p$ 为

$$\begin{aligned}\tilde{S}_p &= \dot{U}_{AL}\dot{I}_A^* \\ &= 158.64\angle 3.21° \times 22\angle 53.1° = 3490.08\angle 56.31° \\ &= (1936 + j2904)\ (VA)\end{aligned}$$

三相负载的复功率为

$$\tilde{S} = 3\tilde{S}_p = 3\times(1936 + j2904) = (5808 + j8712)\ (VA)$$

所以

$$\begin{aligned}&P = 5\,808\ W \\ &Q = 8\,712\ Var \\ &S = 3\times 3\,490.08 = 10\,470.24\ (VA) \\ &\lambda = \cos 56.31° = 0.555\end{aligned}$$

结论：单相功率是指一相负载上的功率，而三相负载功率是指三个负载功率之和。在对称三相电路中，三相负载功率 $\tilde{S}$ 与单相负载功率 $\tilde{S}_p$ 关系为：$\tilde{S} = 3\tilde{S}_p$。注意：对称三相电路的功率因数，是一相电路负载的功率因数 $\cos\varphi$，即 $\varphi = 3.21° - (-53.1°) = 56.31°$。

4.4.3　常见问题讨论

（1）对称三相电路的功率因数角 φ 的大小，取决于电压与电流的相位差。

解答：错。

对称三相电路有“线电流”与“相电流”，“线电压”与“相电压”之分；连接上也存在“Y 形”与“△形”的不同。因此，功率因数角 φ 的大小，取决于相电压与相电流的相位差。

（2）对称三相电路的功率因数角 φ 的大小，取决于三相负载的阻抗 $Z = |Z|\angle\varphi_Z$ 角 φ_Z，即功率因数为 $\cos\varphi_Z$。

解答：不一定对。

对称三相电路中，当传输线上存在着传输线阻抗 Z_L 时，对称三相电路的总功率因数角 φ 取决于相电压与相电流相位差，即 $\varphi \neq \varphi_Z$。只有当传输线阻抗 $Z_L = 0$ 时，$\varphi = \varphi_Z$，功率因数为 $\cos\varphi_Z$。

4.5　安全用电

“安全用电”主要是指“人身安全”和“设备安全”。特别是在三相交流电及电气用电时，安全用电是需要注意的一个重要问题。当人体触摸电压形成电位差时，人的身体提供了一条电流通路，电流会对人体产生电击，造成触电者受伤甚至死亡；当电气设备超过用电的额定值或因其他原因发生故障时，不仅会损坏设备而且可能会引起火灾，甚至危害人的生命。

4.5.1　电击与预防

4.5.1.1　电　击

用电时，电击、电伤的可能性始终存在。

电击：是指电流通过人体，造成人体内部器官组织受到损伤。通过人体的电流（注意：不是电压）是产生电击的原因。

电流对人体的影响取决于电流的大小和电流流过人体的路径，流经人体的电流越大，伤害的程度就越严重，使人致命的电流约为 50 mA。

触电伤害的程度还与电源的频率有关，当电源频率为 40 ~ 60 Hz 时，电流对人体的伤害程度最为严重。

电伤：是指在电弧作用下，对人体外部的灼伤。

人体电阻一般为 10 ~ 50 kΩ，并与测量部位和皮肤潮湿程度等有关。例如，当皮肤处于潮湿状态时，人体电阻约 1 kΩ 左右；当皮肤受损伤时，人体电阻约 100 Ω 左右。应注意，人体触电时人体电阻值不是固定的，随着电压和触电时间的增加而减少。

4.5.1.2　安全预防措施

（1）在操作电子设备和电气装置时，根据用电环境的不同，我国规定的安全电压为：

（a）在木板或瓷块结构等危险性较低的建筑物中，规定为 36 V。

（b）在钢筋混凝土结构等具有危险性的建筑物中，规定为 24 V。

（c）在华工车间，金属结构等危险的建筑物中，规定为 12 V。

（2）为了防止人身触电事故的发生，要求供电人员和用电人员要严格遵守安全操作规程：

（a）一般不允许带电作业（高压带电作业例外，它有专用安全设施、操作规程和批准程序）。

（b）停电作业时，电气设备和线路的两端要求三相用导线短路并接地，停电设施要有醒目的不准合闸的警告牌。

（c）电气设备要严格按有关安全标准的要求进行接地和接零保护。

4.5.2　接地与接零

接地：将电气设备的任何部分与大地作良好的电气连接，称为接地。按接地的目的不同，主要可分为三种：工作接地、保护接地和保护接零。如图 4.13 所示。

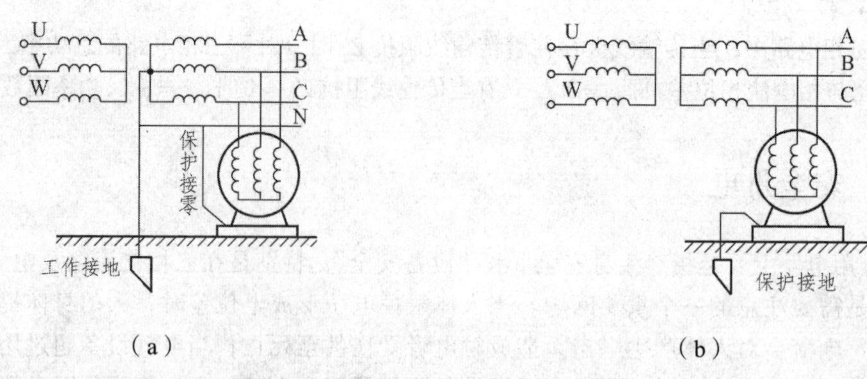

（a）　　　　　　　　（b）

图 4.13　接　地

4.5.2.1　工作接地

工作接地：为了保证电力系统安全正常运行，将三相电源的中点接地[见图 4.13（a）]，这种接地方式称为工作接地。工作接地的目的是：

1. 降低触电电压

在中点不接地的系统中，当一相接地（设：C 相接地）时，若人体触及另外两相中的一相（设：人体触及 A 相），则触电电压是三相电源的线电压（U_{AC}），即电源相电压的 $\sqrt{3}$ 倍。而在中线接地的系统中，人体一旦触电，其触电电压是电源的相电压。

2. 迅速切断故障设备

在中线接地的系统中，一相接地后接地电流较大（接近单相短路电流），保护装置迅速动作，切断故障设备。而在中线不接地的系统中，当一相接地时，接地电流很小，不足以使保护装置动作，接地故障不易被发现，故障长期持续下去，对人身安全不利。

3. 降低电气设备对地绝缘水平

在中点不接地的系统中，一相接地时将使另外两相的对地电压升高为线电压；而在中点接地的系统中，则接近于相电压，故降低了对电气设备和输配电线路绝缘水平的要求，这样就提高了电气设备运行的安全可靠性并能节省投资，这对数量众多的低压配电设备和用电设备是很有价值的。

4.5.2.2　保护接地

保护接地：将正常情况下不带电的电气设备的金属外壳接地。保护接地多用于电源中不接地的低压系统及高压电气设备。

在中点不接地的系统中，当系统中某台电动机或电气设备因内部绝缘损坏而使金属外壳带电时，如果人体触及机壳，由于线路与大地间存在着分布电容，将有电流通过人体与分布电容所构成的回路，相当于单线触电，造成人身事故，如图 4.14（a）所示。

如果设备机壳通过接地装置与大地有良好的接触，当人体触及设备外壳时，人体相当于接地装置的一条并联支路，由于人体电阻 R_b 比接地装置的接地电阻 R_0 大得多，即 $R_b >> R_0$，通过人体的电流就很小，就避免了触电的危险。如图 4.14（b）所示。

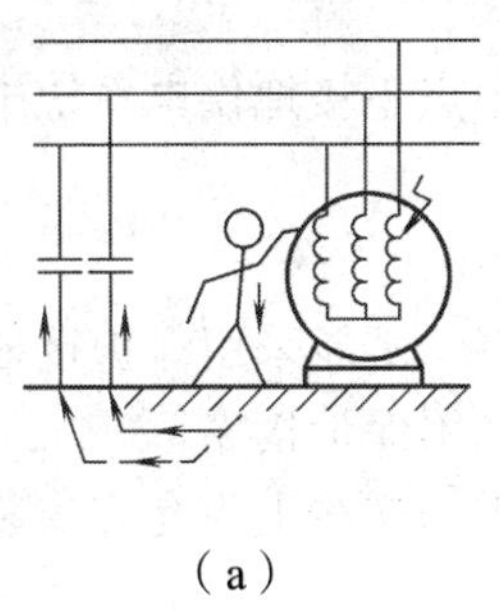

（a）

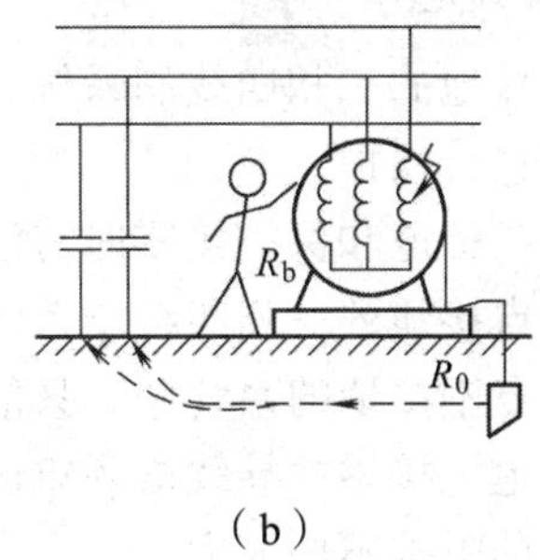

（b）

图 4.14　保护接地

4.5.2.3　保护接零

保护接零：电气设备的金属外壳或金属构架与零线相接。保护接零适用于中点接地的低压系统中。

在采取保护接零后，若电气设备绝缘损坏，将会产生相电源短路，产生的短路电流远超过保护电器（例如熔断器）的额定电流值，使保护电器动作，切断故障设备电源，防止人体触电的可能性，如图 4.15（a）所示。

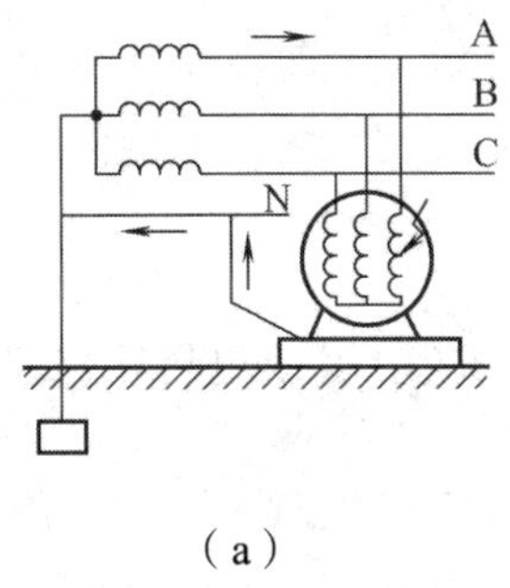

（a）

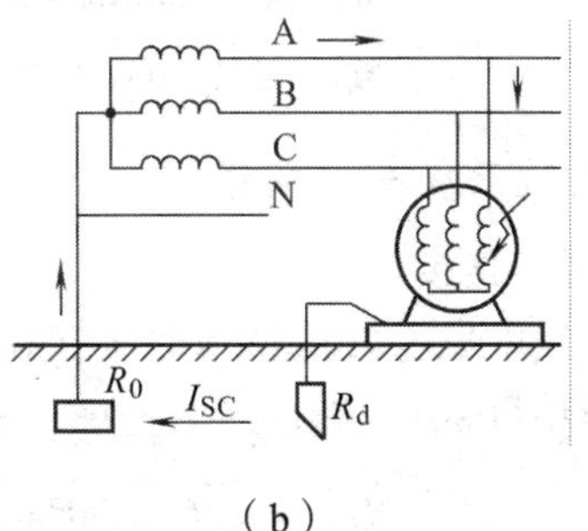

（b）

图 4.15　保护接零

必须指出：对于中点接地的三相四线制系统，只能采取保护接零而不能采用保护接地[见图 4.15（b）]，因为保护接地不能有效地防止人身触电事故。

对于中点接地的三相四线制系统，如果系统接有多台用电设备，其中一台设备错误地采用了保护接地而其余设备是采用保护接零，这是非常危险的。因为，如果机壳采用保护接地时，设备因绝缘损坏处接触外壳而接地，又因设备容量较大，如前所述外壳将长期带电，并且零线与火线之间出现电压，这一电压等于接地电流乘以中点的接地电阻，在 380 V/220 V 系统中，零线电压 $U_0 = I_{SC} \cdot R_0 = 27.5 \times 4 = 110\ \text{V}$，于是其他接零设备的外壳对地都有 100 V 的电压存在，在实际工作中一定要禁止出现这种接法。

4.5.2.4　特殊设备的接地与接零

1. 矿井和坑道中的电气设备

矿井和坑道中的电气设备一般不允许采用中点接地系统，所有电气设备的外壳均应接地，为确保安全，设备常装设故障自动切除装置。

2. 移动式电气设备

在中点接地的三相四线制系统，则采用保护接零；在中点不接地供电系统中，可采用漏电保护装置进行保护。

采用保护接地和保护接零时需注意：

（1）中点接地的三相四线制系统中，只能采用保护接零，不能采用保护接地。

（2）中点不接地的系统中，只能采用保护接地，不能采用保护接零。

（3）接地、接零的导线必须牢固，以防脱线，保护接零的连线上不允许安装熔断器，而且接零导线的阻抗不要太大。

本章小结

1. 对称三相交流电源

对称三相交流电源特点是由三个频率相同、幅值相等、相位差均为120°的正弦交流电压源组成。即

$$u_A = \sqrt{2}U\sin\omega t$$
$$u_B = \sqrt{2}U\sin(\omega t - 120°)$$
$$u_C = \sqrt{2}U\sin(\omega t + 120°)$$

2. 对称三相交流电路

1）星形连接

（1）线电压有效值是相电压有效值的 $\sqrt{3}$ 倍，即 $U_l = \sqrt{3}U_P$，其线电压相位超前所对应的相电压的相位30°。设 $\dot{U}_A = U_p\angle 0°$，即：

$$\dot{U}_{AB} = \sqrt{3}\dot{U}_A\angle 30° = U_1\angle 30°$$
$$\dot{U}_{BC} = \sqrt{3}\dot{U}_B\angle 30° = U_1\angle -90°$$
$$\dot{U}_{CA} = \sqrt{3}\dot{U}_C\angle 30° = U_1\angle 150°$$

（2）线电流等于对应的相电流，即 $I_l = I_P$。

（3）连接方式：三相三线制（即称为Y形）、三相四线制（即称为 Y_0 形）。

2）三角形连接

（1）线电流有效值 I_1 是相电流有效值 I_P 的 $\sqrt{3}$ 倍，即 $I_1 = \sqrt{3}I_P$；其线电流相位滞后所对应的相电流的相位30°，即：

$$\dot{I}_A = \sqrt{3}\dot{I}_{AB}\angle -30°$$
$$\dot{I}_B = \sqrt{3}\dot{I}_{BC}\angle -30°$$
$$\dot{I}_C = \sqrt{3}\dot{I}_{CA}\angle -30°$$

（2）线电压等于对应的相电压，即 $U_1 = U_P$。

（3）连接方式：三相三线制，即称为△形。

3）对称三相电路的功率

每一相有功功率 $P_p = U_P I_P\cos\varphi$，对称三相电路总功率为

有功功率：$P=3U_{\mathrm{P}}I_{\mathrm{P}}\cos\varphi=\sqrt{3}U_{1}I_{1}\cos\varphi$

无功功率：$Q=3U_{\mathrm{P}}I_{\mathrm{P}}\sin\varphi=\sqrt{3}U_{1}I_{1}\sin\varphi$

视在功率：$S=3U_{\mathrm{P}}I_{\mathrm{P}}=\sqrt{3}U_{1}I_{1}$

3. 不对称三相电路

对于不对称三相电路，可运用一般电路的分析方法进行电路分析计算。

选择题

1. 已知某对称三相正弦交流电路的相电压 U_{P}=220 V，线电压 U_{1}=380 V，则可以判定三相电路为（　　）。

A. 三角形连接电路　　B. 星形连接电路　　C. 不对称三相电路

2. 已知某三相电路的线电压：u_{AB}=$380\sqrt{2}\sin(\omega t+50°)$ V，u_{BC}=$380\sqrt{2}\sin(\omega t-70°)$ V，u_{CA}=$380\sqrt{2}\sin(\omega t+170°)$ V，则 $u_{\mathrm{AB}}+u_{\mathrm{BC}}+u_{\mathrm{CA}}=$（　　）。

A. $380\sqrt{2}$ V　　B. 380 V　　C. 220 V　　D. 0 V

3. 已知某三相正弦交流电路的线电压：$\dot{U}_{\mathrm{AB}}$=380∠ 45° V，$\dot{U}_{\mathrm{BC}}$=380∠ − 75° V，$\dot{U}_{\mathrm{CA}}$=380∠ 165° V，当 $t=5$ s 时，则 $\dot{U}_{\mathrm{AB}}+\dot{U}_{\mathrm{BC}}+\dot{U}_{\mathrm{CA}}=$（　　）。

A. $380\sqrt{2}$ V　　B. 380 V　　C. 220 V　　D. 0 V

4. 某三相电路的三个线电流分别为：$i_{\mathrm{A}}=18\sin(314t+23°)$ A，$i_{\mathrm{B}}=18\sin(314t-97°)$ A，$i_{\mathrm{C}}=18\sin(314t+143°)$ A，当 t=10 s 时，则 $i_{\mathrm{A}}+i_{\mathrm{B}}+i_{\mathrm{C}}=$（　　）。

A. 0 A　　B. $\dfrac{18}{\sqrt{2}}$ A　　C. 18 A　　D. $18\sqrt{3}$ A

5. 三相对称三角形连接电路的线电流 I_{1} 与相电流 I_{P} 之比为（　　）。

A. $\sqrt{3}$　　B. $\sqrt{2}$　　C. 1　　D. 0

6. 三相对称星形连接电路的线电流 I_{1} 与相电流 I_{P} 之比为（　　）。

A. $\sqrt{3}$　　B. $\sqrt{2}$　　C. 1　　D. 0

7. 某三相不对称负载，接于对称的三相四线制电源上，则各相负载的电压（　　）。

A. 不对称　　B. 对称

C. 对称或不对称　　D. 不一定对称

8. 某三相不对称负载，接于对称的三相四线制电源上，则电路中各相电流（　　）。

A. 不对称　　B. 对称

C. 对称或不对称　　D. 不一定对称

9. 对称三相电路的负载连接成三角形，其线电流与对应的相电流的相位关系是（　　）。

A. 线电流引前相电流 30°　　B. 线电流滞后相电流 30°

C. 线电流与相电流同相　　D. 线电流与相电流反相

10. 对称三相电路的负载连接成星形，其线电压与对应的相电压的相位关系是（　　）。

A. 线电压引前相电压 30°　　B. 线电压滞后相电压 30°

C. 线电压与相电压同相　　D. 线电压与相电压反相

11. 在对称三相交流电路中，其电路对称的条件是（　　）。

A. $|Z_A|=|Z_B|=|Z_C|$　　B. $\varphi_A=\varphi_B=\varphi_C$

C. $Z_A \neq Z_B \neq Z_C$　　D. $Z_A = Z_B = Z_C$

12. 已知对称三相电路为星形连接，线电压 $u_{AB}=380\sqrt{2}\sin\omega t$ V，则 C 相电压 $\dot{U}_C=$（　　）。

A. 220∠90° V　　B. 380∠90° V

C. 220∠−90° V　　D. 380∠−90° V

13. 某对称三相负载接入三相交流电源后，若其相电压等于电源线电压，则此三个负载是（　　）连接。

A. Y形　　B. Y_0形　　C. △形　　D. Y形或△形

14. 一台三相电阻炉，各相负载的额定电压均为 220 V，当电源线电压为 380 V时，此电阻炉应接成（　　）。

A. Y形　　B. △形　　C. Y_0形　　D. Y形或△形

15. 某三相电路的有功功率分别为 P_A、P_B、P_C，则该三相电路的总有功功率 P 为（　　）。

A. $\sqrt{P_A^2+P_B^2+P_C^2}$　　B. $P_A+P_B+P_C$

C. $\sqrt{P_A+P_B+P_C}$　　D. $P_A^2+P_B^2+P_C^2$

16. 对称星形负载 Z 接于对称三相四线制电源上，如图 4.16 所示。若电源线电压为 380 V，当在 x 点断开时，负载 Z 端的电压有效值 U 为（　　）。

A. 380 V　　B. 220 V　　C. 190 V　　D. 110 V

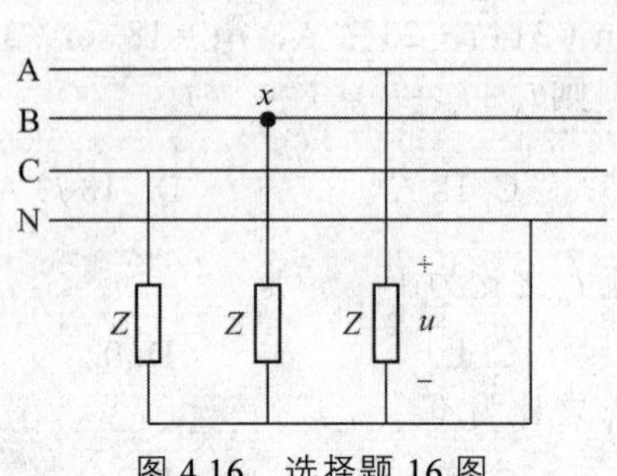

图 4.16　选择题 16 图

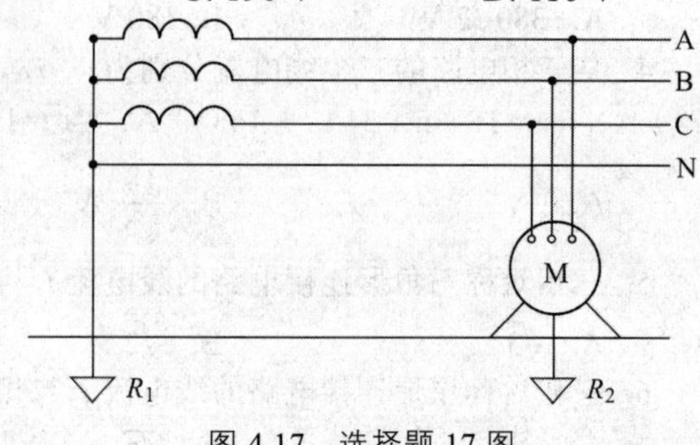

图 4.17　选择题 17 图

17. 在如图 4.17 所示电路的 380 V/220 V 供电系统中，电机 M 错误地采用了保护接地，已知两接地电阻 R_1 和 R_2 相等，导线和地的电阻可忽略不计。当电机 M 的 C 相碰金属外壳时，中线对地电压为（　　）。

A. 0 V　　B. 110 V　　C. 220 V　　D. 不定值

习　题

1. 如图 4.18 所示为对称三相电路，已知 A、B、C 端的线电压为 380 V，线路阻抗 $R_L=2\,\Omega$，负载阻抗 $R=30\,\Omega$，试求负载 R 端的相电压 U_P、线电压 U_l 和相电流 I_P。

2. 如图 4.19 所示为对称三相电路，已知负载端的线电压为 220 V，线路阻抗 $Z_L=(1+\text{j}1)\,\Omega$，负载阻抗 $Z=(30+\text{j}40)\,\Omega$，中线阻抗 $Z_N=(0.5+\text{j}0.5)\,\Omega$，试求电源端线电压 $\dot{U}_{AB}$、$\dot{U}_{BC}$、$\dot{U}_{CA}$ 和中线电流 $\dot{I}_N$。

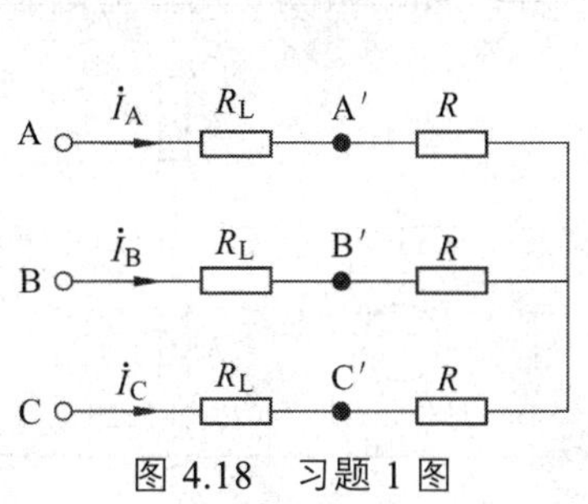

图 4.18　习题 1 图

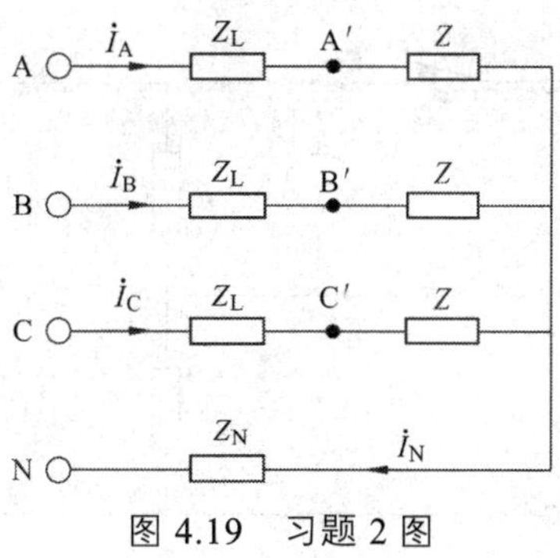

图 4.19　习题 2 图

3. 如图 4.20 所示为对称三相电路，已知电源端的线电压为 380 V，线路阻抗 $R_L = 5\,\Omega$，负载阻抗 $R = 20\,\Omega$，试求电流表的测量值 I_l、I_P；电压表的测量值 U_l、U_P 和电路的总有功功率、无功功率和功率因数。

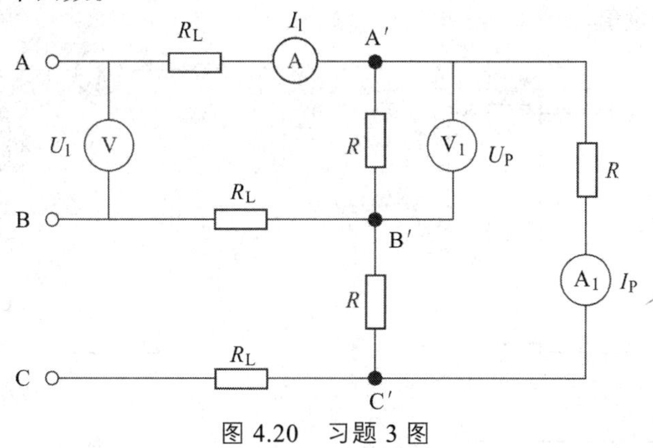

图 4.20　习题 3 图

4. 试求习题 2 中三相电路的总有功功率、无功功率、视在功率和功率因数。

5. 三相四线制供电系统，三相对称电源线电压为 380 V，各相负载均为 220 V、40 W 的白炽灯，其中 A 相 150 盏，B 相 150 盏，C 相 100 盏。试求：

（1）当 A、B、C 相都只有 80 盏白炽灯用电时，三相电路的线电流和中线电流。

（2）当各相负载全部用电时，三相电路的中线电流。

（3）若 C 相负载断开，此时三相电路中各线电流和中线电流。

（4）当各相负载全部用电时，而中线是断开的，问电路将发生什么现象？

6. 当开关 S 闭合时，如图 4.21 所示的各电路为对称三相电路，其电源端线电压为 380 V，试求当开关 S 打开后电压表的测量值。

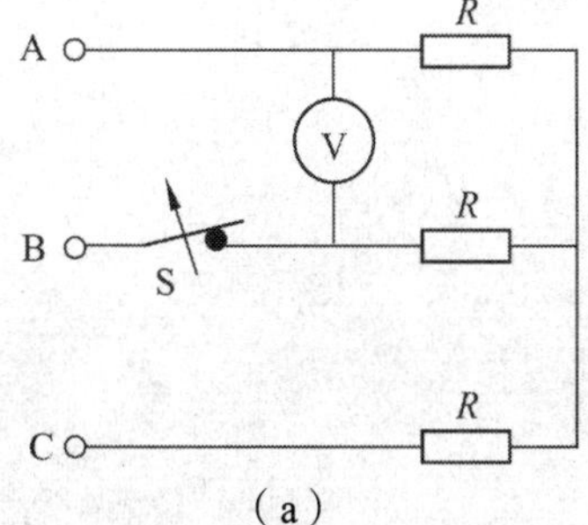

（a）

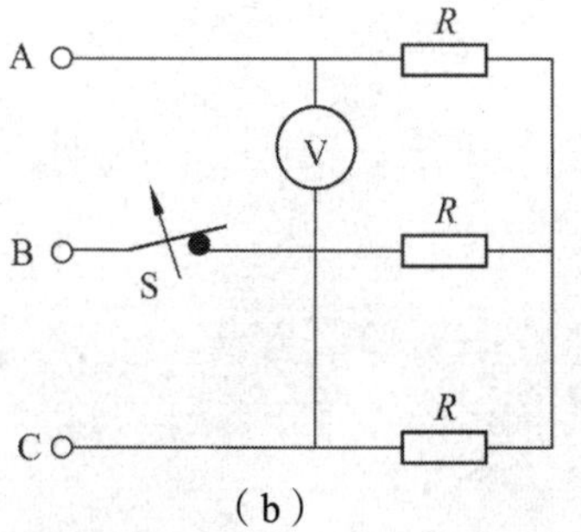

（b）

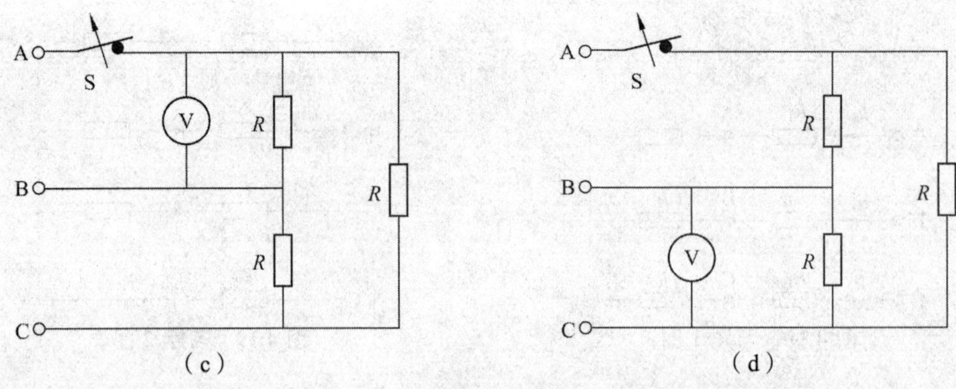

图 4.21　习题 6 图

7. 当开关 S 闭合时，如图 4.22 所示各对称三相电路中电流表测量值为 2 A，试求当开关 S 打开后电流表的测量值。

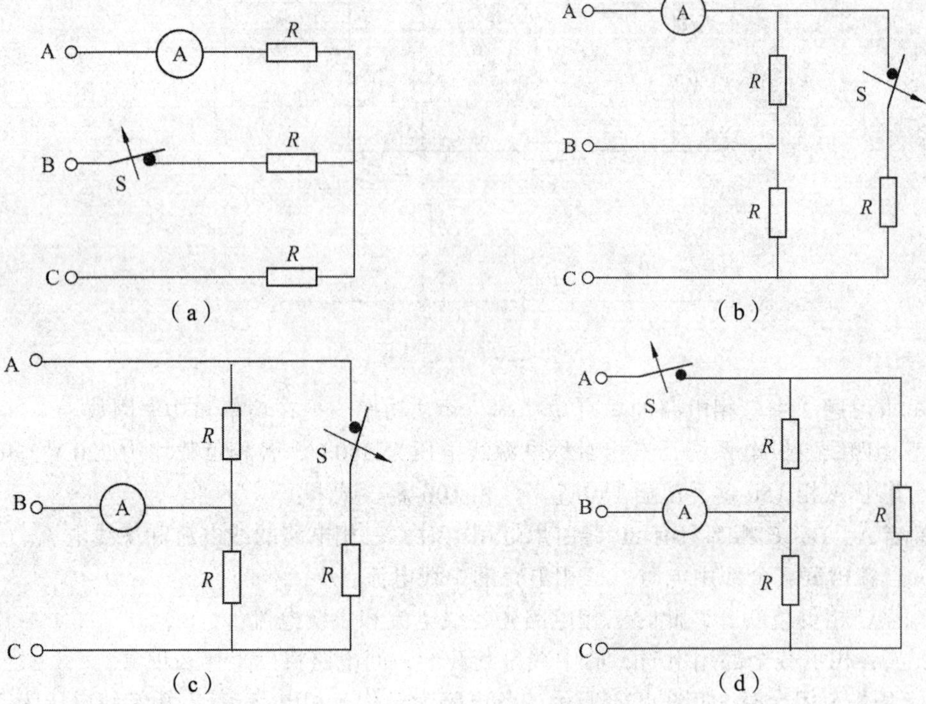

图 4.22　习题 7 图

第 5 章　一阶电路的时域分析

5.1　学习指导

本章主要介绍 RC、RL 一阶电路的时域分析方法。

5.1.1　内容提要

重点讨论一阶电路的换路定则和三要素法。即

换路定则：在换路瞬间，电容上的电压 u_C 不发生跃变，电感中的电流 i_L 不发生跃变；

三要素法：由下式解题的方法称为三要素法，其中，$y(0_+)$ 为初始值、$y(\infty)$ 为稳态值和 τ 为时间常数

$$y(t)=y(\infty)+[y(0_+)-y(\infty)]\mathrm{e}^{-\frac{t}{\tau}}\quad t\geqslant 0$$

5.1.2　重点与难点

1. 重　点

重点掌握换路定则和三要素法的基本概念及分析计算方法。

2. 难　点

掌握电路初始状态值、初始值、时间常数 τ 、稳态值的基本概念和分析计算方法。

5.2　换路定则及初始值

5.2.1　一阶电路的基本概念

在前面讨论的稳态电路基础上，电路中再增加一个“开关”元件[见图 5.1（a）（b）]，构成本章节要讨论的电路核心问题，即开关 S 动作后电压、电流的变化规律。

图 5.1（a）（b）所示电路开关 S 在时间 $t=0$ 时由 a 端连接到 b 端，如图 5.1（c）（d）所示。即 $t>0$ 时，

图 5.1（c）所示 RC 电路方程为

$$R_1C\frac{\mathrm{d}u_C}{\mathrm{d}t}+u_C=U_S \tag{5.1}$$

图 5.1（d）所示 RL 电路方程为

$$R_1i_L+L\frac{\mathrm{d}i_L}{\mathrm{d}t}=U_S \tag{5.2}$$

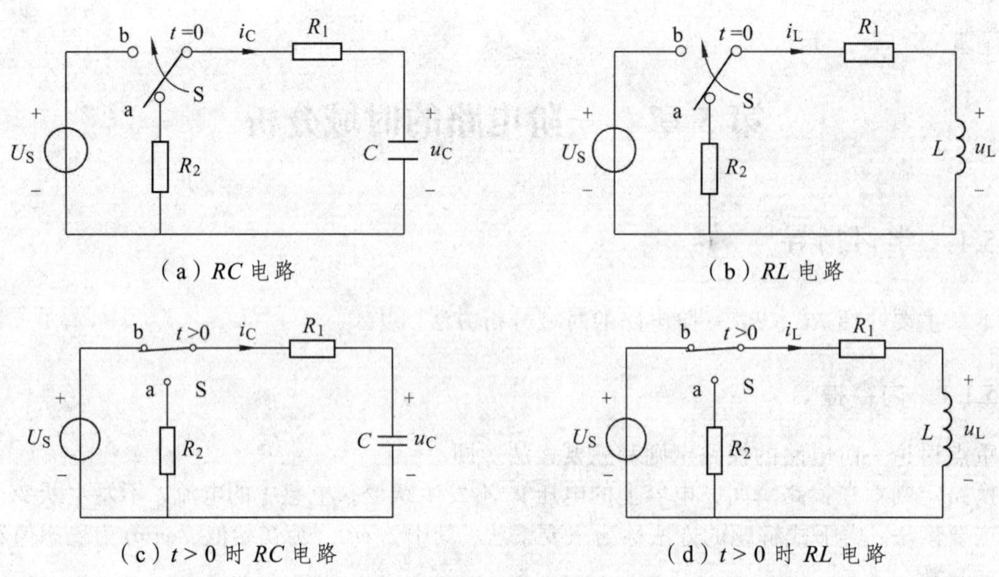

图 5.1　一阶电路

一阶电路：当 RC 电路中只含有一个等效电容[见图 5.1（a）]，或 RL 电路中只含有一个等效电感[见图 5.1（b）]时，其电路的电压、电流变换规律可用一阶微分方程来描述[如式（5.1）和式（5.2）所示]，称这种电路为一阶电路。

一阶电路的时域分析：对一阶电路中电压、电流变量的变化规律分析计算，称为一阶电路的时域分析。

换路：当一阶电路中的开关 S 动作（即开关“断开”或“闭合”）时，电路结构发生改变，这种“改变”称为电路发生了换路。当电路在 $t=0$ 时刻发生换路时，常用 $y(0_-)$、$y(0_+)$ 来描述换路过程。

初始值 $y(0_+)$：$y(0_-)$ 表示换路前的最终时刻 $t=0_-$ 的参数值[如电压 $u(0_-)$、电流 $i(0_-)$]；$y(0_+)$ 表示换路后的最初时刻 $t=0_+$ 的参数值[如电压 $u(0_+)$、电流 $i(0_+)$]。$t=0_+$ 时刻的 $y(0_+)$ 称为初始值。

稳态：电路中的电压、电流恒定不变，或为正弦交流电，或电路发生换路后经过了无限长（即 $t=\infty$）时间的电压、电流，称为稳态电路，用 $y(\infty)$ 表示。

过渡过程：电路由于换路而从一种稳态转变到另一种稳态，其“转变”的过程称为过渡过程。又因过渡过程仅在一段时间内存在，所以又称为暂态过程。

产生过渡过程的原因是由于电路中存在储能元件（电容或电感元件），一般情况下，能量的储存与释放需要有一个过渡过程。

5.2.2　换路定则

换路定则：在一阶电路中，由于电容和电感元件为储能元件，因此，在电路发生换路瞬间，如果电路中不存在无限大的电流（即 $i \neq \infty$）和无限大的电压（即 $u \neq \infty$），则电容上的电压 u_C 和电感中的电流 i_L 不会发生突变，即在换路瞬间，电容上的电压 u_C 不发生跃变，电感中的电流 i_L 不发生跃变，这一规律又称为换路定律，或换路条件。常用下式表示

$$\begin{cases} u_C(0_+) = u_C(0_-) \\ i_L(0_+) = i_L(0_-) \end{cases} \tag{5.3}$$

【例 5.1】电路如图 5.2(a)所示，已知电阻 $R_1 = R_2 = 4\,\Omega$，电容 $C = 2\,\text{F}$，电压源 $U_{S1} = 10\,\text{V}$，开关 S 动作前电路已处于稳态，在 $t = 0$ 时开关 S 由 b 点连接到 a 点，试求电压 $u_C(0_+)$。

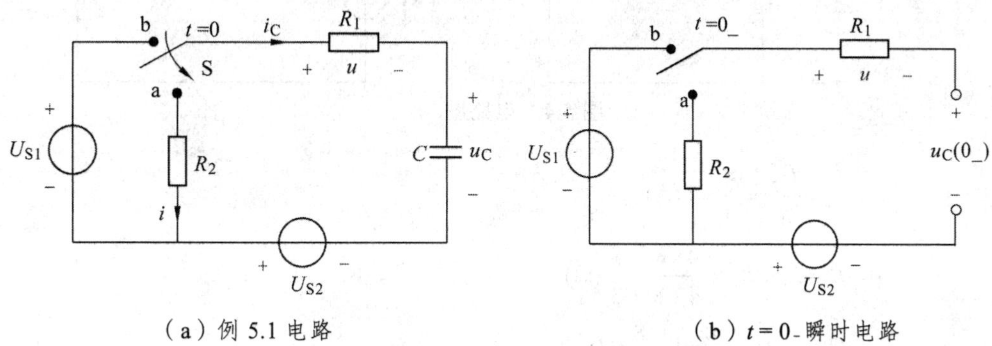

（a）例 5.1 电路　　（b）$t = 0_-$ 瞬时电路

图 5.2　例 5.1 题解电路图

分析：在 $t = 0_-$ 时，开关连接于 b 点，并且电路处于稳态，而电压源 U_{S1} 为直流电源，所以电容元件等效为"开路"，如图（b）所示。

解　由 $t = 0_-$ 瞬时电路图解得

$$u_C(0_-) = U_{S1} = 10\,\text{V}$$

根据换路定则得 $t = 0_+$ 时 $u_C(0_+)$ 为

$$u_C(0_+) = u_C(0_-) = 10\,\text{V}$$

结论：电容上的电压在换路时不发生跃变，而电容中的电流 $i_C(0_+)$ 及电路中的其他电量 [$u(0_+)$、$i(0_+)$] 有可能发生突变。所以，电容上的电压 $u_C(0_+)$ 称为初始状态值，而电流 $i_C(0_+)$ 及其他电压 $u(0_+)$、电流 $i(0_+)$ 称为初始值。

【例 5.2】 电路如图 5.3（a）所示，已知电阻 $R_1 = 4\,\Omega$，$R_2 = R_3 = 8\,\Omega$，电感 $L = 2\,\text{H}$，电压源 $U_S = 4\,\text{V}$，开关 S 动作前电路已处于稳态，在 $t = 0$ 时开关 S 闭合，试求电流 $i_L(0_+)$。

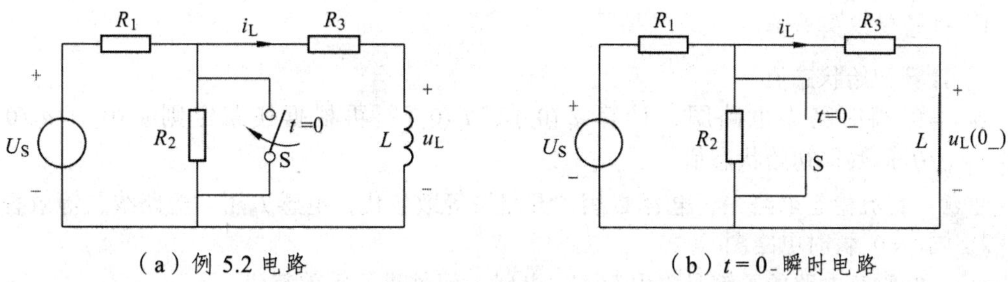

（a）例 5.2 电路　　（b）$t = 0_-$ 瞬时电路

图 5.3　例 5.2 电路

分析：在 $t = 0_-$ 时，开关 S 断开，电压源 U_S 为直流电源，电路处于稳态，则电感元件 L 可用"短路线"等效替代，如图 5.3（b）所示。

解　用等效变换法求解图 5.3（b）中电流 $i_L(0_-)$，如图 5.4 所示。

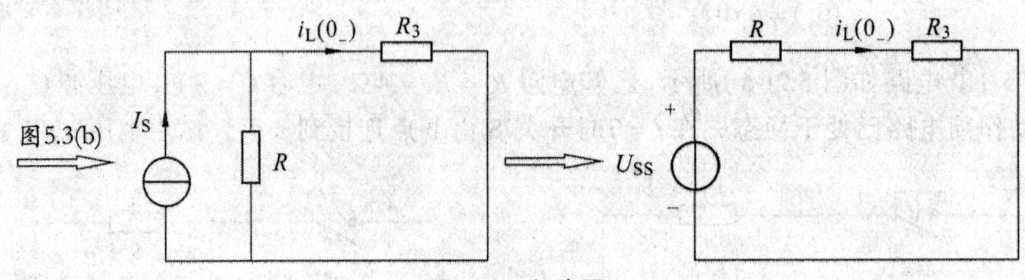

图 5.4　电路图

$$I_S = \frac{U_S}{R_1} = \frac{4}{4} = 1\,(\text{A})$$

$$R = R_1 // R_2 = \frac{4\times 8}{4+8} = \frac{8}{3}\,(\Omega)$$

$$U_{SS} = RI_S = \frac{8}{3}\times 1 = \frac{8}{3}\,(\text{V})$$

$$i_L(0_-) = \frac{U_{SS}}{R+R_3} = \frac{\frac{8}{3}}{\frac{8}{3}+8} = \frac{8}{8+24} = 0.25\,(\text{A})$$

根据换路定则 $t=0_+$ 时 $i_L(0_+)$ 为

$$i_L(0_+) = i_L(0_-) = 0.25\,(\text{A})$$

结论：换路定则 $i_L(0_+) = i_L(0_-)$ 仅适用于电感中的电流，而电感上的电压 $u_L(0_+)$ 及电路中的其他电压、电流变量初始值有可能发生突变。

5.2.3　初始值

换路定则描述的是初始状态值的变化规律，即 $u_C(0_+) = u_C(0_-)$、$i_L(0_+) = i_L(0_-)$，电路中其他电压、电流均不存在 $u(0_+) = u(0_-)$、$i(0_+) = i(0_-)$ 约束关系，因此，要根据 $t=0_+$ 瞬间的电路求得电压 $u(0_+)$、电流 $i(0_+)$，$u(0_+)$、$i(0_+)$ 称为初始值。

1. 初始值求解步骤

1）计算初始状态值

画 $t=0_-$ 瞬时稳态电路图，计算 $u_C(0_-)$、$i_L(0_-)$；再根据换路定则 $u_C(0_+) = u_C(0_-)$、$i_L(0_+) = i_L(0_-)$ 解得初始状态值。

注意：直流稳态电路中，电容 C 用“开路”等效替代，电感 L 用“短路线”等效替代。

2）画 $t=0_+$ 瞬时电路图

画 $t=0_+$ 瞬时电路的关键是将电容 C、电感 L 元件进行等效替代。

a）电容 C

若 $u_C(0_+) \neq 0$，则用直流电压源 $u_C(0_+)$ 来等效替代电容 C，如图 5.5（a）所示。

若 $u_C(0_+) = 0$，则用“短路线”等效替代电容 C。如图 5.5（b）所示。

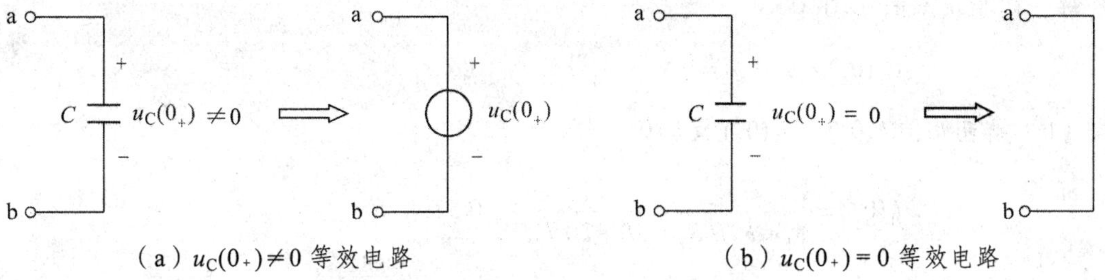

（a）$u_C(0_+)\neq 0$ 等效电路　　（b）$u_C(0_+)=0$ 等效电路

图 5.5　电容元件的 $t=0_+$ 瞬时等效电路

b）电感 L

若 $i_L(0_+)\neq 0$，则用直流电流源 $i_L(0_+)$ 来等效替代电感 L，如图 5.6（a）所示。

若 $i_L(0_+)=0$，则用“开路”等效替代电感 L。如图 5.6（b）所示。

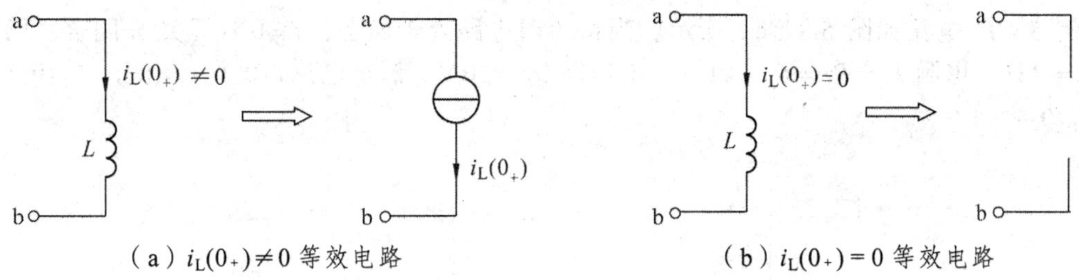

（a）$i_L(0_+)\neq 0$ 等效电路　　（b）$i_L(0_+)=0$ 等效电路

图 5.6　电感元件的 $t=0_+$ 瞬时等效电路

c）计算初始值

根据 $t=0_+$ 瞬时电路图，计算电路的初始值电压 $u(0_+)$ 和电流 $i(0_+)$。

2. 初始值计算实例

【例 5.3】 电路如图 5.7（a）所示。$t<0$ 时电路处于稳态，$t=0$ 时开关 S 闭合。已知电阻 $R_1=10\,\Omega$，$R_2=R_3=20\,\Omega$，电压源 $U_S=10\,\text{V}$。试求电流 $i_1(0_+)$、$i_2(0_+)$ 及 $i_C(0_+)$。

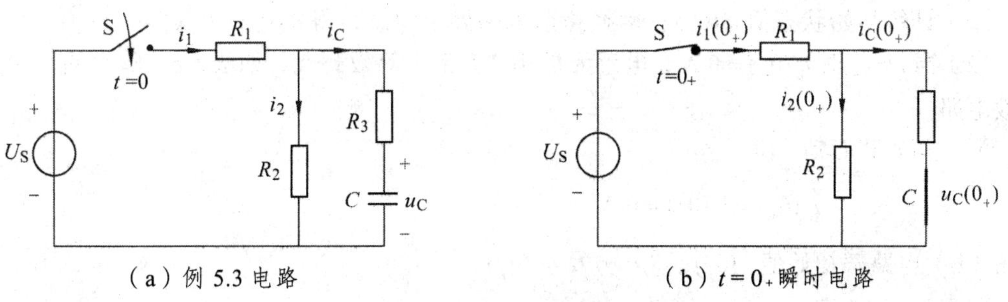

（a）例 5.3 电路　　（b）$t=0_+$ 瞬时电路

图 5.7　例 5.3 电路图

分析：

（1）首先计算初始状态值 $u_C(0_+)$。注意 $t=0_-$ 时，电路开关 S 处于开路状态，电容等效为“开路”，$u_C(0_-)=0\,\text{V}$。

（2）$t=0_+$ 时，因 $u_C(0_+)=0\,\text{V}$，用“短路”等效替代电容元件，如图（b）所示的 $t=0_+$ 瞬时等效电路。

解 初始状态值 $u_C(0_+)$

$$u_C(0_+)=u_C(0_-)=0\text{ V}$$

由图（b）解初始值 $i_1(0_+)$、$i_2(0_+)$ 及 $i_C(0_+)$

$$i_1(0_+)=\frac{U_S}{R_1+R_2/\!/R_3}=\frac{10}{10+20/\!/20}=0.5\,(\text{A})$$

$$i_2(0_+)=i_C(0_+)=\frac{i_1(0_+)}{2}=\frac{0.5}{2}=0.25\,(\text{A})$$

结论：在直流稳态电路中，当 $u_C(0_+)\neq 0\text{ V}$ 时，电容元件 C 用“电压源”等效替代；当 $u_C(0_+)=0\text{ V}$ 时，电容元件 C 用“短路”等效替代。另外，换路定则是针对电容上的电压定义的 $u_C(0_+)=u_C(0_-)$，而电容元件中的初始值电流 $i_C(0_+)$ 不能根据 $i_C(0_-)$ 计算。

【例 5.4】 电路如图 5.8（a）所示。当 $t<0$ 时电路处于稳态，$t=0$ 时开关 S 闭合。已知电感 $L=2\text{ H}$，电阻 $R_1=R_2=R_3=10\,\Omega$，电压源 $U_S=30\text{ V}$。试求电流 $i_1(0_+)$、$i_2(0_+)$、$i_L(0_+)$ 及电压 $u_L(0_+)$。

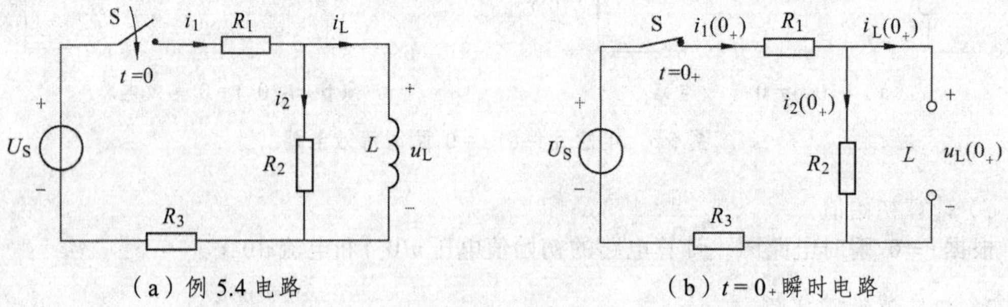

（a）例 5.4 电路　　（b）$t=0_+$ 瞬时电路

图 5.8 例 5.4 电路图

分析：

（1）计算初始状态值 $i_L(0_+)$；因换路前电路处于稳态，得 $i_L(0_-)=0\text{ A}$。

（2）当 $t=0_+$ 时 $i_L(0_+)=0\text{ A}$，电感元件用“开路”等效替代，如图（b）所示的 $t=0_+$ 瞬时等效电路。

解 初始状态值 $i_L(0_+)$

$$i_L(0_+)=i_L(0_-)=0\text{ A}$$

由图（b）电路解初始值 $i_1(0_+)$、$i_2(0_+)$ 及 $u_L(0_+)$

$$i_1(0_+)=i_2(0_+)=\frac{U_S}{R_1+R_2+R_3}=\frac{30}{10+10+10}=1\,(\text{A})$$

$$u_L(0_+)=R_2 i_2(0_+)=10\times 1=10\,(\text{V})$$

结论：在直流稳态电路中，当 $i_L(0_+)\neq 0\text{ V}$ 时，电感元件 L 用“电流源”等效替代；当 $i_L(0_+)=0\text{ V}$ 时，电感元件 L 用“开路”等效替代。另外，换路定则是针对电感中的电流定义的 $i_L(0_+)=i_L(0_-)$，而电感元件上的初始值电压 $u_L(0_+)$ 不能根据 $u_L(0_-)$ 计算。

5.2.4　常见问题讨论

（1）电路中如果存在储能元件 C、L，并且由开关 S 元件的动作引起了换路，则电路将发生过渡过程。

解答：此种情况下，电路不一定会发生过渡过程。

因为，“换路”不等于一定会发生“过渡过程”。只有当电路由于换路而引起电压、电流从一种稳态转变到另一种稳态时，称电路发生过渡过程。

（2）如果电路在 $t=t_1$ 时发生换路，则“初始值”是讨论 t_{1-} 至 t_{1+} 时的电量变化规律。

解答：正确。

当电路在 $t=t_1$ 时刻发生换路时，用 $y(t_{1-})$ 表示换路前最终时刻的电压或电流参数值；$y(t_{1+})$ 表示换路后的最初时刻的参数值，则 $t=t_{1+}$ 时刻的 $y(t_{1+})$ 称为初始值。

（3）当电路在 $t=0$ 时发生换路时，已知电路中某个电压或电流值为 $y(0_-)$，则得该电量的初始值为 $y(0_+)=y(0_-)$。

解答：式 $y(0_+)=y(0_-)$ 关系不一定成立。

在一阶电路中，电容和电感元件为储能元件，因此，在电路发生换路瞬间，如果电路中不存在无限大的电流（即 $i\neq\infty$）和无限大的电压（即 $u\neq\infty$），则电容上的电压 u_C 和电感 i_L 中的电流不会发生突变，即 $u_C(0_+)=u_C(0_-)$、$i_L(0_+)=i_L(0_-)$。而电路中其他电压 $u(t)$、电流 $i(t)$ 不存在这一关系。

5.3　稳态值的基本计算

5.3.1　换路后的稳态值

一阶电路换路后经过无限长时间（即 $t=\infty$），电路进入新的稳态。常用 $y(\infty)$ 表示电压、电流的稳态值。

【例 5.5】 电路如图 5.9（a）所示。$t<0$ 时电路处于稳态，$t=0$ 时开关 S 闭合。已知电阻 $R_1=10\,\Omega$，$R_2=R_3=20\,\Omega$，电压源 $U_S=10\,\text{V}$。试求电流 $i_1(\infty)$、$i_2(\infty)$、$i_C(\infty)$ 及电压 $u_C(\infty)$。

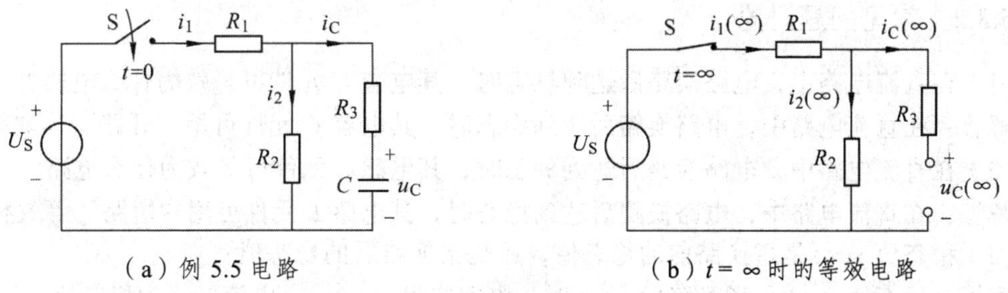

（a）例 5.5 电路　　（b）$t=\infty$ 时的等效电路

图 5.9　例 5.5 电路图

分析：直流稳态电路中，电容元件 C 可以用“开路”等效替代，其等效电路如图（b）所示。

解　由图（b）解得

$$i_1(\infty)=i_2(\infty)=\frac{U_S}{R_1+R_2}=\frac{10}{10+20}\approx 0.333\,(\text{A})$$

$$i_C(\infty) = 0\ (\text{A})$$

$$u_C(\infty) = R_2 i_2(\infty) = 20 \times 0.333 = 6.66\ (\text{V})$$

结论：可应用第 1 章、第 2 章的内容，分析计算换路后的直流稳态电路。注意：电容元件 C 用“开路”等效替代。

【例 5.6】电路如图 5.10（a）所示。当 $t<0$ 时电路处于稳态，$t=0$ 时开关 S 闭合。已知：电阻 $R_1 = R_2 = R_3 = 10\ \Omega$，电压源 $U_S = 30\ \text{V}$。试求电流 $i_1(\infty)$、$i_2(\infty)$、$i_L(\infty)$ 及电压 $u_L(\infty)$。

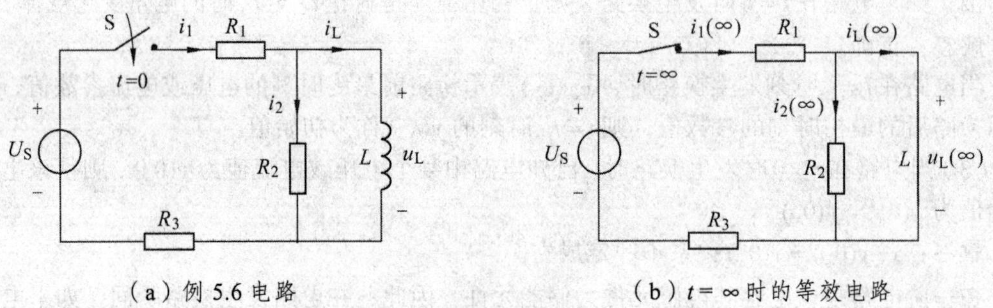

（a）例 5.6 电路　　（b）$t=\infty$ 时的等效电路

图 5.10　例 5.6 电路图

分析：直流稳态电路中，电感元件 L 可以用“短路”等效替代，其等效电路如图（b）所示。注意：图（b）中电阻 R_2 被短路了。

解　解图（b）电路得

$$i_1(\infty) = i_L(\infty) = \frac{U_S}{R_1 + R_3} = \frac{30}{10+10} = 1.5\ (\text{A})$$

$$i_2(\infty) = 0\ \text{A}$$

$$u_L(\infty) = 0\ \text{V}$$

结论：直流稳态电路中，电感元件 L 用“短路”等效替代。

5.3.2　常见问题讨论

（1）在直流电路中，电路换路后达到稳态时，其电容 C 元件可等效为什么电路？

解答：在直流电路中，电路换路后达到稳态时，其电容 C 元件可用“开路”等效替代。

（2）在直流电路中，电路换路后达到稳态时，其电感 L 元件可等效为什么电路？

解答：在直流电路中，电路换路后达到稳态时，其电感 L 元件可用“短路”等效替代。

（3）稳态值 $y(\infty)$ 是指换路前的稳态值，还是指换路后的稳态值？

解答：稳态值 $y(\infty)$ 是指换路后 $t=\infty$ 时，电路中电压 $u(\infty)$、电流 $i(\infty)$ 为稳态值。

5.4　三要素法

前面讨论了初始值 $y(0_+)$ 和稳态值 $y(\infty)$ 的基本概念与计算。下面讨论换路后，$t \geqslant 0$ 时一阶电路的变化规律 $y(t)$，从而推导出三要素法解题式。

5.4.1　一阶电路微分方程

RC、*RL* 一阶电路如图 5.11（a）（b）所示。

1. 一阶电路微分方程建立

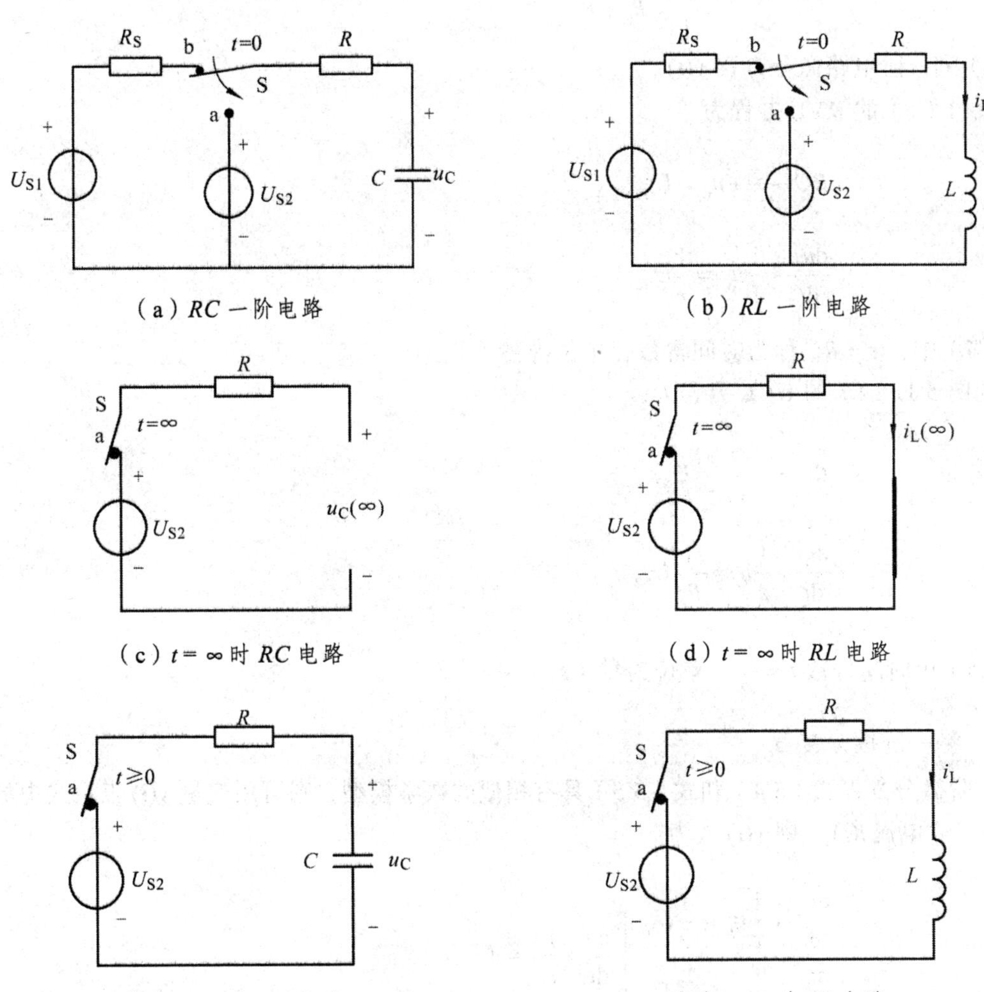

（a）*RC* 一阶电路　　（b）*RL* 一阶电路

（c）$t=\infty$ 时 *RC* 电路　　（d）$t=\infty$ 时 *RL* 电路

（e）$t\geqslant 0$ 时 *RC* 电路　　（f）$t\geqslant 0$ 时 *RL* 电路

图 5.11　*RC*、*RL* 一阶电路分析图

1）初始值 $y(0_+)$

解图 5.11（a）得

$$u_C(\infty)=U_{S2}$$

解图 5.11（b）得

$$i_L(\infty)=\frac{U_{S2}}{R}$$

2）稳态值 $y(\infty)$

解图 5.11（c）得

$$u_C(0_+) = u_C(0_-) = U_{S1}$$

解图 5.11（d）得

$$i_L(0_+) = i_L(0_-) = \frac{U_{S1}}{R_S + R}$$

3）列一阶电路微分方程 $y(t)$

列图 5.11（e）的 KVL 方程为

$$RC\frac{du_C}{dt} + u_C = U_{S2}$$

$$\frac{du_C}{dt} + \frac{1}{\tau}u_C = \frac{1}{\tau}U_{S2} \tag{5.4}$$

式（5.4）中，$\tau = RC$ 称为时间常数，单位为秒（s）。

列图 5.11（f）的 KVL 方程为

$$Ri_L + L\frac{di_L}{dt} = U_{S2}$$

$$\frac{di_L}{dt} + \frac{1}{\tau}i_L = \frac{1}{R\tau}U_{S2} \tag{5.5}$$

式（5.5）中时间常数 $\tau = \dfrac{L}{R}$，单位为秒（s）。

2. 解一阶微分方程

一阶微分方程式（5.4）和式（5.5）具有相似的数学模型，则可用变量 $y(t)$ 表示式中的电压 $u(t)$，或电流 $i(t)$。则 $y(t)$ 式为

$$\left.\begin{aligned} &\frac{du_C}{dt} + \frac{1}{\tau}u_C = \frac{1}{\tau}U_{S2} \\ &\frac{di_L}{dt} + \frac{1}{\tau}i_L = \frac{1}{R\tau}U_{S2} \end{aligned}\right\} \frac{dy}{dt} + \frac{1}{\tau}y = F \tag{5.6}$$

解微分方程式（5.6）得

$$y(t) = y(\infty) + [y(0_+) - y(\infty)]e^{-\frac{t}{\tau}} \quad t \geqslant 0 \tag{5.7}$$

式（5.7）称为三要素法的基本计算式。其中：初始值 $y(0_+)$、稳态值 $y(\infty)$ 和时间常数 τ 称为三要素。通过三要素 $y(0_+)$、$y(\infty)$、τ 解得式（5.7）的 $y(t)$ 方法称为三要素法。

5.4.2 时间常数 τ

如图 5.12（a）（b）所示电路为 $t = 0$ 时开关 S 闭合后的电路。其中，网络 N_S 为有源二端电阻网络。图 5.12（a）（b）的时间常数 τ 计算方法为：

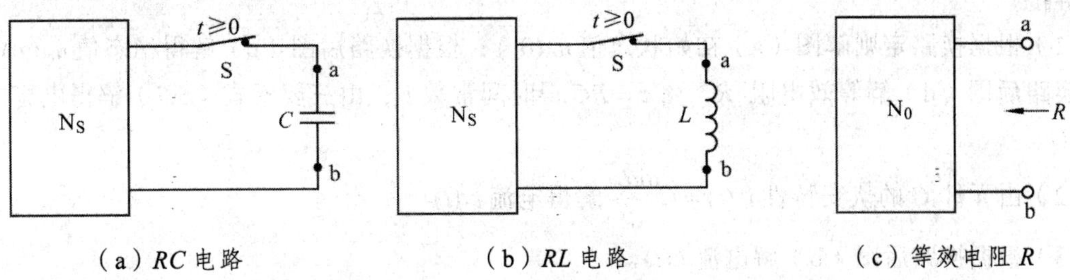

（a）RC 电路　　（b）RL 电路　　（c）等效电阻 R

图 5.12　换路后，时间常数 τ 中等效电阻 R 分析电路图

（1）令图 5.12（a）（b）电路中所有独立电源为零，构成无源二端网络 N_0。

（2）移去图 5.12（a）（b）中的储能元件 C、L，形成如图 5.12（c）所示无源二端网络 N_0 电路，计算其 a、b 端口等效电阻 R。

（3）根据时间常数 τ 的定义解得其值，即

$$
\begin{cases} RC\text{ 一阶电路有} \quad \tau = RC \\ RL\text{ 一阶电路有} \quad \tau = \dfrac{L}{R} \end{cases}
$$

从理论上讲，电路完成暂态的时间为无限长（即 $t=\infty$ 时，电路达到稳态），在工程上认为换路后经过 $3\tau\sim5\tau$，暂态过程结束。

5.4.3　三要素法实例

【例 5.7】已知图 5.13（a）所示电路中电容 $C=0.125\text{ F}$，试分析当 $t\geqslant0$ 时电路的电流 $i_1(t)$、$i_C(t)$ 和电压 $u_C(t)$，并画出电压 $u_C(t)$ 的波形图。

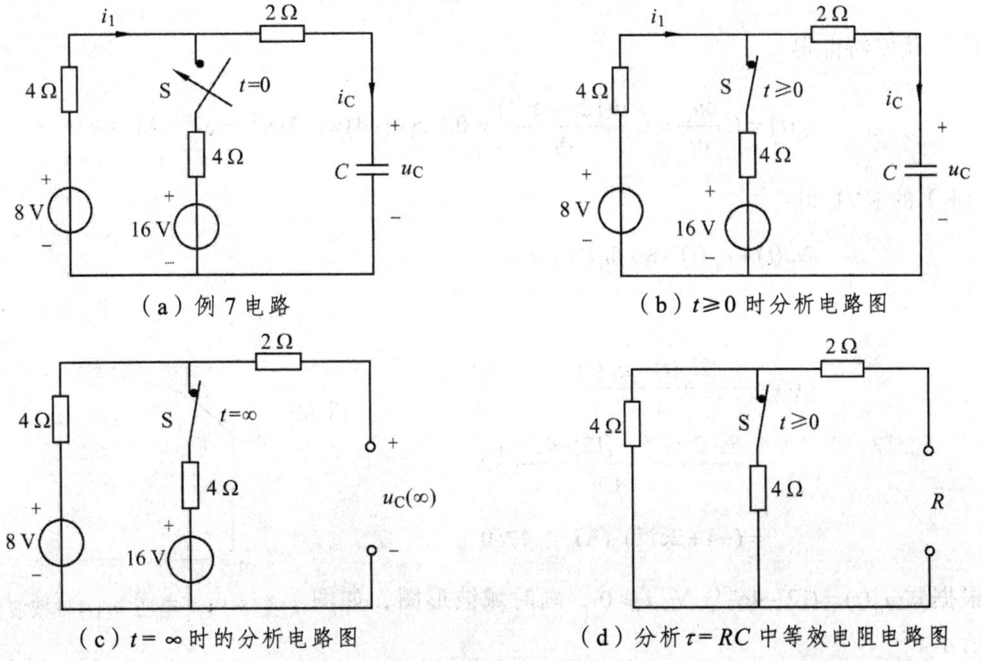

（a）例 7 电路　　（b）$t\geqslant0$ 时分析电路图

（c）$t=\infty$ 时的分析电路图　　（d）分析 $\tau=RC$ 中等效电阻电路图

图 5.13　例 7 题解电路图

分析：

（1）根据换路定则解图（a）初始状态值 $u_C(0_+)$；根据换路后图（c）解得稳态值 $u_C(\infty)$；根据换路后图（d）解等效电阻 R，由 $\tau = RC$ 得时间常数 τ；由三要素式（5.7）解得电容电压 $u_C(t)$。

（2）由元件 C 的伏安特性 $i_C(t) = C\dfrac{du_C}{dt}$ 解得电流 $i_C(t)$。

（3）根据换路后图（b）解电流 $i_1(t)$。

解：初始状态值

$$u_C(0_+) = u_C(0_-) = 8\ (\text{V})$$

由图（c）解稳态值

$$u_C(\infty) = \frac{16-8}{4+4} \times 4 + 8 = 12\ (\text{V})$$

由图（d）解等效电阻 R 值

$$R = 2 + 4//4 = 4\ (\Omega)$$

则时间常数为

$$\tau = RC = 4 \times 0.125 = 0.5\ (\text{s})$$

由三要素式（5.7）得

$$\begin{aligned} u_C(t) &= u_C(\infty) + [u_C(0+) - u_C(\infty)]e^{-\frac{t}{\tau}} \\ &= 12 + (8-12)e^{-2t} = 12 - 4e^{-2t}\ (\text{V}) \quad t \geqslant 0 \end{aligned}$$

由元件 C 伏安特性得

$$i_C(t) = C\frac{du_C}{dt} = C\frac{d(12-4e^{-2t})}{dt} = 0.125 \times (-4) \times (-2)e^{-2t} = e^{-2t}\ (\text{A}) \quad t \geqslant 0$$

列图（b）的 KVL 得

$$2i_C(t) + u_C(t) - 8 + 4i_1(\text{t}) = 0$$

则

$$\begin{aligned} i_1(t) &= \frac{8 - 2i_C(t) - u_C(t)}{4} \\ &= \frac{8 - 2 \times e^{-2t} - [12 - 4e^{-2t}]}{4}\text{A} \\ &= (-4 + 2e^{-2t})\ (\text{A}) \qquad t \geqslant 0 \end{aligned}$$

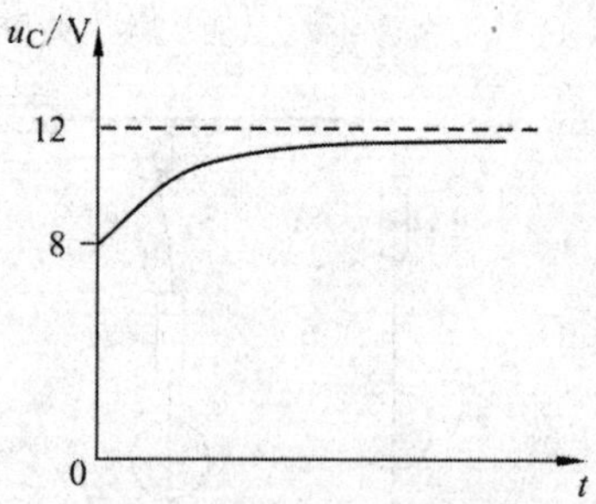

根据式 $u_C(t) = (12 - 4e^{-2t})$ V $t \geqslant 0$，画时域波形图，如图 5.14 所示。

图 5.14　电压 $u_C(t)$ 时域波形图

结论："三要素法"是分析求解一阶时域电路方法中的一种。如果电路中没有严格要求必须用"三要素法"求解，则可灵活运用元件伏安特性、KCL、KVL、电路定理和分析方法进行分析计算。

【例 5.8】 如图 5.15（a）所示电路中，换路前电路已处于稳态，$t=0$时开关 S 闭合，试求$t\geqslant 0$时电路中的$i_1(t)$和$u_L(t)$。

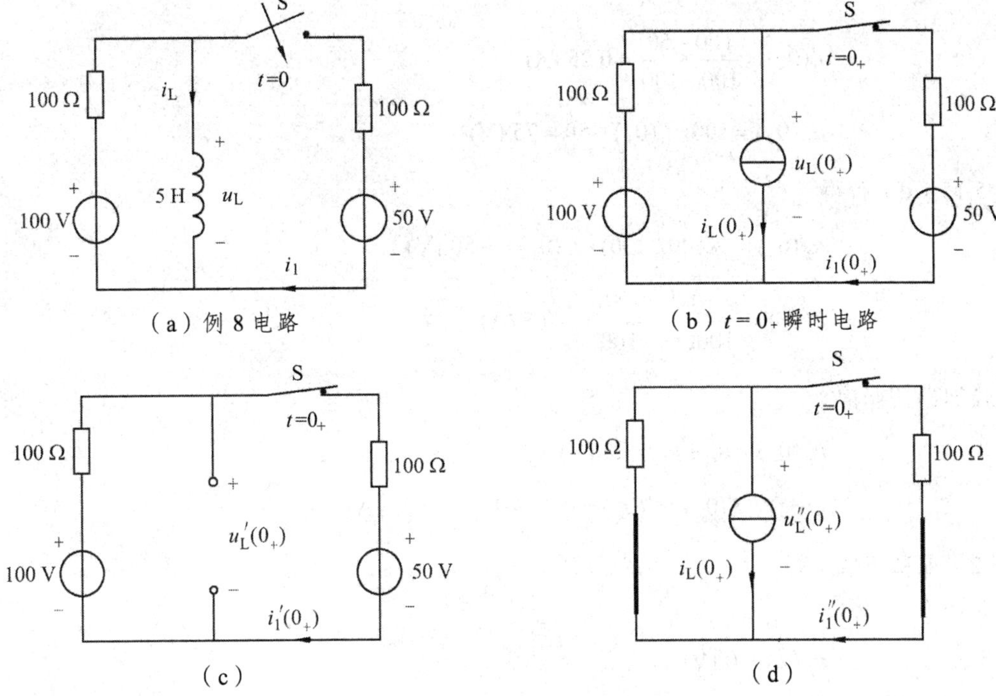

图 5.15　例 8 电路图

分析：

（1）解图 5.15（a）中电感电流$i_L(0_-)$，根据换路定则初始状态值$i_L(0_+)$；画$t=0_+$瞬时等效电路如图 5.15（b）所示，用叠加定理解图 5.15（c）（d）得初始值$u_L(0_+)$、$i_1(0_+)$。

（2）画$t=\infty$时等效电路，如图 5.16（a）所示，解稳态值$u_L(\infty)$、$i_1(\infty)$。

（3）由图 5.16（b）计算等效电阻R，得时间常数τ。

（4）将三要素代入三要素式（5.7）。

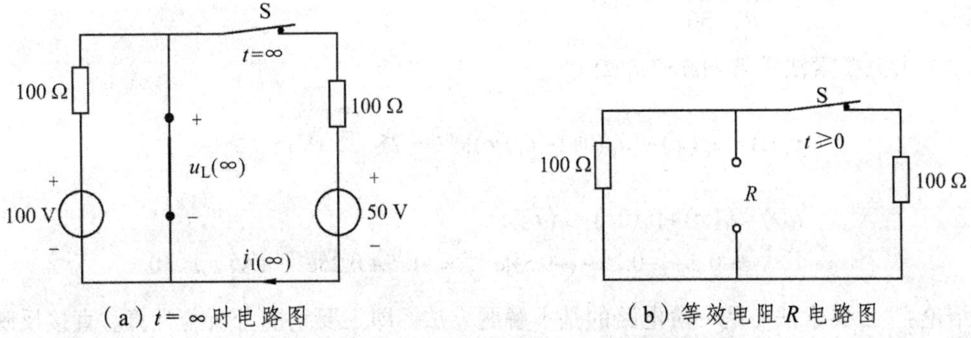

图 5.16　稳态值及时间常数分析电路图

解：（1）求初始值。

由图 5.15（a）求解初始状态值 $i_L(0_+)$：

$$i_L(0_+) = i_L(0_-) = \frac{100}{100} = 1\ (\text{A})$$

由图 5.15（c）解得

$$i_1'(0_+) = \frac{100-50}{100+100} = 0.25\ (\text{A})$$

$$u_L'(0_+) = 100 \times i_1'(0_+) + 50 = 75\ (\text{V})$$

由图 5.15（d）解得

$$u_L''(0_+) = -(100//100) \times i_L(0_+) = -50\ (\text{V})$$

$$i_1''(0_+) = \frac{u_L''(0_+)}{100\Omega} = \frac{-50}{100} = -0.5\ (\text{A})$$

叠加得初始值：

$$u_L(0_+) = u_L' + u_L'' = 25\ (\text{V})$$

$$i_1(0_+) = i_1'(0_+) + i_1''(0_+) = 0.25 - 0.5 = -0.25\ (\text{A})$$

（2）求稳态值。

由图 5.16（a）解得

$$u_L(\infty) = 0\ (\text{V})$$

$$i_1(\infty) = \frac{-50}{100} = -0.5\ (\text{A})$$

（3）求时间常数。

由图 5.16（b）解得

$$R = 100//100 = 50\ (\Omega)$$

则时间常数为

$$\tau = \frac{L}{R} = \frac{5}{50} = 0.1\ (\text{s})$$

（4）由三要素法求解 $i_1(t)$ 和 $u_L(t)$。

$$u_L(t) = u_L(\infty) + [u_L(0+) - u_L(\infty)]e^{-\frac{t}{\tau}} = 25e^{-10t}\ (\text{V}) \quad t \geqslant 0$$

$$\begin{aligned} i_1(t) &= i_1(\infty) + [i_1(0+) - i_1(\infty)]e^{-\frac{t}{\tau}} \\ &= -0.5 + [-0.25 - (-0.5)]e^{-10t} = -0.5 + 0.25e^{-10t}\ (\text{A}) \quad t \geqslant 0 \end{aligned}$$

结论：“三要素法”是一阶电路的基本解题方法。即三要素的分析与计算，直接反映出对基础知识的掌握程度。

5.4.4　常见问题讨论

（1）三要素是指那几个电路参数？

解答：初始值 $y(0_+)$、稳态值 $y(\infty)$ 和时间常数 τ 称为三要素。

（2）RC 电路与 RL 电路的时间常数 τ 计算式子是否一样？

解答：不相同。

RC 电路的时间常数：$\tau = RC$。

RL 电路的时间常数：$\tau = \dfrac{L}{R}$。

（3）时间常数 τ 越大，电路过渡过程的时间越短？

解答：错。

时间常数 τ 越大，电路的过渡过程的时间就越长。

（4）时间常数 τ 计算式中的电阻 R 如何计算？

解答：① 时间常数 τ 是通过换路后的电路解得；② 令换路后电路中所有的独立电源为零，即电压源为零用“短路”等效替代，电流源为零用“开路”等效“替代；③ 将储能元件（电容元件 C 或电感元件 L）移去，形成无源二端电阻电路，计算其电路端口的等效电阻 R。

（5）是否所有的电路电压或电流都必须通过三要素的计算解之？

解答：不一定。也可以根据元件的伏安特性、KCL、KVL、定理和分析方法解得。

本章小结

本章重点介绍了一阶电路的三要素分析方法。

三要素：初始值 $y(0_+)$、时间常数 τ、稳态值 $y(\infty)$ 称为三要素。

三要素法：在直流电路中，将三要素值代入下式的解题方法称为三要素法：

$$y(t) = y(\infty) + [y(0_+) - y(\infty)]\mathrm{e}^{-\frac{t}{\tau}} \qquad t \geqslant 0$$

1. 初始值 $y(0_+)$

1）初始状态值

换路瞬间的电容电压 $u_C(0_+)$、电感电流 $i_L(0_+)$ 称为初始状态值（或称初始值）。

在电路换路瞬间，如果电路中不存在无限大的电流和电压，则有换路定则：

$$u_C(0_+) = u_C(0_-)$$
$$i_L(0_+) = i_L(0_-)$$

即：换路瞬间，电容 C 端的电压 $u_C(t)$ 不发生跃变；电感 L 中的电流 $i_L(t)$ 不发生跃变。

2）初始值

除初始状态值以外电路中的初始电压 $u(0_+)$ 值、初始电流 $i(0_+)$ 值称为初始值。

3）初始值 $y(0_+)$ 的计算步骤

（1）计算换路前的电容 C 上的端电压 $u_C(0_-)$、电感 L 中电流 $i_L(0_-)$。

注意：在直流稳态电路中，电容 C 用“开路”等效替代，电感 L 用“短路”等效替代。

（2）由换路定则得初始状态值：$u_C(0_+)=u_C(0_-)$，$i_L(0_+)=i_L(0_-)$。

（3）根据$t=0_+$瞬间电路图，计算初始电压$u(0_+)$值、初始电流$i(0_+)$值。

在画$t=0_+$瞬间电路时注意：

如果$u_C(0_+)\neq 0$，电容C用“电压源$u_C(0_+)$”等效替代；

如果$i_L(0_+)\neq 0$，电感L用“电流源$i_L(0_+)$”等效替代；

如果$u_C(0_+)=0$，电容C用“短路”等效替代；

如果$i_L(0_+)=0$，电感L用“开路”等效替代。

2. 稳态值$y(\infty)$

当一阶电路换路后$t=\infty$时，电路电压、电流达到新的稳态，其值称为稳态值$y(\infty)$。

注意：

（1）稳态值讨论的是“换路后的稳态电路”电量$y(\infty)$。

（2）正确运用电路分析方法，即：电阻串并联法、KCL、KVL、电源模型的等效变换法、戴维南定理、叠加定理等解$y(\infty)$。

（3）在直流稳态电路中电容C相当于开路、电感L相当于短路。

3. 时间常数τ

时间常数τ的大小，决定了一阶电路过渡过程的时间长短。时间常数τ越小，$e^{-\frac{t}{\tau}}$衰减的越快，过渡过程的时间就越短。

从理论上讲，电路完成过渡过程的时间为无限长，实际上认为，换路后经过$3\tau\sim5\tau$时暂态过程基本结束。

（1）RC一阶电路的时间常数$\tau=RC$。

（2）RL一阶电路的时间常数$\tau=\dfrac{L}{R}$。

选择题

1. 电路如图 5.17 所示，换路前电路处于稳态，在$t=0$时开关 S 闭合，则电路的初始状态值电压$u_C(0_+)$为（　　）。

A. 5 V　　B. 10 V　　C. 20 V　　D. 0 V

2. 电路如图 5.17 所示，换路前电路处于稳态，在$t=0$时开关 S 闭合，则电路的初始值电流$i(0_+)$为（　　）。

A. 0 A　　B. 1 A　　C. 2 A　　D. 4 A

3. 电路如图 5.18 所示，换路前电路处于稳态，在$t=0$时开关 S 闭合，则电路的初始状态值电压$u_C(0_+)$为（　　）。

A. 5 V　　B. 10 V　　C. 20 V　　D. 0 V

4. 电路如图 5.18 所示，换路前电路处于稳态，在$t=0$时开关 S 闭合，则电路的初始值电流$i_C(0_+)$为（　　）。

A. 1 A　　B. 0.75 A　　C. 0.5 A　　D. 0 A

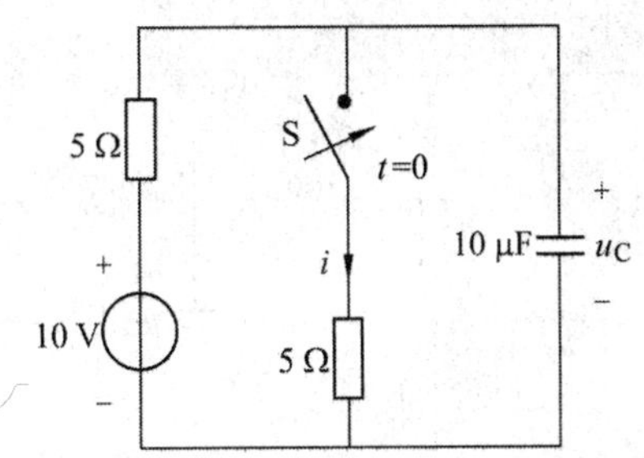

图 5.17　选择题 1、2、12、13 电路图

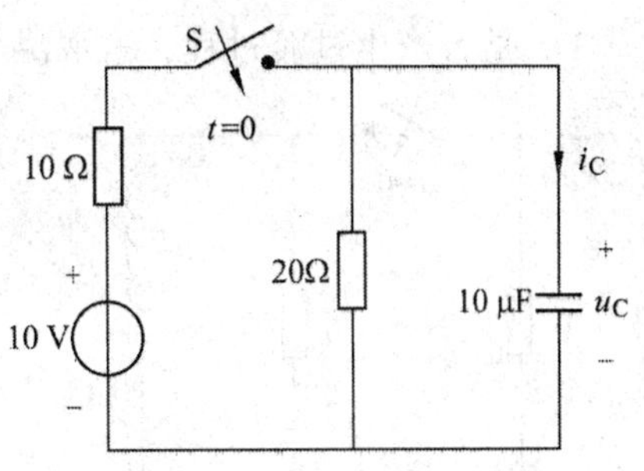

图 5.18　选择题 3、4 电路图

5. 电路如图 5.19 所示，换路前电路处于稳态，在 $t=0$ 时开关 S 闭合，则电路的初始状态值电流 $i_L(0_+)$ 为（　　）。

A. 0 A　　B. 0.25 A　　C. 0.5 A　　D. 1 A

6. 电路如图 5.19 所示，换路前电路处于稳态，在 $t=0$ 时开关 S 闭合，则电路的初始值电压 $u_L(0_+)$ 为（　　）。

A. 5 V　　B. −5 V　　C. 10 V　　D. −10 V

7. 电路如图 5.20 所示，换路前电路处于稳态，在 $t=0$ 时开关 S 闭合，则电路的初始状态值电流 $i_L(0_+)$ 为（　　）。

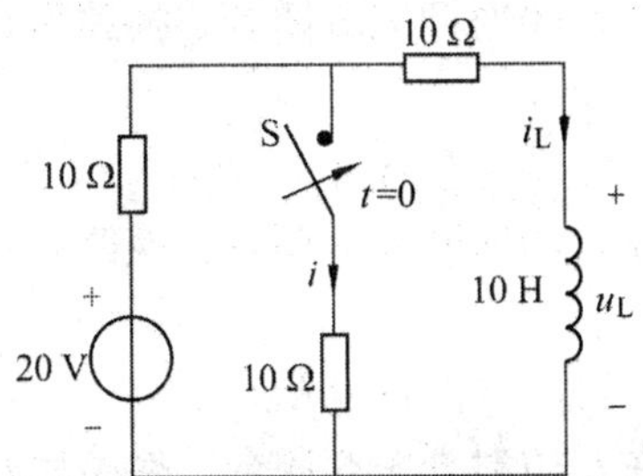

图 5.19　选择题 5、6、14、15 电路图

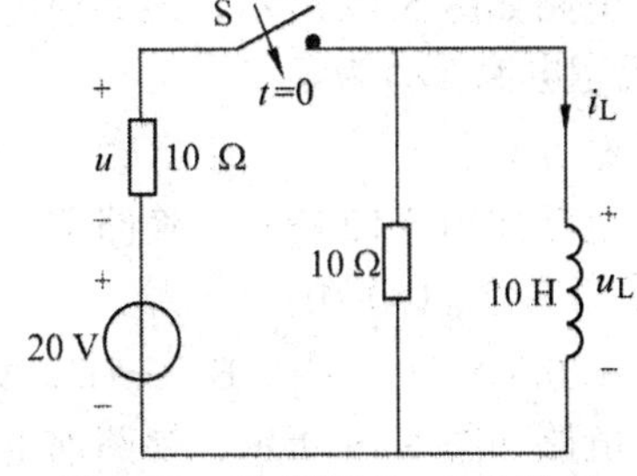

图 5.20　选择题 7、8 电路图

A. 0 A　　B. −0.5 A　　C. 0.5 A　　D. 1 A

8. 电路如图 5.20 所示，换路前电路处于稳态，在 $t=0$ 时开关 S 闭合，则电路的初始值电压 $u_L(0_+)$ 为（　　）。

A. 0 V　　B. 5 V　　C. 10 V　　D. −10 V

9. 电路如图 5.21 所示，换路前电路处于稳态，在 $t=0$ 时开关 S 闭合，该电路将产生过渡过程的原因是（　　）。

A. 电路中有储能元件，而且电路发生了换路

B. 电路发生了换路

C. 电路换路后，电感中的电流发生了变化

D. 电路换路后，电阻中的电流发生了变化

10. 电路如图 5.22 所示，在 $t=0$ 时开关 S 闭合，若已知换路前电容上的电压 $u_C(0_-)=20\text{ V}$，则在开关 S 闭合后该电路（　　）。

A. 不产生过渡过程

B. 产生过渡过程

C. 不一定产生过渡过程

D. 是否产生过渡过程，这取决于电阻 R 的大小

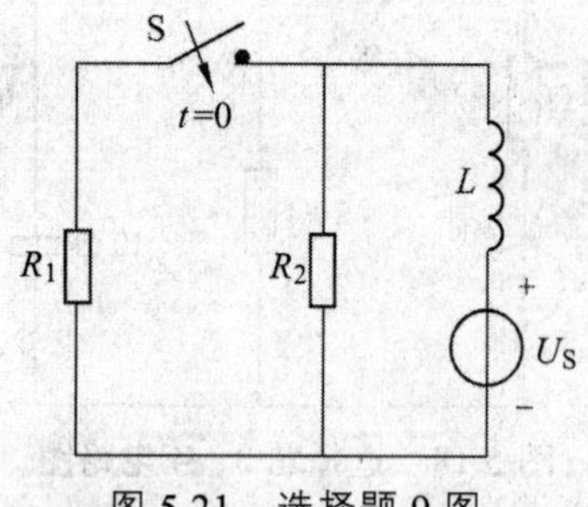

图 5.21　选择题 9 图

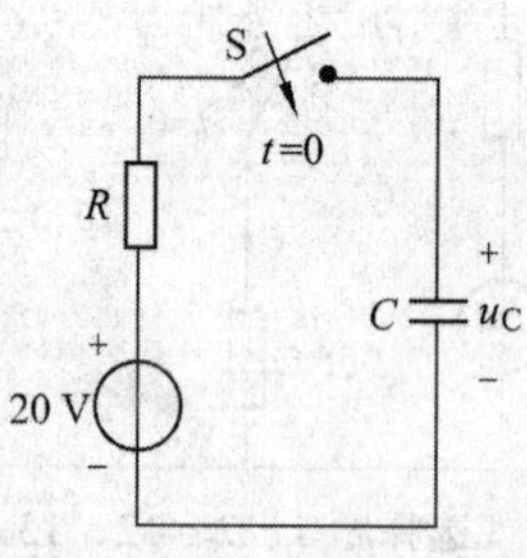

图 5.22　选择题 10 图

11. 在换路瞬间，如果电路中电压、电流为有限值，则下列各项中除（　　）不能跃变外，其他有可能跃变。

A. 电感电压　　B. 电容电流

C. 电感电流　　D. 电阻电压

12. 电路如图 5.17 所示，换路前电路处于稳态，在 $t=0$ 时开关 S 闭合，换路后 $t=\infty$ 时，电路的稳态电压 $u_C(\infty)$ 为（　　）。

A. 5 V　　B. 10 V　　C. 20 V　　D. 0 V

13. 电路如图 5.17 所示，换路前电路处于稳态，在 $t=0$ 时开关 S 闭合，换路后 $t=\infty$ 时，电路的稳态电流 $i(\infty)$ 为（　　）。

A. 0 A　　B. 1 A　　C. 2 A　　D. 4 A

14. 电路如图 5.19 所示，换路前电路处于稳态，在 $t=0$ 时开关 S 闭合，换路后 $t=\infty$ 时，电路的稳态电流 $i_L(\infty)$ 为（　　）。

A. 0.6 A　　B. −1.33 A　　C. 1 A　　D. 0 A

15. 电路如图 5.19 所示，换路前电路处于稳态，在 $t=0$ 时开关 S 闭合，换路后 $t=\infty$ 时，电路的稳态电压 $u_L(\infty)$ 为（　　）。

A. 10 V　　B. 5 V　　C. −5 V　　D. 0 V

16. 电路如图 5.23 所示，在 $t=0$ 时开关 S 闭合，则换路后电路的时间常数 τ 为（　　）。

A. $\frac{L}{90}$　　B. $\frac{L}{60}$　　C. $\frac{L}{30}$　　D. $\frac{L}{15}$

17. 电路如图 5.24 所示，在 $t=0$ 时开关 S 闭合，则换路后电路的时间常数 τ 为（　　）。

A. 90C　　B. 60C　　C. 30C　　D. 15C

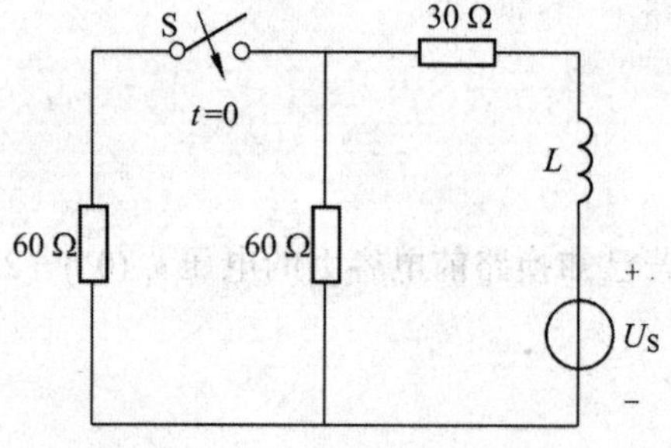

图 5.23　选择题 16 图

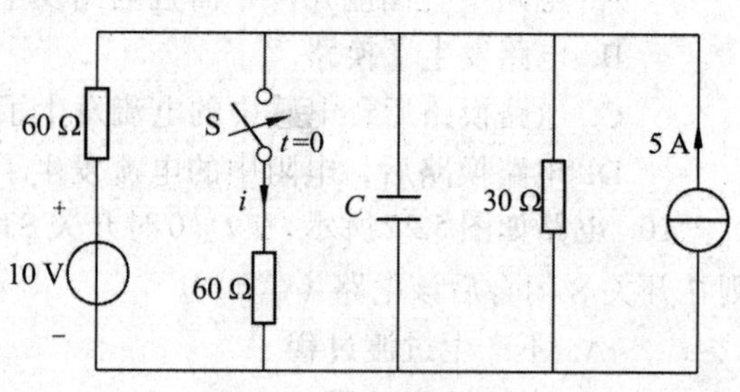

图 5.24　选择题 17 图

习　题

1. 如图 5.25 所示电路中，已知电阻 $R_1 = 4\,\Omega$，$R_2 = 2\,\Omega$，电压源 $U_S = 12\,\text{V}$。换路前电路已处于稳态，$t = 0$ 时开关 S 闭合，试求初始值电流 $i(0_+)$、$i_L(0_+)$ 和初始值电压 $u(0_+)$、$u_L(0_+)$。

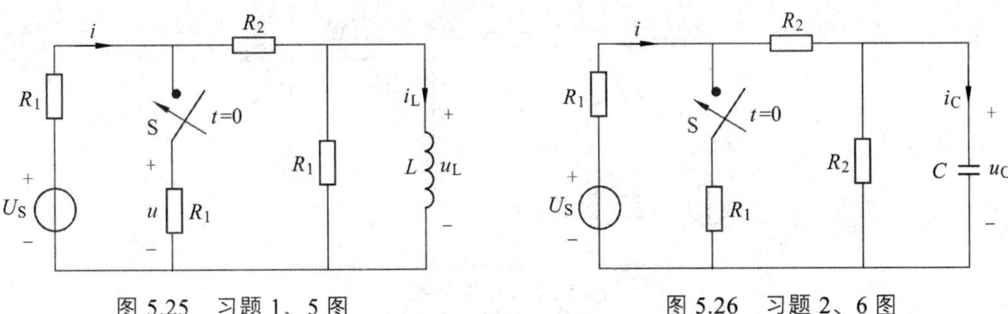

图 5.25　习题 1、5 图　　图 5.26　习题 2、6 图

2. 如图 5.26 所示电路中，已知电阻 $R_1 = 4\,\Omega$，$R_2 = 2\,\Omega$，电压源 $U_S = 6\,\text{V}$。换路前电路已处于稳态，$t = 0$ 时开关 S 闭合，试求初始值电流 $i(0_+)$、$i_C(0_+)$ 和电压 $u_C(0_+)$。

3. 如图 5.27 所示电路中，已知电阻 $R_1 = 4\,\Omega$，$R_2 = 2\,\Omega$，$C = 1\,\text{F}$，电压源 $U_{S1} = 20\,\text{V}$，$U_{S2} = 16\,\text{V}$，电流源 $I_S = 3\,\text{A}$。换路前电路已处于稳态，$t = 0$ 时开关 S 断开，试求初始值电流 $i(0_+)$、电压 $u_C(0_+)$ 和 $u(0_+)$ 和时间常数 τ。

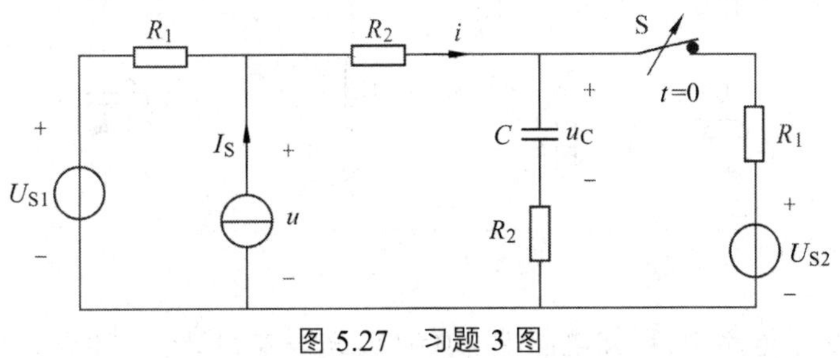

图 5.27　习题 3 图

4. 如图 5.28 所示电路中，已知电阻 $R_1 = 4\,\Omega$，$R_2 = 2\,\Omega$，$L = 1\,\text{H}$，电压源 $U_{S1} = 20\,\text{V}$，$U_{S2} = 16\,\text{V}$，电流源 $I_S = 3\,\text{A}$。换路前电路已处于稳态，$t = 0$ 时开关 S 断开，试求初始值电流 $i(0_+)$ 和电压 $u(0_+)$ 和时间常数 τ。

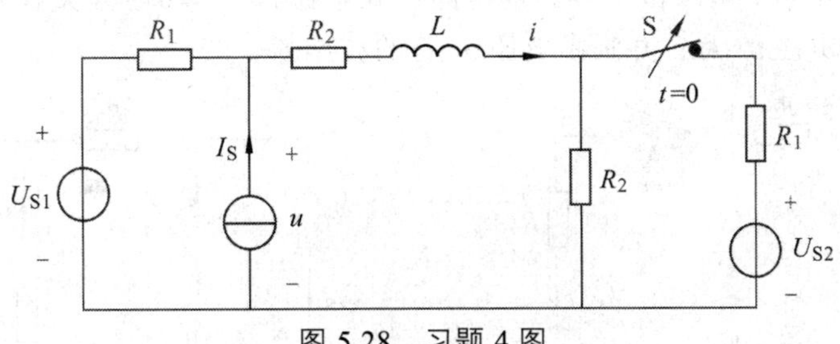

图 5.28　习题 4 图

5. 如图 5.25 所示电路中，已知电阻 $R_1 = 4\,\Omega$，$R_2 = 2\,\Omega$，电压源 $U_S = 12\,\text{V}$，电感 $L = 2\,\text{H}$。试求当 $t \geqslant 0$ 时，电路的稳态值电流 $i(\infty)$、$i_L(\infty)$ 和电压 $u(\infty)$、$u_L(\infty)$。

6. 如图 5.26 所示电路中，已知电阻 $R_1 = 4\,\Omega$，$R_2 = 2\,\Omega$，电压源 $U_S = 6\,V$，电容 $C = 0.125\,F$。试求当 $t \geqslant 0$ 时，电路的稳态值电流 $i(\infty)$、$i_C(\infty)$、电压 $u_C(\infty)$。

7. 如图 5.29 所示电路中，已知电阻 $R_1 = 4\,\Omega$，$R_2 = 2\,\Omega$，电感 $L = 1\,H$，电压源 $U_{S1} = 24\,V$，$U_{S2} = 6\,V$。换路前电路已处于稳态，$t = 0$ 时开关 S 闭合，试求 $t \geqslant 0$ 时电路的电流 $i(t)$、$i_L(t)$ 和电压 $u(t)$、$u_L(t)$。

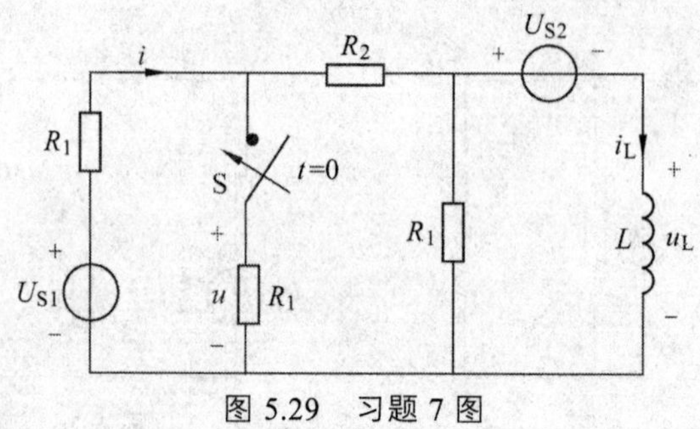

图 5.29　习题 7 图

8. 如图 5.30 所示电路中，已知电阻 $R_1 = 4\,\Omega$，$R_2 = 2\,\Omega$，电容 $C = 0.75\,F$，电压源 $U_S = 8\,V$，$u_{S2} = 1\,V$。换路前电路已处于稳态，$t = 0$ 时开关 S 闭合，试求 $t \geqslant 0$ 时电路的电流 $i(t)$、$i_C(t)$ 和电容端电压 $u_C(t)$。

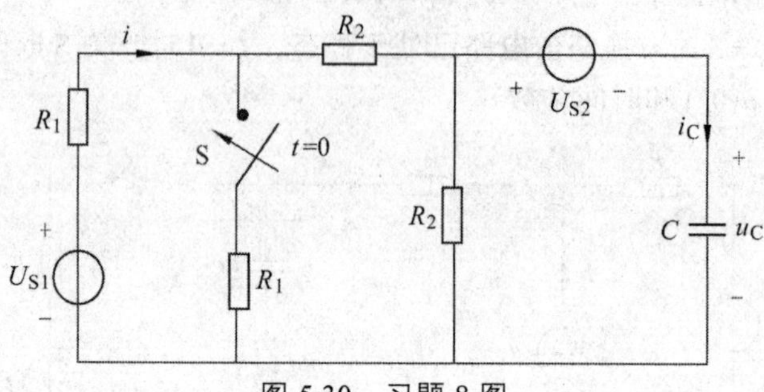

图 5.30　习题 8 图

9. 如图 5.31 所示电路中，已知电阻 $R_1 = 100\,\Omega$，$R_2 = 20\,\Omega$，$R_3 = 30\,\Omega$，电压源 $U_{S1} = 100\,V$，$U_{S2} = 50\,V$，电感 $L = 5\,H$。换路前电路已处于稳态，$t = 0$ 时开关 S 闭合，试求 $t \geqslant 0$ 时电路的电流 $i_L(t)$、$i(t)$ 和电压 $u_L(t)$，并画出电流 $i(t)$ 的波形图。

10. 如图 5.32 所示电路中，已知电阻 $R_1 = R_2 = R_3 = 10\,k\Omega$，$R_4 = 20\,k\Omega$，电压源 $U_S = 10\,V$，电流源 $I_S = 2\,mA$，电容 $C = 10\,\mu F$，换路前电路已处于稳态，$t = 0$ 时开关 S 闭合，试求 $t \geqslant 0$ 时电路的电流 $i_4(t)$ 和电压 $u_C(t)$，并画出电压 $u_C(t)$ 的波形图。

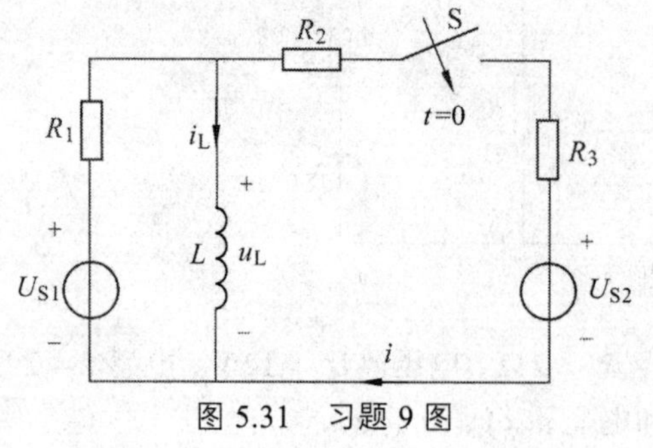

图 5.31　习题 9 图

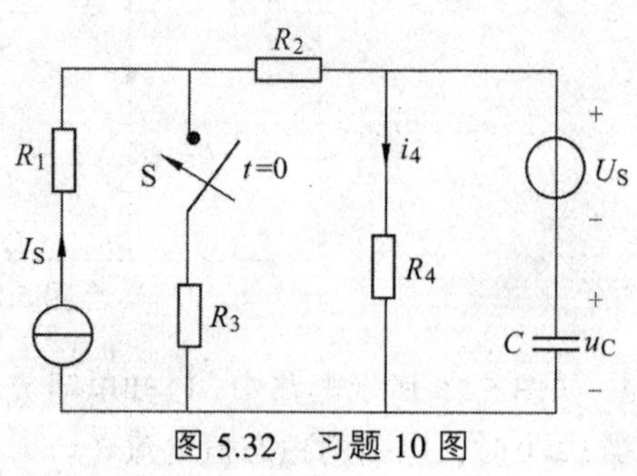

图 5.32　习题 10 图

11. 电路如图 5.33 所示，已知电阻 $R_1=4\,\Omega$，$R_2=2\,\Omega$，$R_3=3\,\Omega$，$R_4=10\,\Omega$，电容 $C=0.5\,\text{F}$，电压源 $U_{S1}=20\,\text{V}$，$U_{S2}=16\,\text{V}$，$U_{S3}=6\,\text{V}$，电流源 $I_S=3\,\text{A}$。换路前电路已处于稳态，$t=0$ 时开关 S 断开，试求 $t\geqslant 0$ 时电路的电流 $i(t)$、电压 $u_C(t)$ 和 $u(t)$。

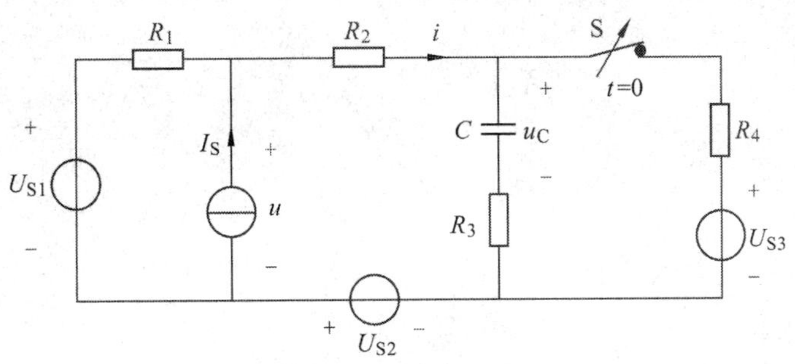

图 5.33　习题 11 图

12. 电路如图 5.34 所示，已知电阻 $R_1=4\,\Omega$，$R_2=2\,\Omega$，$R_3=23\,\Omega$，$R_4=10\,\Omega$，$R_5=5\,\Omega$，$R_6=6\,\Omega$，电感 $L=10.5\,\text{H}$，电压源 $U_{S1}=20\,\text{V}$，$U_{S2}=6\,\text{V}$，$U_{S3}=16\,\text{V}$，电流源 $I_S=2\,\text{A}$。换路前电路已处于稳态，$t=0$ 时开关 S 断开，试求 $t\geqslant 0$ 时电路的电流 $i(t)$ 和电压 $u_L(t)$、$u_5(t)$。

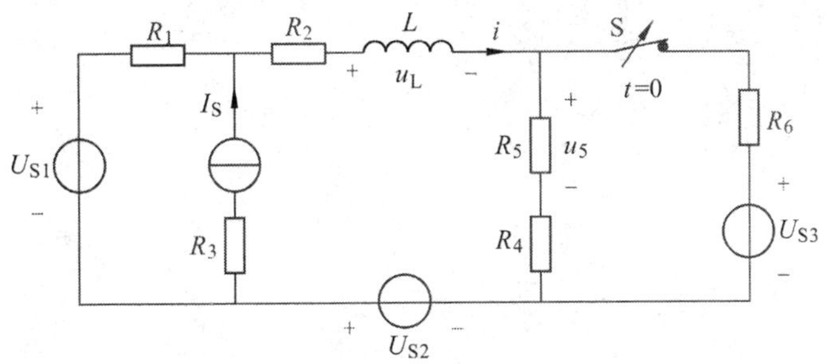

图 5.34　习题 12 图

13. 如图 5.35 所示电路中，已知电阻 $R_1=R_2=R_3=10\,\text{k}\Omega$，电压源 $U_{S1}=10\,\text{V}$，$U_{S2}=20\,\text{V}$，电感 $L=4\,\text{H}$，换路前电路已处于稳态，$t=0$ 时开关 S 闭合，试求 $t\geqslant 0$ 时电路的电流 $i_L(t)$、电压 $u_2(t)$。

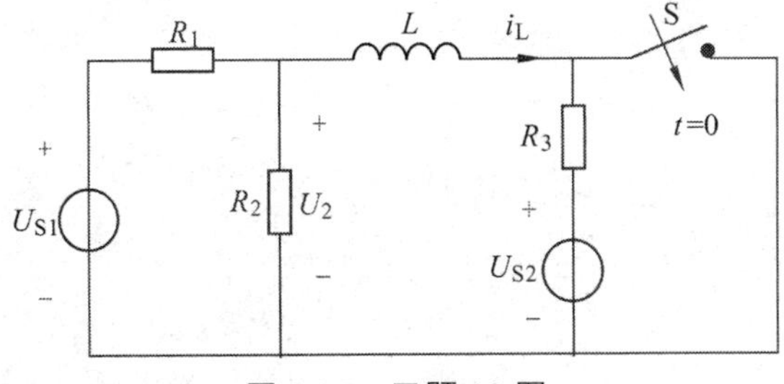

图 5.35　习题 13 图

第二篇　电子技术基础

本篇分为“模拟电子技术基础”和“数字电子技术基础”两部分。“模拟电子技术基础”主要介绍半导体及二极管应用、基本放大电路、集成运算放大电路；“数字电子技术基础”主要介绍逻辑代数的基本概念、组合逻辑电路、时序逻辑电路。重点讨论模拟电子电路的分析与计算，数字逻辑电路的分析和设计。

第 6 章　半导体及二极管应用

6.1　学习指导

模拟电子技术的基础知识在本章节讨论，即半导体的基本知识。其中，PN 结的单向导电性是学习半导体器件的基础。

6.1.1　内容提要

本章主要介绍半导体材料的基本概念，PN 结的单向导电性；半导体二极管的工作原理、伏安特性及基本应用；单相桥式整流滤波稳压电路的工作原理。

6.1.2　重点与难点

1. 重　点

掌握 PN 结的单向导电性；掌握二极管的伏安特性及测量方法；掌握单相桥式整流滤波稳压电路的工作原理。

2. 难　点

PN 结的单向导电性的判断与理解；二极管和稳压管的伏安特性的应用。

6.2　半导体的基本知识

20 世纪 50 年代电子管逐步被半导体器件取代，特别是 1948 年晶体管（transistor）的发明，对电子技术的发展起到了决定性的作用，而半导体器件的集成化电路的产生，又使电子技术进入一个崭新的时代。从小规模集成电路（SSI）到中规模（MSI）、大规模（LSI）、超大规模集成电路（VLSI），集成电路工艺水平日新月异，成就了现代电子科学技术的发展。

在自然界中，所有物质按导电能力的强弱可分为导体、绝缘体、半导体三大类。

导体：容易传导电流的材料称为导体，如金属。

绝缘体：几乎不传导电流的材料称为绝缘体，如橡胶、陶瓷、石英、塑料等。

半导体：导电能力介于导体和绝缘体之间的称为半导体，由于绝大多数半导体的原子排列呈晶体结构，所以由半导体构成的管件也称晶体管，最常用的半导体材料有锗（Ge）和硅（Si）。

半导体器件：用半导体材料制成的电子器件。

半导体的导电性能特点：

（1）具有光敏性和热敏性。

半导体受到光照或热辐射时，其电阻率会发生很大的变化，导电能力将有明显的改善，利用这一特性可制造光敏元件和热敏元件。

（2）具有掺杂特性。

在纯净的半导体中掺入微量的其他元素，半导体的导电性能将大大增强。

6.2.1 本征半导体

按照半导体理论，对不含杂质的半导体单晶体称为本征半导体。

本征半导体在绝对温度下，且无外界能源施加能量（如光照等）时，是不导电的。但在温度增加或接受光照时，一些共价键中的价电子由于获得一定的能量，挣脱原子核的束缚，成为自由电子，这种现象称为本征激发（也称热激发）。原子核因失去电子，在共价键中出现了一个空位，这个呈现出正电性的空位称为空穴。空穴的出现是半导体的一个重要特点。如图 6.1 所示。

本征半导体中的自由电子和空穴是成对出现的，称为电子空穴对。如果在半导体两端加上直流电源 E，如图 6.2 所示，则自由电子将向电源正端定向运动形成电子电流。空穴虽不移动，但因为带正电，故能吸收相邻原子中的价电子来填补，这样共价键中受束缚的价电子在晶体内不断地递补空位而间接产生空穴的定向移动，从而形成空穴电流。电子移动时是负电荷的移动，空穴移动时是正电荷的移动，电子和空穴都能运载电荷，所以它们统称为载流子。

双极型半导体器件：具有电子、空穴两种载流子参与导电的器件。

单极型半导体器件：只具有一种载流子（电子或空穴）参与导电的器件。

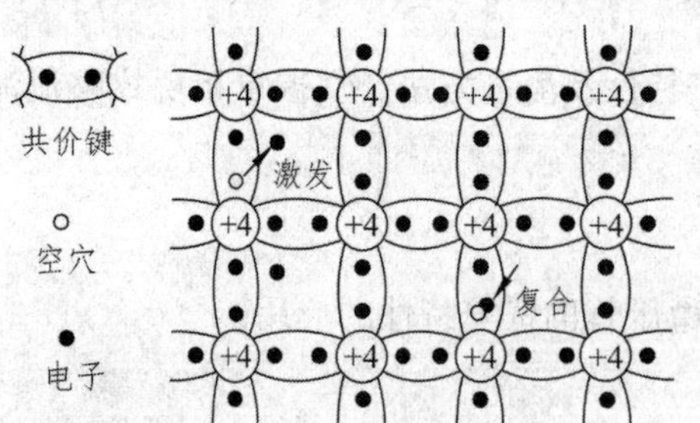

图 6.1 本征半导体的电子空穴对

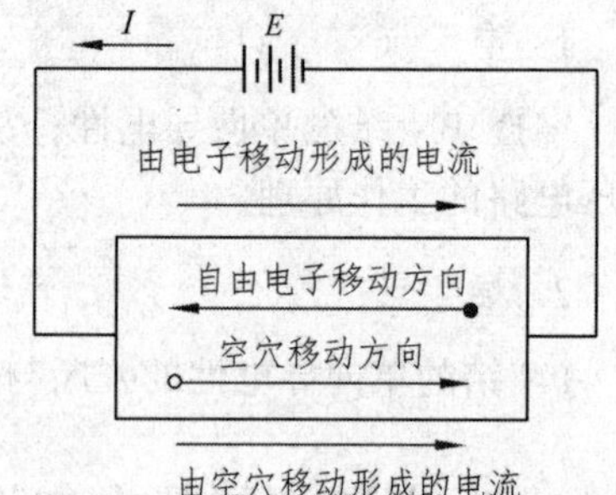

图 6.2 载流子在外电场作用下形成电流

6.2.2 杂质半导体

在本征半导体中掺进微量的其他元素（称为“杂质”）称为杂质半导体，即 N 型半导体、P 型半导体统称为杂质半导体，其结构和特性等如表 6.1 所示。

表 6.1 杂质半导体

项目	N 型半导体	P 型半导体
掺杂	五价元素（如：磷、砷）	三价元素（如：硼、铝）
结构示意图	多子 +4 +4 +4 +4 +5 +4 +4 +4 +4	多子 +4 +4 +4 +4 +3 +4 +4 +4 +4

续表

项目	N 型半导体	P 型半导体
特点	多数载流子是电子，少数载流子是空穴	多数载流子是空穴，少数载流子是电子
示意图		

注：

掺杂：在本征半导体中掺进五价元素为 N 型半导体；在本征半导体中掺进三价元素为 P 型半导体。

结构示意图：N 型半导体多余的 1 个价电子成为自由电子；P 型半导体在组成共价键过程中多出一个空位成为空穴。

特点：N 型半导体电子数目>>空穴数目；P 型半导体空穴数目>>电子数目。

示意图：当五价杂质原子失去价电子时，成为带正电的杂质离子，用⊕表示 N 型半导体；当三价杂质原子获得价电子，成为带负电的杂质离子，用 Θ 表示 P 型半导体。

在杂质半导体中，多数载流子的数目与掺入杂质有关，掺入杂质越多，多数载流子的数目就越多；而少数载流子的数目则与温度有关，温度越高，少数载流子的数目就越多。应当注意，不论是哪一种掺杂半导体，虽然它们都有一种载流子占多数，但半导体中的正负电荷数是相等的，整个晶体仍然保持电中性。

6.2.3　PN 结的形成

扩散运动：在电中性的半导体中，当同一种载流子出现浓度差别时，载流子将从浓度较高的区域向浓度较低的区域运动，这种由多数载流子形成的运动称为扩散运动。如图 6.3（a）所示。

漂移运动：在电场的作用下，少数载流子的定向运动，称为漂移运动。如图 6.3（c）所示。

在一块半导体晶体上，采取一定的掺杂工艺，使两边分别形成 P 型半导体和 N 型半导体，浓度的差别使交界处产生扩散运动。如图 6.3（a）所示。

扩散运动的结果：N 区侧因失去电子，留下带正电的杂质离子（用⊕表示）；P 区侧因失去空穴，留下带负电的杂质离子（用⊖表示），形成了一个很薄的空间电荷区，这个空间电荷区就称为 PN 结。如图 6.3（b）所示。

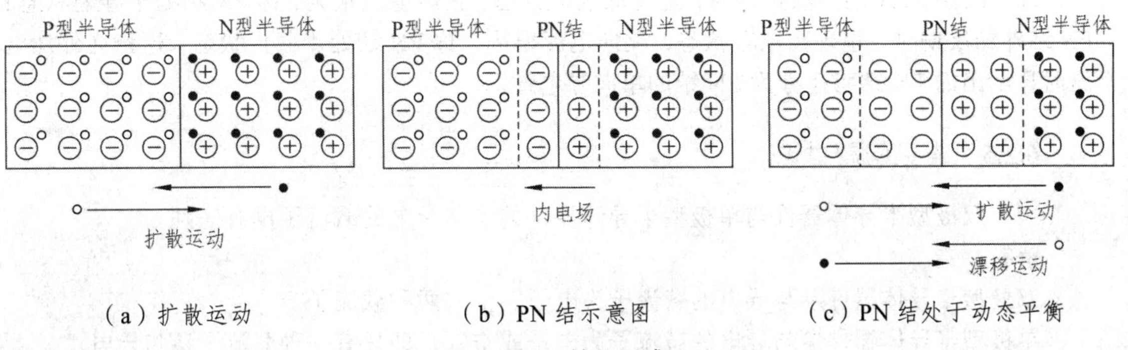

（a）扩散运动　（b）PN 结示意图　（c）PN 结处于动态平衡

图 6.3　PN 结的形成

在内电场的作用下，少子产生漂移运动，最后扩散运动与漂移运动达到相对的稳定，PN 结处于动态平衡。如图 6.3（c）所示。

PN 结的形成过程为：

多子浓度的差别→扩散运动→杂质离子形成空间电荷区→内电场 ⇉ 促使少子漂移 / 阻止多子扩散 ⇉ 达到动态平衡

PN 结是构成各种半导体器件的核心，不同的半导体器件其 PN 结构或数量有所不同。

6.2.4 PN 结的单向导电性

PN 结通常处于动态平衡状态，当外加一定的电压时，将会破坏这种动态平衡状态，即外加电压极性不同，PN 结呈现的导电性能有所不同，其导电性性能如表 6.2 所示。

表 6.2 PN 结的单向导电性

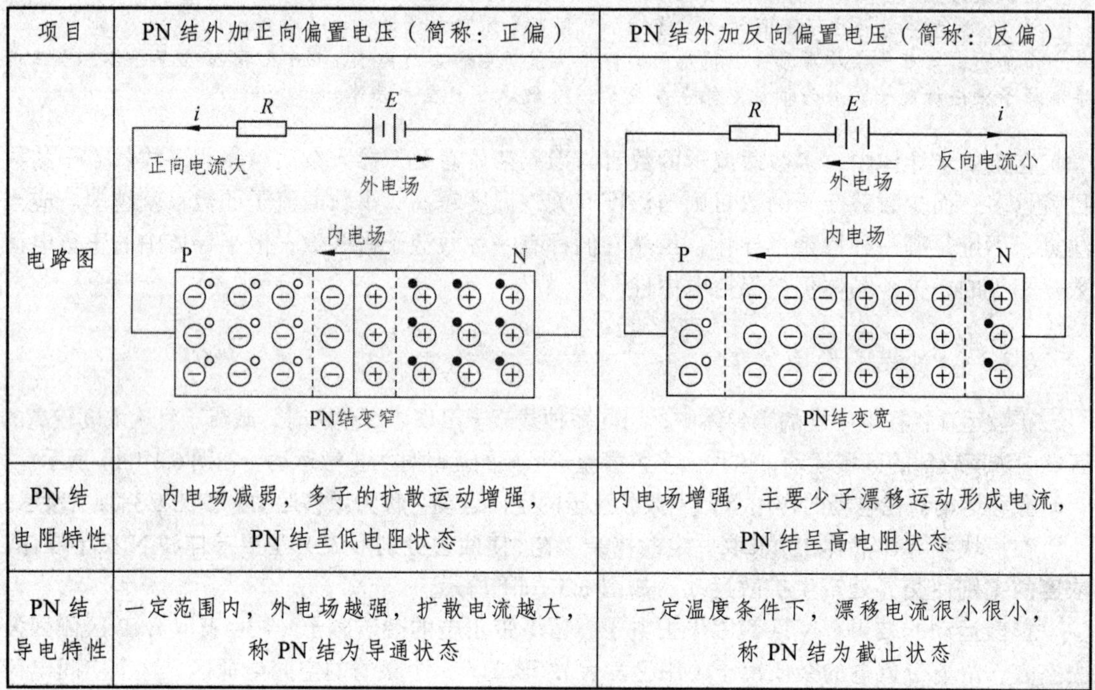

项目	PN 结外加正向偏置电压（简称：正偏）	PN 结外加反向偏置电压（简称：反偏）
电路图	（见上图）	（见上图）
PN 结电阻特性	内电场减弱，多子的扩散运动增强，PN 结呈低电阻状态	内电场增强，主要少子漂移运动形成电流，PN 结呈高电阻状态
PN 结导电特性	一定范围内，外电场越强，扩散电流越大，称 PN 结为导通状态	一定温度条件下，漂移电流很小很小，称 PN 结为截止状态

综上所述，PN 结外加正偏时，呈现低电阻状态，正向电流很大，称 PN 结处于导通状态；PN 结外加反偏时，呈现高电阻状态，反向电流很小，称 PN 结处于截止状态。这种在外加电压时显示出的 PN 结特性称为 PN 结的单向导电性。

6.2.5 常见问题讨论

（1）双极型半导体器件与单极型半导体器件的参与导电的载流子没有区别。

解答：错。

双极型半导体器件参与导电的载流子为电子、空穴两种载流子。

单极型半导体器件参与导电的载流子为电子或空穴，即只有一种载流子参与导电。

（2）PN 结在什么条件下，显示其单向导电基本特性。

解答：在外加电压条件下。

PN 结的单向导电性只有在外加电压时才显示出来。

（3）在有外加电压时，PN 结呈现的电阻特性不变。

解答：错。

PN 结外加正向电压时，呈低电阻状态，即导通状态；外加反向电压时，呈高电阻状态，即截止状态。

6.3　半导体二极管及应用

6.3.1　基本概念

1. 基本结构

半导体二极管是由一个 PN 结加上相应的电极引线和管壳封装制成的。P 型半导体端的电极为阳极（也称正极），N 型半导体一端的电极为阴极（又称负极）。如图 6.4（a）所示。

2. 图形符号

根据半导体二极管基本结构，在电子电路中用图 6.4（b）所示符号表示半导体二极管。

3. 伏安特性测试电路

半导体二极管的伏安特性可通过电路图 6.4（c）进行测试，其测试的特性曲线如图 6.4（d）所示。

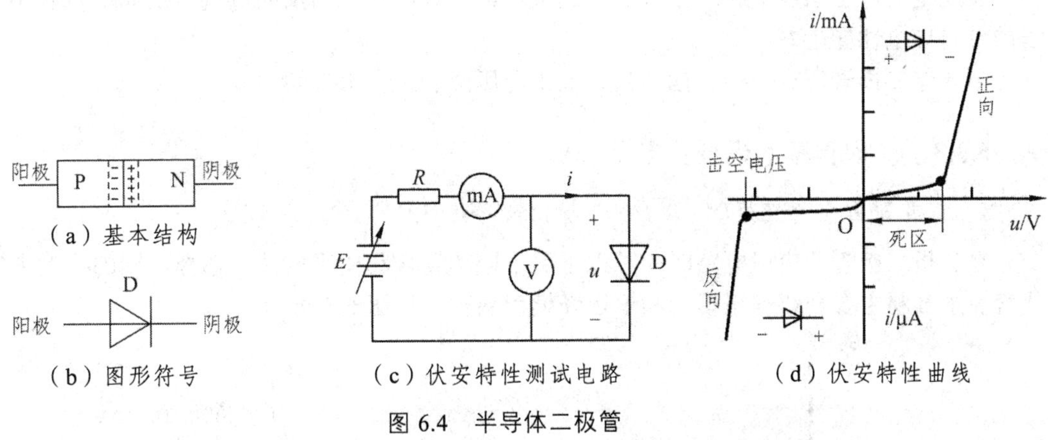

图 6.4　半导体二极管

4. 伏安特性曲线

不同的半导体二极管的伏安特性是有差异的，由于基本结构中都仅存在一个 PN 结，则伏安特性曲线的基本形状是相似的。

1）正向特性

如图 6.4（d）中第一象限内的曲线称为正向特性。

（1）当二极管工作在“死区”状态下时，PN 结呈现高阻状态，正向电流几乎为零。通常，硅管的死区电压为 0.6 ~ 0.7 V，锗管的死区电压为 0.2 ~ 0.3 V。

（2）当正向电压 u 大于死区电压时，PN 结呈现低阻状态，正向电流增长很快。通常称二极管为“正向导通”状态。

2）反向特性

如图 6.4（d）中第三象限内的曲线称为反向特性。

当外加反向电压不超过反向击穿电压时，PN 结呈现高阻状态，称二极管为“反向截止”状态。

当外加反向电压过高而超过反向击穿电压时，反向电流突然增大，称二极管反向击穿。击穿后的二极管失去了单向导电性能，即二极管损坏。

6.3.2 主要参数

二极管的特性可用两种方式来说明，一种是用伏安特性曲线，另一种是用一些数据，这些数据就称为二极管的参数。参数一般可从半导体器件手册中查到。主要参数有：

1. 最大整流电流 I_{OM}

最大整流电流是指二极管长期工作时，允许通过的最大正向平均电流。使用时应注意流过二极管的平均电流值不大于 I_{OM}，否则将会使二极管中 PN 结的结温超过允许值而损坏。

2. 最大反向工作电压 U_{DRM}

是指二极管不被击穿所允许的最高反向电压。一般规定最高反向工作电压 U_{DRM} 为反向击穿电压的 1/2 ~ 2/3。

3. 最大反向电流 I_{RM}

在规定的环境温度下，二极管加上最大反向工作电压时的反向电流。反向电流越小，管子的单向导电性能越好。

半导体二极管还有一些其他参数，如正向压降、最高工作频率等。

6.3.3 二极管基本模型及电路分析

1. 二极管正向特性模型

在分析二极管的应用电路时，可以根据不同的场合和使用条件，选择不同的模型来等效代替。本教材主要介绍理想模型和恒压降模型两种。如图 6.5 所示。

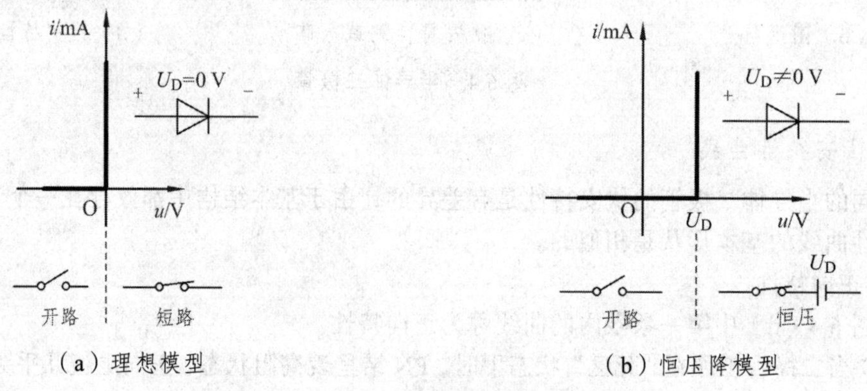

（a）理想模型　　（b）恒压降模型

图 6.5 二极管的等效模型图

1）理想模型

二极管相当一个理想开关，正向导通，反向截止，如图 6.5（a）所示。

当二极管 D 外加正向电压 $u>0$ V 时，二极管 D 为“正向导通”状态，二极管 D 等效为“短路”；当二极管 D 外加反向电压 u 时，二极管 D 为“反向截止”状态，二极管 D 等效为“开路”。

此模型主要用于低频大信号电路之中，例如整流电路。

2）恒压降模型

当二极管 D 外加正向电压 $u \geqslant U_D$ 死区电压时，忽略正向动态电阻，二极管 D 等效为“恒压源 U_D”；当 $u<U_D$ 时，二极管 D 等效为“开路”。如图 6.5（b）所示；

此模型主要用于低频小信号电路。

2. 二极管电路分析

正确判断出二极管的工作状态是分析二极管电路的关键，即：是导通状态，还是截止状态。

【例 6.1】在图 6.6（a）所示的电路中，已知二极管正向偏置电压为 0.7 V，电压源为 $U_{S1}=5$ V，$U_{S2}=10$ V，电阻 $R_1=R_2=10$ kΩ，$R_3=R_4=5$ kΩ，试判断二级管是导通还是截止，并求流过二级管的电流。

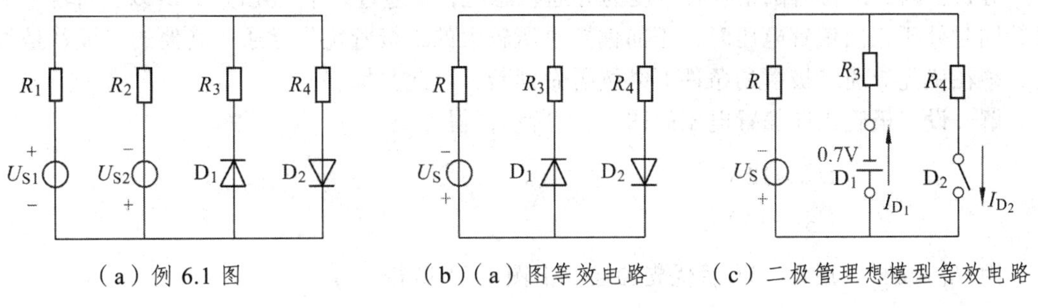

（a）例 6.1 图　（b）（a）图等效电路　（c）二极管理想模型等效电路

图 6.6　例 6.1 图及电路分析图

分析：

（1）因二极管是非线性元件，所以不能用叠加定理进行分析计算，可以用戴维南定理或电源模型等效变换法，如图 6.6（b）所示。

（2）根据二极管正向偏置电压为 0.7 V，用恒压降模型等效替代二极管。如图 6.6（c）所示。

解　由戴维南定理计算图（a）得图（b），其参数为

$$R=R_1 // R_2=\frac{10}{2}=5\,(\text{k}\Omega)$$

$$U_S=\left(\frac{U_{S2}}{R_2}-\frac{U_{S1}}{R_1}\right)R=\left(\frac{10}{10}-\frac{5}{10}\right)\times 5=2.5\,(\text{V})$$

在图（b）中的电压源 U_S 作用下，二极管 D_1 承受的是正向电压，即 D_1 导通；D_2 承受是反向电压，即 D_2 截止。其等效电路如图（c）所示，则流过二极管的电流分别为

$$I_{D2}=0\text{ A}$$

$$I_{D1}=\frac{U_S-0.7}{R+R_3}=\frac{2.5-0.7}{5+5}=0.18\ (\text{mA})$$

结论：二极管是非线性元件，叠加定理不能用于非线性电路分析。

【例 6.2】 图 6.7（a）电路中，已知二极管为理想元件，试判断二极管的工作状态，并求电压 U_{AO}。

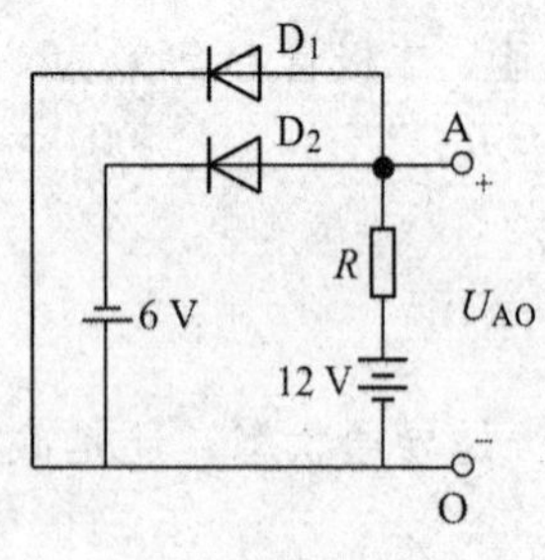

（a）例 6.2 电路

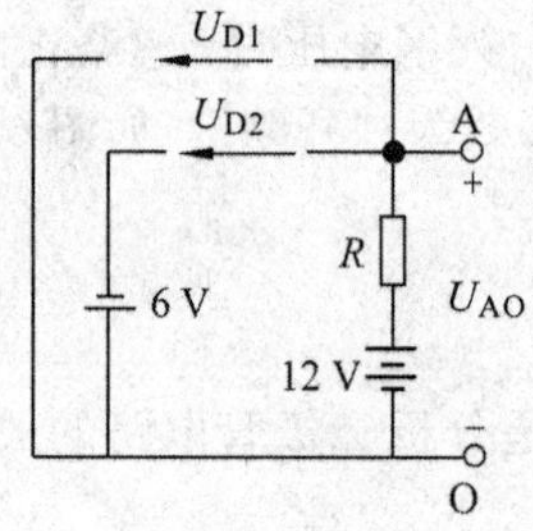

（b）二极管工作状态分析图

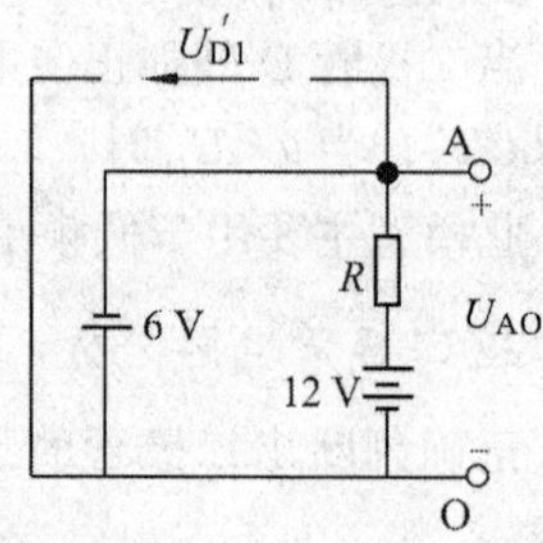

（c）D_2 优先导通后电路

图 6.7 例 6.2 图及分析判断图

分析：因二极管由截止状态过度为导通状态时，要通过一个“死区”，所以，当若干个二极管同时处于正向偏置电压时，正向偏置电压较大的二极管优先导通；其他的二极管是否导通，须在优先导通二极管的条件下继续再做判断，以此类推。

解 设二极管正向偏置电压如图（b）所示，得

$$U_{D1}=12\ \text{V}$$
$$U_{D2}=18\ \text{V}$$

因 $U_{D1}<U_{D2}$，所以，D_2 管优先导通。由图（c）解得

$$U'_{D1}=-6\ \text{V}$$

则 D_1 管截止，电压 U_{AO} 为

$$U_{AO}=-6\ \text{V}$$

结论：二极管在“截止”与“导通”相互转换时，要经过一个“死区”。因此，在几个二极管同时处于正向偏置电压时，正向偏置电压较大的二极管会先导通。先导通的二极管导致电路电量发生变化，致使还没导通的二极管端电压有可能变换为反向偏置电压。

3. 单相桥式整流电路分析

【例 6.3】 单相桥式整流电路如图 6.8 所示。其输入电压 u_i 为正弦交流电，二极管均为理想元件，试分析整流电路波形图。

分析：因输入电压 u_2 为正弦交流电，则将电压分为正半周和负半周讨论 4 个二极管的工作状态，即导通还是截止，从而分析出整流电路的波形图 6.9。

解 （1）u_2 正半周。

因 $u_2>0$，二极管 D_1、D_3 正偏导通，D_2、D_4 反偏截止。其电流 i_{d1} 的通路如图 6.8（a）所示。负载电阻 R_L 上得到一个正半波电压 u_o。

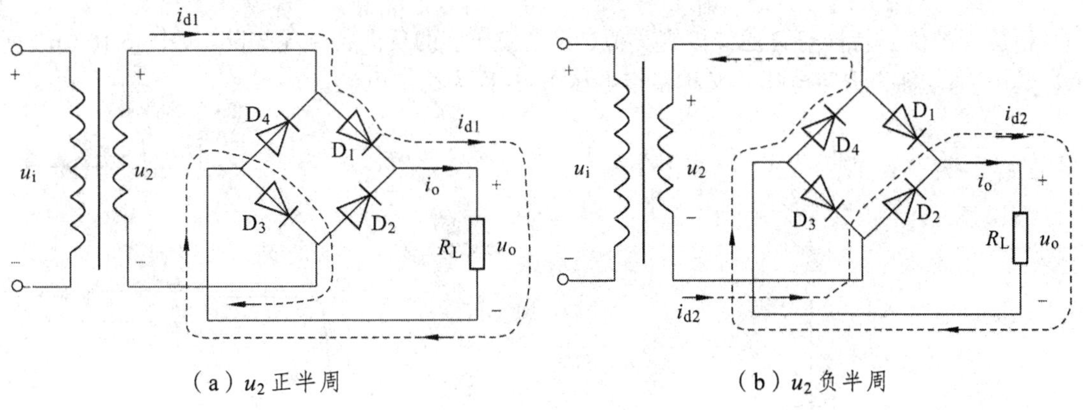

（a）u_2 正半周　　　　（b）u_2 负半周

图 6.8　例 6.3 图

（2）u_2 负半周。

因 $u_2<0$，二极管 D_2、D_4 正偏导通，D_1、D_3 反偏截止。其电流 i_{d2} 的通路如图 6.8（b）所示。负载 R_L 上得到另一个正半波电压 u_o。

解得：整流电路波形图如图 6.9 所示。

结论：充分利用二极管的单向导电性，巧妙地用二极管构成桥式电路，从而实现将正弦交流电整流变换为脉动电流。

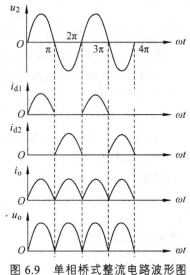

图 6.9　单相桥式整流电路波形图

6.3.4　常见问题讨论

（1）二极管为理想模型工作状态时，导通电压为零。

解答：错。

二极管为理想模型时，其正向偏置导通电压为大于零，即忽略了二极管正向电压。

（2）二极管为恒压降模型工作状态时，导通电压为零。

解答：错。

二极管为恒压降模型时，只有当二极管两端的正向偏置电压大于等于死区电压时，处于导通状态。

（3）二极管相当一个"理想开关"的含义是什么？

解答：当二极管外加正向电压大于零时，二极管等效为"短路"（即开关闭合）；当二极管外加反向电压或零电压时，二极管等效为"开路"（即开关打开）。

6.4　稳压二极管

稳压二极管（又称齐纳二极管）是一种按特殊工艺制造出来的面结合型硅二极管，外形与普通二极管一样。由于它在电路中与适当阻值的电阻配合，能起到稳定电压的作用，所以称为稳压管。如图 6.10（a）所示为稳压管的图形符号。

6.4.1 伏安特性

稳压管的伏安特性与普通二极管类似，只是稳压管的反向特性比较陡。如图 6.10（b）所示，其中，U_Z 称为击穿电压（又称稳定电压），I_Z 称为稳定电流。

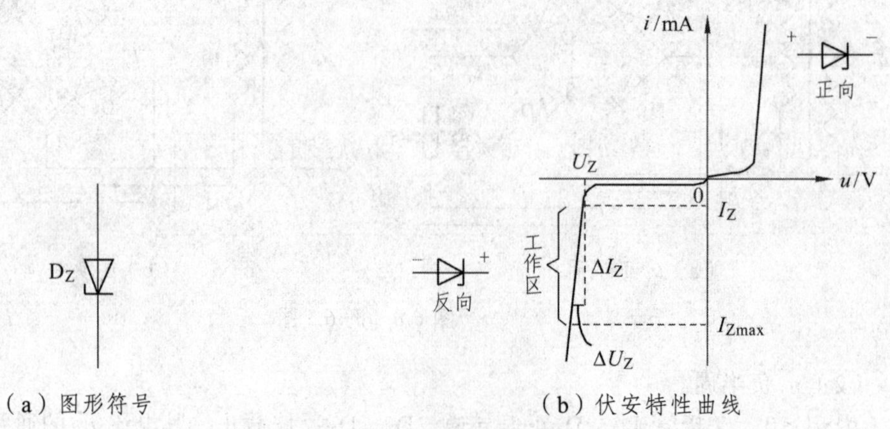

（a）图形符号　　（b）伏安特性曲线

图 6.10　稳压管的图形符号和伏安特性曲线

稳压管工作在反向击穿区。从图 6.10（b）反向特性曲线上可以看出：

（1）当反向电压小于其击穿电压 U_Z 时，反向电流很小，稳压管工作在截止区。

（2）当反向电压增高到击穿电压 U_Z 时，反向电流急剧增大，稳压管工作在反向击穿状态下。此时电流虽然在很大的范围内变化 ΔI_Z，但稳压管两端的电压变化 ΔU_Z 很小。利用这一特性，稳压管在电路中能起稳压作用。

注意：稳压二极管在稳压电路中，其最小反向工作电流不得小于 I_{zmin}（最小电流）；最大反向工作电流不得大于 I_{zmax}（最大电流）。即 $I_{Zmin} < i_Z < I_{Zmax}$。

稳压管与一般二极管不一样，它的反向击穿是可逆的。当去掉反向电压后，稳压管又恢复正常。但是，如果反向电流超过允许范围 I_{Zmax}，稳压管将会发生热击穿而损坏。

6.4.2 主要参数

1. 稳定电压 U_Z

是指稳压管在正常工作下管子两端的电压。对于同一型号的管子会有不同的稳定电压值，分散性比较大，通常对同一型号的管子给出一定的稳定电压范围。例如：2CW13 的 $U_Z = 5 \sim 6.5$ V。

2. 稳定电流 I_Z

是指为了使稳压管具有较好的稳压特性所需流过管子的最小反向电流值。但在设计选用时常按工作电流的变化范围来考虑。

3. 最大稳定电流 I_{Zmax}

是指稳压管工作时允许通过的最大反向电流。

4. 电压温度系数 α_u

电压温度系数是说明稳压管的稳压值受温度变化影响的系数，通常环境温度每变化 1 °C；

所引起的稳压值相对变化量来表示，即

$$\alpha_u = \frac{\frac{\Delta U_Z}{U_Z}}{\Delta T} \quad (\%/^\circ\mathrm{C})$$

式中，ΔT 是温度变化量；ΔU_Z 是稳压值由于温度而引起的变化量。

一般来说，稳压值低于 4 V 的稳压管，它的电压温度系数是负的；高于 6 V 的稳压管，电压温度系数是正的；而在 4 ~ 6 V 之间的稳压管，其电压温度系数有可能为正，也有可能为负；6 V 左右的管子，稳压值受温度的影响就比较小，因此，选用稳压值 6 V 左右的稳压管，可得到较好的温度稳定性。

6.4.3　稳压管电路分析

【例 6.4】如图 6.11 所示电路中，设硅稳压管 D_{Z1} 和 D_{Z2} 的稳定电压为 U_{Z1}=6 V，U_{Z2}=9 V，稳压管的正向压降为 0.7 V。试求各电路的输出电压 U_o。

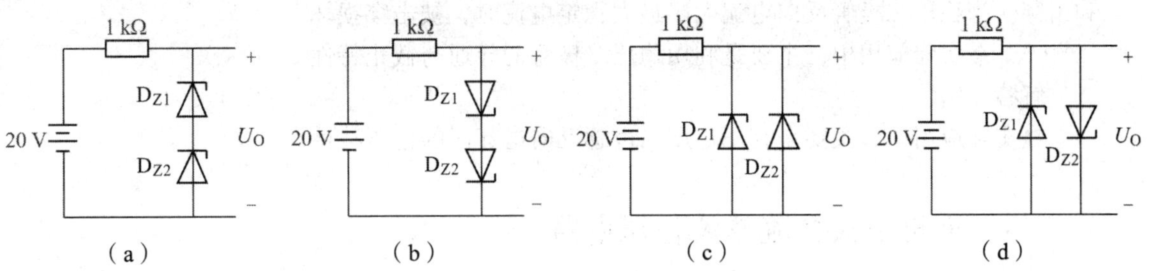

图 6.11　例 6.4 图

分析：

（1）图（a）电路中，D_{Z1}、D_{Z2} 均反偏，并且 $U_{Z1} + U_{Z2} = 15\text{ V} < 20\text{ V}$，即 D_{Z1}、D_{Z2} 均工作在反向击穿区。

（2）图（b）电路中，D_{Z1}、D_{Z2} 均正偏，即 D_{Z1}、D_{Z2} 均导通。

（3）图（c）电路中，D_{Z1}、D_{Z2} 均反偏，但 D_{Z1}、D_{Z2} 并联，所以，击穿电压低的 D_{Z1} 先击穿，而 D_{Z2} 不会被击穿，D_{Z2} 截止。

（4）图（d）电路中，D_{Z1} 反偏，D_{Z2} 正偏，则 D_{Z2} 先导通工作，D_{Z1} 截止。

解

图（a）中 D_{Z1}、D_{Z2} 工作在反向击穿区，即

$$U_o = U_{Z1} + U_{Z2} = 6 + 9 = 15\ (\mathrm{V})$$

图（b）中 D_{Z1}、D_{Z2} 导通，即

$$U_o = U_{Z1} + U_{Z2} = 0.7 + 0.7 = 1.4\ (\mathrm{V})$$

图（c）中 D_{Z1} 工作在反向击穿区，D_{Z2} 截止，即

$$U_o = U_{Z1} = 6\text{ V}$$

图（d）中 D_{Z2} 导通，D_{Z1} 截止，即

$$U_o = 0.7\ \text{V}$$

结论：当稳压管外加电压为反偏时，如果电压向大于稳定电压 U_Z，稳压管工作在反向击穿区；否则工作在截止区。

6.4.4 常见问题讨论

（1）当稳压管外加电压为反偏时，稳压管工作状态为反向击穿状态，即稳压状态。

解答：错。

在一定条件下，稳压管外加反偏电压时的工作状态有两种，即反向击穿状态和截止状态。

（2）稳压管与二极管的伏安特性没有区别。

解答：错。

二极管的伏安特性由 4 部分组成：导通区、死区、截止区和击穿。当二极管被击穿后将失去单向导电性，二极管损坏。

稳压二极管的伏安特性由 5 部分组成：导通区、死区、截止区、击穿区（或称稳压区）和击穿。当稳压二极管反向电流大于最大稳定电流时，被击穿损坏。

（3）在实际应用中，主要是利用稳压二极管的导通与截止特性。

解答：错。

在实际应用中，主要是利用稳压二极管反向击穿区的稳压特性。

6.5 单相桥式整流滤波稳压电路

电子电气设备常需要直流电源供电，例如：城市轨道供电系统中，牵引变电所将交流电压转换为直流电压，再通过直流牵引网为城市轨道列车提供电能。直流电源种类很多，一般的直流电源的组成主要有 4 个模块，即整流变压器、整流电路、滤波电路和稳压电路，其框图如图 6.12 所示。其中：

整流变压器 T：将电网交流电压变成合适的整流电压。

整流电路：利用二极管的单相导电性，将交流电压变换成脉动电压。

滤波电路：将脉动电压中的交流成分滤掉，使输出电压为较平滑的直流电压。

稳压电路：减小较平滑的直流电压波动，并自动调整稳定输出的直流电压。

本节主要讨论最基本最简单的直流稳压电源工作原理及定量分析。

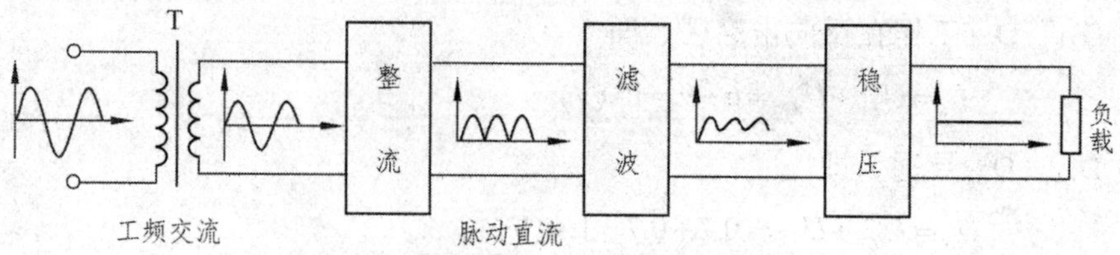

图 6.12 直流稳压电源的原理方框图

6.5.1 单相桥式整流电路定量分析

定量分析如图 6.13 所示的单相桥式整流电路电压、电流的平均值。

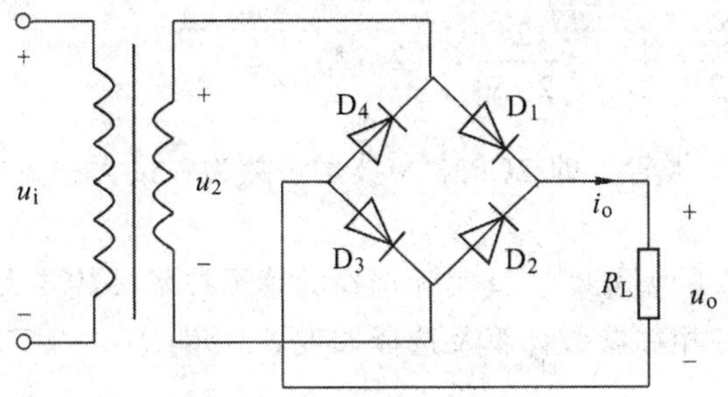

图 6.13　单相桥式整流电路

设变压器二次侧电压 $u_2=\sqrt{2}U_2\sin\omega t$，则负载电压 u_o、电流 i_o、二极管中电流 i_D 等，在电压 u_2 的一个周期内平均值为

平均电压 U_o：

$$U_o=1/\pi\int_0^{\pi}\sqrt{2}U_2\sin\omega t\mathrm{d}(\omega t)=2\sqrt{2}U_2/\pi\approx0.9U_2$$

平均电流 I_o：

$$I_o=\frac{U_o}{R_L}=0.9\frac{U_2}{R_L}$$

每个二极管中流过的平均电流 I_D 为

$$I_D=\frac{I_o}{2}=0.45\frac{U_2}{R_l}$$

另：每个二极管所承受的最高反向电压 U_{DRM} 为

$$U_{DRM}=\sqrt{2}U_2$$

变压器二次侧绕组的电流的有效值 I_2 为

$$I_2=\frac{U_2}{R_L}=\frac{I_O}{0.9}=1.11I_O$$

【例 6.5】有一额定电压为 24 V，阻值为 50 Ω 的直流负载，采用单相桥式整流电路供电，交流电源电压为 220 V。试选择整流二极管的型号。

分析：整流二极管的型号选择时，有两个参数必须明确，即每个二极管承受的最高反向电压和流过每个二极管的电流平均值。

解　变压器二次侧电压有效值 U_2 为

$$U_2=\frac{U_O}{0.9}=\frac{24}{0.9}=26.6\ (\mathrm{V})$$

每个二极管承受的最高反向电压 U_{DRM} 为

$$U_{DRM}=\sqrt{2}U_2=\sqrt{2}\times26.6=37.6\ (\mathrm{V})$$

流过每个二极管的电流平均值 I_D 为

$$I_D = \frac{I_O}{2} = \frac{U_O}{2R_L} = \frac{24}{2\times 50} = 0.24\ (\text{A})$$

可以选用 2CP33 A 二极管，即 2CP33 A 技术参数为：最大整流电流为 0.5 A，最高反向工作电压为 50 V。

结论：在选择二极管的型号时，其实际选择的管子技术参数要大于定性分析计算的参数值。一般常用整流电路的相关参数计算及选择如表 6.3 所示。

表 6.3　常用整流电路技术参数及选择

名称	电　路	负载平均电压	每个管子承受的最大反向电压	选择管子的参数		选择变压器的参数	
				每个管子的平均电流	每个管子承受的最大反向电压	变压器副绕组相电压有效值	变压器副绕组相电流有效值
单相半波	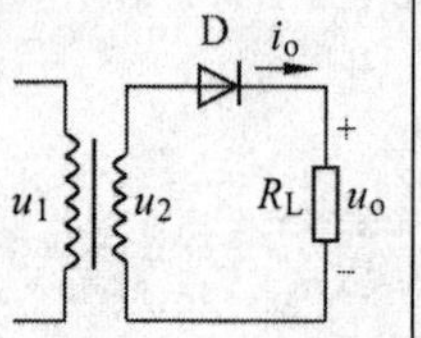	$U_o=0.45U_2$	$U_{DRM}=1.41U_2$	I_o	$3.14U_o$	$2.22U_o+U_D$	$1.57I_o$
单相全波	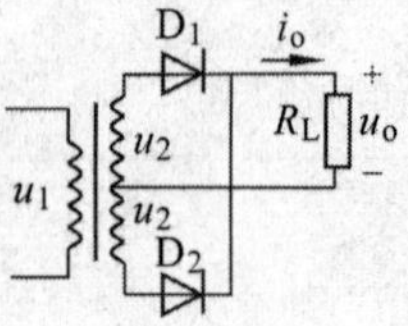	$U_o=0.9U_2$	$U_{DRM}=2.82U_2$	$0.5I_o$	$3.14U_o$	$1.11U_o+U_D$	$0.79I_o$
单相桥式	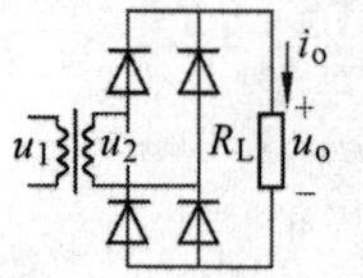	$U_o=0.9U_2$	$U_{DRM}=1.41U_2$	$0.5I_o$	$1.57U_o$	$1.11U_o+2U_D$	$1.11I_o$

注：（1）U_D 为正向二极管压降，可取 0.7 V，ZP 型取 1 V。

（2）表内公式供已知负载端直流电压、电流的条件下，选择整流管和变压器用。

6.5.2　单相桥式电容滤波电路

滤波电路作用是滤去整流输出中的脉动电压（又称纹波电压），一般由电抗（电容 C、电感 L）元件组成。即利用电抗元件的储能功能，当电源电压升高时，电抗元件将能量存储起来，而当电源电压降低时，又将能量释放出来，从而使输出电压比较平滑，实现“滤波”。

常用的滤波电路有：电容滤波电路、电感电容滤波电路和π型滤波电路，如图 6.14 所示。下面重点介绍电容滤波电路，电路如图 6.15 所示。

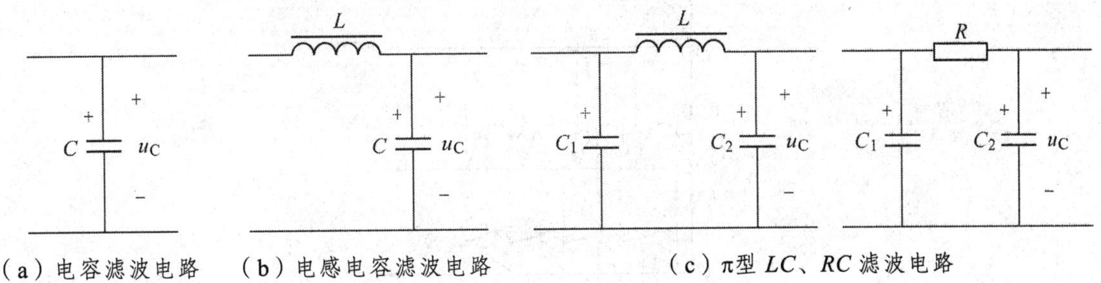

（a）电容滤波电路　（b）电感电容滤波电路　（c）π型 LC、RC 滤波电路

图 6.14　滤波电路图

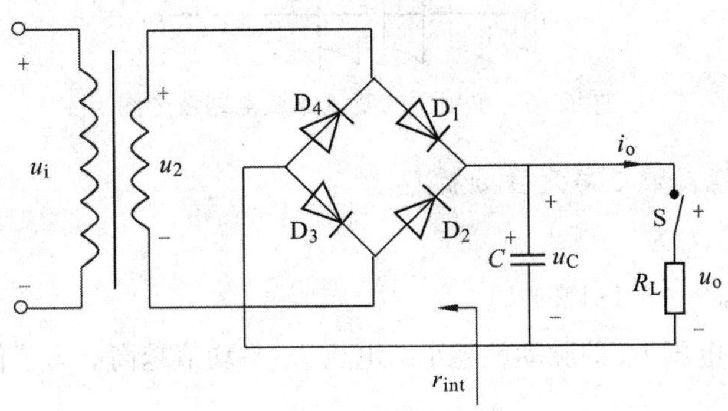

图 6.15　单相桥式整流电容滤波电路

1. 单相桥式电容滤波电路工作原理

单相桥式电容滤波电路如图 6.15 所示。

1）$R_L = \infty$

开关 S 断开，设 C 初始电压为零，电路接入交流电 u_i 后，电容 C 充电，其电路充电时间常数为

$$\tau_C = r_{int}C$$

式中 r_{int} 为从电容 C 两端向输入端（左端）看过去的等效电阻（如图 6.15 所示）。因为，二极管的导通阻值很小，即时间常数 τ_C 很小，所以，电容 C 充电时间很短，很快就充电到交流电压 u_2 的最大值 $\sqrt{2}U_2$。

2）$R_L \neq \infty$

开关 S 闭合。设电容 C 初始电压为 $\sqrt{2}U_2$，交流电压 u_2 从 0 开始上升，当 $u_2<u_C$ 时，4 个二极管均受反向电压的作用而截止，电容器 C 经 R_L 放电，其放电的时间常数为

$$\tau_d = R_L C$$

因 $R_L >> r_{int}$，则 $\tau_d >> \tau_C$，故输出电压 $u_o = u_C$，并且放电速度很慢，即 u_C 按指数规律 $e^{\frac{t}{\tau_d}}$ 缓慢下降。与此同时，交流电压 u_2 按正弦规律上升，当 $u_2 > u_C$ 时，二极管导通，电容 C 开始充电。因充电时间常数 τ_C 很小，u_C 基本随着交流电压 u_2 变化。当 $u_2 < u_C$ 时，二极管截止，电容 C 放电，周而复始，形成如图 6.16 所示的单相桥式整流滤波电路波形图。

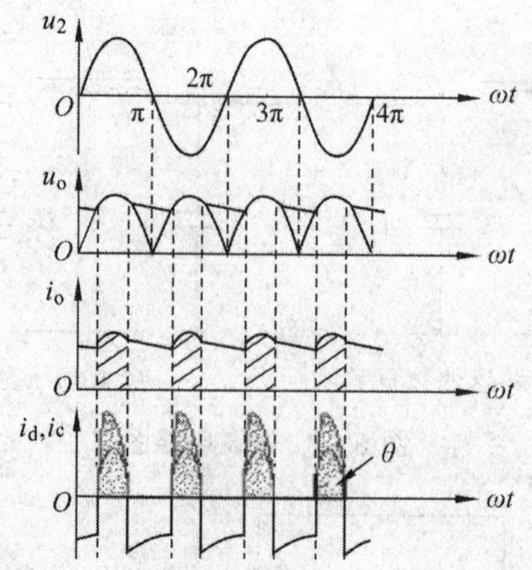

图 6.16　单相桥式整流滤波电路波形图

2. 单相桥式整流滤波电路定量分析

输出电压平均值 U_o 为

$$U_o=(1.1\sim1.2)U_2$$

R_LC 越大，输出电压 U_o 的脉动就越小，电压 U_o 平均值越高。为了使输出电压脉动程度小些，一般要求

$$R_LC\geqslant(3-5)\frac{T}{2}$$

上式中的 T 是交流电源电压 u_2 的周期。

3. 注　意

（1）二极管导通时间缩短，导通角小于 180°；滤波电容 C 开始充电时，流过二极管的电流幅值增加而形成较大的冲击电流。为了避免瞬间充电电流过大而烧坏管子，滤波电容不能无限制加大。

（2）由于在一周期内电容 C 的充电电荷等于放电电荷，即通过电容 C 的电流平均值为零，可见在二极管导通期间其电流平均值近似等于负载电流的平均值，如图 6.16 所示。为了使二极管不因冲击电流而损坏，在选用二极管时，一般取额定正向平均电流为实际流进的平均电流的 2 倍左右。

（3）输出的直流、电压平均值受负载的影响较大。此电路带载能力较差，通常用于输出电压较高、负载电流大小、变化较小的场合。

【例 6.6】设计单相桥式整流电容滤波电路，电路如图 6.15 所示。交流电源频率 $f=50\text{ Hz}$，负载电阻 R_L=120 Ω，要求直流电压 U_o=30 V，试选择整流元件及滤波电容。

分析：整流二极管选择主要计算二极管的平均电流和承受的最高反向工作电压；滤波电容 C 主要计算其电容值大小和耐压值。

解　（1）选择整流二极管。

流过二极管的平均电流：

$$I_D=\frac{1}{2}I_o=\frac{1}{2}\frac{U_o}{R_L}=\frac{1}{2}\times\frac{30}{120}=125\times10^{-3}\text{ (A)}=125\text{ (mA)}$$

由 $U_o = 1.2U_2$，所以交流电压有效值

$$U_2 = \frac{U_o}{1.2} = \frac{30}{1.2} = 25\ (\text{V})$$

二极管承受的最高反向工作电压：

$$U_{DRM} = \sqrt{2}U_2 = \sqrt{2} \times 25 = 35\ (\text{V})$$

可以选用 2CZ11 A（$I_{RM} = 1\,000\ \text{mA}$，$U_{RM} = 100\ \text{V}$）整流二极管 4 个。

（2）选择滤波电容 C。

取
$$R_L C = 5 \times \frac{T}{2}$$

而
$$T = \frac{1}{f} = \frac{1}{50} = 0.02\ (\text{s})$$

所以

$$C = \frac{1}{R_L} \times 5 \times \frac{T}{2} = \frac{1}{120} \times 5 \times \frac{0.02}{2} = 417 \times 10^{-6}\ (\text{F}) = 417\ (\mu\text{F})$$

可以选用 $C = 500\ \mu\text{F}$，耐压值为 50 V 的电解电容器。

结论：所选择器件的实际参数应大于定量计算值。

6.5.3　稳压二极管稳压电路

1. 稳压电路分析

如图 6.17 所示为单相桥式整流滤波稳压电路，变压器的输出电压经过整流、滤波之后为稳压电路的输入，但是此电压不稳定，所以，再通过稳压电路，使负载上得到较为平直的输出电压。下面以例题方式分析稳压电路的工作原理。

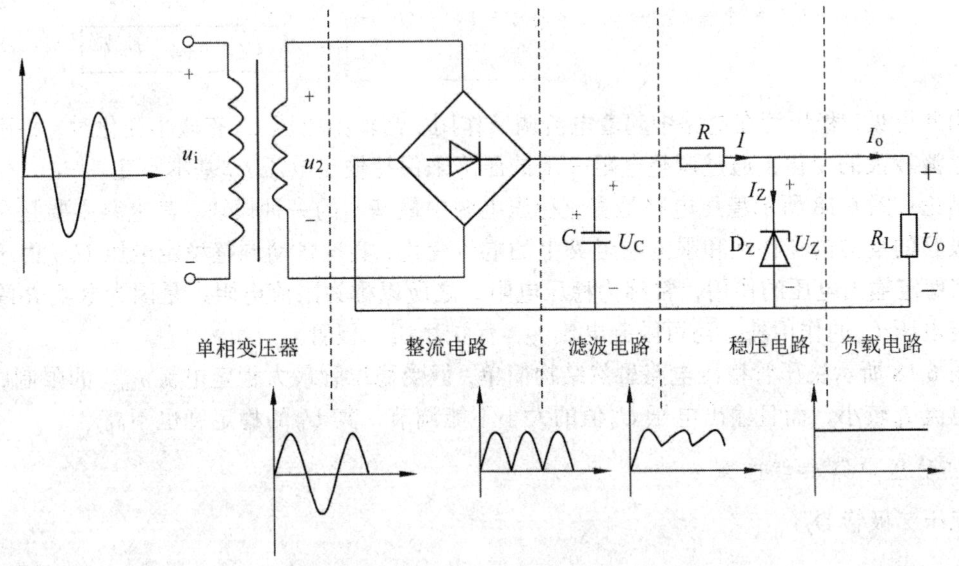

图 6.17　单相桥式整流滤波稳压电路

【例 6.7】试分析如图 6.18 所示稳压电路产生自动调整稳压的过程。已知 U_C 为滤波电路输出电压，D_Z 为稳压管，R_L 为负载电阻，R 为限流电阻。

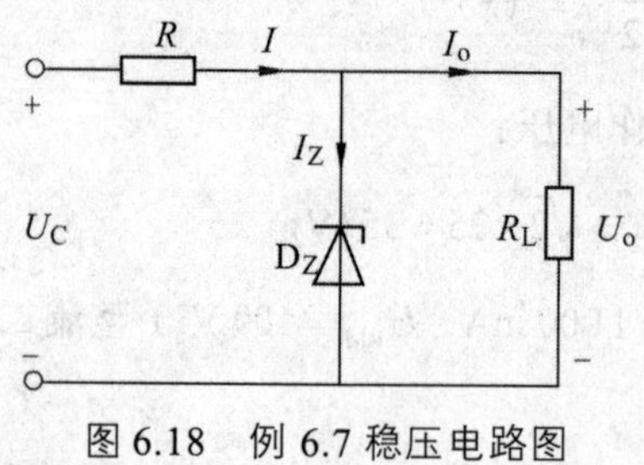

图 6.18　例 6.7 稳压电路图

分析：

（1）稳压二极管反向特性：当稳压管端的稳定电压发生很小的变化 ΔU_Z 时，则会引起稳定电流 I_Z 很大的变化 ΔI_Z，即稳压二极管可自动调节电流 I_Z 的大小。

（2）限流电阻 R 的作用：电流 I_Z 的大小的变化，引起电阻 R 上的压降 IR 变化，以补偿电压 U_C 或负载 R_L 变化引起的电压 U_o 变化，达到维持负载电压 U_o（U_Z）基本恒定的目的。

解　（1）当电源电压 U_C 发生波动，负载 R_L 不变，电路产生如下自动调整过程：

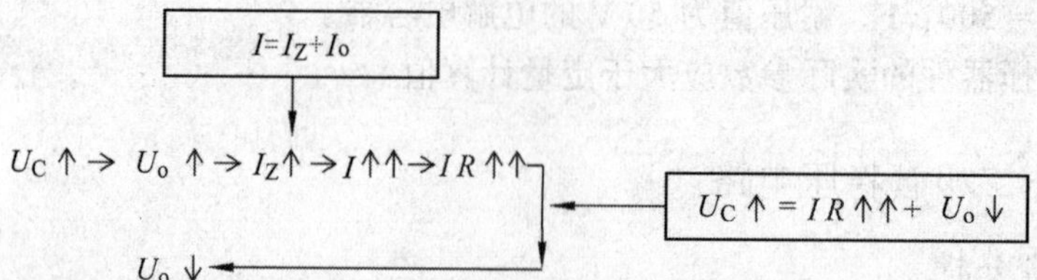

（2）当电源电压 U 一定时，负载 R_L 发生变化，电路产生自动调整的如下过程：

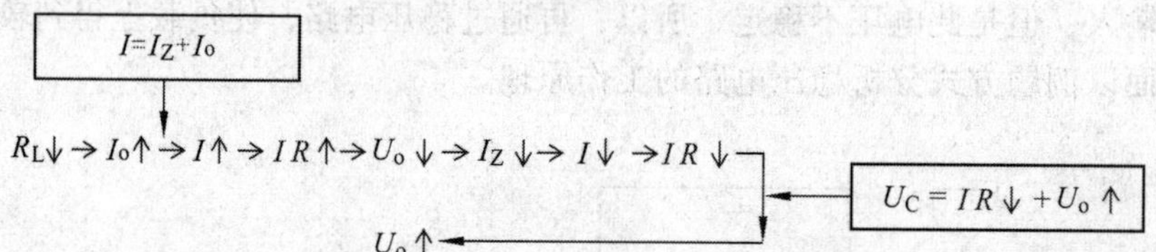

由此可见，稳压管在电路中起着电流调节作用，当输出电压 U_o 有微小变化时，将引起稳压管电流较大的变化，通过调整电阻 R 上的压降来保持输出电压 U_o 基本不变。

结论：图 6.18 所示稳压电路是直流稳压电源中最基本的一种模块，其电路主要是利用稳压二极管的反向击穿特性和限流电阻 R 上的电压变化，实现自动调整稳定电压 U_o。由于电阻 R 起到稳定输出电压的作用，常称为稳压电阻，之所以称为限流电阻，是因为电阻 R 除了起到稳定电压 U_o 的作用外，还可限制电流 I_Z，保护稳压二极管。

图 6.18 所示稳压管稳压电路虽然结构简单，但受稳压管最大稳定电流 I_{zmax} 的限制，负载取用电流 I_o 较小，而且输出电压 U_o 值的大小不能调节，其 U_o 的稳定度也不高。

2. 稳压电路参数选择

稳压二极管 D_Z：

$$U_Z = U_o = (2 \sim 3)U_C$$

$$I_{zmax} = (1.5 \sim 3) I_{omax}$$

限流电阻 R：

$$\frac{U_{Cmin} - U_Z}{I_{Zmin} + I_{omax}} \geqslant R \geqslant \frac{U_{Cmax} - U_Z}{I_{Zmax} + I_{omin}}$$

限流电阻 R 的额定功率 P_R：

$$P_R = (2-3) \cdot \frac{(U_{Cmax} - U_Z)^2}{R}$$

【例 6.8】 整流滤波稳压电路如图 6.17 所示，已知 电容电压平均值 U_C=30 V，稳压值 U_Z=12 V，限流电阻 R=2 kΩ，负载 R_L=4 kΩ，稳压管的稳定电流 I_{Zmin}=5 mA 与 I_{Zmax}=18 mA。试求：

（1）通过负载和稳压管的电流。

（2）变压器副绕组电压的有效值。

（3）通过二极管的平均电流和二极管承受的最高反向电压。

分析：

（1）根据 $U_o = U_Z$ 参数值，得负载电流 I_o；根据 KVL 解得限流电阻 R 两端的电压和电流 I，从而得到稳压管中的电流 I_Z。

（2）根据 $U_2 = \frac{U_C}{1.2}$ 得变压器副绕组电压的有效值 U_2。

（3）根据 $I = 2I_D$ 解得二极管的平均电流 I_D；由变压器副绕组电压的最大值解得二极管承受的最高反向电 U_{DRM}。

解 （1）负载和稳压管的电流：

$$I_o = \frac{U_o}{R_L} = \frac{12}{4 \times 10^3} = 3 \times 10^{-3}\ (\text{A}) = 3\ (\text{mA})$$

限流电阻 R 两端的电压为

$$U_R = U_C - U_Z = 30 - 12 = 18\ (\text{V})$$

稳压管中的电流为

$$I_Z = I - I_o = \frac{U_R}{R} - I_o = \frac{18}{2 \times 10^3} - 3 \times 10^{-3} = 6 \times 10^{-3} (\text{A}) = 6\ (\text{mA})$$

（2）变压器副绕组电压的有效值：

$$U_2 = \frac{U_C}{1.2} = \frac{30}{1.2} = 25\ (\text{V})$$

（3）通过二极管的平均电流 I_D 和二极管承受的最高反向电压 U_{DRM}：

$$I_D = \frac{I}{2} = \frac{U_R}{R} \times \frac{1}{2} = \frac{18}{2 \times 10^3} \times \frac{1}{2} = 4.5 \times 10^{-3}\ (\text{A}) = 4.5\ (\text{mA})$$

$$U_{DRM} = \sqrt{2} U_2 = \sqrt{2} \times 25 = 35.35\ (\text{V})$$

本章小结

1. PN 结的特点

PN 结具有单向导电特性，即外加正偏置电压时，正向电流较大，称之为导通状态；外加反向偏置电压时，反向电流极小，称之为截止状态。

2. 半导体二极管

（1）半导体二极管是双极型半导体器件，即有两种载流子（电子和空穴）同时参于导电。
（2）主要是利用 PN 结的单向导电特性制成的，是非线性电子元件。
（3）工作区：导通区、死区、截止区和击穿区。

3. 桥式整流滤波稳压电路

桥式整流滤波稳压电路的主要任务是将交流电网电压转换为稳定的直流电压，其电路由四个模块电路组成，即整流变压器电路、整流电路、滤波电路和稳压电路。

选择题

1. 已知二极管的正向压降为 0.7 V，则当二极管两端加上正向电压（　　）。
A. 小于等于 0.7 V 时导通　　B. 大于 0.7 V 时导通　　C. 等于 0.7 时一定导通
2. 当 PN 结外加反向电压时，空间电荷区（　　）。
A. 变宽　　B. 变窄　　C. 消失　　D. 不变
3. 如果二极管的正、反向电阻都很大，则该二极管（　　）。
A. 正常　　B. 已被击穿　　C. 内部短路
4. 由理想二极管组成的电路如图 6.19 所示，试问输出电压 U_o 为（　　）。
A. 3 V　　B. 6 V　　C. 9 V　　D. 15 V
5. 在如图 6.20 所示电路中，设二极管正向压降为 0.7 V，则输出电压 U_o 为（　　）。
A. 6 V　　B. 5.3 V　　C. 4.7 V　　D. 0.7 V

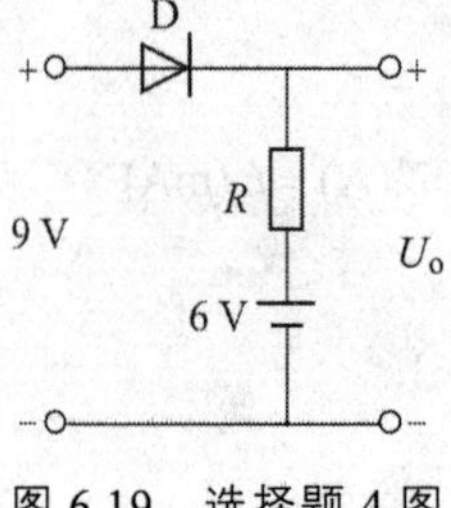

图 6.19　选择题 4 图

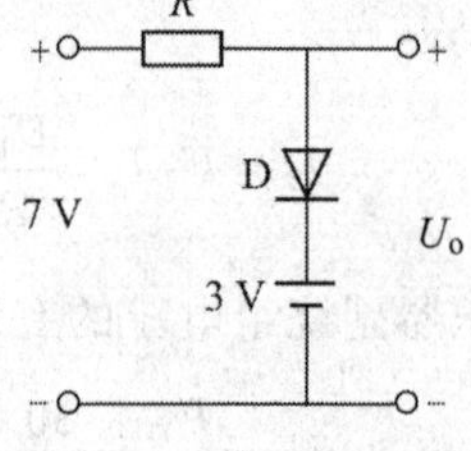

图 6.20　选择题 5 图

6. 电路如图 6.21 所示，D1、D2 均为理想二极管，设输入电压 $u_i=20\sin\omega t$ (V)，则输出电压 u_o 应为（　　）。
A. 最大值为 20 V，最小值为 0 V　　B. 最大值为 20 V，最小值为+6 V
C. 最大值为 6 V，最小值为 − 20 V　　D. 最大值为 6 V，最小值为 0 V

7. 在如图 6.22 所示电路中，已知两个稳压管 D_{Z1}、D_{Z2} 的稳压值分别为 U_{Z1}=8 V，U_{Z2}=6 V，正向偏置电压为 0.7 V，则电压 U_o=（　）。

A. 14 V　　B. 8.7 V　　C. 6.3 V

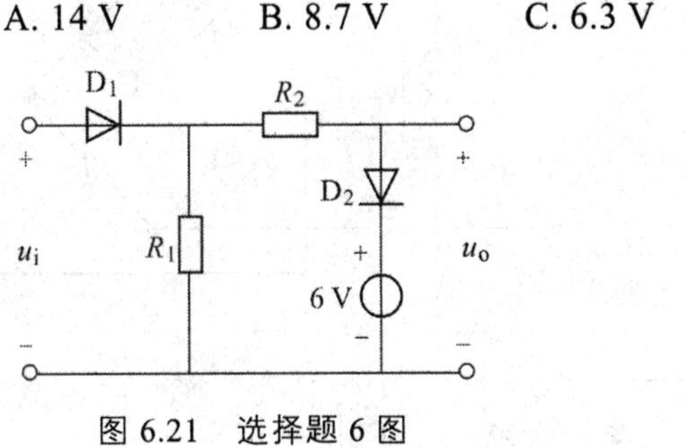

图 6.21　选择题 6 图

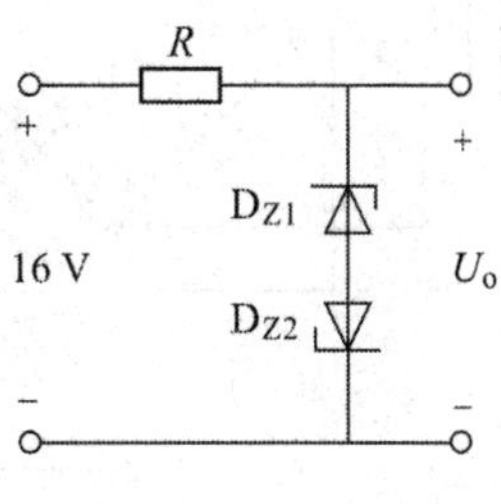

图 6.22　选择题 7 图

8. 稳压管是特殊的二极管，它一般工作在（　　）状态。

A. 正向导通　　B. 反向截止　　C. 反向击穿　　D. 正向死区

9. 整流电路如图 6.23 所示，流过负载电流的平均值为 I_o，忽略二极管的正向压降，则变压器副边电流的有效值为（　）。

A. $0.79I_o$　　B. $1.11I_o$　　C. $1.57I_o$　　D. $0.82I_o$

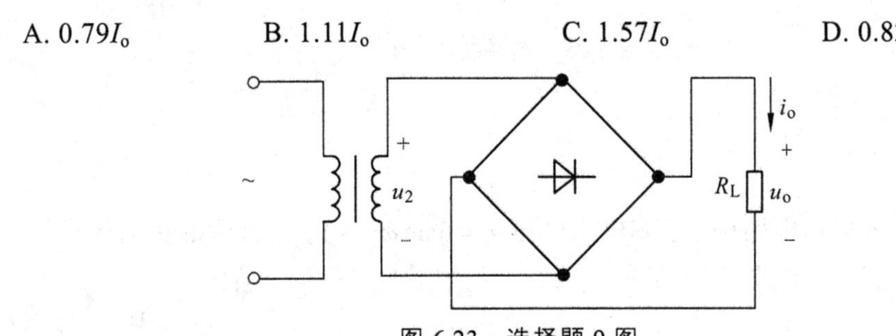

图 6.23　选择题 9 图

10. 整流电路如图 6.24 所示，设二极管为理想元件，已知变压器副边电压 $u_2=\sqrt{2}U_2\sin\omega t$ (V)，若二极管 D_1 因损坏而断开，则输出电压 u_o 的波形应为图（　）。

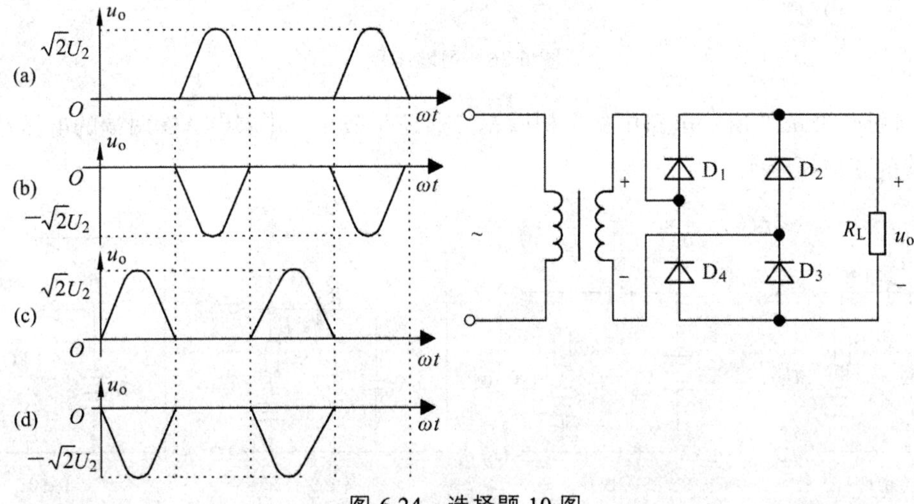

图 6.24　选择题 10 图

11. 整流电路如图 6.25 所示，正确的电路是下图中（ ）。

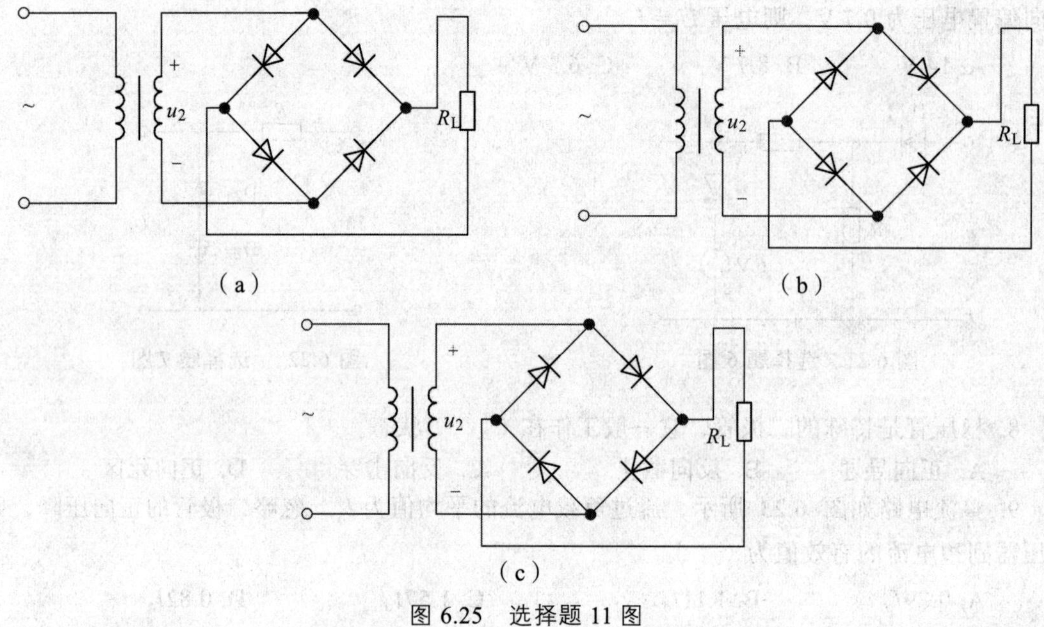

图 6.25 选择题 11 图

习 题

1. 在如图 6.26 所示电路中，已知输入电压 $u_i = 6\sin\omega t$ (V)，二极管的正向压降忽略不计，试分别画出输出电压 u_o 的波形。

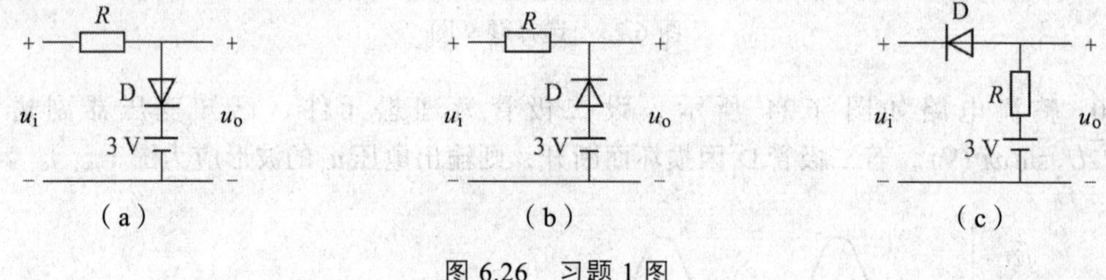

图 6.26 习题 1 图

2. 判断如图 6.27 所示电路中的二极管是导通还是截止，并求出 AO 两端的电压 U_{AO}（忽略二极管的正向压降）。

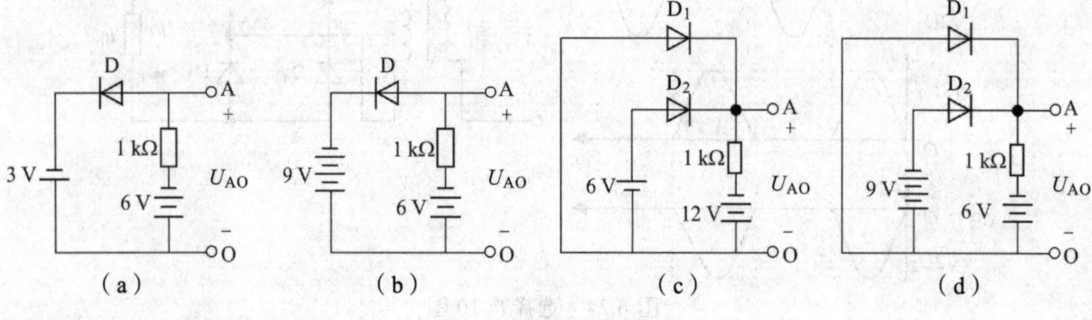

图 6.27 习题 2 图

3. 如图 6.28 所示电路中，已知电压 $u_i = 30\sin\omega t$ (V)，试用波形图表示二极管上电压 u_D。

4. 在图 6.29 所示电路中，二极管为理想元件。试求在下面几种情况下，输出端 P 的电位 V_P 及各元件 R、D_1、D_2 中通过的电流。二极管的正向压降可忽略不计。

（1）$V_A = V_B = 0$ V。

（2）$V_A = +6$ V，$V_B = 0$ V。

（3）$V_A = V_B = 6$ V。

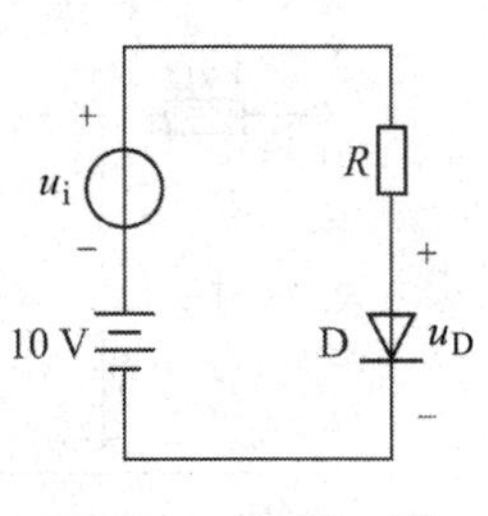

图 6.28　习题 3 图

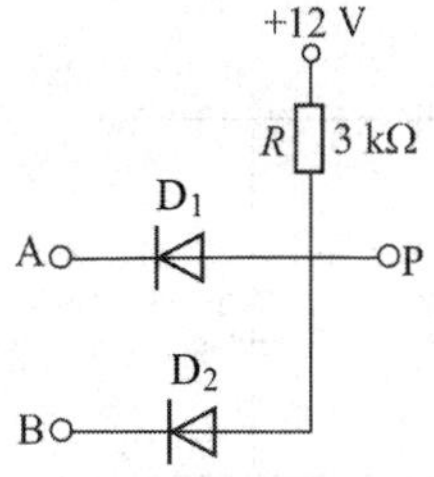

图 6.29　习题 4 图

5. 在图 6.30 所示电路中，设二极管 D 的正向导通压降 U_D=0.7 V。在下述条件下：

（1）$R_1 = 2$ kΩ，R_2=3 kΩ

（2）$R_1 = R_2 = 3$ kΩ

（3）$R_1 = 3$ kΩ，R_2=2 kΩ

试判断二极管的工作状态，并求二极管中的电流 I_D。

6. 电路如图 6.31 所示，D1、D2 均为理想二极管，试求：

（1）输入电压 u_i>6 V 时的输出电压 u_o。

（2）$u_i < 3$ V 时的输出电压 u_o。

（3）3 V $< u_i <$ 6 V 时的输出电压 u_o。并判断各种输入电压 u_i 情况下时二极管 D1、D2 的工作状态。

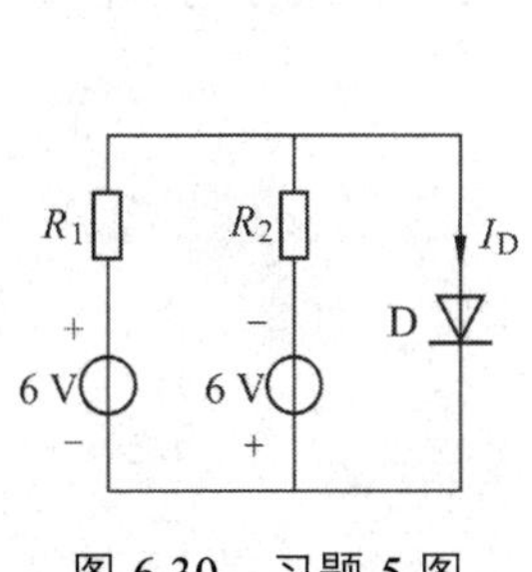

图 6.30　习题 5 图

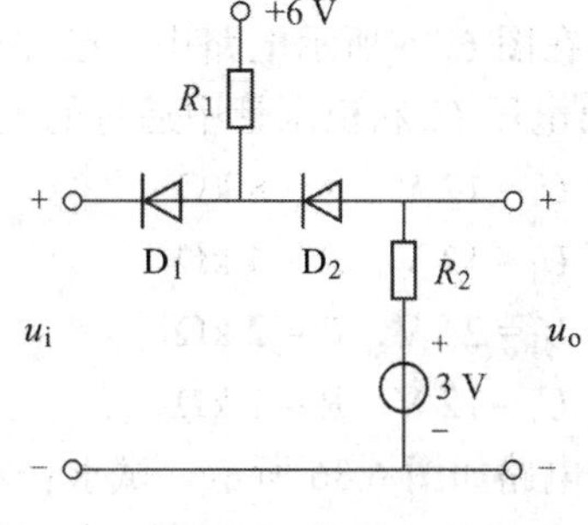

图 6.31　习题 6 图

7. 如图 6.32 所示电路中，已知硅稳压管 D_{Z1} 和 D_{Z2} 的正向压降为 0.7 V，稳定电压分别为 U_{Z1}=6 V、U_{Z2}= 12 V，试求各电路的输出电压 U_o，并说明各稳压的工作状态。

8. 如图 6.33 所示电路中，已知二极管的导通电压为 0.7 V，稳压管的稳定电压 $U_Z = 9$ V，那么电流 I 为多少？

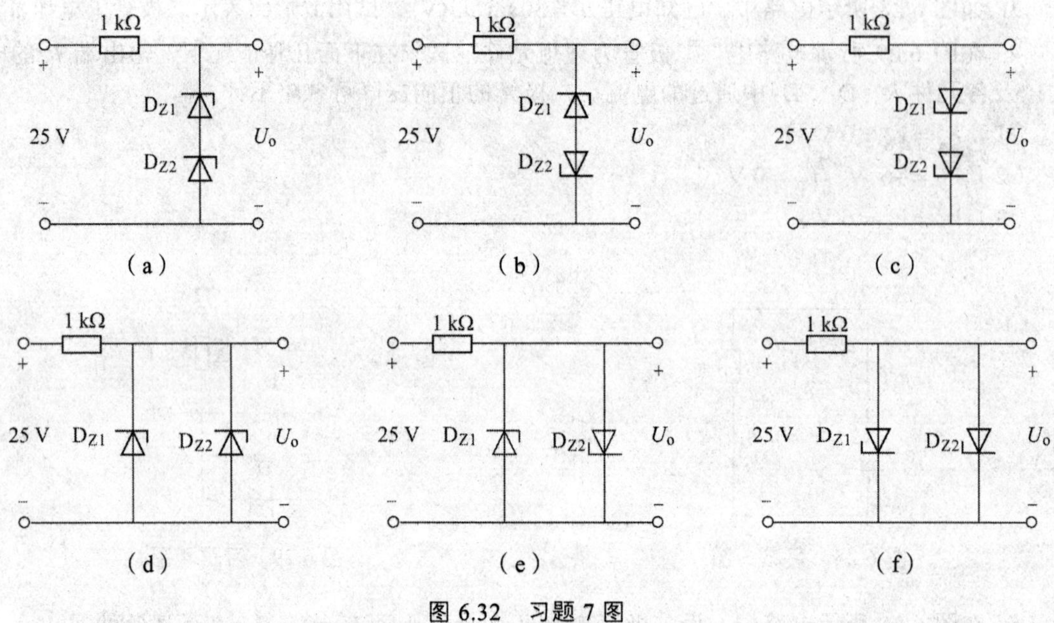

图 6.32　习题 7 图

9. 如图 6.34 所示电路中，稳压管的稳定电压 $U_Z = 6$ V，稳定电流 $I_Z = 5$ mA。试求在稳定条件下 I_L 的数值最大不应超过多少？

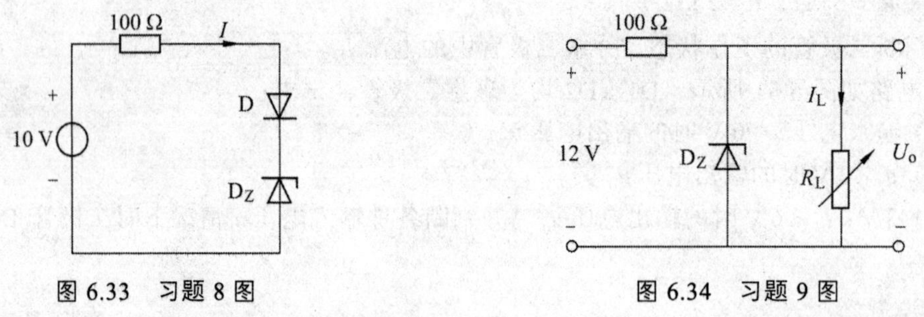

图 6.33　习题 8 图　　　　图 6.34　习题 9 图

10. 在图 6.35 所示电路中，已知稳压管的稳定电压 $U_Z = 6$ V，试分别求在下述 4 种情况下的输出电压 U_o 和稳压管中通过的电流 I_D。

（1）$U_i = 12$ V，$R = 8$ kΩ。

（2）$U_i = 12$ V，$R = 4$ kΩ。

（3）$U_i = 24$ V，$R = 2$ kΩ。

（4）$U_i = 12$ V，$R = 1$ kΩ

11. 电路如图 6.36 所示，试求：

（1）分析整流电路是否能正常工作？

（2）标出负载电压的极性。

（3）若 D_2 脱焊，情况如何？

（4）若变器副边中心抽头脱焊，情况如何？

（5）若 D_2 接反，是否正常工作？

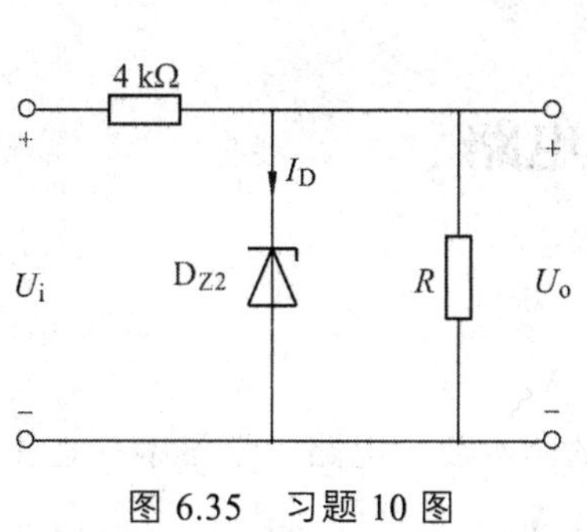

图 6.35　习题 10 图

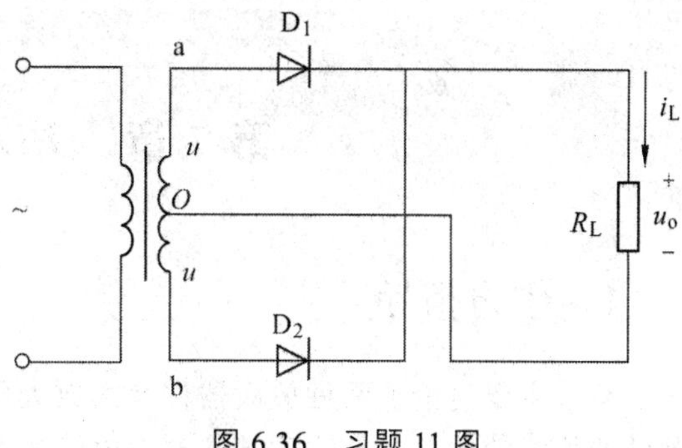

图 6.36　习题 11 图

12. 设两只稳压值的正向导通电压降为 0.7 V，稳压值分别为 9 V 和 6 V。试问这两只稳压管在串联或并联使用时，可得到几种不同的稳压值？各为多少伏？并画出两只稳压管的连接电路图。

13. 有一单相桥式整流电路，已知变压器副绕组电压为 100 V，负载电阻为 2 kΩ，忽略二极管的正向电阻和反向电流。试求：

（1）负载电阻 R_L 两端电压的平均值 U_o 及电流的平均值 I_L。

（2）二极管中的平均电流 I_D 及各管承受的最高反压 U_{DRM}。

14. 整流滤波稳压电路如图 6.37 所示，已知电压 $U_I = 30\,V$，$U_o = 12\,V$，电阻 $R = 2\,k\Omega$，$R_L = 4\,k\Omega$，稳压管的稳定电流 $I_{zmin} = 5\,mA$ 和 $I_{zmax} = 18\,mA$，试求：

（1）通过负载和稳压管的电流 I_o、I_Z。

（2）变压器二次电压的有效值 U_2。

（3）通过二极管的平均电流 I_D 和二极管承受的最高反向电压 U_{DRM}。

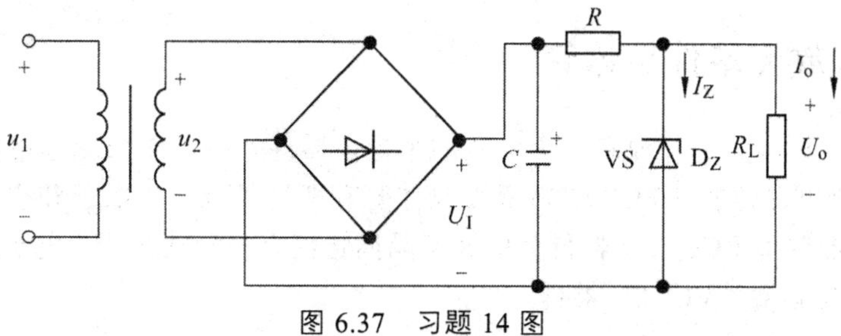

图 6.37　习题 14 图

15. 如图 6.38 所示为一稳压电源，说明电路的各个组成部分，若变压器副边电压有效值 $U_2 = 20$ V，稳压管的稳压值 $U_z = 12$ V。在下列情况下，分析电路的工作状态或发生何种故障。

（1）$U_o \approx 28$ V。

（2）$U_o \approx 24$ V。

（3）$U_o = 24$ V。

（4）$U_o \approx 18$ V。

（5）$U_o = 12$ V。

（6）$U_o = 9$ V。

（分析时设 D 为理想器件，$R \leqslant R_L$，U_R 忽略不计）

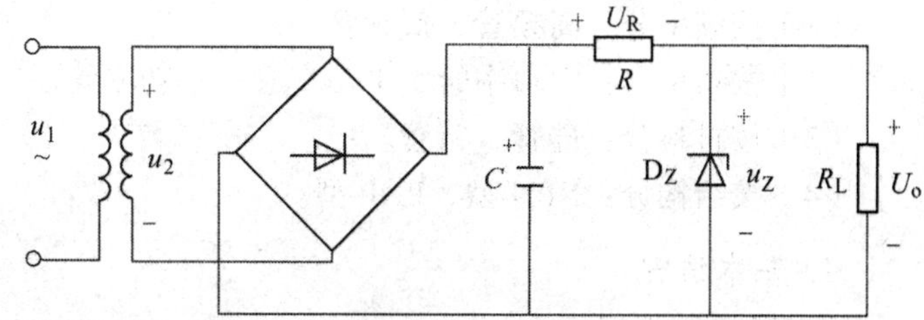

图 6.38　习题 15 图

第 7 章　基本放大电路

7.1　学习指导

本章节主要讨论了两种放大器件及由放大器件构成的基本放大电路。学习中一是注意放大器件的伏安特性，二是注意基本放大电路的参数分析计算。

7.1.1　内容提要

简单介绍双极型晶体管（BJT）和单极型晶体管（FET）两个基本放大器件的结构、伏安特性；重点讨论基本放大电路的静态工作点和动态参数的分析计算。

7.1.2　重点与难点

1. 重　点

掌握放大器件的伏安特性及工作状态的判断方法；掌握基本放大电路的静态分析、动态分析。

2. 难　点

放大器件的伏安特性的理解、工作状态的判断和放大电路的分析。

7.2　基本放大器件晶体管

晶体管（transistor）是一种有三个电极的半导体器件。按其工作原理可分为双极型晶体管（BJT）和单极型晶体管（FET）。双极型晶体管有两种载流子（电子和空穴）同时参与导电，是一种电流控制型（CCCS）器件。单极型晶体管仅有一种载流子（电子或空穴）参与导电，是一种电压控制型（VCCS）器件。

7.2.1　双极型晶体管（三极管）

双极型晶体管简称三极管，其分类有：

（1）按频率分：高频管、低频管。

（2）按功率分：大功率管、中功率管、小功率管。

（3）按材料分：硅管、锗管。

（4）按结构分：NPN 型、PNP 型。

1. 基本结构

三极管是由两个 PN 结组成，根据组合的方式不同，可分为 NPN 型和 PNP 型两种，其结构示意图和图形符号如图 7.1 所示。

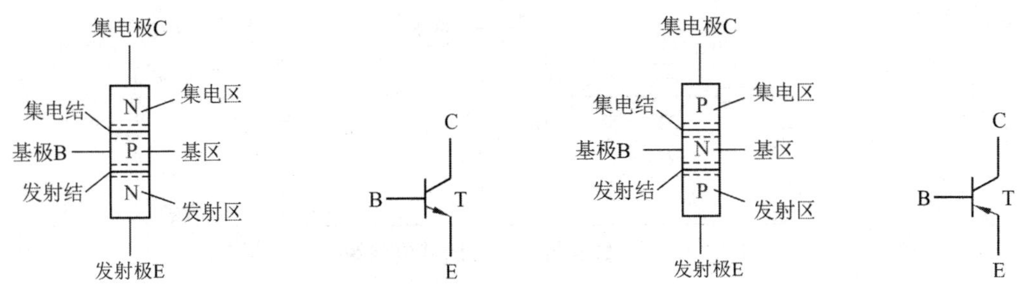

（a）NPN 型结构示意图　（b）NPN 型图形符号　（c）PNP 型结构示意图　（d）PNP 型图形符号

图 7.1　三极管的结构示意图和图形符号

1）结构示意图的基本概念

三极管的结构是由三个导电区、三个电极和二个 PN 结组成。

三个导电区：基区、发射区和集电区称为三极管的三个导电区。

三个电极：由三个导电区域引出三个电极，分别称为基极 B、发射极 E 和集电极 C。

二个 PN 结：导电区域之间形成 PN 结，即基区和发射区之间的 PN 结称为发射结，基区和集电区之间的 PN 结称为集电结。

2）三个导电区的特点

基区：起控制载流子的作用。掺杂浓度很低，做得很薄，一般仅为几个微米到几十微米。

发射区：起发射载流子的作用。掺杂浓度比基区大得多。

集电区：起收集载流子的作用。掺杂浓度比发射区小，尺寸较大。所以发射极和集电极是不能互换的。

2. 连接方式

三极管有三个电极，任选其中一个电极为公共电极时，可组成三种不同的连接方式，分别称为：共基极、共发射极、共集电极，如图 7.2 所示。

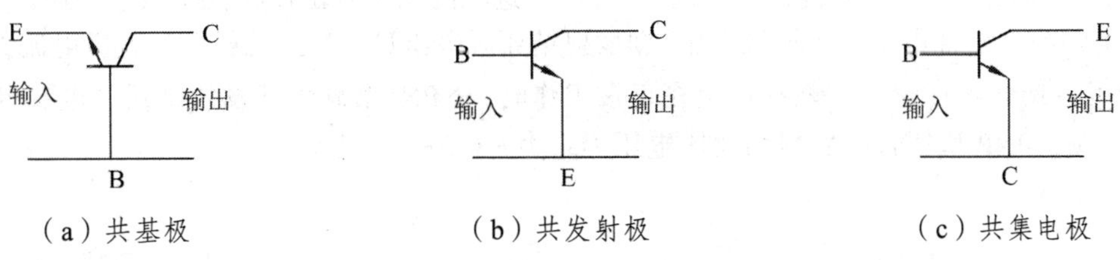

（a）共基极　（b）共发射极　（c）共集电极

图 7.2　三极管的三种连接方式

三种连接电路虽各具特点。无论采用哪种接法，无论是哪一种类型的三极管，其工作原理是相同的。

3. 特性曲线及工作状态

1）伏安特性曲线

三极管伏安特性曲线是指三极管各电极之间电压和电流的关系曲线。其特性曲线直观的表达出管子内部的物理变化规律，描述出管子的外特性。下面以共发射极电路（见图 7.3）为例，讨论三极管的输入、输出特性曲线。

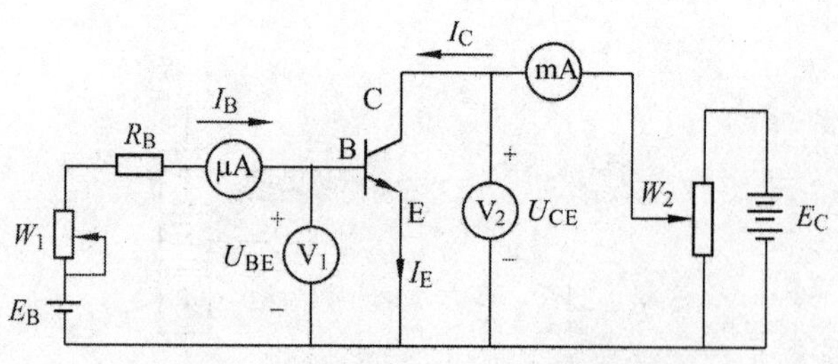

图 7.3　三极管特性曲线测试电路图

图 7.3 所示电路中，电压 U_{BE} 称为发射结电压，电压 U_{CB} 称为集电结电压，电压 U_{CE} 称为集-射极电压，电流 I_B 称为基极电流，电流 I_C 称为集电极电流，电流 I_E 称为发射极电流，电阻 W_1、W_2 称为可调电位器。

集-射极电压 U_{CE} 的大小可通过调节图 7.3 中的可调电位器 W_2 来实现；基极电流 I_B 的大小可通过调节图 7.3 中的可调电位器 W_1，改变发射结电压 U_{BE} 来实现。

a）输入特性曲线

输入特性曲线：指当集-射极电压 U_{CE} 为常数时，基极电流 I_B 与发射结电压 U_{BE} 之间的关系曲线族[见图 7.4（a）]，即

$$I_B = f(U_{BE})\Big|_{U_{CE}=\text{常数}} \tag{7.1}$$

（a）当式（7.1）中集-射极电压 U_{CE} 取不同的电压值时，将得到不同的输入特性曲线。

如图 7.4（a）所示曲线中，当式（7.1）中集—射极电压 $U_{CE} \geqslant 1$ V 时，集电结电压 U_{CB} 所产生的 PN 结内电场，把绝大部分从发射区扩散到基区的载流子拉入集电区。因此，在相同的发射结电压 U_{BE} 下，由于从发射区发射到基区的电子数基本相同，即使继续增大集-射极电压 U_{CE}，对基极电流 I_B 的影响也不大，故集-射极电压 $U_{CE} \geqslant 1$ V 的输入特性曲线基本上是重合的。

（b）死区电压。

输入特性曲线描述的是一个 PN 结（发射结）的正向特性，所以其输入特性曲线与二极管的正向伏安特性曲线相似，也存在一段“死区”，这时的三极管工作在截止状态（即基极电流 $I_B \approx 0$）。只有当外加电压大于死区电压（即发射结死区电压 U_{BE}）时，三极管的基极电流 $I_B > 0$。

为了方便学习讨论，本教材指定在正常工作时，NPN 型硅管的发射结死区电压 U_{BE} 为 0.6 ~ 0.7 V；PNP 型锗管的发射结死区电压 U_{BE} 为 − 0.2 ~ − 0.3 V。

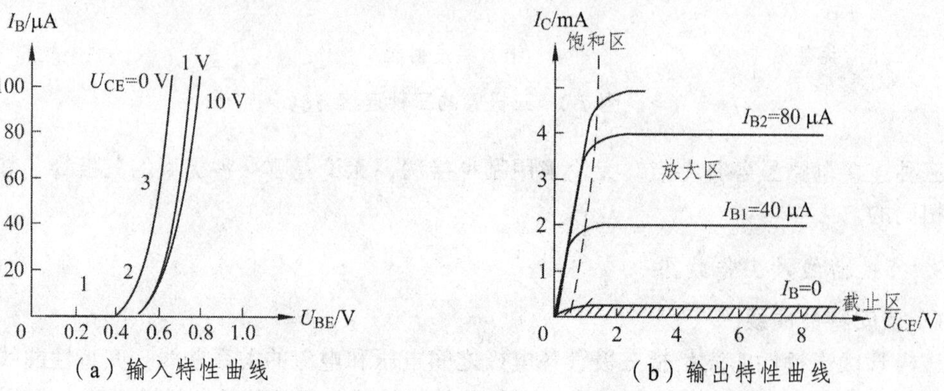

（a）输入特性曲线　　（b）输出特性曲线

图 7.4　共发射极电路的三极管输入、输出特性曲线

b）输出特性曲线

输出特性曲线：指当基极电流 I_B 为常数时，集电极电流 I_C 与集-射极电压 U_{CE} 之间的关系曲线族[见图 7.4（b）]，即

$$I_C = f(U_{CE})\Big|_{I_B=常数} \tag{7.2}$$

如图 7.4（b）所示的是以基极电流 I_B 为变量的一组特性曲线，下面以基极电流 $I_{B1} = 40\ \mu A$ 的曲线为例展开讨论。

（a）饱和状态。

当调节图 7.3 中的可调电位器 W_2，使式（7.2）中集-射极电压 U_{CE} =0 V，因集电极无收集从发射区发射到基区的电子作用，集电极电流 I_C=0。当集-射极电压 U_{CE} 微微增大时，发射结虽处于正向电压之下（即 $U_{BE} > 0$），但集电结电压 U_{CB} 很小（例如：$U_{CE} < 1$ V，U_{BE}=0.7 V；$U_{CB}= U_{CE}\quad U_{BE} \leqslant 0.3$ V），集电区收集电子的能力很弱，此时，集电极电流 I_C 主要由集-射极电压 U_{CE} 决定，随着集一射极电压 U_{CE} 的增加而增加，其变化规律如图 7.4（b）所示的饱和区。当三极管工作在饱和区时，称为管子工作在饱和状态。

（b）放大状态。

三极管进入饱和区后，继续增大集-射极电压 U_{CE}（即增加集电结电压 U_{CB}），当式（7.2）集-射极电压 U_{CE}>1 V 时，基区中的电子绝大部分被集电区收集；如果再继续增高集-射极电压 U_{CE}，集电极电流 I_C 也不会有明显的增加，特性曲线基本与集-射极电压 U_{CE} 轴平行，如图 7.4（b）所示的放大区，其三极管在放大区的工作状态称为放大状态，又称为三极管的恒流特性。

三极管工作在放大状态下的基本条件：发射结加正向偏置电压，集电结加反向偏置电压。

（c）电流放大特性。

当基极电流 I_B 增大时，集电极电流 I_C 随之增大，曲线上移，且集电极电流 I_C 比基极电流 I_B 增加多得多，如图 7.4（b）所示基极电流 I_B 是微安级增加，集电极电流 I_C 则是毫安级的增加，其关系为

$$I_C = \beta I_B$$

其中，β 称为交流电流放大系数，上式显示了三极管的电流放大作用，所以，称三极管为电流放大器件。

2）工作状态

根据不同的外加结电压 U_{BE}、U_{CB}，三极管的工作状态有所不同，其工作状态有三种，即饱和状态、放大状态和截止状态；三种工作状态对应输出特性曲线的三个工作区，下面讨论三个工作区的电压、电流特性。

a）饱和区

如图 7.4（b）所示饱和区中集电极电流 I_C 受集-射极电压 U_{CE} 控制，该区域内 U_{CE} 较小，一般 $U_{CE} < 0.7$ V（硅管），三极管没有放大作用。其饱和状态的电压、电流特点为

电压条件：发射结、集电结均为正偏。

临界饱和：$I_{BS} = \dfrac{I_{CS}}{\beta}$，$U_{CES} \approx 0.3$ V 或 $U_{CES} \approx 0$ V（注：变量下标“S”表示其电量是临界饱和值）。

电流关系：集电极电流 I_C 基本上不受基极电流 I_B 控制，即 $I_C \neq \beta I_B$，$I_B > I_{BS}$。

b）放大区

如图 7.4（b）所示放大区中集电极电流 I_C 基本平行于 U_{CE} 轴，称为线性区。其放大状态的电压、电流特点为

电压条件：发射结正偏，集电结反偏。

电流关系：$I_C = \beta I_B$，即集电极电流 I_C 与基极电流 I_B 成正比关系。并且 $0 < I_B < I_{BS}$。

c）截止区

如图 7.4（b）所示截止区中基极电流 $I_B \approx 0$，其截止状态的电压、电流特点为

电压条件：发射结反偏。

电流关系：$I_B \approx 0$，$I_C \approx 0$，三极管 C、E 之间相当于开路，失去电流放大作用。

分析放大电路时，常根据三极管的结偏置电压的大小和管子的电流关系判定工作状态。在实验中则通过测定三极管的极间电压判定工作状态。

【例 7.1】 在如图 7.5 所示电路中，已知所有的二极管、三极管均为硅管，即 PN 结正偏电压为 0.7 V，放大系数 $\beta = 60$。试分析各三极管的工作状态。

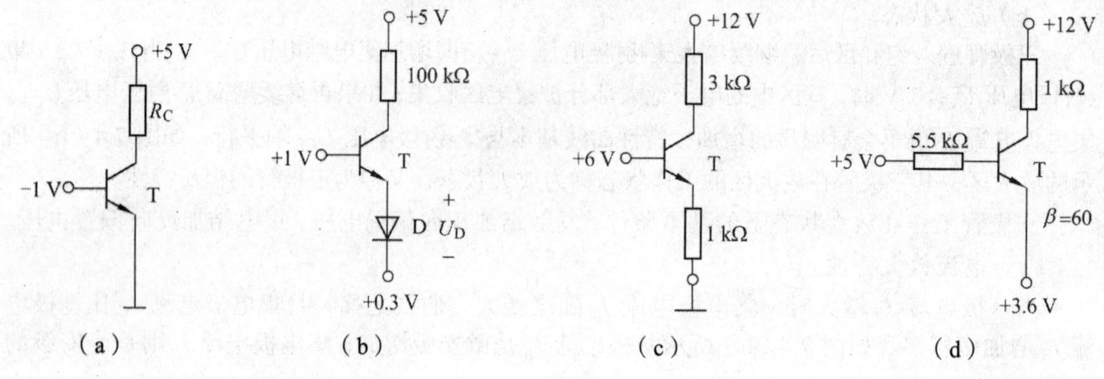

图 7.5 例 7.1 图

分析：

（1）首先判断三极管发射结是否反偏，如果反偏，工作状态为截止状态。

（2）发射结正偏，但 U_{BE} < 死区电压，工作状态为截止状态。

（3）发射结正偏，$U_{BE} \geqslant$ 死区电压，则通过基极电流 I_B 判断，即计算临界饱和电流 $I_{BS} = \dfrac{I_{CS}}{\beta}$，$I_B > I_{BS}$ 时为饱和状态；$0 < I_B < I_{BS}$ 时为放大状态。

解 （1）求解图（a）。

因 NPN 型三极管的基极电压为负电压（即 − 1 V），发射结反偏，即 $U_{BE} = -1\text{ V} < 0$，所以，三极管工作状态为截止状态。

（2）求解图（b）。

发射结正偏

$$U_{BE} = (1 - 0.3) - U_D = 0.7 - U_D$$

即 $U_{BE} < 0.7\text{ V}$，三极管工作状态为截止状态。

（3）求解图（c）。

发射结正偏（$U_{BE} \geqslant 0.7\text{ V}$），集电结反偏（$U_{BC} < 0$）。设临界饱和 U_{CES}=0 V，则临界饱和电流为

$$I_{CS} \approx I_{ES} = \frac{12}{(3+1)\times 10^3} = 3\times 10^{-3}\ (\text{A}) = 3\ (\text{mA})$$

$$I_{BS} = \frac{I_{CS}}{\beta} = \frac{3\times 10^{-3}}{60} == 50\times 10^{-6}\ (\text{A}) = 50\ (\mu\text{A})$$

设三极管工作在放大状态区，则有

$$I_B = \frac{6-U_{BE}}{10^3} = \frac{6-0.7}{10^3} = 5.3\times 10^{-3}\ (\text{A}) = 5.3\ (\text{mA})$$

即 $I_B > I_{BS}$，三极管工件状态为饱和状态。

（4）求解图（d）。

发射结正偏，集电结反偏。设三极管临界饱和电压为 U_{CES}=0 V，则

$$I_{CS} = \frac{12}{10^3} == 12\times 10^{-3}\ (\text{A}) = 12\ (\text{mA})$$

$$I_{BS} = \frac{I_{CS}}{\beta} = \frac{12\times 10^{-3}}{60} =0.2\times 10^{-3}\ (\text{A}) = 0.2\ (\text{mA})$$

如设：晶体管工作在放大状态区，则有

$$I_B = \frac{5-0.7-3.6}{5.5\times 10^3} =0.127\times 10^{-3}\ (\text{A}) \approx 0.127\ (\text{mA})$$

即 $I_B < I_{BS}$，三极管工件状态为放大状态。

【例 7.2】 用万用表测得工作在放大状态下的三极管的 3 个极（见图 7.6 所示）对地电位分别为：$V_1 = -7$ V，$V_2 = -2$ V，$V_3 = -2.7$ V，试判断此三极管的类型和引脚名称。

分析：已知三极管工作在“放大状态”，则说明三极管发射结正偏，集电结反偏，介于中间电位值的对应管脚为基极 B；根据锗管 U_{BE} 为 0.2 ~ 0.3 V、硅管 U_{BE} 为 0.6 ~ 0.7 V，确定发射极 E

管脚；再根据放大状态下，NPN 型管的 $U_{BE} > 0$，PNP 型管的 $U_{BE} < 0$，判断三极管的类型。

解　已知三个管脚电位关系为

$$V_1 < V_3 < V_2$$

则管脚 3 为基极 B。又因

$$V_3 - V_2 = -2.7-(-2) = -0.7\ (\text{V})$$

则管脚 2 为发射极 E，管脚 1 集电极 C；由于

$$U_{BE} = V_3 - V_2 = -0.7\ (\text{V}) < 0$$

$$V_3 - V_1 = -2.7-(-7) = 4.3\ (\text{V})$$

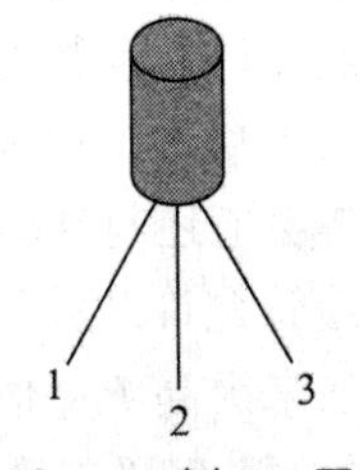

图 7.6　例 7.2 图

则三极管类型为 PNP 型硅管。

4. 主要参数

三极管的特性除了用特性曲线的直观方式表达外，还可以用参数来说明。参数是表征管子性能和使用范围的，不注意就会使管子的工作不满足要求，甚至损坏管子。晶体管的主要参数有下面几个。

1）电流放大系数 $\bar{\beta}$、β

当无输入信号时，晶体管接成共射极电路，其集电极直流电流 I_C 与基极直流电流 I_B 的比值称为共发射极直流电流放大系数 $\bar{\beta}$（手册上用 h_{FE} 表示），即

$$\bar{\beta}=\frac{I_C}{I_B}$$

在共发射极电路中，当集-射极电压 U_{CE} 为常数时，集电极流的变化量ΔI_C 与基极电流变化量ΔI_B 的比值称为晶体管的共发射极交流放大系数β（手册上用 h_{fe} 表示），即

$$\beta=\frac{\Delta I_C}{\Delta I_B}\bigg|_{U_{CB}=\text{常数}}$$

从定义上来看，$\bar{\beta}$ 和 β 是不相同的，但在输出特性曲线近于平行的情况下，两者数值较为接近，所以常用 $\bar{\beta}\approx\beta$ 这个近似关系进行估算。选择晶体管时，应注意选择 β 值的大小，β 值太小，管子的电流放大能力差；β 值太大，管子的热稳定性较差。通常小功率管以 100 左右为宜。

2）集-基极反向饱和电流 I_{CBO}

I_{CBO} 是由于集电结处于反向偏置，集电区和基区少数载流子的漂移运动所形成的电流。因此 I_{CBO} 受温度的影响较大。在室温下，小功率锗管的 I_{CBO} 约为几微安到几十微安，小功率硅管在 1 μA 以下。I_{CBO} 越小温度移稳定性越好，所以很多场合选用硅管。

3）集-射极反向电流（穿透电流）I_{CEO}

I_{CEO} 是指当晶体管基极开路（I_B=0）、集电结处于反向偏置和发射结处于正向偏置时的集电极电流。

4）集电极最大允许电流 I_{CM}

集电极电流 I_C 超过一定值时，电流放大系数β将有明显下降，当β值下降到正常数值的 2/3 时的集电极电流称为集电极最大允许电流 I_{CM}。在使用晶体管时，I_C 超过了 I_{CM} 并不一定会使管子损坏，只不过使β值减小而已。

5）集电极最大允许耗散功率 P_{CM}

由于集电极电流在流经集电结时，集电结消耗较大的功率，产生的热量结温升高，从而会引起晶体管参数的变化。当晶体管因受热而引起的参数变化不超过允许值时，集电极所消耗的最大功率，称为集电极最大允许耗散功率 P_{CM}。

P_{CM} 值还与环境温度有关，因此三极管还受使用温度的限制。也就是说受结温的限制，通常锗管允许结温约为 70 ~ 90 °C，硅管约为 150 °C。对于大功率三极管，常用加装散热片的方法来提高 P_{CM} 值。

6）集-射极击穿电压 $BU_{(BR)CEO}$

在常温（25 °C）下，基极开路时，加在集电极和发射极之间的最大允许电压，称为集-射极击穿电压 $BU_{(BR)CEO}$，如果集-射极电压 U_{CE} 大于 $BU_{(BR)CEO}$ 时，三极管的集电极电流将变得很大，

产生击穿现象，管子性能变坏，甚至损坏。三极管如果工作在高温下，其 $BU_{(BR)CEO}$ 值将要降低，使用时应特别注意。

7.2.2　单极型晶体管（场效应管）

单极型晶体管简称场效应管。场效应管与三极管相比较，有如下特点：

（1）场效应管是一种电压控制器件；三极管则是电流控制器件。

（2）场效应输入电阻高，可高达 10^8~10^{15} Ω；三极管输入电阻仅有 10^2 ~ 10^4 Ω。

（3）场效应管还有噪声低、热稳定性好、抗辐射能力强、耗电少等优点，因此被广泛应用于各种电子线路中。

场效应管按参与导电的载流子来划分，有电子作为载流子的 N 沟道器件和空穴作为载流子的 *P* 沟道器件。按其结构划分，常见的有两种类型：结型场效应管和绝缘栅场效应管。

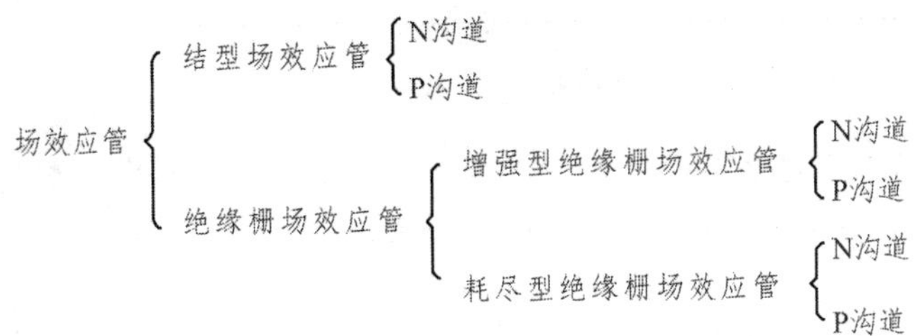

1. 结构及特性曲线

1）结型场效应管

结型场效应管中，栅极与沟道间的 PN 结是反向偏置的，栅源电阻（输入电阻）R_{GS} 可达 10^8 Ω左右。其结构、图形符号及特性曲线如表 7.1 所示。

2）绝缘栅场效应管

绝缘栅场效应管中，栅极与导电沟道之间用一绝缘层隔开，其栅源电阻 R_{GS} 高达 10^{15} Ω，栅极电流 i_G 几乎为零。其结构、图形符号及特性曲线如表 7.2 所示。

绝缘栅场效应管由于在制作上比较简单，大量地应用于集成电路的制造中。最常用的绝缘栅场效应管为金属-氧化物-半导体场效应管，简称为 MOS（Metal Oxide Semiconductor）场效应管。

表 7.1　结型场效应管结构、图形符号及特性曲线表

场效应管	结型场效应管又称 J 型管	
	N 型导电沟道	P 型导电沟道
结构	漏极 D 耗尽层 P^+ P^+ N 沟道 栅极 G 源极 S	漏极 D 耗尽层 N^+ N^+ P 沟道 栅极 G 源极 S

续表

<table>
<tr><td rowspan="2">场效应管</td><td colspan="2">结型场效应管又称 J 型管</td></tr>
<tr><td>N 型导电沟道</td><td>P 型导电沟道</td></tr>
<tr><td>图形符号</td><td> 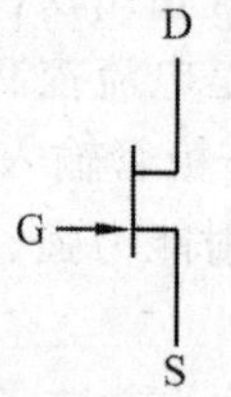D
G
S</td><td> 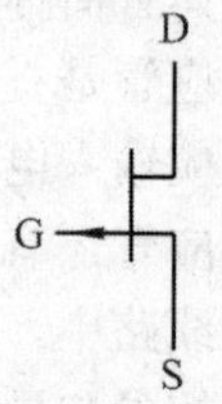D
G
S</td></tr>
<tr><td>栅源工作电压</td><td>$u_{GS} < 0$</td><td>$u_{GS} > 0$</td></tr>
<tr><td>N 沟道
特性曲线</td><td colspan="2">输出特性曲线：$i_D = f(u_{DS})\big|_{u_{GS}=\text{常数}}$
1）可变电阻区
在此区域中，场效应管可视为一个受栅源电压 u_{GS} 控制的可变电阻
2）线性放大区
在此区域中，特性曲线趋于水平，漏极电流 i_D 受控于栅源电压 u_{GS}，而几乎与漏源电压 u_{DS} 无关
3）击穿区
当漏源电压 u_{DS} 超过 PN 结所能承受的反向电压时，发生击穿现象。为了避免管子损坏，场效应管不允许工作在这一区域
4）截止区
当栅源电压 $u_{GS} \leqslant U_P$ 夹断电压时，导电沟道被夹断，漏极电流 $i_D \approx 0$，管子进入截止区。
输出特性曲线

转移特性曲线：$i_D = f(u_{GS})\big|_{u_{DS}=\text{常数}}$
转移特性曲线是用来表示输入电压 u_{GS} 对输出漏极电流 i_D 的控制作用。
图中表示某一 N 沟道结型场效应管，当漏源电压 u_{DS}=10 V 时的转移特性曲线。
转移特性曲线</td></tr>
<tr><td>夹断</td><td colspan="2">导电沟道刚刚合拢时的栅源电压 u_{GS} 称为夹断电压 U_P
导电沟完全消失时，沟道电阻趋于无穷大，这种状态称为夹断状态</td></tr>
</table>

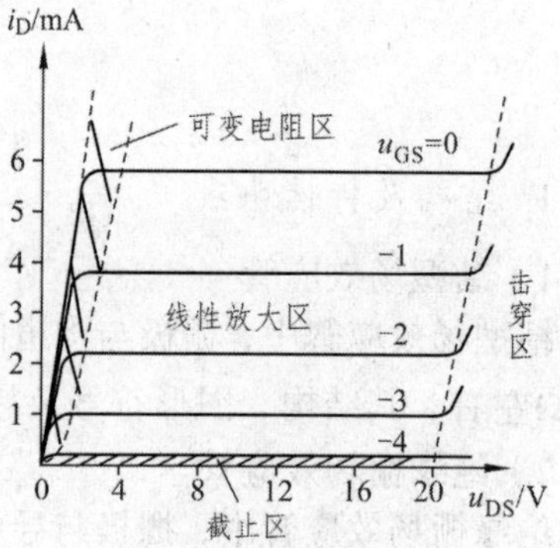

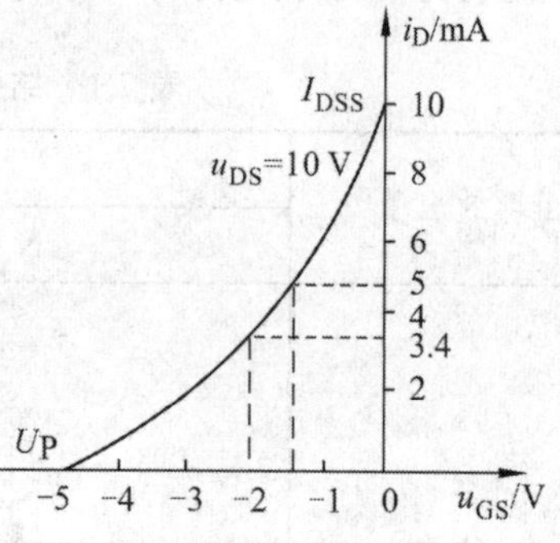

续表

场效应管	绝缘栅场效应管（MOS 管）			
	增强型绝缘栅场效应管		耗尽型绝缘栅场效应管	
	N 沟道	P 沟道	N 沟道	P 沟道
结构	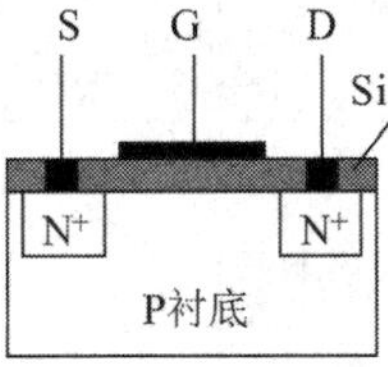 S G D SiO_2 N^+ N^+ P衬底	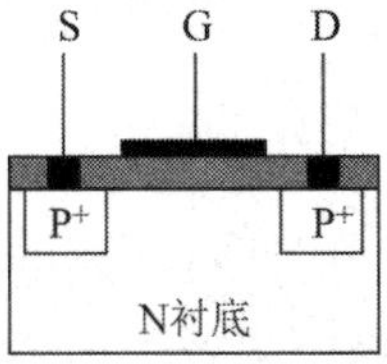 S G D P^+ P^+ N衬底	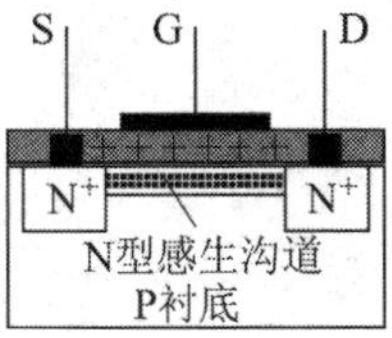 S G D N^+ N^+ N型感生沟道 P衬底	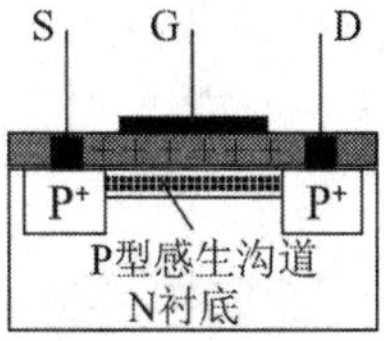 S G D P^+ P^+ P型感生沟道 N衬底
	N 沟道结构：在 P 型薄硅片衬底上，扩散两个掺杂浓度很高的 N 型区（N^+表示），引出两个铝电极 S、D；在绝缘层 SiO_2 上引出铝电极 G。由于两个 N 型半导体之间，被 P 型衬底隔开，形成两个“背靠背”串联的 PN 结，即不具有原始导电沟道		N 沟道结构：结构与 N 沟道增强型 MOS 管基本相似，只是在 SiO_2 绝缘层中掺入了大量正离子。在正离子作用下，漏极 D 和源极 S 间形成原始导电沟道	
图形符号	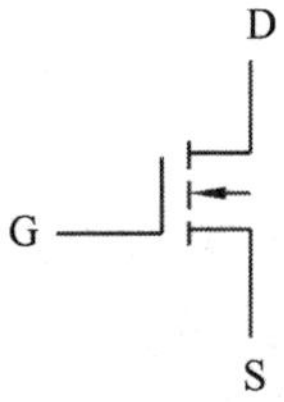 D G S	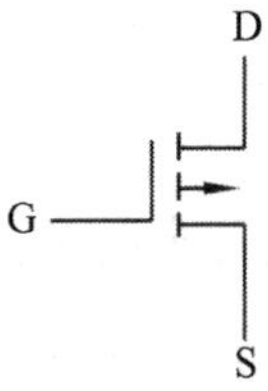 D G S	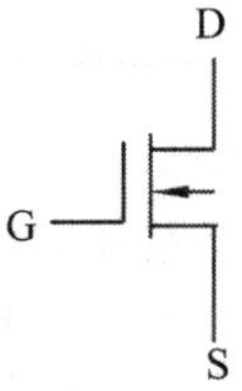 D G S	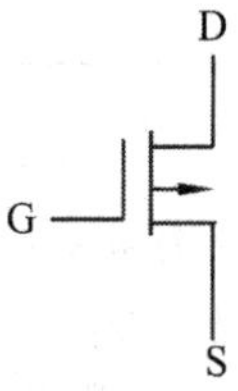 D G S
N 沟道特性曲线	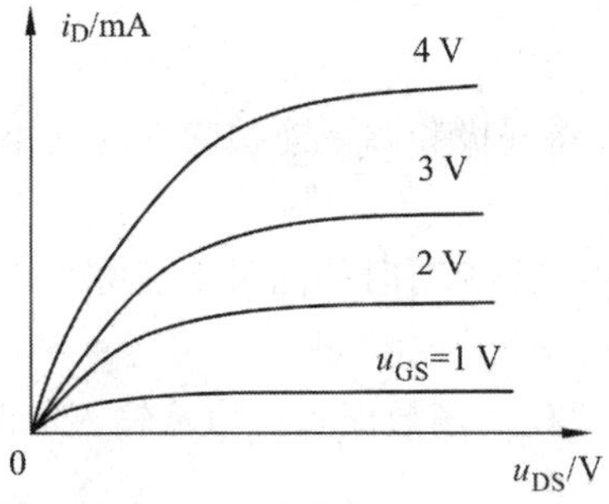 i_D/mA 4 V 3 V 2 V u_{GS}=1 V 0 u_{DS}/V 输出特性 特性曲线形状和结型场效应管的很相似，不同之处在于 u_{GS} 必须为正值才有控制作用。即四个工作区：可变电阻区、放大区、击穿区和截止区		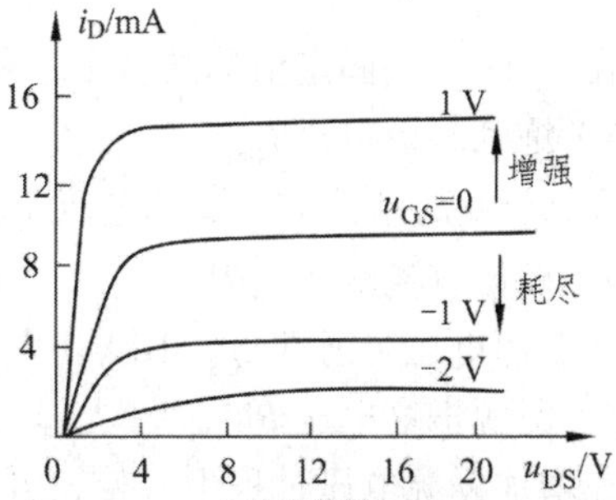 i_D/mA 16 12 8 4 0 4 8 12 16 20 u_{DS}/V 1 V 增强 u_{GS}=0 耗尽 −1 V −2 V 输出特性 特性曲线形状和结型场效应管基本一致，只是在 $u_{GS}<0$ 和 $u_{GS}>0$ 时都有控制作用	

续表

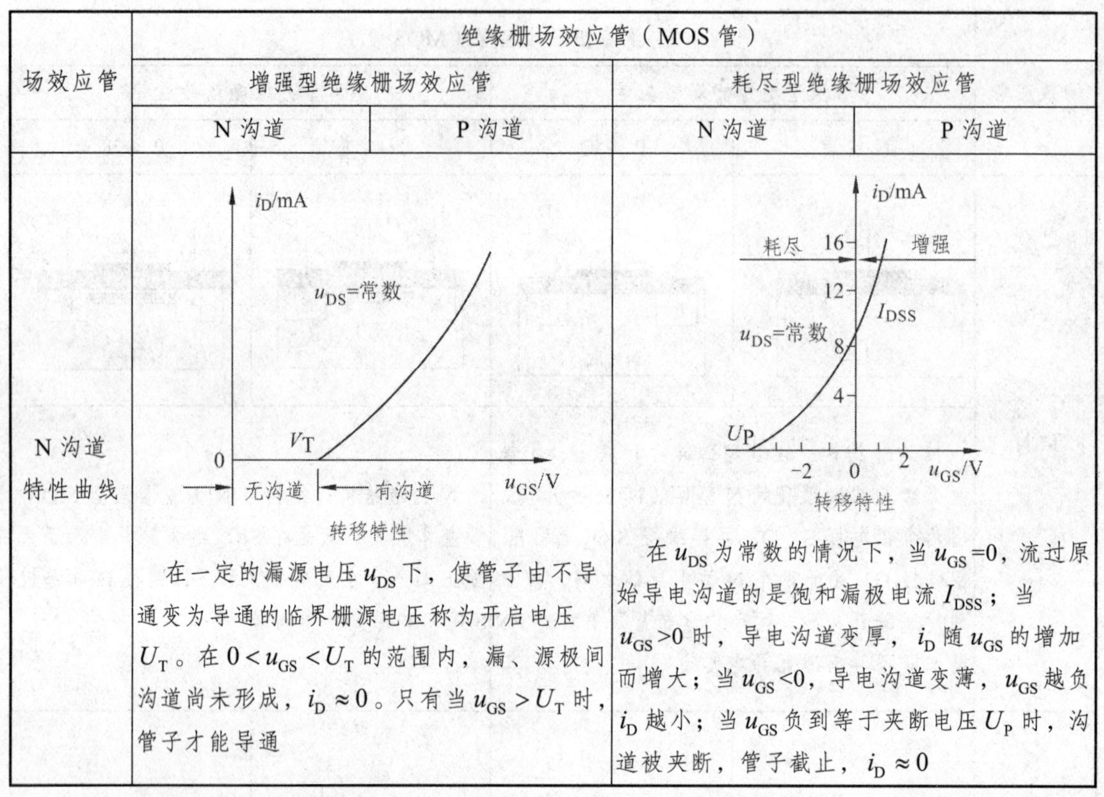

场效应管	绝缘栅场效应管（MOS 管）			
	增强型绝缘栅场效应管		耗尽型绝缘栅场效应管	
	N 沟道	P 沟道	N 沟道	P 沟道
N 沟道特性曲线	转移特性 在一定的漏源电压 u_{DS} 下，使管子由不导通变为导通的临界栅源电压称为开启电压 U_T。在 $0<u_{GS}<U_T$ 的范围内，漏、源极间沟道尚未形成，$i_D\approx 0$。只有当 $u_{GS}>U_T$ 时，管子才能导通		转移特性 在 u_{DS} 为常数的情况下，当 u_{GS}=0，流过原始导电沟道的是饱和漏极电流 I_{DSS}；当 u_{GS}>0 时，导电沟道变厚，i_D 随 u_{GS} 的增加而增大；当 u_{GS}<0，导电沟道变薄，u_{GS} 越负 i_D 越小；当 u_{GS} 负到等于夹断电压 U_P 时，沟道被夹断，管子截止，$i_D\approx 0$	

2. 场效应管的主要参数

各类场效应管的主要参数基本相同。需要注意的是，结型场效应管和耗尽型 MOS 管用夹断电压 U_P，而增强型 MOS 管用开启电压 U_T 来表征管子的特性。其主要参数如下：

1）夹断电压 U_P

在 u_{DS} 为某一固定值（通常为 10 V）的条件下，使 i_D 等于某一微小电流（通常小于 50 μA）时，栅源电压 u_{GS} 为夹断电压 U_P。

2）开启电压 U_T

在 u_{DS} 为某一固定值的条件下，使沟道可以将漏极和源极连接起来的最小的 u_{GS} 值为 U_T。

3）饱和漏极电流 I_{DSS}

在 u_{GS}=0 的条件下，漏源电压 $|u_{DS}|$ 大于夹断电压 $|U_P|$ 时的漏极电流称为 I_{DSS}。

4）栅源直流输入电阻 R_{GS}

在栅源电压（通常 u_{GS}=10 V）与栅极电流之比。场效应管的直流输入电阻 R_{GS} 均很大。

5）漏源击穿电压 BU_{DS}

在增加漏源电压过程中，使 i_D 开始剧增的 u_{DS} 值称漏源击穿电压。

3. 场效应管使用注意事项

（1）场效应管在使用时，除了注意不要超过它的极限参数（最大漏源电流 I_{DSM}，最大耗散功率 P_{DM}，漏源击穿电压 BU_{DS}，栅源击穿电压 BU_{GS} 等）之外，对于绝缘栅场效应管还应注意由于感应电压过高而造成场效应管击穿的问题。

（2）绝缘栅场效应管输入电阻很高，所以在栅极感应出来的电荷就很难通过这个电阻泄漏掉。电荷的积累造成了电压的升高，造成栅极氧化层击穿而损坏管子。为此，在测量和使用时，必须始终保持栅源极之间有一定的直流通路，不准用万用表的欧姆挡定性地测试 MOS 管。

（3）保存场效应管时，应将各电极短路；在焊接时，最好将三个电极用导线捆绕短路，并顺着源、栅的次序焊在电路上，电烙铁或测试仪表与场效应管接触时，均应事先接地。

7.2.3　常见问题讨论

（1）三极管是一个基射极电压 u_{BE} 控制集电极电流 i_C 器件。

解答：错。

三极管是一个电流控制器件，即基极电流 i_B 控制集电极电流 i_C。

（2）场效应管是一个电压控制电流器件。

解答：对。

场效应管是一个栅源电压 u_{GS} 控制漏极电流 i_D 器件，即电压控制器件。

（3）三极管用输入特性曲线和输出特性曲线描述其器件的伏安特性。

解答：对。

三极管特性曲线描述了器件有三个工作区，即饱和区、放大区和截止区。

（4）场效应用输入特性曲线和输出特性曲线描述其器件的伏安特性。

解答：错。

场效应管是用输出特性曲线和转移特性曲线描述其器件的伏安特性和控制关系。由于栅极电流 $i_D \approx 0$，所以，无输入特性曲线。场效应管有四个工作区，即可变电阻区、放大区、击穿区和截止区。

7.3　三极管基本放大电路

三极管放大电路构成的条件为：一是发射结正偏，集电结反偏；二是放大电路要有完善的直流通路和交流通路。

三极管放大电路的分析：主要是围绕静态工作点的设置和放大电路的动态技术指标展开。即直流通路分析为静态分析，其值为静态工作点值；交流通路分析为动态分析，其值为动态技术指标值。

7.3.1　基本放大电路的组成

如图 7.7 所示电路是共发射极基本放大电路（又称单管电压放大电路），其输入端接交流信号源 u_i，输出端接负载电阻 R_L，输出端电压为 u_o，电路中各元件的作用如下：

1. 三极管 T

三极管 T 是电流放大器件。其放大作用是利用基极电流 i_B 来控制集电极电流 i_C，将直流电源 U_{CC} 的能量转化为所需的信号供给负载。

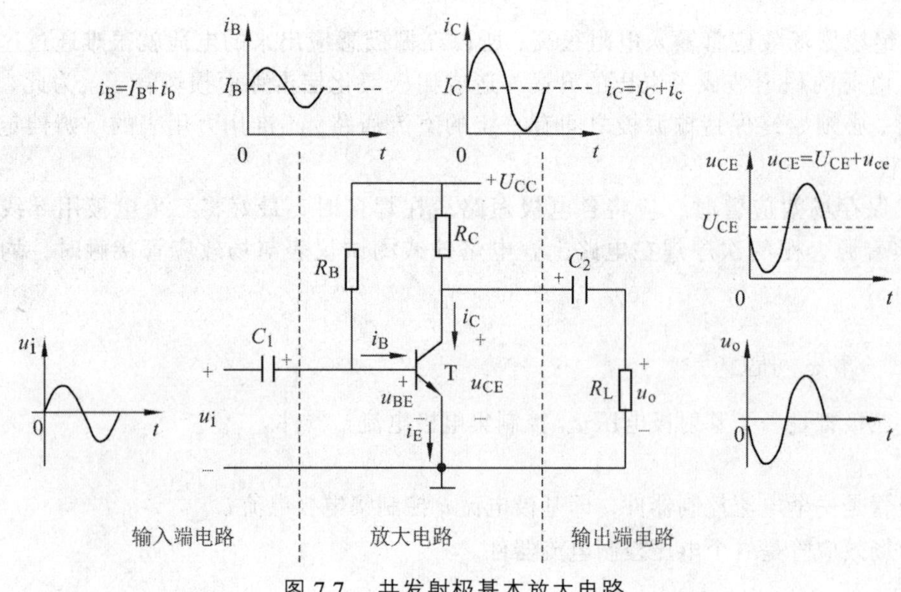

图 7.7　共发射极基本放大电路

2. 直流电源 U_{CC}

直流电源 U_{CC} 作用有两个：一是保证发射结处于正向偏置、集电结处于反向偏置，使三极管工作在放大状态；二是为放大电路提供能源。

3. 集电极电阻 R_C

集电极电阻 R_C 的作用是将集电极电流 i_C 的变化转换为电压 u_o 变化，以实现电压放大。

4. 基极电阻 R_B（偏流电阻）

基极电阻 R_B 作用是为三极管提供合适的基极电流。

5. 耦合电容器 C_1 和 C_2

耦合电容器 C_1 和 C_2 有两个作用：一是隔断直流（简称“隔直”），即利用 C_1、C_2 隔断放大电路与信号源、放大电路与负载之间直流联系，以免其直流工作状态互相影响。二是传输交流（简称“通交”），即由 C_1、C_2 沟通信号源、放大器和负载三者之间的交流通路，简称为“隔直通交”。

注意：

（1）交、直流叠加电量表示方式：变量为斜体小写，下标为正体大写，如 u_{BE} 。

（2）直流电量表示方式：变量为斜体大写，下标为正体大写，如 U_{BE}。

（3）交流电量表示方式：变量为斜体小写，下标为正体小写，如 u_{be} 。

（4）图 7.7 中，电阻 R_B 、电压源 U_{CC} 和发射结电压 U_{BE} 构成放大电路的直流输入回路。

（5）图 7.7 中，电阻 R_C 、电压源 U_{CC} 和集-射极电压 U_{CE} 构成放大电路的直流输出回路。

7.3.2　放大电路的静态分析

放大电路的静态分析指的是电路处于直流状态（即输入信号 $u_i=0$ 时的状态）下的参数分析，即基极电流 I_B 、集电极电流 I_C 和集-射极电压 U_{CE} 称为静态值。以图 7.7 所示放大电路为例，讨论静态分析。

【例 7.3】 在如图 7.7 所示电路中，已知 $U_{CC}=12\ \text{V}$，$R_B=280\ \text{k}\Omega$，$R_C=3\ \text{k}\Omega$，晶体管的 $\beta=60$，$U_{BE}=0.7\ \text{V}$，试求放大电路的静态值。

分析：

（1）根据 KVL，列输入回路电压方程式为 $U_{CC}=U_{BE}+I_BR_B$，解得静态基极电流 $I_B=\dfrac{U_{CC}-U_{BE}}{R_B}$；即 NPN 型硅管 U_{BE} 为 0.6 ~ 0.7 V；PNP 型锗管 U_{BE} 为 − 0.2 ~ − 0.3 V。

（2）由 $I_C=\beta I_B$ 式得集电极电流 I_C。

（3）由输出回路电压方程式 $U_{CE}=U_{CC}-I_CR_C$ 解得集-射极电压 U_{CE}。

解　基极偏置电流

$$I_B=\frac{U_{CC}-U_{BE}}{R_B}=\frac{12-0.7}{280\times10^3}\approx40\times10^{-6}\ (\text{A})=40\ (\mu\text{A})$$

集电极电流

$$I_C=\beta I_B=60\times40\times10^{-6}=2.4\times10^{-3}\ (\text{A})=2.4\ (\text{mA})$$

集-射极电压

$$U_{CE}=U_{CC}-I_CR_C=12-2.4\times10^{-3}\times3\times10^3=4.8\ (\text{V})$$

结论：由输入回路的 KVL 方程解得基极电流 I_B 式为

$$I_B=\frac{U_{CC}-U_{BE}}{R_B} \tag{7.3}$$

根据放大工作状态特性解得集电极电流 I_C 式为

$$I_C=\beta I_B \tag{7.4}$$

由输出回路的 KVL 方程解得集-射极电压 U_{CE}：

$$U_{CE}=U_{CC}-I_CR_C \tag{7.5}$$

【例 7.4】放大电路如图 7.8 所示，已知 $U_{CC}=15\ \text{V}$，$R_C=3\ \text{k}\Omega$，$R_B=390\ \text{k}\Omega$，$R_{E1}=100\ \Omega$，$R_{E2}=1\ \text{k}\Omega$，$R_L=10\ \text{k}\Omega$，$U_{BE}=0.7\text{V}$，$U_{CES}=0\text{V}$，$\beta=99$，耦合电容的容量对放大电路的工作频率足够大。试讨论晶体管的工作状态，如工作状态为放大，则计算静态工作点。

分析：

（1）首先判断放大电路的工作状态，即当 $I_B<I_{BS}$ 时电路工作状态为放大状态。

（2）三个静态工作点值（I_B、I_C、U_{CE}）的解题思路与例 7.3 相似。只是注意在列 KVL 方程时，发射极上连接有两个电阻 R_{E1}、R_{E2}。

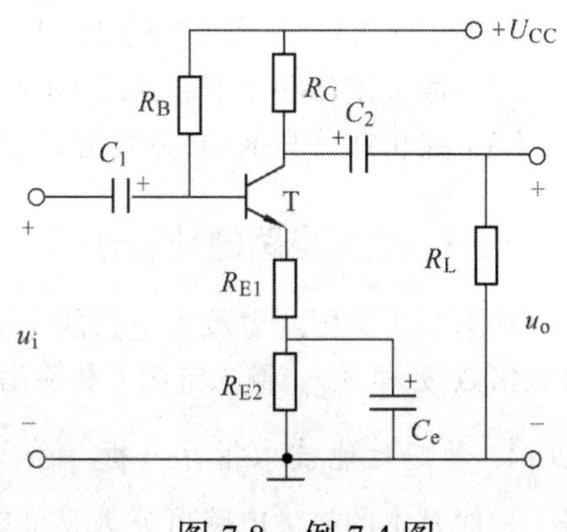

图 7.8　例 7.4 图

解 （1）三极管的工作状态。

临界饱和值为

$$I_{CS}=\frac{U_{CC}-U_{CES}}{R_C+R_{E1}+R_{E2}}=\frac{15}{(4+0.1+1)\times10^3}\approx3.66\times10^{-3}\ (\mathrm{A})=3.6\ (\mathrm{mA})$$

$$I_{BS}=\frac{I_{CS}}{\beta}=\frac{3.66\times10^{-3}}{99}\approx37\times10^{-6}\ (\mathrm{A})=37\ (\mu\mathrm{A})$$

三极管工作在放大状态下时有

$$\begin{cases}U_{CC}=I_BR_B+U_{BE}+I_E(R_{E1}+R_{E2})\\I_E=I_B+I_C=I_B+\beta I_B=(1+\beta)I_B\end{cases}$$

解联立方程组，得

$$I_B=\frac{U_{CC}-U_{BE}}{R_B+(1+\beta)(R_{E1}+R_{E2})}$$
$$=\frac{15-0.7}{[390+(1+99)\times(0.1+1)]\times10^3}=28.6\times10^{-6}\ (\mathrm{A})=28.6\ (\mu\mathrm{A})$$

由上述分析可知，$I_B<I_{BS}$，所以晶体管工作在放大状态。

（2）计算静态工作点 I_B、I_C、U_{CE}。

$$I_B=28.6\ \mu\mathrm{A}$$
$$I_C=\beta I_B=99\times28.6\times10^{-6}=2.83\ \mathrm{mA}$$
$$U_{CE}=U_{CC}-I_C(R_C+R_{E1}+R_{E2})=15-2.83\times10^{-3}\times(3+0.1+1)\times10^3=3.38\ (\mathrm{V})$$

结论：

（1）当发射极正偏时，三极管的工作状态主要是通过临界饱和值进行判断，即 $I_B<I_{BS}$ 为放大状态，$I_B>I_{BS}$ 则为饱和状态。

（2）当发射极没有连接电阻时（见图 7.7），基极电流求解式为式（7.3）；当发射极连接有电阻 R_E 时（见图 7.8），基极电流求解式为

$$I_B=\frac{U_{CC}-U_{BE}}{R_B+(1+\beta)R_E} \tag{7.6}$$

注意：

（1）式（7.3）与式（7.6）区别，即电阻 R_E 引起的计算式分母的变化。

（2）放大工作状态下，式（7.4）与电路结构无关。

（3）输出回路写 KVL 方程解 U_{CE} 时，可以应用 $I_E\approx I_C$ 概念。

7.3.3 放大电路的动态分析

动态分析是围绕着放大电路的交流通路展开讨论，其主要的动态性能技术指标有：电压放大倍数 A_u 和 A_{uS}、输入电阻 r_i 和输出电阻 r_o。

1. 动态性能技术指标分析

一般基本的放大电路可分为三个单元电路模块，即输入端电路、放大电路和输出电路，

如图 7.7 所示。下面用二端口网络表示放大电路，如图 7.9 所示，讨论动态值的基本概念。

（1）电压放大倍数定义电路如图 7.10 所示。

电压放大倍数定义

$$A_u = \frac{\dot{U}_o}{\dot{U}_i}$$

$$A_{uS} = \frac{\dot{U}_o}{\dot{U}_S}$$

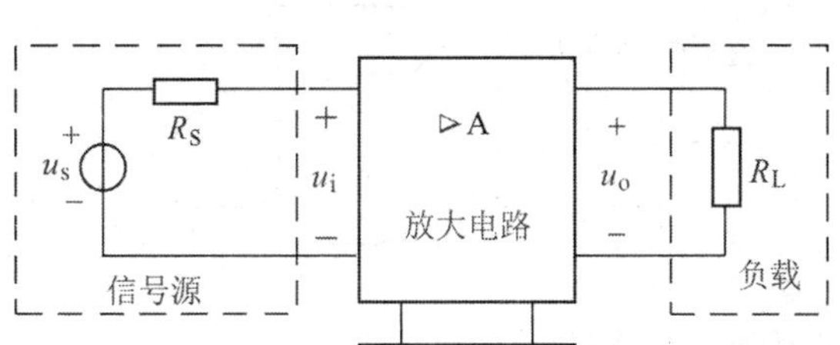

图 7.9　基本放大电路框图

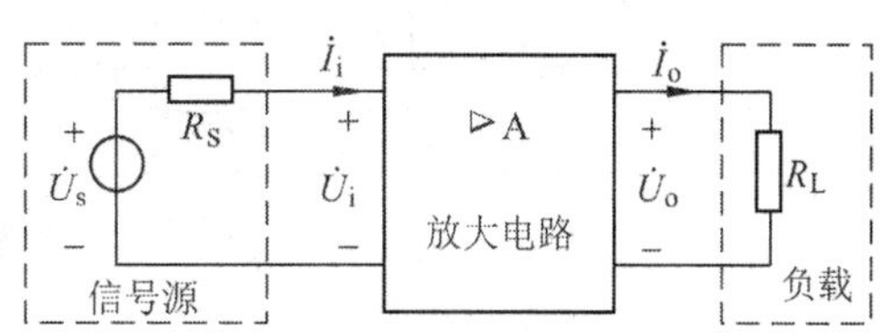

图 7.10　电压放大倍数的定义图

（2）输入电阻 r_i 定义电路如图 7.11 所示。

输入电阻 r_i 定义

$$r_i = \frac{\dot{U}_i}{\dot{I}_i}$$

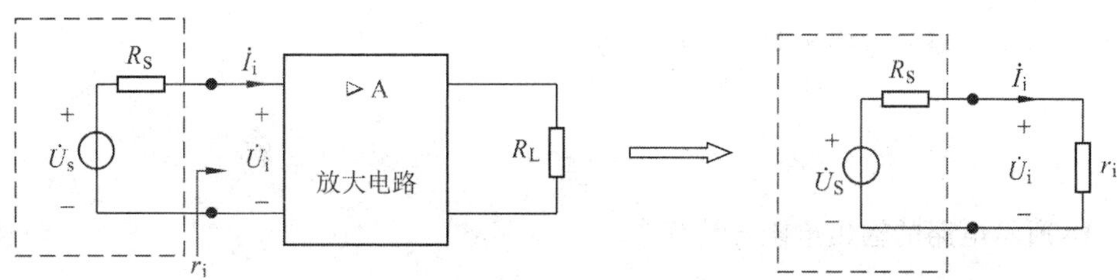

图 7.11　输入电阻的定义图

注意：输入电阻 r_i 是一个交流动态电阻，是对交流信号而言的。

通常希望放大电路的输入电阻 r_i 值高一些，这是因为 r_i 较小会引起以下后果：① 通过信号源电流较大，增加信号源的负担；② 当信号源存在内阻 R_S 时，r_i 上的分压较小，即 u_i 较小；③ 后级放大电路的输入电阻，就是前级放大电路的负载电阻，r_i 较小将使前级放大电路的电压放大倍数降低。

（3）输出电阻 r_o 定义电路如图 7.12 所示。

放大电路对负载 R_L（或对后级放大电路）来说，可以视为一个电压源模型，其输出电阻 r_o 定义为由负载 R_L 端向输入端看过去的等效电阻，如图 7.12 所示。

输出电阻 r_o 的计算方法有两种：开短路法（见图 7.13）和外加电源法（见图 7.14）。

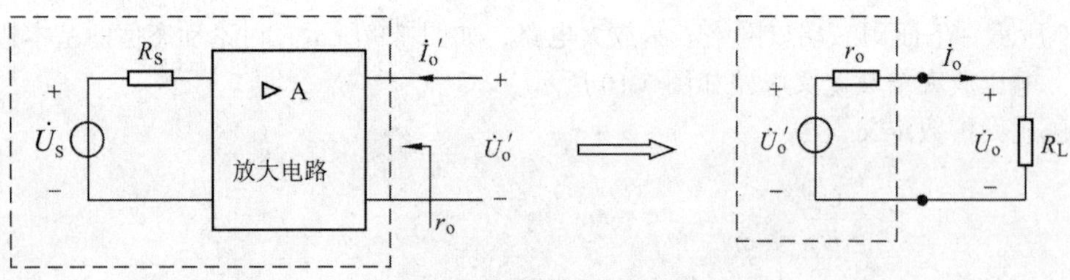

图 7.12　输出电阻的定义图

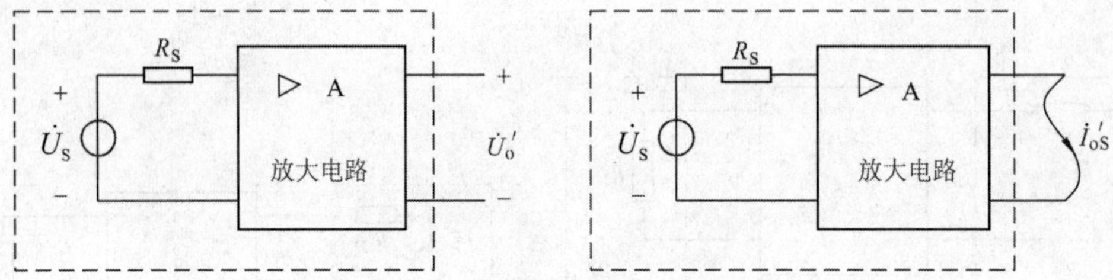

图 7.13　开短路法计算 r_o 电路图

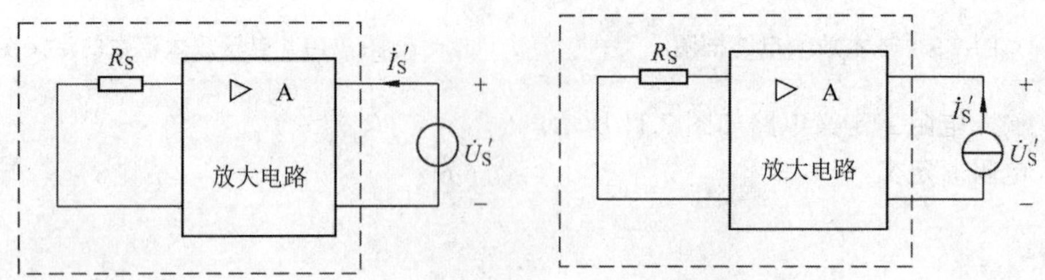

图 7.14　外加电源法计算 r_o 电路图

图 7.13 所示电路的输出电阻 r_o 计算式为

$$r_o = \frac{\dot{U}_o'}{\dot{I}_{oS}'}$$

图 7.14 所示电路的输出电阻 r_o 计算式

$$r_o = \left.\frac{\dot{U}_S'}{\dot{I}_S'}\right|_{\dot{U}_S=0}$$

注意：r_o 是交流动态电阻，它表明放大电路带负载的能力，r_o 大表明带负载能力差，反之则强。

2. 三极管微变等效电路（低频小信号模型）

三极管的微变等效电路工作条件：① 输入信号很小，信号在静态工作点附近一个微小的工作范围内变化；② 三极管放大工作区的特性曲线可视为线性，即电压与电流为线性关系。

在满足上述限定条件下，动态电路分析中的三极管可用如图 7.15 所示等效线性电路来替代，称为三极管微变等效电路。

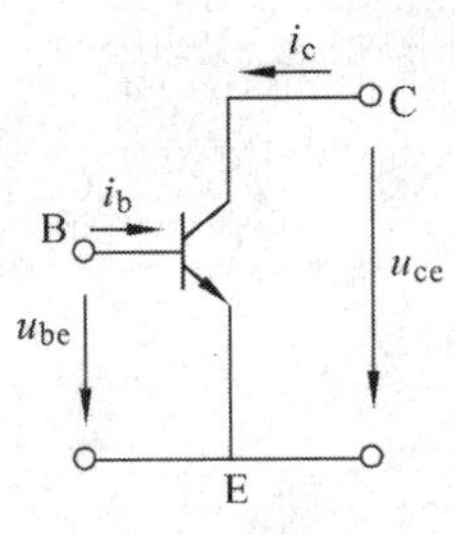

（a）NPN 型三极管

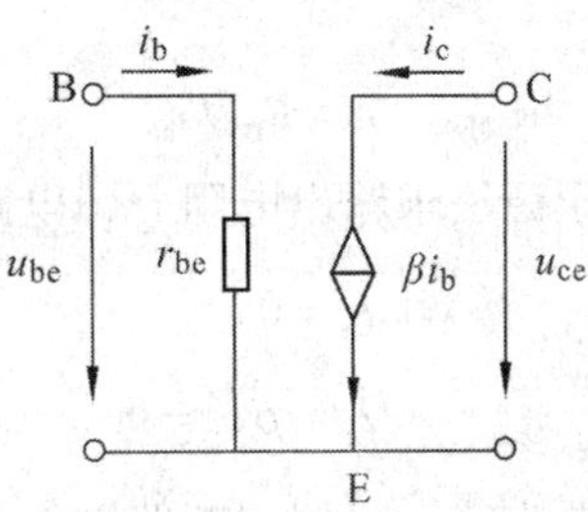

（b）图（a）微变等效电路

图 7.15　NPN 型三极管及微变效电路

图 7.15（b）所示电路中，r_{be} 称为三极管的输入电阻。即

$$r_{be} = 300 + (1+\beta)\frac{26\ (\text{mV})}{I_E\ (\text{mA})} \tag{7.7}$$

3. 放大电路的微变等效电路及动态参数分析

放大电路的动态分析分两步，即画放大电路的微变等效电路图和解动态参数 $\dot{A}_u$、r_i 和 r_o 值。

【例 7.5】 放大电路如图 7.7 所示，试画出放大电路的微变等效电路，并写出计算电压放大倍数、输入电阻和输出电阻的表达式。

分析：

（1）令直流电压源为零（$U_{CC}=0$），用“短路”线等效替代直流电压源；耦合电容 C_1 和 C_2 视为“短路”；用图 7.15（b）等效替代三极管。放大电路的微变等效电路如图 7.16 所示。

（2）根据动态参数的定义写出 $\dot{A}_u$、r_i 和 r_o 表达式。

解 （1）画出放大电路的微变等效电路，如图 7.16 所示。

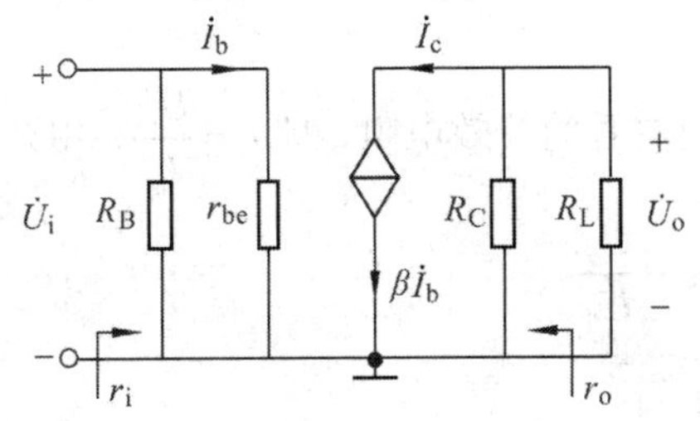

图 7.16　放大电路图 7.7 的微变等效电路

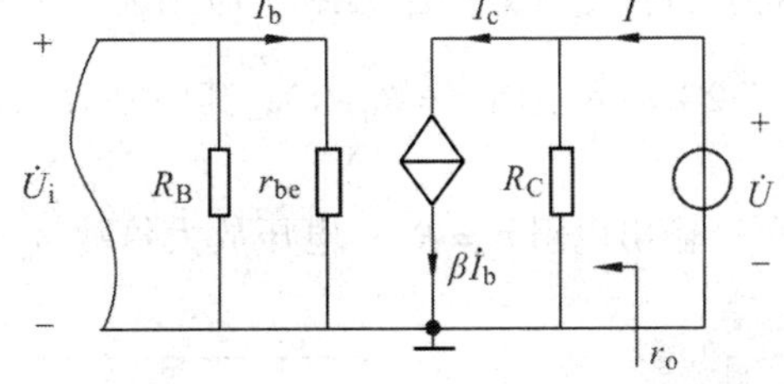

图 7.17　求输出电阻

（2）$\dot{A}_u$、r_i 和 r_o 表达式。

由式（7.7）得

$$r_{be} = 300 + (1+\beta)\frac{26\ (\text{mV})}{I_E\ (\text{mA})}$$

电压放大倍数

$$\dot{A}_u = \frac{\dot{U}_o}{\dot{U}_i} = \frac{-\beta\dot{I}_b(R_C // R_L)}{\dot{I}_b r_{be}} = -\frac{\beta(R_C // R_L)}{r_{be}}$$

输入电阻

$$r_{\mathrm{i}} = R_{\mathrm{B}} // r_{\mathrm{be}}$$

用外加电压源法求输出电阻 r_{o}，电路如图 7.17 所示。

∵ $\dot{I}_{\mathrm{b}} = 0$

∴ $\dot{I}_{\mathrm{c}} = \beta \dot{I}_{\mathrm{b}} = 0$

授控电流源为零，可用“断路”等效替代授控电流源。得

$$r_{\mathrm{o}} = \frac{\dot{U}}{\dot{I}} = R_{\mathrm{C}}$$

结论：

（1）在电压源值为零条件下，画放大电路的微变等效电路，即放大电路中电压源和电容都用“短路”等效替代；电路变量为相量。

（2）动态参数式为

$$\dot{A}_{\mathrm{u}} = -\frac{\beta(R_{\mathrm{C}} // R_{\mathrm{L}})}{r_{\mathrm{be}}} \tag{7.8}$$

$$r_{\mathrm{i}} = R_{\mathrm{B}} // r_{\mathrm{be}} \tag{7.9}$$

$$r_{\mathrm{o}} = R_{\mathrm{C}} \tag{7.10}$$

式（7.8）中的负号表示输出电压与输入电压的相位相反。

【例 7.6】 放大电路如图 7.18 所示，参数与例 7.4 题相同，并已知 $R_{\mathrm{S}} = 1\,\mathrm{k\Omega}$，试求：

（1）画出微变等效电路。

（2）计算输入电阻 r_{i}、输出电阻 r_{o} 和电压放大倍数 $\dot{A}_{\mathrm{u}}$、$\dot{A}_{\mathrm{uS}}$。

分析：

（1）令：$U_{\mathrm{CC}} = 0$，耦合电容 C_1、C_2 和旁路电容 C_{e}“短路”；用图 7.15（b）等效替代三极管，得微变等效电路如图 7.19 所示。

（2）输入电阻 $r_{\mathrm{i}} = R_{\mathrm{B}} // r_{\mathrm{i}}'$，其中 r_{i}' 表示由 AB 端向右看的等效电阻，即 $r_{\mathrm{i}}' = \dfrac{\dot{U}_{\mathrm{i}}}{\dot{I}_{\mathrm{b}}}$；用开短路法可得输出电阻 $r_{\mathrm{o}} = R_{\mathrm{C}}$；电压放大倍数 $\dot{A}_{\mathrm{u}} = \dfrac{\dot{U}_{\mathrm{o}}}{\dot{U}_{\mathrm{i}}}$、$\dot{A}_{\mathrm{uS}} = \dfrac{\dot{U}_{\mathrm{o}}}{\dot{U}_{\mathrm{S}}}$。

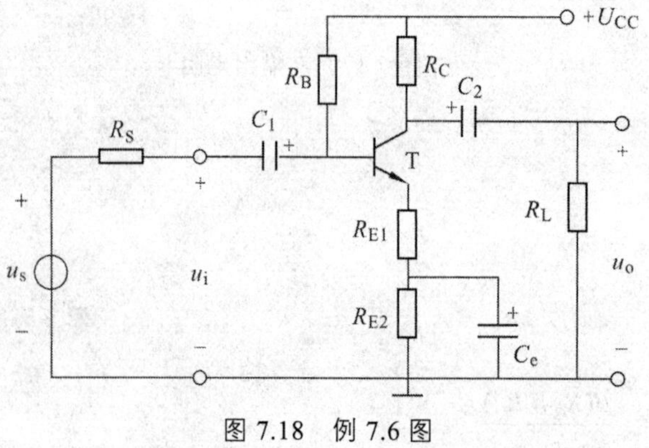

图 7.18 例 7.6 图

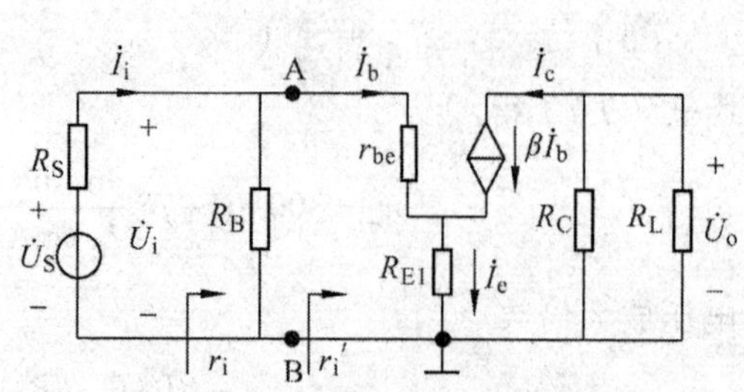

图 7.19 放大电路的微变等效电路

解　（1）画出微变等效电路如图 7.19 所示。

由例 7.4 题可知静态工作点 $I_E \approx I_C = 2.83\text{ mA}$，由式（7.7）得

$$r_{be} = 300 + (1+\beta)\frac{26\text{ (mV)}}{I_E\text{ (mA)}} = 300 + (1+99)\times\frac{26\text{ (mV)}}{2.83\text{ (mA)}} \approx 1.219\text{ (k}\Omega)$$

（2）动态参数 r_i、r_o 和 $\dot{A}_u$、$\dot{A}_{uS}$

输入电阻 r_i

$$r_i = R_B // r_i'$$

$$r_i' = \frac{\dot{U}_i}{\dot{I}_b}$$

列图 7.19 中 KCL 方程得

$$\dot{I}_e = \dot{I}_b + \beta\dot{I}_b = (1+\beta)\dot{I}_b$$

列 KVL 方程得

$$\dot{U}_i = r_{be}\dot{I}_b + R_{E1}\dot{I}_e = (r_{be} + R_{E1}(1+\beta))\dot{I}_b$$

则 r_i' 为

$$r_i' = \frac{\dot{U}_i}{\dot{I}_b} = r_{be} + R_{E1}(1+\beta)$$

则

$$\begin{aligned} r_i &= R_B // r_i' = R_B // (r_{be} + R_{E1}(1+\beta)) \\ &= (390//(1.219 + 100\times 0.1))\text{ k}\Omega = 10.89\text{ (k}\Omega) \end{aligned}$$

输出电阻 r_o

$$r_o = R_C = 3\text{ k}\Omega$$

电压放大倍数 $\dot{A}_u$

$$\begin{aligned} \dot{A}_u &= \frac{\dot{U}_o}{\dot{U}_i} = \frac{-\beta\dot{I}_b\cdot(R_C // R_L)}{r_{be}\dot{I}_b + (1+\beta)R_{E1}\dot{I}_b} = \frac{-\beta\cdot(R_C // R_L)}{r_{be} + (1+\beta)R_{E1}} \\ &= \frac{-99\times(3//10)\times 10^3}{(1.219 + 100\times 0.1)\times 10^3} \approx -20.33 \end{aligned}$$

电压放大倍数 $\dot{A}_{uS}$

$$\dot{A}_{uS} = \frac{\dot{U}_o}{\dot{U}_S} = \frac{\dot{U}_o}{\dot{U}_i}\cdot\frac{\dot{U}_i}{\dot{U}_S} = \dot{A}_u\cdot\frac{\dot{U}_i}{\dot{U}_S}$$

由图 7.19 得等效电路图 7.20，则解得

$$\dot{U}_i = r_i\cdot\frac{\dot{U}_S}{R_S + r_i}$$

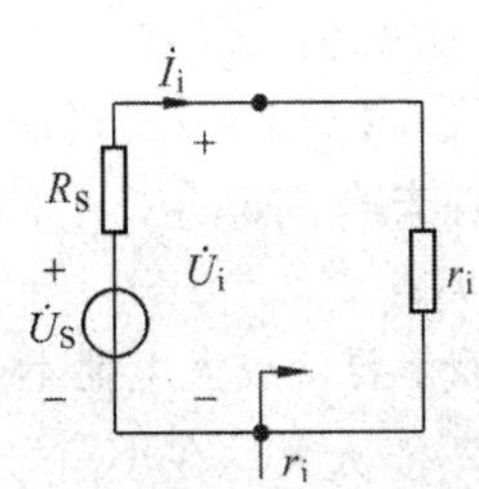

图 7.20　计算 $\dot{A}_{uS}$ 的等效电路

即

$$\dot{A}_{uS}=\dot{A}_u\cdot\frac{\dot{U}_i}{\dot{U}_S}=\dot{A}_u\cdot\frac{r_i}{R_S+r_i}=(-20.33)\times\frac{10.89\times10^3}{(1+10.89)\times10^3}=-18.62$$

结论：

（1）放大电路中的电容元件在微变等效电路中都用“短路”等效替代。

（2）当微变等效电路中，发射极连接有电阻 R_E 元件时，其动态分析式为

$$r_i=R_B//(r_{be}+R_E(1+\beta)) \tag{7.11}$$

$$\dot{A}_u=\frac{-\beta\cdot(R_C//R_L)}{r_{be}+(1+\beta)R_E} \tag{7.12}$$

（3）不论放大电路的发射极是否连接有电阻 R_E 元件，其电压放大倍数 $\dot{A}_{uS}$ 式为

$$\dot{A}_{uS}=\dot{A}_u\cdot\frac{r_i}{R_S+r_i} \tag{7.13}$$

注意：由发射极电阻 R_E 元件引出的式（7.9）与式（7.11）、式（7.8）与式（7.12）的区别。即当 $R_E=0$ 时，式（7.9）与式（7.11）相同、式（7.8）与式（7.12）相同。

7.3.4 静态工作点的稳定问题简介

放大电路的静态工作点不合适，是引起动态工作点进入非线性区使放大信号失真的重要因素之一。实践证明，即使是设置了合适的静态工作点，但在外部因素（例如温度变化、晶体管老化、电源电压的波动等）的影响下，将引起静态工作点的偏移，这种现象叫做静态工作点漂移，严重时会使放大电路不能正常工作。

1. 静态工作点对放大性能的影响

电压放大电路的基本要求，就是输出信号尽可能不失真。所谓失真，是指输出信号的波形不像输入信号的波形。引起失真的原因有多种，其中最基本的一个，就是由于静态工作点不合适或者信号太大，使放大电路的工作范围超出了三极管特性曲线的线性范围。这种失真通常称为非线性失真。非线性失真又可分为截止失真和饱和失真。

1）截止失真

在图 7.21（a）中，静态工作点 Q 位置太低，使输入信号的负半周进入截止区工作，i_b 的负半周和 u_{ce} 的正半周被削平。这种由于三极管的截止而引起的失真称为截止失真。

2）饱和失真

在图 7.21（b）中，静态工作点 Q 的位置太高，使输入信号的正半周进入饱和区工作，u_{ce} 和 i_c 出现失真，如图中 u_{ce} 的负半周已不是正弦变化。这种由于三极管的饱和而引起的失真称为饱和失真。

因此，要使放大电路不产生非线性失真，必须要有一个合适的静态工作点 Q，输入信号 u_i 的幅值不能太大。在小信号放大电路中，此条件一般都能满足。

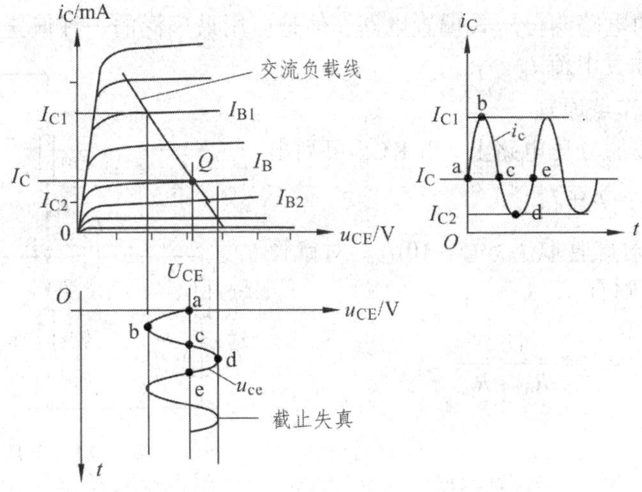

（a）截止失真

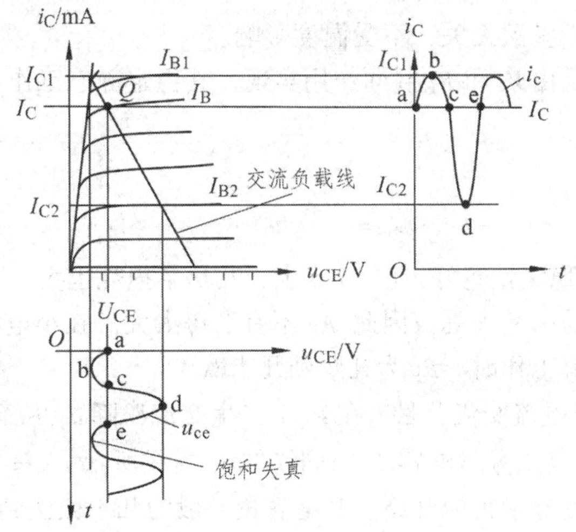

（b）饱和失真

图 7.21　静态工作点引起的输出电压波形失真

2. 温度对静态工作点的影响

外部因素中，对静态工作点影响最大的是温度变化，因为半导体材料对温度是非常敏感。严格地说，晶体管全部参数都与温度有关。但对静态工作点影响最大的是 U_{BE}、β 和 I_{CBO} 这三个参数。即

当温度升高时，静态电流 I_C 随着温度升高而增大，其参数变化关系如下：

$$t^{\circ}\uparrow\rightarrow\left\{\begin{matrix} U_{BE}\downarrow\rightarrow I_B\uparrow \\ \beta\uparrow \\ I_{CBO}\uparrow\rightarrow I_{CEO}\uparrow \end{matrix}\right\}\rightarrow I_C\uparrow$$

3. 分压式偏置电路

如果当温度变化时，静态电流 I_C 自动维持近似不变，静态工作点就可以稳定在原来设置

处。实现这一设想的电路叫分压式偏置电路，他是应用最广泛的一种偏置电路，如图 7.22 所示，他能自行调节偏置电流 I_B。

1）稳定静态工作点原理

在 R_{B1}、R_{B2} 构成的分压电路上，由 KCL 可列出

$$I_1 = I_2 + I_B$$

若使 $I_2 >> I_B$，通常对硅管取 $I_2 \geqslant (5\sim10)I_B$，对锗管取 $I_2 \geqslant (10\sim20)I_B$，则有

$$I_1 \approx I_2 \approx \frac{U_{CC}}{R_{B1}+R_{B2}}$$

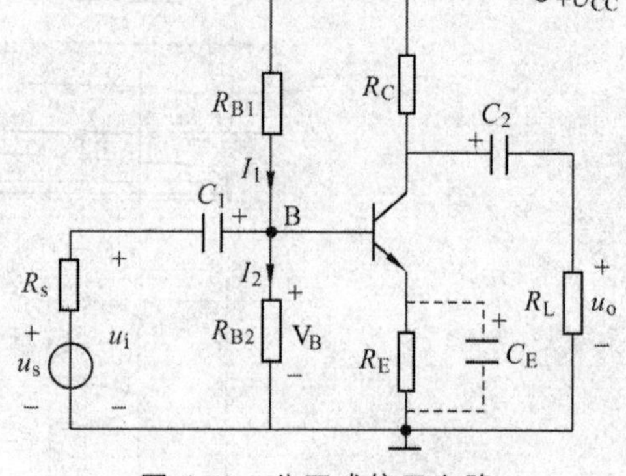

图 7.22　分压式偏置电路

基极 B 点电位为

$$V_B = R_{B2}I_2 = \frac{R_{B2}\cdot U_{CC}}{R_{B1}+R_{B2}} \tag{7.14}$$

式（7.14）表明 V_B 与三极参数无关，不受温度影响。

静态工作点的稳定是由 V_B 和 R_E 共同作用实现，其稳定静态工作点的过程如下：

设温度升高 → $I_C\uparrow$ → $I_E\uparrow$ → $U_{BE}\downarrow$ → $I_B\downarrow$ → $I_C\downarrow$

（$I_E=I_C-I_B$）（$U_{BE}=V_B-I_ER_B$）（三极管输入特性曲线）（$I_C=\beta I_B$）

在电路中 R_E 越大，稳定性越好；但 R_E 太大，其功率损耗也大；同时 U_E 增加太大，三极管的工作范围变窄，容易引起失真。因此 R_E 不宜取得太大。在小电流工作状态下，R_E 值为几百欧到几千欧；大电流工作时，R_E 为几欧到几十欧。

R_E 的接入,使发射极电流交流分量 i_e 在 R_E 上产生交流压降 u_e,从而降低电压放大倍数 $\dot{A}_u$。常在 R_E 两端并联发射极交流旁路电容 C_E（图 7.22 中虚线所示）。只要 C_E 电容量足够大，对交流可视作短路，对直流分量视为开路。其电容量一般为几十微法到几百微法。

2）静态分析

放大电路如图 7.22 所示。

基极电位：$$V_B = \frac{R_{B2}}{R_{B1}+R_{B2}}U_{CC}$$

发射极电流：$$I_E = \frac{V_B - U_{BE}}{R_E} \tag{7.15}$$

集电极电流：$$I_C \approx I_E \tag{7.16}$$

基极电流：$$I_B = \frac{I_C}{\beta} \tag{7.17}$$

集射极电压：$$U_{CE} \approx U_{CC} - I_C(R_C + R_E) \tag{7.18}$$

3）动态分析

下面对图 7.22 所示电路两种情况（即有电容 C_E 和无电容 C_E）进行动态参数讨论。

（1）有电容 C_E。

微变等效电路如图 7.23（a）所示。输入电阻 r_i 为

$$r_{be} = 300 + (1+\beta)\frac{26\ (\text{mV})}{I_E\ (\text{mA})}$$

$$r_i = R_{B1} // R_{B2} // r_{be} \tag{7.19}$$

输出电阻 r_o

$$r_o = R_C$$

电压放大倍数

$$\dot{A}_u = \frac{\dot{U}_o}{\dot{U}_i} = -\frac{\beta(R_C // R_L)}{r_{be}}$$

$$\dot{A}_{uS} = \frac{\dot{U}_o}{\dot{U}_S} = \dot{A}_u \cdot \frac{r_i}{R_S + r_i} = -\frac{\beta(R_C // R_L)}{r_{be}} \cdot \frac{r_i}{R_S + r_i}$$

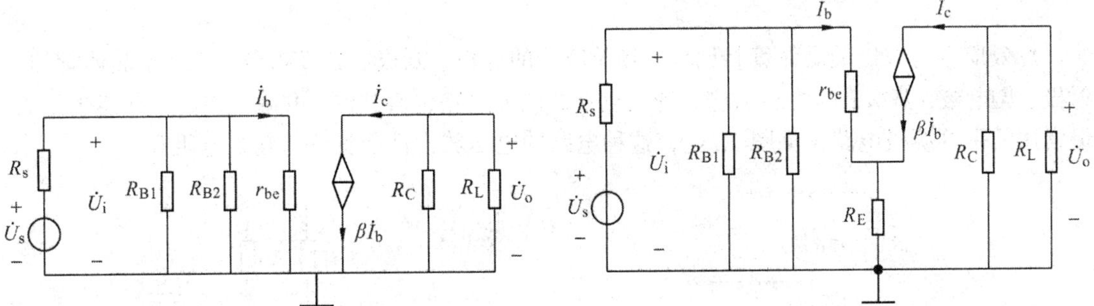

（a）有射极旁路电容 C_E 时的微变等效电路　　（b）无射极旁路电容 C_E 时的微变等效电路

图 7.23　放大电路图 7.22 的微变等效电路

（2）无电容 C_E。

微变等效电路如图 7.23（b）所示。输入电阻 r_i 为

$$r_i = R_{B1} // R_{B2} //(r_{be} + R_E(1+\beta)) \tag{7.20}$$

输出电阻 r_o

$$r_o = R_C$$

电压放大倍数

$$\dot{A}_u = \frac{\dot{U}_o}{\dot{U}_i} = -\frac{\beta(R_C // R_L)}{r_{be} + (1+\beta)R_E}$$

$$\dot{A}_{uS} = \frac{\dot{U}_o}{\dot{U}_S} = -\frac{\beta(R_C // R_L)}{r_{be} + (1+\beta)R_E} \cdot \frac{r_i}{R_S + r_i}$$

注意：动态解题过程中，直接引用了例 7.5、例 7.6 的基本概念或结论，这是模拟电子技

术在做定量分析时的一大特点。即可以直接引用你所掌握的知识，不需要再重新推导证明其所引用的方程式。

7.3.5　常见问题讨论

（1）放大电路的静态工作点是指在什么条件下的分析，分析计算那些参数？

解答：在放大电路交流输入信号为零的条件下，分析计算直流电路的基极电流 I_B、集电极电流 I_C 和集射极电压 U_{CE}。即 I_B、I_C 和 U_{CE} 三个参数称为静态工作点。

（2）放大电路的动态分析的条件是什么？分析计算那些参数？

解答：在放大电路的直流电压源为零条件下，由交流信号源驱动的电路分析为动态分析。动态分析计算参数为：电压放大倍数 $\dot{A}_u$ 和 $\dot{A}_{uS}$、输入电阻 r_i 和输出电阻 r_o。

（3）画放大电路的微变等效电路时，那些元件用“短路”等效替代？

解答：画放大电路的微变等效电路时，将直流电压源、耦合电容 C_1、C_2 和发射极旁路电容 C_e 及其他电容器件用“短路”等效替代；用图 7.15（b）等效替代三极管。

7.4　场效应管基本放大电路的动态分析

场效应管与双极型晶体管相比较，场效应管的源极、漏极、栅极相当于双极型晶体管的发射极、集电极、基极；与之相对应，场效应管的放大电路也有共源、共漏、共栅三种连接方法，最常用的是共源极电路（见图 7.24），这种电路的电压放大性能良好，输入电阻高。

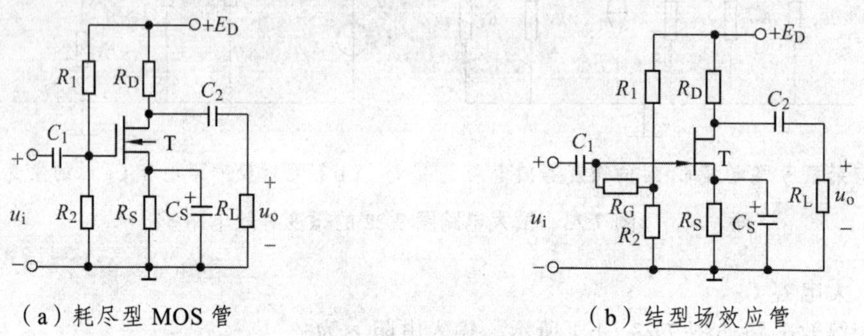

（a）耗尽型 MOS 管　　（b）结型场效应管

图 7.24　分压式自给偏压电路

7.4.1　场效应管基本放大电路

场效应管基本放大电路分析与三极管基本放大电路分析相似，分析工作在小信号状态下的放大电路静态工作点和动态参数。

如图 7.24 所示电路中的各元件作用如下：

R_S 为源极电阻，静态工作点受它的控制，其阻值约为几千欧。

C_S 为源极旁路电容，用来防止交流负反馈，其电容量约为几十几微法。

R_G、R_1、R_2 为栅极电阻，为栅极提供固定的正电位。

R_D 为漏极电阻，它使放大电路具有电压放大功能，其阻值约为几十千欧。

C_1、C_2 分别为耦合电容，其电容量约为 0.01 ~ 0.04 μF。

C_S为源极旁路电容。

当图 7.24 所示电路中无信号输入时，电路电量参数为静态工作点。静态工作点主要有漏极电流 I_D、栅源电压 U_{GS}，即解下列联立方程即可计算静态工作点：

$$\begin{cases} U_{GS} = \dfrac{R_2}{R_1 + R_2} E_D - I_D R_S \\ I_D = I_{DSS}\left(1 - \dfrac{U_{GS}}{U_P}\right)^2 \end{cases}$$

在分析静态工作点时，注意栅极电流 $I_G = 0$，$I_S = I_D$。

7.4.2　场效应管放大电路的动态分析

场效应管是一个电压控制器件，即栅源电压 u_{gs} 控制漏极电流 i_d。在低频小信号情况下用图 7.25 所示微变等效电路来替代场效应管。g_m 称为低频跨导。

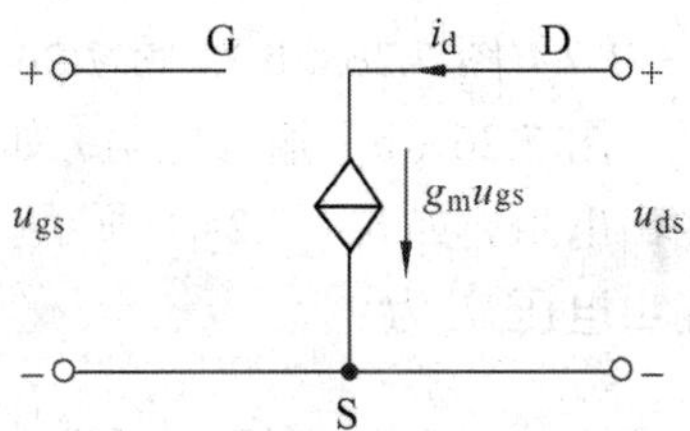

图 7.25　场效应管微变等效电路

图 7.24 所示放大电路的微变等效电路如图 7.26 所示。其画图的推理过程与三极管放大电路的微变等效电路相同，即令直流电压源为零，电容器件用“短路”等效替代，场效应管用图 7.25 等效替代。

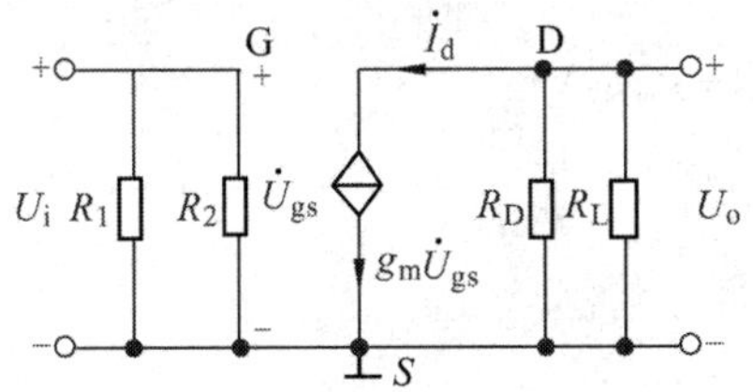

（a）图 7.24（a）有源极旁路电容 C_S

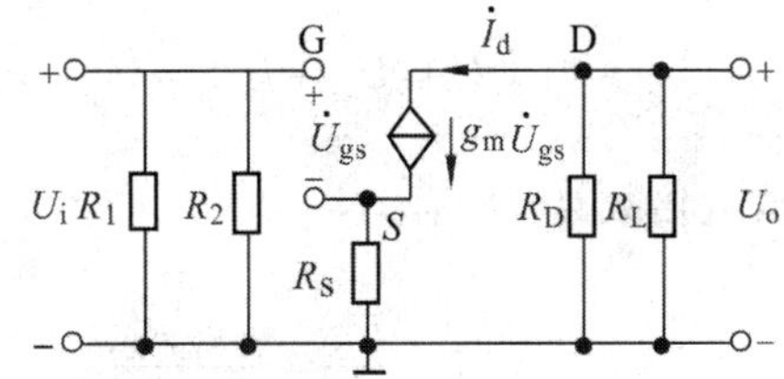

（b）图 7.24（a）无源极旁路电容 C_S

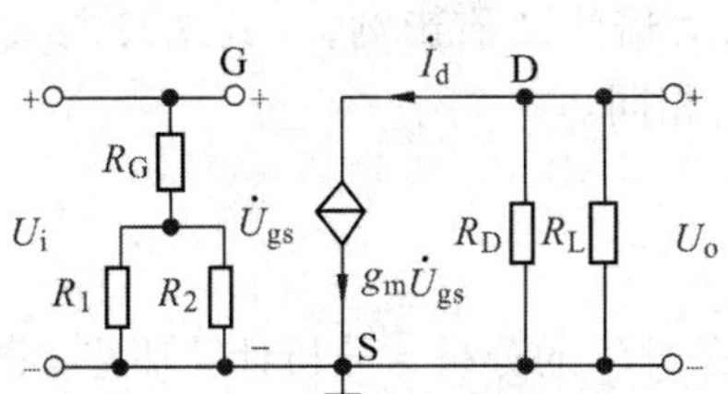

（c）图 7.24（b）有源极旁路电容 C_S

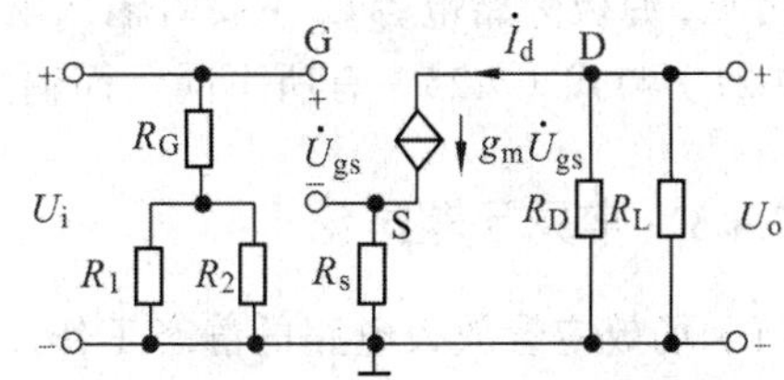

（d）图 7.24（b）无源极旁路电容 C_S

图 7.26　图 7.24 所示放大电路的微变等效电路

（1）图 7.26（a）、图 7.26（c）的动态参数 $\dot{A}_u$ 和 r_i、r_o。

因 $\dot{U}_i = \dot{U}_{gs}$，$\dot{I}_d = g_m \dot{U}_{gs}$，$R_L' = R_D // R_L$，则输出电压 $\dot{U}_o$ 为

$$\dot{U}_o \approx -\dot{I}_d (R_D // R_L) = -g_m \dot{U}_{gs} R_L' = -g_m \dot{U}_i R_L'$$

电压放大倍数 $\dot{A}_u$ 为

$$\dot{A}_{u}=\frac{\dot{U}_{o}}{\dot{U}_{i}}=\frac{-g_{m}\dot{U}_{i}R_{L}'}{\dot{U}_{i}}=-g_{m}R_{L}' \tag{7.21}$$

图 7.26（a）输入电阻 r_i 为

$$r_{i}=R_{1}//R_{2} \tag{7.22}$$

图 7.26（c）输入电阻 r_i 为

$$r_{i}=R_{G}+(R_{1}//R_{2}) \tag{7.23}$$

输出电阻 r_o 为

$$r_{o}=R_{D} \tag{7.24}$$

（2）图 7.26（b）、图 7.26（d）的动态参数 r_i 、r_o 和 $\dot{A}_u$ 。

图 7.26（b）输入电阻 r_i 如式（7.22）所示；图 7.26（d）输入电阻 r_i 如式（7.23）所示；输出电阻 r_o 如式（7.24）所示。

输出电压 $\dot{U}_o$ 为

$$\dot{U}_{o}=-\dot{I}_{d}R_{L}'=-g_{m}\dot{U}_{gs}R_{L}'$$

输入电压 $\dot{U}_i$ 为

$$\dot{U}_{i}=\dot{U}_{gs}+\dot{I}_{d}R_{S}=\dot{U}_{gs}+g_{m}\dot{U}_{gs}R_{S}=\dot{U}_{gs}(1+g_{m}R_{S})$$

电压放大倍数 $\dot{A}_u$ 为

$$\dot{A}_{u}=\frac{\dot{U}_{o}}{\dot{U}_{i}}=\frac{-g_{m}R_{L}'}{1+g_{m}R_{S}} \tag{7.25}$$

可见，源极旁路电容 C_S 主要对输入电阻 r_i 、电压放大倍数 $\dot{A}_u$ 有影响，如式 7.22 与式 7.23、式（7.21）与式（7.25）有所不同，而输出电阻 $r_o=R_D$ 相同。

7.4.3 常见问题讨论

（1）场效应管放大电路的静态工作点是指在什么条件下的分析，分析计算那些参数？

解答：在场效应管放大电路交流输入信号为零的条件下，分析计算静态工作点的漏极电流 I_D 、栅源电压 U_{GS} 。

（2）场效应管放大电路的动态分析的条件是什么？分析计算那些参数？

解答：在场效应管放大电路的直流电压源为零条件下，由交流信号源驱动的电路分析。其动态分析计算参数与三极管放大电路动态分析相同，即电压放大倍数 $\dot{A}_u$ 和 $\dot{A}_{uS}$ 、输入电阻 r_i 和输出电阻 r_o 。

（3）场效应管放大电路的栅极电流为多少？

解答：栅极电流 $i_G=0$ 。

7.5　阻容耦合放大电路简介

7.5.1　耦合方式

通常放大电路的输入信号都很微弱，一般为毫伏或微伏数量级，这样微弱的信号仅经过单级放大电路是无法实现上千万倍的信号放大要求。为了推动负载工作，因此要求多个单级放大电路连接起来，构成多级放大电路，使信号逐级得到放大，这样就可在输出端获得足够大的电压和功率。

在多级放大电路中，每两个单级放大电路之间的连接方式叫耦合。实现耦合的电路称为级间耦合电路，其任务是将前级信号传送到后级。对级间耦合电路的基本要求是：

（1）级间耦合电路对前、后级放大电路静态工作点不产生影响。

（2）级间耦合电路不会引起信号失真。

（3）尽量减少信号电压在耦合电路上的压降。

多级放大电路中的级间耦合通常有三种耦合方式：阻容耦合、变压器耦合和直接耦合。如图 7.27 所示。

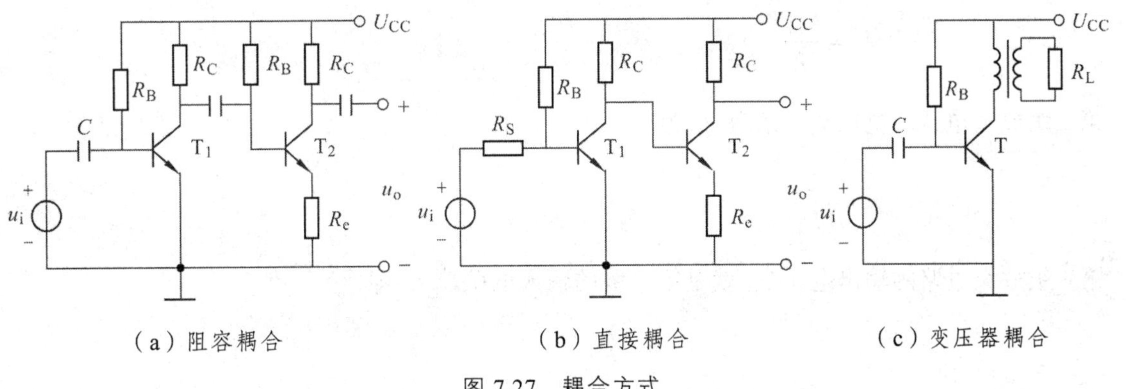

（a）阻容耦合　　　　（b）直接耦合　　　　（c）变压器耦合

图 7.27　耦合方式

1. 阻容耦合

在多级放大电路中，用电阻、电容耦合的称为阻容耦合。阻容耦合交流放大电路是低频放大电路中应用得最多、最常见的电路。图 7.27 为两级阻容耦合放大电路，两级之间通过耦合电容 C_2 和第二级放大电路的输入电阻 r_{i2} 的连接，构成阻容耦合放大电路。其特点是各级静态工作点互不影响，不适合传送缓慢变化信号和直流信号。

2. 变压器耦合

用变压器构成级间耦合电路的称为变压器耦合。由于变压器体积与重量较大，成本较高，所以变压器耦合在交流电压放大电路中应用较少，而较多的应用在功率放大电路中。

3. 直接耦合

直接耦合方式就是级间不需要耦合元件。其特点是不仅能传送交流信号，还能传送直流信号。多用于直流放大电路和线性集成电路中。

7.5.2 阻容耦合放大电路的分析

1. 静态分析

由于电容的"隔直"作用，使多级阻容耦合放大电路的各级之间无直流联系，各级静态工作点互不影响，各级放大电路静态工作点可以单独进行分析。

2. 动态分析

如图 7.28 所示两级阻容耦合放大电路的框图。分析推导得：

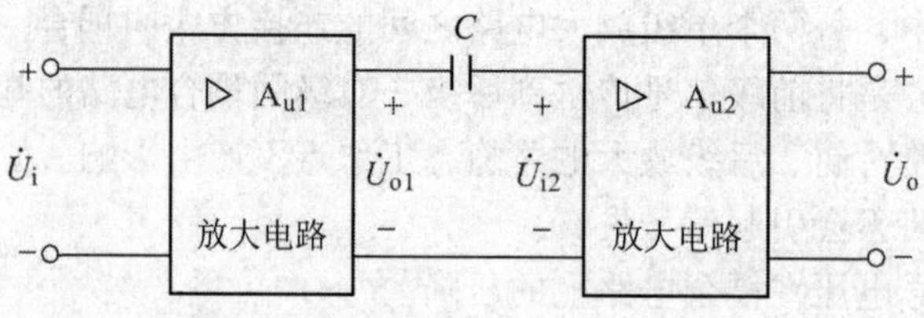

图 7.28 两级阻容耦合放大电路

第一级放大电路的电压放大倍数 $\dot{A}_{u1}$ 为

$$\dot{A}_{u1}=\frac{\dot{U}_{o1}}{\dot{U}_i}$$

第二级放大电路的电压放大倍数 $\dot{A}_{u2}$ 为

$$\dot{A}_{u2}=\frac{\dot{U}_o}{\dot{U}_{i2}}$$

第一级放大电路的输出电压 $\dot{U}_{o1}$ 就是第二级的输入电压 $\dot{U}_{i2}$，即

$$\dot{U}_{o1}=\dot{U}_{i2}$$

$$\dot{A}_{u2}=\frac{\dot{U}_o}{\dot{U}_{i2}}=\frac{\dot{U}_o}{\dot{U}_{o1}}$$

放大电路的放大倍数 $\dot{A}_u$

$$\dot{A}_u=\frac{\dot{U}_o}{\dot{U}_i}=\frac{\dot{U}_{o1}}{\dot{U}_i}\cdot\frac{\dot{U}_o}{\dot{U}_{o1}}=\dot{A}_{u1}\cdot\dot{A}_{u2} \tag{7.26}$$

两级放大电路总的电压放大倍数 A_u 等于各级电压放大倍数 A_{u1} 和 A_{u2} 的乘积。由此可以推出：

1）*n* 级放大电路的总电压放大倍数

n 级放大电路的总电压放大倍数等于各个单级放大器放大倍数的积。

$$\dot{A}_u=\dot{A}_{u1}\cdot\dot{A}_{u2}\cdot\dot{A}_{u3}\cdots\dot{A}_{un}=\prod_{k=1}^{n}\dot{A}_{uk} \tag{7.27}$$

2）*n* 级放大电路的输入电阻

n 级放大电路第一级的输入电阻就是 *n* 级放大电路的输入电阻，即

$$r_i=r_{i1} \tag{7.28}$$

3）n 级放大电路的输出电阻

n 级放大电路最末一级的输出电阻就是 n 级放大电路的输出电阻，即

$$r_o = r_{on} \tag{7.29}$$

【例 7.7】 如图 7.29 所示的两级阻容耦合放大电路，已知电压源 $U_{CC}=20\ \text{V}$，电阻 $R_S=1\ \text{k}\Omega$，$R_{B1}=100\ \text{k}\Omega$，$R_{B2}=24\ \text{k}\Omega$，$R_{C1}=15\ \text{k}\Omega$，$R_{E1}=5.1\ \text{k}\Omega$，$R'_{B1}=33\ \text{k}\Omega$，$R'_{B2}=6.8\ \text{k}\Omega$，$R_{C2}=7.5\ \text{k}\Omega$，$R_{E2}=2\ \text{k}\Omega$，$R_{L2}=5.1\ \text{k}\Omega$，发射结电压 $U_{BE1}=U_{BE2}=0.7\ \text{V}$，放大系数 $\beta_1=60$，$\beta_2=120$，试求：

（1）画出微变等效电路。

（2）输入电阻 r_i 、输出电阻 r_o。

（3）总电压放大倍数 $\dot{A}_u$。

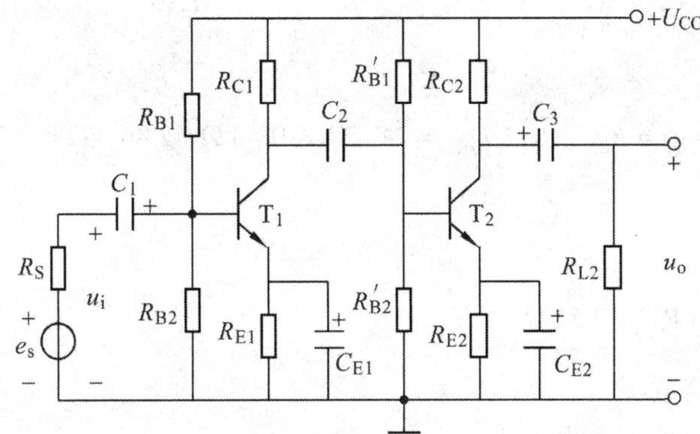

图 7.29　例 7.7 的两级阻容耦合放大电路

解

（1）画出微变等效电路，如图 7.30 所示。

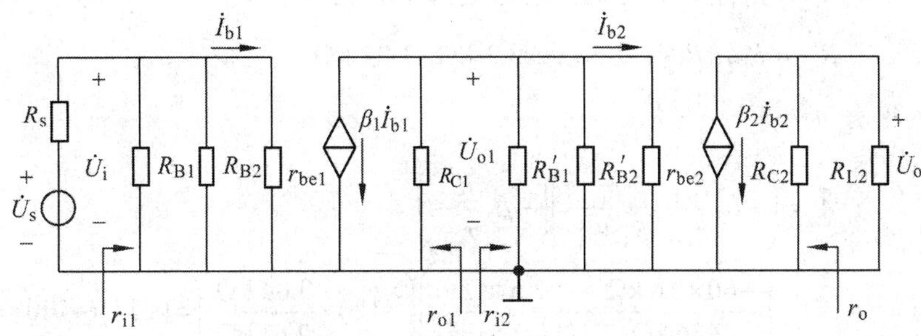

图 7.30　两级阻容耦合放大电路的微变等效电路

（2）求解输入电阻 r_i。

由式（7.14）得

$$V_{B1} = \frac{R_{B2}}{R_{B1}+R_{B2}} \cdot U_{CC} = \frac{24\ \text{k}\Omega}{100\ \text{k}\Omega + 24\ \text{k}\Omega} \cdot 20\ \text{V} = 3.87\ (\text{V})$$

$$V_{B2} = \frac{R'_{B2}}{R'_{B1}+R'_{B2}} \cdot U_{CC} = \frac{6.8}{33+6.8} \cdot 20 = 3.42\ (\text{V})$$

则

$$I_{E1}=\frac{V_{B1}-U_{BE1}}{R_{E1}}=\frac{3.87\ \text{V}-0.7\ \text{V}}{5.1\ \text{k}\Omega}=0.62\ (\text{mA})$$

$$I_{E2}=\frac{V_{B2}-U_{BE2}}{R_{E2}}=\left(\frac{3.24-0.7}{2}\right)\text{mA}=1.36\ (\text{mA})$$

得

$$r_{be1}=300+(\beta_1+1)\frac{26\ \text{mV}}{I_{E1}}=\left(300+61\times\frac{26}{0.62}\right)\Omega=2.86\ (\text{k}\Omega)$$

$$r_{be2}=300+(\beta_2+1)\frac{26\ \text{mV}}{I_{E2}}=\left(300+121\times\frac{26}{1.36}\right)\Omega=2.61\ (\text{k}\Omega)$$

由式 7.28 得 r_i 为

$$r_i=r_{i1}=R_{B2}\,//\,R_{B1}\,//\,r_{be1}=24\ \text{k}\Omega//100\ \text{k}\Omega//2.86\ \text{k}\Omega=2.5\ (\text{k}\Omega)$$

（3）输出电阻 r_0

由式 7.29 得 r_0 为

$$r_o=R_{C2}=7.5\ \text{k}\Omega$$

（4）总电压放大倍数 $\dot{A}_u$

第二极放大电路的输入电阻 r_{i2} 为

$$r_{i2}=R'_{B2}\,//\,R'_{B1}\,//\,r_{be2}=6.8\ \text{k}\Omega//33\ \text{k}\Omega//2.61\ \text{k}\Omega=1.78\ \text{k}\Omega$$

R'_{L1}、R'_{L2} 为

$$R'_{L1}=R_{C1}\,//\,r_{i2}=15\ \text{k}\Omega//1.78\ \text{k}\Omega=1.6\ \text{k}\Omega$$

$$R'_{L2}=R_{C2}//R_{L2}=7.5\ \text{k}\Omega//5.1\ \text{k}\Omega=3.04\ \text{k}\Omega$$

由式 7.26 得 $\dot{A}_u$ 为

$$\dot{A}_u=\left(-\beta_1\frac{R'_{L1}}{r_{be1}}\cdot\frac{r_{i1}}{R_S+r_{i1}}\right)\left(-\beta_2\frac{R'_{L2}}{r_{be2}}\right)$$

$$=\left(\frac{-60\times1.6\ \text{k}\Omega}{2.86\ \text{k}\Omega}\times\frac{2.5\ \text{k}\Omega}{(1+2.5)\text{k}\Omega}\right)\left(-120\times\frac{3.04\ \text{k}\Omega}{2.61\ \text{k}\Omega}\right)=(-24)(-140)=3360$$

7.5.3 常见问题讨论

（1）n 级放大电路的输入电阻 r_i 等于各极放大电路输入电阻之和。

解答：错。

n 级放大电路的输入电阻 r_i 等于第一级放大电路的输入电阻 r_{i1}，即 $r_i=r_{i1}$。

（2）n 级放大电路的输出电阻 r_o 等于各极放大电路输出电阻之和。

解答：错。

n 级放大电路的输出电阻 r_o 等于放大电路最后一级的输出电阻 r_o。

（3）n 级放大电路的总电压放大倍数 $\dot{A}_u$ 等于各个单级放大器放大倍数之和。

解答：错。

n 级放大电路的总电压放大倍数等于各个单级放大器放大倍数的积。即

$$\dot{A}_u = \dot{A}_{u1} \cdot \dot{A}_{u2} \cdot \dot{A}_{u3} \cdots \dot{A}_{un} = \prod_{k=1}^{n} \dot{A}_{uk}$$

本章小结

本章主要放大器件的特性和基本放大电路的静态、动态分析。

1. 放大器件

1）三极管

（1）工作区：饱和区、放大区、截止区。其中，放大区有 $I_C = \beta I_B$。

（2）特性曲线：输入特性曲线、输出特性曲线。

（3）NPN 型动态等效电路如图 7.31 所示。

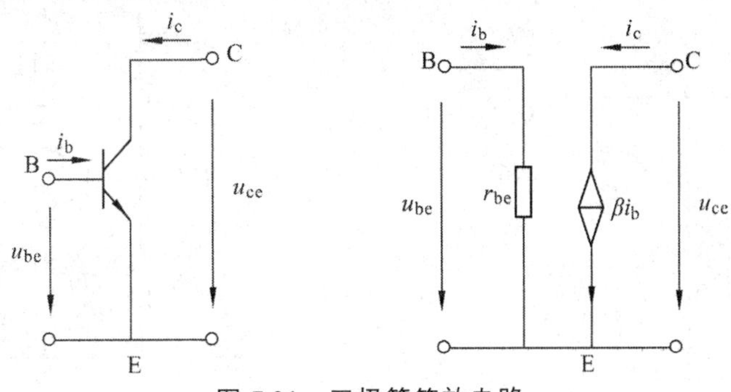

图 7.31　三极管等效电路

2）场效应管

（1）工作区：可变电阻区、放大区、截止区、击穿区。

（2）特性曲线：输出特性曲线、转移特性曲线。

（3）动态等效电路如图 7.32 所示。

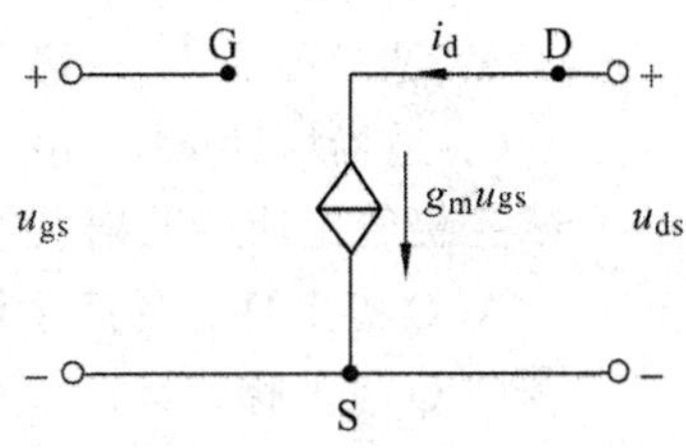

图 7.32　场效应管微变等效电路

2. 放大电路

1）三极管放大电路

（1）静态分析：基极电流 I_B、集电极电流 I_C 和集-射极电压 U_{CE}。

（2）画放大电路的微变等效电路。

（3）动态分析：电压放大倍数 A_u 和 A_{uS}、输入电阻 r_i 和输出电阻 r_o。

2）场效应管放大电路

（1）画放大电路的微变等效电路。

（2）动态分析：电压放大倍数 A_u 和 A_{uS}、输入电阻 r_i 和输出电阻 r_o。

3. 阻容耦合放大电路

（1）n 级放大电路的总电压放大倍数：$\dot{A}_u = \dot{A}_{u1} \cdot \dot{A}_{u2} \cdots \dot{A}_{un} = \prod_{k=1}^{n} \dot{A}_{uk}$。

（2）n 级放大电路的输入电阻：$r_i = r_{i1}$。

（3）n 级放大电路的输出电阻：$r_o = r_{on}$。

选 择 题

1. 测得某三极管 C、B、E 极电位分别是 10 V、6 V、5.3 V，则该管工作在（　　）状态。

   A. 放大　　B. 饱和　　C. 截止　　D. 不确定

2. 三极管电流放大倍数 β 值是反映（　　）能力的参数。

   A. 电压控制电压　　B. 电流控制电流

   C. 电压控制电流　　D. 电流控制电压

3. 电路如图 7.33 所示，则三极管工作在（　　）。

   A. 截止状态　　B. 放大状态　　C. 饱和状态

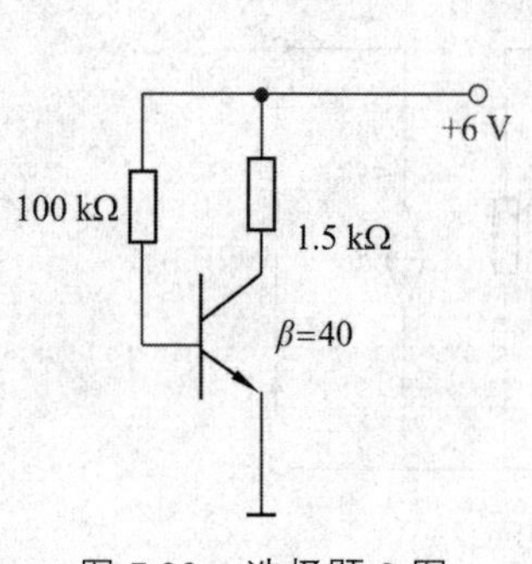

图 7.33　选择题 3 图

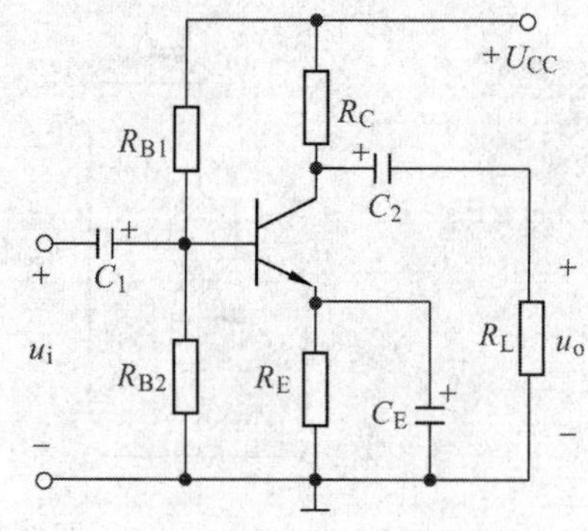

图 7.34　选择题 4 图

4. 放大电路如图 7.34 所示，由于 R_{B1} 和 R_{B2} 阻值选取得不合适而产生了饱和失真，为了改善失真，正确的做法是（　　）。

   A. 适当增加 R_{B2}，减小 R_{B1}　　B. 保持 R_{B1} 不变，适当增加 R_{B2}

   C. 适当增加 R_{B1}，减小 R_{B2}　　D. 保持 R_{B2} 不变，适当减小 R_{B1}

5. 三极管组成的共射基本放大电路，当温度急剧升高电路工作点及电路将（　）

   A. Q 点上移，易产生饱和失真　　B. Q 点下移，易产生截止失真

   C. Q 点上移，易产生截止失真　　D. Q 点下移，易产生饱和失真

6. 微变等效电路法适用于放大电路的（　　）。

   A. 静态和动态分析　　B. 静态分析　　C. 动态分析

7. 在共射放大器中，如果调整 R_b 使三极管的集电极电流增大，则三极管的输入电阻(　　)

   A. 增大　　B. 不变　　C. 减小

8. 分压式偏置共射放大电路在发射极电阻旁并上一个电容 C_e，C_e 作用是（　　）。

   A. 稳定静态工作点　　B. 交流旁路，减少信号有 R_e 上的损失

C. 改善输出电压波形　　D. 减小信号失真

9. 在共射分压偏置电路中，欲使三极管的基极电压稳定，应满足（　　）关系。

A. $I_1 \approx I_B$　　B. $I_2>>I_B$　　C. $I_B>>I_2$　　D. $I_2=I_B$

10. 在分压偏置电路中，若减小发射极电阻 R_E 的阻值，将使放大器工作点的稳定性（　　）。

A. 提高　　B. 下降　　C. 不变

11. 在共射放大电路中，集电极电阻 R_C 的作用是（　）。

A. 放大电流　　B. 调节 I_{BQ}　　C. 调节 I_{CQ}

D. 防止输出信号交流对地短路，把放大了的电流转换成电压；

12. 若放大器的输出信号既发生饱和失真又发生截止失真，则原因是（　）。

A. 静态工作点太高　　B. 静态工作点过低

C. 输入信号幅度过大　　D. 输入信号幅度过小

13. 工作在放大状态的三极管是（　）。

A. 电流控制元件　　B. 电压控制元件

C. 不可控元件

14. 工作在放大状态的场效应管是（　）。

A. 电流控制元件　　B. 电压控制元件

C. 不可控元件

15. 场效应管的控制关系是（　　）。

A. 漏源电压 U_{DS} 控制漏极电流 I_D　　B. 栅源电压 U_{GS} 控制漏极电流 I_D

C. 漏极电流 I_D 控制栅源电压 U_{GS}　　D. 漏极电流 I_D 控制漏源电压 U_{DS}

16. 场效应管用于放大时，应工作在（　　）。

A. 可变电阻区　　B. 饱和区

C. 击穿区

17. 为了减小测试仪表对被测电路的影响，要求放大电路输入级的输入电阻在 $10^9\,\Omega$ 以上，放大管应采用（　　）。

A. 晶体管　　B. 结型场效应管

C. 绝缘栅场效应管

18. 场效应管的主要优点是（　）

A. 输出电阻小　　B. 输入电阻大

C. 是电流控制器件　　D. 组成放大电路时电压放大系数大

19. 场效应管放大电路的输入电阻，主要由（　　）决定

A. 管子类型　　B. g_m　　C. 偏置电路　　D. U_{GS}

习　题

1. 在如图 7.35 所示电路中，试分析电路中三极管 T 的工作状态。设三极管放大状态时的工作电压 $U_{BE}=0.7$ V，临界饱和电压 U_{CES}=0.3 V。

2. NPN 型双极型晶体管的集电极和发射极都是 N 型半导体，是否两个极可以互换使用？为什么？

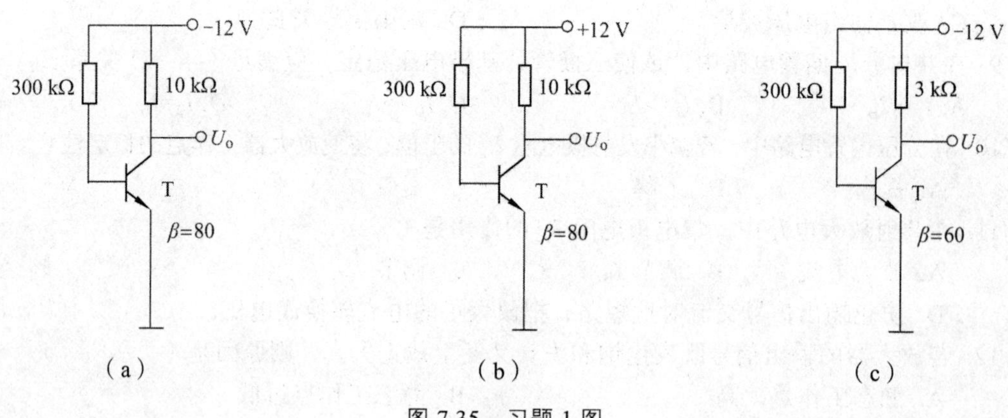

图 7.35　习题 1 图

3. 有一只晶体管接在放大电路中，今测得它的三个管脚对地电位分别为 − 9 V、− 6 V 和 − 6.2 V，试判别管子的三个电极，并说明这只晶体管是哪种类型的。

4. 如果另一只晶体管的三个管脚电位分别为+3 V、+9 V 和+3.6 V，试判别管子的三个电极，并说明这只管子是哪种类型。

5. 三极管放大电路如图 7.36 所示，已知电压源 $U_{CC}=12\ \text{V}$，电阻 $R_C=3\ \text{k}\Omega$，$R_B=240\ \text{k}\Omega$，三极管的电流放大倍数 $\beta=40$，负载电阻 $R_L=6\ \text{k}\Omega$。试求：

（1）静态值 I_B、I_C、U_{CE}。

（2）画出微变等效电路。

（3）输入电阻 r_i、输出电阻 r_o 和电压放大倍数 A_u。

6. 在如图 7.37 所示电路中，已知电压源 $U_{CC}=24\ \text{V}$，电阻 $R_C=3.3\ \text{k}\Omega$，$R_E=1.5\ \text{k}\Omega$，$R_{B1}=33\ \text{k}\Omega$，$R_{B2}=10\ \text{k}\Omega$，电流放大倍数 $\beta=66$。试求：

（1）静态值 I_B、I_C 和 U_{CE}。

（2）画出微变等效电路，计算输入电阻 r_i、输出电阻 r_o。

（3）分别计算负载电阻 $R_L=\infty$、$R_L=5.1\ \text{k}\Omega$ 时的电压放大倍数 A_u。

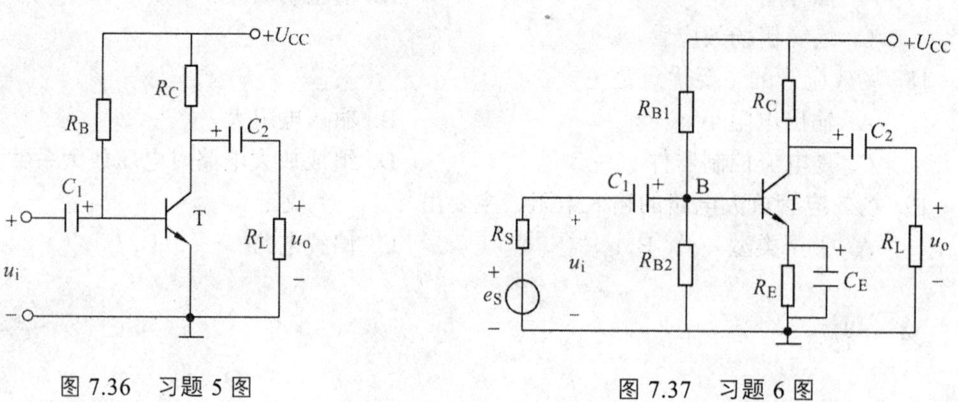

图 7.36　习题 5 图　　　　图 7.37　习题 6 图

7. 在如图 7.38 所示电路中，已知电流放大倍数β=60，信号源电压 $E_S=15\ \text{mV}$，电阻 $R_S=0.6\ \text{k}\Omega$，$R_{B1}=120\ \text{k}\Omega$，$R_{B2}=39\ \text{k}\Omega$，$R_C=3.9\ \text{k}\Omega$，$R_{E1}=100\ \Omega$，$R_{E2}=2\ \text{k}\Omega$，$R_L=3.9\ \text{k}\Omega$。试求：

（1）静态值 I_B、I_C 和 U_{CE}。
（2）画出微变等效电路，计算输入电阻 r_i、输出电阻 r_o。
（3）计算电压放大倍数 A_u、A_{uS}。

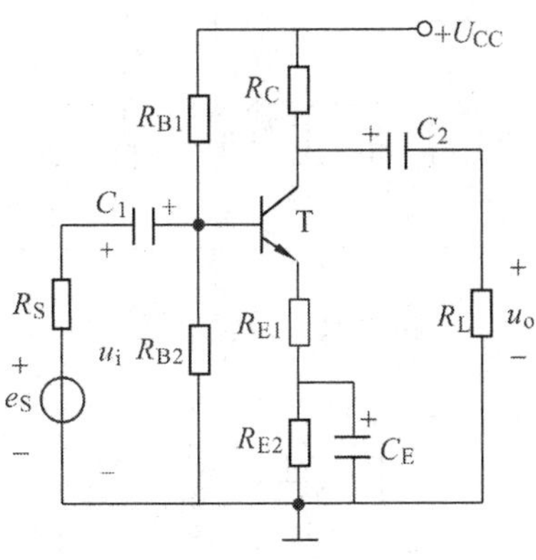

图 7.38　习题 7 图

8. 在如图 7.39 所示场效应管放大电路中，已知管子的 $U_P = -1\ \text{V}$，$I_{DSS} = 0.45\ \text{mA}$，$g_m = 0.7\ \text{mA/V}$，其他电路元件参数如图所示，试求：

（1）画出微变等效电路，计算输入电阻 r_i、输出电阻 r_o 和电压放大倍数 A_u。
（2）如将旁路电容 C_S 除去，计算 A_{uf}。

9. 在如图 7.40 所示源极输出器中，已知管子的 $g_m = 0.5\ \text{mA/V}$，电路元件参数如图所示。试画出微变等效电路，并求其电压放大倍数 A_u，输入电阻 r_i 和输出电阻 r_o。

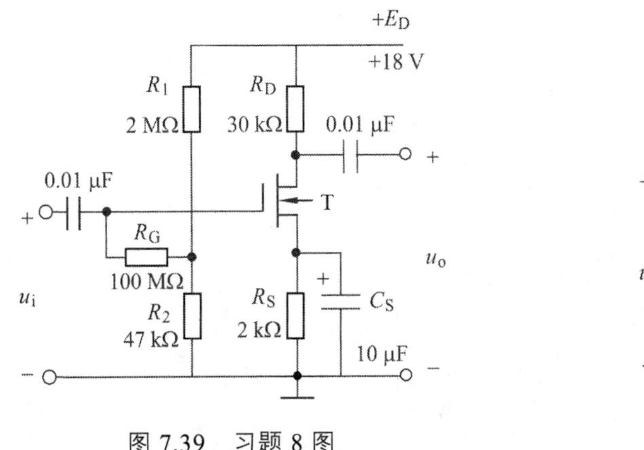

图 7.39　习题 8 图

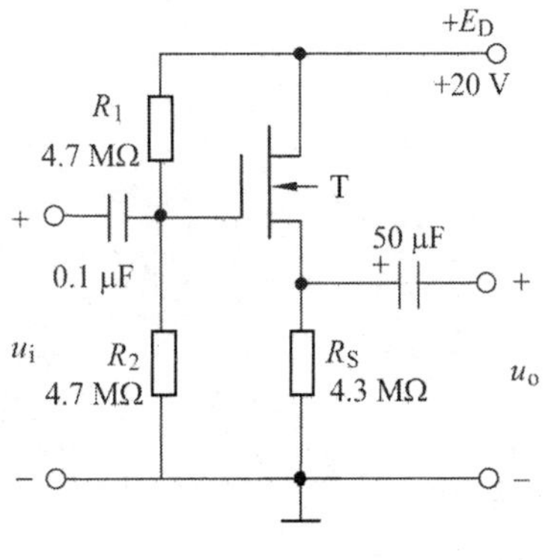

图 7.40　习题 9 图

10. 两级阻容耦合放大电路如图 7.41 所示，设两管输入电阻 r_{be} 均为 1.2 kΩ，电流放大倍数 $\beta_1 = 100$、$\beta_2 = 80$，电阻 $R_{B1} = 100\ \text{k}\Omega$，$R_{B2} = 24\ \text{k}\Omega$，$R_{C1} = 15\ \text{k}\Omega$，$R_{E1} = 5.1\ \text{k}\Omega$，$R'_{B1} = 33\ \text{k}\Omega$，$R'_{B2} = 6.8\ \text{k}\Omega$，$R_{C2} = 7.5\ \text{k}\Omega$，$R_{E2} = 2\ \text{k}\Omega$，$R_L = 5\ \text{k}\Omega$，$R_S = 0$。试画出微变等效电路，并求其电压放大倍数 A_u、输入电阻 r_i 和输出电阻 r_o。

11. 两级放大器电路如图 7.42 所示，已知 T1 管的 $g_m = 2\ \text{mA/V}$，T2 管的 $\beta = 50$，$r_{be} = 0.955\ \text{k}\Omega$，试画出微变等效电路，并求其电压放大倍数 A_u、输入电阻 r_i 和输出电阻 r_o。

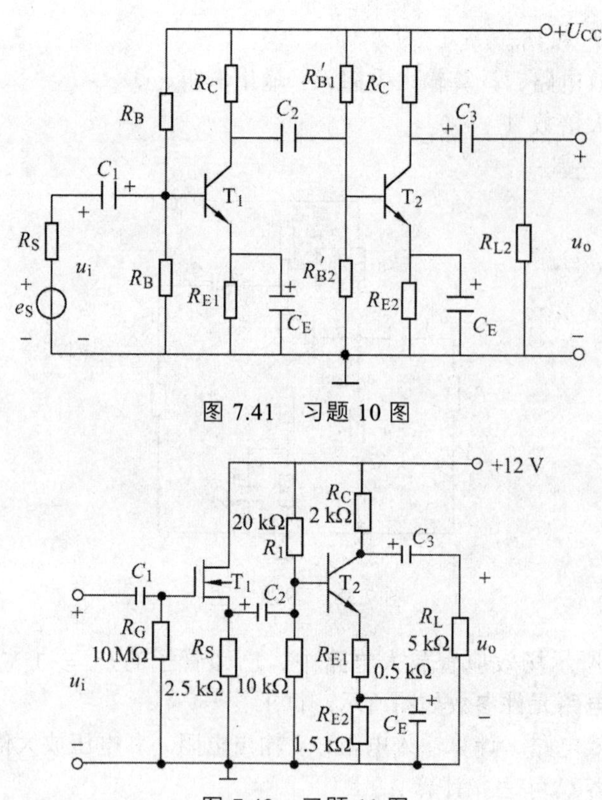

图 7.41　习题 10 图

图 7.42　习题 11 图

第 8 章　集成运算放大电路

8.1　学习指导

学习中关注集成运算放大器的线性特性，即“虚短”和“虚断”概念的应用。

8.1.1　内容提要

本章主要介绍反馈的基本概念、集成运算放大器的线性应用和电压比较器电路。

8.1.2　重点与难点

1. 重　点

掌握集成运算放大器的线性应用；掌握电压比较器电路基本概念。

2. 难　点

集成运算放大器的线性电路分析。

8.2　集成运算放大器

8.2.1　集成运算放大器的概述

集成电路是应用半导体工艺，将晶体管、电阻、导线等集成在一块硅片上的固体器件，按功能分为模拟集成电路和数字集成电路两种。

模拟集成电路有运算放大器、宽频带放大器、功率放大器、模拟乘法器、模拟锁相环、模数和数模转换器等。

集成运算放大器是一种具有高增益的多级放大器，能够放大直流和一定频率范围的交流电压。早期的运算放大器主要用于模拟计算机中。运算放大器能够实现加、减、乘、除、微分和积分等数学运算，所以简称运算放大器（或运放），其种类、型号很多，电路形式也有所不同，但归纳起来，可分为简单型、通用型和专用型 3 种。

集成运算放大器的性能可用一些参数来表示。集成运算放大器的主要参数有：

（1）开环电压增益（A_o）：在没有外接反馈电路、输出端开路的情况下，当输入端加入低频小信号电压时所测的电压放大倍数，称为开环电压增益，其值越大越稳定，它是决定运算精度的主要因素。通常开环电压增益为 $10^3 \sim 10^8$。

（2）输入失调电压（U_{OS}）：在理想的运算放大器中，当输入电压 $u_i=0$ 时，$u_o \neq 0$，如果要使 $u_o=0$，必须在输入端加入一个很小的补偿电压，这个电压就是输入失调电压 U_{OS}。U_{OS} 一般都在几毫伏以下。

（3）输入失调电流（I_{OS}）：静态时，流入运算放大器两个输入端的基极静态电流之差称

为输入失调电流 I_{OS}。I_{OS} 一般为几十到几百纳安，高质量的运放低于 1 nA。

（4）输入偏置电流（I_{iB}）：其值为（$I_{B1}+I_{B2}$）/2，它的大小反映了输入电阻的大小。I_{iB} 一般为几百纳安，高质量的运放为几个纳安。

（5）最大差模输入电压（U_{idm}）：运算放大器两个输入端所允许加的最大电压值称为最大差模输入电压。一般为 ± 5 V；F007 型运放则为 ± 30 V。

（6）静态功耗（P_{CO}）：静态时，不接负载的情况下，运算放大器本身所消耗电源的总功率称为静态功率。一般为几十到几百毫瓦，专用低功耗组件约为几毫瓦。

（7）最大输出电压（U_{PP}）：在额定电源电压下，运算放大器所能输出的最大峰-峰电压值。

8.2.2 运算放大器的特性及线性电路模型

1. 图形符号

根据国家标准，运算放大器的图形符号及功能说明如图 8.1（a）所示。其中：A_o 为放大器未接反馈电路时的电压放大倍数，称为开环电压增益或开环电压放大倍数，即在线性条件下有

$$u_o = -A_o(u_- - u_+) = -A_o u_i \tag{8.1}$$

由于实际运放的开环电压增益很高，一般为 $10^3 \sim 10^7$。因此在不特别关心其数值的场合，开环增益可用符号 ∞ 表示，其图形符号如图 8.1（b）所示。

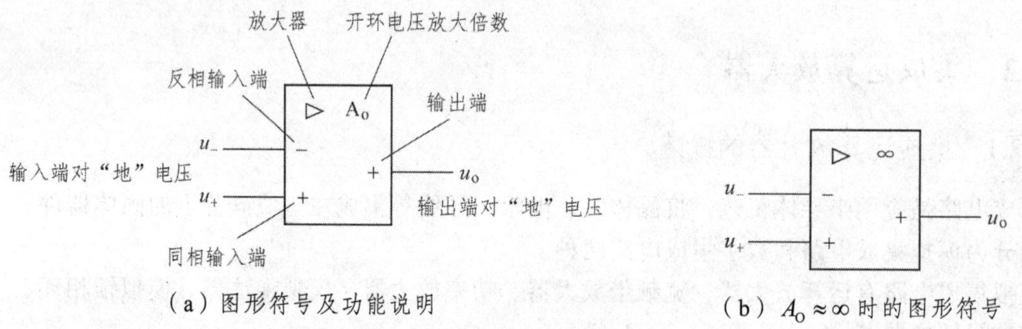

（a）图形符号及功能说明　　（b）$A_O \approx \infty$ 时的图形符号

图 8.1 运算放大器的图形符号

2. 电压传输特性

运算放大器的特性是用如图 8.2 所示的输出信号和输入信号的关系曲线来展现，称为传输特性。

任何实际放大电路的输出电压是有限的，只有在输入信号比较小的范围内，输出与输入信号才呈线性关系，运算放大器也是如此，式（8.1）关系只存在于坐标原点附近的传输特性的线性运行区，由于运放的开环放大倍数 A 很高，线性区很窄。

3. 线性区的等效电路模型

运算放大器工作在线性区时，等效电路模型如图 8.3 所示，是一个“电压控制电压”的器件，其中 r_{id} 是运算放大器的输入电阻（阻值很高，一般为向几十至几百千欧，最高可达几个兆欧），r_o 是运算放大器的输出电阻（阻值较低，一般只有几十至几百欧）。

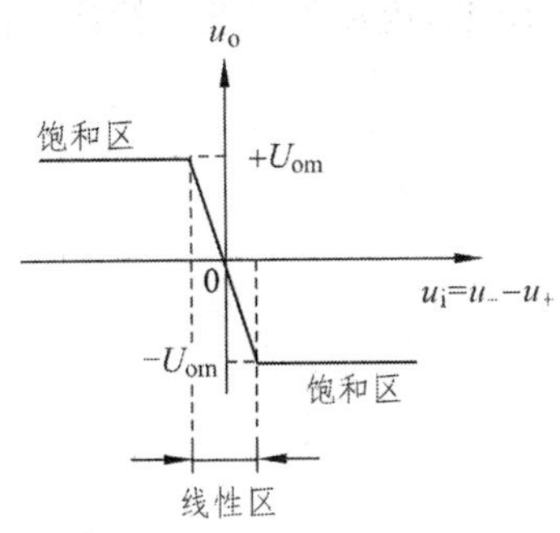

图 8.2　电压传输特性

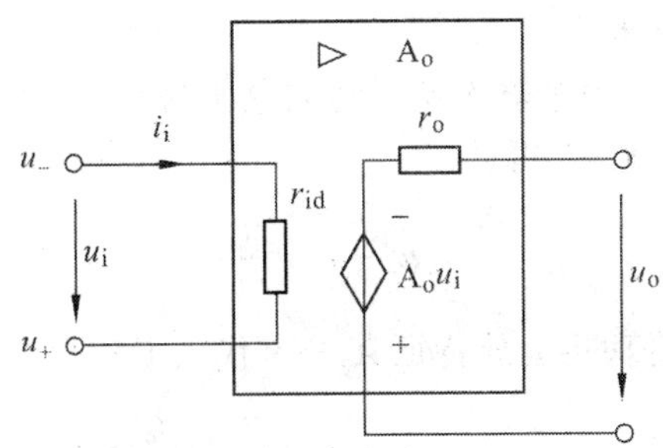

图 8.3　等效电路模型

8.2.3　理想运算放大器

1. 理想运算放大器主要特征

所谓“理想运算放大器”就是对实际运算放大器参数进行理想化后等效为一个理想器件，其主要特征为：

开环电压增益：　$A_o\to\infty$；

输入电阻：　$r_{id}\to\infty$；

输出电阻：　$r_o\to 0$；

共模抑制比：　$K_{CMRR}\to\infty$；

失调电压电流：　U_{os}、I_{os} 及 $I_{ib}\to 0$；

开环带宽：　$f_{BW}\to\infty$。

另，理想运放的响应时间为零；内部无噪声。

完全理想的集成运放是不可能制成的。但实际集成运算放大器的特性非常接近于理想运算放大器，借助于理想运算放大器进行分析所引起的误差很小，工程上完全允许。

2. 理想运算放大器线性区工作特性

根据理想运放特征和线性等效电路模型图 8.3，可推导出两个重要特性，即输入电流为零、两个输入端子间的电压为零。

1）输入电流为零

根据图 8.3 得

$$i_i=\frac{u_i}{r_{id}}$$

将理想运放特征 $r_{id}\to\infty$ 代入上式得

$$i_i=\frac{u_i}{r_{id}}\approx\frac{u_i}{\infty}\approx 0$$

$$i_i\approx 0 \tag{8.2}$$

即对于一个理想运算放大器来说，不管是同相输入端还是反相输入端，其输入电流为零。

电流为零可等效为“开路”，但实际电路并没有断开，所示输入电流为零这一特征又称为输入端“虚断”。

2）两个输入端子间的电压为零

由式（8.1）得

$$u_{+}-u_{-}=\frac{u_{o}}{A_{o}}$$

将理想运放特征 $A_o\to\infty$ 代入上式得

$$u_{+}-u_{-}=\frac{u_{o}}{A_{o}}=\frac{u_{o}}{\infty}\approx 0$$

$$u_{+}\approx u_{-} \tag{8.3}$$

即同相端的电位等于反相端的电位，从某种意义上说，就好像同相端和反相端是用导线短接在一起的（即电压为零等效为“短路”），因此称之为“虚短”。

例如：在如图 8.4 所示的运算放大电路中，反相端为输入信号 u_i 端，同相端通过电阻 R_2 接“地”，由式（8.2）可知输入电流 $i_i=0$，得电阻 R_2 上的端电压为零，则同相端电压 u_+=0。由式（8.3）得 $u_{-}\approx u_{+}=0$，即反相输入端电位 u_- 约等于“地”电位。

因为，反相输入端没有直接与“地”连接，故称反相输入端的 $u_{-}\approx u_{+}=0$ 这种关系称为“虚地”。

式（8.2）、式（8.3）这两个特性是分析集成运放电路的重要依据。

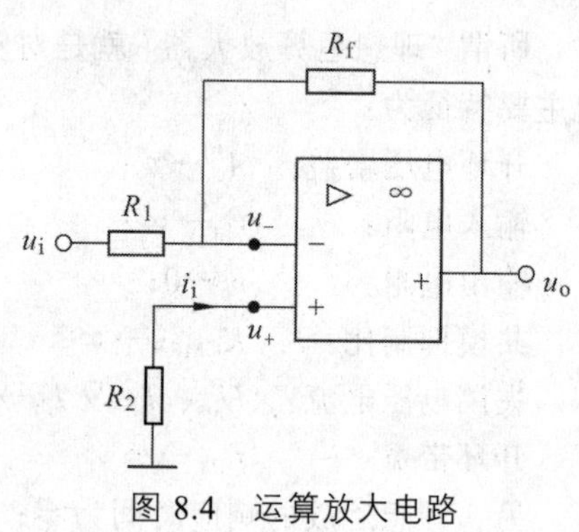

图 8.4　运算放大电路

8.2.4　常见问题讨论

（1）集成运算放大器的工作区为饱和区、放大区和截止区。

解答：错。

由传输特性曲线图 8.2 可知，集成运算放大器的工作区分为非线性区（即饱和区）和线性区。

（2）试说明理想运算放大器工作在线性区时的两个重要特性。

解答：两个重要特性为：输入端“虚断”，即 $i_i\approx 0$；输入端“虚短”，即 $u_{+}\approx u_{-}$。

8.3　反馈电路的简介

8.3.1　反馈的基本概念

由于运算放大器的开环增益 A_o 很大，若要运放工作于线性放大状态，器件外部必须有某种形式的负反馈网络；若无负反馈环节则为工作于非线性状态。

所谓“反馈”，就是把放大电路的输出电量（电流或电压）$\dot{X}_O$ 的一部分或全部，经过一定的电路（称为反馈电路或反馈网络）送回它的输入端 $\dot{X}_f$ 来影响放大电路的输入电量 $\dot{X}_i'$。其反馈原理框图如图 8.5 所示，即反馈放大器是由基本放大电路和反馈电路两部分构成的一个闭环电路。其各电量技术名称为：

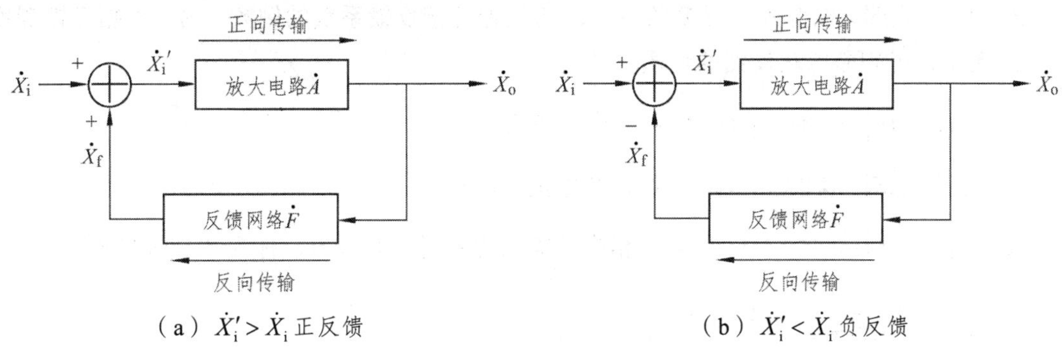

（a）$\dot{X}_i' > \dot{X}_i$ 正反馈　　（b）$\dot{X}_i' < \dot{X}_i$ 负反馈

图 8.5　反馈概念框图

$\dot{X}_i$：输入信号；

$\dot{X}_i'$：净输入信号；

$\dot{X}_o$：输出信号，$\dot{X}_o = \dot{X}_i'\dot{A}$；

$\dot{X}_f$：反馈信号，$\dot{X}_f = \dot{F}\dot{X}_o$；

$\dot{F}$：反馈系数；

$\dot{A}$：开环放大倍数，$\dot{A} = \dfrac{\dot{X}_o}{\dot{X}_i'}$；

→：表示信号的传递方向；

⊕：表示比较环节；即图 8.5（a）为 $\dot{X}_i' = \dot{X}_i + \dot{X}_f$，图 8.5（b）为 $\dot{X}_i' = \dot{X}_i - \dot{X}_f$。

根据通过反馈回路送回输入端的信号 $\dot{X}_f$ 是增强还是减弱净输入信号 $\dot{X}_i'$，反馈又分为正反馈和负反馈。

（1）正反馈：如果 $\dot{X}_f$ 对 $\dot{X}_i'$ 起增强作用，即 $\dot{X}_i' = \dot{X}_i + \dot{X}_f$，则 $\dot{X}_i' > \dot{X}_i$ 称为正反馈。如图 8.5（a）所示。正反馈常用在振荡电路中。

（2）负反馈：如果 $\dot{X}_f$ 对 $\dot{X}_i'$ 起削弱作用，即 $\dot{X}_i' = \dot{X}_i - \dot{X}_f$，则 $\dot{X}_i' < \dot{X}_i$ 称为负反馈。如图 8.5（b）所示。负反馈可以改善放大电路的性能，在放大电路中几乎都用负反馈。

（3）闭环放大倍数 $\dot{A}_f$：输出与输入信号之比称为闭环放大倍数或闭环增益，如图 8.5（b）有

$$\dot{A}_f = \frac{\dot{X}_o}{\dot{X}_i} = \frac{\dot{X}_o}{\dot{X}_i' + \dot{X}_f} = \frac{\dot{X}_o}{\dfrac{\dot{X}_o}{\dot{A}} + F\dot{X}_o} = \frac{\dot{A}}{1 + \dot{A}\dot{F}} \tag{8.4}$$

（4）反馈深度：反映反馈对放大电路影响的程度。由式（8.4）得

$$1 + \dot{A}\dot{F} = \frac{\dot{A}}{\dot{A}_f}$$

上式中 $|1 + \dot{A}\dot{F}|$ 称为反馈深度。当 $|\dot{A}\dot{F}| >> 1$ 时称为深度负反馈。式（8.4）简写为

$$\dot{A}_f = \frac{\dot{A}}{1 + \dot{A}\dot{F}} \approx \frac{1}{\dot{F}} \tag{8.5}$$

式（8.5）表明，在深度负反馈条件下，$\dot{A}_f$ 近似等于反馈系数的倒数。另，根据反馈深度 $\left|1+\dot{A}\dot{F}\right|$ 大小，可判断电路反馈的性质，即

（a）当 $\left|1+\dot{A}\dot{F}\right|>1$ 时，$|\dot{A}_f|<|\dot{A}|$，产生负反馈；

（b）当 $\left|1+\dot{A}\dot{F}\right|<1$ 时，$|\dot{A}_f|>|\dot{A}|$，产生正反馈；

（c）当 $\left|1+\dot{A}\dot{F}\right|=0$ 时，$|\dot{A}_f|=\infty$，相当于输入为零时仍有输出，称为“自激状态”。

8.3.2　反馈的类型的判断简介

1. 正反馈、负反馈

图 8.6 为运算放大器的输入信号 $\dot{X}_i$ 与反馈信号 $\dot{X}_f$ 的连接方式电路图。图 8.6（a）（b）所示为 $\dot{X}_f$ 和 $\dot{X}_i$ 加于输入回路同一点；图 8.6（c）（d）所示为 $\dot{X}_f$ 和 $\dot{X}_i$ 加于输入回路两点。

常用瞬时极性法判断，即

（1）正反馈

$\dot{X}_f$ 和 $\dot{X}_i$ 接同一点时，瞬时极性相同；或 $\dot{X}_f$ 和 $\dot{X}_i$ 接两点时，瞬时极性相反。

（2）负反馈

$\dot{X}_f$ 和 $\dot{X}_i$ 接同一点时，瞬时极性相反；$\dot{X}_f$ 和 $\dot{X}_i$ 接两点时，瞬时极性相同。

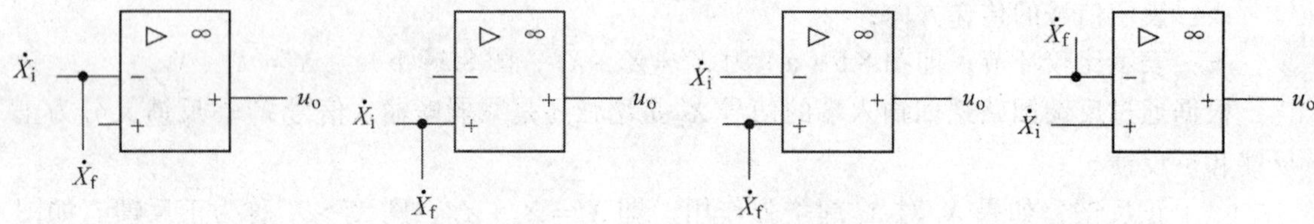

（a）反相端输入信号 $\dot{X}_i$ 与 $\dot{X}_f$ 接同一点　（b）同相端输入信号 $\dot{X}_i$ 与 $\dot{X}_f$ 接同一点　（c）反相端输入信号 $\dot{X}_i$ 与 $\dot{X}_f$ 接两点　（d）同相端输入信号 $\dot{X}_i$ 与 $\dot{X}_f$ 接两点

图 8.6　$\dot{X}_i$ 与 $\dot{X}_f$ 输入回路连接方式电路图

【例 8.1】 试判断如图 8.7 所示电路是正反馈，还是负反馈。

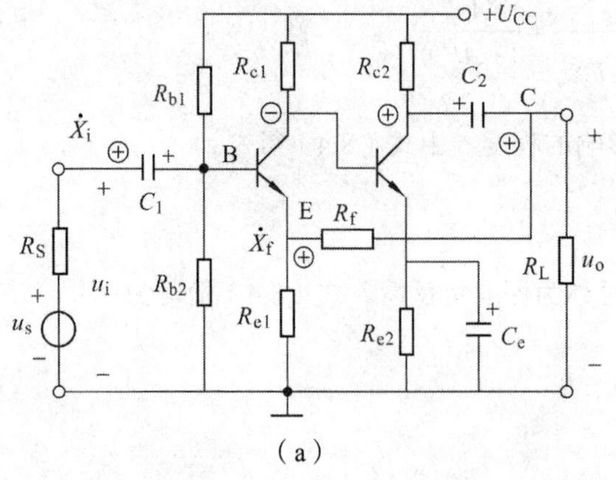

（a）

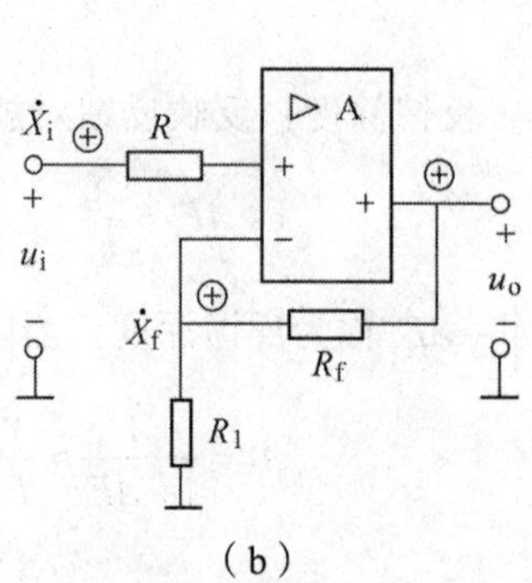

（b）

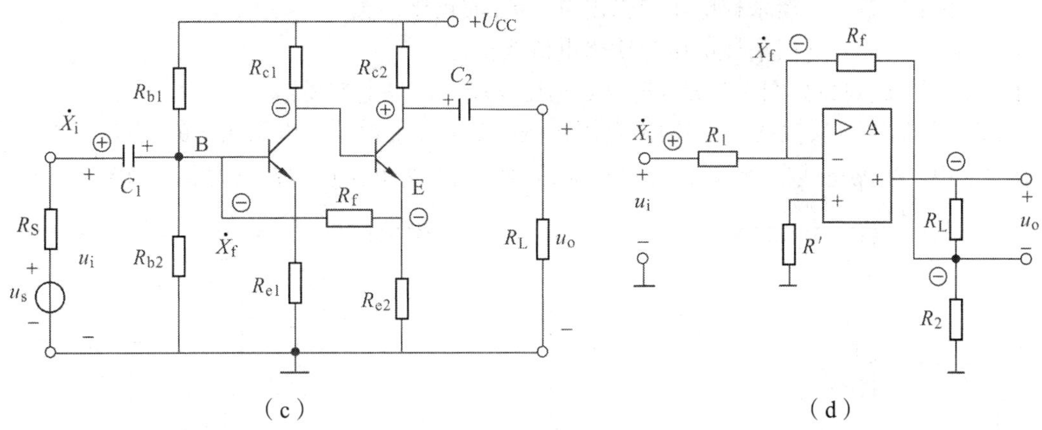

图 8.7　例 8.1 图

分析：

（1）根据反馈信号与输入信号的连接方式，确定两个信号是否连接在同一点上。

（2）根据瞬时极性法，设输入信号 $\dot{X}_i$ 的瞬时极性为“+”；根据运算放大器反相输入端极性与输出端极性反相[见图 8.8（a）]、同相输入端极性与输出端极性同相[见图 8.8（b）]的特点，三极管管脚极性为基极 B 为“+”，集电极 C 为“－”、发射极 E 为“+” [见图 8.8（c）]的管脚极性关系，确定反馈信号的瞬时极性（如图 8.7 所示）。

（3）根据反馈信号的极性是否与输入信号的极性一致，判断正、负反馈。

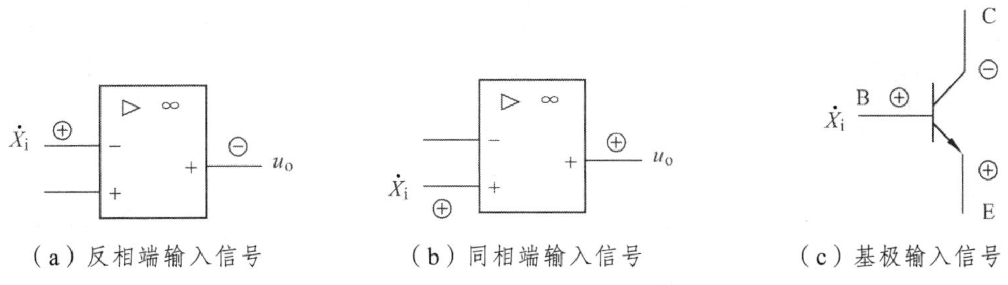

图 8.8　放大器件管脚极性关系图

解　（1）由图 8.7（a）（b）得：

反馈信号 $\dot{X}_f$ 与输入信号 $\dot{X}_i$ 分别连接在两点上；并且根据瞬时极性法，图示中 $\dot{X}_f$ 与 $\dot{X}_i$ 极性相同，所以为负反馈电路。

（2）由图 8.7（c）（d）得：

反馈信号 $\dot{X}_f$ 与输入信号 $\dot{X}_i$ 连接在同一点上；并且根据瞬时极性法，图示中 $\dot{X}_f$ 与 $\dot{X}_i$ 极性相反，所以为负反馈电路。

结论：关注输入回路中 $\dot{X}_f$ 与 $\dot{X}_i$ 是否连在同一点上；再根据放大器件极性变化关系（见图 8.8），由输入端向输出端逐级推导，确定 $\dot{X}_f$ 的极性，从而判断电路的正、负反馈性质。

2. 电压反馈、电流反馈

按从输出端取反馈信号的方式判断：

（1）电压反馈：反馈采样电压与输出电压 u_O 成正比，

（2）电流反馈：反馈采样电压与输出电流成正比。

【例 8.2】 试判断如图 8.7 所示电路是电压反馈，还是电流反馈。

分析：根据电压反馈的 $\dot{X}_f$ 与输出电压 u_o 成正比特点，设输出电压 $u_o=0$，即输出“短路”（如图 8.9 中“短路虚线”所示），如果反馈信号消失，为电压反馈；反之，为电流反馈。

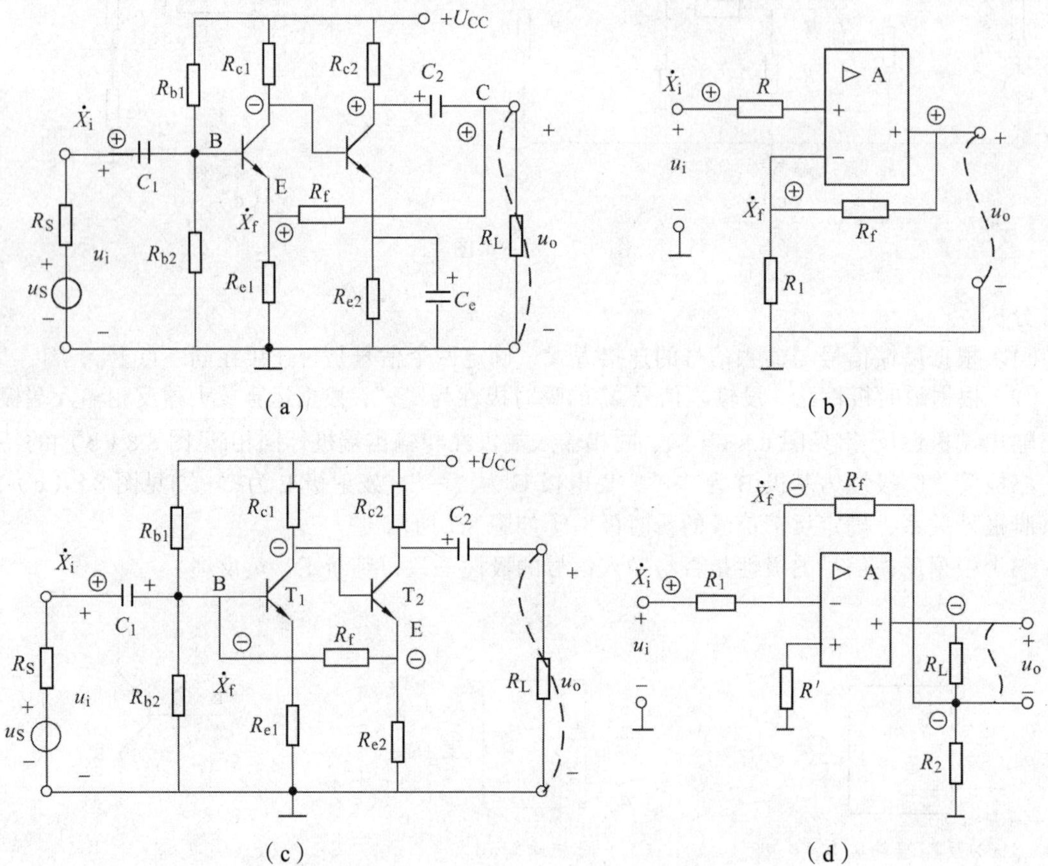

图 8.9　设图 8.7 的输出电压 $u_o=0$ 的等效电路图

解 （1）由图 8.9（a）（b）得：

当 $u_o=0$ 时，分析图 8.9（a）（b），反馈信号 $\dot{X}_f$ 与输出信号无关，即 $\dot{X}_f$ 消失，则为电压反馈。

（2）由图 8.9（c）（d）得：

当 $u_o=0$ 时，图 8.9（c）中反馈信号 $\dot{X}_f$ 从 T_2 管的发射极 E 采样信号仍然存在，即 $\dot{X}_f$ 与 T_2 管的发射极电流成正比，则为电流反馈。

当 $u_o=0$ 时，图 8.9（d）中电阻 R_L 端电压为零，但输出电流通过电阻 R_2 仍可以将输出信号反馈到输入端，即反馈信号 $\dot{X}_f$ 仍然存在，则为电流反馈。

结论：设输出电压 $u_o=0$（即“短路”），若反馈信号 $\dot{X}_f$ 消失，为电压反馈；若反馈信号 $\dot{X}_f$ 仍然存在，则为电流反馈。这种判断方法称为输出电压 u_O 短路法。

3. 串联反馈、并联反馈

按输入端反馈信号 $\dot{X}_f$ 与输入信号 $\dot{X}_i$ 的连接方式判断，即

1）串联反馈

反馈信号 $\dot{X}_f$ 与输入信号 $\dot{X}_i$ 串联。即 $\dot{X}_f$ 与 $\dot{X}_i$ 连接在同一点上。

2）并联反馈

反馈信号 $\dot{X}_f$ 与输入信号 $\dot{X}_i$ 并联。即 $\dot{X}_f$ 与 $\dot{X}_i$ 分别接在两点上。

【例 8.3】 试判断如图 8.7 所示电路是串联反馈，还是并联反馈。

分析：由输入端分析反馈信号 $\dot{X}_f$ 与输入信号 $\dot{X}_i$ 连接方式，决定电路串、并联反馈性质。

解 （1）由图 8.7（a）（b）得：

反馈信号 $\dot{X}_f$ 与输入信号 $\dot{X}_i$ 分别连接在两点上，即串联反馈。

（2）由图 8.7（c）（d）得：

反馈信号 $\dot{X}_f$ 与输入信号 $\dot{X}_i$ 分别连接在同一点上，即并联反馈。

结论：两个信号（即反馈信号 $\dot{X}_f$ 、输入信号 $\dot{X}_i$ ）在输入端的连接方式，决定是串联反馈还是并联反馈。如果 $\dot{X}_i$ 、$\dot{X}_f$ 与输入回路器件电压之间存在 KVL 方程关系，可判断电路为串联反馈；如果 $\dot{X}_i$ 、$\dot{X}_f$ 是同一个结点上的两个支路信号，并与同一个结点上的其他支路电流之间存在 KCL 方程关系，可判断电路为并联反馈。

4. 交流反馈、直流反馈

交流反馈：反馈信号为交流电量；

直流反馈：反馈信号为直流电量；

交直流反馈：反馈信号既含有交流电量又含有直流电量。

8.3.3　四种负反馈类型简介

四种类型的负反馈：串联电流负反馈，串联电压负反馈，并联电流负反馈，并联电压负反馈。

根据例 8.1、例 8.2 和例 8.3 可得，图 8.7（a）（b）电路为串联电压负反馈；图 8.7（c）（d）为并联电流负反馈。

【例 8.4】 试判断如图 8.10 所示电路的反馈类型。

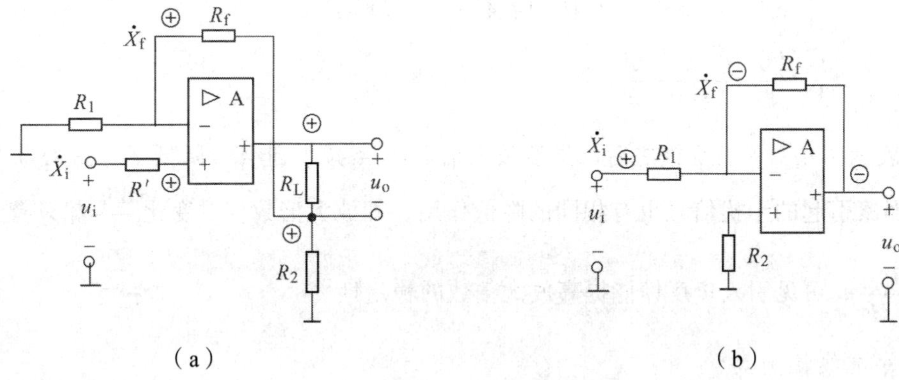

图 8.10　例 8.4 图

分析：

（1）根据图 8.10 所确定的瞬时极性，判定图 8.10 电路为负反馈。

（2）根据输出电压 $u_o = 0$（即“短路”）时反馈信号是否与 u_o 成正比，判断电压、电流反馈。

（3）根据输入端的 $\dot{X}_f$ 与 $\dot{X}_i$ 连接方式，判断串、并联反馈。

解 （1）由图 8.10（a）得：

反馈信号 $\dot{X}_f$ 与输入信号 $\dot{X}_i$ 分别连接在输入端两点上，即串联反馈；并且 $\dot{X}_f$ 与 $\dot{X}_i$ 瞬时极性相反，即负反馈；当 $u_o = 0$ 时，反馈信号 $\dot{X}_f$ 仍然存在，即电流反馈。

图 8.10（a）为串联电流负反馈。

（2）由图 8.10（b）得：

反馈信号 $\dot{X}_f$ 与输入信号 $\dot{X}_i$ 连接在输入端的同一结点上，即并联反馈；并且 $\dot{X}_f$ 与 $\dot{X}_i$ 瞬时极性相同，即负反馈；当 $u_o = 0$ 时，反馈信号 $\dot{X}_f$ 消失，即电压反馈。

图 8.10（b）为并联电压负反馈。

结论：瞬时极性法判断正、负反馈；从输入端 $\dot{X}_f$ 与 $\dot{X}_i$ 信号连接方式判断串、并联反馈；从输出端设 $u_o = 0$ 时反馈信号 $\dot{X}_f$ 是否消失，判断电压、电流反馈。

8.3.4 负反馈对放大电路性能影响简介

1. 降低放大倍数

由式 $\dot{A}_f = \dfrac{\dot{A}}{1+\dot{A}\dot{F}}$ 可知 $\dot{A}_f < \dot{A}$，即负反馈的结果是使放大倍数下降。$\left|1+\dot{A}\dot{F}\right|$ 越大，电压放大倍数下降也越大。

负反馈虽然使放大器的放大倍数下降，但能多方面的改善放大电路的性能。

2. 提高放大倍数的稳定性

如果不考虑相位，则有

$$A_f = \frac{A}{1+AF}$$

对上式求导，得

$$\frac{dA_f}{dA} = \frac{1}{1+AF} - \frac{AF}{(1+AF)(1+AF)} = \frac{A_f}{A}\frac{1}{1+AF}$$

或

$$\frac{dA_f}{A_f} = \frac{1}{1+AF}\frac{dA}{A} \tag{8.6}$$

式（8.6）表示，在引人负反馈之后，虽然放大倍数从 A 减小到 A_f，降低了（$1+AF$）倍，但对当外界因素引起的干扰信号也有相同的降低作用，即放大倍数相对变化 $\dfrac{dA_f}{A_f}$ 却只有无负反馈时的 $\dfrac{1}{1+AF}$，可见引入负反馈能提高放大倍数的稳定性。

3. 减小非线性失真

当放大电路由于某种原因使输出信号发生非线性失真时，可通过反馈电路将输出端的失真信号反送到输入端，使净输入信号发生某种程度的失真，再经过放大后，输出信号的失真可得到一定程度的补偿。

从本质上说，负反馈是利用失真了的波形来改善波形的失真，因此，只能减小失真，不能完全消除失真。

4. 扩展频带

频率响应是放大电路的重要特征之一，而频带宽度是放大电路的技术指标，在某些场合下，往往要求有较宽的频带。即引入负反馈降低电压放大倍数，得到频带的拓展。

5. 抑制噪声

对放大器来说，噪声是有害的。负反馈的引入，使有效电压和噪声电压一同减小。但是噪声电压是固定的，而有效信号可以人为地增加，这样就提高了信号噪声比。这就是负反馈能抑制噪声的根本原理。

6. 对输入、输出电阻的影响

输入电阻影响：串联负反馈使输入电阻增加，并联负反馈使输入电阻减小；

输出电阻影响：电压负反馈使输出电阻减小，电流负反馈使输出电阻增加。

8.3.5　常见问题讨论

（1）电压反馈（或电流反馈）与串联反馈（或并联反馈）有关。

解答：错。

电压反馈、电流反馈是根据反馈网络采集输出端电信号是电压还是电流决定；串联反馈、并联反馈是根据输入信号与反馈信号在输入端的连接方式决定。即电压、电流反馈与串、并联反馈无关。

（2）反馈信号如对输入信号有增强作用，称为负反馈。

解答：错。

反馈信号如对输入信号有增强作用，称为正反馈；反馈信号如对输入信号有减小作用，称为负反馈。

8.4　运算电路和电压比较器

运算放大器的应用领域十分广阔，包括测量技术、计算技术、自动控制、无线电通信等，按功能来分，有信号的运算，处理和产生电路。

本节主要讨论运算放大器的线性应用（即比例运算电路、加法运算电路、减法运算电路、积分和微分运算电路）；非线性应用的电压比较器简介。

8.4.1　运算电路

本节主要讨论运算电路中，输入电压与输出电压的关系式，即 $u_o = f(u_i)$ 或 $A_f = \dfrac{u_o}{u_i}$。在分析运算电路过程中，主要涉及电路理论和运算放大器的知识点有：

电路理论方面：欧姆定律$u=Ri$、基尔霍夫定律（KCL、KVL）和电容元件的伏安特性$i_C=C\dfrac{du_C}{dt}$。

运算放大器方面："虚断"$i_i\approx 0$[式（8.2）]和"虚短"$u_-\approx u_+$[式（8.3）]两个重要特性。

1. 比例运算电路

1）反相比例运算电路

反相比例运算电路如图 8.11（a）所示。根据式（8.2）可知流过电阻R_2的电流为零，并且同相输入端u_+通过电阻R_2接"地"，得

$$u_+=0$$

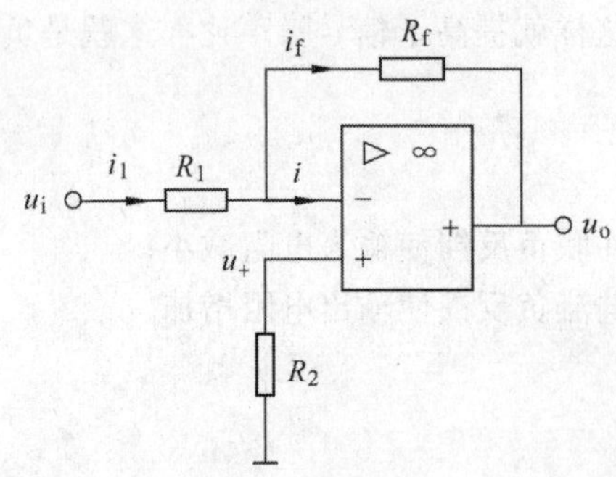

（a）反相比例运算电路

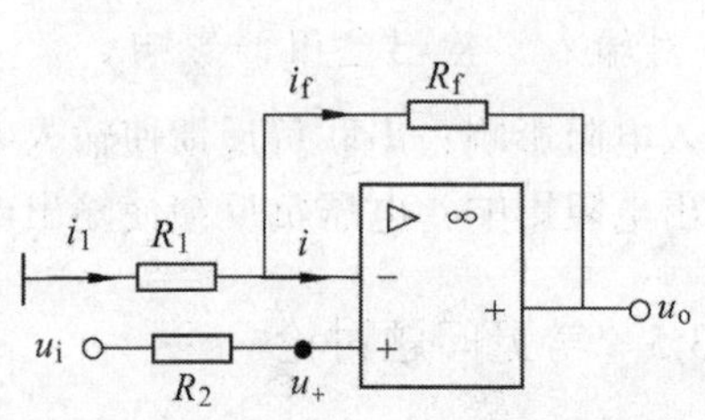

（b）同相比例运算电路

图 8.11　比例运算电路

所以由式（8.3）得

$$u_-\approx u_+=0$$

即反相输入端u_-"虚地"。再根据 KCL 得

$$i_1=i_f+i$$

因式（8.2）特性$i\approx 0$，则

$$i_1\approx i_f \tag{8.7}$$

由图 8.11（a）电路分析得

$$i_1=\frac{u_i-u_-}{R_1}=\frac{u_i}{R_1}$$

$$i_f=\frac{u_--u_o}{R_f}=\frac{-u_o}{R_f}$$

将上式代入式（8.7），得$u_o=f(u_i)$关系式为

$$\frac{u_i}{R_1}=-\frac{u_o}{R_f}$$

$$u_o=-\frac{R_f}{R_1}u_i \tag{8.8}$$

由式（8.8）得闭环电压放大倍数 A_f 为

$$A_f = \frac{u_o}{u_i} = -\frac{R_f}{R_1} \tag{8.9}$$

式（8.8）表明，输出电压 u_o 与输入电压 u_i 是反相（式中负号表示 u_o 与 u_i 反相）比例运算关系，或者说反相放大关系。如果 R_1 和 R_f 的阻值足够精确，而且运算放大器的电压放大倍数很高，就可以认为 u_o 与 u_i 间的关系只取决于 R_f 和 R_1 的比值，与运算放大器本身的参数无关，这就保证了比例运算的精度和稳定性。

当图 8.11（a）中电阻 $R_1 = R_f$ 时，式（8.8）、式（8.9）得

$$u_o = -u_i$$

$$A_f = -1$$

即图 8.11（a）电路为反相器。

图 8.11（a）中电阻 R_2 称为平衡电阻。即：当 u_i=0 时，为了保持运算放大器的输入端电路的对称性，要求由反相输入向左看去的等效电阻（$R_1//R_f$）必须等于由同相输入端向左看去的等效电阻 R_2，电路如图 8.12 所示，解得

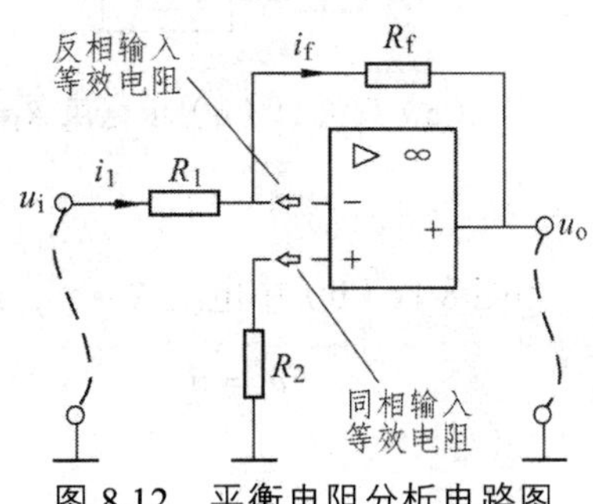

图 8.12　平衡电阻分析电路图

$$R_2 = R_1 // R_f \tag{8.10}$$

2）同相比例运算电路

同相比例运算电路如图 8.11（b）所示。由式（8.2）得流过电阻 R_2 的电流为零，即

$$u_+ = u_i$$

由式（8.3）得

$$u_- \approx u_+ = u_i$$

分析电路图 8.11（b）得

$$i_1 = -\frac{u_-}{R_1} = -\frac{u_i}{R_1}$$

$$i_f = \frac{u_- - u_o}{R_f} = \frac{u_i - u_o}{R_f}$$

由式（8.7）（$i_1 \approx i_f$）得

$$-\frac{u_i}{R_1} = \frac{u_i - u_o}{R_f}$$

解得

$$u_o = \left(1 + \frac{R_f}{R_1}\right) u_i \tag{8.11}$$

$$A_f = \frac{u_o}{u_i} = 1 + \frac{R_f}{R_1} \tag{8.12}$$

式（8.11）、式（8.12）中，$\left(1+\frac{R_f}{R_1}\right)>0$ 说明 u_o 与 u_i 同相，$A_f \geqslant 1$。

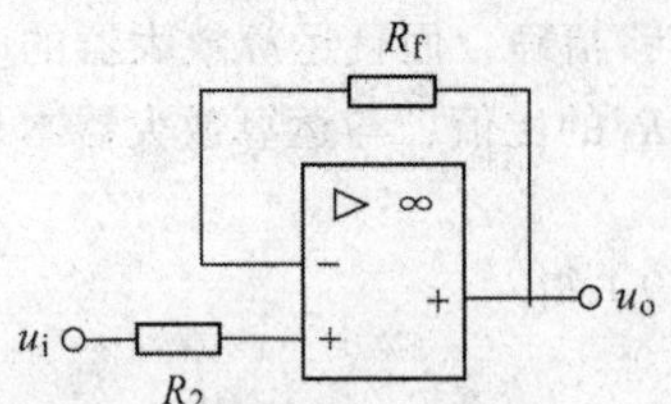

（a）图 8.11（b）中电阻 $R_1=\infty$

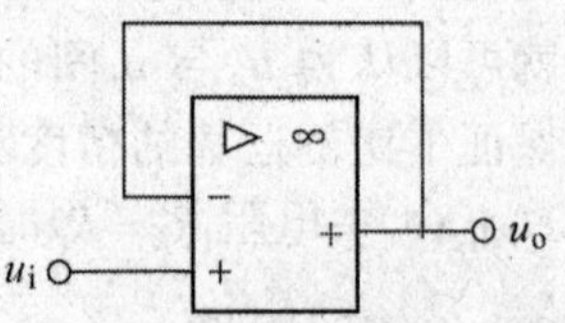

（b）图 8.11（b）中电阻 $R_F=R_2=0$

图 8.13　电压跟随器电路

当图 8.11（b）中电阻 $R_1=\infty$，或 $R_f=R_2=0$ 时，如图 8.13 所示，由式（8.11）、式（8.12）得

$$u_o = u_i$$

$$A_f = 1$$

图 8.13 所示电路称为电压跟随器。

2. 加法运算电路

1）反相加法运算电路

反相加法运算电路如图 8.14（a）所示。因 $u_- \approx u_+ = 0$，则

$$i_{11} = \frac{u_{i1} - u_-}{R_{11}} = \frac{u_{i1}}{R_{11}}$$

$$i_{12} = \frac{u_{i2} - u_-}{R_{12}} = \frac{u_{i2}}{R_{12}}$$

$$i_f = -\frac{u_o - u_-}{R_f} = -\frac{u_o}{R_f}$$

由 KCL 得

$$i_f = i_{11} + i_{12}$$

则解得

$$-\frac{u_o}{R_f} = \frac{u_{i1}}{R_{11}} + \frac{u_{i2}}{R_{12}}$$

$$u_o = -\left(\frac{u_{i1}}{R_{11}} + \frac{u_{i2}}{R_{12}}\right) R_f \tag{8.13}$$

当图 8.14（a）所示电路中的电阻 $R_{11} = R_{12} = R_1$ 时，由式（8.13）得

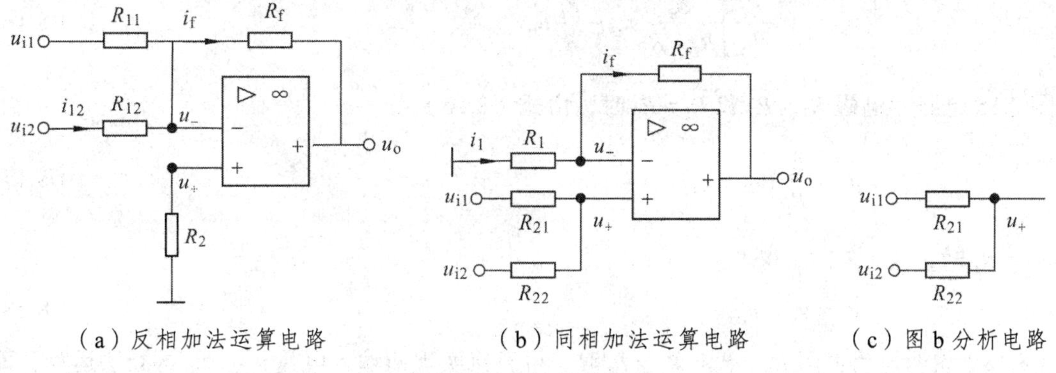

（a）反相加法运算电路　（b）同相加法运算电路　（c）图 b 分析电路

图 8.14　加法运算电路

$$u_o = -(u_{i1} + u_{i2})\frac{R_f}{R_1} \tag{8.14}$$

当图 8.14（a）所示电路中的电阻 $R_{11} = R_{12} = R_f$ 时，由式（8.13）得

$$u_o = -(u_{i1} + u_{i2} + u_{i3}) \tag{8.15}$$

由式（8.13）、式（8.14）和式（8.15）可见，加法运算电路也与运算放大器本身的参数无关，电阻器件的精度决定加法运算的精度和稳定性。

2）同相加法运算电路

同相加法运算电路如图 8.14（b）所示。根据图 8.14（c）计算图 8.14（b）电路中的 u_+ 为

$$u_+ = \frac{u_{i1} - u_{i2}}{R_{21} + R_{22}} R_{22} + u_{i2}$$

因 $u_- \approx u_+$，解图 8.14（b）得

$$u_o = -\frac{u_-}{R_1}(R_1 + R_f) = -\left(R_1 + \frac{R_f}{R_1}\right)\left(\frac{u_{i1} - u_{i2}}{R_{21} + R_{22}} R_{22} + u_{i2}\right)$$

3、减法运算电路

差动运算放大电路在测量和控制系统中应用很广泛，它的两个输入端都有信号输入，其运算电路如图 8.15 所示。

$$u_+ = \frac{u_{i2}}{R_2 + R_3} R_3$$

$$u_- = \frac{u_o - u_{i1}}{R_1 + R_f} R_1 + u_{i1}$$

$$u_- \approx u_+$$

$$\frac{u_o - u_{i1}}{R_1 + R_f} R_1 + u_{i1} = \frac{u_{i2}}{R_2 + R_3} R_3$$

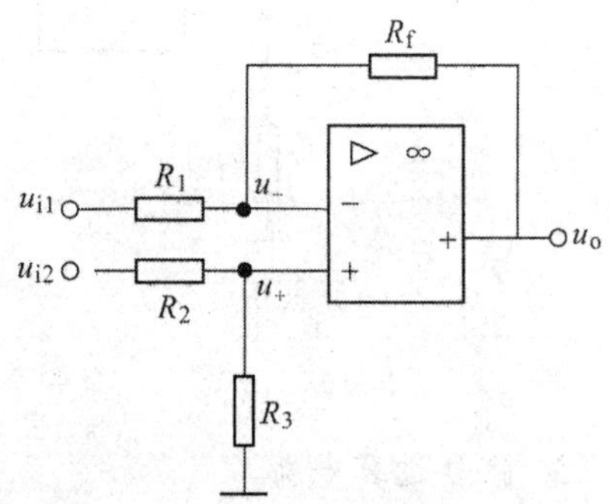

图 8.15　减法运算放大电路

解得

$$u_o = \left(1+\frac{R_f}{R_1}\right)\frac{R_3}{R_2+R_3}u_{i2} - \frac{R_f}{R_1}u_{i1} \tag{8.16}$$

当图 8.15 电路中电阻 $R_1 = R_2$ 和 $R_f = R_3$ 时，由式（8.16）得

$$u_o = \frac{R_f}{R_1}(u_{i2} - u_{i1}) \tag{8.17}$$

当 $R_1 = R_F$ 时，式（8.17）得

$$u_o = u_{i2} - u_{i1} \tag{8.18}$$

式（8.18）说明，当电阻 $R_1 = R_2 = R_3 = R_f$ 时，可直接实现两输入电量 u_{i1}、u_{i2} 的减法运算，即同相输入电量 u_{i2} 减去反相输入电量 u_{i1}。

4. 积分运算电路

积分运算电路如图 8.16（a）所示。$u_+ = 0$，根据运算放大器特性有 $u_- \approx u_+ = 0$，$i = 0$，解图（a）得

$$i_f = i_1 = \frac{u_i}{R_1}$$

由电容元件的伏安特性得

$$u_C = \frac{1}{C_f}\int i_f \mathrm{d}t = \frac{1}{C_f}\int \frac{u_i}{R_1}\mathrm{d}t = \frac{1}{R_1 C_f}\int u_i \mathrm{d}t$$

因 $u_+ = 0$，得

$$u_o = -u_C = -\frac{1}{R_1 C_f}\int u_i \mathrm{d}t \tag{8.19}$$

式（8.19）表明 u_o 与 u_i 的积分成正比例。

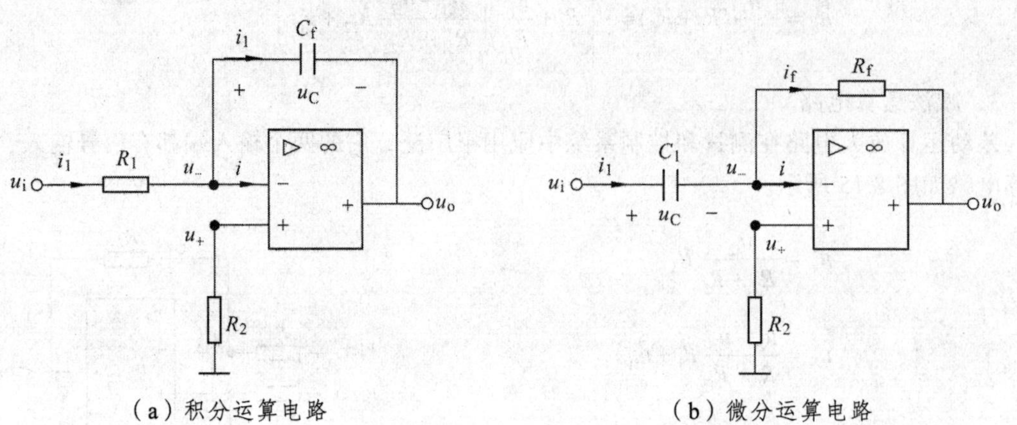

（a）积分运算电路　　（b）微分运算电路

图 8.16　积分和微分运算电路

5. 微分运算电路

微分运算电路如图 8.16（b）所示。根据 $u_- \approx u_+ = 0$ 得

$$u_C = u_i$$

由电容元件的伏安特性得

$$i_1 = C_1 \frac{\mathrm{d}u_C}{\mathrm{d}t} = C_1 \frac{\mathrm{d}u_i}{\mathrm{d}t} \tag{8.20}$$

因 $i = 0$，由 KCL 得

$$i_1 = i_f$$

所以

$$u_o = -i_f R_f = -i_1 R_f$$

将式（8.20）代入上式，得

$$u_o = -R_f C_1 \frac{\mathrm{d}u_i}{\mathrm{d}t} \tag{8.21}$$

式（8.21）表明 u_o 与 u_i 对时间的一阶导数成比例。

8.4.2　电压比较器

电压比较器它在测量和控制系统中有着广泛的应用。

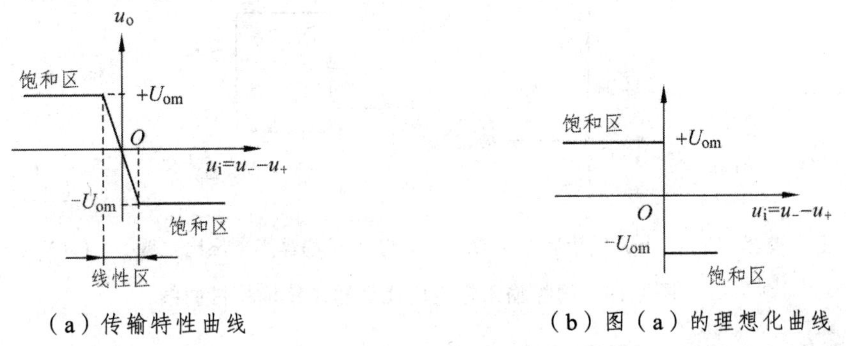

图 8.17　运算放大器传输特性曲线

电压比较器的功能是将输入信号与电路中设定的基准电压进行比较，根据其比较大小确定电路的输出状态；其工作原理是利用运算放大器的非线性特性（如图 8.17 所示的饱和区特性）来实现其功能。在电压比较器电路讨论时，常常用理想化传输特性曲线图 8.17（b）进行分析，其正的最大值 $+U_{om} \approx +U_C$，负的最大值 $-U_{om} \approx -U_C$（即 U_C 是运算放大器的外接直流电源值）。

1. 零电压比较器

零电压比较器常用作为信号电压过零检测器。

1）反相输入零电压比较器

如图 8.18 所示电路中，输入信号 u_i 接反相输入端，基准电压 U_{REF} 接同相输入端，因同相输入端接地，即基准电压 $U_{REF}=0$，所以图 8.18 称为反相输入零电压比较器。

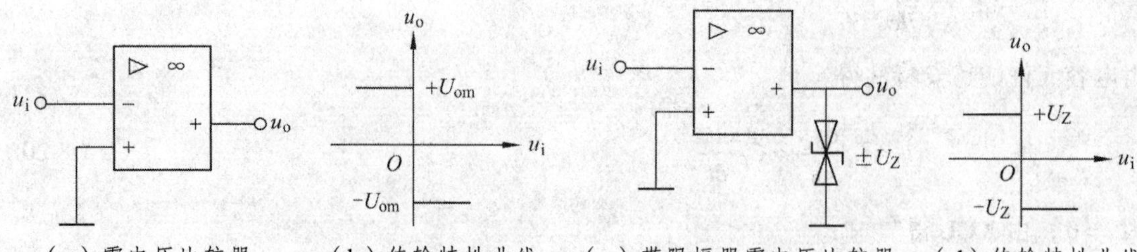

（a）零电压比较器　（b）传输特性曲线　（c）带限幅器零电压比较器　（d）传输特性曲线

图 8.18　反相输入零电压比较器及传输特性曲线

图 8.18（a）（b）中，当 u_i 稍小于零时，由于运算放大器电压放大倍数很高，u_o 将达到正的最大值$+U_{om}$，即 $u_o=+U_{om}\approx +U_C$；当 u_i 稍大于零时，u_o 变为负的最大值$-U_{om}$，即 $u_o=-U_{om}\approx -U_C$。u_o 与 u_i 之间关系如传输特性曲线图 8.18（b）所示。

图 8.18（c）（d）为了限制 u_o 的输出幅值，在电压比较器的输出端连接一个限幅器，如图 8.18（c）所示。此时输出电压 $u_o=\pm U_{om}\approx \pm U_Z$，如传输特性曲线图 8.18（d）所示。

2）同相输入零电压比较器

图 8.19 所示为同相输入零电压比较器，其工作原理与反相输入零电压比较器工作原理相似，即

图 8.19（a）（b）中：$u_i>0$ 时，$u_o=+U_{om}\approx +U_C$，$u_i<0$ 时，$u_o=-U_{om}\approx -U_C$；

图 8.19（c）（d）中：$u_i>0$ 时，$u_o\approx +U_Z$，$u_i<0$ 时，$u_o\approx -U_Z$。

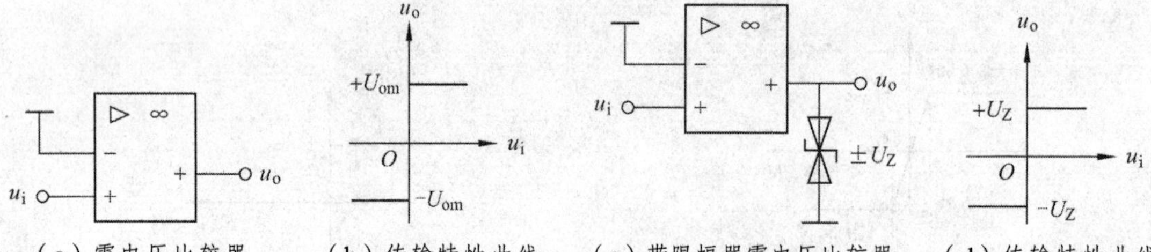

（a）零电压比较器　（b）传输特性曲线　（c）带限幅器零电压比较器　（d）传输特性曲线

图 8.19　同相输入零电压比较器及传输特性曲线

2. 任意电压比较器

1）差动型任意电压比较器

在图 8.20 中，U_R 为基准电压，U_Z 为稳压值，U_D 为稳压管正向导通电压值。当输入电压 $u_i<U_R$ 时，稳压管导通，$u_o=-U_D$；而 $u_i>U_R$ 时，稳压管工作反向击穿区，$u_o=+U_Z$，其传输特性如图 8.20 所示。

2）求和型任意电压比较器

求和型任意电压比较器如图 8.21（a）所示。其中 U_N、U_P 分别为两个稳压管的稳压值。由于 $u_+=0$，则根据零压比较器理论，需分析 u_i 在什么条件下能使 $u_->0$ 或 $u_-<0$，即 $u_-=0$ 时的 u_i 对应参数值 U_C 为比较电压（基准电压）。

电路图 8.21（a）中的两个稳压管的连接为背靠背，通过稳压管的电流为零，则有

$$u_-=\frac{u_i-U_R}{R_1+R_2}R_2+U_R$$

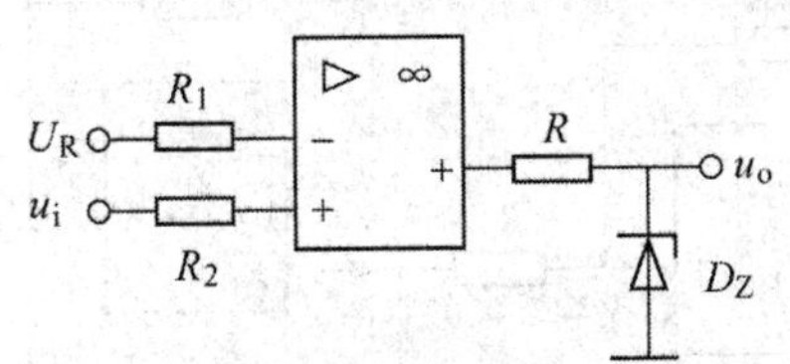

（a）反相输入差动型任意电压比较器

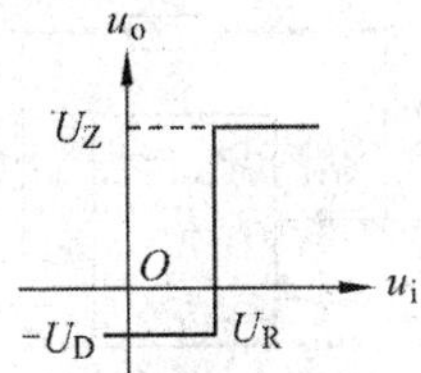

（b）传输特性曲线

图 8.20　差动型任意电压比较器及传输特性曲线

当 $u_- = 0$ 时，上式为

$$\frac{u_i - U_R}{R_1 + R_2} R_2 + U_R = 0$$

解得

$$u_i = \frac{R_1}{R_2} U_R$$

即比较电压 $U_C = \frac{R_1}{R_2} U_R$，通过改变 R_1 和 R_2 可调整比较电压 U_C 大小。设 $U_R > 0$，有

当 $u_i > U_C$ 时，$u_- > 0$，$u_o = -U_P$；当 $u_i < U_C$ 时，$u_- < 0$，$u_o = U_N$。其传输特性曲线如图 8.21（b）所示。

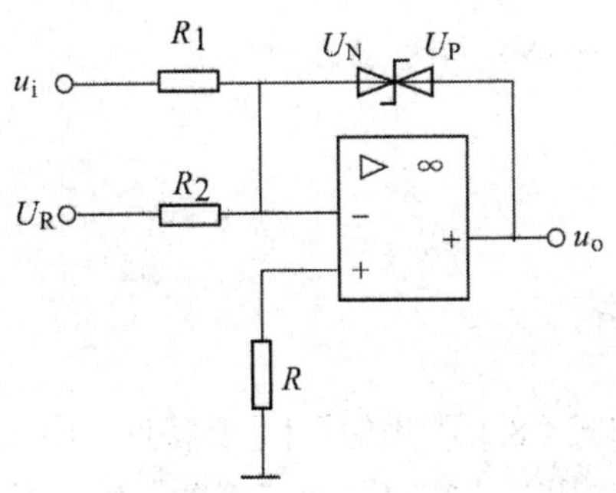

（a）反相输入求和型任意电压比较器

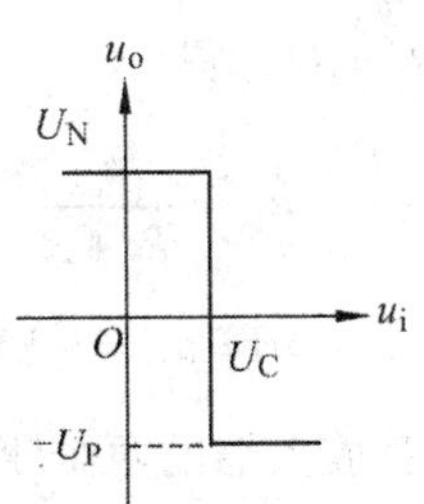

（b）$U_R > 0$ 传输特性曲线

图 8.21　求和型任意电压比较器及传输特性曲线

8.4.3　运算放大器的应用实例

【例 8.5】 电路如图 8.22 所示，已知电阻 $R_1 = 20\ \text{k}\Omega$，$R_{f1} = 30\ \text{k}\Omega$，$R_{11} = R_{12} = 40\ \text{k}\Omega$，$R_{f1} = 60\ \text{k}\Omega$，$R_3 = R_4$，输入电压 $u_{i1} = 6\ \text{V}$，$u_{i2} = -5\ \text{V}$。试求输出电压 u_{o1}、u_{o2} 和 u_o。

分析：

（1）模块 A_1 是同相比例器电路，因流入运算放大器的电流约等于零，所示，$u_{1+} = u_{i1}$；又因 $u_{1-} \approx u_{1+}$，则电阻 R_1 的端电压为 u_{1-}，并且 $i_{f1} = i_1$。

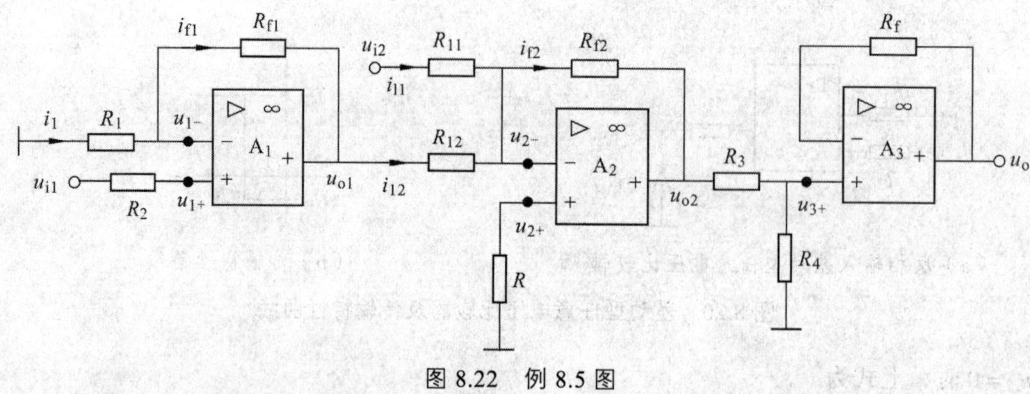

图 8.22　例 8.5 图

（2）模块 A_2 是反相加法器电路，因为，$u_{2-} \approx u_{2+} = 0$，$R_{11}$ 的端电压为 u_{i2}，R_{12} 的端电压为是前级的输出电压 u_{o1}，根据 KCL 得 $i_{f2} = i_{11} + i_{12}$。

（3）模块 A_3 电压跟随器电路，因流入运算放大器的电流约等于零，则 R_3 与 R_4 为串联电路，而且 $R_3 = R_4$。

解　模块 A_1：因 $u_{1-} \approx u_{1+} = u_{i1}$，得

$$i_{f1} = i_1 = -\frac{u_{1-}}{R_1} = -\frac{6}{20 \times 10^3} = -0.3 \times 10^{-3}\ (\mathrm{A}) = -0.3\ (\mathrm{mA})$$

$$u_{o1} = -R_{f1} i_{f1} = -30 \times 10^3 \times (-0.3) \times 10^{-3} = 9\ (\mathrm{V})$$

模块 A_2：因 $u_{2-} \approx u_{2+} = 0$，得

$$i_{f2} = i_{11} + i_{12} = \frac{u_{i2}}{R_{11}} + \frac{u_{o1}}{R_{12}} = \left(\frac{-5}{40} + \frac{9}{40}\right) \times 10^{-3} = 0.1\ (\mathrm{mA})$$

$$u_{o2} = -R_{f2} i_{f2} = -60 \times 10^3 \times 0.1 \times 10^{-3} = -6\ (\mathrm{V})$$

模块 A_3：因 $R_3 = R_4$，得

$$u_{3+} = \frac{u_{o2}}{R_3 + R_4} R_4 = \frac{-6}{2} = -3\ (\mathrm{V})$$

$$u_o = u_{3+} = -3\ \mathrm{V}$$

结论：运算放大器的两个[即式（8.2）“虚断”和式（8.3）“虚短”]重要特性、KCL、KVL和欧姆定律等，是分析运算放大器线性电路的基础，其中“虚短”和“虚断”常常是电路分析的切入点。

【例 8.6】 电路如图 8.23（a）所示，已知电阻 $R_{11} = 20\ \mathrm{k\Omega}$，$R_{12} = R_{\ 1} = R_2 = R_{f3} = 30\ \mathrm{k\Omega}$，$R_{f1} = R_{f2} = R_3 = 60\ \mathrm{k\Omega}$，$R_{21} = R_{22} = R_4 = R_5 = 40\ \mathrm{k\Omega}$，输入电压 $u_{i1} = -4\ \mathrm{V}$，$u_{i2} = 2\ \mathrm{V}$，$u_{i3} = 7\ \mathrm{V}$，$u_{i4} = 1\ \mathrm{V}$。试求：

（1）说明三个运算放大电路 A_1、A_2、A_3、A_4 模块的名称。

（2）计算输出电压 u_{o1}、u_{o2}、u_{o3} 和 u_o。

分析：

（1）模块 A_1 参考图 8.23（b）所示电路，模块 A_2 参考图 8.23（c）所示电路，模块 A_3 参考图 8.23（d）所示电路，模块 A_4 参考图 8.23（e）所示电路。

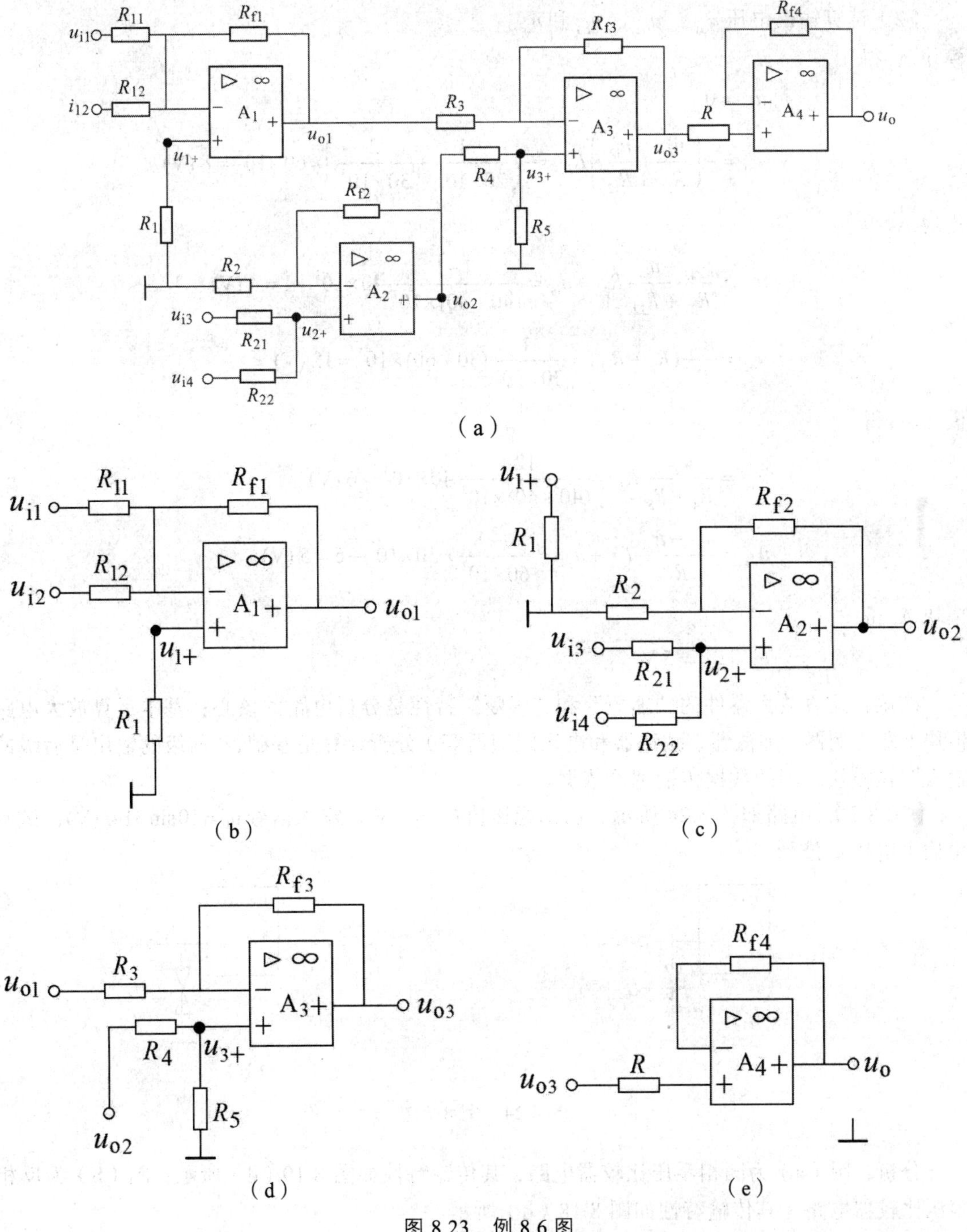

图 8.23 例 8.6 图

（2）每个运算放大电路模块可独立进行分析其输出电压，先计算 u_+，再根据运算放大器的“虚短”和“虚断”特性，计算各个运算放大电路模块的输出电压，其中，输出电压 u_{o1}、u_{o2} 是模块 A_3 的输入电压，u_{o3} 是模块 A_4 的输入电压。

解 （1）运算放大电路 A_1、A_2、A_3 模块的名称：

A_1 为反相加法运算电路；A_2 为同相加法运算电路；A_3 为减法运算电路；A_4 为电压跟随器。

（2）计算输出电压 u_{o1}、u_{o2}、u_{o3} 和 u_o。

模块 A_1 得

$$u_{1+}=0$$

$$u_{o1}=-\left(\frac{u_{i1}}{R_{11}}+\frac{u_{i2}}{R_{12}}\right)R_{f1}=-\left(\frac{-4}{20\times10^3}+\frac{2}{30\times10^3}\right)\times60\times10^3=8\ (\text{V})$$

模块 A_2 得

$$u_{2+}=\frac{u_{i3}-u_{i4}}{R_{21}+R_{22}}R_{22}+u_{i4}=\frac{7-1}{(40+40)\times10^3}40\times10^3+1=4\ (\text{V})$$

$$u_{o2}=\frac{u_{2+}}{R_2}(R_2+R_{f2})=\frac{4}{30\times10^3}(30+60)\times10^3=12\ (\text{V})$$

模块 A_3 得

$$u_{3+}=\frac{u_{o2}}{R_4+R_5}R_5=\frac{12}{(40+40)\times10^3}40\times10^3=6\ (\text{V})$$

$$u_{o3}=\frac{u_{3+}-u_{o1}}{R_3}R_{f3}+u_{3+}=\frac{6-8}{60\times10^3}\times30\times10^3+6=5\ (\text{V})$$

模块 A_4 得

$$u_o=u_{o3}=5\ \text{V}$$

结论：运算放大器件的“虚短”和“虚断”特性是分析电路的核心；基本运算放大电路模块（即比例器、加法器、减法器和电压跟随器等）分析计算是基础；“前级的输出是后级的输入”是模块之间的数据传输理论依据。

【例 8.7】 电路如图 8.24 所示，已知稳压值 $U_Z=6\ \text{V}$，输入信号 $u_i=10\sin314t\ (\text{V})$，试画出输出电压 u_o 波形。

图 8.24　例 8.7 图

分析：图（a）为同相零压比较器电路，其传输特性如图 8.19（d）所示；图（b）为反相零压比较器电路，其传输特性如图 8.18（d）所示。

解　（1）由图（a）得：

当 $u_i>0$ 时，$u_o=U_Z=6\ \text{V}$；当 $u_i<0$ 时，$u_o=-U_Z=-6\ \text{V}$。其波形如图 8.25（a）所示。

（2）由图（b）得：

当 $u_i>0$ 时，$u_o=-U_Z=-6\ \text{V}$；当 $u_i<0$ 时，$u_o=U_Z=6\ \text{V}$。其波形如图 8.25（b）所示。

结论：同相零压比较器输出与输入同相；反相零压比较器输出与输入反相。通过零压比较器将正弦波信号 u_i 转换为方波信号 u_o。

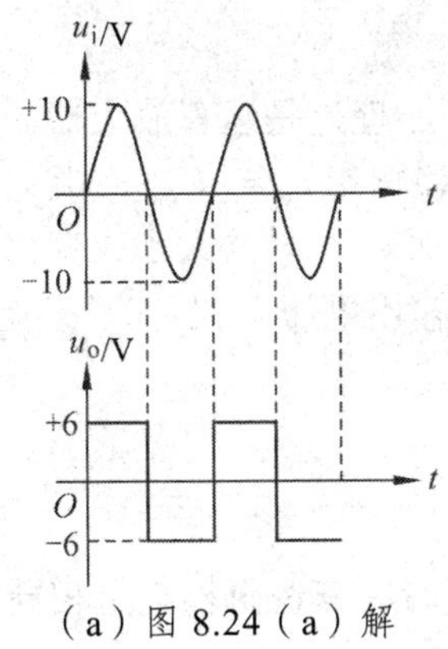

（a）图 8.24（a）解

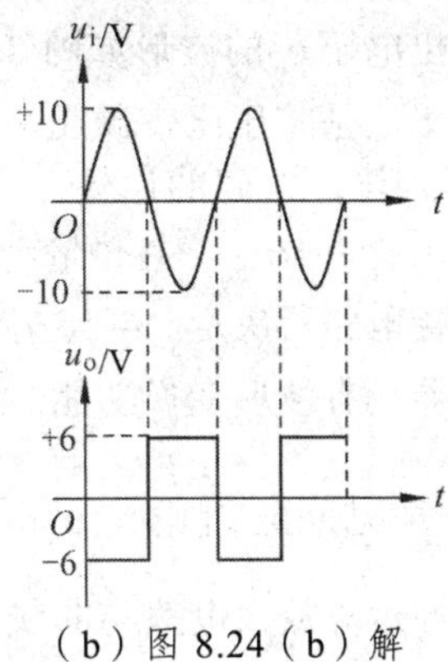

（b）图 8.24（b）解

图 8.25　例 8.7 题波形图解

【例 8.8】 电路如图 8.26（a）所示，已知电源 E=2 V，电阻 $R_1 = R_f = 10\ \text{k}\Omega$，运算放大器的正、负饱和电压 ±12 V，输入信号 $u_i = 10\sin 314t$，试画出输出信号 u_o 的波形。

分析：

（1）当 $u_i < u_+$ 时，根据运算放大器传输特性[见图 18（b）]得输出信号 $u_o = +U_{om} = +12\ \text{V}$，则可列出对应的 u_+ 计算式，其值称为上阈值，用 U_{TH} 表示。

（2）当 $u_i > u_+$ 时，$u_o = -U_{om} = -12\ \text{V}$，计算的 u_+ 值称为下阈值，用 U_{TL} 表示。

（3）画 u_o 的波形，在 $u_i = 10\sin 314t$ 波形上确定 U_{TH}、U_{TL} 两个点。$U_{TH} < u_i$ 至 $U_{TL} < u_i$ 区间的 $u_o = -12\ \text{V}$；$U_{TL} > u_i$ 至区 $U_{TH} > u_i$ 间的 $u_o = 12\ \text{V}$。如图 8.26（b）所示。

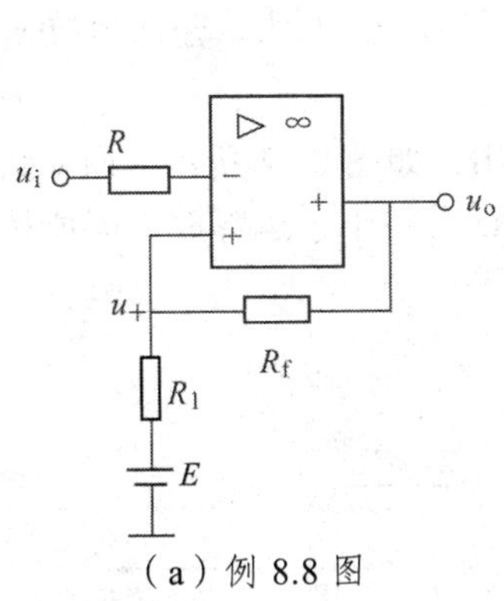

（a）例 8.8 图

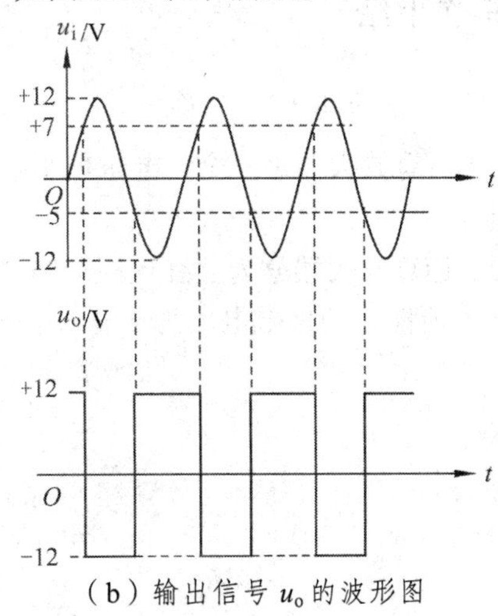

（b）输出信号 u_o 的波形图

图 8.26　例 8.8 电路及 u_o 波形图

解　（1）当 $u_i < u_+$ 时，$u_o = +U_{om} = +12\ \text{V}$，$U_{TH}$（即 u_+）为

$$U_{TH} = \frac{U_{om} - E}{R_1 + R_f} R_1 + E = \frac{12-2}{20\times10^3}\times10\times10^3 + 2 = 7\ (\text{V})$$

（2）当 $u_i > u_+$ 时，$u_o = -U_{om} = -12\ \text{V}$，$U_{TL}$（即 u_+）为

$$U_{TL} = \frac{-U_{om} - E}{R_1 + R_F} R_1 + E = \frac{-12-2}{20\times10^3}\times10\times10^3 + 2 = -5\ (\text{V})$$

（3）输出电压u_o的波形如图 8.26（b）所示。

结论：无论是零压比较器还是任意电压比较器，其核心理论是运算放大器的两个输入端的比较，即u_-与u_+之间的比较，当$u_- > u_+$时，运算放大器输出$u_o = -U_{om}$；当$u_- < u_+$时，运算放大器输出$u_o = +U_{om}$，其传输特性如图 17（b）所示。而u_-、u_+的大小或变化规律由运算放大器的外接电路所决定，u_-与u_+之间的比较结果，导致输出电压u_o是“正”还是“负”U_{om}。所以，比较器具有波形变换功能。

8.4.3　常见问题讨论

（1）线性运算放大电路与非线性运算放大电路在分析时，其逻辑推理是相同的。

解答：错。

线性运算放大电路是根据两个重要特性（输入端“虚断”，即$i_i \approx 0$；输入端“虚短”，即$u_+ \approx u_-$）进行分析推理。即运算放大器工作在传输特性曲线的线性区。

非线性运算放大电路是根据u_-与u_+之间的比较结果分析推理。即运算放大器工作在传输特性曲线的非线性区。

（2）如果一个运算电路的输入信号是从反相端输入，常称为反相运算电路。

解答：对。

例如：反相比例运算电路与同相比例运算电路；反相加法运算电路与同相加法运算电路。

本章小结

1. 运算放大器

（1）运算放大器是一个“电压控制电压”的器件。开环增益A_o大、输入阻抗r_{id}高是其固有特性。

（2）运算放大器分为“线性区”和“非线性区”应用，如图 8.27 所示。而非线性区中输出电压u_o所能达到极限电压为$u_o = \pm U_{om} \approx \pm U_{CC}$（注：$|U_{om}|$约小于运算放大器所接的电源电压$|U_{CC}|$）。

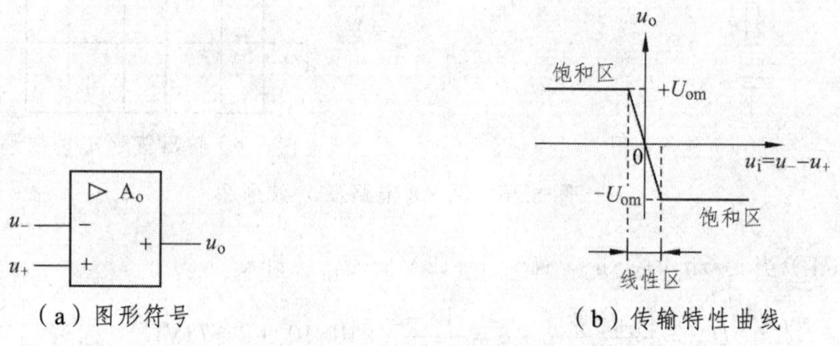

（a）图形符号　　（b）传输特性曲线

图 8.27　运算放大器图形符号及传输特性曲线

线性区应用时，运算放大器外部必须接有某种形式的深度负反馈网络；若无负反馈环节，则为工作于非线性状态。

2. 反馈

（1）所谓“反馈”，就是把放大电路的输出电量（电流或电压）的一部分或全部，经过一定的反馈网络送回到输入端，从而增加或减小输入电量。

（2）当反馈电量增强输入信号时，反馈为“正反馈”；当反馈电量减小输入信号时，反馈为“负反馈”。

（3）反馈网络有 4 种反馈类型，即串联电流反馈、串联电压反馈、并联电流反馈、并联电压反馈。

（4）负反馈虽然使放大器的放大倍数下降，但能从多方面改善放大电路的性能。

3. 线性应用

线性应用的两个重要特性：

$i_i \approx 0$，输入端“虚断”；

$u_+ \approx u_-$，输入端“虚短”。

常用线性应用电路如表 8.1 所示。

表 8.1　线性运算放大电路表

电路名称		放大电路	计算式
比例器	反相比例运算电路	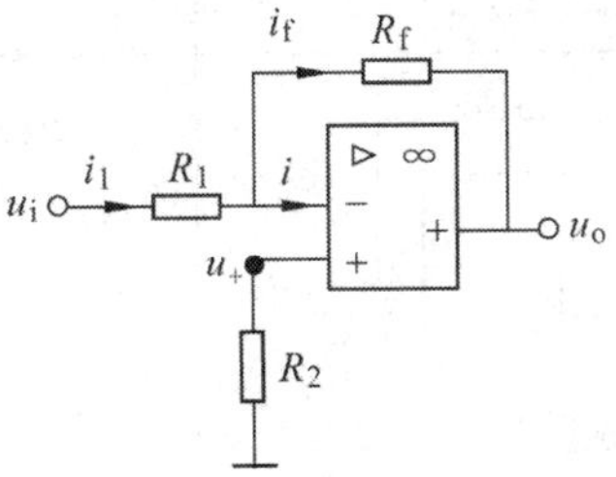	$u_o = -\frac{R_f}{R_1}u_i$
	同相比例运算电路	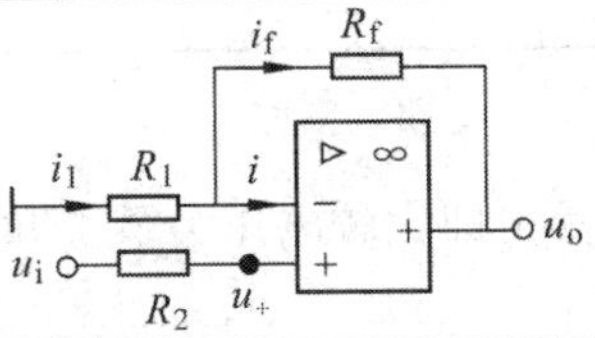	$u_o = \left(1+\frac{R_f}{R_1}\right)u_i$
加法器	反相加法运算电路	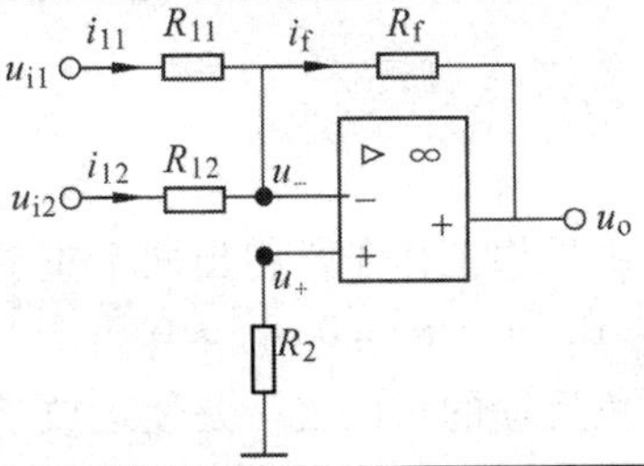	$u_o = -(u_{i1}+u_{i2})\frac{R_f}{R_1}$
	同相加法运算电路	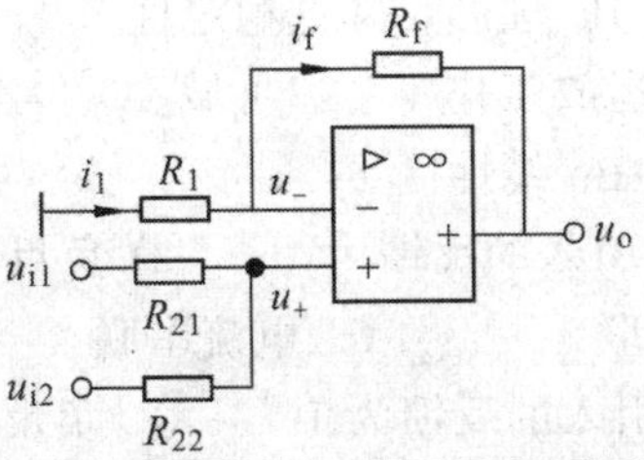	$u_o = -\left(R_1+\frac{R_f}{R_1}\right)\left(\frac{u_{i1}-u_{i2}}{R_{21}+R_{22}}R_{22}+u_{i2}\right)$

续表

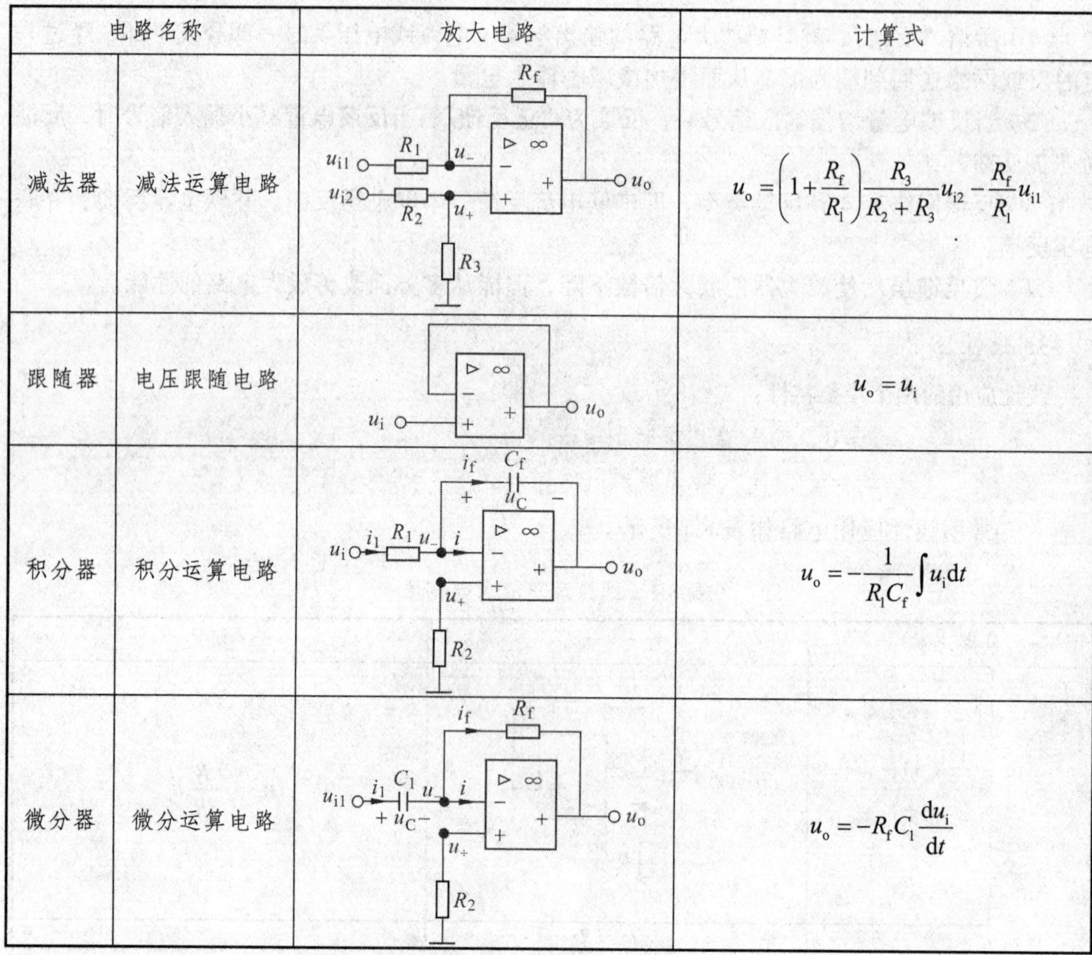

电路名称		放大电路	计算式
减法器	减法运算电路		$u_o=\left(1+\dfrac{R_f}{R_1}\right)\dfrac{R_3}{R_2+R_3}u_{i2}-\dfrac{R_f}{R_1}u_{i1}$
跟随器	电压跟随电路		$u_o=u_i$
积分器	积分运算电路		$u_o=-\dfrac{1}{R_1C_f}\int u_i\mathrm{d}t$
微分器	微分运算电路		$u_o=-R_fC_1\dfrac{\mathrm{d}u_i}{\mathrm{d}t}$

4. 非线性应用

非线性应用主要有两种：零压比较器（即比较电压为零）和任意电压比较器（即比较电压不为零）。

选择题

1. 集成运放工作在线性放大区，由理想工作条件得出两个重要规律是（　　）。

A. $u_-\approx u_+=0$，$i_i\neq 0$　　B. $u_-\approx u_+=0$，$i_i\approx 0$　　C. $u_-\approx u_+$，$i_i\approx 0$

2. 运算放大器电路中，引入深度负反馈的目的之一是使运放工作在（　　）。

A. 非线性区，提高稳定性　　B. 性区，降低稳定性　　C. 线性区，提高稳定性

3. 集成运放应用于信号运算时，运放工作（　　）域。

A. 截止区　　B. 线性区　　C. 非线性区

4. 电路如图 8.28 所示，电阻 R_F 引入的反馈为（　　）负反馈。

A. 电压串联　　B. 电压并联　　C. 电流串联　　D. 电流并联

5. 电路如图 8.29 所示，电阻 R_F 引入的反馈为（　　） 负反馈。

A. 电压并联　　B. 电压串联　　C. 电流并联　　D. 电流串联

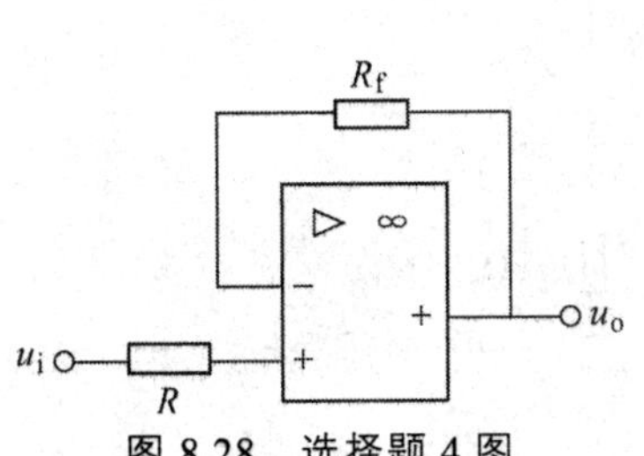

图 8.28　选择题 4 图

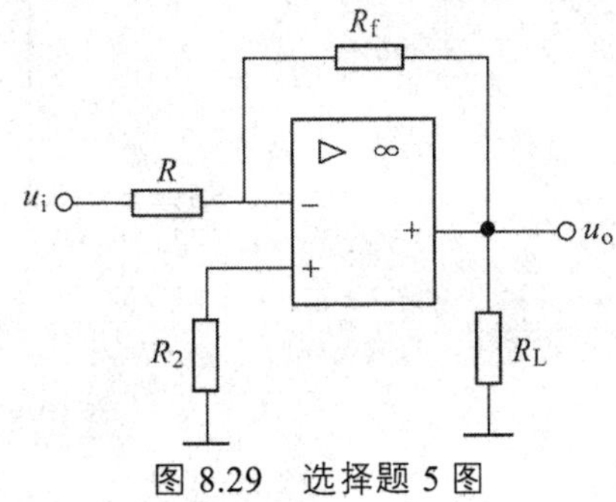

图 8.29　选择题 5 图

6. 电路如图 8.30 所示，试问电阻 R_8 引入的反馈为（　　）。

A. 串联电压负反馈　　B. 正反馈　　C. 并联电压负反馈

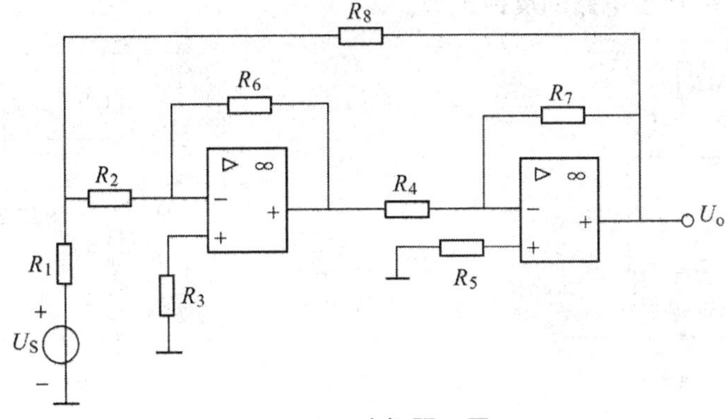

图 8.30　选择题 6 图

7. 电路如图 8.31 所示，则该电路为（　　）。

A. 加法运算电路　　B. 反相积分运算电路　　C. 同相比例运算电路

8. 电路如图 8.32 所示，当电阻 R_L 的值由小变大时，电流 I_L 将（　　）。

A. 变小　　B. 变大　　C. 不变

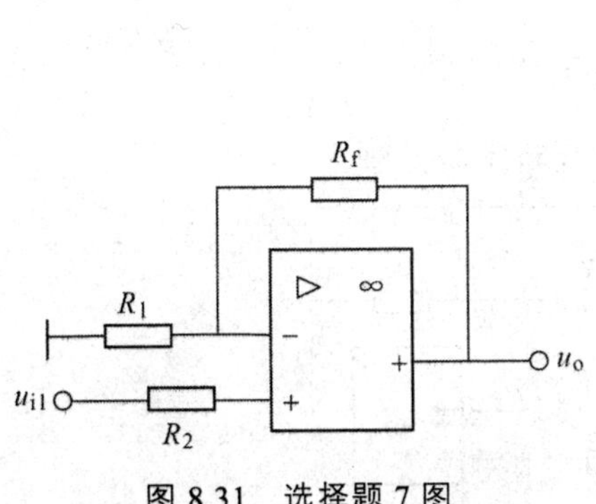

图 8.31　选择题 7 图

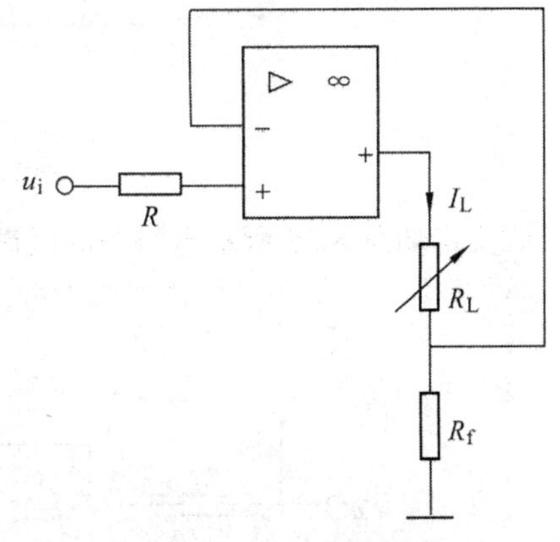

图 8.32　选择题 8 图

9. 电路如图 8.33 所示，若输入电压 $u_i = -10$ V，则输出电压 u_o 约等于（　　）。

A. 50 V　　B. －50 V　　C. 15 V　　D. －15 V

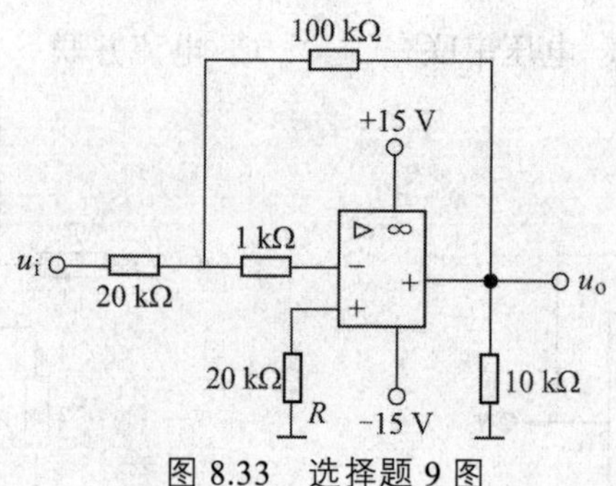

图 8.33　选择题 9 图

习　题

1. 判断如图 8.34 所示电路的反馈类型。

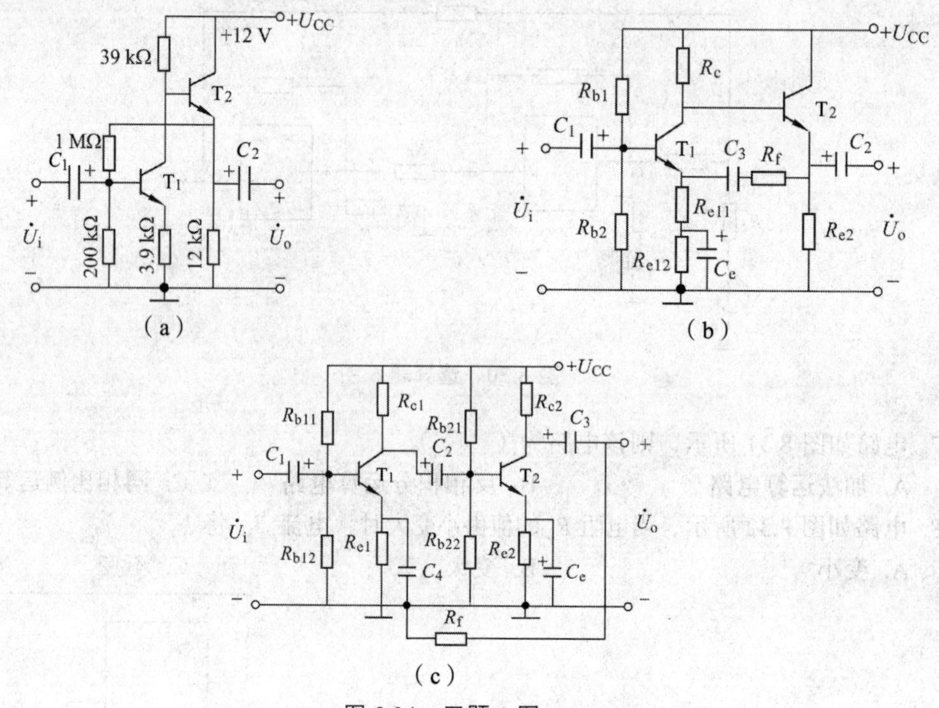

图 8.34　习题 1 图

2. 试指出如图 8.35 所示电路中的反馈电路，并判断反馈类型。

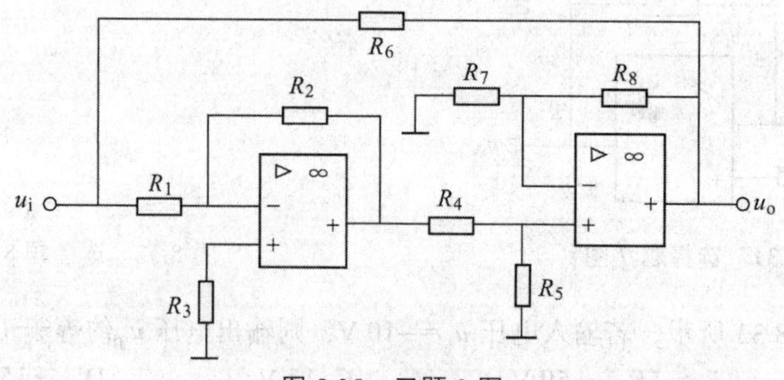

图 8.35　习题 2 图

3. 试写出如图 8.36 所示运算放大电路的输出电压 u_o 表达式。

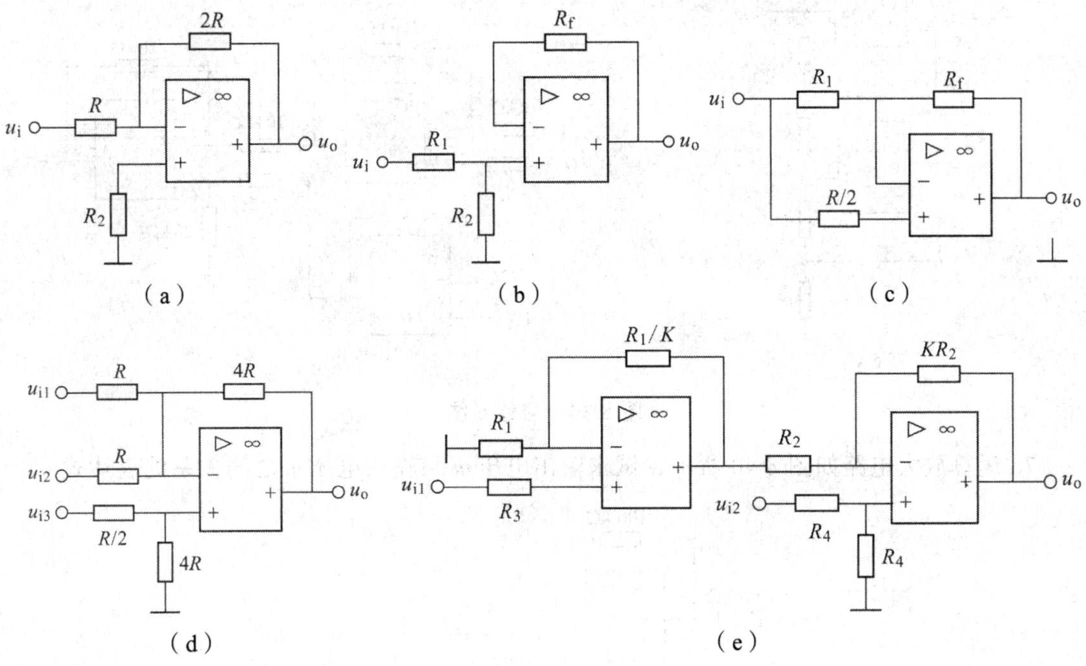

图 8.36　习题 3 图

4. 试求如图 8.37 所示运算放大电路的电压 U_{o1}、U_{o2}、U_o。

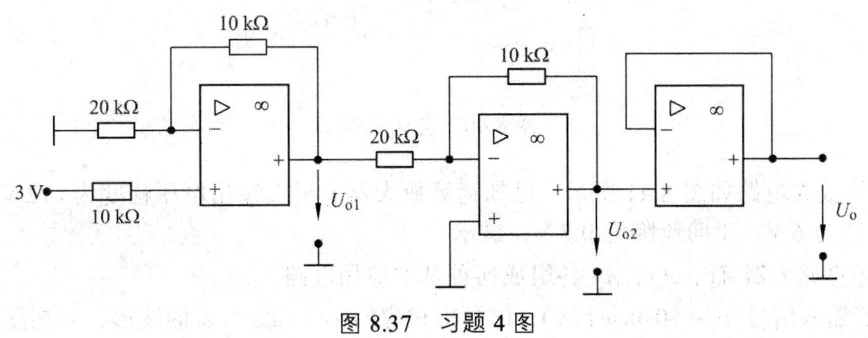

图 8.37　习题 4 图

5. 运算放大电路如图 8.38 所示，试求输出电压 u_o 与输入电压 u_{i1}、u_{i2} 之间运算关系的表达式。

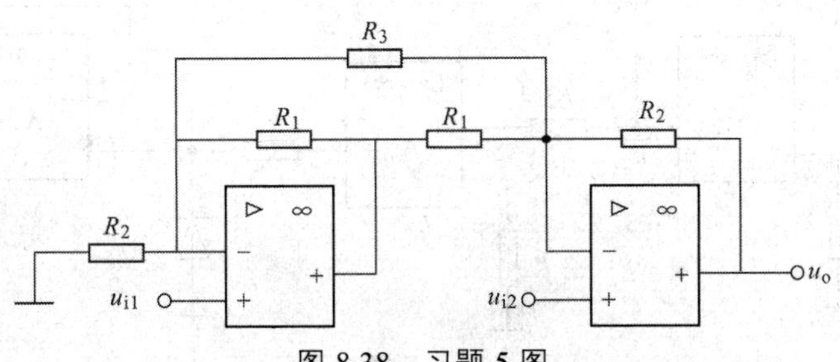

图 8.38　习题 5 图

6. 运算放大电路如图 8.39 所示，试求输出电压 u_o。

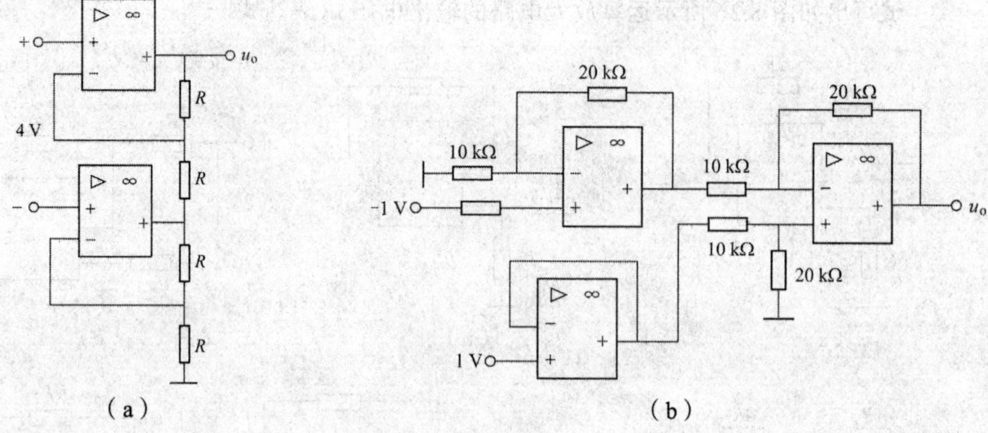

图 8.39　习题 6 图

7. 运算放大电路如图 8.40 所示，试求输出电压 u_o 与输入电压 u_i 之间关系的表达式。

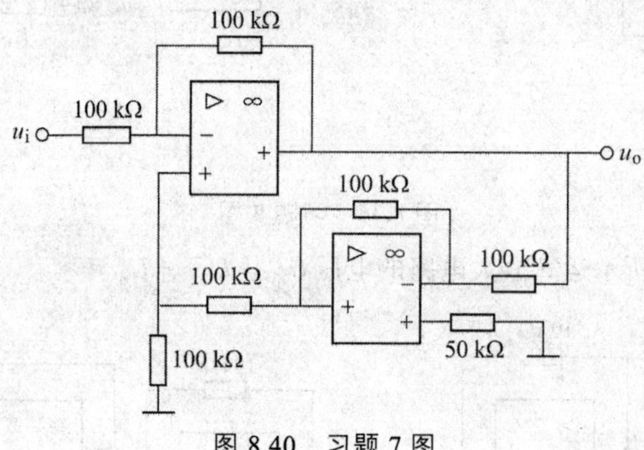

图 8.40　习题 7 图

8. 运算放大电路如图 8.41 所示，已知运算放大器的最大输出电压幅度为±12 V，稳压管 D_Z 稳定电压为 6 V，正向压降为 0.7 V，试求：

（1）运算放大器 A_1、A_2、A_3 各组成何种基本应用电路。

（2）若输入信号 $u_i = 10\sin\omega t$ (V)，试画出相应的 u_{o1}、u_{o2}、u_o 的波形，并在图中标出有关电压的幅值。

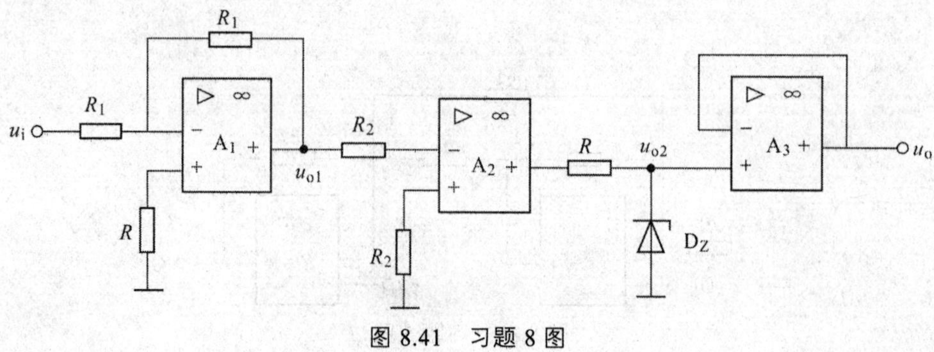

图 8.41　习题 8 图

第 9 章　逻辑代数的基本概念

9.1　学习指导

本章的内容是学习数字逻辑电路的基础。重点介绍数字逻辑电路分析和设计时使用的主要数学工具，即逻辑代数。

9.1.1　内容提要

本章主要介绍逻辑代数的基本的概念、基本的逻辑运算、基本的逻辑门、基本的逻辑公式和定理、基本的逻辑函数概念；介绍了逻辑函数的五种表示方法中的四种，即逻辑表达式、真值表、逻辑图和波形图及相互转换。

9.1.2　重点与难点

1. 重　点

掌握基本逻辑门的真值表、逻辑表达式、逻辑图形符号、波形图和逻辑运算等逻辑特点；掌握逻辑函数四种表示方法之间的相互转换。

2. 难　点

建立数字信号的基本概念，掌握逻辑运算和逻辑门，灵活应用逻辑公式和定理，准确进行逻辑函数四种表示方法之间的相互转换。

9.2　基本概念及基本逻辑运算

9.2.1　基本概念

1. 数字电路特点

数字电路主要是处理离散的数字信号，其主要特点为：

（1）工作信号是二进制的数字信号，即 0 或 1 数字信号，称为离散信号。如图 9.1（a）所示数字信号 A、B、Y 都是离散信号，又称为脉冲信号，其图 9.1（a）称为波形图。

（2）用 0 和 1 表示数字电路的两种不同电平状态，即常用 0 表示低电平，用 1 表示高电平，其基本概念如图 9.1（b）所示，电路概念如 9.1（c）所示（当开关 K 接 b 点时，a 点为低电平，用 0 表示；当开关 K 接 c 点时，a 点为高电平，用 1 表示）。

（3）数字电路研究的重点是输入信号状态（0 或 1）与输出信号状态（0 或 1）之间的逻辑关系。如图 9.1（a）所示波形图中，A、B 是输入信号，Y 是输出信号，其波形图反映了输入信号与输出信号之间的因果关系，即逻辑关系。

（4）数字电路分析的主要数学工具是逻辑代数。

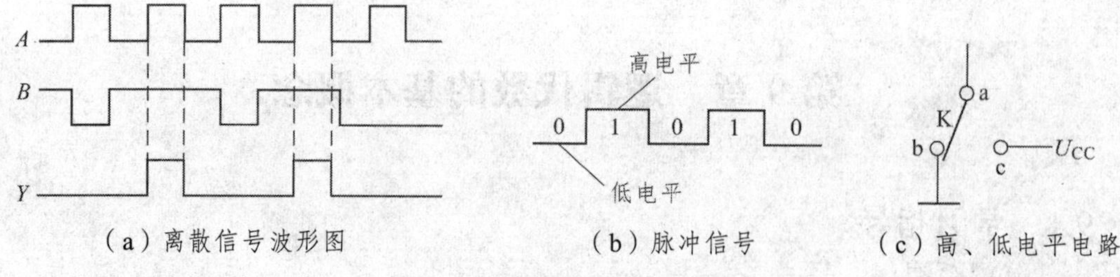

（a）离散信号波形图　　（b）脉冲信号　　（c）高、低电平电路

图 9.1　数字信号基本概念图

2. 逻辑代数

逻辑代数又称布尔代数，由英国数学家乔治·布尔（George Boole）发明于 1854 年，并且很快就成为分析数字电路的重要数学工具，即研究分析逻辑关系的数学工具。

逻辑代数与普通代数一样，用英文字母表示变量，所不同的是，普通代数变量取值范围是从 $-\infty$ 到 $+\infty$，而逻辑代数变量取值范围只有两个，不是 0 就是 1，用 0 和 1 表示两种不同的逻辑状态。

【例 9.1】 试说明如图 9.2 所示电路的逻辑关系。

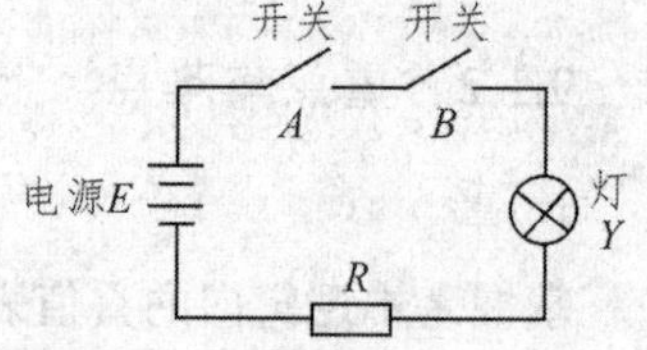

图 9.2　逻辑关系电路图

分析：这是一个简单的开关电路图，其中逻辑变量 A、B 为输入，Y 为输出，即 A、B 表示两个开关状态，Y 表示灯的状态。当开关都闭合时，灯就亮。

解　设开关 A、B 闭合状态为 1，断开状态为 0；灯 Y 亮状态为 1，不亮状态为 0。则有

当 $A=B=1$时，$Y=1$，否则，$Y=0$。这种 A、B 与 Y 的因果关系为逻辑关系。

结论：逻辑代数是反映和处理逻辑关系的数学工具。0 和 1 可分别表示一个事件的是与非、真与假、上与下、同意与反对、电平的高与低、电流的有与无、开关的合与断等等。根据图 9.2 所示电路的逻辑关系，可写出其逻辑函数式为 $Y=AB$。所以，逻辑代数所表达的是逻辑关系而不是数值关系，这是与普通代数本质的区别。

3. 逻辑变量

逻辑代数中的变量称为逻辑变量。其逻辑变量的取值为 0 或 1，当逻辑变量为 1 时，称为原变量（如 A、B 表示的是原变量），图 9.1（b）中为 1 的脉冲表示原变量的值；当逻辑变量为 0 时，称为反变量（如 $\overline{A}$、$\overline{B}$ 表示的是反变量），图 9.1（b）中为 0 的脉冲表示反变量的值。

4. 逻辑函数

描述输入逻辑变量（如 A、B、…）与输出逻辑变量（如 Y）之间因果逻辑关系的代数式，称为逻辑表达式，而输出逻辑变量 Y 是输入逻辑变量 A、B、…的逻辑函数，其函数 Y 的逻辑表达式为

$$Y=F(A,B,\cdots)$$

逻辑函数 Y 的表示方法有五种，即逻辑表达式、真值表、波形图、逻辑图和卡诺图（关于卡诺图内容，请参考其他教材）。

5. 真值表

把逻辑变量（如 A、B、…）各种可能取值与对应的逻辑函数（如 Y）值，以表格形式列举出来，这种反映逻辑变量与逻辑函数之间因果关系的表格称为真值表。

写真值表的方法：每个输入变量均有 0、1 两种取值，n 个输入变量则有 2^n 种取值组合（例如，输入变量为 A、B、C，则取值组合为 $2^3=8$），将输入变量取值按二进制数递增规律排列后（如图 9.3 所示），根据逻辑因果关系，在表中填写对应的函数值，便得到逻辑函数的真值表。

AB	Y
0 0	
0 1	
1 0	
1 1	

（a）$n=2$ 真值表

ABC	Y
0 0 0	
0 0 1	
0 1 0	
0 1 1	
1 0 0	
1 0 1	
1 1 0	
1 1 1	

（b）$n=3$ 真值表

$ABCD$	Y	$ABCD$	Y
0000		1000	
0001		1001	
0010		1010	
0011		1011	
0100		1100	
0101		1101	
0110		1110	
0111		1111	

（c）$n=4$ 真值表

图 9.3　真值表格式图

【例 9.2】 试写出如图 9.2 所示电路的真值表。

分析：图 9.2 所示电路中输入变量为 A、B，即变量 $n=2$，真值表有 $2^n=2^2=4$ 种取值组合，A、B 取值按二进制数递增规律排列，并根据图 9.2 所示电路填写对应的函数值，如表 9.1 所示。

解　设开关 A、B 闭合状态为 1，断开状态为 0；灯 Y 亮状态为 1，不亮状态为 0。

表 9.1　例 9.2 的真值表

A	B	Y
0	0	0
0	1	0
1	0	0
1	1	1

结论：真值表非常直观地反映了输入变量与输出变量之间的逻辑关系，并且把一个实际的逻辑问题抽象为一个逻辑数学表格。这种以表格形式表示逻辑函数，常常用于数字电路的分析与设计中。

6. 波形图

随时间按照一定逻辑关系变化的图形，称为波形图，也称为时序图。

【例 9.3】 已知例 9.2 的输入逻辑变量取值如图 9.4（a）所示，根据其真值表 9.1 画出逻辑函数 Y 的波形图。

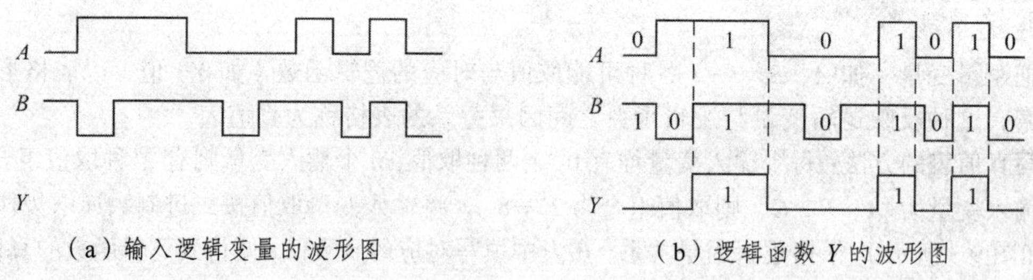

（a）输入逻辑变量的波形图　　（b）逻辑函数 Y 的波形图

图 9.4　例 9.3 的波形图

分析：分析真值表 9.1 可知其逻辑功能为：当 $A=B=1$ 时，$Y=1$，否则 $Y=0$。

解　根据真值表 9.1 所示逻辑功能，用虚线在波形图上画出函数 $Y=1$ 的逻辑关系线，解得逻辑函数 Y 的波形图如图 9.4（b）所示。

结论：正确分析真值表的逻辑功能是画出其波形图关键。一般不用在波形图中标出 0、1 逻辑值。

注意：波形图的横坐标是时间轴，纵坐标是变量的取值（0 或 1）。由于在应用波形图分析同一个数字电路中的各变量之间逻辑关系时，其时间轴只有一个，所以，约定波形图中不用标出坐标轴，但各个波形一定要在时间上一一对应。

7. 逻辑图

用逻辑器件的逻辑符号来表示逻辑函数，即表示逻辑表达式中各个变量之间逻辑关系的逻辑符号图，称为逻辑函数的逻辑图。

注意：同一个逻辑函数，根据选择的逻辑器件不同，其逻辑图有所不同，即实现同一逻辑函数功能的逻辑图不是唯一的。

9.2.2　逻辑运算及逻辑门

逻辑代数有三种基本的逻辑运算，即与逻辑运算、或逻辑运算和非逻辑运算，实现其功能的逻辑器件分别称为与门、或门和非门。

1. 与逻辑

1）与逻辑关系

当一件事情的所有条件都具备时，这件事情才会发生，否则，这件事情不会发生，这种因果逻辑关系称为与逻辑（又称逻辑与）关系。

例如，图 9.2 所示开关电路中，当开关 A 和 B 都闭合时（即开关闭合为条件），灯 Y 才亮（即灯亮为结果）；否则，灯 Y 就灭。所以，对于灯 Y 亮这一件事情而言，开关 A、B 闭合是与逻辑关系。

2）与逻辑运算

例如，图 9.2 开关 A、B 闭合用 1 表示，灯 Y 亮也用 1 表示，则逻辑与运算记为

$$Y=A\cdot B$$

逻辑与运算又称为逻辑乘运算。式中的“•”表示“逻辑与”或“逻辑乘”，可省略不写。

注意：逻辑与运算描述的是逻辑变量之间的“逻辑乘”关系，其变量可以是原变量，也

可以是反变量，例如，$Y_1 = \overline{A} \cdot B$，$Y_2 = \overline{A} \cdot \overline{B}$ 都是与运算。

3）与逻辑真值表

与运算 $Y = A \cdot B$ 的逻辑真值表如表 9.1 所示。

图 9.5　与门逻辑符号

4）与门

实现逻辑与运算的电路称为与门，其与门的逻辑符号如图 9.5 所示。

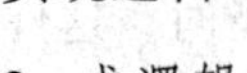

2. 或逻辑

1）或逻辑关系

当一件事情的所有条件中只要具备其中一条这件事情就会发生时，即只有所有条件都不具备时，这件事情才不会发生，这种因果逻辑关系称为或逻辑（又称逻辑或）关系。

例如，图 9.6（a）所示开关电路中，当开关 A 和 B 只要有一个闭合时，灯 Y 就亮；否则，灯 Y 就灭。所以，对于灯 Y 亮这一件事情而言，开关 A、B 闭合是或逻辑关系。

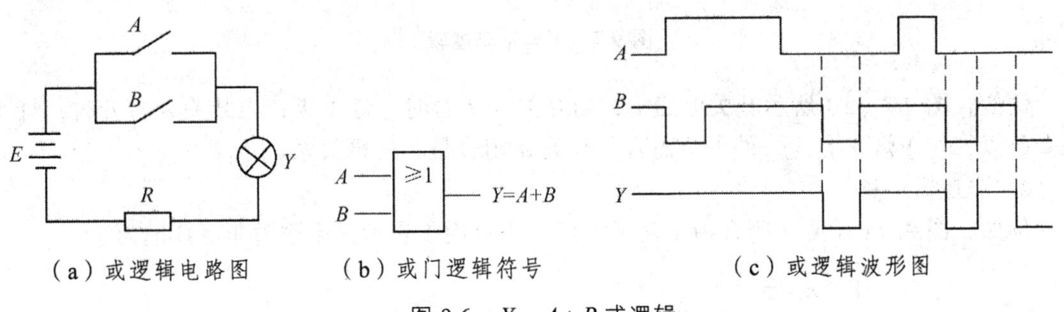

（a）或逻辑电路图　（b）或门逻辑符号　（c）或逻辑波形图

图 9.6　$Y = A + B$ 或逻辑

2）或逻辑运算

例如，图 9.6（a）开关 A、B 闭合用 1 表示，灯 Y 亮也用 1 表示，则逻辑或运算记为

$$Y = A + B$$

逻辑或运算又称为逻辑加运算。式中的“+”表示“逻辑或”运算或“逻辑加”运算。

3）或逻辑真值表

或运算 $Y = A + B$ 的逻辑真值表如表 9.2 所示。

表 9.2　或逻辑真值表

A	B	Y
0	0	0
0	1	1
1	0	1
1	1	1

4）或门

实现逻辑或运算的电路称为或门，其或门的逻辑符号如图 9.6（b）所示。

5）或逻辑波形图

或运算 $Y=A+B$ 逻辑特点为，当 $A=B=0$ 时，$Y=0$。波形图如图 9.6（c）所示。

3. 非逻辑

1）非逻辑关系

当一件事情的条件具备时，这件事件不发生，即当一件事情的条件不具备时，这件事件发生，这种因果逻辑关系称为非逻辑（又称逻辑非）关系。

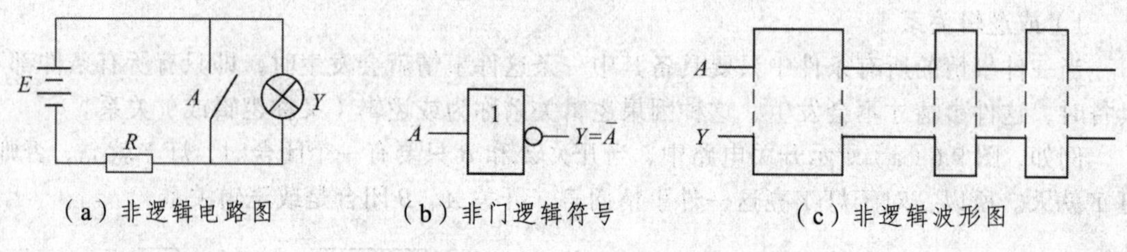

（a）非逻辑电路图　（b）非门逻辑符号　（c）非逻辑波形图

图 9.7　$Y=\overline{A}$ 非逻辑

例如，图 9.7（a）所示开关电路中，当开关 A 闭合时，灯 Y 灭；当开关 A 打开时，灯 Y 亮。所以，对于灯 Y 亮这一件事情而言，开关 A 闭合是非逻辑关系。

2）非逻辑运算

例如，图 9. 7a 开关 A 闭合用 1 表示，灯 Y 亮也用 1 表示，则逻辑非运算记为

$$Y=\overline{A}$$

逻辑非运算又称为逻辑反运算。式中字母 A 上方的横线表示"非运算"，读作"非"，即 $\overline{A}$ 读作"A 非"。

3）非逻辑真值表

非运算 $Y=\overline{A}$ 的逻辑真值表如表 9.3 所示。

表 9.3　非逻辑真值表

A	Y
0	1
1	0

4）非门

实现逻辑非运算的电路称为非门，其非门的逻辑符号如图 9.7（b）所示。

5）非逻辑波形图

非运算 $Y=\overline{A}$ 的逻辑特点为，当 $A=1$ 时，$Y=0$；当 $A=0$ 时，$Y=1$。波形图如图 9.7（c）所示。

4. 几种常见的逻辑运算

在逻辑代数中，除了与、或、非三种基本逻辑运算以外，经常还要用到与非运算、或非运算、与或非运算、异或运算、同或运算等。如表 9.4 所示。

表 9.4　几种常见的逻辑运算

逻辑运算	国际符号	美国符号	逻辑运算式	真值表
与运算 与门	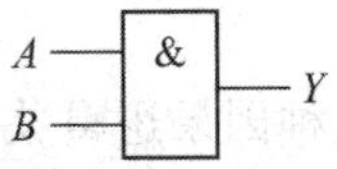 A B & Y	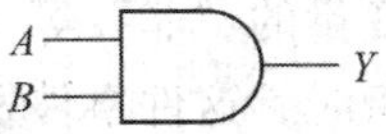 A B Y	$Y = AB$	AB Y 00 0 01 0 10 0 11 1
或运算 或门	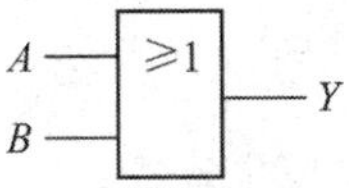 A B ≥1 Y	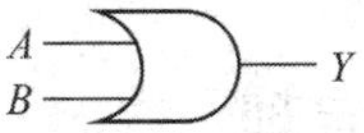 A B Y	$Y = A + B$	AB Y 00 0 01 1 10 1 11 1
非运算 非门	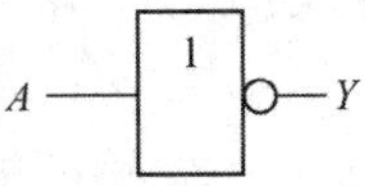 A 1 Y	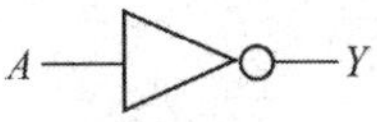 A Y	$Y = \overline{A}$	A Y 0 1 1 0
与非运算 与非门	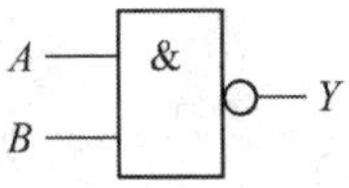 A B & Y	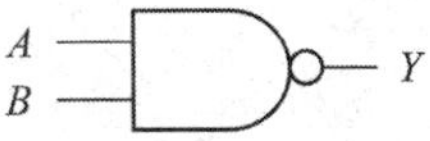 A B Y	$Y = \overline{AB}$	AB Y 00 1 01 1 10 1 11 0
或非运算 或非门	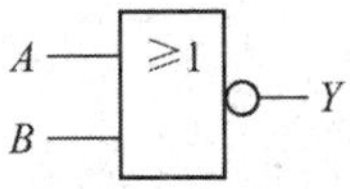 A B ≥1 Y	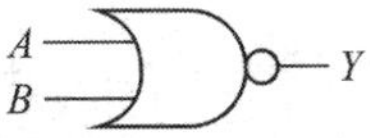 A B Y	$Y = \overline{A + B}$	AB Y 00 1 01 0 10 0 11 0
与或非运算 与或非门	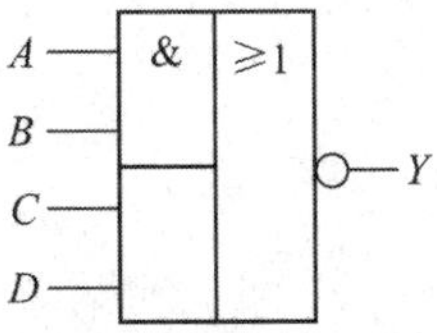 A B C D & ≥1 Y		$Y = \overline{AB + CD}$	
异或运算 异或门	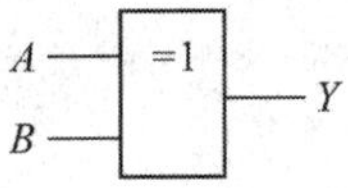 A B =1 Y	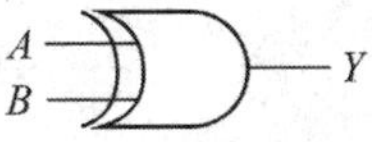 A B Y	$Y = A\overline{B} + \overline{A}B$ $= A \oplus B$	AB Y 00 0 01 1 10 1 11 0
同或运算 同或门	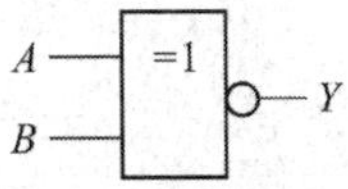 A B =1 Y	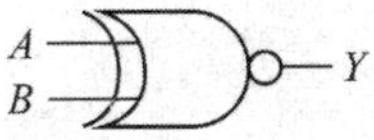 A B Y	$Y = AB + \overline{A}\,\overline{B}$ $= A \odot B$	AB Y 00 1 01 0 1 0 11 1

9.2.3　常见问题讨论

（1）数字电路传输的信号是由-∞至∞组成的数字信号。

解答：错。

数字电路传输的信号是由 0、1 组成的数字信号。

（2）因原变量 A 取值为 1，所以，反变量 $\overline{A}=0$。

解答：对。

原变量的“非”等于反变量；反变量的“非”等于原变量。

（3）当一件事情的所有条件不具备时，这件事件发生，这种因果逻辑关系称为与逻辑。

解答：错。

当一件事情的所有条件具备时，这件事件发生为与逻辑；当一件事情的所有条件不具备时，这件事件发生为与非逻辑。

9.3 基本逻辑代数公式和定理

9.3.1 基本逻辑代数公式

1. 逻辑常量之间的运算公式

根据基本的与、或、非三种逻辑运算，逻辑常量之间的逻辑运算关系有：

$$0\cdot 0=0$$
$$0\cdot 1=0$$
$$1\cdot 1=1$$
$$0+0=0$$
$$0+1=1$$
$$1+1=1$$
$$\overline{1}=0$$
$$\overline{0}=1$$

2. 逻辑常量与逻辑变量之间的运算公式

$$A\cdot 0=0$$
$$A\cdot 1=A$$
$$A+0=A$$
$$A+1=1$$

3. 逻辑变量之间的运算公式

$$A\cdot\overline{A}=0$$
$$A+\overline{A}=1$$
$$AB+A\overline{B}=A$$

9.3.2 基本逻辑运算定理

1. 交换律

$$AB=BA$$
$$A+B=B+A$$

2. 吸收律

$$A+AB=A$$
$$A+\overline{A}B=A+B$$
$$AB+\overline{A}C+BC=AB+\overline{A}C$$

3. 结合律

$$(A\cdot B)\cdot C=A\cdot(B\cdot C)$$
$$(A+B)+C=A+(B+C)$$

4. 分配律

$$A\cdot(B+C)=AB+AC$$
$$A+BC=(A+B)\cdot(A+C)$$

5. 重叠律

$$A\cdot A=A$$
$$A+A=A$$

6. 摩根定理（反演律）

$$\overline{A\cdot B}=\overline{A}+\overline{B}$$
$$\overline{A+B}=\overline{A}\cdot\overline{B}$$

7. 还原律

$$\overline{\overline{A}}=A$$

9.3.3　基本逻辑运算规则

1. 代入规则

在任何逻辑等式中，将等式两边所有出现的同一变量，都代之以一个逻辑函数，则等式仍然成立，称为代入规则。

例如，已知摩根定理 $\overline{A+B}=\overline{A}\cdot\overline{B}$，若用逻辑函数 $Y=B+C$ 代替等式中的变量 B，得 $\overline{A+B+C}=\overline{A}\cdot\overline{B+C}=\overline{A}\cdot\overline{B}\cdot\overline{C}$

2. 反演规则

将任何一个逻辑函数表达式 Y 中的所有运算符号“·”变“+”，“+”变“·”，“0”变“1”、“1”变“0”，原变量变反变量、反变量变原变量，那么所得到的函数表达式为 Y 的反函数 $\overline{Y}$，这个规则称为反演规则。

利用反演规则，可比较容易地求出一个逻辑函数的反函数。

【例 9.4】 已知逻辑函数 $Y=\overline{\overline{A\overline{B}+\overline{C}}+ABC+\overline{A}(B+D)}$，试求逻辑函数 Y 的反函数 $\overline{Y}$。

分析：

（1）原变量换成反变量（如 A 换成 $\overline{A}$）、反变量换成原变量（如 $\overline{A}$ 换成 A）。

（2）逻辑与换成逻辑或（如 ABC 换成 $A+B+C$ ）、逻辑或换成逻辑与（如 $B+D$ 换成 BD ），解得反函数 $\overline{Y}$ 。

解　根据反演规则可得

$$\overline{Y}=\overline{\overline{(\overline{A}+B)C}\cdot(\overline{A}+\overline{B}+\overline{C})}\cdot(A+\overline{B}\cdot\overline{D})$$

结论：

（1）变换过程中要保持原式中运算的优先顺序，即先算括号，再算逻辑乘，最后算逻辑加。

（2）不是单个变量上的“非”号应保持不变，即几个变量上的公共反号要保持不变。

3. 对偶规则

将任何一个逻辑函数 Y 中的所有运算符号“ · ”变“+”，“+”变“ · ”，“0”变“1”、“1”变“0”，所有的变量保持不变，就可得到逻辑函数 Y 的对偶式，记作 Y' 。

【例 9.5】 试求例题 9.4 的逻辑函数 $Y=\overline{\overline{A\overline{B}+\overline{C}}+ABC}+\overline{A}(B+D)$ 的对偶式 Y' 。

分析：将逻辑与换成逻辑或（如 ABC 换成 $A+B+C$ ）、逻辑或换成逻辑与（如 $B+D$ 换成 BD ）。

解　根据对偶规则可得

$$Y'=\overline{\overline{(A+\overline{B})\cdot\overline{C}}\cdot(A+B+C)}\cdot(\overline{A}+BD)$$

结论：变换过程中要保持原式中运算的优先顺序。

9.3.4　常见问题讨论

（1）因为逻辑原变量 $A=1$，所以，逻辑式 $A+A=2A=2$ 。

解答：错。

第一逻辑代数描述的是 0 与 1 逻辑关系；第二逻辑表达式与普通代数不同，“+”表示逻辑“或”，即 $A+A=A$ 。

（2）因吸收律有 $AB+\overline{A}C+BC=AB+\overline{A}C$ ，所以， $AB+\overline{A}C+BC\overline{D}E=AB+\overline{A}C$ 。

解答：对。

$$\begin{aligned}AB+\overline{A}C+BC\overline{D}E&=AB+\overline{A}C+BC+BC\overline{D}E\\&=AB+\overline{A}C+BC(1+\overline{D}E)\\&=AB+\overline{A}C+BC\\&=AB+\overline{A}C\end{aligned}$$

9.4　逻辑函数表示方法之间的相互转换

在数字系统中，无论其系统是复杂还是简单，逻辑变量是多还是少，输入变量与输出变量之间的因果关系都可以用一个逻辑函数来描述。

逻辑函数的表示方法有五种形式，即真值表、逻辑函数表达式（或称逻辑表达式、表达式）、波形图、逻辑电路图和卡诺图（本教材不讨论卡诺图），其五种表示方法之间相互转换关系如图 9.8 所示。

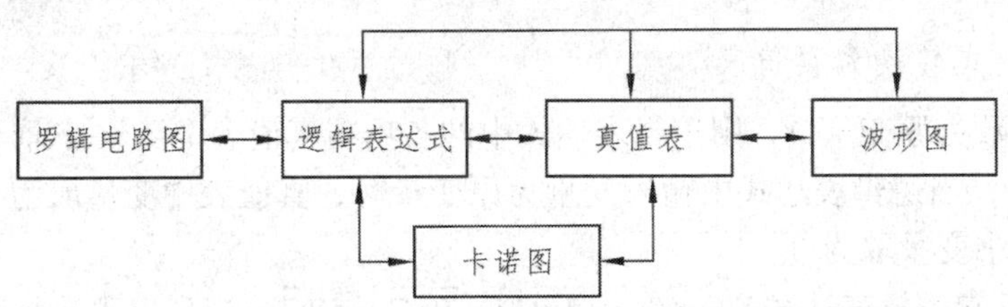

图 9.8　逻辑函数的五种表示方法之间转换关系图

9.4.1　真值表与逻辑表达式

真值表在实际问题与逻辑表达式之间起作桥梁作用，如已知实际问题（或逻辑功能），则通过真值表写出逻辑表达式；如已知逻辑表达式，则通过真值表分析逻辑功能。

1. 真值表转换为逻辑表达式

将真值表中函数值为 1 的对应项之间分别相或；其每一项中各输入变量相与；若输入变量为 1，写成原变量；为 0 则写成反变量。

【例 9.6】 已知某逻辑功能真值表如表 9.5 所示，试写出真值表的逻辑表达式。

表 9.5　真值表

A　B　C	Y
0　0　0	1
0　0　1	0
0　1　0	0
0　1　1	1
1　0　0	0
1　0　1	0
1　1　0	1
1　1　1	1

分析：

（1）真值表中函数 Y 值为 1 的共有 4 项，即有 4 项相或。

（2）输入变量 A、B、C，即三个变量相与为 $A \cdot B \cdot C$。

（3）输入变量为 0 写成反变量，为 1 写成原变量；如 A、B、C 取值为 011，则该项写成 $\overline{A} \cdot B \cdot C$。

（4）将函数值为 1 的对应项之间相或，就解得逻辑表达式。

解　根据真值表得逻辑表达式为

$$Y = \overline{A} \cdot \overline{B} \cdot \overline{C} + \overline{A}BC + AB\overline{C} + ABC$$

结论：真值表中 1，说明对应的输入变量为原变量；真值表中 0，对应的输入变量为反变量。即原变量的取值为 1，反变量的取值为 0。所写的逻辑函数 Y 是原变量，即 Y 的取值为 1，所以逻辑表达式写的是真值表中函数 $Y = 1$ 的各项相或。

2. 逻辑表达式转换为真值表

如果逻辑函数为原变量 Y，则逻辑表达式中的各项在真值表中函数 Y 取值为 1，其余的函数 Y 取值为 0；当逻辑表达式中输入变量为原变量时，真值表中变量取为 1，当变量为反变量时，真值表中变量取为 0。

【例 9.7】 已知逻辑表达式 $Y=\overline{A}B\overline{C}+\overline{A}BC+A\overline{B}\cdot\overline{C}+AB\overline{C}$，试列出逻辑函数 Y 的真值表。

分析：真值表中函数 Y 值为 1 的项有 4 项，即 $\overline{A}B\overline{C}$ 取值 010，$\overline{A}BC$ 取值 011，$A\overline{B}\cdot\overline{C}$ 取值 100，$AB\overline{C}$ 取值 110。

解　根据逻辑表达式得真值表为

表 9.6　真值表

$A\ \ B\ \ C$	Y
0 0 0	0
0 0 1	0
0 1 0	1
0 1 1	1
1 0 0	1
1 0 1	0
1 1 0	1
1 1 1	0

结论：根据逻辑表达式写真值表时注意两点，一是确定函数变量 Y 是原变量还是反变量，如果是原变量，表达式中各项在真值表中填写 1，反变量则填写 0；二是确定表达式中各项变量 A、B、C 的取值，原变量取值 1，反变量取值 0。

9.4.2　逻辑表达式与逻辑图

1. 逻辑表达式转换成逻辑图

逻辑表达式是由逻辑变量和与、或、非等几种逻辑运算符号构成的数学逻辑方程，是表示逻辑函数方法之一。由于同一个逻辑函数可以有不同类型的逻辑表达式，所以转换成的逻辑图也不是唯一的。

例如：已知逻辑表达式 $Y=AB+\overline{A}C$，可应用逻辑代数公式和定理，转换以下几种常见的逻辑表达式类型。

$$Y=AB+\overline{A}C \qquad \text{与或式}$$

由摩根定理，得

$$Y=\overline{\overline{AB+\overline{A}C}}=\overline{\overline{AB}\cdot\overline{\overline{A}C}} \qquad \text{与非-与非式}$$

由吸收律和 $A\cdot\overline{A}=0$，得

$$Y=(AB+\overline{A}C)+BC+A\overline{A}=A(\overline{A}+B)+C(\overline{A}+B)$$
$$=(A+C)\cdot(\overline{A}+B) \qquad \text{或与式}$$

由摩根定理，得

$$Y=\overline{\overline{(A+C)\cdot(\overline{A}+B)}}=\overline{\overline{(A+C)}+\overline{(\overline{A}+B)}} \qquad \text{或非-或非式}$$

虽然，逻辑表达式可以转换成多种类型，但其真值表是唯一的。

【例 9.8】 已知逻辑表达式 $Y=AB+\overline{A}C$，试分别用与非门和或非门画出逻辑图。

分析：本题要求只能分别用逻辑器件与非门和或非门实现逻辑图，所以，首先将 $Y=AB+\overline{A}C$ 转换成“与非-与非式”和“或非-或非式”，再用指定的逻辑门，由输入端逐级画到输出端。

（1）$Y_1=\overline{AB}$、$Y_2=\overline{\overline{A}C}$、$Y=\overline{Y_1\cdot Y_2}$ 都是与非运算，即用与非门实现电路如图 9.9（a）所示。

（2）$Y_1=\overline{A+C}$、$Y_2=\overline{\overline{A}+B}$、$Y=\overline{Y_1+Y_2}$ 都是或非运算，即用或非门实现电路如图 9.9（b）所示。

解 （1）用与非门实现逻辑图。

$$Y=AB+\overline{A}C=\overline{\overline{AB+\overline{A}C}}=\overline{\overline{AB}\cdot\overline{\overline{A}C}}$$

逻辑图如图 9.9（a）所示。

（2）用或非门实现逻辑图。

$$Y=AB+\overline{A}C=\overline{\overline{(A+C)\cdot(\overline{A}+B)}}=\overline{\overline{(A+C)}+\overline{(\overline{A}+B)}}$$

逻辑图如图 9.9（b）所示。

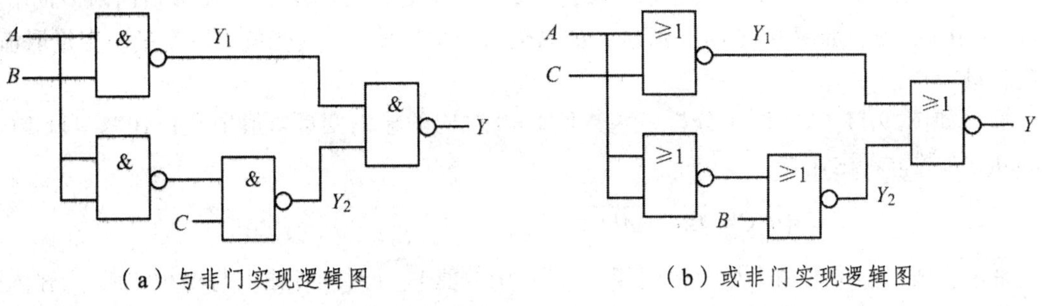

（a）与非门实现逻辑图　　（b）或非门实现逻辑图

图 9.9　例 9.8 的逻辑图

结论：用逻辑符号表示逻辑表达式中各个变量之间的逻辑运算关系，便能画出函数的逻辑图。

2. 逻辑图转换成逻辑表达式

从逻辑图的输入端开始，逐级写出各个逻辑门的输出函数，便能得到逻辑表达式。

例如，写出逻辑图 9.9 的逻辑表达式，其逻辑图转换成表达式的过程如图 9.10 所示。

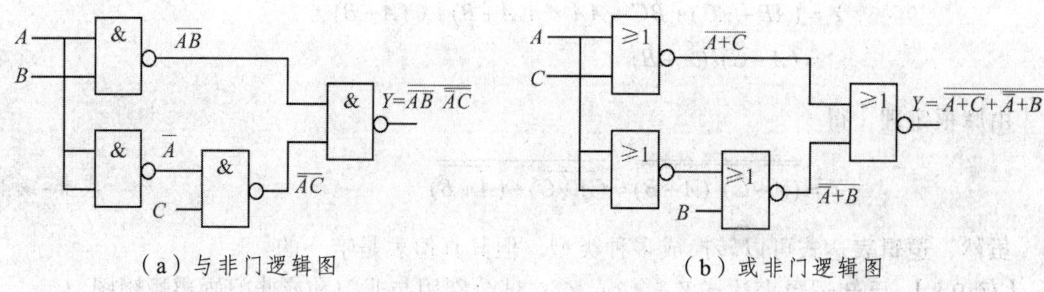

（a）与非门逻辑图　　（b）或非门逻辑图

图 9.10　逻辑图写逻辑表达式

9.4.3　逻辑表达式与波形图

1. 波形图转换成逻辑表达式

【例 9.9】已知某逻辑表达式的波形图如图 9.11（a）所示，试写出逻辑图中函数 Y 的表达式。

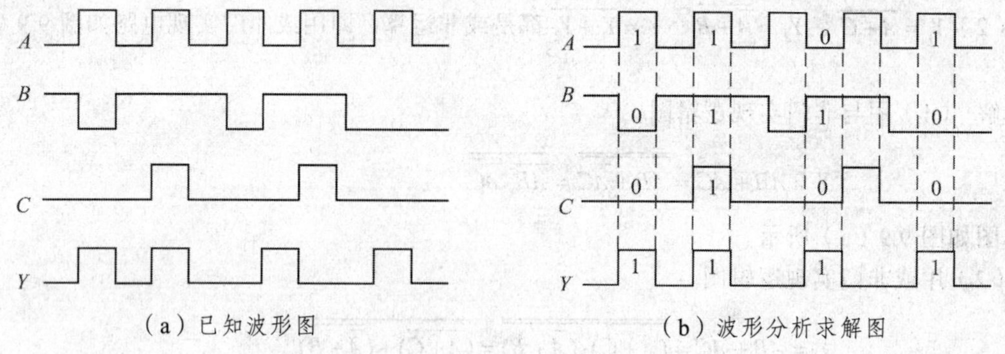

（a）已知波形图　　（b）波形分析求解图

图 9.11　例 9.9 图

分析：待求函数 Y 为原变量，即逻辑表达式关注的是波形图中 $Y=1$ 函数值所对应的输入变量 A、B、C 项，如图 9.11（b）所示。如果输入变量取值 1，其变量为原变量；变量取值 0 为反变量。

解　如图 9.11（b）所示分析，函数值 $Y=1$ 对应的输入变量取值项有：100、111、010 和 100，则逻辑表达式为

$$Y = A\overline{B}\cdot\overline{C} + ABC + \overline{A}B\overline{C}$$

绪论：波形图中的输入变量之间相“与”；函数值 $Y=1$ 对应各输入与项相“或”；输入变量取值 1 表示变量为原变量，输入变量取值 0 表示变量为反变量，则可根据波形图，得到原变量函数的表达式。

2. 逻辑表达式转换成波形图

【例 9.10】已知函数 $Y=\overline{A}\cdot\overline{B}\cdot\overline{C}+A\overline{B}C+\overline{A}B\overline{C}+A\cdot\overline{B}\cdot\overline{C}$，输入波形如图 9.12（a）所示。试画出函数 Y 的波形图。

分析：逻辑表达式中函数值 $Y=1$ 对应的输入变量取值为：000、101、010、100，在已知的波形图中找到这四种变量取值项对应的波形，如图 9.12（b）所示。从而得到待求函数的波形图。

解　如图 9.12（b）所示

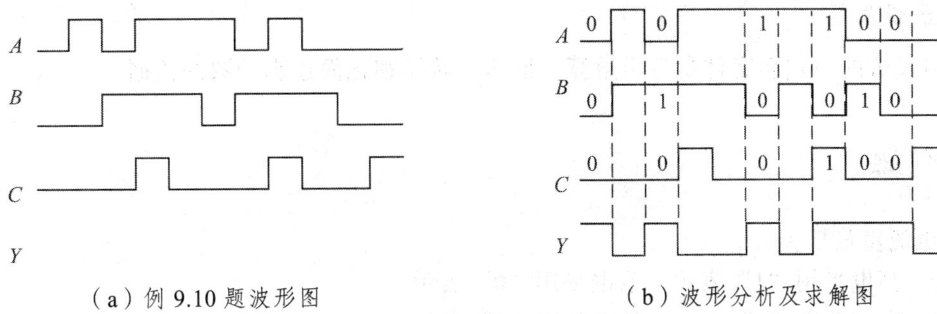

（a）例 9.10 题波形图　　　　（b）波形分析及求解图

图 9.12　例 9.10 图及求解波形图

绪论：原变量对应的取值为 1（如 A 取值为 1），反变量取值为 0（如 $\overline{A}$ 取值为 0），所以，将已知的逻辑表达式各项写成对应的取值项（如 $A\overline{B}C$ 对应取值项为 101）。当波形图中满足表达式取值项的输入时，函数值 $Y=1$，否则为 0。

9.4.4　常见问题讨论

（1）原变量对应的波形脉冲是正脉冲，反变量对应的波形脉冲是负脉冲。

解答：对。

因为，正脉冲对应的逻辑值为 1，负脉冲对应的逻辑值为 0。

（2）逻辑表达式 $Y=\overline{A}\cdot\overline{B}C+ABC+AB\overline{C}+\overline{A}BC$ 所对应的逻辑值为：Y 取值为 1；$\overline{A}\cdot\overline{B}C$、$ABC$、$AB\overline{C}$、$\overline{A}BC$ 对应逻辑值为 001、111、110、011。

解答：对。

原变量的逻辑值为 1，反变量的逻辑值为 0。

本章小结

1. 逻辑代数变量

变量取值：取值只有两个，0、1；

变量表示：表示只有两种，原变量、反变量；

变量波形：波形只有两个状态，正脉冲、负脉冲；

变量电平：数字电路信号电平只有两个，高电平、低电平。

2. 基本逻辑运算和逻辑门

基本逻辑运算：与逻辑运算、或逻辑运算和非逻辑运算；

逻辑门：与门、或门、非门、与非门、或非门、与或非门、异或门、同或门。

3. 逻辑函数

五种表示方法：逻辑表达式、真值表、逻辑图、波形图和卡诺图（本书未介绍卡诺图内容）；

逻辑函数特点：五种表示方法各有特点，但本质相通，可以相互转换。

4. 逻辑代数

逻辑代数的公式和定理是逻辑运算、推演、转换和化简逻辑函数的依据。

选择题

1. 正逻辑是指（　　）。

A. 高电平用“1”表示，低电平用“0”表示

B. 高电平用“0”表示，低电平用“1”表示

C. 高低电平均用“1”或“0”表示

2. 逻辑代数中三种最基本的逻辑运算是（　　）。

A. 与运算、或运算、或非运算

B. 与运算、或运算、非运算

C. 与非运算、或非运算、非运算

3. 数字电路中的工作信号为（　　）。

A. 随时间连续变化的电信号　　B. 脉冲信号　　C. 直流信号

4. 在如图 9.13（a）所示电路中，设开关闭合逻辑为 1，开关断开逻辑为 0，灯亮为 1，灯灭为 0，则灯 Y 灭的逻辑表达式为（　　）。

A. $Y=AB$　　B. $Y=\overline{A}\cdot\overline{B}$　　C. $Y=\overline{AB}$　　C. $Y=A+B$

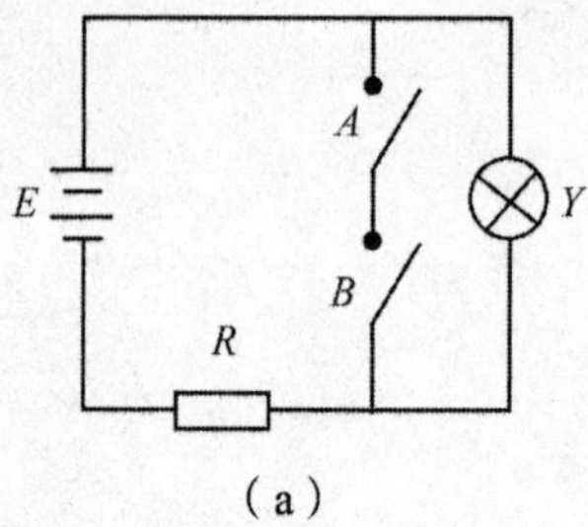

（a）

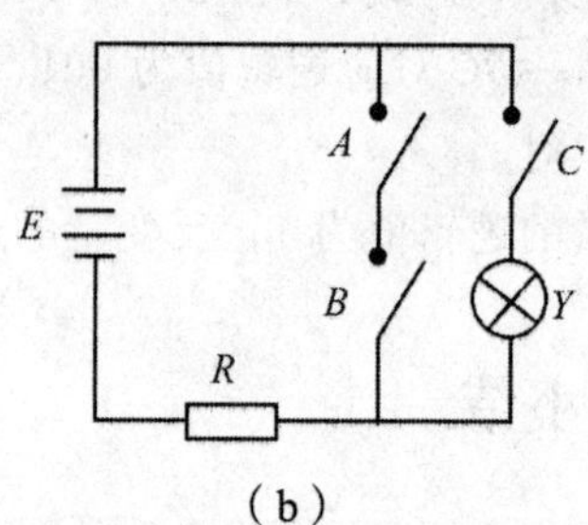

（b）

图 9.13　选择题 4、5 图

5. 在如图 9.13（b）所示电路中，设开关闭合逻辑为 1，开关断开逻辑为 0，灯亮为 1，灯灭为 0，则灯 Y 亮的逻辑表达式为（　　）。

A. $Y=ABC$　　B. $Y=\overline{A}\cdot\overline{B}\cdot\overline{C}$

C. $Y=\overline{AB}\cdot C$　　D. $Y=(A+B)\overline{C}$

6. 电路如图 9.14 所示，设开关闭合用 1 表示，开关断开用 0 表示，电灯 Y 点亮用 1 表示。则电灯 Y 点亮的逻辑表达式为（　　）。

A. $Y=A+B+C$　　B. $Y=AB+C$

C. $Y=A+BC$

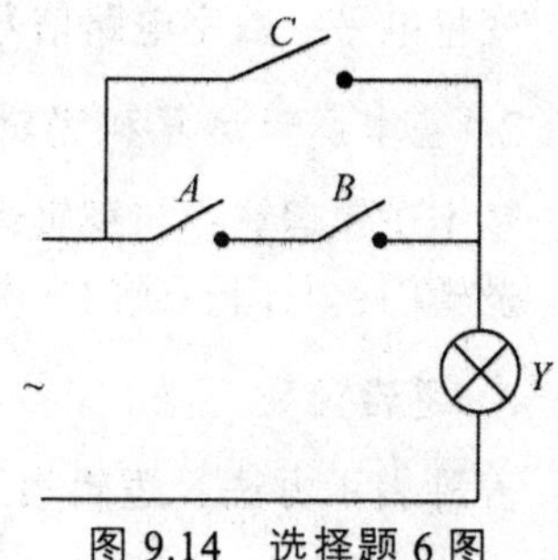

图 9.14　选择题 6 图

7. 逻辑表达式 $Y=\overline{A}\cdot\overline{B}\cdot\overline{C}+A\overline{B}\cdot\overline{C}+\overline{A}B\overline{C}$ 中，变量 A、B、

C 取值为（　　）时，函数 Y 值为 1。

A. 111、011、010　　B. 000、100、010　　C. 000、011、101

8. 逻辑表达式 $Y=\overline{A}\cdot\overline{B}\cdot C+A\overline{B}\cdot\overline{C}+\overline{A}B\overline{C}+ABC$ 的真值表（如图 9.14 所示）为（　　）。

A. 真值表

A	B	C	Y
0	0	0	1
0	0	1	1
0	1	0	0
0	1	1	0
1	0	0	1
1	0	1	1
1	1	0	0
1	1	1	0

B. 真值表

A	B	C	Y
0	0	0	1
0	0	1	0
0	1	0	0
0	1	1	1
1	0	0	0
1	0	1	1
1	1	0	1
1	1	1	0

C. 真值表

A	B	C	Y
0	0	0	0
0	0	1	1
0	1	0	1
0	1	1	0
1	0	0	1
1	0	1	0
1	1	0	0
1	1	1	1

D. 真值表

A	B	C	Y
0	0	0	0
0	0	1	1
0	1	0	1
0	1	1	0
1	0	0	0
1	0	1	0
1	1	0	1
1	1	1	1

图 9.15　选择题 8 的真值表图

9. 如图 9.16 所示波形图中，函数 Y 值为 1 的逻辑表达式为（　　）。

A. $Y=AB\overline{C}+A\overline{B}C+\overline{A}\cdot\overline{B}\cdot\overline{C}+ABC$　　B. $Y=\overline{A}\cdot\overline{B}\cdot\overline{C}+AB\overline{C}+A\overline{B}C+\overline{A}B\overline{C}$

C. $Y=\overline{A}\cdot\overline{B}C+\overline{A}B\overline{C}+\overline{A}\cdot\overline{B}\cdot\overline{C}+ABC$　　D. $Y=AB\overline{C}+A\overline{B}\cdot\overline{C}+A\overline{B}C+\overline{A}B\overline{C}$

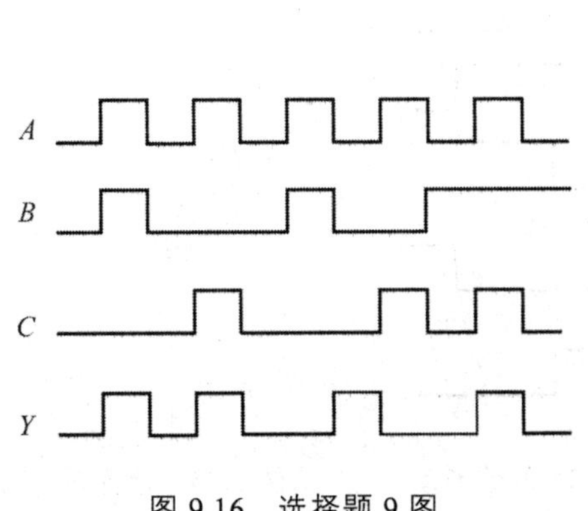

图 9.16　选择题 9 图

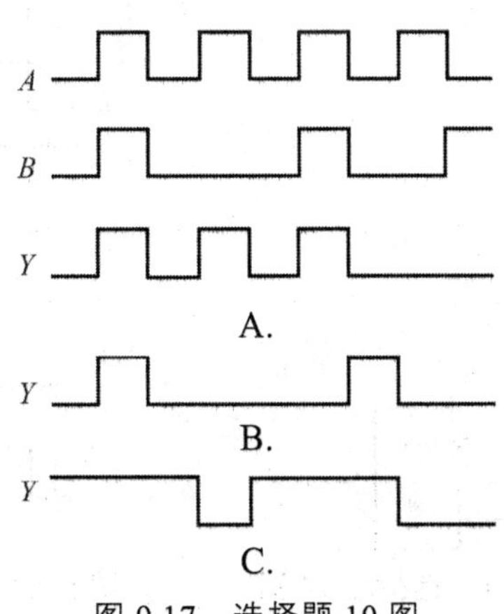

图 9.17　选择题 10 图

10. 逻辑表达式 $Y=\overline{A}\cdot\overline{B}+AB$ 的波形图为所示图 9.17 中的（　　）图。

11. 逻辑表达式 $Y=\overline{A}\cdot\overline{B}$ 的逻辑图为图 9.18（　　）。

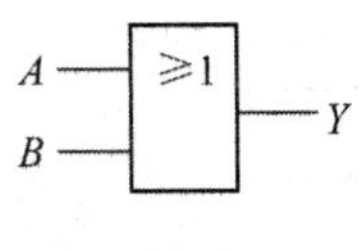

A.

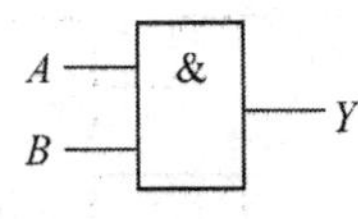

B.

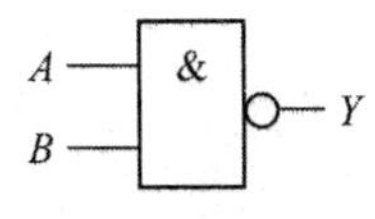

C.

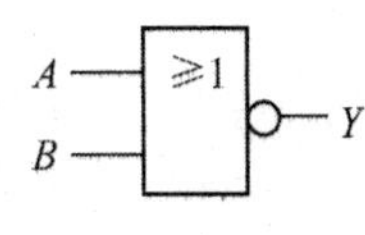

D.

图 9.18　选择题 11 图

12. 逻辑表达式 $Y=\overline{\overline{A}+B}$ 的逻辑图为图 9.19（　　）。

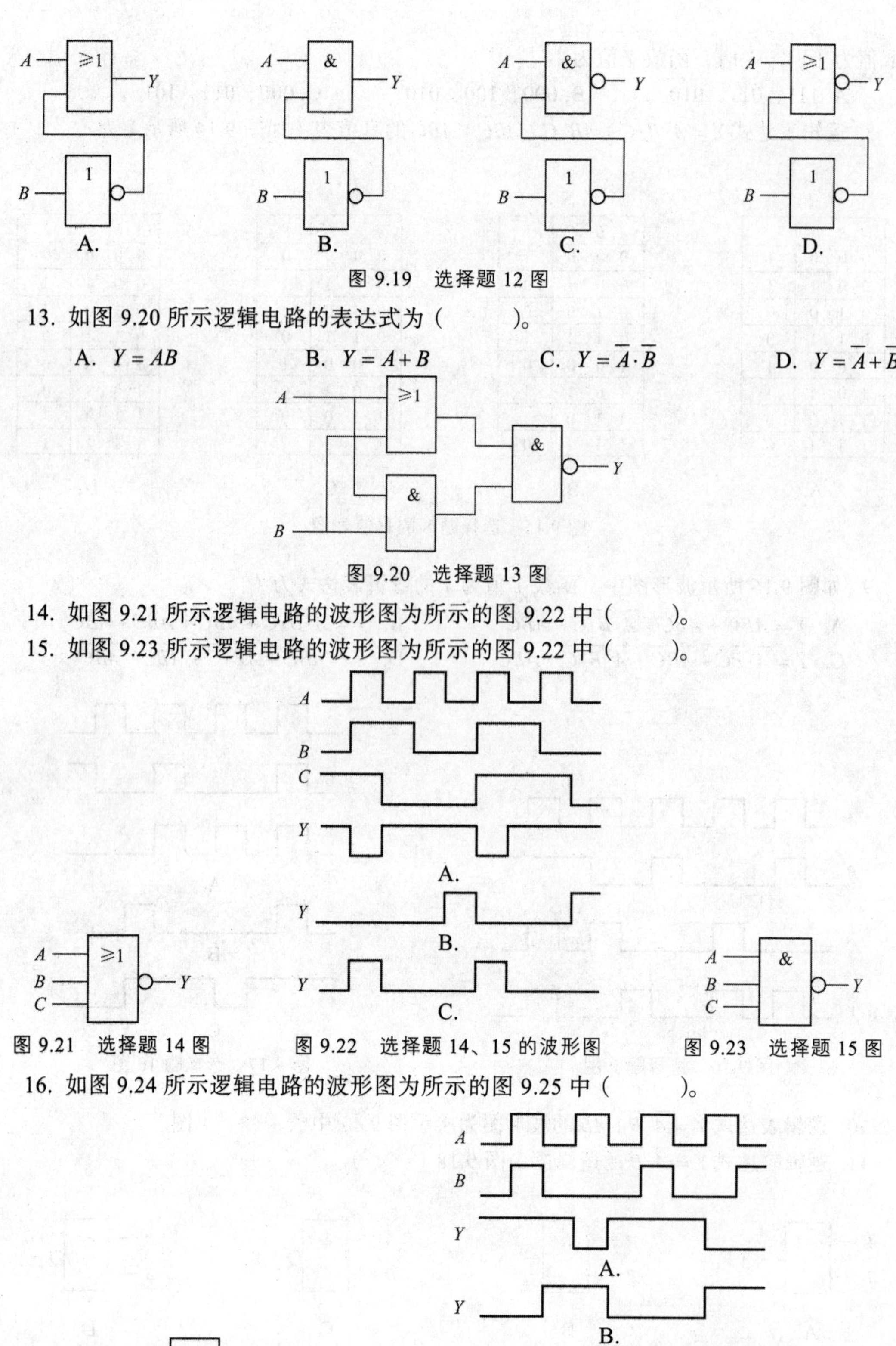

A.　B.　C.　D.

图 9.19　选择题 12 图

13. 如图 9.20 所示逻辑电路的表达式为（　　）。

A. $Y = AB$　　B. $Y = A + B$　　C. $Y = \overline{A} \cdot \overline{B}$　　D. $Y = \overline{A} + \overline{B}$

图 9.20　选择题 13 图

14. 如图 9.21 所示逻辑电路的波形图为所示的图 9.22 中（　　）。

15. 如图 9.23 所示逻辑电路的波形图为所示的图 9.22 中（　　）。

A.　B.　C.

图 9.21　选择题 14 图　　图 9.22　选择题 14、15 的波形图　　图 9.23　选择题 15 图

16. 如图 9.24 所示逻辑电路的波形图为所示的图 9.25 中（　　）。

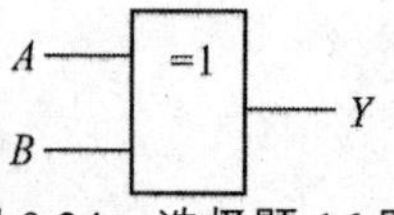

A.　B.　C.

图 9.24　选择题 16 图 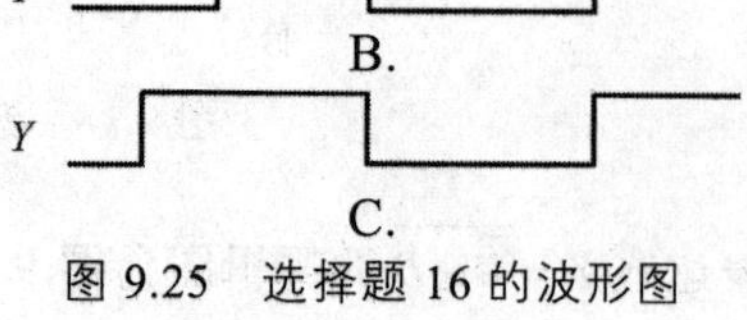　　图 9.25　选择题 16 的波形图

17. 逻辑图和输入 A、B 的波形如图 9.26 所示，试分析当输出 Y 为“1”的时刻应是(　　)。

A. t_1　　B. t_2　　C. t_3

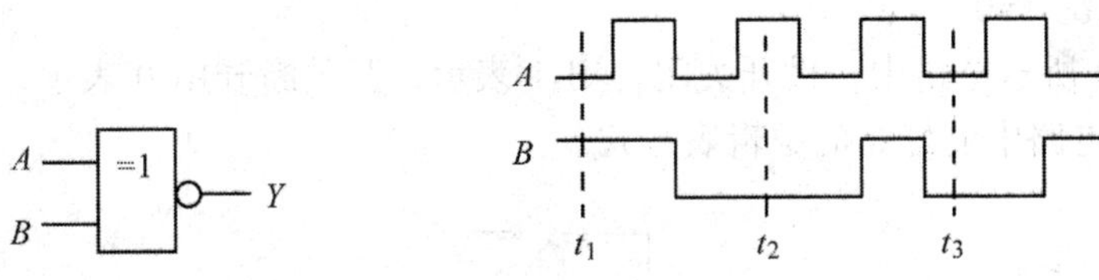

图 9.26　选择题 17 图

18. 逻辑电路如图 9.27 所示，已知输入波形 A 为脉冲信号，则输出 Y 的波形为（　　）。

A. 与波形 A 相同的脉冲信号　　B. 与波形 A 相反的脉冲信号　　C. 高电平“1”

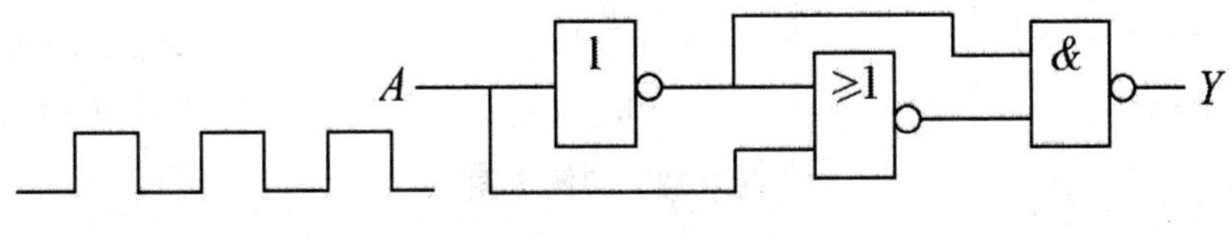

图 9.27　选择题 18 图

习　题

1. 列出下面各逻辑函数的真值表。

（1）$Y = A\overline{B} + \overline{A}B$

（2）$Y = A\overline{B}C + \overline{A}BC + AB\overline{C} + ABC$

（3）$Y = AC + ABC + A\overline{BC} + BC + \overline{B}C$

（4）$Y = \overline{AC + \overline{A}BC + \overline{B}C} + AB\overline{C}$

2. 用真值表证明下列等式。

（1）$A + BC = (A + B)(A + C)$

（2）$A\overline{B} + B\overline{C} + C\overline{A} = \overline{A}B + \overline{B}C + \overline{C}A$

（3）$(A + B)(\overline{A} + C) = (A + B)(\overline{A} + C)(B + C)$

3. 根据各真值表，试写出逻辑函数 Y 的表达式。

（1）真值表

A B C	Y
0 0 0	1
0 0 1	1
0 1 0	0
0 1 1	0
1 0 0	1
1 0 1	1
1 1 0	0
1 1 1	0

（2）真值表

A B C	Y
0 0 0	0
0 0 1	0
0 1 0	1
0 1 1	1
1 0 0	0
1 0 1	0
1 1 0	1
1 1 1	1

（3）真值表

A B C	Y
0 0 0	0
0 0 1	1
0 1 0	1
0 1 1	0
1 0 0	0
1 0 1	1
1 1 0	1
1 1 1	0

4. 根据下列问题，列出其真值表，并写出逻辑表达式：

（1）当三个输入信号 A、B、C 均为 0，或其中有两个为 1 时，输出 Y=1，其余情况 Y=0。

（2）当三个输入信号 A、B、C 中出现奇数个 1 时，输出 $Y=1$，其余情况 $Y=0$。

（3）有三人（即用 A、B、C 表示表决输入信号）表决电路，当多数同意时，灯亮（即输出 $Y=1$），其余情况 $Y=0$。

5. 在图 9.28 所示电路中，设开关闭合用 1 表示，开关断开用 0 表示，电灯 Y 点亮用 1 表示，试写出各电路中电灯亮的逻辑表达式。

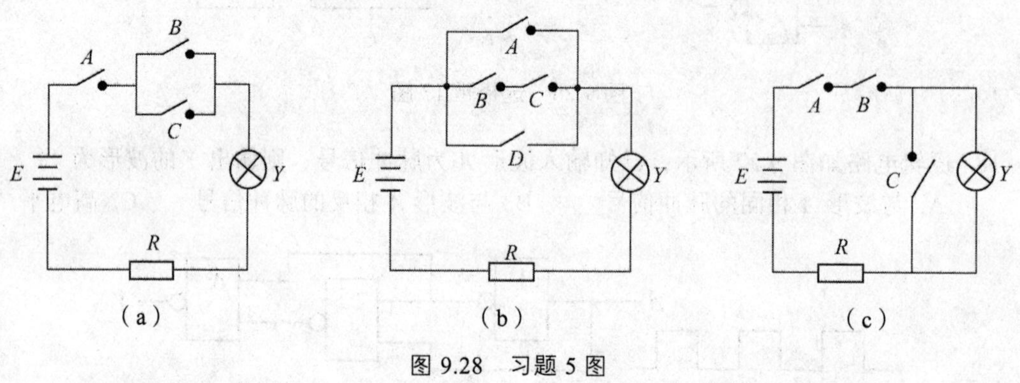

图 9.28　习题 5 图

6. 双向开关动作时的逻辑值如图 9.29 所示，试写出各电路中电灯 Y 亮的逻辑表达式，并列出其真值表。

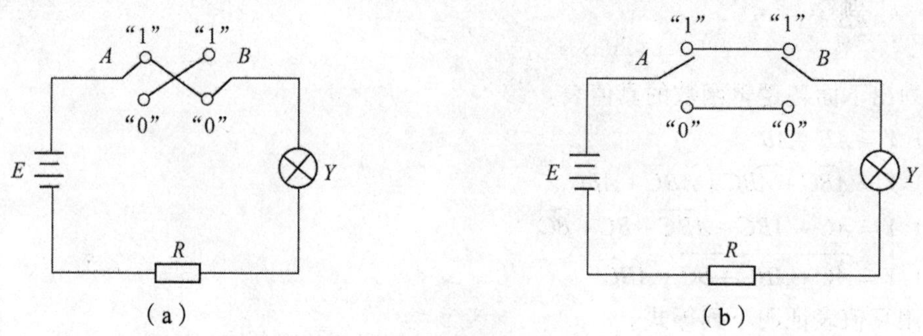

图 9.29　习题 6 图

7. 已知逻辑电路图及输入信号 A、B、C 的波形图如图 9.30 所示，试写各电路输出逻辑表达式 Y_1、Y_2、Y_3、Y_4、Y_5、Y_6，并列出真值表，画输出信号的波形图。

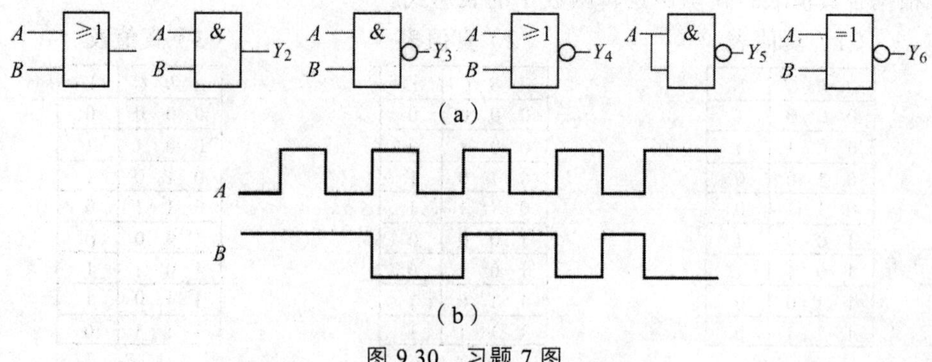

图 9.30　习题 7 图

8. 已知逻辑电路图及输入信号 A、B、C 的波形图如图 9.31 所示，试写各电路输出逻辑

表达式 Y_1、Y_2，并列出真值表，画输出信号的波形图。

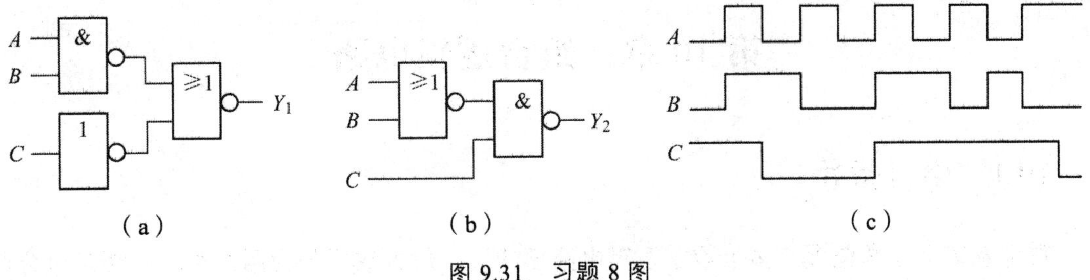

图 9.31　习题 8 图

9. 逻辑电路如图 9.32 所示，试写出逻辑表达式。

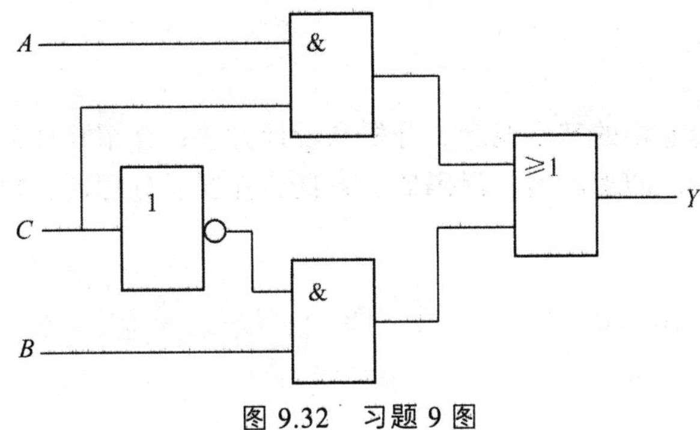

图 9.32　习题 9 图

10. 用逻辑代数化简下列逻辑函数。

（1）$Y = AD + A\overline{D} + AB + \overline{A}C + BD + A\overline{B}EF + \overline{B}EF$

（2）$Y = A\overline{B}\overline{C} + A\overline{B}C + AB\overline{C} + ABC$

（3）$Y = A + ABC + A\overline{BC} + BC + \overline{B}C$

（4）$Y = \overline{AC + \overline{A}BC + \overline{B}C} + AB\overline{C}$

第 10 章　组合逻辑电路

10.1　学习指导

数字系统中通常包含有多个数字逻辑电路模块，一般大致可分为两大类：一类是组合逻辑电路；另一类是时序逻辑电路。

本章主要讨论组合逻辑电路的分析、设计和常用的典型组合逻辑器件。

10.1.1　内容提要

本章介绍组合逻辑电路的基本概念、分析和设计方法；介绍几种常用的典型组合逻辑器件基本逻辑功能和应用，即编码器、译码器、数据选择器、分配器、数值加法器和数值比较器等。

10.1.2　重点与难点

1. 重　点

掌握组合逻辑电路的分析和设计方法；掌握编码器、译码器、数据选择器、加法器和比较器等集成器件逻辑功能。

2. 难　点

掌握组合逻辑电路分析和设计方法；应用编码器、译码器、数据选择器、加法器和比较器等器件设计电路。

10.2　组合电路的概述

1. 逻辑功能特点

组合逻辑电路可以有一个或多个输入端，也可以有一个或多个输出端，其示意框图如图 10.1 所示。在图 10.1 框图中，X_0、X_1、…、X_{n-1} 是输入逻辑变量，Y_0、Y_1、…、Y_{n-1} 是输出逻辑变量。任意时刻电路的输出状态只取决于该时刻输入变量的取值，称为组合逻辑电路（简称组合电路）。

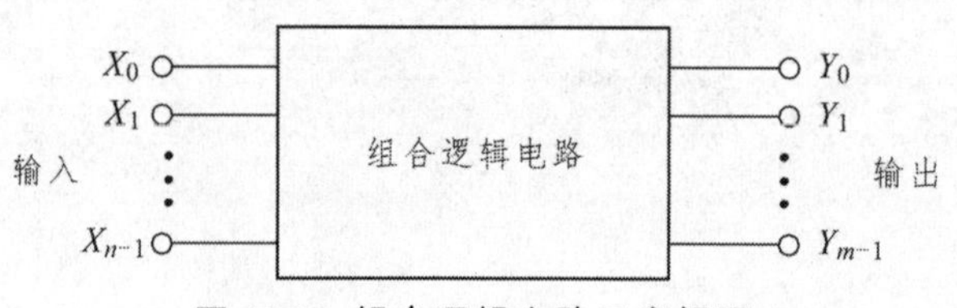

图 10.1　组合逻辑电路示意框图

2. 电路结构特点

组合电路是由常用逻辑门组合而成，其数字信号的传递是单向的，即数字信号由输入传递到输出，不存在信号的反向传递，也不具有存储信号功能，所以各输出只与各输入的即时状态有关。

3. 逻辑功能表示方法、

逻辑函数有五种表示方法，即逻辑表达式、真值表、波形图、逻辑图和卡诺图。则组合电路逻辑功能表示方法有四种：逻辑表达式、真值表、波形图和卡诺图。

4. 常用组合电路

按照逻辑功能特点不同可分为编码器、译码器、数据选择器、数据分配器、比较器、加法器等常用组合电路。

10.3　组合电路的分析和设计

10.3.1　组合电路的分析方法

组合电路的分析是指对给定的逻辑电路进行逻辑分析，并确定逻辑功能。其逻辑功能的分析所遵循的基本步骤，称为组合电路分析方法。如图 10.2 所示，分析步骤为：

（1）根据给定的逻辑电路图，从输入到输出逐级写出逻辑图的逻辑函数表达式。

（2）用布尔代数将逻辑表达式转换为与或表达式。

（3）根据与或表达式列真值表。

（4）根据真值表中的 0、1，确定逻辑电路的功能。

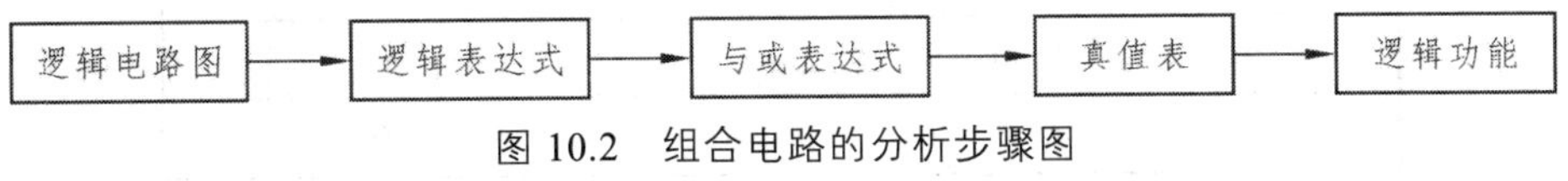

图 10.2　组合电路的分析步骤图

【例 10.1】 试分析如图 10.3（a）所示电路的逻辑功能。

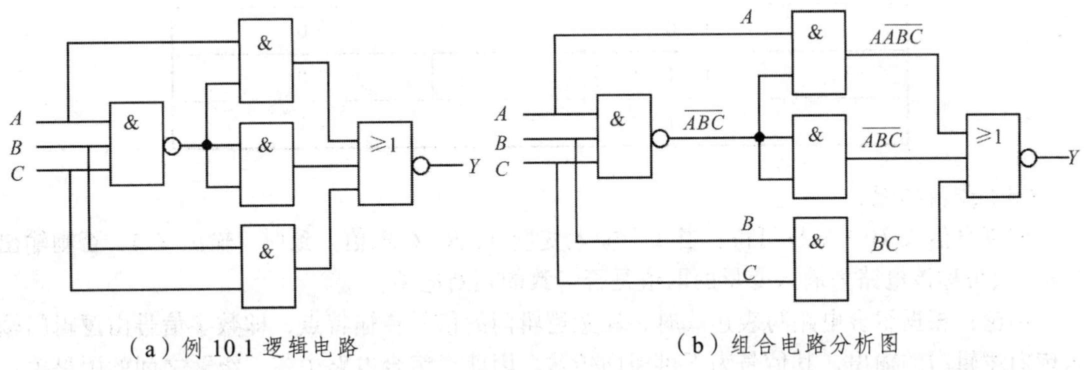

（a）例 10.1 逻辑电路　　（b）组合电路分析图

图 10.3　例 10.1 图

分析：

（1）图 10.3（a）中引用了三种逻辑门，即与非门、与门和或非门。根据各个逻辑门的运算功能，从输入端开始，逐级向输出端推导各级逻辑门输出式，如图 10.3（b）所示，最后写出最后一级的函数逻辑表达式 Y，并用布尔代数转换为与或式。

（2）与或式 Y 中：$\overline{A}\cdot\overline{B}\cdot\overline{C}$ 代码为 000，ABC 为 111，真值表中 000、111 对应的函数 Y 值为 1，其余为 0，如表 10.1 所示。

（3）分析真值表函数 Y 值为 1 的特点，说明其逻辑功能。

解 （1）逻辑表达式。

由图 10.3（b）推导得 Y 的函数式

$$Y=\overline{A\cdot\overline{ABC}+B\cdot\overline{ABC}+C\cdot\overline{ABC}}$$

用布尔代数变换为与或式

$$\begin{aligned}Y&=\overline{A\cdot\overline{ABC}+B\cdot\overline{ABC}+C\cdot\overline{ABC}}\\&=\overline{(A+B+C)\cdot\overline{ABC}}\\&=\overline{(A+B+C)}+\overline{\overline{ABC}}\\&=\overline{A}\cdot\overline{B}\cdot\overline{C}+ABC\end{aligned}$$

（2）真值表。

根据与或式列真值表，如表 10.1 所示。

表 10.1 真值表

A B C	Y
0 0 0	1
0 0 1	0
0 1 0	0
0 1 1	0
1 0 0	0
1 0 1	0
1 1 0	0
1 1 1	1

（3）逻辑功能。

根据真值表 10.1 分析可得：当 3 个输入变量 A、B、C 取值一致时，输出 Y=1，否则输出 Y=0，故可称该电路为输入变量的取值是否一致的判断电路。

结论：根据组合电路写表达式时，注意逻辑门的信号传输特点，即数字信号由逻辑门输入传向逻辑门的输出，其信号为不可逆向传输。因此，组合电路中各“级”之间的因果关系是：前“级”的输出是后“级”的输入。

【例 10.2】 已知图 10.4 所示的组合电路和输入 A、B 信号波形图，试分析组合电路的逻辑功能，并画出函数 Y 的波形图。

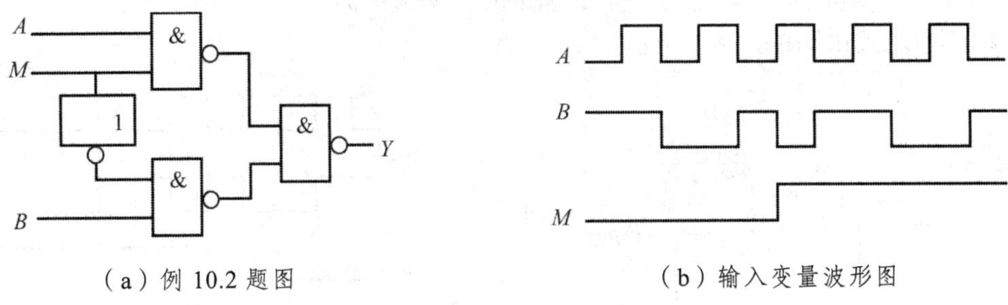

（a）例 10.2 题图　　　　（b）输入变量波形图

图 10.4　例 10.2 组合电路图和波形图

分析：

（1）图 10.4（a）中引用非门和与非门。根据逻辑门的运算功能，从输入向输出逐级推导各级逻辑门输出式，如图 10.5（a）所示。

（2）因为逻辑表达式中 $ABM + A\overline{B}M = AM$ ， $\overline{A}B\overline{M} + AB\overline{M} = B\overline{M}$ ，所以真值表中函数 Y 值为 1 的输入变量代码为：111、101、110、010，如表 10.2 所示。

（3）逻辑功能分析时，注意输入变量 M 的作用。

（4）根据已知波形图 10.4（b）和逻辑功能分析，当 $A = M = 1$ 或 $B = 1$ 、 $M = 0$ 时 $Y = 1$ ，波形如图 10.5（b）所示。

解（1）逻辑表达式。

$$Y = \overline{\overline{AM} \cdot \overline{B\overline{M}}}$$

化简得

$$Y = \overline{\overline{AM}} + \overline{\overline{B\overline{M}}} = AM + B\overline{M}$$

（2）真值表。

根据逻辑表达式列真值表，如表 10.2 所示。

表 10.2　真值表

A　B　M	Y
0　0　0	0
0　0　1	0
0　1　0	1
0　1　1	0
1　0　0	0
1　0　1	1
1　1　0	1
1　1　1	1

（3）逻辑功能。

根据真值表 10.2 分析可得：当 M=1 时，输出信号 Y=A；当 M=0 时，输出信号 Y=B，即，

图 10.5（a）所示组合电路功能为一个 2 选 1 的数据选择器。

（4）波形图如图 10.6（b）所示。

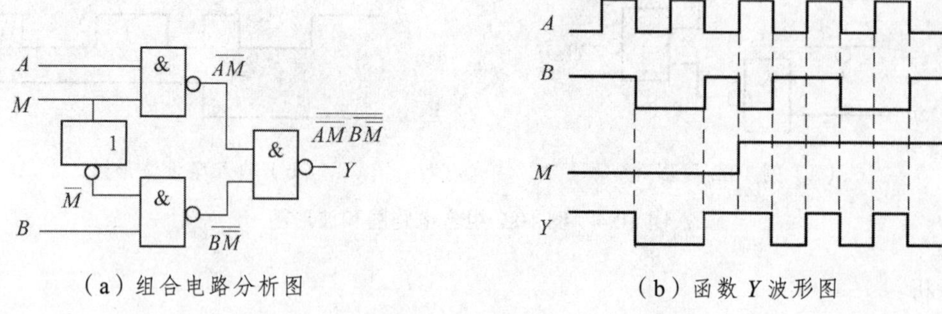

图 10.5　例 10.2 的分析图和函数 Y 波形图

结论：$Y = AM + B\overline{M}$ 式表明输入为 3 变量（即 A、B、M），但 AM 和 $B\overline{M}$ 都只含 2 个输入变量，因此，应用逻辑代数 $A+\overline{A}=0$ 推出：$AM(B+\overline{B}) = ABM + A\overline{B}M$，$B\overline{M}(A+\overline{A}) + AB\overline{M} + \overline{A}B\overline{M}$，所以，$AM$ 在真值表中的代码为 111 和 101，$B\overline{M}$ 为 110 和 010。即 AM 中缺变量 B，不管 B 是 1 还是 0，只要 $AM=11$，函数 $Y=1$；同理，$B\overline{M}$ 中缺变量 A，不管 A 是 1 还是 0，只要 $B\overline{M}$ 在真值表中值为 10，函数 $Y=1$。

10.3.2　组合电路的设计方法

组合逻辑电路的设计过程与分析过程相反，它是根据给定的实际问题，设计出实现其功能的逻辑电路图，如图 10.6 所示。设计方法为：

（1）逻辑功能分析。根据设计要求（实际问题），设定输入、输出之间的因果逻辑关系和变量名，并明确 0、1 所表示变量的状态。

（2）真值表。根据设定的逻辑变量之间的因果关系，列真值表。

（3）逻辑函数表达式。根据真值表写表达式。

（4）画逻辑图。选择不同的逻辑器件，其逻辑图有所不同。

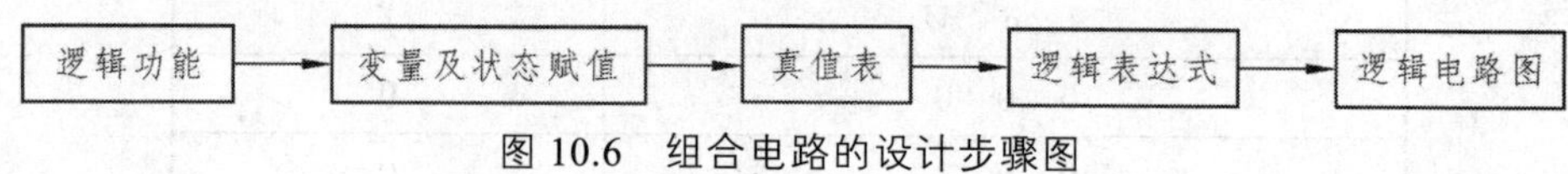

图 10.6　组合电路的设计步骤图

【例 10.3】用 M_1、M_2、M_3 三台电动机带动某工作机械台，要求三台电动机工作状态为必须有两台同时工作，也只许有两台工作，但是 M_2 与 M_3 两台电动机不能同时工作，否则发出中断信号。试设计出能实现三台电动机工作要求的逻辑电路图，并用三种不同逻辑电路实现，即用逻辑门实现、用与非门实现和用或非门实现。

分析：

（1）M_1、M_2、M_3 三台电动机的工作信号为输入变量，分别用 A、B、C 表示；设电动机工作时状态为 1，不工作时为 0；中断信号为输出变量，用 Y 表示；设“发出中断信号”状态为 0，无中断信号为 1。

（2）根据输入 A、B、C 与输出 Y 的因果关系，列出真值。

（3）写出真值表中函数 Y 值为 1 的逻辑表达式。

（4）根据题意要求，主要应用了摩根定理、$A\cdot\overline{A}=0$ 和 $\overline{\overline{A}}=A$ 、$\overline{A+A+A}=\overline{A}$ 等变换逻辑表达式，画出逻辑图。

解　（1）列真值表。

设定变量：输入变量 A、B、C 表示三台电动机的工作状态；输出变量 Y 表示中断信号状态。

状态赋值：A、B、C 工作为 1，否则为 0；发中断信号 Y 为 0，否则为 1。

列真值表：如表 10.3 所示。

表 10.3　真值表

A　B　C	Y
0　0　0	0
0　0　1	0
0　1　0	0
0　1　1	0
1　0　0	0
1　0　1	1
1　1　0	1
1　1　1	0

（2）逻辑表达式。

$$Y=A\overline{B}C+AB\overline{C}$$

（3）逻辑图。

直接用逻辑门实现，由 $Y=A\overline{B}C+AB\overline{C}$ 画出逻辑图，如图 10.7（a）所示。

用与非门实现

$$\begin{aligned}Y&=AC(\overline{C}+\overline{B})+AB(\overline{C}+\overline{B})=AC\overline{CB}+AB\overline{CB}\\&=\overline{\overline{AC\overline{CB}+AB\overline{CB}}}=\overline{\overline{AC\overline{CB}}\cdot\overline{AB\overline{CB}}}\end{aligned}$$

即与非门实现逻辑电路如图 10.7（b）所示。

用或非门实现，写真值表中函数值为 0 的函数表达式

$$\begin{aligned}\overline{Y}&=\overline{A}\cdot\overline{B}\cdot\overline{C}+\overline{A}\cdot\overline{B}C+\overline{A}B\overline{C}+\overline{A}BC+A\overline{B}\cdot\overline{C}+ABC\\&=\overline{A}\cdot(\overline{B}\cdot\overline{C}+\overline{B}C+B\overline{C}+BC)+A\overline{B}\cdot\overline{C}+ABC\\&=\overline{A}+A\overline{B}\cdot\overline{C}+ABC\\&=\overline{A}+\overline{\overline{A\overline{B}\cdot\overline{C}}}+\overline{\overline{ABC}}\\&=\overline{A}+\overline{\overline{A}+B+C}+\overline{\overline{A}+\overline{B}+\overline{C}}\end{aligned}$$

由摩根定理，得

$$\overline{\overline{Y}}=\overline{\overline{A}+\overline{\overline{A}+B+C}+\overline{\overline{A}+\overline{B}+\overline{C}}}$$

$$Y=\overline{\overline{A}+\overline{\overline{A}+B+C}+\overline{\overline{A}+\overline{B}+\overline{C}}}$$

即或非门实现逻辑电路如图 10.7（c）所示。

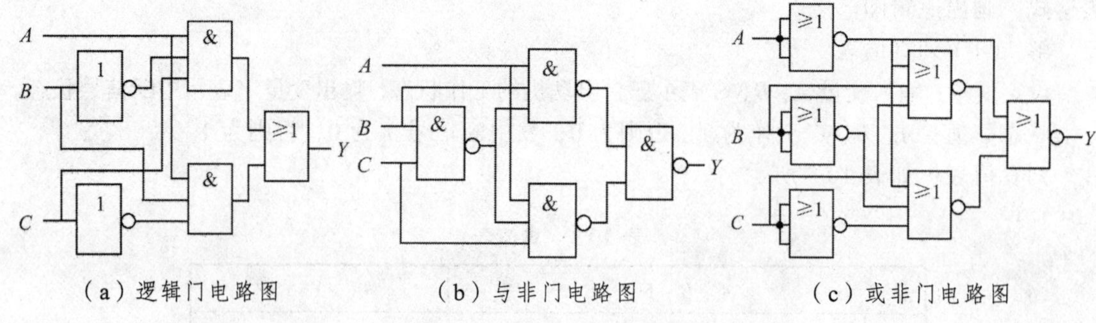

图 10.7　例 10.3 逻辑图

结论：设计第一步是将题意中的技术要求，用输入变量、输出变量（即函数变量）及 0、1 状态赋值表示；第二步根据输入变量数 n，列 2^n 组合真值表，由题意中给出的输入与输出因果关系，填写真值表中的函数值；第三步根据真值表写逻辑表达式，其表达式可写原函数表达式（如 Y），也可写反函数表达式（如 $\overline{Y}$）；第四步根据题中所提供的逻辑器件及要求，画出设计的逻辑图。

【例 10.4】设计一个三人表决逻辑电路，如图 10.8 所示，要求输出信号电平与多数输入信号电平一致，并用与非门实现其逻辑功能。

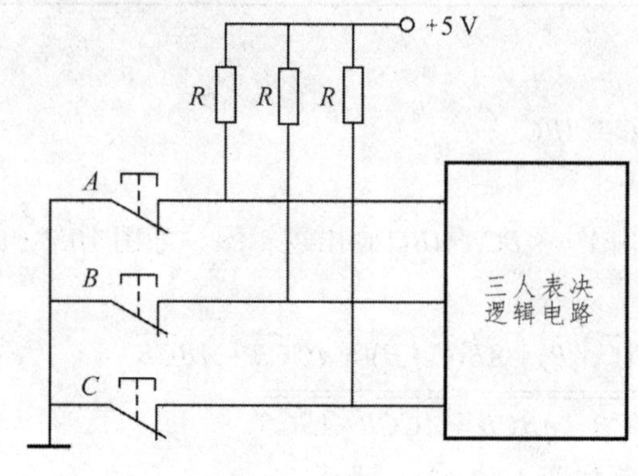

图 10.8　例 10.4 图

分析：

（1）“输出信号电平与多数输入信号电平一致”是指：当输入信号多数为低电平时，输出信号为低电平；当输入信号多数为高电平时，输出信号也为高电平。

（2）图 10.8 中 A、B、C 对应的是三个按钮开关键，当按下按钮键时，逻辑电路输入高电平；当不按键时，则逻辑电路输入的是低电平。

解　（1）列真值表。

设变量：三人表决为输入变量 A、B、C；表决结果为输出变量 Y。

状态赋值：表决同意为 1（即高电平），否则为 0（低电平）；表决结果多数同意为 1，否则为 0。

列真值表：如表 10.4 所示。

表 10.4　真值表

$A\ \ B\ \ C$	Y
0　0　0	0
0　0　1	0
0　1　0	0
0　1　1	1
1　0　0	0
1　0　1	1
1　1　0	1
1　1　1	1

（2）与非-与非逻辑表达式。

$$\begin{aligned}Y &= \overline{A}BC + A\overline{B}C + AB\overline{C} + ABC \\ &= (\overline{A}BC + ABC) + (A\overline{B}C + ABC) + (AB\overline{C} + ABC) \\ &= BC(\overline{A} + A) + AC(\overline{B} + B) + AB(\overline{C} + C) \\ &= \overline{\overline{BC + AC + AB}} \\ &= \overline{\overline{BC} \cdot \overline{AC} \cdot \overline{AB}}\end{aligned}$$

（3）与非门实现逻辑图，如图 10.9 所示。

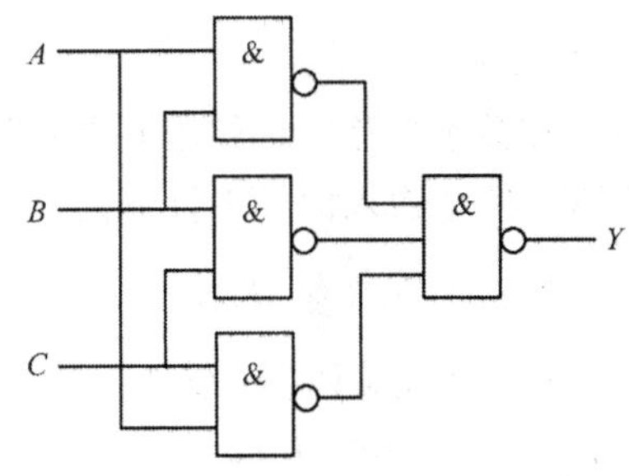

图 10.9　例 10.4 的逻辑图

结论：逻辑电路的设计正确与否，关键是能否正确的将因果关系转换成真值表。在真值表中输入变量取值组合是不变的（例如：表 10.3 与表 10.4 中 3 个输入变量的取值组合都为 2^3），但输出函数与输入变量之间的逻辑关系且有所不同。

10.3.3　常见问题讨论

（1）由逻辑门组成的逻辑电路为组合电路。

解答：不一定。

如图 10.10 所示电路中，两个与非门输出交叉反馈为与非门的输入，连接成基本触发器，当输入信号 AB 为 11 时，输出信号 Y_1、Y_2 保持不变，即电路具有存储信号功能，说明图 10.10 不是组合电路。

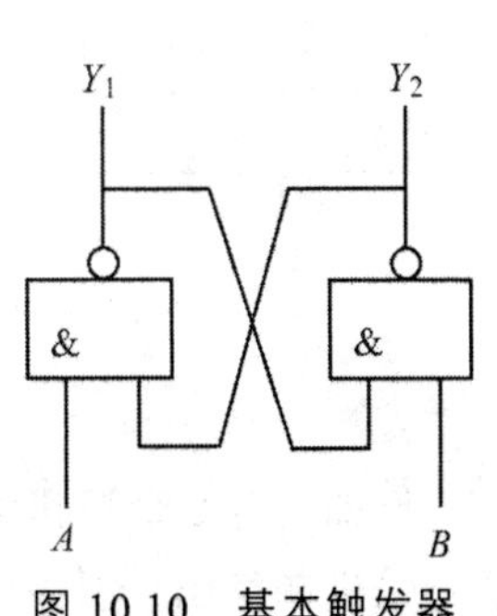

图 10.10　基本触发器

（2）组合电路的输出信号不仅与输入信号有关，还与原来的输出值有关。

解答：错。

组合电路的特点是不论任何时候，输出信号仅取决于当时的输入信号，与原来的输出值无关。

10.4 编码器和译码器

10.4.1 编码器

1.“编码”基本概念

什么叫“编码”？简单地说，用文字、符号、数字等表示特定对象的过程称为编码。在我们日常生活中存在着大量的“编码”问题，如图 10.11 所示，父母给小孩取名子（文字）、学校给学生指定学号（数字）、车主给新车确定车牌号（文字、字母、数字等）、为了防火用特定图形符号表示“注意防火”等等，都叫编码。

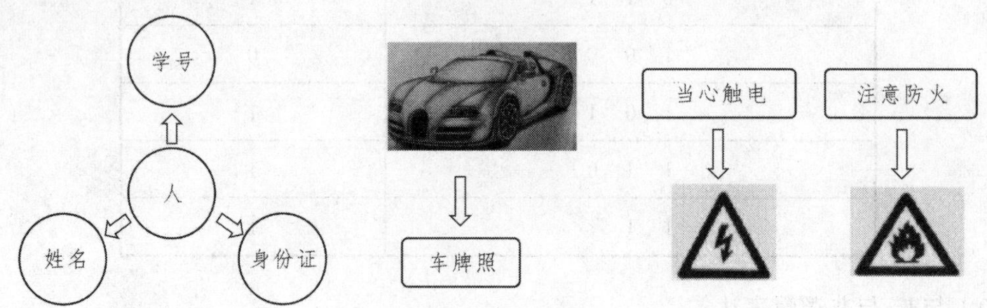

图 10.11 编码概念图

在数字电路中，则用 0、1 组成的二进制代码表示特定对象，即用 n 位输出二进制代码，对 $N=2^n$ 个输入信号进行编码。

2. 8 线-3 线编码器

8 线-3 线编码器：输入有 8 个（即 $N=8$）特定对象信号，输出有 3 位（即 $8=2^n$，$n=3$）编码信息。如图 10.12 所示。

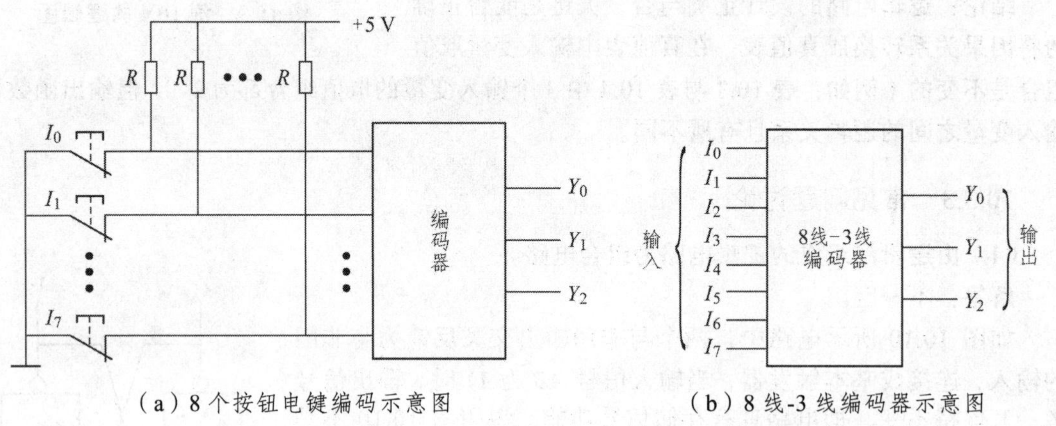

（a）8 个按钮电键编码示意图　　（b）8 线-3 线编码器示意图

图 10.12 编码器示意图

例如，对 8 个按钮电键[用 I_7、I_6、I_5、I_4、I_3、I_2、I_1、I_0 表示，如图 10.12（a）所示]进行二进制编码，因为 $N=2^3=8$，所以，用 $n=3$ 位二进制进行编码，即输出端的数为 3（用 Y_2、Y_1、Y_0 表示），其编码的结果如表 10.5 所示。

表 10.5　3 位二进制编码表

输　入	输　出
	Y_2　Y_1　Y_0
I_0	0　0　0
I_1	0　0　1
I_2	0　1　0
I_3	0　1　1
I_4	1　0　0
I_5	1　0　1
I_6	1　1　0
I_7	1　1　1

根据编码表 10.5，列逻辑表达式为

$$Y_0 = I_1 + I_3 + I_5 + I_7$$
$$Y_1 = I_2 + I_3 + I_6 + I_7$$
$$Y_2 = I_4 + I_5 + I_6 + I_7$$

由上列 Y_0、Y_1、Y_2 逻辑表达式，可以完成图 10.12（b）所示的 8 线-3 线编码器的逻辑电路设计。

用来实现编码功能的电路，称为编码器，如图 10.12（b）所示。它的输入是待编码的信号，输出则是与该信号相对应的一组二进制代码。例如：图 10.12（a）中，输入电键 I_0 对应的代码为 000、I_6 对应的代码为 110。

3. 8421BCD 码编码器

8421BCD 码编码器：将十进制数 0、1、2、…、9 转换成 4 位输出 8421BCD 码的电路。又称为二-十进制编码器。其编码功能如表 10.6 所示。

表 10.6　10 线-4 线 8421BCD 码编码表

输　入		输　出
十进制数	变量	Y_3　Y_2　Y_1　Y_0
0	I_0	0　0　0　0
1	I_1	0　0　0　1
2	I_2	0　0　1　0
3	I_3	0　0　1　1
4	I_4	0　1　0　0
5	I_5	0　1　0　1
6	I_6	0　1　1　0
7	I_7	0　1　1　1
8	I_8	1　0　0　0
9	I_9	1　0　0　1

根据编码表 10.6，列逻辑表达式为

$$Y_0 = I_1 + I_3 + I_5 + I_7 + I_9$$

$$Y_1 = I_2 + I_3 + I_6 + I_7$$

$$Y_2 = I_4 + I_5 + I_6 + I_7$$

$$Y_3 = I_8 + I_9$$

由上列 Y_0、Y_1、Y_2、Y_3 逻辑表达式，可以完成图 10.13 所示的 8421BCD 码编码器的逻辑电路设计。

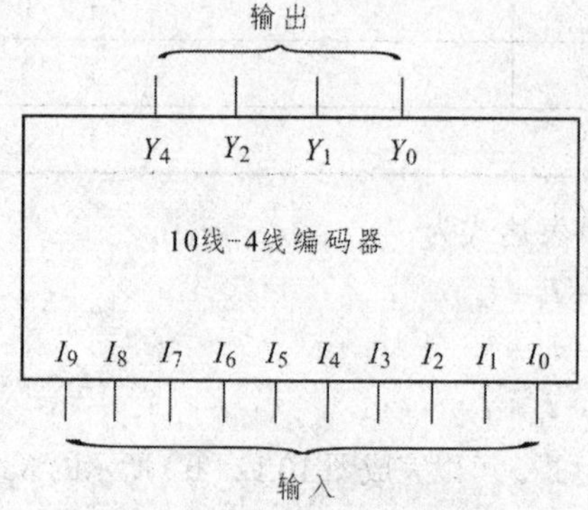

图 10.13　8421BCD 码编码器示意图

4. 优先编码器

普通编码器：在某一时刻只允许有一个有效的输入信号，如果同时有两个或两个以上的输入信号要求编码，输出端则会发生混乱，出现错误。如表 10.5、表 10.6 所示为普通编码器功能表。

优先编码器：允许同时输入两个以上编码信号，编码器按输入信号排定的优先顺序，只对优先级别最高的一个信号进行编码，优先级低的信号则不起作用。如表 10.7 所示为优先编码器功能表。

优先编码器在控制系统中有着十分重要的作用。例如，电子计算机中，控制“中断”就是存在优先权问题，人们采用优先编码器解决。

1）8 线-3 线优先编码器 74LS148

8 线-3 线优先编码器 74LS148 外引线功能端排列和编码器示意图如图 10.14 所示。

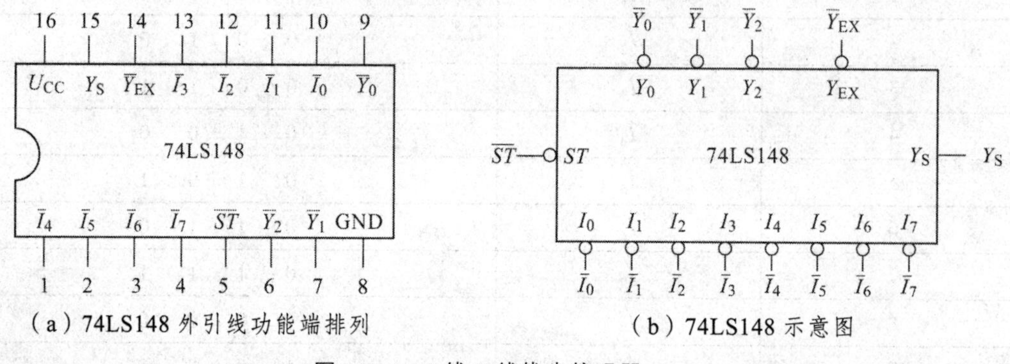

图 10.14　8 线-3 线优先编码器

74LS148 编码功能如表 10.7 所示

表 10.7　8 线-3 线优先编码器 74LS148 编码表

输入									输出				
ST	I_7	I_6	I_5	I_4	I_3	I_2	I_1	I_0	Y_2	Y_1	Y_0	Y_{EX}	Y_S
1	×	×	×	×	×	×	×	×	1	1	1	1	1
0	1	1	1	1	1	1	1	1	1	1	1	1	0
0	**0**	×	×	×	×	×	×	×	0	0	0	0	1
0	1	**0**	×	×	×	×	×	×	0	0	1	0	1
0	1	1	**0**	×	×	×	×	×	0	1	0	0	1
0	1	1	1	**0**	×	×	×	×	0	1	1	0	1
0	1	1	1	1	**0**	×	×	×	1	0	0	0	1
0	1	1	1	1	1	**0**	×	×	1	0	1	0	1
0	1	1	1	1	1	1	**0**	×	1	1	0	0	1
0	1	1	1	1	1	1	1	**0**	1	1	1	0	1

注释：

“×”：表示输入信号为无关项，即输入信号为 0 或 1，对输出逻辑函数 Y 都没有影响。

选通输入端 ST ：当 $ST=0$ 时允许编码；当 $ST=1$ 时编码被禁止。

编码信号输入端 $I_7 \sim I_0$：I_7 优先权最高，I_0 优先权最低；当 $ST=0$ 时，输入端信号为低电平（即“0”）时，输出端有对应的代码信号输出。称为输入端以低电平作为有效信号。

编码器输出端 Y_2、Y_1、Y_0：在 $ST=0$ 状态下，当输入端有低电平信号输入时，编码器输出相应的代码，其代码为二进制的反码，即只要 I_7 输入为低电平（即 $\overline{I}_7$ ）时，输出端 $Y_2\ Y_1\ Y_0$ 的二进制的反码代码为 $\overline{Y}_2\ \overline{Y}_1\ \overline{Y}_0=\overline{111}=000$（即 111 的二进制反码为 000）；当 I_7 输入为高电平（即 I_7 ）、I_6 输入为低电平（即 $\overline{I}_6$ ）时，只对 $\overline{I}_6$ 编码，输出端的代码为 $\overline{Y}_2\overline{Y}_1Y_0=\overline{110}=001$（即 110 的二进制反码为 001）。注意：输出以低电平作为有效信号。

选通输出端 Y_S：Y_S 是在多个编码器之间组合进行扩展连接（简称“级连”）时所应用的端口。即高位编码器的 Y_S 端与低位的 ST 端连接，从而实现编码器功能的扩展。如图 10.15 所示，两片编码器组合扩展为 16 线-4 线优先编码器。

优选扩展输出端 Y_{EX}：在编码器扩展的级连应用中，Y_{EX} 可作为输出的扩展端，如图 10.15 所示。

【例 10.5】 用两片 8 线-3 线优先编码器 74LS148，扩展为 16 线-4 线优先编码器，试画出扩展电路图。

分析：

（1）16 线-4 线优先编码器：两片 8 线-3 线优先编码器的输入端合计共有 16 个，则需要 4 位代码输出端。

（2）输出端代码分配：根据编码 1111 ~ 0000 特点，可分为 1111 ~ 1000（低位编码器）、0111 ~ 0000（高位编码器）两片输出代码，则最高位 Y_3 编码用 Y_{EX} 为输出端，Y_2、Y_1、Y_0 为后三位 111 ~ 000 的输出端。

（3）级连：高位的编码器 Y_S 与低位的编码器 ST 连接，当高位有输入时，低位编码器 ST

等于高位编码器 Y_S 的输出代码 1，低位编码器编码被禁止；当低位编码器输入时，高位编码器输出 Y_{EX} Y_2 Y_1 Y_0 为 1111，Y_S 为 0，低位编码器 ST 为 0，允许编码。

解 $\overline{A}_0 \sim \overline{A}_{15}$ 是编码输入信号端，输入有效电平为低电平（即 0 有效），$\overline{A}_{15}$ 优选级别最高，$\overline{A}_0$ 最低。

$\overline{Z}_3 \sim \overline{Z}_0$ 输出 4 位二进制反码，即 0000 ~ 1111。

用两片 74LS148 扩展为 16 线-4 线优先编码器电路如图 10.15 所示。

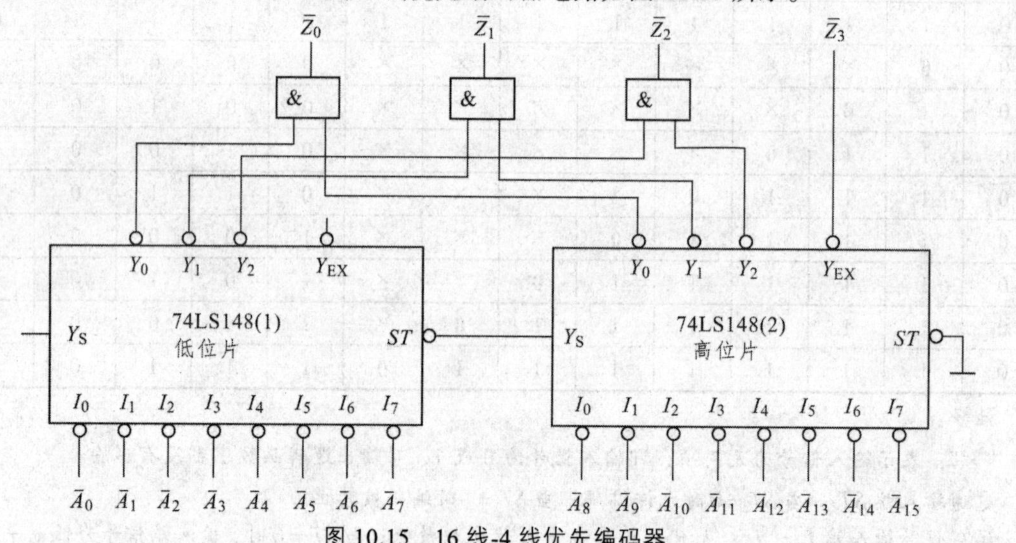

图 10.15 16 线-4 线优先编码器

结论：编码器进行扩展设计时，首先，要明确编码器的高、低位，再利用选通输出端（即“级连”端）Y_S 与选通输入端 ST 的连接，实现编码器的扩展功能。

2）8421BCD 优先编码器 74LS147

8421BCD 优先编码器（称为二－十进制优先编码器）74LS147 外引线功能端排列和编码器示意图如图 10.16 所示。

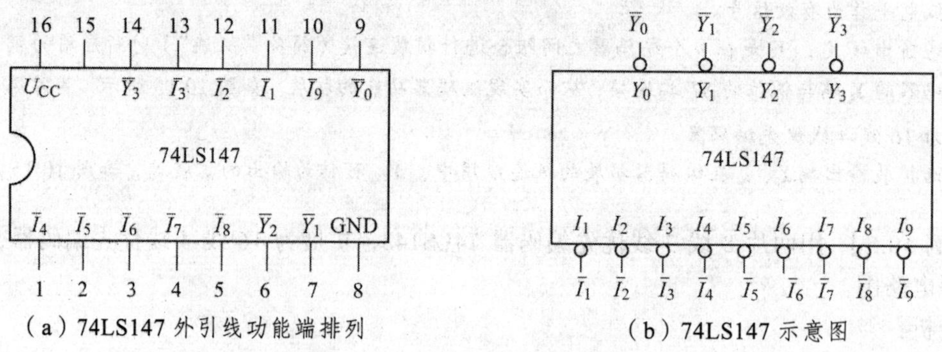

图 10.16 二－十进制优先编码器

图 10.16（a）所示管脚 15 为空。74LS147 优选编码器有 9 个输入端（即 $I_9 \sim I_1$），I_9 优选级别最高，I_0 最低。当某个输入端为 0（即低电平有效），则输出其对应 8421BCD 码的二进制反码；当 9 个输入全为 1 时，4 个输出为 1111，表示 I_0 输入低电平。其 74LS147 优先编码器的编码功能如表 10.8 所示。

表 10.8　二－十进制优先编码器 74LS147 编码表

输入										输出			
I_9	I_8	I_7	I_6	I_5	I_4	I_3	I_2	I_1	I_0	Y_3	Y_2	Y_1	Y_0
1	1	1	1	1	1	1	1	1	1	1	1	1	1
0	×	×	×	×	×	×	×	×	×	0	1	1	0
1	0	×	×	×	×	×	×	×	×	0	1	1	1
1	1	0	×	×	×	×	×	×	×	1	0	0	0
1	1	1	0	×	×	×	×	×	×	1	0	0	1
1	1	1	1	0	×	×	×	×	×	1	0	1	0
1	1	1	1	1	0	×	×	×	×	1	0	1	1
1	1	1	1	1	1	0	×	×	×	1	1	0	0
1	1	1	1	1	1	1	0	×	×	1	1	0	1
1	1	1	1	1	1	1	1	0	×	1	1	1	0
1	1	1	1	1	1	1	1	1	0	1	1	1	1

10.4.2　译码器

译码是编码的逆过程，是将具有特定含义的一组代码“翻译”出它的原意。

例如，如图 10.17（a）所示电路中，当按下按钮健 5 时，编码器 I_5 输入信号“0”（即低电平），其他端输入信号“1”（即高电平），这时编码器 $Y_2\,Y_1\,Y_0$ 输出编码信息 010；010 经 3 个非门使译码器的 $A_2A_1A_0$ 输入信息为 101，即译码器 Y_5 输出端的代码为“0”，其他输出端为“1”。即 I_5 输入的低电平编码为一组代码 010→译码“翻译”出它的原意为 Y_5 输出低电平。译码与编码的关系如流程图 10.17（b）所示。

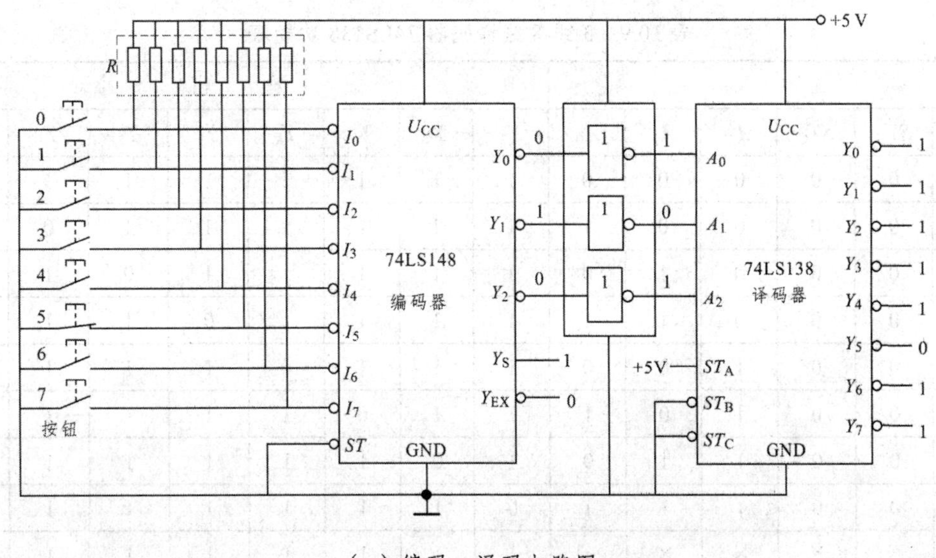

（a）编码、译码电路图

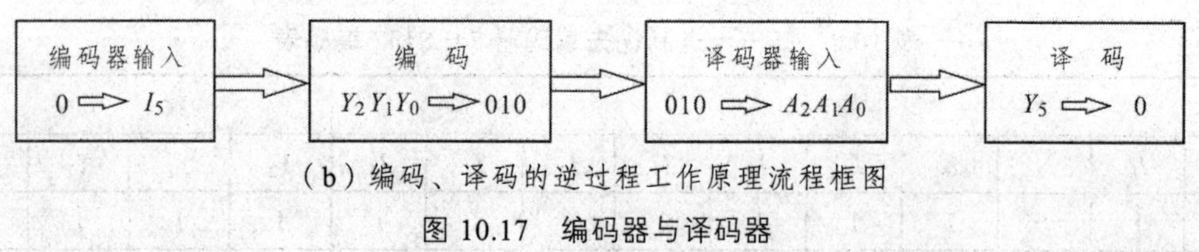

（b）编码、译码的逆过程工作原理流程框图

图 10.17　编码器与译码器

译码器的使用场合很广泛，例如，数字仪表中的各种显示译码器，计算机中的地址译码器、指令译码器，通信设备中由译码器构成的分配器，以及各种代码变换译码器等。

1. 3 线-8 线译码器

3 线-8 线编码器：输入端是由 3 位二进制代码（即 $2^3=8$ 个代码）组成，输出端有 8 个。即输入一组二进制代码对应一个输出端信号。其外引线排列和示意图如图 10.18（a）（b）所示。

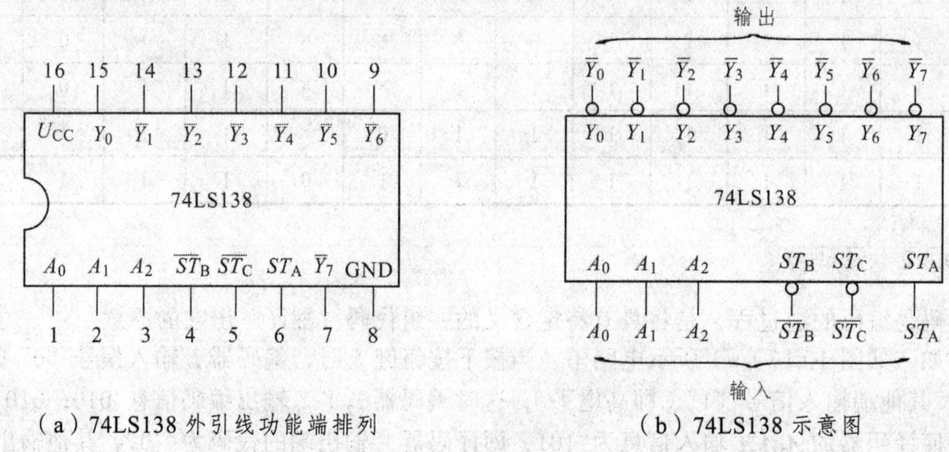

（a）74LS138 外引线功能端排列　　（b）74LS138 示意图

图 10.18　3 线-8 线译码器 74LS138

3 线-8 线译码器 74LS138 的功能如表 10.9 所示。

表 10.9　3 线-8 线译码器 74LS138 功能表

输　入						输　出							
ST_A	ST_B	ST_C	A_2	A_1	A_0	Y_7	Y_6	Y_5	Y_4	Y_3	Y_2	Y_1	Y_0
1	0	0	0	0	0	1	1	1	1	1	1	1	0
1	0	0	0	0	1	1	1	1	1	1	1	0	1
1	0	0	0	1	0	1	1	1	1	1	0	1	1
1	0	0	0	1	1	1	1	1	1	0	1	1	1
1	0	0	1	0	0	1	1	1	0	1	1	1	1
1	0	0	1	0	1	1	1	0	1	1	1	1	1
1	0	0	1	1	0	1	0	1	1	1	1	1	1
1	0	0	1	1	1	0	1	1	1	1	1	1	1
0	×	×	×	×	×	1	1	1	1	1	1	1	1
×	1	1	×	×	×	1	1	1	1	1	1	1	1

注释：

使能端 ST_A、ST_B、ST_C：使能端为输入端（又称片选端），常作为译码器的扩展功能或级联时使用。当 $ST_A=1$，$ST_B=ST_C=0$ 时，译码器处于工作状态；否则，译码器被禁止译码，输出端的全部为高电平。

代码输入端 A_2、A_1、A_0：输入每一组代码都对应一个输出端输出 0，如 A_2、A_1、A_0 输入代码为 101 时，则译码成 Y_5 输出端为 0。

输出端 $Y_7 \sim Y_0$：有效输出电平为低电平。

【例 10.6】用两片 3 线-8 线译码器 74LS138，扩展为 4 线-16 线译码器，试画出逻辑电路图。

分析：

（1）4 线-16 线译码器：输入共 4 个端，其可以组成 $2^4=16$ 个输入代码组合，所以，有 16 个输出端。

（2）输入端代码分配：根据输入 $D_3D_2D_1D_0$ 代码组合为 1111 ~ 0000 的特点，当 D_3 为 1 时，$D_2D_1D_0$ 输入代码组合为 111 ~ 000；当 D_3 为 0 时，$D_2D_1D_0$ 输入代码组合仍然为 111 ~ 000。所以，两片译码器的 $A_2A_1A_0$ 同时接入输入 $D_2D_1D_0$ 信息，而 D_3 输入信息接入使能端，控制两片芯片工作状态。

（3）使能端：当 $D_3=0$ 时，D_3 与低位译码器的 ST_B、ST_C 连接，同时 D_3 与高位译码器 ST_A 连接（如图 10.19 所示），即低位译码器工作，高位译码器被禁止，即输入 $D_3D_2D_1D_0$ 信息 0111 ~ 0000，输出 $\overline{Y}_7 \sim \overline{Y}_0$；当 $D_3=1$ 时，低位译码器的 $ST_B=ST_C=1$ 被禁止，高位译码器 $ST_A=1$ 处于工作状态，则输入 $D_3D_2D_1D_0$ 信息 1111 ~ 1000，输出 $\overline{Y}_{15} \sim \overline{Y}_8$。

解　$\overline{Y}_{15} \sim \overline{Y}_0$ 是译码器输出信号端，其有效电平为低电平。用两片 74LS138 扩展为 4 线-16 线译码器电路，如图 10.19 所示。

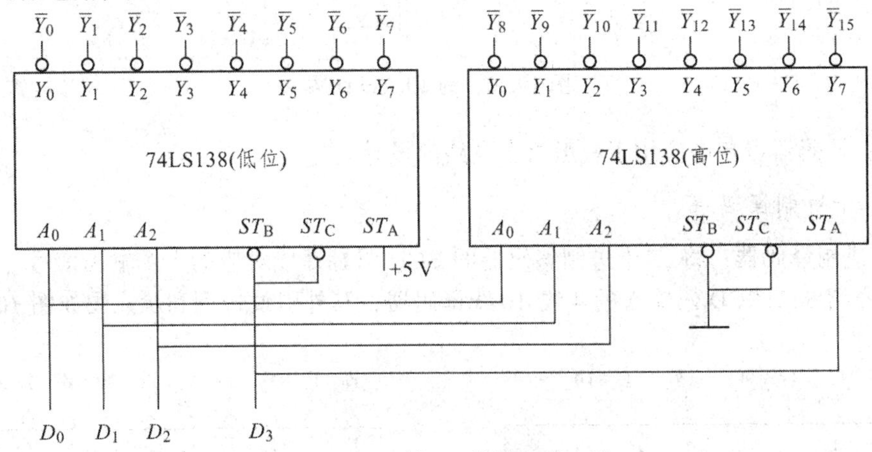

图 10.19　4 线-16 线译码器电路

结论：在译码器的扩展应用中，重点掌握好“使能端”的设计。由输入信号控制使能端，从而达到控制译码器工作状态的目的。

【例 10.7】试根据例 10.4 设计的三人表决逻辑电路式 $Y=\overline{A}BC+A\overline{B}C+AB\overline{C}+ABC$，用 3 线-8 线译码器 74LS138 实现其逻辑功能，并画出逻辑。

分析：

（1）函数 Y 为原变量，即输入代码为 011（$\overline{A}BC$）、101（$A\overline{B}C$）、110（$AB\overline{C}$）、111（ABC）时，输出 $Y=1$；所以，输入变量 A、B、C 分别与译码器的 A_2、A_1、A_0 连接，使能端连接信号为 $ST_A=1$，$ST_B=ST_C=0$。

（2）输入代码 011、101、110、111 所对应的输出信号端为 Y_3、Y_5、Y_6、Y_7，即 $Y = Y_3 + Y_5 + Y_6 + Y_7$，而 3 线-8 线译码器 74LS138 的输出信号为反变量，因此，逻辑函数 Y 式要利用反演律进行变换。

解　根据例 10.4 的输出逻辑式得

$$
\begin{aligned}
Y &= \overline{A}BC + A\overline{B}C + AB\overline{C} + ABC \\
&= Y_3 + Y_5 + Y_6 + Y_7 \\
&= \overline{\overline{Y_3 + Y_5 + Y_6 + Y_7}} \\
&= \overline{\overline{Y}_3 \cdot \overline{Y}_5 \cdot \overline{Y}_6 \cdot \overline{Y}_7}
\end{aligned}
$$

用 3 线-8 线译码器 74LS138 实现其逻辑功能图如图 10.20 所示。

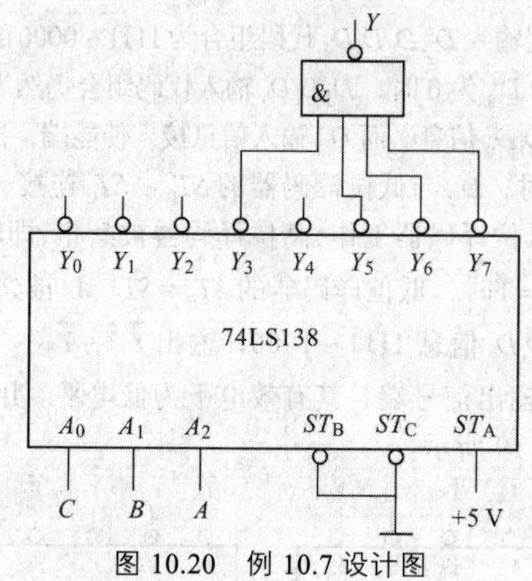

图 10.20　例 10.7 设计图

结论：译码器可拓展应用于一般组合电路的设计。

2. 二-十进制译码器

二-十进制译码器：将二-十进制编码器的 BCD 码翻译成对应的十个输出信号。

下面介绍 8421BCD 码输入的 4 线-10 线译码器，其外引线排列和示意图如图 10.21（a）（b）所示。

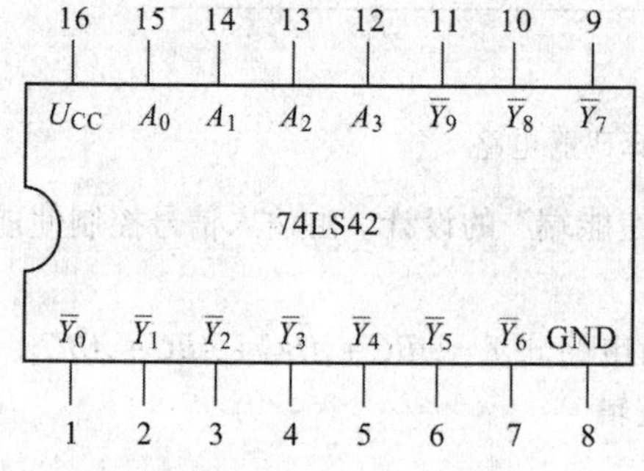

（a）74LS42 外引线功能端排列

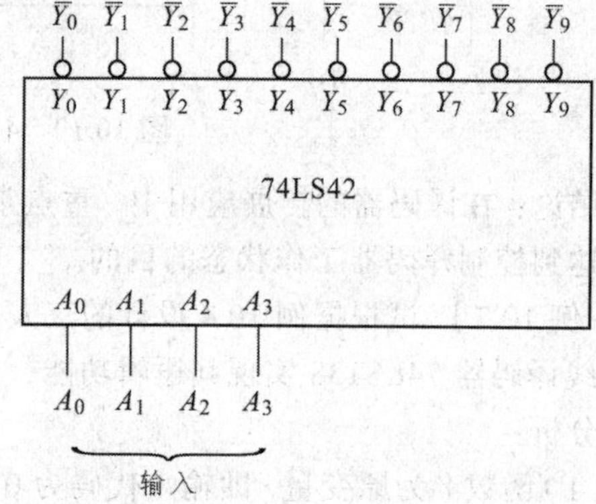

（b）74LS42 示意图

图 10.21　二-十进制译码器 74LS42

4 线-10 线译码器 74LS42 的功能如表 10.10 所示。

表 10.10　4 线-10 线译码器 74LS42 的功能表

序号	输　入				输　出									
	A_3	A_2	A_1	A_0	Y_9	Y_8	Y_7	Y_6	Y_5	Y_4	Y_3	Y_2	Y_1	Y_0
0	0	0	0	0	1	1	1	1	1	1	1	1	1	0
1	0	0	0	1	1	1	1	1	1	1	1	1	0	1
2	0	0	1	0	1	1	1	1	1	1	1	0	1	1
3	0	0	1	1	1	1	1	1	1	1	0	1	1	1
4	0	1	0	0	1	1	1	1	1	0	1	1	1	1
5	0	1	0	1	1	1	1	1	0	1	1	1	1	1
6	0	1	1	0	1	1	1	0	1	1	1	1	1	1
7	0	1	1	1	1	1	0	1	1	1	1	1	1	1
8	1	0	0	0	1	0	1	1	1	1	1	1	1	1
9	1	0	0	1	0	1	1	1	1	1	1	1	1	1
伪码	1	0	1	0	1	1	1	1	1	1	1	1	1	1
	1	0	1	1	1	1	1	1	1	1	1	1	1	1
	1	1	0	0	1	1	1	1	1	1	1	1	1	1
	1	1	0	1	1	1	1	1	1	1	1	1	1	1
	1	1	1	0	1	1	1	1	1	1	1	1	1	1
	1	1	1	1	1	1	1	1	1	1	1	1	1	1

注释：

输入端 A_3、A_2、A_1、A_0：输入每一组代码都对应一个输出端，如 $A_3A_2A_1A_0 = 0111$，翻译成 Y_7 输出端输出 0。

输出端 $Y_9 \sim Y_0$：有效输出电平为低电平。

伪码：输入中 1010～1111 这 6 个代码（即称为伪码）没有与其对应的输出端。伪码输入时，$Y_9 \sim Y_0$ 输出端均处于无效状态（一般是低电平有效，此时输出均为高电平）。

3. LED 数码管和 BCD 七段显示译码器

1）LED 数码管

LED 数码管（又称为 LED 七段显示器）：是用发光二极管（LED）组成的七段字形显示器件，如图 10.22 所示，是当前用得最广泛的显示器之一。

图 10.22（a）为 LED 数码管外形示意图，其工作电压为 1.5～3 V，工作电流为几毫安到几十毫安。

图 10.22（b）（c）为 LED 数码管的内部接线方式。图 10.22（b）为共阴极接法，即二极管的阳极接高电平时，该段二极管发光，与其相连的译码器输出端是高电平有效；图 10.22（c）为共阳极接法，即二极管的阴极接低电平时，该段二极管发光，与其相连的译码器输出端是低电平有效。

图 10.22（d）是将二-十进制 BCD 代码直接译成十进制数的七段字形。即 LED 七段显示器管脚 a～g 与字形二极管的对应关系和 0～9 的七段字划亮灭的组合符号图。

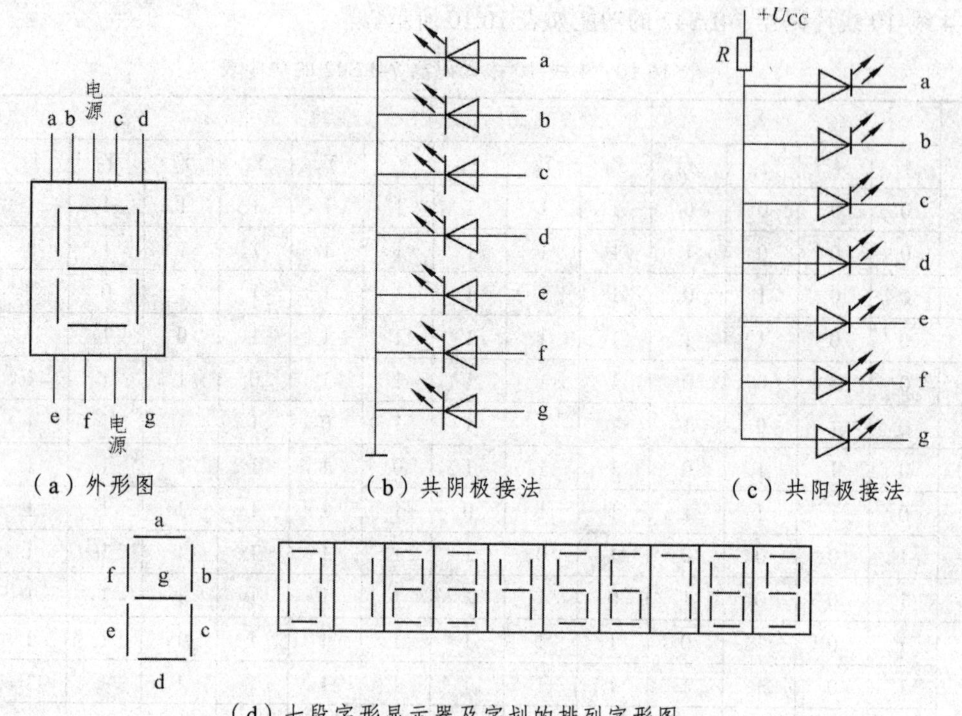

（a）外形图 （b）共阴极接法 （c）共阳极接法

（d）七段字形显示器及字划的排列字形图

图 10.22 LED 数码管

2）BCD 七段显示译码器

BCD 七段译码器：将 BCD 代码译成 LED 数码管所需要的驱动信号，即 BCD 代码通过"七段译码器"驱动"七段数码管"来显示十进制数值。如图 10.23 所示为驱动共阳极数码管的译码器示意图。

驱动共阳极 LED 七段显示器的译码器逻辑功能如表 10.11 所示，其连接示意电路如图 10.24 所示。

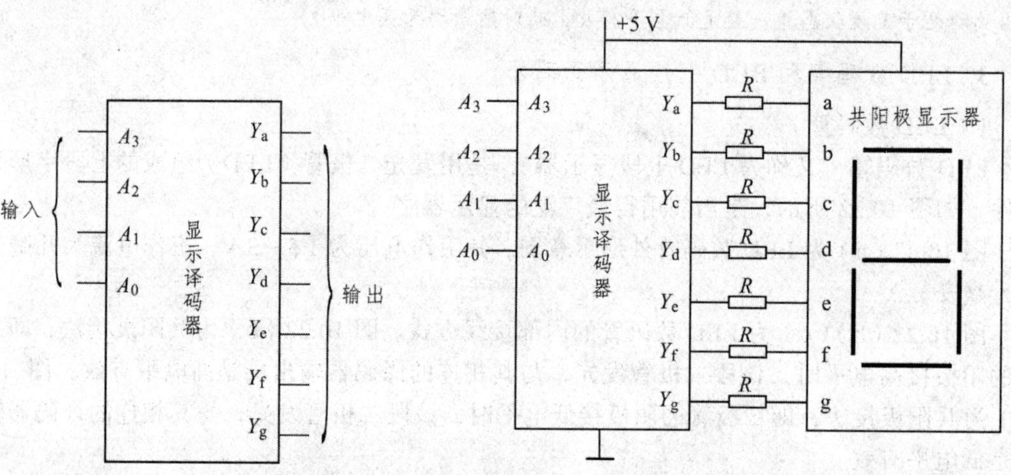

图 10.23 BCD 七段显示译码器示意图　　图 10.24 显示译码器与共阳极显示器连接图

表 10.11　七段共阳极译码器的逻辑功能表

字形	输　入				输　出						
	A_3	A_2	A_1	A_0	Y_a	Y_b	Y_c	Y_d	Y_e	Y_f	Y_g
0	0	0	0	0	0	0	0	0	0	0	1
1	0	0	0	1	1	0	0	1	1	1	1
2	0	0	1	0	0	0	1	0	0	1	0
3	0	0	1	1	0	0	0	0	1	1	0
4	0	1	0	0	1	0	0	1	1	0	0
5	0	1	0	1	0	1	0	0	1	0	0
6	0	1	1	0	0	1	0	0	0	0	0
7	0	1	1	1	0	0	0	1	1	1	1
8	1	0	0	0	0	0	0	0	0	0	0
9	1	0	0	1	0	0	0	0	1	0	0

10.4.3　常见问题讨论

（1）由于普通编码器和优先编码器都具有编码功能，所以在应用中没有区别。

解答：错。

区别：普通编码器在某一时刻只允许有一个有效的输入信号；优先编码器允许同时输入两个以上编码信号，编码器自动按优先顺序，对优先级别最高的一个信号进行编码，其他信号不起作用。

（2）译码与编码的关系是?

解答：译码是编码的逆过程，编码的输出通过译码器，将具有特定含义的编码输入“翻译”出来。如图 10.17 所示。

（3）译码器的“使能端”是输出端。

解答：错。

“使能端”是输入端。“使能端”又称“片选端”，只有当“使能端”连接有效电平（如图 10.18 中 $ST_A=1$，$ST_B=ST_C=0$）时译码器处于工作状态；否则，译码器输出端全部为高电平。“使能端”常作为扩展功能或级联时使用。

（4）LED 数码管和 BCD 七段显示译码器连接使用注意事项?

解答：主要注意 LED 数码管和 BCD 七段显示译码器必须同时是“共阳极”器件，或“共阴极”器件。

10.5　数据选择器和分配器功能简介

10.5.1　8 选 1 数据选择器

在如图 10.25 所示的多路数字信号传输中，可根据需要从 m 个输入数据中选出一个 D_i 送至输出端 Y，即 $Y=D_i$，此逻辑电路叫做数据选择器（或称为多路选择器或多路开关）。$Y=D_i$ 的输出数据由选择控制信号 $A_0 \sim A_{n-1}$ 决定，其中 n 与 m 的关系为 $m=2^n$。如 8 选 1 数据选择器的输入数据为 8，则选择控制信号有 $n=3$ 个地址输入端 $A_0 \sim A_2$。

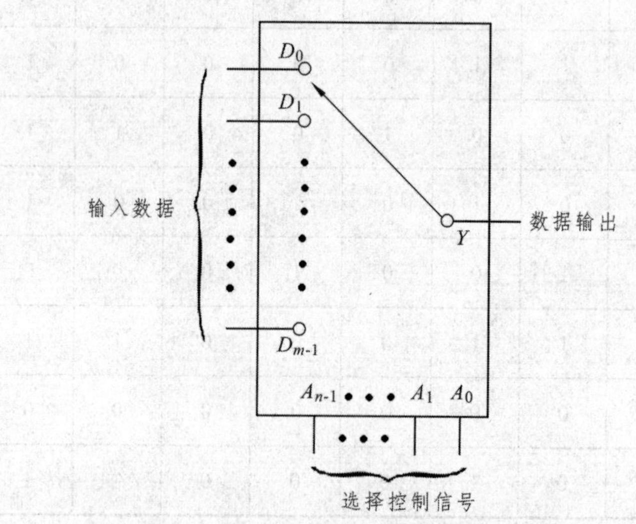

图 10.25　m 选 1 数据选择器示意图（$m=2^n$）

8 选 1 数据选择器如图 10.26 所示，其功能如表 10.12 所示。

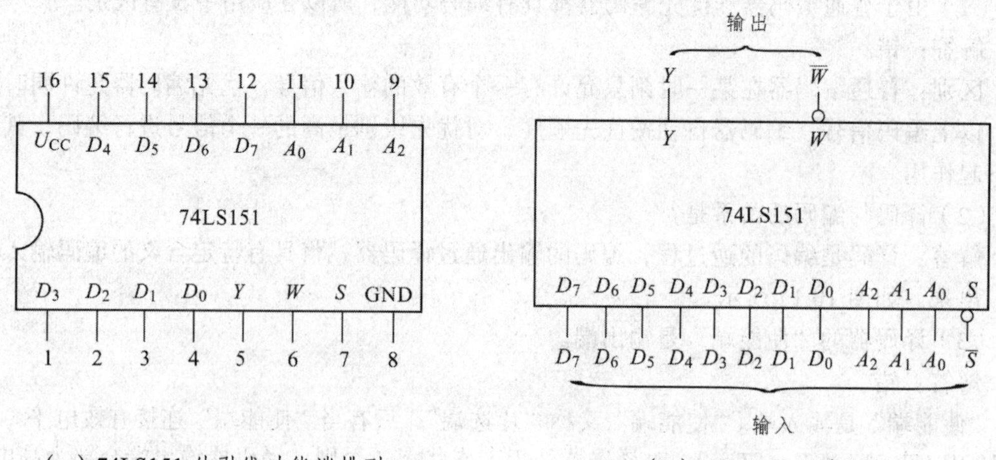

（a）74LS151 外引线功能端排列　　（b）74LS151 示意图

图 10.26　8 选 1 数据选择器

输入信号：8 路输入数据，用 D_0、D_1、D_2、D_3、D_4、D_5、D_6、D_7 表示；3 个选择控制信号输入，用 A_0、A_1、A_2 表示；用 S 表示使能端，作为芯片的选通控制。

输出信号：用 Y 表示，它是由选择控制信号确定的输入数据中某一路信号。

表 10.12　8 选 1 数据选择器 74LS151 功能表

输入												输出	
使能信号	地址信号			数据输入									
S	A_2	A_1	A_0	D_7	D_6	D_5	D_4	D_3	D_2	D_1	D_0	Y	W
1	×	×	×	×	×	×	×	×	×	×	×	0	0
0	0	0	0	×	×	×	×	×	×	×	D_0	D_0	$\overline{D_0}$
0	0	0	1	×	×	×	×	×	×	D_1	×	D_1	$\overline{D_1}$
0	0	1	1	×	×	×	×	×	D_2	×	×	D_2	$\overline{D_2}$
0	0	1	1	×	×	×	×	D_3	×	×	×	D_3	$\overline{D_3}$
0	1	0	0	×	×	×	D_4	×	×	×	×	D_4	$\overline{D_4}$
0	1	0	1	×	×	D_5	×	×	×	×	×	D_5	$\overline{D_5}$
0	1	1	0	×	D_6	×	×	×	×	×	×	D_6	$\overline{D_6}$
0	1	1	1	D_7	×	×	×	×	×	×	×	D_7	$\overline{D_7}$

工作原理：

（1）当选通输入端 S 为 1 时，选择器被禁止，输出信号为 $Y=0$，$W=1$，此时，输入数据和选择控制信号均不起作用。

（2）当选通输入端 S 为 0 时，选择器工作，由地址信号决定输出信号。

【例 10.8】 用两片 8 选 1 选择器 74LS151，扩展为 16 选 1 选择器，试画出电路图。

分析：

（1）16 选 1 选择器：数据输入端为 16 个，地址信号输入端为 4 个，输出端 1 个。

（2）数据输入：用 74LS151（1）输入数据 $D_0 \sim D_7$，74LS151（2）输入数据 $D_8 \sim D_{15}$。

（3）地址输入：16 选 1 选择器地址为 1111～0000，则 74LS151（1）地址为 0111～0000（即 $A_3=0$），74LS151（2）地址为 1111～1000（即 $A_3=1$），所以，A_3 与使能端 S 连接。

解　利用选择控制端实现功能扩展为 16 选 1 选择器，其电路如图 10.27 所示。

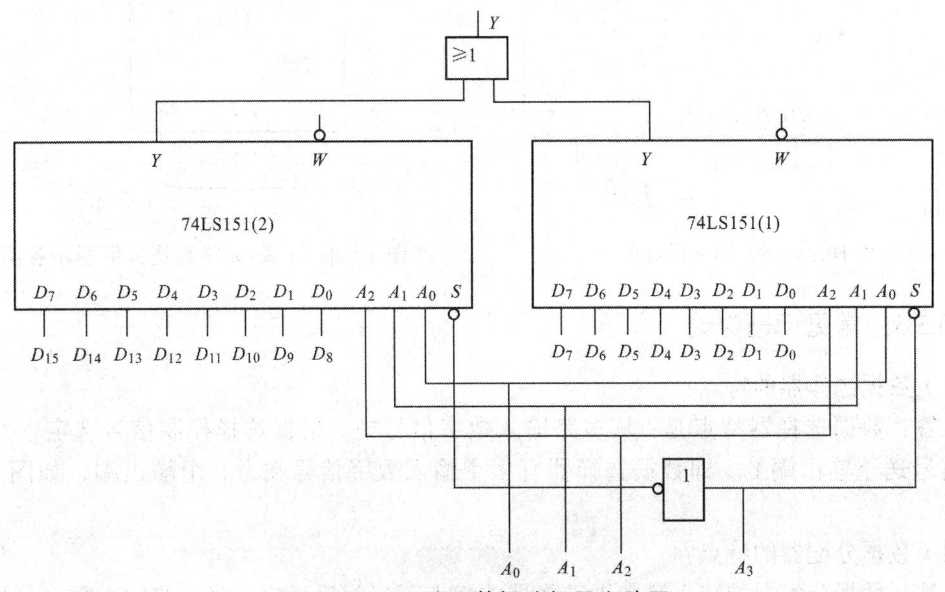

图 10.27　16 选 1 数据选择器电路图

结论：在选择器扩展应用中，可用地址信号控制使能端，从而达到扩展选择器的正常工作状态。

【例 10.9】试根据例 10.4 设计的三人表决逻辑电路式 $Y=\overline{A}BC+A\overline{B}C+AB\overline{C}+ABC$，用 8 选 1 选择器 74LS151 实现其逻辑功能，并画出逻辑。

分析：当输入代码为 011（$\overline{A}BC$）、101（$A\overline{B}C$）、110（$AB\overline{C}$）、111（ABC）时的输出 $Y=1$，即：输入变量 A、B、C 分别与地址输入的 A_2、A_1、A_0 连接；数据输入 $D_3=D_5=D_6=D_7=1$（其他输入为 0）；使能端 S 连接信号 0。

解　根据例 10.4 的输出逻辑式得

$$\begin{aligned}Y&=\overline{A}BC+A\overline{B}C+AB\overline{C}+ABC\\&=D_3+D_5+D_6+D_7\end{aligned}$$

用 74LS151 实现其逻辑功能图如图 10.28 所示。

结论：选择器可应用于一般组合电路的设计。

10.5.2　数据分配器

数据分配器的功能与数据选择器的功能正好相反，如图 10.29 所示。其工作原理为：将 1 个输入数据 D，其输入信号根据地址信号 $A_0 \sim A_{n-1}$，确定传送到 m 个输出端中的某一个输出端。n 个地址信号端与 m 个输出端的个数关系为 $m=2^n$。

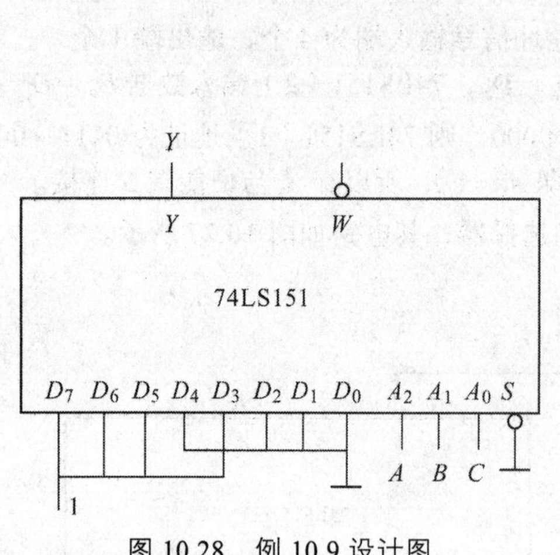

图 10.28　例 10.9 设计图

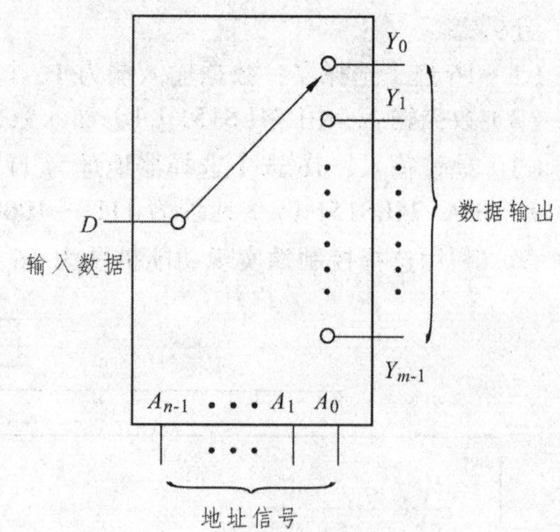

图 10.29　1 路-m 路数据分配器示意图

10.5.3　常见问题讨论

（1）数据选择器的特点？

解答：数据选择器特点是：从多路输入数字信号中，根据选择控制信号选定一路输入数字信号送至输出端 Y。即数据选择器有多个输入数字信号端，1 个输出端，如图 10.25 所示。

（2）数据分配器的特点？

解答：数据分配器的特点与数据选择器的特点正好相反，它是将一路输入数字信号，根据地址信号选定某一个输出端输出。即数据分配器有 1 个输入数字信号端，多个输出端，如图 10.29 所示。

10.6　加法器和比较器

10.6.1　加法器

图 10.30 中 A_i、B_i 为两个 1 位二进制数；S_i 为本位相加之和；C_i 为向高位的进位；C_{i-1} 为低位的进位。

加法器分为半加器和全加器两种，其加法运算原理如图 10.30 所示。

二进制加法运算原则：0+0=0，0+1=1，1+1=10。

$$\begin{array}{r} A_i \\ +\quad B_i \\ \hline C_i\ S_i \end{array}$$

（a）半加运算式

$$\begin{array}{r} A_i \\ B_i \\ +\quad C_{i-1} \\ \hline C_i\ S_i \end{array}$$ ……来自低位进位

（b）全加运算式

图 10.30　加法运算式图

1. 半加器

不考虑来自低位的进位将两个 1 位二进制数相加，称为半加，实现半加运算[见图 10.30（a）]功能的电路称为半加器。

半加器示意图如图 10.31（a）所示。根据二进制加法运算法则，半加器功能如表 10.13 所示。

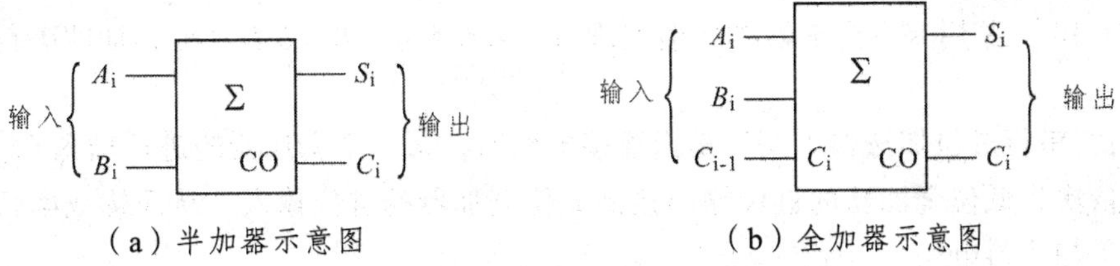

（a）半加器示意图　　（b）全加器示意图

图 10.31　加法器示意图

表 10.13　半加器真值表

输入		输出	
A_i	B_i	S_i	C_i
0	0	0	0
0	1	1	0
1	0	1	0
1	1	0	1

2. 全加器

设两个二进制数为 $A=1011$、$B=1001$，则 A 与 B 相加为 10100，其加法运算过程如图 10.32 所示。

可见，加法运算中，除了本位相加和向高位进位外，还要考虑低位来的进位。即两个 1 位二进制数 A_i、B_i 以及来自低位的进位数 C_{i-1} 三者相加[见图 10.30（b）]，称为全加，实现全加功能的电路称为全加器。

```
   1011   …… A
   1001   …… B
+  1011   …… 来自低位进位
 ------
  10100   …… A+B的运算结果
```

图 10.32　$A+B$ 运算式示意图

全加器示意图如图 10.31（b）所示。其功能如表 10.14 所示。

表 10.14　全加器真值表

输入			输出	
A_i	B_i	C_{i-1}	S_i	C_i
0	0	0	0	0
0	0	1	1	0
0	1	0	1	0
0	1	1	0	1
1	0	0	1	0
1	0	1	0	1
1	1	0	0	1
1	1	1	1	1

【例 10.10】试用 4 个全加器构成能实现 $A=A_3A_2A_1A_0$、$B=B_3B_2B_1B_0$ 相加的串行进位加法器电路。

分析：“串行进位加法器电路”是指连接电路时，第一个全加器的进位输入 C_{0-1} 接地，其他全加器依次将低位全加器的进位输出接到高位全加器的进位输入，从而构成串行进位（或逐位进位）加法器电路。

解　$A+B$ 串行进位加法器电路如图 10.33 所示。其中，输出数码 $C_3S_3S_2S_1S_0$ 表示了二进制数 $A_3A_2A_1A_0$ 与 $B_3B_2B_1B_0$ 之和，即 $A+B=A_3A_2A_1A_0+B_3B_2B_1B_0=C_3S_3S_2S_1S_0$。

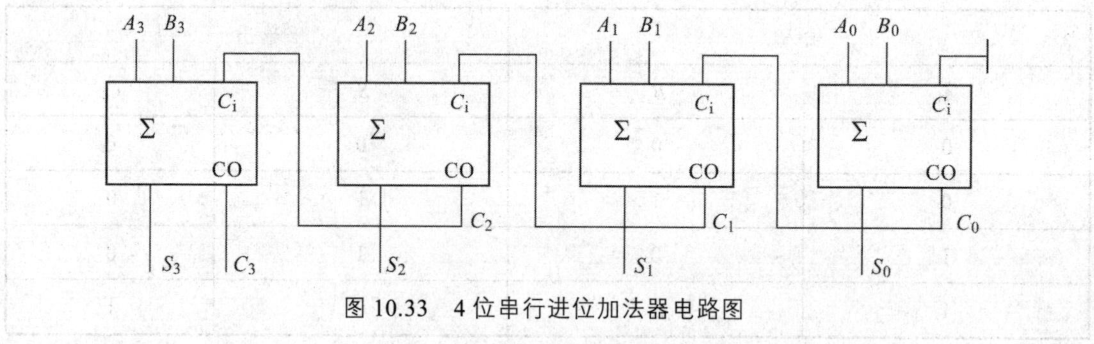

图 10.33　4 位串行进位加法器电路图

结论：若干全加器级联构成多位全加器。这种串行进位连续方式的最大缺点是运算速度慢。

10.6.2　数值比较器

人们常常通过对事物之间的“比较”得出结论（或结果、事物的识别），而计算机则要对两个二进制数或二进制代码进行比较后才得出其答案。在数字电路中，用来实现二进制数比较操作的逻辑电路，称为数值比较器。

数值比较器原理：两个二进制数的比较与数学中的数值比较概念是相同的，即两个数值比较是自高位到低位进行逐位比较，只有在高位相等时，才对低位进行比较，其比较结果为“大于”“小于”和“等于”三种。

下面以 4 位数值比较为例进行数值比较器基本概念的讨论。

设二进制数 $A = A_3A_2A_1A_0$ 、$B = B_3B_2B_1B_0$ ，其中，A_3 、B_3 为两个数值的最高位，A_0 、B_0 为最低位。比较时应首先比较最高位（比较 A_3 和 B_3 ），其比较过程为：

（1）如果 $A_3 \neq B_3$ ，产生两个数值比较的结果；即 $A_3 > B_3$ ，比较结果 $A > B$ ；反之，若 $A_3 < B_3$ ，比较结果 $A < B$ 。

（2）如果 $A_3 = B_3$ ，则继续比较 A_2 与 B_2 。如果 $A_2 \neq B_2$ ，产生两个数值比较的结果；即 $A_2 > B_2$ ，比较结果 $A > B$ ；若 $A_2 < B_2$ ，比较结果 $A < B$ 。

（3）依此类推。如果 $A_3 = B_3$ 、 $A_2 = B_2$ 、 $A_1 = B_1$ 、 $A_0 = B_0$ ，比较结果为 $A = B$ 。

可见，两个二进制数 A 和 B 相比较结果有三种，即 $A > B$ 、$A < B$ 和 $A = B$ 。因此，比较器的输入为 A_3、A_2、A_1、A_0 和 B_3、B_2、B_1、B_0 ；输出为 $F_{A>B}$ 、 $F_{A<B}$ 和 $F_{A=B}$ 。

4 位数值比较器如图 10.34 所示。其功能如表 10.15 所示。

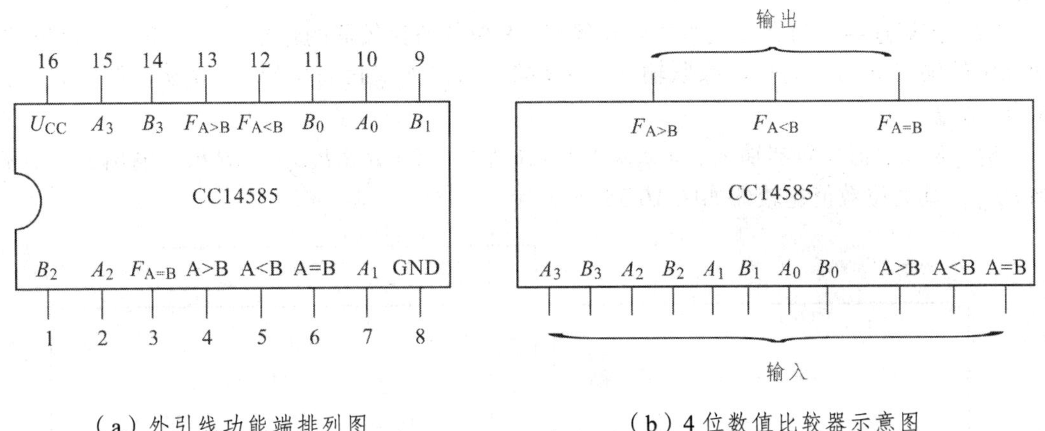

（a）外引线功能端排列图　　（b）4 位数值比较器示意图

图 10.34　4 位数值比较器

表 10.15 中的“比较输入”与“输出”的对应关系是根据数值的比较规律列出的；“级联输入”使用于比较器功能扩展时，例如：4 位比较器扩展为 8 位数值比较器时，将低位 4 位比较器的输出 $F_{A>B}$ 、 $F_{A<B}$ 和 $F_{A=B}$ 与高位 4 位比较器的“级联输入”端 $A > B$ 、 $A < B$ 、 $A = B$ 对应连接，通过“级联输入”实现功能的扩展。

表 10.15　4 位数值比较器的真值表

比较输入				级联输入			输　出		
A_3　B_3	A_2　B_2	A_1　B_1	A_0　B_0	$A>B$	$A<B$	$A=B$	$F_{A>B}$	$F_{A<B}$	$F_{A=B}$
$A_3>B_3$	×	×	×	×	×	×	1	0	0
$A_3<B_3$	×	×	×	×	×	×	0	1	0
$A_3=B_3$	$A_2>B_2$	×	×	×	×	×	1	0	0
	$A_2<B_2$	×	×	×	×	×	0	1	0
	$A_2=B_2$	$A_1>B_1$	×	×	×	×	1	0	0
		$A_1<B_1$	×	×	×	×	0	1	0
		$A_1=B_1$	$A_0>B_0$	×	×	×	1	0	0
			$A_0<B_0$	×	×	×	0	1	0
			$A_0=B_0$	1	0	0	1	0	0
				0	1	0	0	1	0
				0	0	1	0	0	1

【例 10.11】 试用两片 CC14585 组成一个 8 位数值比较器。

分析：

（1）输入、输出信号：高位 CC14585（1）的比较输入为 A_7、A_6、A_5、A_4、B_7、B_6、B_5、B_4；低位 CC14585（2）的比较输入为 A_3、A_2、A_1、A_0、B_3、B_2、B_1、B_0；CC14585（1）的输出 $F_{A>B}$、$F_{A<B}$ 和 $F_{A=B}$ 为 8 位数值比较器的输出。

（2）扩展连接：当高位输入比较相等时，8 位数值比较器的输出取决于低位的比较结果。即低位的输出 $F_{A>B}$ 接高位的级联输入 $A>B$ 端，低位 $F_{A<B}$ 接高位的 $A<B$ 端，低位 $F_{A=B}$ 接高位 $A=B$ 端。

解　8 位数值比较器输入 $A=A_7A_6A_5A_4A_3A_2A_1A_0$、$B=B_7B_6B_5B_4B_3B_2B_1B_0$；输出 $F_{A>B}$、$F_{A<B}$ 和 $F_{A=B}$，其 8 位数值比较器如图 10.35 所示。

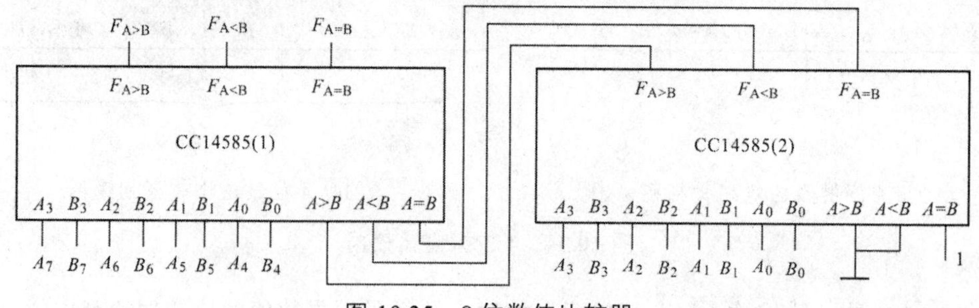

图 10.35　8 位数值比较器

结论：根据数学中多位数比较的规则，即在数值大小比较时，遵循由高位向低位逐位比较大小的原则，高位的大小决定其多位数比较的结果。因此，在两个数值比较器拓展应用比较数值时，当高位的比较器相等时，其比较器结果取决于低位的比较器；低位比较器的结果通过“级联”端输入到高位比较器，整个拓展后的比较器是从高位比较器输出。

注意：不同产品的数值比较器．电路结构约有不同，扩展输入端的用法也不完全一样，使用时应注意加以区别。

10.6.3　常见问题讨论

（1）半加器与全加器的区别?

解答：半加器的输入端有两个，即两个要相加的 1 位二进制数；而全加器的输入端有三个，即除了有两个要相加的 1 位二进制数（与半加器相同）外，还有一个来自低位的进位输入，是三个数值的相加。

（2）数据比较器输入与输出关系。

解答：数据比较器的输出是根据输入数值大小比较而得出的结果，所以，输入的数据可以任意变化，但数据比较的结果只有三种："大于""小于"和"等于"。

本章小结

1. 组合电路特点

任意时刻电路的输出状态只取决于该时刻的输入状态，而与该时刻前的电路状态无关。

2. 组合电路结构

电路只包含逻辑门电路，没有存储（记忆）单元，其输入信号单向传递到输出端。

3. 组合电路分析方法

组合电路的一般分析步骤为：

（1）根据组合逻辑电路结构，从输入端至输出端，逐级写出逻辑函数表达式，并应用布尔代数做适当的转换。

（2）由表达式写出真值表。

（3）分析真值表得出组合逻辑电路的功能。

4. 组合电路设计步骤

组合电路的设计过程与分析过程相反。一般设计步骤为：

（1）根据设计要求，设置输入、输出逻辑变量；根据因果关系列真值表。

（2）根据真值表写逻辑函数表达式。

（3）根据所选择的器件，化简或转换逻辑表达式，画出设计逻辑电路图。

5. 几种最常用的典型电路器件

编码器、译码器、数据选择器、加法器、数值比较器等。

选择题

1. 组合电路的输出取决于（　　）。

　A. 输入信号的现态和输出信号变化前的状态

B. 输入信号的现态

C. 输出信号的现态

2. 已知二-十进制编码器的编码表如表 10.16 所示，其中逻辑式 $Y_1 =$（　　）。

A. $\overline{\overline{I_8}\,\overline{I_9}}$　　B. $\overline{\overline{I_4}\,\overline{I_5}\,\overline{I_6}\,\overline{I_7}}$

C. $\overline{\overline{I_2}\,\overline{I_3}\,\overline{I_6}\,\overline{I_7}}$　　D. $\overline{\overline{I_1}\,\overline{I_3}\,\overline{I_5}\,\overline{I_7}\,\overline{I_9}}$

表 10.16　二-十进制编码表

输　入		输　出
十进制数	变量	Y_3　Y_2　Y_1　Y_0
0	I_0	0　0　0　0
1	I_1	0　0　0　1
2	I_2	0　0　1　0
3	I_3	0　0　1　1
4	I_4	0　1　0　0
5	I_5	0　1　0　1
6	I_6	0　1　1　0
7	I_7	0　1　1　1
8	I_8	1　0　0　0
9	I_9	1　0　0　1

3. 译码电路的输出量是（　　）。

A. 二进制代码　　B. 十进制数　　C. 某个特定的控制信息

4. 一个两位二进制代码的译码器真值表为（　　）。

A.

输入		输出			
A_1	A_0	Y_0	Y_1	Y_2	Y_3
0	0	1	0	0	0
0	1	0	1	0	0
1	0	0	0	1	0
1	1	0	0	0	1

B.

输入	输出	
Y	A_1	A_0
Y_0	0	0
Y_1	0	1
Y_2	1	0
Y_3	1	1

C.

输入			输出							
A_2	A_1	A_0	Y_0	Y_1	Y_2	Y_3	Y_0	Y_1	Y_2	Y_3
0	0	0	1	0	0	0	0	0	0	0
0	0	1	0	1	0	0	0	0	0	0
0	1	0	0	0	1	0	0	0	0	0
0	1	1	0	0	0	1	0	0	0	0
1	0	0	0	0	0	0	1	0	0	0
1	0	1	0	0	0	0	0	1	0	0
1	1	0	0	0	0	0	0	0	1	0
1	1	1	0	0	0	0	0	0	0	1

5. 译码器电路如图 10.36 所示，则（　　）端输出为 0。

A. $\overline{Y}_3$　　B. $\overline{Y}_6$　　C. $\overline{Y}_4$

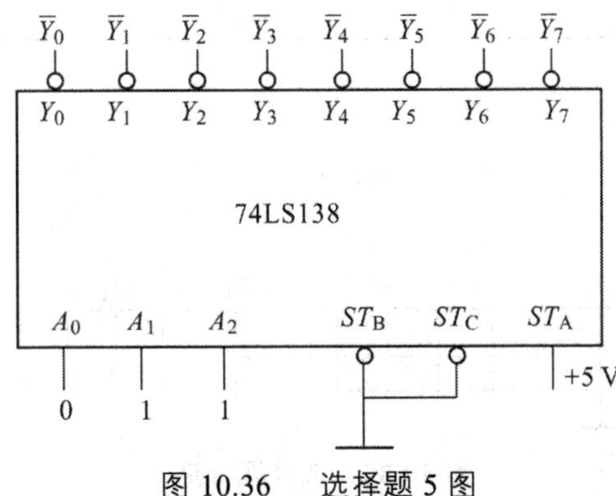

图 10.36　选择题 5 图

6. 全加器逻辑符号如图 10.37 所示，当输入 $A_i = B_i = C_{i-1} = 1$ 时，则全加器的输出 C_i 和 S_i 分别为（　　）。

A. 01　　B. 10　　C. 11　　D. 00

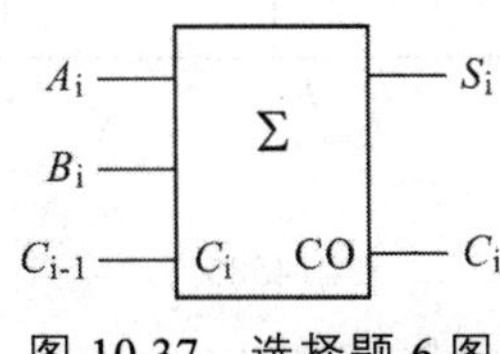

图 10.37　选择题 6 图

7. 逻辑电路如图 10.38 所示，当输入为 $A_3A_2A_1A_0$=0011 时，译码器的输出 abcdefg 为（　　）。

A. 1111001　　B. 0000110　　C. 0000011　　D. 0011000

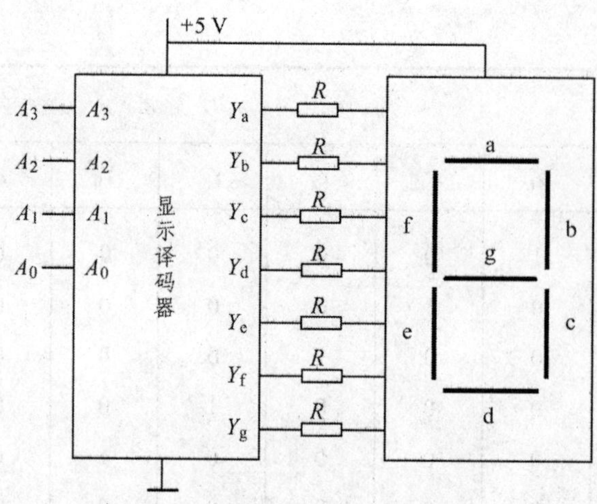

图 10.38　选择题 7 图

8. 逻辑电路如图 10.39 所示，选择器的输出表达式 Y=（　　）。

A. $\bar{A}B\bar{C}+A\bar{B}\cdot\bar{C}+A\bar{B}C+ABC$　　B. $\overline{\overline{A\bar{B}C}\cdot\overline{\bar{A}BC}\cdot\overline{\bar{A}B\bar{C}}\cdot\overline{\bar{A}\cdot\bar{B}\cdot\bar{C}}}$

C. $\overline{\overline{\bar{A}\cdot\bar{B}\cdot\bar{C}}\cdot\overline{\bar{A}\cdot\bar{B}C}\cdot\overline{\bar{A}BC}\cdot\overline{AB\bar{C}}}$

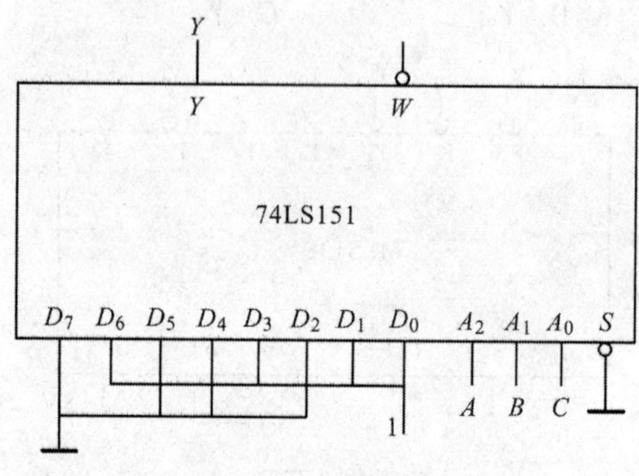

图 10.39　选择题 8 图

9. 逻辑电路如图 10.40 所示，比较器的输出为（　　）。

A. $F_{A>B}$　　B. $F_{A<B}$　　C. $F_{A=B}$　　D. $F_{A>B}$ 或 $F_{A<B}$

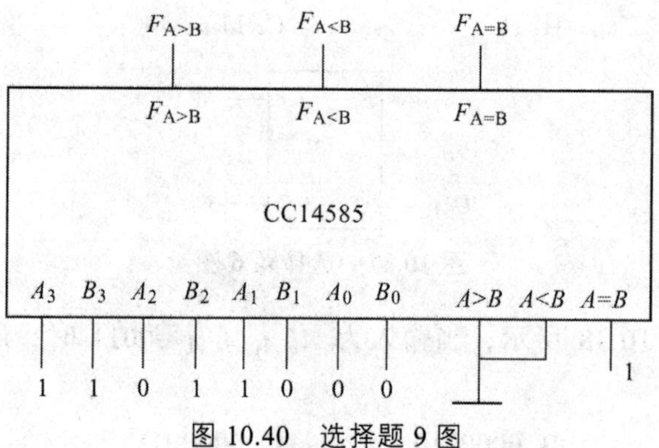

图 10.40　选择题 9 图

习　题

1. 组合电路及输入波形如图 10.41 所示，试写出输出的逻辑表达式 Y 和真值表，并画出输出 Y 的波形图。

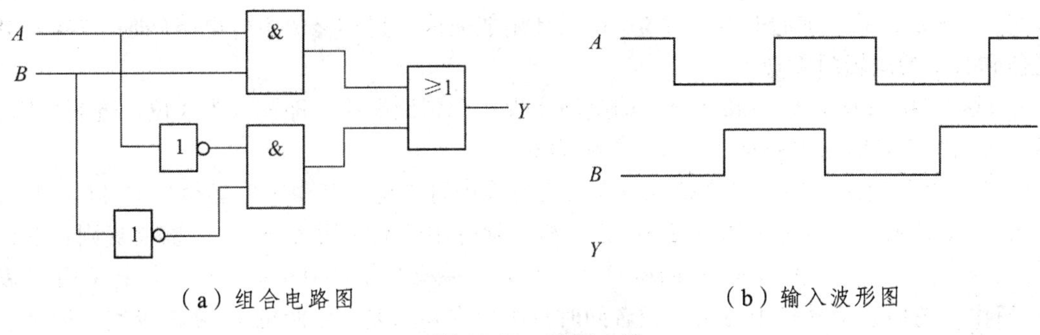

（a）组合电路图　　（b）输入波形图

图 10.41　习题 1 图

2. 试分析如图 10.42 所示组合电路的功能。

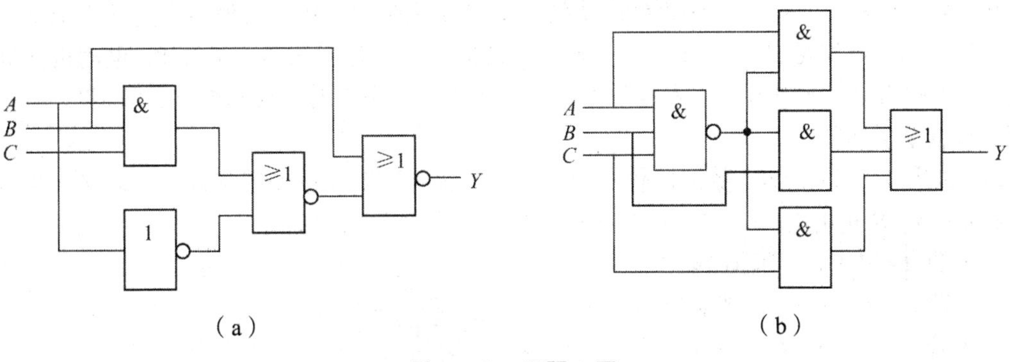

（a）　　（b）

图 10.42　习题 2 图

3. 试用与非门设计实现逻辑函数 $Y = \overline{A}B\overline{C}D + A\overline{B}C\overline{D} + \overline{A}BC\overline{D} + A\overline{B}CD + ABCD$ 的电路，并列出逻辑函数表达式 Y 的真值表。

4. 设计一个能实现功能如波形图 10.43 所示的组合电路。试写出设计过程的真值表和逻辑表达式，并用与非门实现其逻辑功能。

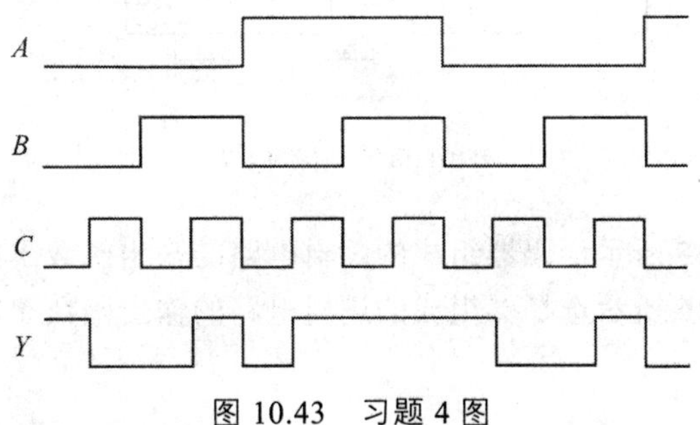

图 10.43　习题 4 图

5. 设有三台电机 A、B、C，要求 A 开机则 B 也必须开机，B 开机则 C 也必须开机。如不满足要求，则发出报警信号。试写出报警信号的真值表、逻辑表达式，并用 74LS138 译码器和必要的逻辑门实现。

6. 在举重比赛中，有一个主裁判和两个副裁判员，当裁判认为杠铃已完全举起时，就按下自己面前的键钮。只有当三个裁判或者两个裁判（其中之一必须是主裁判）按下自己面前的键钮，表示杠铃完全举起时红灯才亮。试设计出能完成上述功能的组合电路（即用 74LS138 译码器和必要的逻辑门实现）。

7. 试用 74LS138 译码器和必要的门电路实现一个判别电路。即输入为 3 位二进制代码，当输入代码被 2 整除时电路输出为 1，否则为 0。

8. 在激光射极游戏中，允许游戏者在规定时间内打三枪：其中一枪必须打中飞机（用 A 表示），一枪必须打中坦克（用 B 表示），一枪必须打中轮船（用 C 表示）。获奖规则：三枪均打中，获一等奖（用 X 表示）；两枪打中，且其中一枪必须打中飞机，获二等奖（用 Y 表示）；只中一枪但必须是打中飞机，或者同时打中坦克和轮船（中两枪），获三等奖（用 Z 表示）。试用 74LS138 译码器和必要的门电路实现其逻辑功能。

9. 试用两片 74LS138 译码器扩展成 4 线-16 线译码器。并加入必要的门电路实现一个判别电路，输入为 4 位二进制代码，当输入代码被 4 整除时电路输出为 1，否则为 0。

10. 某车间有 A、B、C、D 四台电动机，要求 A 机必须开机，其他三台电动机中至少有两台开机。如果不满足要求，指示灯 Y 熄灭。设指示灯 Y 熄灭为 0，亮为 1；电动机开机信号为 1，否则为 0。试列出真值表，写出逻辑表达式，并用 2 片 74LS151 选择器和必要的逻辑门实现其逻辑功能。

11. 试用两片 CC14585 数值比较器和 3 个与门实现三个 4 位二进制数 A、B、C（即 $A=A_3A_2A_1A_0$；$B=B_3B_2B_1B_0$；$C=C_3C_2C_1C_0$）的比较电路，并能判别：

（1）若 $A=B=C$，则输出端 $Y_0=1$。

（2）若 $A>B$，$A>C$，则输出端 $Y_1=1$。

（3）若 $A<B$，$A<C$，则输出端 $Y_2=1$。

12. 试用两片半加器和 4 个与门实现 2 位二进制数相乘（$A_1A_0 \times B_1B_0$）的乘法逻辑电路。

13. 全加器逻辑电路如图 10.44 所示，试写出电路的运算结果 $C_2S_1C_1S_0$。

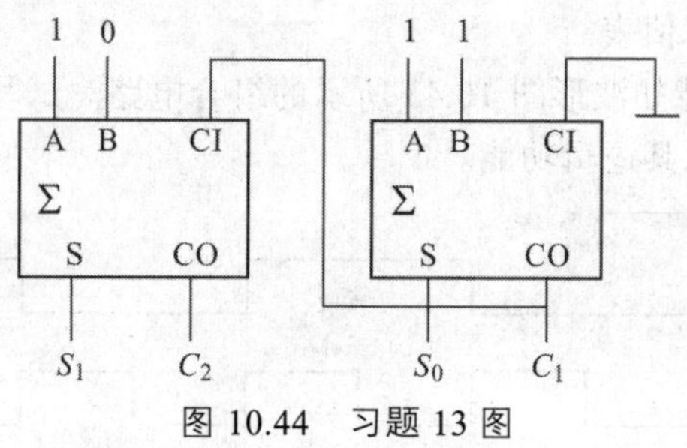

图 10.44　习题 13 图

14. 试写出如图 10.45 所示译码器组成的逻辑电路的输出函数 Y 的表达式。

15. 试写出如图 10.46 所示选择器组成的逻辑电路的输出函数 Y 的表达式。

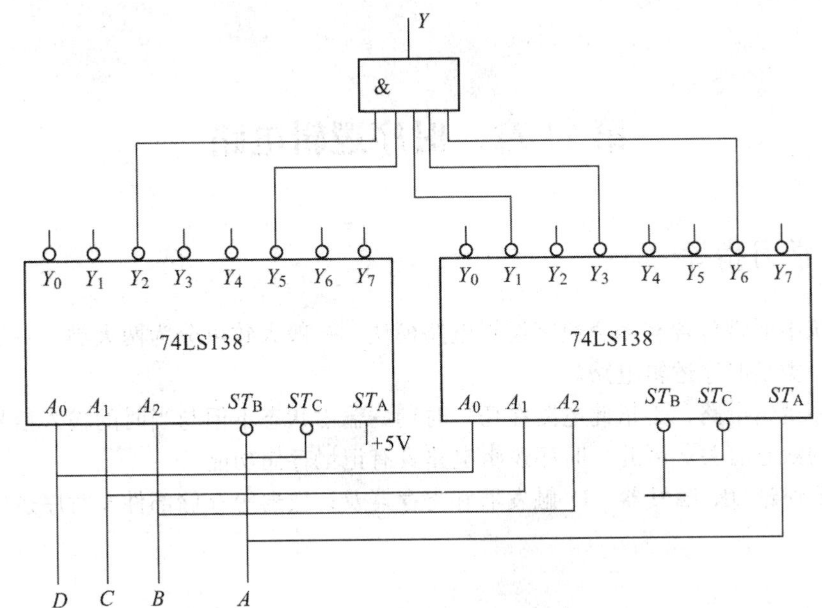

图 10.45　习题 14 图

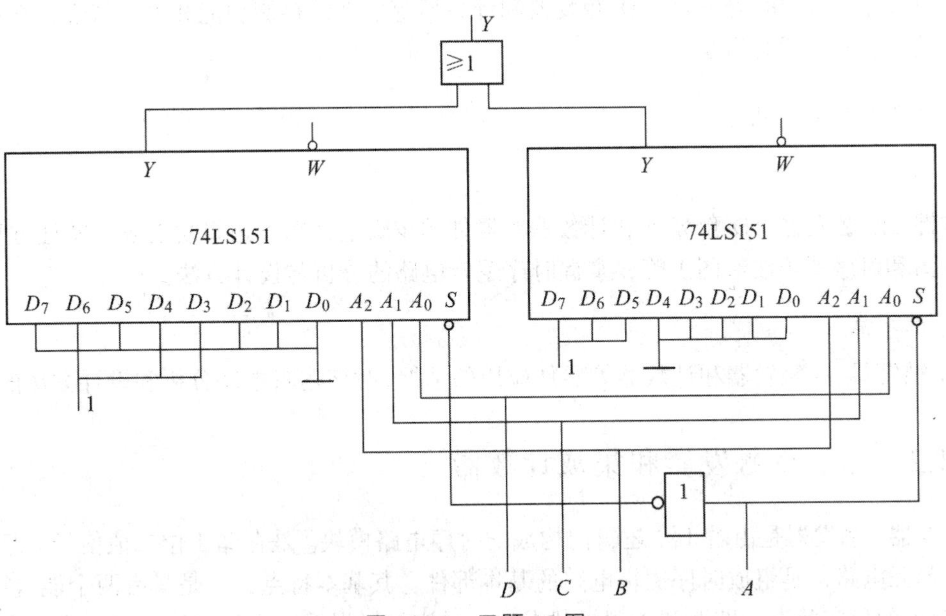

图 10.46　习题 15 图

第 11 章　时序逻辑电路

11.1　学习指导

数字系统中通常包含有多个数字逻辑电路模块，一般大致可分为两大类：一类是组合逻辑电路；另一类是时序逻辑电路。

所谓时序逻辑电路，是指此电路在任一时刻的输出状态不但与当时的输入信号有关，还与电路原来的状态有关。因此，时序逻辑电路具有记忆存储功能

本章主要讨论 JK 触发器、D 触发器和寄存器及计数器等存储部件及时序逻辑电路分析与设计。

11.1.1　内容提要

本章介绍主要 JK 触发器、D 触发器和计数器等器件的存储功能和电气特性；介绍时序逻辑电路的分析与设计方法。

11.1.2　重点与难点

1. 重　点

掌握 JK 触发器、D 触发器和计数器等器件的逻辑电路图、逻辑功能表、特性方程、状态转换图和时序图（波形图）等；掌握时序逻辑电路的分析与设计方法。

2. 难　点

JK 触发器、D 触发器和计数器等器件应用的掌握；时序逻辑电路分析和设计方法的掌握。

11.2　JK、D 触发器和集成计数器

触发器：触发器是由若干个逻辑门构成的时序电路模块。是存储 1 位二值信号（即 0、1）的基本单元电路，是组成时序逻辑电路的基本部件。其基本特点：一是具有两个能自行保持（即存储）的稳定状态，即 0 和 1 逻辑状态；二是它可以根据输入信号被置成 1 或 0 状态。

根据结构不同，触发器有主从型、边沿型、维持阻塞型等。结构虽然有所不同，但其触发器的功能和特性方程是完全相同的。所以，本教材主要讨论边沿型触发器功能、特性方程和时序波形图。下面讨论中，边沿型触发器简称触发器。

集成计数器：集成计数器是由若干个触发器构成的一种时序电路，它按预定的顺序改变电路内各触发器的状态，以表征输入的脉冲个数。

11.2.1　JK 触发器

JK 触发器及逻辑部件 74LS76 如图 11.1 所示。

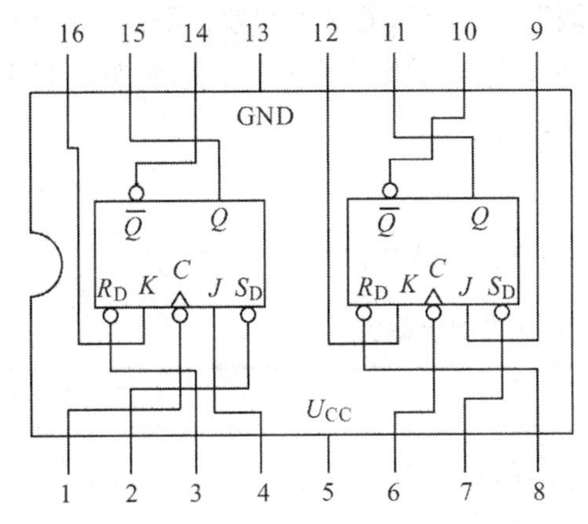

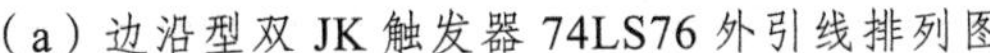

（a）边沿型双 JK 触发器 74LS76 外引线排列图

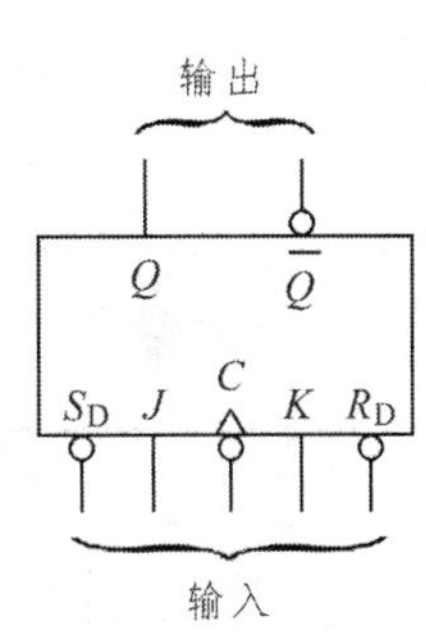

（b）逻辑符号示意图

图 11.1　JK 触发器

1. 基本概念

输入端 C：C 端为时钟脉冲输入端，其输入信号称为时钟脉冲信号，简称为时钟信号，常用 CP 表示时钟信号，其 CP 的时序波形如图 11.2（a）所示。

图 11.2（a）的横轴为时间轴（一般时序图中不画出来），纵轴是电压轴（即高电平和低电平，图中用 1、0 表示），高电平脉冲称为正脉冲，低电平脉冲称为负脉冲；随着时间横轴的展开，CP 波形中有两个重要的时间点，即“上升沿”和“下降沿”，这是触发器产生新的输出 Q 的“分界沿”（又称触发沿）。

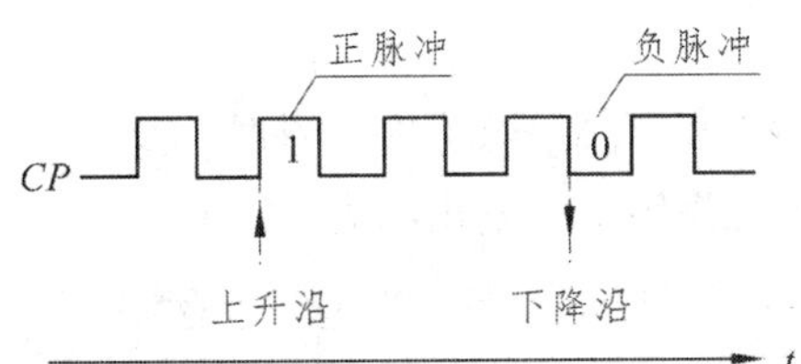

（a）脉冲信号 CP 的基本概念图

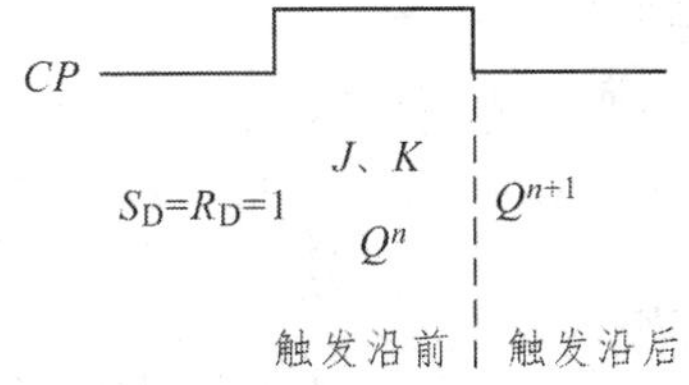

（b）图 11.1（b）CP 信号的功能示意图

图 11.2　输入与输出信号逻辑关系示意图

输出端 Q、$\overline{Q}$：Q 称为原码输出端，$\overline{Q}$ 称为反码输出端，规定 Q 的状态为触发器输出状态；并用 Q^n 表示 CP 信号作用前（即触发沿前）触发器的状态（称为原状态，或称为现态）；用 Q^{n+1} 表示触发器在 CP 信号触发沿后所产生的稳定状态（称为新状态，或称为次态），如图 11.2（b）所示（注意：原状态与新状态、现态与次态，分别描述时间上的前、后两个状态）。

图 11.1（b）中表示的 CP 为“下降沿”触发，所以，图 11.2（b）表示在 $S_D=R_D=1$ 条件下，下降沿前的输入信号 J、K 和触发器的原态 Q^n 决定下降沿后新的状态 Q^{n+1}。

输入端 J、K：数据信号由 J、K 端输入，称为数据输入端。

输入端 S_D、R_D：S_D 称为直接置位端（即将 Q 状态“置位”为“1”），R_D 称为直接复位端（即将 Q 状态“复位”为“0”）；所谓“直接”是指“置位”“复位”的 Q 状态不受 CP 的控制和 J、K 的影响。

当触发器符号图的S_D、R_D端有“小圆圈”时，表示低电平有效，即低电平置位或复位，否则是高电平有效。如图 11.1（b）所示的S_D、R_D是低电平有效，其功能如表 11.1 所示。

2. 逻辑功能、特性方程、状态图和时序波形图

1）逻辑功能

以图 11.1（b）所示 JK 触发器逻辑符号为例，其功能如表 11.1 所示。

表 11.1 JK 触发器功能表

输入					输出
S_D	R_D	CP	J	K	Q^{n+1}
0	1	×	×	×	1
1	0	×	×	×	0
1	1	↓	0	0	Q^n
1	1	↓	0	1	0
1	1	↓	1	0	1
1	1	↓	1	1	$\overline{Q^n}$

注：

（1）表 11.1 中“×”表示为无关项，即“×”对应的输入端信号不影响输出信号。

（2）“↓”表示 CP 为“下降沿”触发，即下降沿后产生触发器状态 Q^{n+1}。

（3）输出为“Q^n”或“$\overline{Q^n}$”表示输出状态 $Q^{n+1}=Q^n$ 或 $Q^{n+1}=\overline{Q^n}$。

JK 触发器功能：

当 $S_D=0$，$R_D=1$时，$Q=1$（即置位输出状态为 1）；当 $S_D=1$，$R_D=0$时，$Q=0$（即复位输出状态为 0）；当 $S_D=R_D=1$时，在 CP 下降沿触发作用下，输出状态 Q^{n+1} 有

（1）当 $J=K$ 时，$\left.\begin{cases} J=K=0 \Rightarrow \text{保持原状态，称为“记忆”状态，即 } Q^{n+1}=Q^n \\ J=K=1 \Rightarrow \text{原状态的非，称为“计数”状态，即 } Q^{n+1}=\overline{Q^n} \end{cases}\right\}$。

（2）当 $J\neq K$ 时，$\left.\begin{cases} J=1\text{ ，}K=0 \Rightarrow Q^{n+1}=1 \Rightarrow \text{称为“置 1 ”状态} \\ J=0\text{ ，}K=1 \Rightarrow Q^{n+1}=0 \Rightarrow \text{称为“置 0 ”状态} \end{cases}\right\}$即 $Q^{n+1}=J$。

2）特性方程

根据功能表 11.1，写出 JK 触发器的特性方程为

$$Q^{n+1}=J\overline{Q^n}+\overline{K}Q^n \tag{11.1}$$

（3）状态图

“状态图”可形象直观地将触发器状态转换关系及转换条件用几何图形的方式表现出来。如图 11.3（a）所示，“箭头”表示触发器状态由原态 Q^n 转换为新的状态 Q^{n+1}，即“箭头”说明了状态转换的“方向”；“输入/输出”表示转换时的输入条件；图 11.3（b）中的“圆圈”表示触发器的输出状态，即状态 0 和状态 1。

当图 11.1（b）所示 JK 触发器的 $S_D=R_D=1$时，根据功能表 11.1 得 JK 触发器的状态图如图 11.3（b）所示。

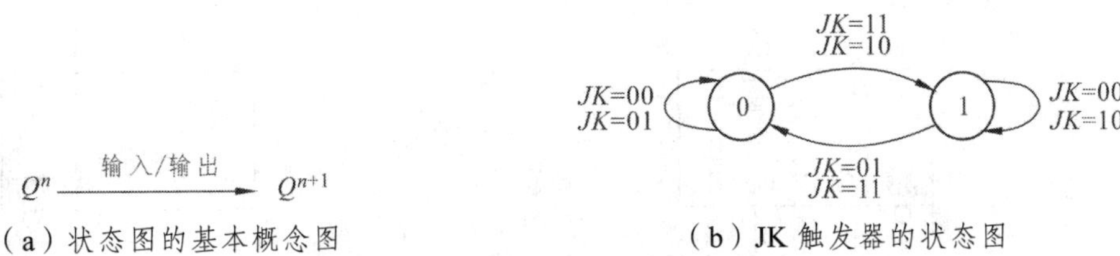

（a）状态图的基本概念图　　（b）JK 触发器的状态图

图 11.3　输入与输出信号逻辑关系示意图

4）时序波形图

【例 11.1】 已知图 11.1（b）所示边沿型 JK 触发器的 J、K 和 CP 输入信号如图 11.4（a）所示，$S_D = R_D = 1$，JK 触发器的初始状态 Q 为 0。试画出输出 Q 的状态图和时序波形图。

分析：

（1）已知 $S_D = R_D = 1$；并由图 11.1（b）可知 JK 触发器的 CP 脉冲为下降沿触发。

（2）第 1、2 个 CP 下降沿前 $J \neq K$，则 $Q^{n+1} = J$；第 3 个 CP 下降沿前 $J = K = 1$，则 $Q^{n+1} = \overline{Q^n} = \bar{0} = 1$；第 4 个 CP 下降沿前 $J \neq K$，则 $Q^{n+1} = J = 1$；第 5 个 CP 下降沿前 $J = K = 0$，则 $Q^{n+1} = Q^n = 1$。

解　根据表 11.1 或特性方程式（11.1），画出相应的 Q 的时序波形图 11.4（b）。

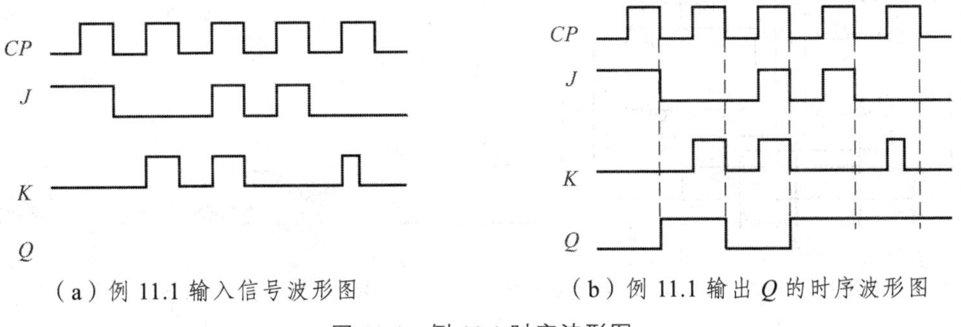

（a）例 11.1 输入信号波形图　　（b）例 11.1 输出 Q 的时序波形图

图 11.4　例 11.1 时序波形图

结论：

（1）当触发器逻辑符号图 S_D、R_D 端有“小圆圈”（见图 11.5）时，表示低电平有效。画波形图时，首先重点关注 S_D、R_D 信号，即图 11.5 表示只有在 $S_D = R_D = 1$ 条件下，J、K 和 CP 输入信号才起作用；同理，当 S_D、R_D 端没有“小圆圈”时，表示高电平有效。

（2）当触发器逻辑符号图的 C 端有“小圆圈”时，表示触发器是下降沿触发，如图 11.5（b）所示；否则上升沿触发，如图 11.5（a）所示。

（3）因波形的横轴是时间 t 轴，所以，波形图反映的是同一时刻输入与输出的逻辑关系，即波形图必须采用纵向排列，如图 11.4（b）所示。

（4）CP 触发沿前的输入信号 J、K 和原态 Q^n，决定触发沿后的新态 Q^{n+1}，如图 11.5（a）（b）所示。

11.2.2　D 触发器

D 触发器逻辑部件 CC4031 如图 11.6 所示。

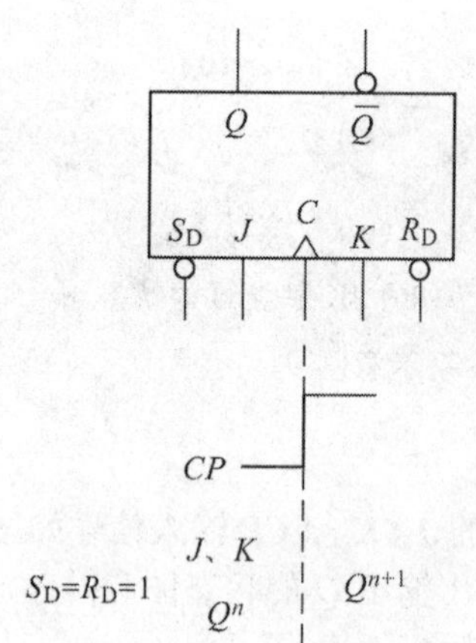

（a）时钟脉冲 *CP* 上升沿触发

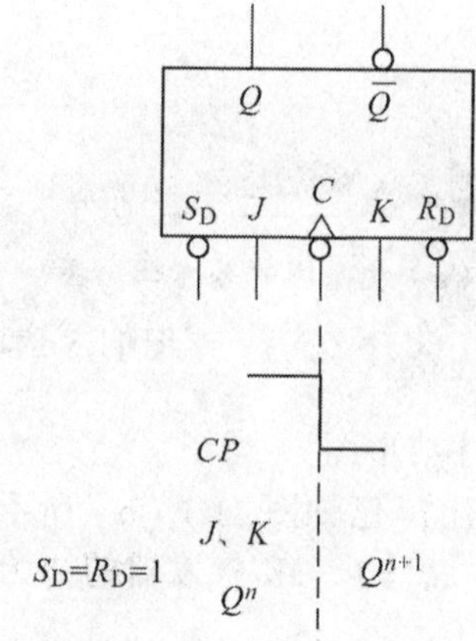

（b）时钟脉冲 *CP* 下降沿触发

图 11.5 时钟脉冲 *CP*

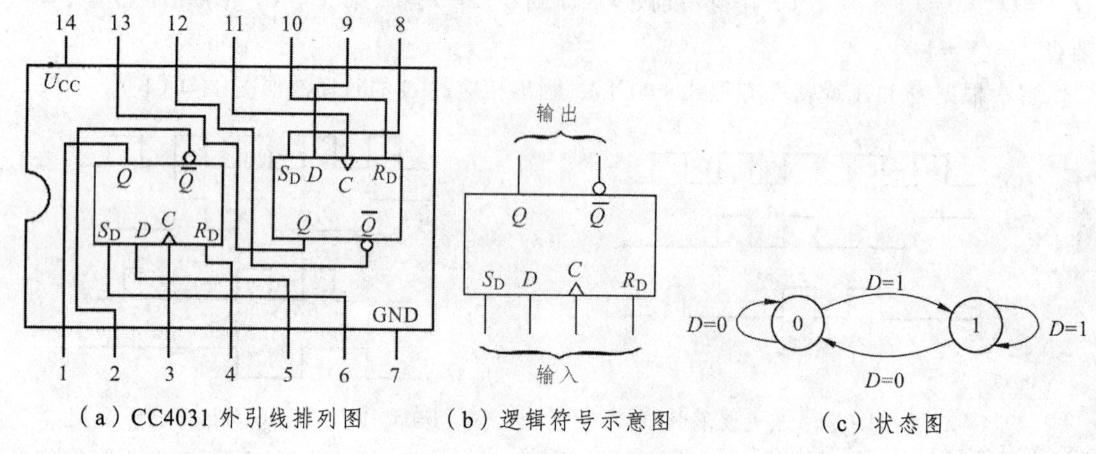

（a）CC4031 外引线排列图　（b）逻辑符号示意图　（c）状态图

图 11.6 边沿型 D 触发器

1. 基本概念

输入端 C：C 端的输入为 CP 时钟信号，如图 11.2（a）所示。图 11.6（b）所示 D 触发器为“上升沿”触发方式。

输入端 D：数据信号由 D 端输入，称为数据输入端。

输入端 S_D、R_D：图 11.6（b）所示置位 S_D 和复位 R_D 为高电平有效。即当 $S_D=1$、$R_D=0$ 时，S_D 直接置位 Q 状态为“1”；当 $S_D=0$、$R_D=1$ 时，R_D 直接复位 Q 状态为“0”；当 $S_D=R_D=0$ 时，Q^{n+1} 状态由时钟信号 CP 和输入数据 D 决定。

注意：图 11.6（b）所示触发器图的 S_D、R_D 端“无小圆圈”，即高电平置位和复位；C 端“无小圆圈”，即 CP 时钟信号上升沿触发。

2. 逻辑功能、特性方程、状态图和时序波形图

1）逻辑功能

以图 11.6（b）所示 D 触发器逻辑符号为例，其功能如表 11.2 所示。

表 11.2　D 触发器功能表

输　入				输　出
S_D	R_D	CP	D	Q^{n+1}
1	0	×	×	1
0	1	×	×	0
1	1	↑	0	0
1	1	↑	1	1

注释："↑"表示上升沿触发，即上升沿后产生新状态 Q^{n+1}。

由功能表 11.2 可知，当 $S_D = R_D = 0$ 时，在 CP 的触发作用下，D 触发器的功能如下：

（1）当 $D=1$ 时，$Q^{n+1} = D = 1$；

（2）当 $D=0$ 时，$Q^{n+1} = D = 0$。

2）特性方程

D 触发器的特性方程为

$$Q^{n+1} = D \tag{11.2}$$

3）状态图

由功能表 11.2 可知，当 $S_D = R_D = 0$ 时，D 触发器的状态图如图 11.6（c）所示。

4）时序波形图

【例 11.2】 已知图 11.6（b）所示边沿型 D 触发器的输入信号 D、CP 如图 11.7（a）所示，$S_D = R_D = 0$，D 触发器的初始状态 Q 为 0。试画出输出 Q 的时序波形图。

分析：

（1）已知 $S_D = R_D = 0$；初始状态 Q 为 0；并由图 11.6（b）可知 CP 脉冲为上升沿触发。

（2）第 1、4 个 CP 上升沿前 $D=1$，则 $Q^{n+1} = D = 1$；第 2、3、5 个 CP 上升沿前 $D=0$，则 $Q^{n+1} = D = 0$。

解　根据表 11.2 或特性方程式（11.2），画出相应的 Q 的时序波形图 11.7（b）。

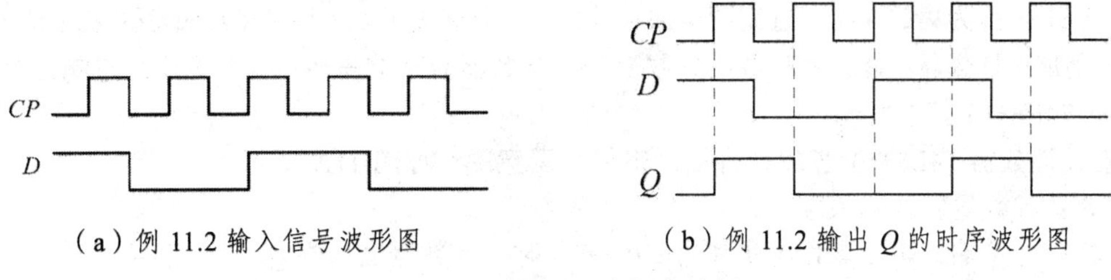

（a）例 11.2 输入信号波形图　　（b）例 11.2 输出 Q 的时序波形图

图 11.7　例 11.2 时序波形图

结论：

（1）图 11.8（a）中 $S_D = R_D = 0$[图 11.8（b）中 $S_D = R_D = 1$]时，状态 Q^{n+1} 由输入信号 D、CP 决定。

（2）D 触发器的 CP 也分"上升沿"和"下降沿"两种触发方式，如图 11.8（a）（b）所示。

（3）CP 触发沿前的输入信号 D，决定触发沿后的新态 Q^{n+1}，即 $Q^{n+1}=D$，如图 11.8（a）（b）所示。

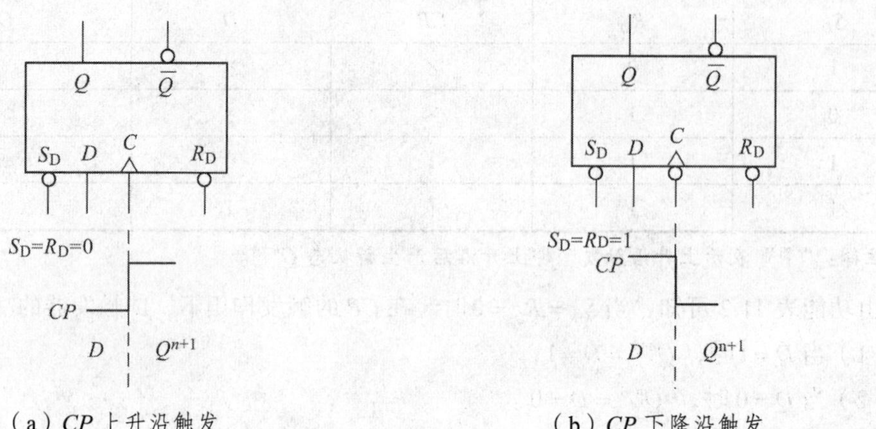

（a）CP 上升沿触发　　（b）CP 下降沿触发

图 11.8　时钟脉冲 CP

11.2.3　集成计数器

计数器：是指具有对 CP 脉冲的个数进行计数的时序电路。

计数器实质上是一个多稳态的时序逻辑电路，利用其相应的稳态实现对输入脉冲 CP 个数的记忆，其计数器所具有的稳态数，称为计数器的模，常用“M”表示，称为 M 进制计数器，如 M=10 为十进制计数器、M=16 为十六进制计数器。

集成计数器：由若干个触发器（如 JK 触发器、D 触发器等）和逻辑门构成的具有计数器功能的集成芯片，称为集成计数器。又因其计数为二进制代码，所以又称为集成二进制计数器。集成计数器是计算机和数字逻辑系统的基本器件之一。

本教材主要以 74LS161、74LS291 等集成计数器为例，讨论其功能及应用，重点是提高继续学习其他集成芯片的能力。

1. 集成计数器 74LS161

74LS161 称为集成 4 位二进制同步加法计数器，即集成了 4 个同步 CP 触发的触发器，并具有二进制加法计数器功能，其计数最高数为 15，计数器的模 $M=16$，又称为十六进制计数器。

1）74LS161 基本概念

集成计数器 74LS161 芯片管脚及逻辑符号示意图，如图 11.9 所示。

CP：计数器脉冲输入端。

CR：清零端，即输入低电平（即 $CR=0$）时，计数器输出端 $Q_0 \sim Q_3$ 清零。

LD：低电平（即 $LD=0$）置数控制端。

Q^{n+1}、Q^{n+1}：计数器工作状态控制端。

$D_3 \sim D_0$：并行输入数据端。

$Q_3 \sim Q_0$：计数器状态并行输出端。

CO：进位信号输出端；当 $Q_3Q_2Q_1Q_0$ 状态为 0000 ~ 1110 时，CO 输出为 0；当 $Q_3Q_2Q_1Q_0$ 状态为 1111 时，CO 输出为 1。

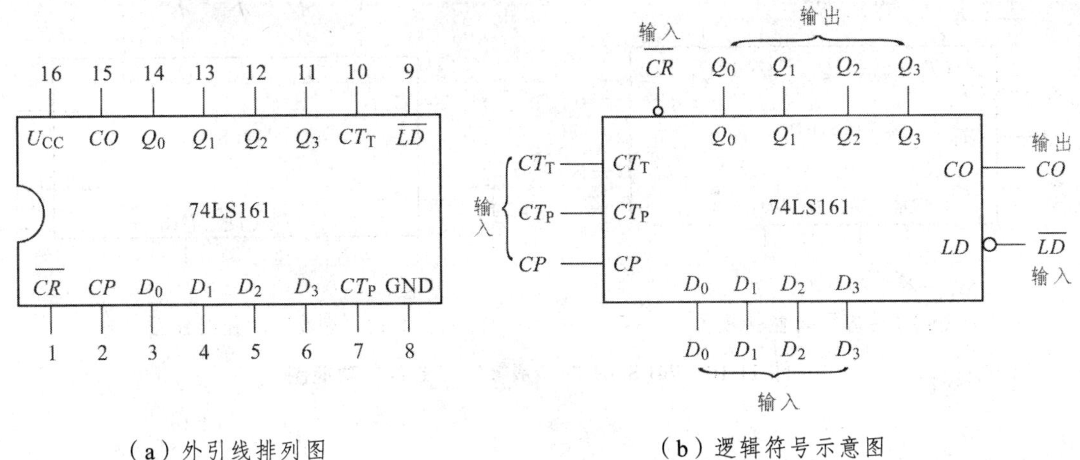

（a）外引线排列图　　　　（b）逻辑符号示意图

图 11.9　集成计数器 74LS161

2）74LS161 状态表及功能

74LS161 的状态表如表 11.3 所示。

表 11.3　74LS161 的状态表

输　入						输　出	
CR	LD	Q^{n+1}	Q^{n+1}	CP	$D_3\ D_2\ D_1\ D_0$	$Q_3^{n+1}Q_2^{n+1}Q_1^{n+1}Q_0^{n+1}$	CO
0	×	×	×	×	× × × ×	0 0 0 0	0
1	0	×	×	↑	d_3 d_2 d_1 d_0	d_3 d_2 d_1 d_0	
1	1	1	1	↑	× × × ×	计　数	
1	1	0	×	×	× × × ×	保　持	
1	1	×	0	×	× × × ×	保　持	0

表 11.3 所示 74LS161 功能为：

（1）清零功能。

当 CR 端输入低电平（即 $CR=0$）时，计数器输出状态为 0000。如图 11.10（a）所示。注释：图 11.10（a）中“×”表示无关项。

（2）置数功能。

当 $CR=1$，$LD=0$，$D_3D_2D_1D_0$ 端输入数据 $d_3d_2d_1d_0$ 时，在 CP 上升沿触发下，输出状态 $Q_3^{n+1}Q_2^{n+1}Q_1^{n+1}Q_0^{n+1}=d_3d_2d_1d_0$。如图 11.10（b）所示。

（3）计数功能。

当 $CR=LD=CT_P=CT_T=1$ 时，对 CP 脉冲信号进行二进制加法计数。如图 11.11（a）所示。

（4）保持功能。

当 $CR=LD=1$，$CT_P\cdot CT_T=0$ 时，计数器状态保持不变，即 $Q_3^{n+1}Q_2^{n+1}Q_1^{n+1}Q_0^{n+1}=Q_3^nQ_2^nQ_1^nQ_0^n$。如图 11.11（b）所示。

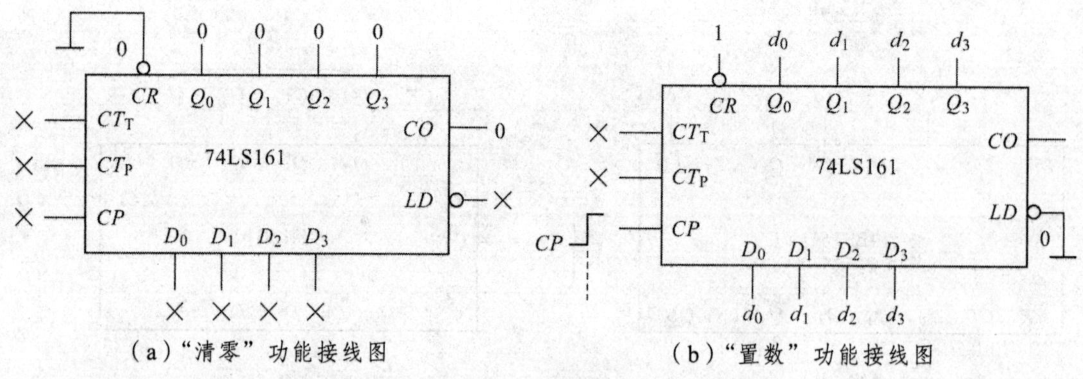

（a）“清零”功能接线图　　（b）“置数”功能接线图

图 11.10　74LS161 的“清零”、“置数”功能图

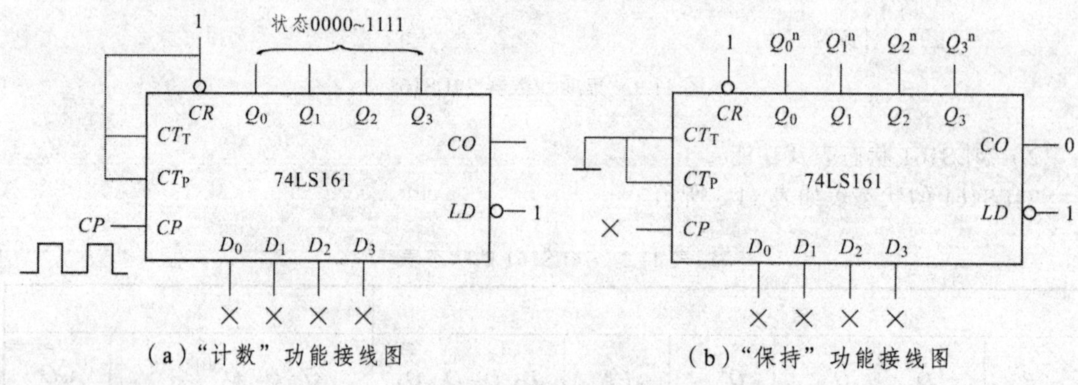

（a）“计数”功能接线图　　（b）“保持”功能接线图

图 11.11　74LS161 的“计数”、“保持”功能图

2. 集成计数器 74LS290

74LS290 称为集成十进制异步加法计数器。“异步”是指触发触发器的 CP 脉冲不是同时触发，而是有先有后，“十进制”是指计数器的计数最高数为 9；又因为计数器的计数最高数还可为 2 和 5，所以 74LS290 又常称为二-五-十进制计数器。

1）74LS290 基本概念

集成计数器 74LS290 芯片管脚及逻辑符号示意图如图 11.12 所示。

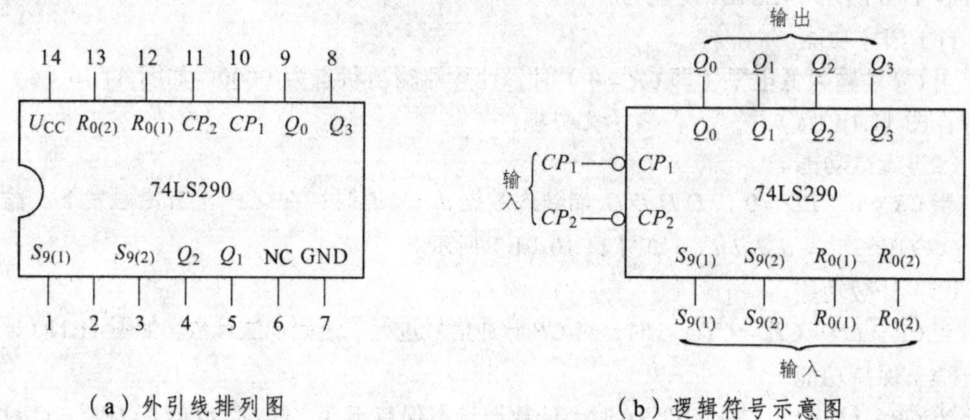

（a）外引线排列图　　（b）逻辑符号示意图

图 11.12　集成计数器 74LS290

$Q_0 \sim Q_3$：计数器状态并行输出端。

CP_1、CP_2：计数器脉冲输入端。

$S_{9(1)}$、$S_{9(2)}$：高电平（即 $S_{9(1)}$、$= S_{9(2)} = 1$）置 9 控制端。

$R_{0(1)}$、$R_{0(2)}$：高电平（$R_{0(1)}$、$= R_{0(2)} = 1$）置 0 控制端。

2）74LS290 状态表及功能

74LS290 的状态表如表 11.4 所示。

表 11.4　74LS290 的状态表

输　　入				输　　出
$R_{0(1)}$　$R_{0(2)}$	$S_{9(1)}$　$S_{9(2)}$	CP_1	CP_2	$Q_3^{n+1}Q_2^{n+1}Q_1^{n+1}Q_0^{n+1}$
1　1	0　0	×	×	0　0　0　0
×　×	1　1	×	×	1　0　0　1
0　×	0　×	↓	↓	计　数
×　0	×　0	↓	↓	计　数

表 11.4 所示 74LS290 功能为：

（1）清零功能。

当 $S_{9(1)} \cdot S_{9(2)} = 0$、$R_{0(1)} \cdot R_{0(2)} = 1$时，计数器清零，即输出 $Q_3Q_2Q_1Q_0$ 状态为 0000。如图 11.13（a）所示。

（2）置“9”功能。

当 $S_{9(1)} \cdot S_{9(2)} = 1$时，计数器置“9”，即输出 $Q_3Q_2Q_1Q_0$ 状态为 1001。如图 11.13（b）所示。

注意：实现置“9”功能时，$R_{0(1)}$、$R_{0(2)}$为无关项，所以，实现其功能有两种接线图。

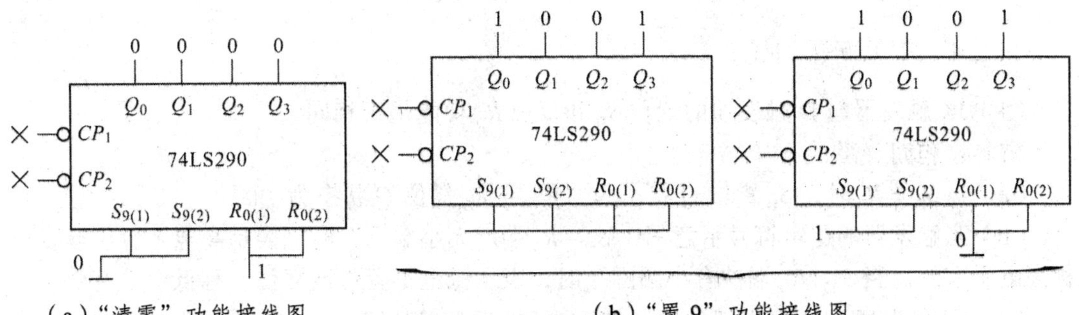

（a）“清零”功能接线图　　（b）“置 9”功能接线图

图 11.13　74LS290 的“清零”“置 9”功能图

（3）计数功能。

74LS290 的基本连接方式有三种。

（a）十进制计数器连接方式如图 11.14（a）所示。当输入脉冲信号 CP 接入 CP_1，CP_2 与 Q_0 连接时，如图 11.14（a）所示电路对 CP 脉冲信号进行 0000 ~ 1001（即十进制）加法计数。

（b）五进制计数器连接方式如图 11.14（b）所示。当输入脉冲信号 CP 接入 CP_2 时，如图 11.14（b）所示电路对 CP 脉冲信号进行 000 ~ 101（即五进制）加法计数。

（c）二进制计数器连接方式如图 11.14（c）所示。当输入脉冲信号 CP 接入 CP_1 时，如图 11.14（c）所示电路对 CP 脉冲信号进行 1 位二进制加法计数。

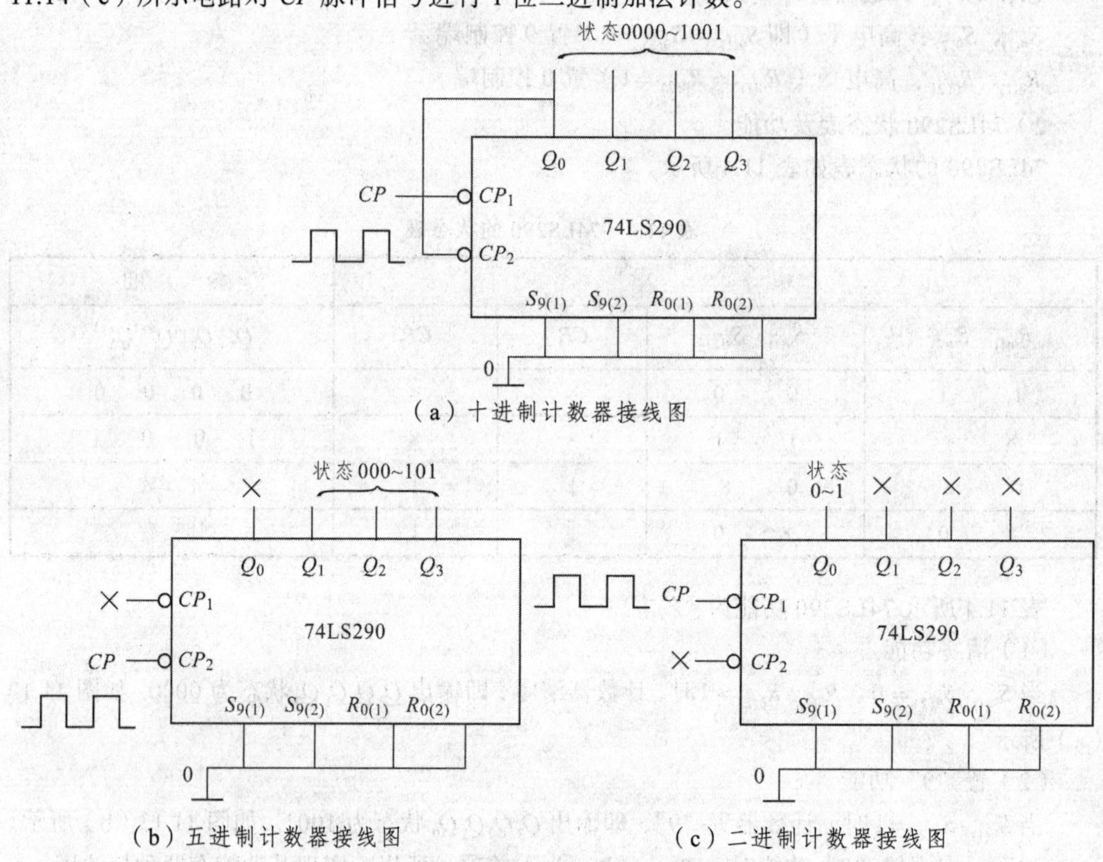

图 11.14　74LS290 的计数功能图

11.2.4　常见问题讨论

（1）JK 触发器与 D 触发器的置位 S_D 和复位 R_D 功能是否相同?

解答：相同。

（a）当 $S_D \neq R_D$ 时，S_D 置位 Q 状态为“1”或 R_D 复位 Q 状态为“0”。

（b）当触发器的逻辑符号示意图中 S_D、R_D 端“无小圆圈”时，表示高电平置位或复位，称高电平有效；当 S_D、R_D 端“有小圆圈”时，表示低电平置位或复位，称低电平有效。

（2）JK 触发器与 D 触发器的时钟信号 CP 功能是否相同?

解答：相同。

（a）时钟信号 CP 分“上升沿”触发和“下降沿”触发两种方式，触发沿前的输入信号 J、K、D 决定触发沿后的次态 Q^{n+1}；

（b）当触发器的逻辑符号示意图中 C 端“无小圆圈”时，表示 CP 上升沿触发；当 C 端“有小圆圈”时，表示 CP 下降沿触发。

（3）计数器是一种最简单的基本“计数”运算逻辑电路，其“计数”指的是对输入信号进行的计数。

解答："'计数'指的是对输入信号进行的计数"描述是错误的。
计数器所描述的"计数"指的是对输入脉冲信号 CP 的个数进行计数。

11.3　时序逻辑电路分析与设计

时序逻辑电路中的"时序"意思是指电路的状态 Q^{n+1} 与时间 t 顺序有密切的关系，其电路的组成是由组合电路和存储电路两部分构成，如图 11.15 所示。时序逻辑电路的基本特征为：电路的输出不仅与当前时刻的输入信号有关，而且还与电路原来的状态 Q^n 有关。

在进行时序逻辑电路分析与设计中，常常要根据输出方程 $Z=F_1(X,Q^n)$、驱动方程 $Y=F_2(X,Q^n)$ 和状态方程 $Q^{n+1}=F_3(Y,Q^n)$ 进行时序电路功能的分析或电路的设计。

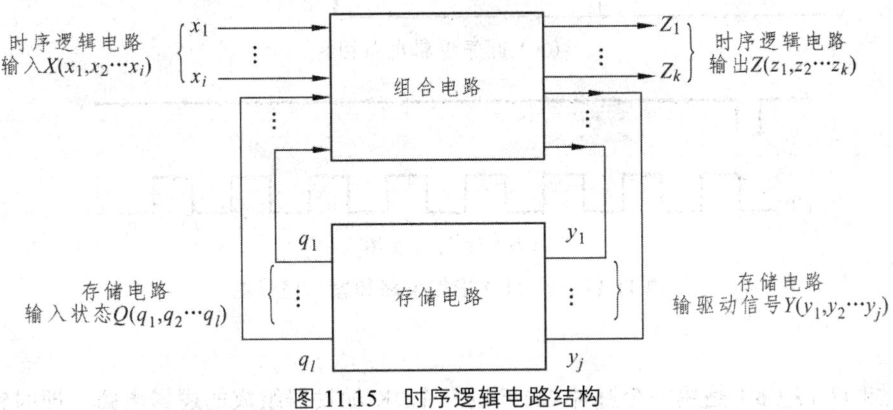

图 11.15　时序逻辑电路结构

注意：并非所有的时序逻辑电路都具备图 11.15 所示的完整形式。有的时序逻辑电路中没有组合逻辑电路部分，或没有输入逻辑变量，但一定含有存储电路，在逻辑功能上具有时序逻辑电路的基本特征。

11.3.1　时序逻辑电路的分析

时序逻辑电路的分析就是对已知的逻辑电路进行逻辑功能的分析，即分析时序逻辑电路的输出状态随输入变量和时钟脉冲 CP 作用下的变化规律。其分析的一般步骤如图 11.16 所示。

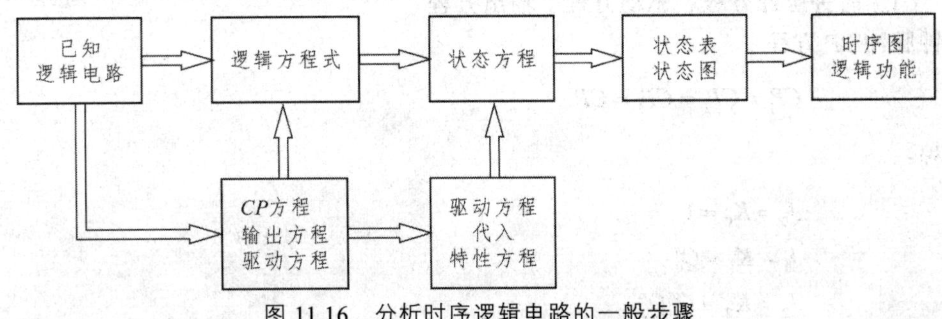

图 11.16　分析时序逻辑电路的一般步骤

【例 11.3】分析 11.17（a）所示时序逻辑电路的功能，并根据图 11.17（b）的已知条件 R_D 和 CP，画出 Q_0、Q_1、Q_2 和 Z 的时序图，作状态转换图。

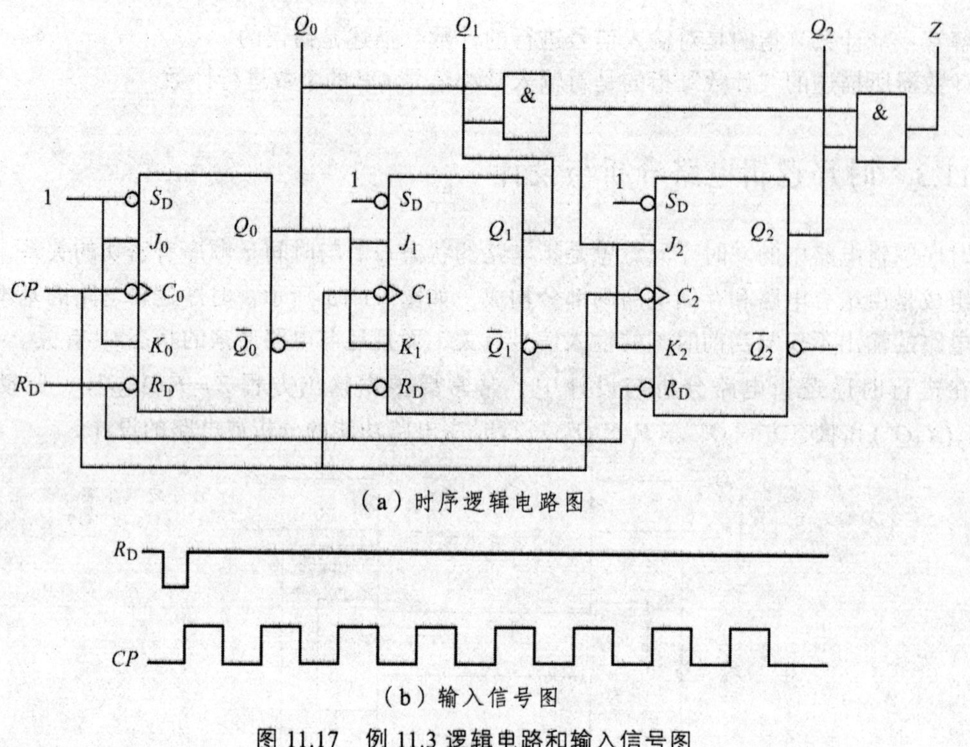

（a）时序逻辑电路图

（b）输入信号图

图 11.17　例 11.3 逻辑电路和输入信号图

分析：

（1）图 11.17（a）是用一个脉冲 CP 控制三个 JK 触发器组成的逻辑电路，即时钟脉冲方程为 $CP_1 = CP_2 = CP_3 = CP$。

（2）根据图 11.17（a）写输入端 J、K 的方程（即驱动方程）和输出方程 Z。

（3）将驱动方程代入 JK 触发器的特性方程 $Q^{n+1} = J\overline{Q^n} + \overline{K}Q^n$，可得状态方程 ${Q_2}^{n+1}$、${Q_1}^{n+1}$、${Q_0}^{n+1}$。

（4）根据 11.17（b）中 $R_D = 0$ 的信号得初始状态 $Q_2Q_1Q_0 = 000$，所以，将 000 ~ 111 代入状态方程，推导出状态转换表 11.5。

（5）分析状态转换表得状态转换图、逻辑功能和时序图。

解　（1）时钟脉冲方程、驱动方程、输出方程。

时钟脉冲 CP 方程

$$CP_1 = CP_2 = CP_3 = CP$$

驱动方程：

$$J_0 = K_0 = 1$$
$$J_1 = K_1 = Q_0^n$$
$$J_2 = K_2 = Q_1^nQ_0^n$$

输出方程：

$$Z = Q_2^nQ_1^nQ_0^n$$

（2）状态方程。

$$Q_0^{n+1}=J_0\overline{Q_0^n}+\overline{K_0}Q_0^n=1\cdot\overline{Q_0^n}+\overline{1}\cdot Q_0^n=\overline{Q_0^n}$$

$$Q_1^{n+1}=J_1\overline{Q_1^n}+\overline{K_1}Q_1^n=Q_0^n\cdot\overline{Q_1^n}+\overline{Q_0^n}\cdot Q_1^n$$

$$Q_2^{n+1}=J_2\overline{Q_2^n}+\overline{K_2}Q_2^n=Q_1^nQ_0^n\cdot\overline{Q_2^n}+\overline{Q_1^nQ_0^n}\cdot Q_2^n$$

（3）状态转换表，如表 11.5 所示。

表 11.5　例 11.3 的状态转换表

原态			现态			输出
Q_2^n	Q_1^n	Q_0^n	Q_2^{n+1}	Q_1^{n+1}	Q_0^{n+1}	Z
0	0	0	0	0	1	0
0	0	1	0	1	0	0
0	1	0	0	1	1	0
0	1	1	1	0	0	0
1	0	0	1	0	1	0
1	0	1	1	1	0	0
1	1	0	1	1	1	0
1	1	1	0	0	0	1

（4）状态图、逻辑功能、时序图。

由状态转换表得状态转换图，如图 11.18（a）所示。即逻辑功能为八进制同步加法计数器；时序图如图 11.18（b）所示。

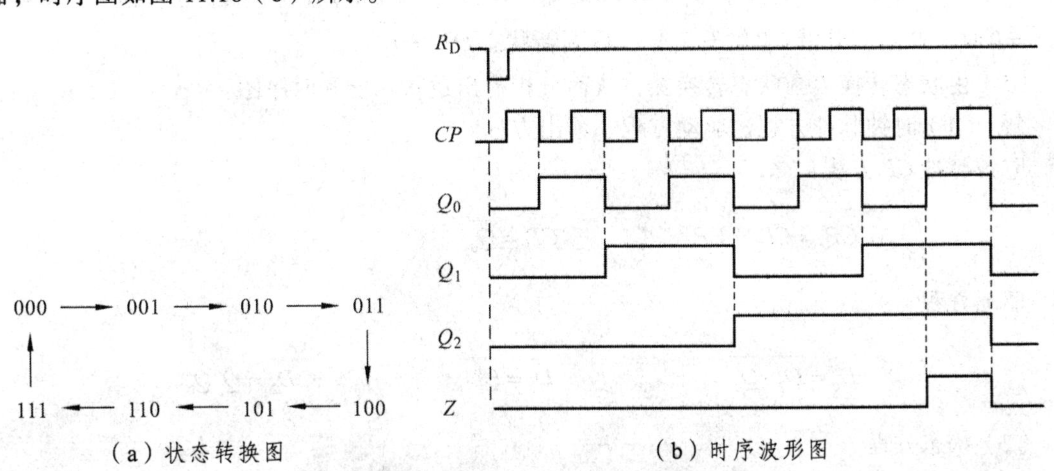

（a）状态转换图　　（b）时序波形图

图 11.18　例 11.3 状态转换图和时序波形图

结论：

（1）由一个脉冲 CP 控制所有触发器的时序逻辑电路，称为同步时序逻辑电路。

（2）时钟方程、驱动方程和输出方程是根据已知逻辑电路得出。

（3）状态方程是根据驱动方程得出。

（4）状态转换表是根据状态方程和时钟方程得出。

（5）状态图是根据状态转换表得出。

（6）逻辑功能和时序图是根据状态图或状态转换表得出。

【例 11.4】 试写出图 11.19（a）所示时序逻辑电路的状态方程和状态转换，并画出状态图和时序图。已知触发器的初始状态为 000。

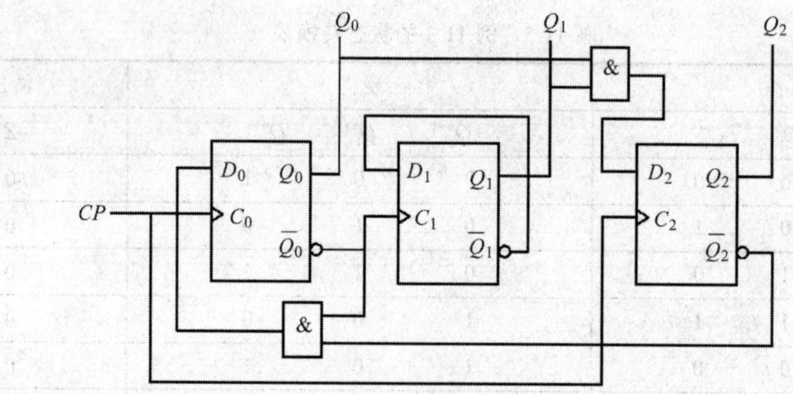

图 11.19　例 11.4 时序逻辑电路图

分析：

（1）图 11.19 中 CP_1 与 CP_0、CP_2 不是同一个脉冲信号控制，即 $CP_1=\overline{Q_0}$，$CP_0=CP_2=CP$。

（2）根据图 11.19 写驱动方程 D_0、D_1、D_2。

（3）将驱动方程代入特性方程 $Q^{n+1}=D$，得状态方程 $Q_2{}^{n+1}$、$Q_1{}^{n+1}$、$Q_0{}^{n+1}$。

（4）由状态方程和 CP 方程推导出状态转换表 11.6；注意时钟 $CP_1=\overline{Q_0}$，当 $Q_0^n=1$ 转换为 $Q_0^{n+1}=0$ 时，产生上升沿 CP_1 触发信号，得到新状态 $Q_1^{n+1}=\overline{Q_1^n}$。

（5）由状态转换表画状态转换图，从而分析得出逻辑功能和时序图。

解 （1）时钟脉冲方程、驱动方程、输出方程。

时钟脉冲 CP 方程：

$$CP_0=CP_2=CP \qquad CP_1=\overline{Q_0}$$

驱动方程：

$$D_0=\overline{Q_2^n}\cdot\overline{Q_0^n} \qquad D_1=\overline{Q_1^n} \qquad D_2=Q_1^nQ_0^n$$

（2）状态方程。

$$Q_0^{n+1}=\overline{Q_2^n}\cdot\overline{Q_0^n} \qquad Q_1^{n+1}=\overline{Q_1^n} \qquad Q_2^{n+1}=Q_1^nQ_0^n$$

（3）状态转换表，如表 11.6 所示。

表 11.6　例 11.4 的状态转换表

原态			时钟信号			现态		
Q_2^n	Q_1^n	Q_0^n	CP_2	CP_1	CP_0	Q_2^{n+1}	Q_1^{n+1}	Q_0^{n+1}
0	0	0	↑	0	↑	0	0	1
0	0	1	↑	↑	↑	0	1	0
0	1	0	↑	0	↑	0	1	1
0	1	1	↑	↑	↑	1	0	0
1	0	0	↑	0	↑	0	0	0
1	0	1	↑	↑	↑	1	1	0
1	1	0	↑	0	↑	0	1	0
1	1	1	↑	↑	↑	1	0	0

（4）状态图、逻辑功能、时序图。

根据状态转换表 11.6 画出状态图 11.20（a）。

分析状态图 11.20（a）可知其逻辑功能为五进制异步加法计数器，其时序图如图 11.20（b）所示。

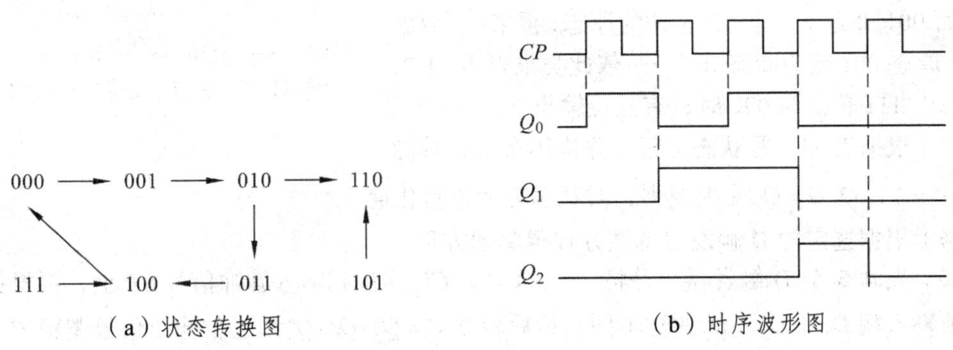

（a）状态转换图　　（b）时序波形图

图 11.20　例 11.4 状态图和时序波形图

结论：

（1）不是由同一个脉冲 CP 控制所有触发器的时序逻辑电路（如 $CP_1 = \overline{Q_0}$，$CP_0 = CP_2 = CP$），称为异步时序逻辑电路。

（2）因在脉冲 CP 作用下产生新状态 Q^{n+1}；因此，异步时序电路的状态转换表中，注意各触发器的新状态 Q^{n+1} 不是同步的。

（3）分析状态图 11.20（b）可知，000 ~ 100 为封闭循环，并且是加法计数循环，其计数的模 $M = 5$，所以逻辑功能确定为五进制加法计数器。

11.3.2　时序逻辑电路设计

时序电路的设计就是对已知的逻辑功能进行逻辑电路的设计，其设计的一般步骤如图 11.21 所示。

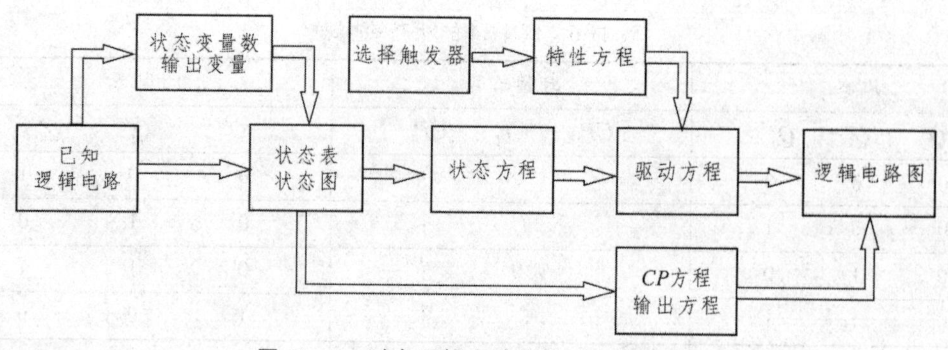

图 11.21　时序逻辑电路的设计一般步骤

【例 11.5】 试用 D 触发器实现 3 位二进制同步加法计数器功能，并有进位输出端。(触发器的初始状态为 000)。

分析：

(1)"3 位二进制加法计数器"说明触发器状态变换规律如图 11.22 所示，即状态数 $M=8$，根据 $M=2^n$ 关系式，得状态变量数 $n=3$，即状态变量为 Q_2、Q_1、Q_0；"同步"是指同一个脉冲信号控制，即 $CP_0=CP_1=CP_2=CP$；"进位输出"变量用 Z 表示。

(2) 状态图 11.22 用"箭头"描述出原态与新态的逻辑关系，000 为原态，在 CP 脉冲作用下新态为 001；而 001 又是下一个 CP 脉冲的原态，再来一个 CP 脉冲，原态 001 变为新态 010……依此类推得表 11.7；当状态由 111 转换为 000 时，有进位输出 Z。

000 ⟶ 001 ⟶ 010 ⟶ 011

↑　　　　　　　　　　　　↓

111 ⟵ 110 ⟵ 101 ⟵ 100

图 11.22　3 位二进制加法计数器状态图

(3) 根据表 11.7 写状态方程，并应用布尔代数的 $\overline{Q^n}+Q^n=1$、$Q^n\cdot 1=Q^n$ 变换规则，对状态方程进行化简。

(4) 根据选定的 D 触发器特性方程得驱动方程。

(5) 先画 3 个 D 触发器，并将 CP_0、CP_1、CP_2 连接到输入脉冲信号 CP 上；再根据驱动方程画输入端 D_0、D_1、D_2 的逻辑图；最后根据 $Z=Q_2^n\cdot Q_1^n\cdot Q_0^n$ 画进位输出信号逻辑图。

解　(1) 状态表如表 11.7 所示。

表 11.7　例 11.5 的状态转换表

原态			现态			输出
Q_2^n	Q_1^n	Q_0^n	Q_2^{n+1}	Q_1^{n+1}	Q_0^{n+1}	Z
0	0	0	0	0	1	0
0	0	1	0	1	0	0
0	1	0	0	1	1	0
0	1	1	1	0	0	0
1	0	0	1	0	1	0
1	0	1	1	1	0	0
1	1	0	1	1	1	0
1	1	1	0	0	0	1

（2）CP 方程、状态方程和输出方程。

CP 方程：

$$CP_0 = CP_1 = CP_2 = CP$$

状态方程：

$$\begin{aligned}
Q_0^{n+1} &= \overline{Q_2^n}\cdot Q_1^n\cdot Q_0^n + Q_2^n\cdot\overline{Q_1^n}\cdot\overline{Q_0^n} + Q_2^n\cdot\overline{Q_1^n}\cdot Q_0^n + Q_2^n\cdot Q_1^n\cdot\overline{Q_0^n} \\
&= \overline{Q_1^n}\cdot\overline{Q_0^n}\cdot(\overline{Q_2^n}+Q_2^n) + Q_1^n\cdot\overline{Q_0^n}\cdot(\overline{Q_2^n}+\cdot Q_2^n) \\
&= \overline{Q_1^n}\cdot\overline{Q_0^n} + Q_1^n\cdot\overline{Q_0^n} \\
&= \overline{Q_0^n}\cdot(\overline{Q_1^n}+Q_1^n) \\
&= \overline{Q_0^n}
\end{aligned}$$

$$\begin{aligned}
Q_1^{n+1} &= \overline{Q_2^n}\cdot\overline{Q_1^n}\cdot Q_0^n + \overline{Q_2^n}\cdot Q_1^n\cdot\overline{Q_0^n} + Q_2^n\cdot\overline{Q_1^n}\cdot Q_0^n + Q_2^n\cdot Q_1^n\cdot\overline{Q_0^n} \\
&= \overline{Q_1^n}\cdot Q_0^n\cdot(\overline{Q_2^n}+Q_2^n) + Q_1^n\cdot\overline{Q_0^n}\cdot(\overline{Q_2^n}+\cdot Q_2^n) \\
&= \overline{Q_1^n}\cdot Q_0^n + Q_1^n\cdot\overline{Q_0^n}
\end{aligned}$$

$$\begin{aligned}
Q_2^{n+1} &= \overline{Q_2^n}\cdot Q_1^n\cdot Q_0^n + Q_2^n\cdot\overline{Q_1^n}\cdot\overline{Q_0^n} + Q_2^n\cdot\overline{Q_1^n}\cdot Q_0^n + Q_2^n\cdot Q_1^n\cdot\overline{Q_0^n} \\
&= \overline{Q_2^n}\cdot Q_1^n\cdot Q_0^n + Q_2^n\cdot\overline{Q_1^n}\cdot(\overline{Q_0^n}+Q_0^n) + Q_2^n\cdot\overline{Q_0^n}\cdot(\overline{Q_1^n}+\cdot Q_1^n) \\
&= \overline{Q_2^n}\cdot Q_1^n\cdot Q_0^n + Q_2^n(\overline{Q_1^n}+\overline{Q_0^n}) \\
&= \overline{Q_2^n}\cdot Q_1^n\cdot Q_0^n + Q_2^n\cdot\overline{Q_1^n\cdot Q_0^n}
\end{aligned}$$

输出方程：

$$Z = Q_2^n\cdot Q_1^n\cdot Q_0^n$$

（3）驱动方程。

由 D 触发器特性方程 $Q^{n+1}=D$ 得驱动方程

$$D_0 = \overline{Q_0^n} \qquad D_1 = Q_0^n \oplus Q_1^n \qquad D_2 = Q_1^n Q_0^n \oplus Q_2^n$$

（4）逻辑电路如图 11.23 所示。

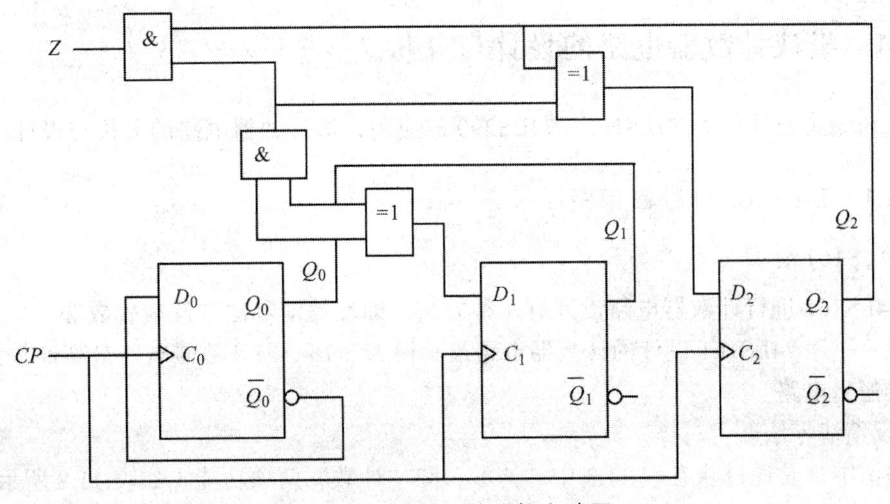

图 11.23　例 11.5 的逻辑电路图

结论：时序逻辑电路的设计过程正好与逻辑电路分析步骤相反，如图 11.24 所示。所以，掌握逻辑电路的分析，有利于准确的设计出逻辑电路。

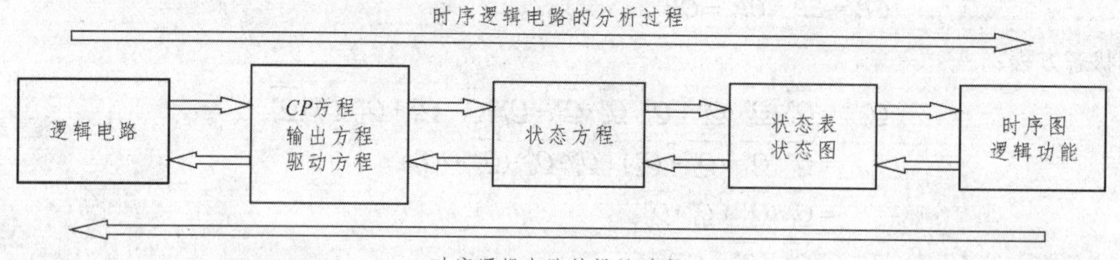

图 11.24　逻辑电路的分析与设计示意图

11.3.3　常见问题讨论

（1）时序逻辑电路一般是由组合电路组成。

解答：错。

时序逻辑电路中必须有存储电路模块。

（2）时序逻辑电路的分析与设计区别是什么？

解答："分析"是对已知的逻辑电路进行逻辑功能的分析；"设计"是对已知的逻辑功能进行逻辑电路的设计。

（3）"驱动方程""状态方程"与什么有关？

解答：

（a）"驱动方程""状态方程"与时序逻辑电路中所使用的触发器类型有关，因不同的触发器其特性方程有所不同，例如 JK 触发器的特性方程为 $Q^{n+1}=J\overline{Q^n}+\overline{K}Q^n$，D 触发器的特性方程是 $Q^{n+1}=D$。

（b）分析电路时，由"驱动方程"写"状态方程"；设计电路时，由"状态方程"写"驱动方程"。

11.4　集成计数器电路的设计与分析

主要讨论集成计数器 74LS161、74LS290 的应用，即计数器电路的分析与设计。

11.4.1　74LS161 计数器电路

1. 74LS161 计数器电路的设计

用 74LS161 进行计数器电路设计有两种方法，即反馈清零法、反馈置数法。

注意：一片 74LS161 设计的计数器电路最高模 $M=16$，即计数器电路最高计数为十六进制计数器逻辑电路。

1）反馈清零法

反馈清零法是通过状态表 11.3 中"清零"和"计数"两项功能（如表 11.8 所示），完成小于十六进制计数器逻辑电路的设计。

表 11.8　“反馈清零法”的状态表

输　　入						输　　出	
CR	LD	Q^{n+1}	Q^{n+1}	CP	D_3 D_2 D_1 D_0	Q_3^{n+1} Q_2^{n+1} Q_1^{n+1} Q_0^{n+1}	CO
0	×	×	×	×	× × × ×	0　0　0　0	0
1	1	1	1	↑	× × × ×	计　数	

当设计的计数器为 M 进制时，则利用 CR 端清零信号使计数器输出状态 Q 为 0 状态。

【例 11.6】试用反馈清零法分别设计由 74LS161 构成的“十二进制”和“八进制”计数器。

分析：

（1）“十二进制”说明计数器的模 $M=12$，即当 $Q_3^{n+1}Q_2^{n+1}Q_1^{n+1}Q_0^{n+1}=1100$ 时，向 CR 端输入一个低电平清零信号，使 $Q_3^{n+1}Q_2^{n+1}Q_1^{n+1}Q_0^{n+1}$ 由 1100 转变成 0000，其状态转换如图 11.25（a）所示。

（2）“八进制”说明计数器的模 $M=8$，即当 $Q_3^{n+1}Q_2^{n+1}Q_1^{n+1}Q_0^{n+1}=1000$ 时，向 CR 端输入一个低电平清零信号，使 $Q_3^{n+1}Q_2^{n+1}Q_1^{n+1}Q_0^{n+1}$ 由 1000 转变成 0000，其状态转换如图 11.25（b）所示。

（3）LD、CT_P、CT_T 在“清零”时为无关项，但工作在“计数”状态下时必须接高电平信号，所以接高电平；D_3 D_2 D_1 D_0 没有输入电平高低要求，可以直接接地。

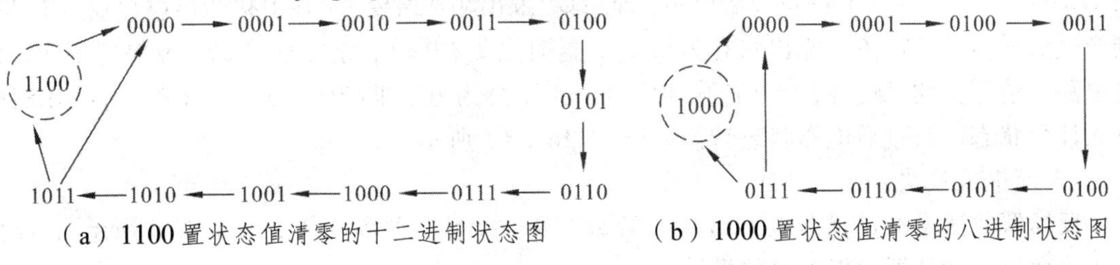

（a）1100 置状态值清零的十二进制状态图　（b）1000 置状态值清零的八进制状态图

图 11.25　“反馈清零法”状态转换图

解　十二进制计数器逻辑电路如图 11.26（a）（c）所示；八进制计数器逻辑电路如图 11.26（b）所示。

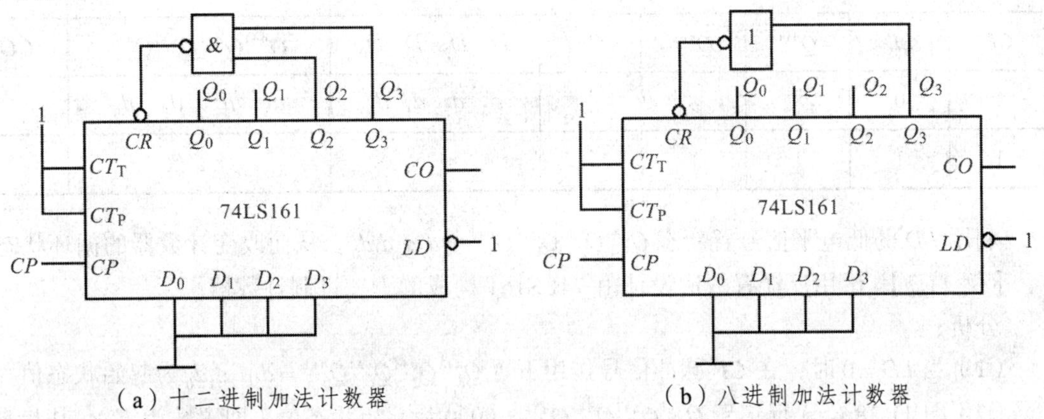

（a）十二进制加法计数器　（b）八进制加法计数器

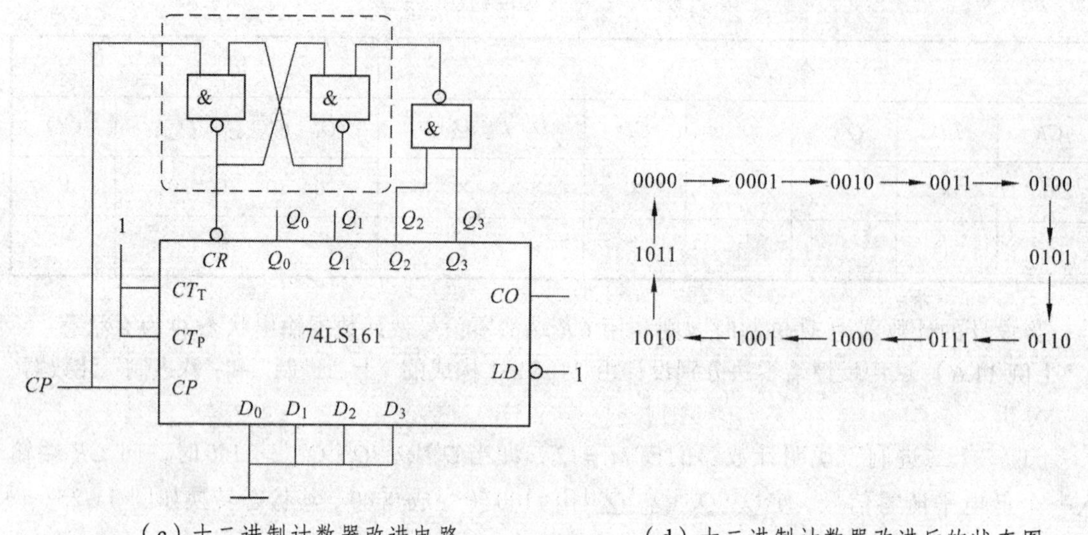

（c）十二进制计数器改进电路　　（d）十二进制计数器改进后的状态图

图 11.26 "反馈清零法"构成 74LS161 的十二进制加法计数器

结论：反馈清零法是用计数器模 M 所对应的输出状态 Q 产生清零信号，即 CP 产生模 M 输出 Q，Q 再反馈产生清零 CR 信号，所以，计数器的清零采用的是异步方式。

注意：如果图 11.26（a）（b）电路的"清零"时间太短，则电路不能可靠运行。因此，图 11.26（c）为图 11.26（a）的改进电路。即当 CP 发出触发信号时，输出状态 $Q_3Q_2Q_1Q_0=1100$，则产生清零信号 $CR=0$，输出状态为 0000，这时只要 $CP=1$，清零信号 $CR=0$ 保持不变，提高电路"清零"的稳定性；当 CP 脉冲信号由 1 下降为 0（即 $CP=0$）时，$CR=1$，74LS161 进入计数状态。改进后电路状态转换如图 11.26（d）所示。

2）反馈置数法

反馈置数法是通过状态表 11.3 中"置数"和"计数"两项功能（如表 11.9 所示），完成小于十六进制计数器逻辑电路的设计。

表 11.9 "反馈置数法"的状态表

输入						输出	
CR	LD	Q^{n+1}	Q^{n+1}	CP	D_3 D_2 D_1 D_0	$Q_3^{n+1}Q_2^{n+1}Q_1^{n+1}Q_0^{n+1}$	CO
1	0	×	×	↑	d_3 d_2 d_1 d_0	d_3 d_2 d_1 d_0	
1	1	1	1	↑	× × × ×	计 数	

利用 LD 的低电平信号置新态 $Q_3^{n+1}Q_2^{n+1}Q_1^{n+1}Q_0^{n+1}=d_3d_2d_1d_0$，从而改变计数器的循环状态。

【例 11.7】 试用反馈置数法设计由 74LS161 构成的十二进制计数器。

分析：

（1）当 $LD=0$ 时，在 CP 脉冲信号作用下置 $Q_3^{n+1}Q_2^{n+1}Q_1^{n+1}Q_0^{n+1}=d_3d_2d_1d_0$ 为起始状态值。

（2）图 11.28（a）反馈置 $Q_3^{n+1}Q_2^{n+1}Q_1^{n+1}Q_0^{n+1}=0000$ 为起始状态值（即置数为零），其状态转

换如图 11.27（a）所示；图 11.28（b）反馈置 $Q_3^{n+1}Q_2^{n+1}Q_1^{n+1}Q_0^{n+1}=0100$ 为起始状态值（即置数为 4），其状态转换如图 11.27（b）所示。

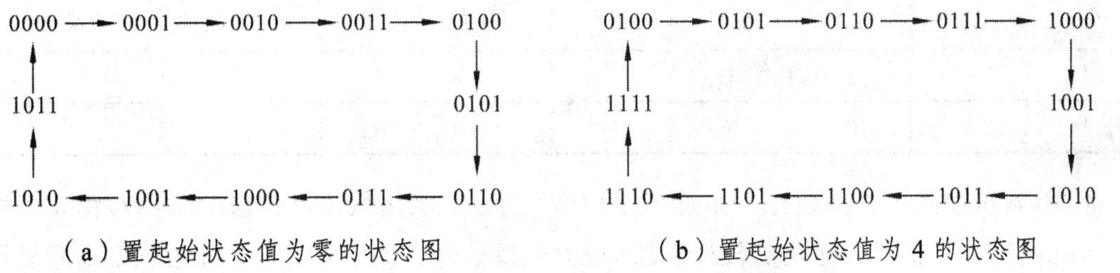

（a）置起始状态值为零的状态图　　（b）置起始状态值为 4 的状态图

图 11.27　“反馈置数法”置起始状态值的状态转换图

解　十二进制计数器逻辑电路如图 11.28 所示。

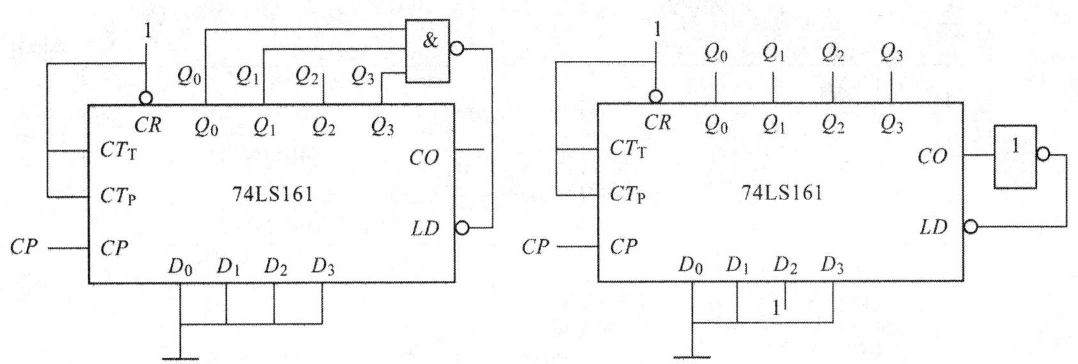

（a）置起始状态值为零计数器电路图　　（b）置起始状态值为 4 计数器电路图

图 11.28　“反馈置数法”构成 74LS161 的十二进制加法计数器电路图

结论：用 LD 置起始状态值是“反馈置数法”中的一种，还可以利用置状态值为 1111 设计电路（即置状态值为 15），例如：用状态为 1010 置数 1111，即十二进制计数器状态转换为 0000 ~ 1010→1111。

3）74LS161 扩展功能的设计

一片 74LS161 最高只能构成十六进制计数器，如要设计大于 16 的计数器，就要用更多的 74LS161 芯片组合完成。

【例 11.8】 试用两片 74LS161 组成 256 进制加法计数器。

分析：

（1）高、低位计数器分配：256（即 16×16＝256）进制计数器的扩展电路有两种连接方式，如图 11.29 所示，其中 74LS161（1）为低位计数器，74LS161（2）为高位计数器。

（2）进位输出端 CO：当输出状态在 0000 ~ 1110 区间时，进位输出端 $CO=0$，只有输出状态 $Q_3Q_2Q_1Q_0=1111$、$CP_T=1$时，$CO=1$，即逻辑表达式 $CO=Q_3Q_2Q_1Q_0\cdot CP_T$。

（3）同步加法计数器设计：如图 11.29（a）所示，由于低位进位输出端 CO 接高位的状态控制端 $CT_{T高}$、$CP_{P高}$，所以，当低位 $CO=1$时，高位的 $CT_{T高}=CP_{P高高}=1$，高位进入计数状态；当低位 $CO=0$时，高位的 $CT_{T高}=CP_{P高高}=0$，高位进入保持状态，如表 11.10 所示。

表 11.10　74LS161 的状态表

输入						输出
CR	LD	Q^{n+1}	Q^{n+1}	CP	D_3 D_2 D_1 D_0	$Q_3^{n+1}Q_2^{n+1}Q_1^{n+1}Q_0^{n+1}$
1	1	1	1	↑	× × × ×	计　数
1	1	0	×	×	× × × ×	保　持

（4）异步加法计数器设计：如图 11.29（b）所示。利用低位进位输出端 $CO_{低}$ 由 1 变换为 0（下降沿脉冲）信号；作为高位计数器的 CP 触发信号，即用非门将下降沿触发信号转换为上升沿 CP 触发信号。

解　两片 74LS161 组成 $16\times16=256$ 进制加法计数器，如图 11.29 所示。

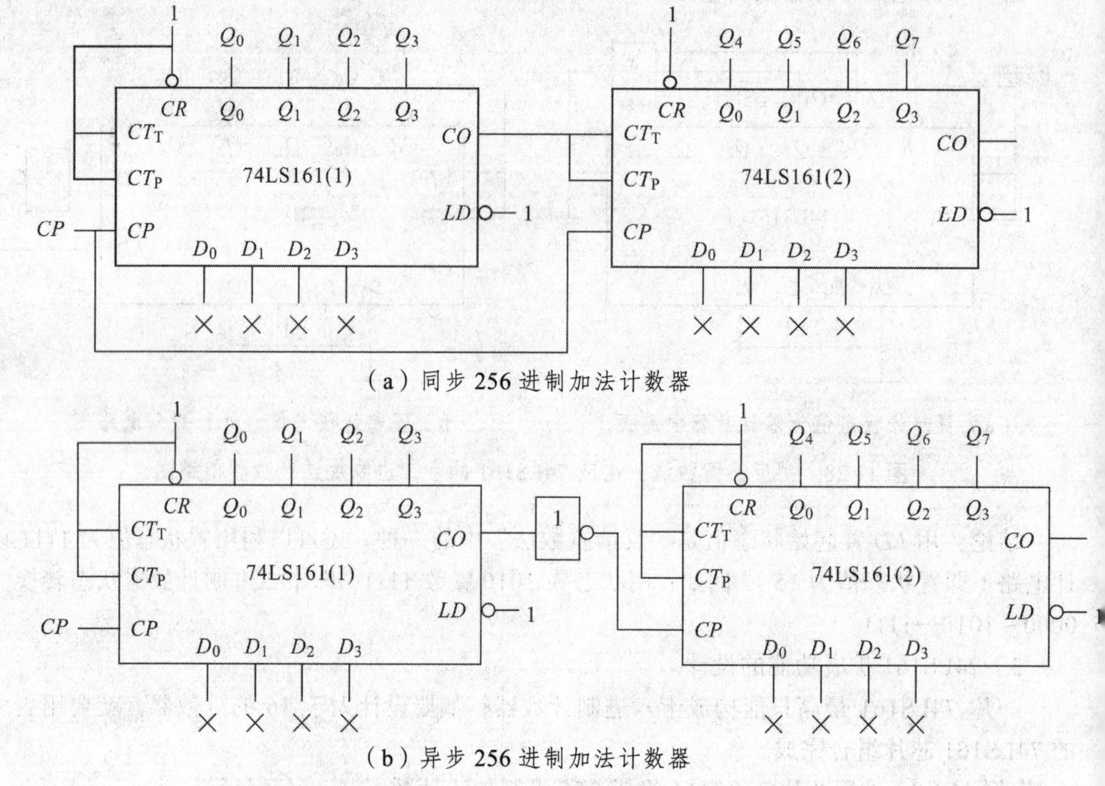

（a）同步 256 进制加法计数器

（b）异步 256 进制加法计数器

图 11.29　两片 74LS161 组成 256 进制加法计数器电路图

结论：多片 74LS161 的扩展应用时，有两种方式扩展连接电路，即同步方式、异步方式。同步加法计数器设计原理是：用低位的进位 CO 信号控制高位的状态控制端 CT_T、CP_P；异步加法计数器设计原理是：低位的进位 CO 输出信号是高位 CP 端的脉冲输入信号。

【例 11.9】 试用 74LS161 构成 62 进制加法计数器。

分析：

（1）因为 $16<62<256$，所以用两片 74LS161 进行设计。

（2）第一步作扩展为 256 进制计数器电路设计，即分别用了两种扩展方式设计。

（3）用“反馈置数法”构成 62 进制加法计数器。

解　数学分解

$$62 = 16 \times 3 + 14$$

即当 74LS161（2）计数为 0011、74LS161（1）计数为 1101 时，向 LD 端发出低电平置 0 信号，如图 11.30 所示。

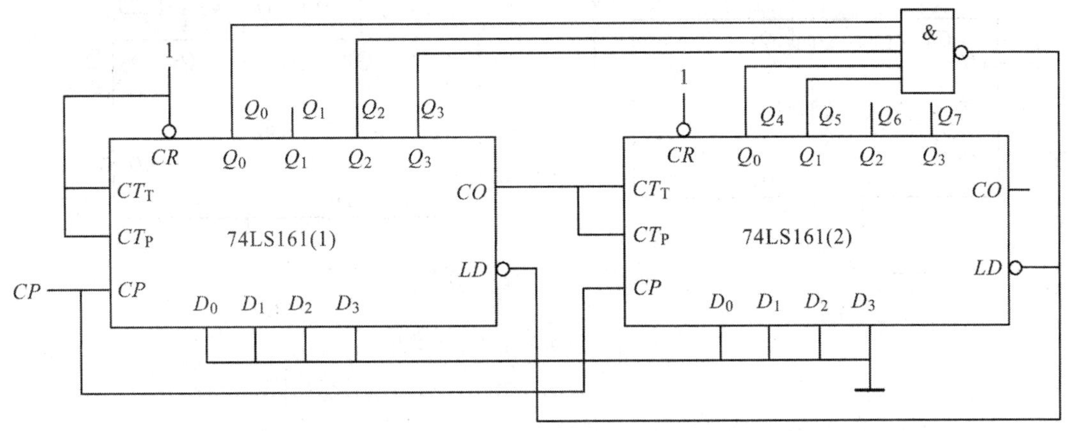

（a）同步 62 进制加法计数器

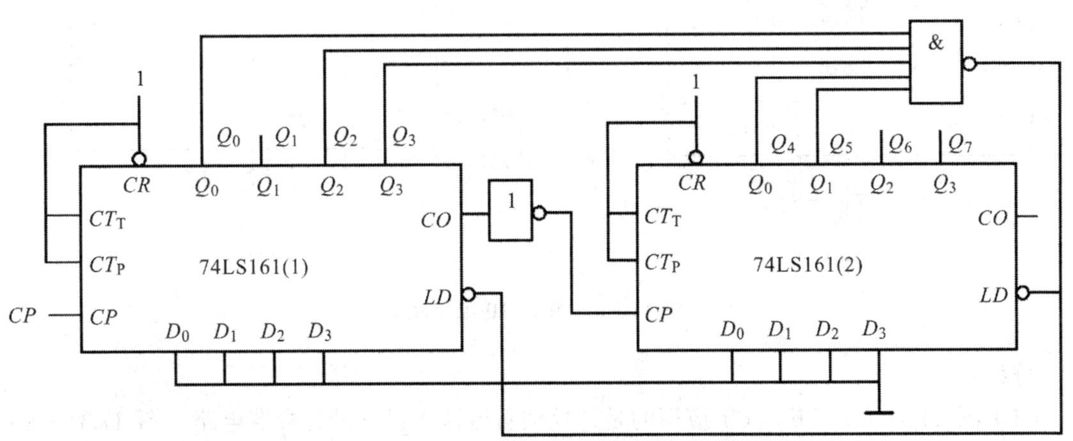

（b）异步 62 进制加法计数器

图 11.30　62 进制加法计数器电路图

结论：注意高、低位置数信号的不同。算式 $62 = 16 \times 3 + 14$ 中的 3 表示高位从 0 开始计 3 个 16，所以，高位置数信号是 0011；算式 $62 = 16 \times 3 + 14$ 中的 14 表示低位从 0 ~ 13 计脉冲信号数 14 个，所以，低位置数信号是 1101。置数信号通过与非门转换为 LD 的低电平输入信号。

如果要设计一个 $M(16 < M < 256)$ 进制加法计数器，列式 $M = 16 \times m_1 + m_2$（注：$m_2 < 16$），则高位置数信号的状态值是 m_1，低位置数信号的状态值是 $(m_2 - 1)$，高、低置数信号通过与非门转换为置数控制端 LD 的低电平输入信号。

2. 74LS161 计数器电路的分析

电路的分析指的是对已知的 74LS161 计数器电路图进行功能分析。

【例 11.10】 试分析图 11.31 所示电路是几进制计数器，画出状态转换图。

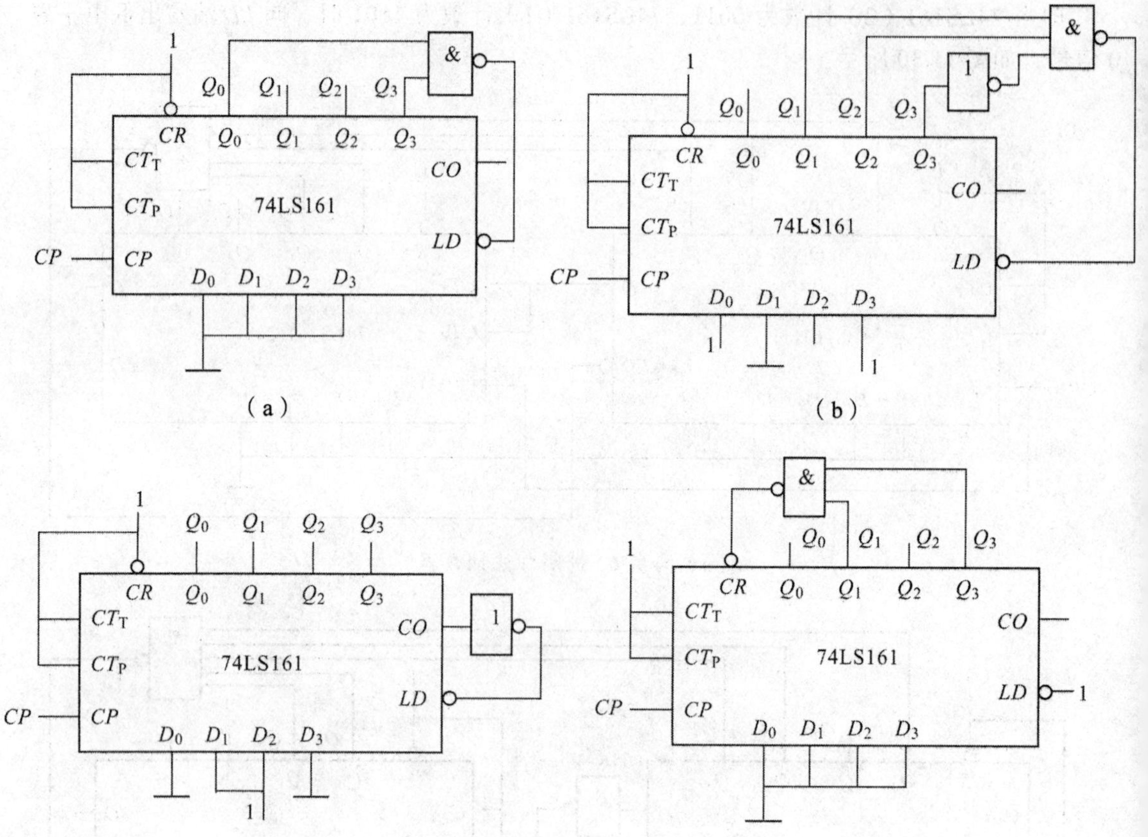

（a）　（b）　（c）　（d）

图 11.31　例 11.10 电路图

分析：

（1）图 11.31（a）（b）（c）应用的是“反馈置数法”设计的计数器电路。图 11.31（a）用输出状态 1001 置 $Q_3Q_2Q_1Q_0$ 状态为 0000，其状态转换如图 11.32（a）所示；图 11.31（b）用输出状态 0110 置 $Q_3Q_2Q_1Q_0$ 状态为 1101，其状态转换如图 11.32（b）所示；图 11.31（c）进位输出状态 1111 置 $Q_3Q_2Q_1Q_0$ 状态为 0110，其计数器状态转换如图 11.32（c）所示。

（2）图 11.31（d）应用的是“反馈清零法”设计的计数器电路，用输出状态 1010 反馈清零 $Q_3Q_2Q_1Q_0$，其状态转换如图 11.32（d）所示。

解　分析状态转换图 11.32，可得图 11.31 各电路为十进制计数器。

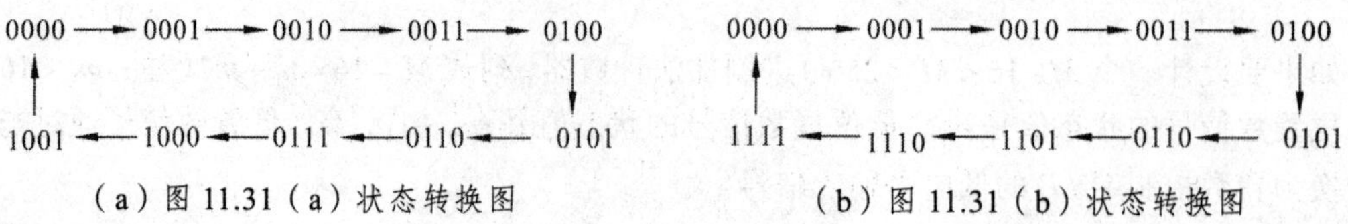

（a）图 11.31（a）状态转换图　　（b）图 11.31（b）状态转换图

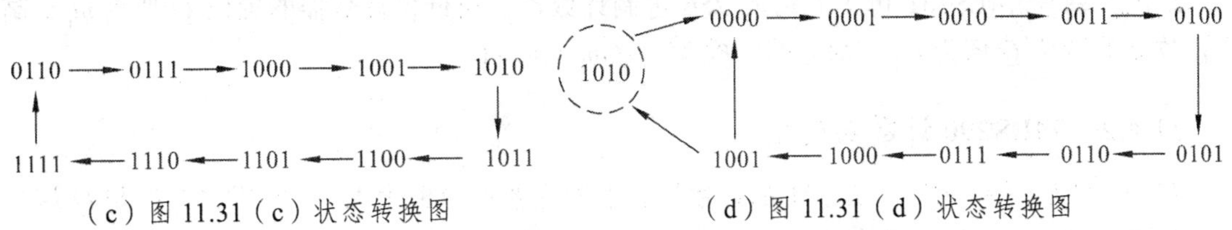

图 11.32　例 11.10 题的计数器状态转换图解

结论：一片 74LS161 计数器电路分析步骤如图 11.33 所示。

（1）反馈信号接 CR 端为“反馈清零法”；反馈信号接 LD 端为“反馈置数法”。

（2）“反馈清零法”：清零 Q 值 M 直接确定电路为 M 进制计数器[如图 11.31（d）所示]。

（3）“反馈置数法”：如果 LD 端接入的是进位 CO 输出信号[如图 11.31（c）所示]，则电路为（$16-N$）进制计数器（注：N 表示 D 端的数据值）；如果 LD 端接入的是输出状态 Q 信号[如图 11.31（a）（b）所示]，则根据 N 值推出计数器的进制，即 $N=0$ 时为（$M+1$）进制计数器，$N\neq 0$ 时为（$17+M-N$）进制计数器。

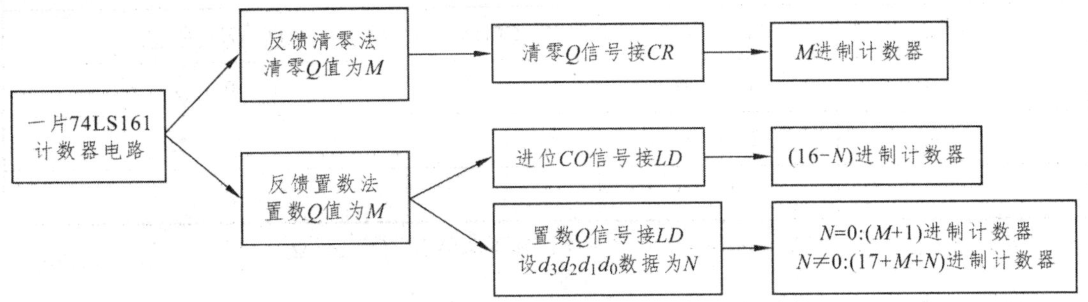

图 11.33　一片 74LS161 计数器电路分析示意图

【例 11.11】 试分析图 11.34 所示电路是几进制计数器。

分析：图 11.34 是由两片 74LS161 构成的同步加法计数器。74LS161（1）为低位计数器，其置位 Q 值为 14；74LS161（2）为高位计数器，其置位 Q 值为 6。

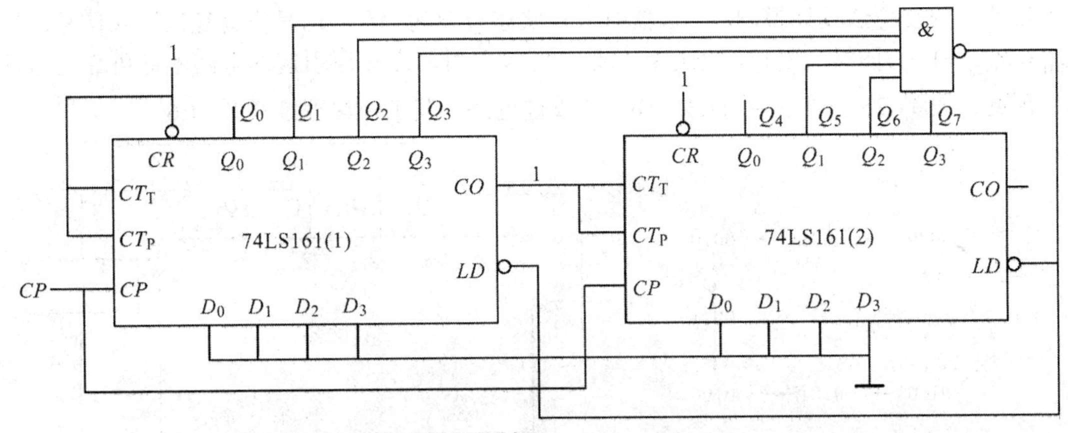

图 11.34　例 11.11 题电路图

解　计数器的进制为 $M=16\times 6+15=111$，即是 111 进制计数器电路图。

结论：两片 74LS161 可扩展构成 256 进制计数器。设低位计数器的置位 Q 值为 m_1，高位计数器的置位 Q 值为 m_2，则电路的模 $M=16m_2+m_1+1$。

11.4.2 74LS290 计数器电路

74LS290 是模 M 为二、五、十的计数器，下面主要讨论模为 $M=10$（即 CP_2 端与 Q_0 端连接）的计数器电路设计与分析。

1. 74LS290 计数器电路的设计

用 74LS290 进行计数器电路设计有两种方法，即复位法、置 9 法。

1）复位法

复位法是通过状态表 11.4 中“复位”和“计数”两项功能（如表 11.11 所示），完成小于十进制计数器逻辑电路的设计。

表 11.11 “复位法”的状态表

输入					输出
$R_{0(1)}$	$R_{0(2)}$	$S_{9(1)}$	$S_{9(2)}$	CP_1	$Q_3^{n+1}Q_2^{n+1}Q_1^{n+1}Q_0^{n+1}$
1	1	0	0	×	0 0 0 0
0	×	0	×	↓	计数
×	0	×	0	↓	计数

注意：当 $R_{0(1)}=R_{0(2)}=1$ 时，无须 CP 脉冲信号，就可复位 $Q_3^{n+1}Q_2^{n+1}Q_1^{n+1}Q_0^{n+1}=0000$。

【例 11.12】 试用复位法设计由 74LS290 构成的七进制计数器。

分析：将 CP_2 与 Q_0 连接（即接成十进制计数器），根据表 11.11 将“置 9”端接地（即 $S_{9(1)}=S_{9(2)}=0$）；七进制计数器最高位为 6，则用输出状态 0111 产生 $R_{0(1)}=R_{0(2)}=1$ 复位信号，其状态转换如图 11.35（a）所示。

解　七进制计数器电路如图 11.35（b）（c）所示。

结论：用复位法设计模 M 计数器时，将状态 Q 值为 M 的信号作为复位输入信号（即 $R_{0(1)}=R_{0(2)}=1$）。同样，复位法也存在如果“清零”时间太短所引起的电路不能可靠运行问题，因此，图 11.35（c）为图 11.35（b）的改进电路，其工作原理参考例 11.6。

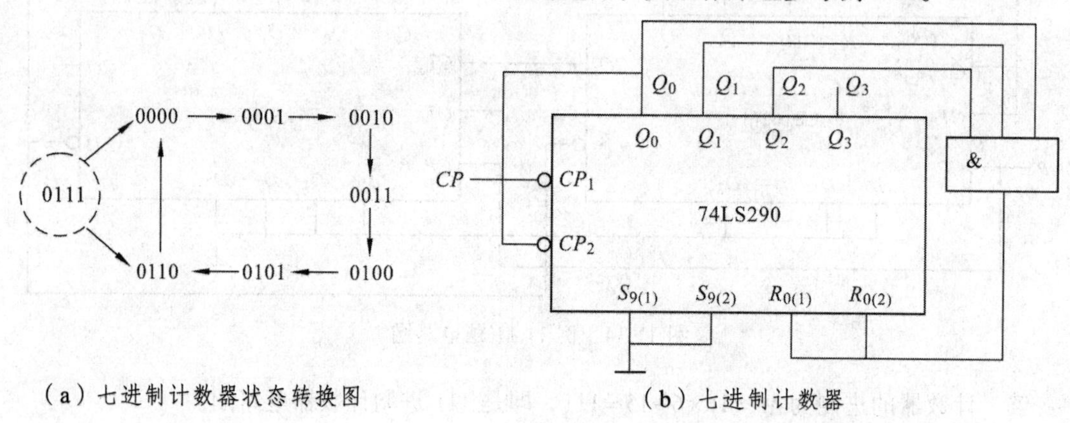

（a）七进制计数器状态转换图　　（b）七进制计数器

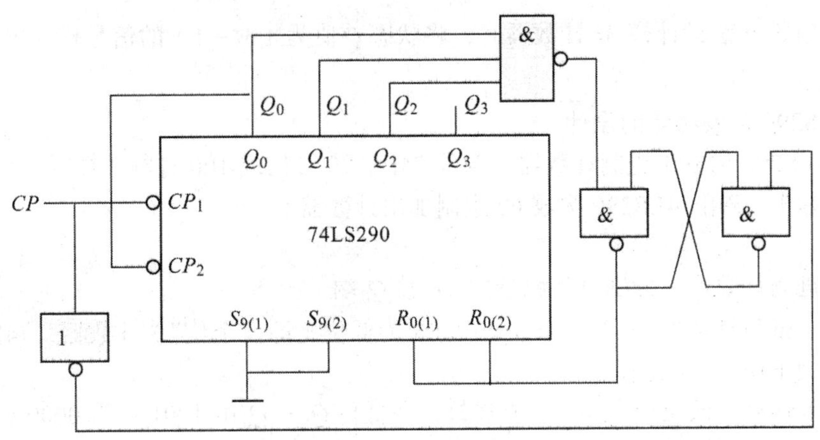

（c）七进制计数器改进电路及状态图

图 11.35　复位法设计七进制计数器的状态图和电路图

2）置 9 法

将复位端接地，用状态 Q 值置输出状态为 1001，即置 9 法，如表 11.12 所示。

表 11.12　“置 9 法”的状态表

输　　入			输　　出
$R_{0(1)}$　$R_{0(2)}$	$S_{9(1)}$　$S_{9(2)}$	CP_1	$Q_3^{n+1}Q_2^{n+1}Q_1^{n+1}Q_0^{n+1}$
0　0	1　1	×	1　0　0　1
0　×	0　×	↓	计　数
×　0	×　0	↓	计　数

注意：当 $R_{0(1)}=R_{0(2)}=0$，$R_{9(1)}=R_{9(2)}=1$ 时，无须 CP 信号，就可置位 $Q_3^{n+1}Q_2^{n+1}Q_1^{n+1}Q_0^{n+1}=1001$。

【例 11.13】 试用置 9 法设计由 74LS290 构成的七进制计数器。

分析：将 CP_2 接 Q_0 端，模 7 计数器最高位为 6，则用输出状态 0110 产生 $S_{9(1)}=S_{9(2)}=1$ 置 9 信号，其状态转换如图 11.36（a）所示。

解　七进制计数器电路如图 11.36（b）所示。

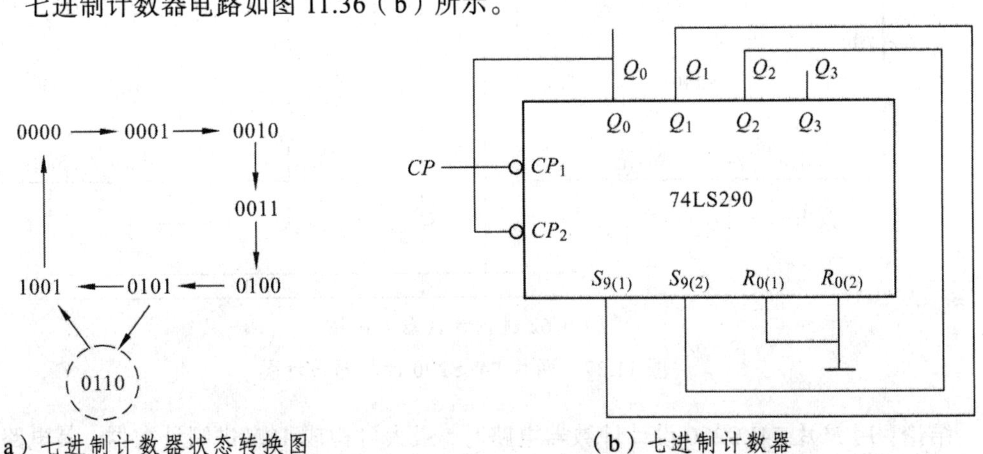

（a）七进制计数器状态转换图　　（b）七进制计数器

图 11.36　置 9 法设计七进制计数器的状态图和电路图

结论：用置 9 法设计模 M 计数器时，将状态 Q 值为（$M-1$）的信号作为置 9 输入信号（即 $S_{9(1)}=S_{9(2)}=1$）。

3）74LS290 扩展功能的设计

一片 74LS290 构成十进制计数器，两片 74LS290 可构成 100 进制计数器。

【例 11.14】 试用 74LS290 构成 62 进制加法计数器。

分析：

（1）十进制计数器：分别将计数器的 CP_2 接 Q_0 端。

（2）高、低位计数器分配：74LS290（1）为低位（即“个位”）计数器，74LS290（2）为高位（即“十位”）计数器。

（3）扩展连接：低位 Q_3 与高位 CP_1 连接，即低位 $Q_3\sim Q_0$ 由 1001 变为 0000（低位 Q_3 由 1 变为 0），则高位 CP_1 输入下降沿触发信号，高位计数器加 1（逢十进一），如图 11.37（a）所示。

解　用复位法设计模 62 计数器电路。即 $Q_7\sim Q_4$ 复位状态为 0110，$Q_3\sim Q_0$ 复位状态为 0010，其 62 进制计数器设计电路如图 11.37（b）所示。

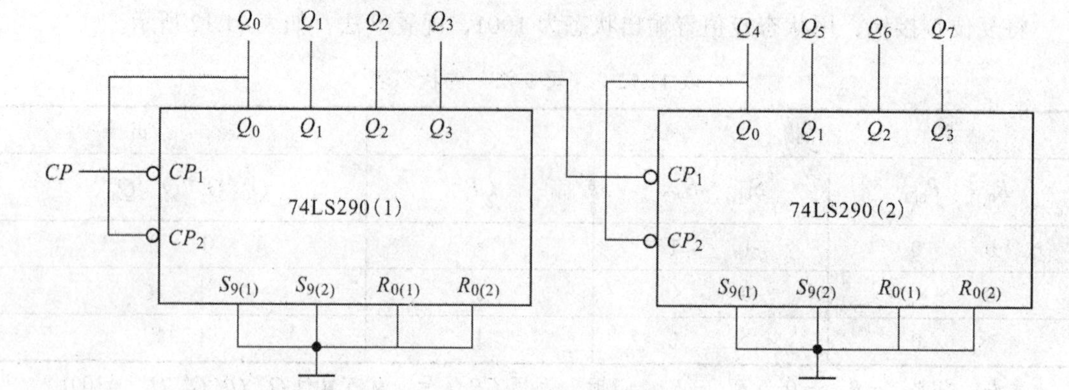

（a）100 进制计数器电路图

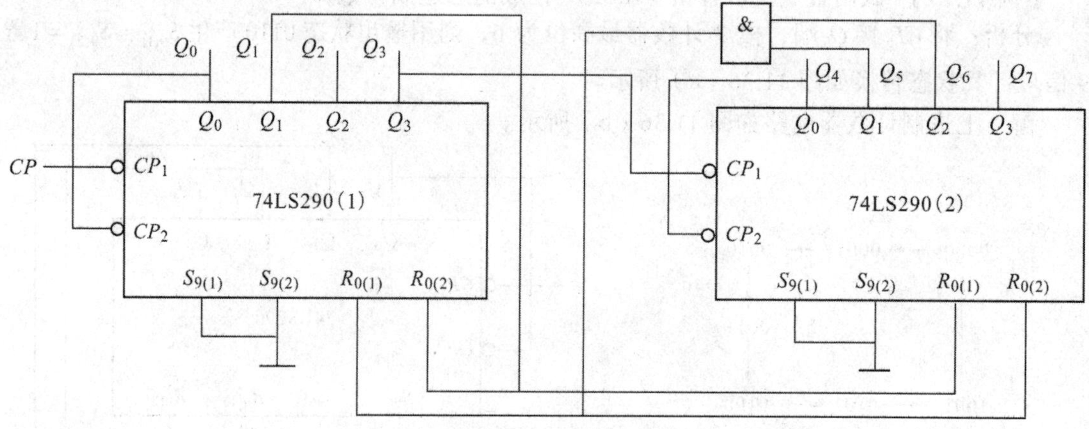

（b）62 进制计数器电路图

图 11.37　两片 74LS290 计数器设计图

结论：用 N 片 74LS290 设计计数器电路时，最大可构成 $10N$ 进制计数器，其电路连接步骤：先将每个芯片的 CP_2 端与本片的 Q_0 端连接，即接成十进制计数器；再将低位的输出状态 Q_3

端与高位的 CP_1 脉冲输入端连接，$S_{9(1)}$、$S_{9(2)}$、$R_{0(1)}$、$R_{0(2)}$ 接地，则完成 $10N$ 进制计数器设计。

2. 74LS290 计数器电路的分析

【例 11.15】 试分析图 11.38 所示电路是几进制计数器。

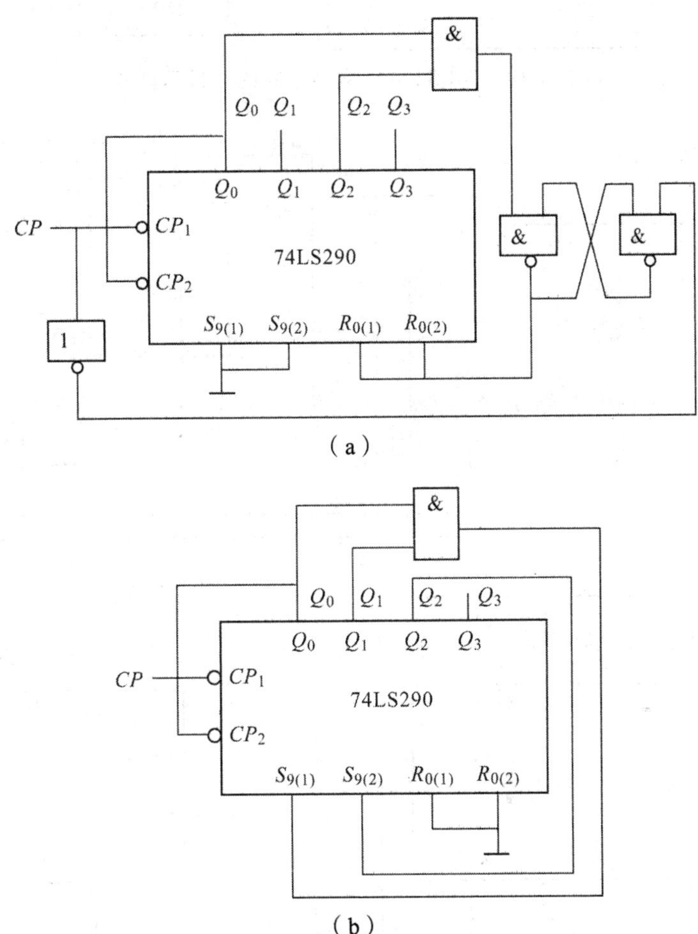

图 11.38　例 11.15 题电路图

分析：

（1）图 11.38（a）用的是复位法设计的电路，复位信号为 0101。

（2）图 11.38（b）用的是置 9 法设计的电路，置 9 信号为 0111。

解　根据复位法设计原理，图 11.38（a）为五进制计数器；根据置 9 法设计原理，图 11.38（b）为八进制计数器。

结论：74LS290 电路分析：

（1）确定设计的计数器采用的是“复位法”还是“置 9 法”。

（2）复位信号 $R_{0(1)}$、$R_{0(2)}$、置 9 信号 $S_{9(1)}$、$S_{9(2)}$ 来自于输出状态 Q。

（3）设复位、置 9 信号为 M，则“复位法”计数器为 M 进制，“置 9 法”计数器为（M+1）进制，如图 11.39 所示。

【例 11.16】 试分析图 11.40 所示电路是几进制计数器。

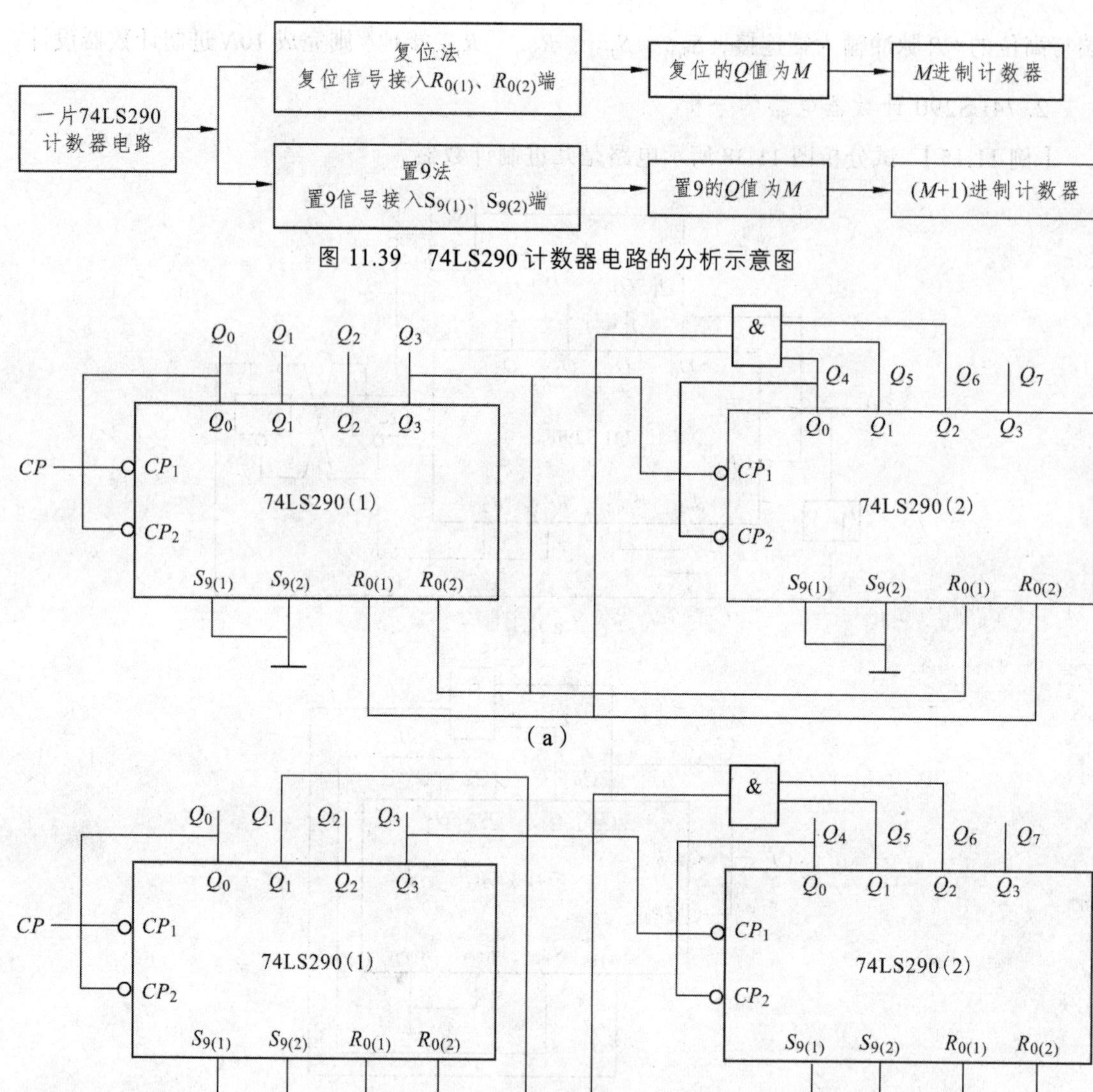

图 11.39　74LS290 计数器电路的分析示意图

（a）

（b）

图 11.40　例 11.16 题电路图

分析：图 11.40 为 100 进制计数器。

（1）图 11.40（a）为复位法，复位信号 $Q_3Q_2Q_1Q_0$ 为1000，$Q_7Q_6Q_5Q_4$ 为 0111。

（2）图 11.40（b）为置 9 法，置 9 信号 $Q_3Q_2Q_1Q_0$ 为 0010，$Q_7Q_6Q_5Q_4$ 为 0110。

解　（1）由图 11.40（a）得：

低位复位信号值 $m_1=8$，高位复位信号值 $m_2=7$，则计数器的模为

$$M=10m_2+m_1=10\times7+8=78$$

即图 11.40（a）为 78 进制计数器。

（2）由图 11.40（b）得：

低位置 9 信号值 $m_1=2$，高位置 9 信号值 $m_2=6$，则计数器的模为

$$M=10m_2+(m_1+1)=10\times6+(2+1)=63$$

即图 11.40（b）为 63 进制计数器。

结论：分析时首先确定计数器之间关系，即低、高位关系；其次确定每个计数器连接的是几进制计数器，即 74LS290 可连接成二-五-十进制计数器；最后确定每个计数器的复位或置位信号的 Q 置，综合分析确定电路是几进制计数器。

11.4.3　常见问题讨论

（1）两片 74LS161 最高可构成 32（即 $M=16+16=32$）进制计数器。

解答：错。

两片 74LS161 最高可构成 256（即 $M=16\times16=256$）进制计数器。

（2）两片 74LS290 最高可构成 20（即 $M=10+10=20$）进制计数器。

解答：错。

两片 74LS290 最高可构成 100（即 $M=10\times10=100$）进制计数器。

11.5　寄存器简介

寄存：将二进制数据或者代码暂时存储起来的操作称为寄存，其概念与人们生活中保存或寄存物件相似。

寄存器：具有寄存功能的时序电路称为寄存器。在现代数字系统中，寄存器几乎无所不在，因为数字系统所处理的数据、代码等都要先寄存起来，以便随时取用。

寄存器结构：寄存器是由具有存储功能的触发器构成。每一个触发器可以存放一位二进制数或一个逻辑变量，由 n 个触发器构成的寄存器可存放 n 位二进制数或 n 个逻辑变量的值。

一般可分为数码寄存器和移位寄存器两大类。

11.5.1　数码寄存器

数码寄存器：只具有接收数码和清除原有数码功能的寄存器称为数码寄存器。如图 11.41 所示。

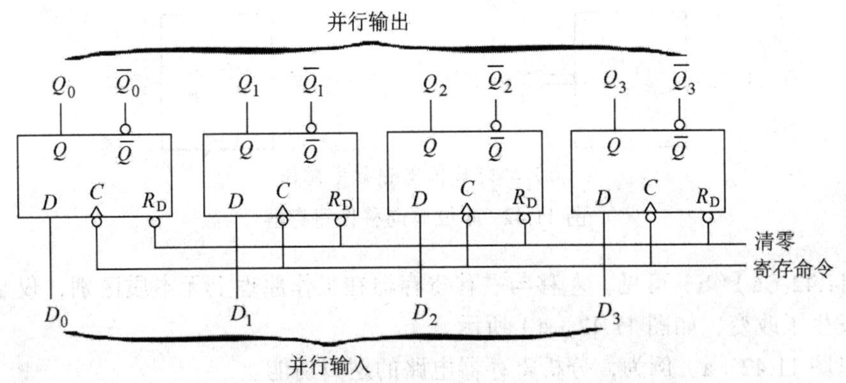

图 11.41　4 位数码寄存器

清零：当清零端输入信号为低电平时，输出状态为 $Q_3Q_2Q_1Q_0=0000$。

寄存命令：当发出寄存命令 CP 时，数码 $D_3D_2D_1D_0$ 信号寄存于寄存器中，即 $Q_3Q_2Q_1Q_0=D_3D_2D_1D_0$。

11.5.2 移位寄存器

所谓“移位”，就是将寄存器所存的数码，在脉冲信号 CP 的作用下进行位移。根据位移方向有：左移寄存器[如图 11.42（a）所示]、右移寄存器[如图 11.42（b）所示]和双向移位寄存器三种。

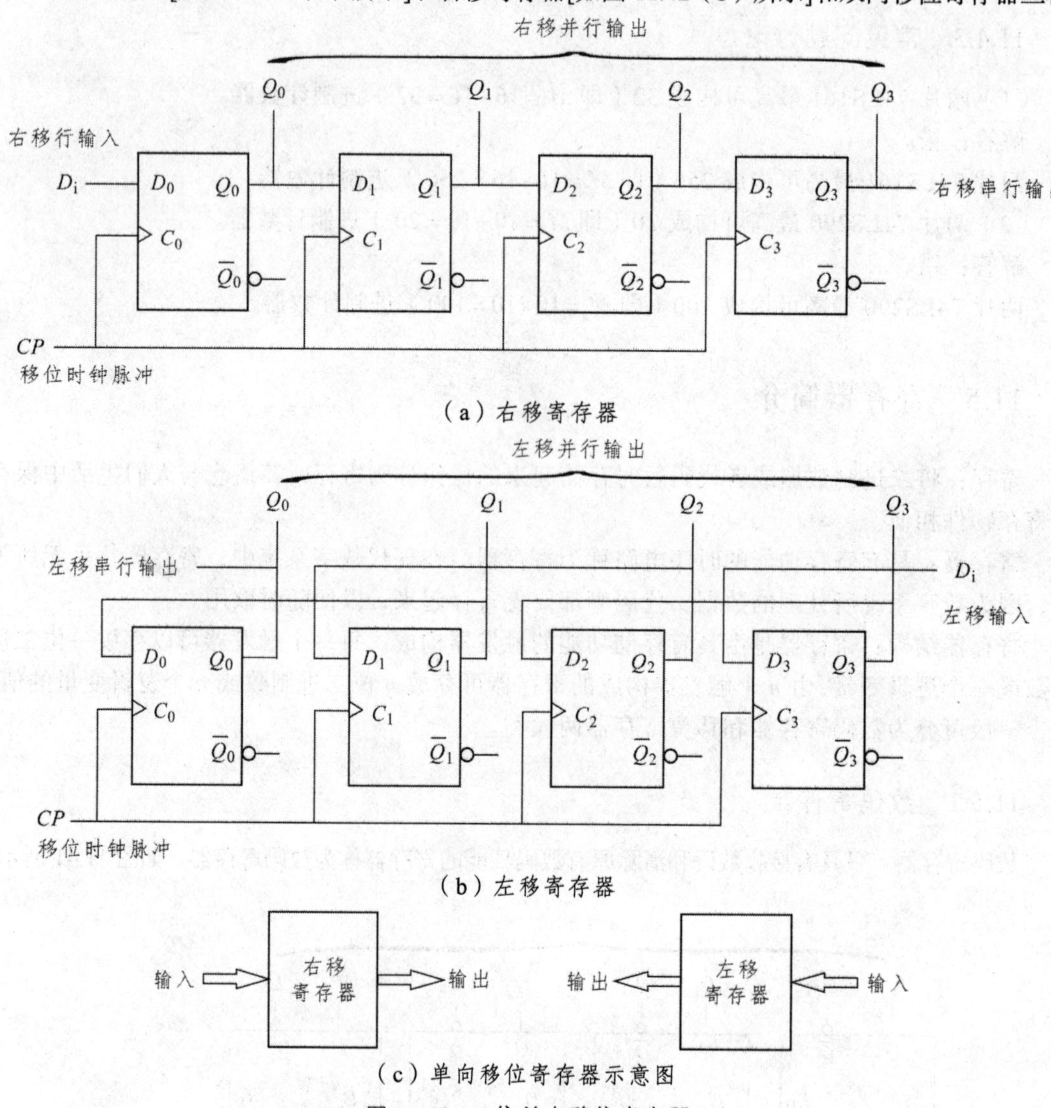

（a）右移寄存器

（b）左移寄存器

（c）单向移位寄存器示意图

图 11.42　4 位单向移位寄存器

由图 11.42（a）（b）可见，左移与右移寄存器在工作原理上无本质区别，仅是输入、输出的方向发生了改变，如图 11.42（c）所示。

下面以图 11.42（a）例为，分析寄存器电路的逻辑功能。

驱动方程：

$$D_0 = D_i \qquad D_1 = Q_0 \qquad D_2 = Q_1 \qquad D_3 = Q_2$$

状态方程：

$$Q_0^{n+1} = D_i \qquad Q_1^{n+1} = Q_0 \qquad Q_2^{n+1} = Q_1 \qquad Q_3^{n+1} = Q_2$$

状态转换表（设输入数码为 $D_i = 1011$，后面再输入数码 0000）如表 11.13 所示。

表 11.13　图 11.41（a）的状态转换表

输入		原态				现态				串行输出
CP	D_i	Q_3^n	Q_2^n	Q_1^n	Q_0^n	Q_3^{n+1}	Q_2^{n+1}	Q_1^{n+1}	Q_0^{n+1}	Q_3
↑	1	0	0	0	0	0	0	0	1	0
↑	0	0	0	0	1	0	0	1	0	0
↑	1	0	0	1	0	0	1	0	1	0
↑	1	0	1	0	1	1	0	1	1	1
↑	0	1	0	1	1	0	1	1	0	0
↑	0	0	1	1	0	1	1	0	0	1
↑	0	1	1	0	0	1	0	0	0	1
↑	0	1	0	0	0	0	0	0	0	0

并行输出：当经过 4 个 CP 脉冲以后，4 位数码 $D_i = 1011$ 全部移入 $Q_3Q_2Q_1Q_0$ 端，即可从 4 个触发器的 Q 端得到并行的数码输出。

串行输出：最后一个触发器的输出状态 Q_3 为串行输出端。当经过 8 个 CP 脉冲以后，4 位数码 $D_i = 1011$ 依次从 Q_3 端输出。

移位寄器存特点：

（1）单向移位寄存器中的数码，是在脉冲信号 CP 作用下，依次产生位移（左移或者右移）。

（2）n 位二进制数码需用 n 位寄存器寄存。当输入数码 D_i 为 n 位时，则 n 个脉冲信号 CP 可完成单向移位寄存器的串行输入，同时在 $Q_3Q_2Q_1Q_0$ 端获得 n 位数码的并行输出；用 $2n$ 个脉冲信号 CP 可在端得到 n 位数码的串行输出。

本章小结

1. 逻辑部件

主要讨论了 JK、D 触发器和 74LS161、74LS290 集成计数器。

1）触发器

触发器是数字电路中重要的基本单元。本章节主要介绍了边沿触发器，其特点是用脉冲信号 CP 的边沿控制（即 CP 的上升沿触发，或下降沿触发）触发器的新态 Q^{n+1} 触发的时间点。

JK 触发器特性方程：$Q^{n+1} = J\overline{Q^n} + \overline{K}Q^n$

D 触发器特性方程：$Q^{n+1} = D$

2）集成计数器

74LS161：最高可构成十六进制计数器；

74LS290：最高可构成十进制计数器。

2. 时序电路

基本特征：电路的输出不仅与当前时刻的输入信号有关，而且还与电路原来的状态 Q^n 有关。

结构：一般由组合电路和存储电路两部分构成，其中，时序电路必须含有存储电路。

分类：按其工作方式可分为两大类，即同步时序逻辑电路、异步时序逻辑电路。

分析：对已知的逻辑电路进行功能分析。

设计：对已知逻辑功能或要求进行设计其逻辑电路。

选 择 题

1. 逻辑电路如图 11.43 所示，当初始状态 Q 为“0”时，输出 Q 的波形图为波形（　　）。

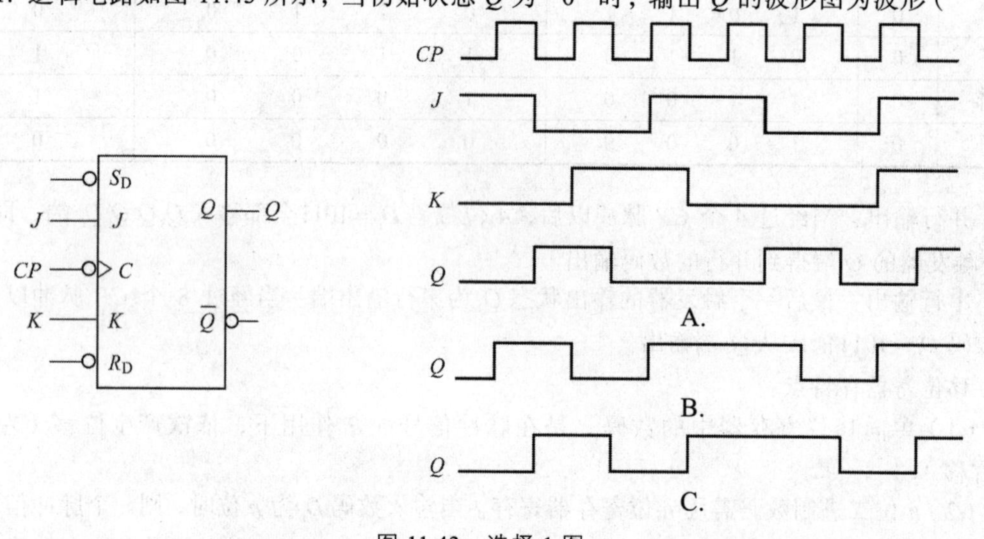

图 11.43　选择 1 图

2. 逻辑电路如图 11.44 所示，当初始状态 Q 为“0”时，输出 Q 的波形图为波形（　　）。

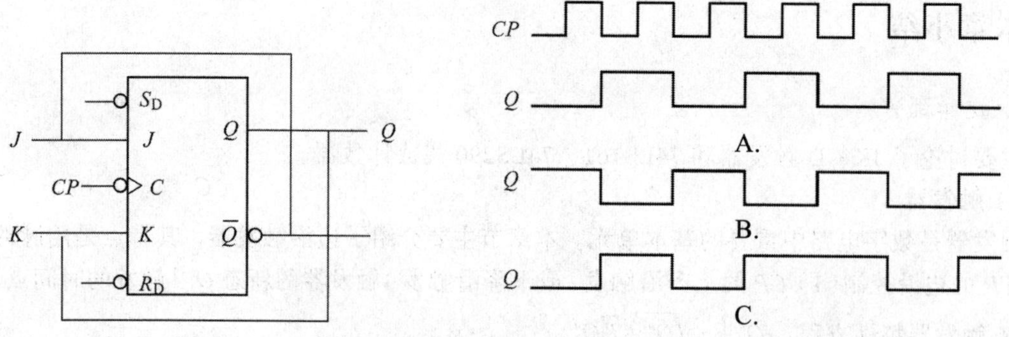

图 11.44　选择 2、3、4 图

3. 图 11.44 所示逻辑电路的状态方程为（　　）。

A. $Q^{n+1}=J\overline{Q^n}+\overline{K}Q^n$　　B. $Q^{n+1}=\overline{Q^n}$　　C. $Q^{n+1}=Q^n$

4. 图 11.44 所示逻辑电路的驱动方程为（　　）。

A. $J=K=Q^n$　　B. $J=\overline{Q}$，$K=Q$　　C. $J=\overline{Q^n}$，$K=Q^n$

5. 图 11.45 所示逻辑电路的驱动方程为（　　）。

A. $J=AB$，$K=1$　　B. $J=AB$，$K=0$　　C. $J=A+B$，$K=1$

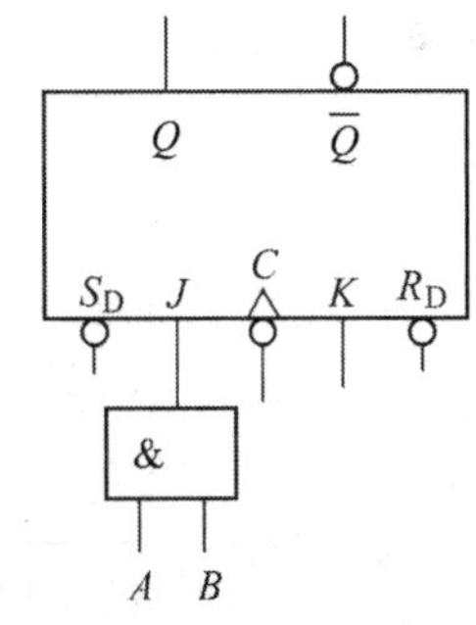

图 11.45　选择 5 图

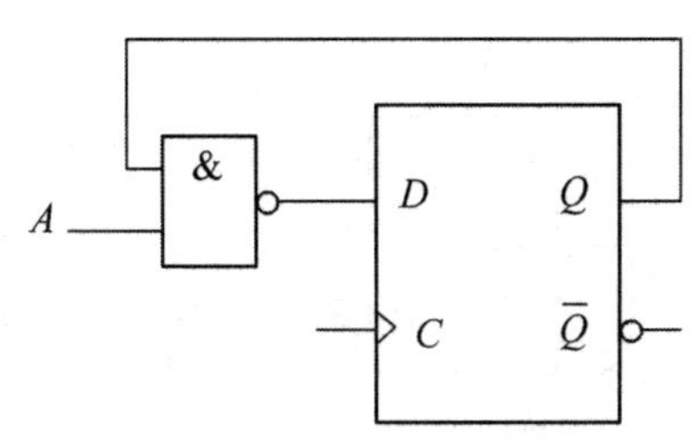

图 11.46　选择 6、7 图

6. 逻辑电路如图 11.46 所示，当 A=1 时，C 脉冲来到后 D 触发器（　　）。

A. 具有计数器功能　　B. 置“0”　　C. 置“1”

7. 图 11.46 所示逻辑电路的驱动方程为（　　）。

A. $D=\overline{A}+\overline{Q^n}$　　B. $D=\overline{AQ}$　　C. $D=\overline{A+Q^n}$

8. 逻辑电路如图 11.47 所示，分析 C 的波形，当初始状态为“0”时，输出 Q 是“0”的瞬间为（　　）。

A. t_1　　B. t_2　　C. t_3

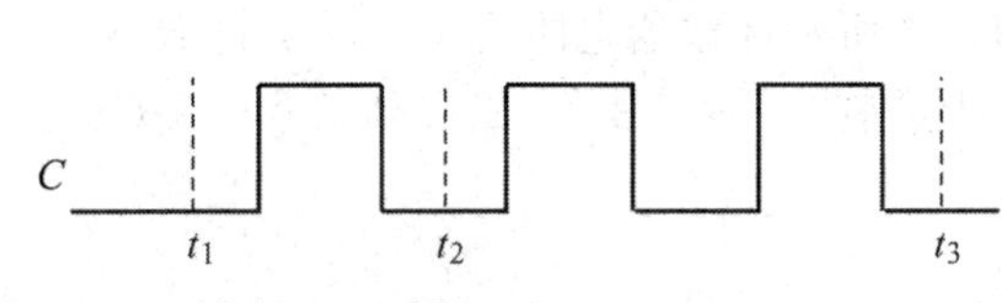

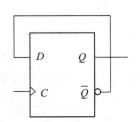

图 11.47　选择 8、9 图

9. 图 11.47 所示逻辑电路的驱动方程为（　　）。

A. $D=\overline{Q}$　　B. $D=\overline{Q^n}$　　C. $D=\overline{Q^{n+1}}$

10. 时序逻辑电路如图 11.48 所示，原状态为“00”，当送入一个 C 脉冲后的 Q_1Q_0 新状态为（　　）。

A. 0 0　　B. 1 1　　C. 0 1

11. 电路如图 11.49 所示，能实现状态方程式 $Q^{n+1}=\overline{Q^n}$ 的电路为图（　　）。

12. 电路如图 11.50 所示，满足状态方程式 $Q^{n+1}=\overline{Q^n}+A$ 的电路为图（　　）。

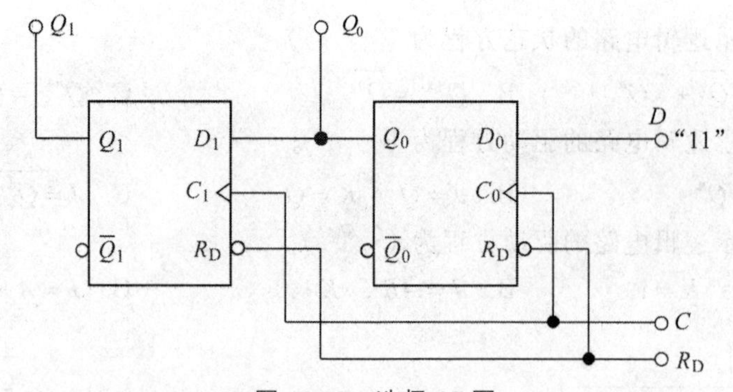

图 11.48　选择 10 图

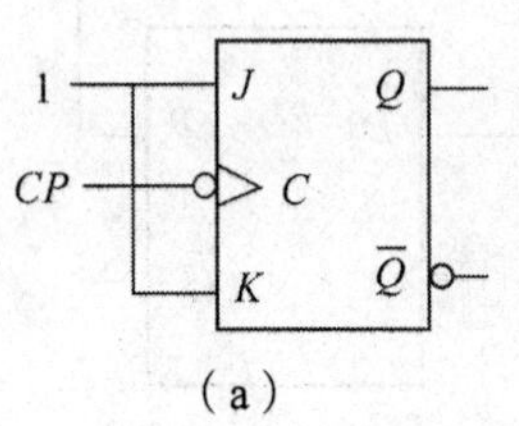

（a）

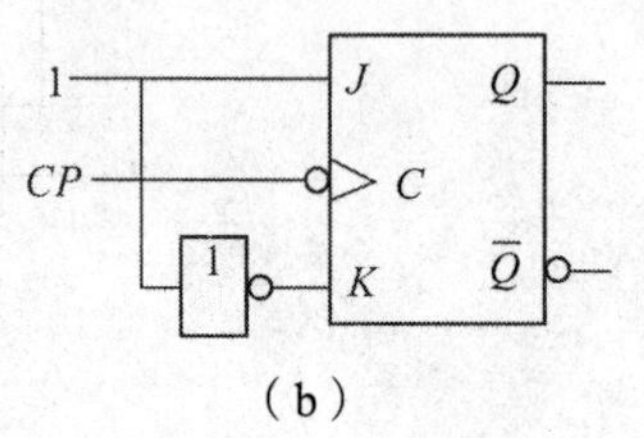

（b）

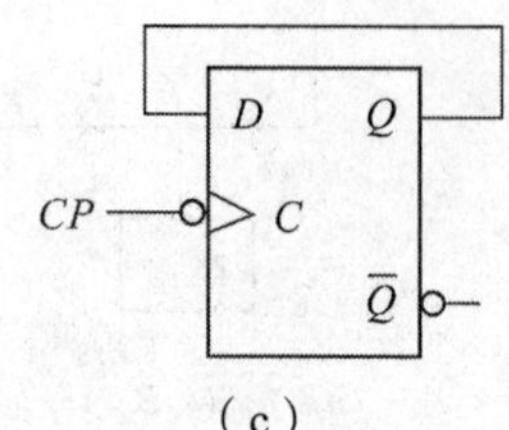

（c）

图 11.49　选择 11 图

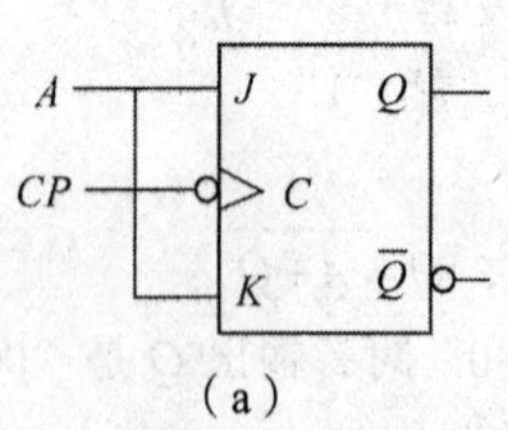

（a）

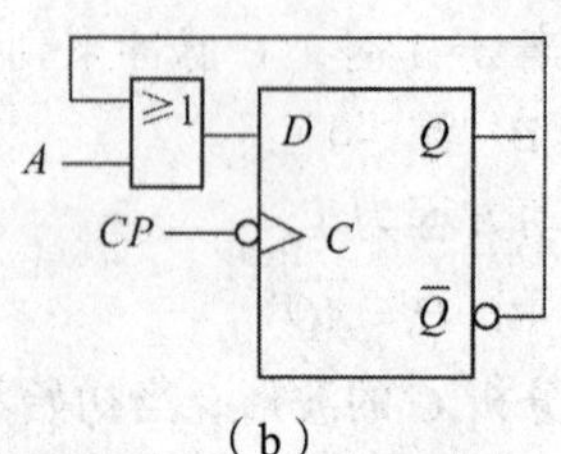

（b）

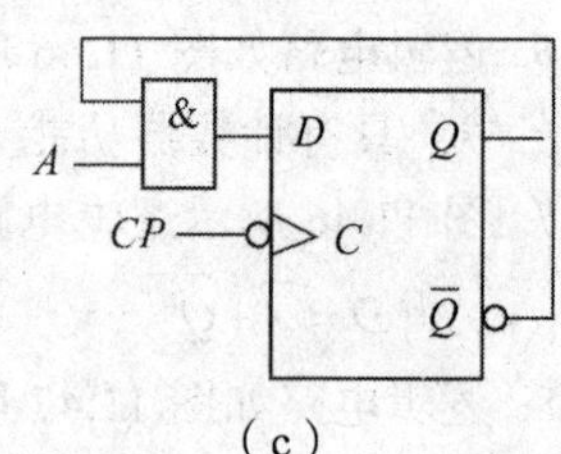

（c）

图 11.50　选择 12 图

13. 图 11.51 所示计数器电路为（　　）计数器。

A. 九进制　　B. 十进制　　C. 十一进制　　D. 十二进制

14. 图 11.52 所示计数器电路为（　　）计数器。

A. 十进制　　B. 十二进制　　C. 十四进制　　D. 十六进制

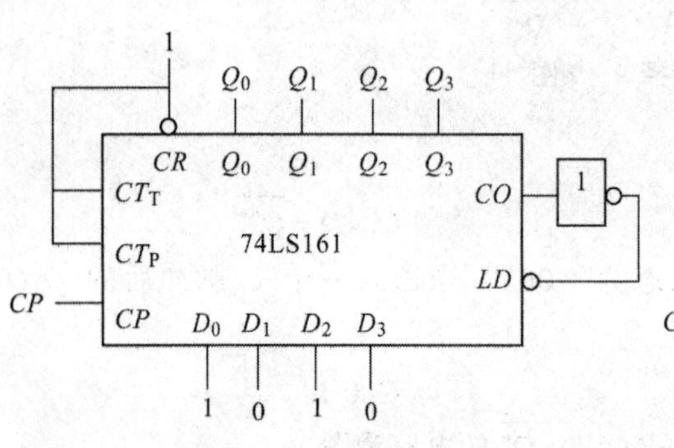

图 11.51　选择 13 图

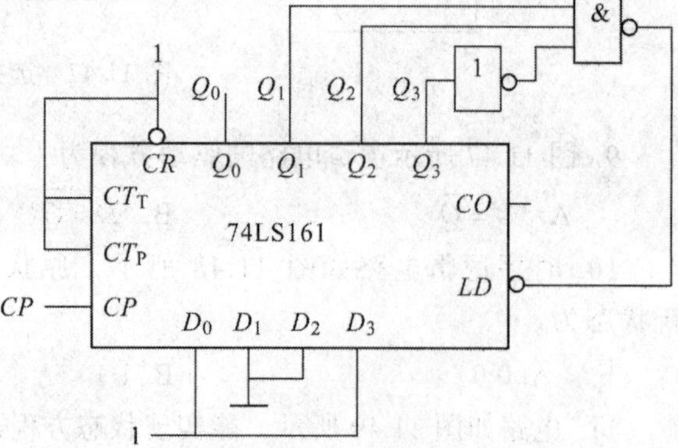

图 11.52　选择 14 图

15. 图 11.53 所示计数器电路为（　　）计数器。

A. 十一进制　　B. 十二进制　　C. 十三进制　　D. 十四进制

16. 图 11.54 所示计数器电路为（　　）计数器。

A. 四进制　　B. 五进制　　C. 六进制　　D. 七进制

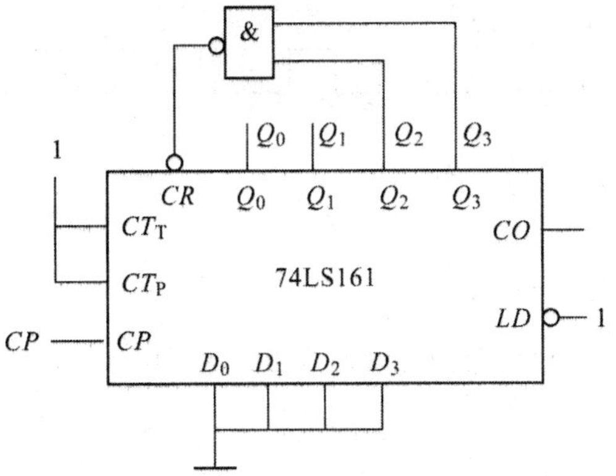

图 11.53　选择 15 图

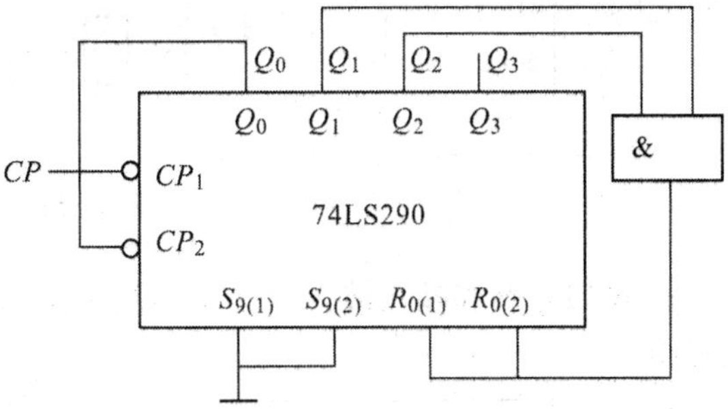

图 11.54　选择 16 图

17. 图 11.55 所示计数器电路为（　　）计数器。

A. 四进制　　B. 五进制　　C. 六进制　　D. 七进制

18. 图 11.56 所示计数器电路为（　　）计数器。

A. 二进制　　B. 三进制　　C. 四进制

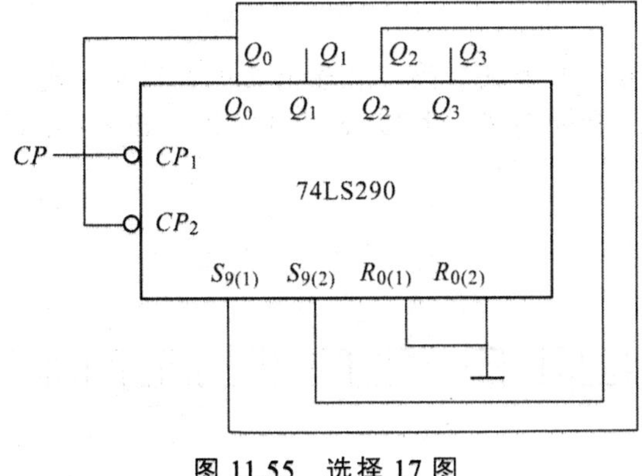

图 11.55　选择 17 图

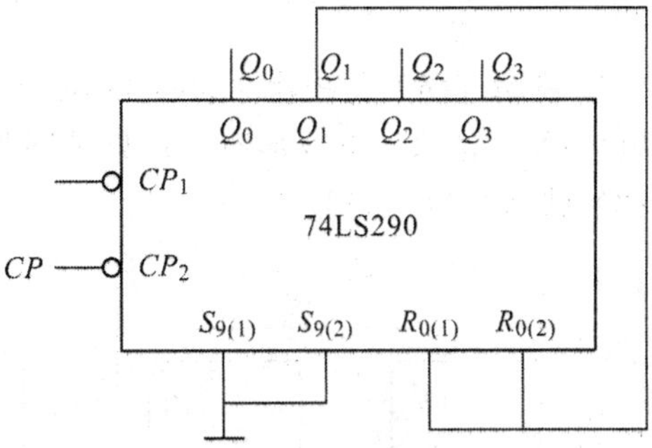

图 11.56　选择 18 图

习　题

1. 逻辑电路和输入波形如图 11.57 所示，试写出驱动方程、状态方程，列出状态转换表，画出 JK 触发器输出状态 Q 的波形。设触发器初始状态为 0。

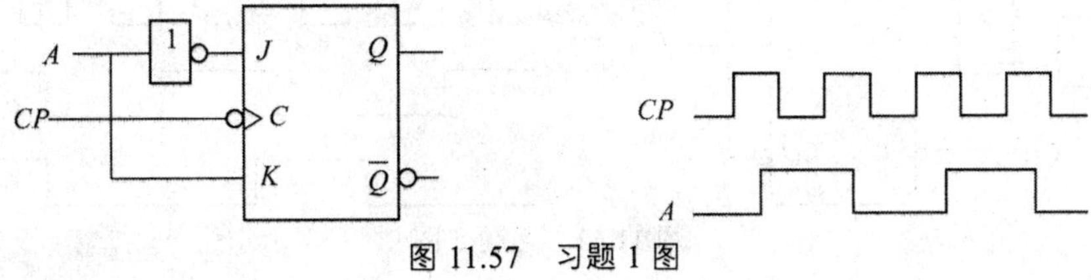

图 11.57　习题 1 图

2. 如图 11.58 所示电路为 JK 触发器构成的双相时钟电路，试画出状态 Q、$\overline{Q}$ 和输出 P_1、P_2 的波形图。设初始状态 Q 为 0。

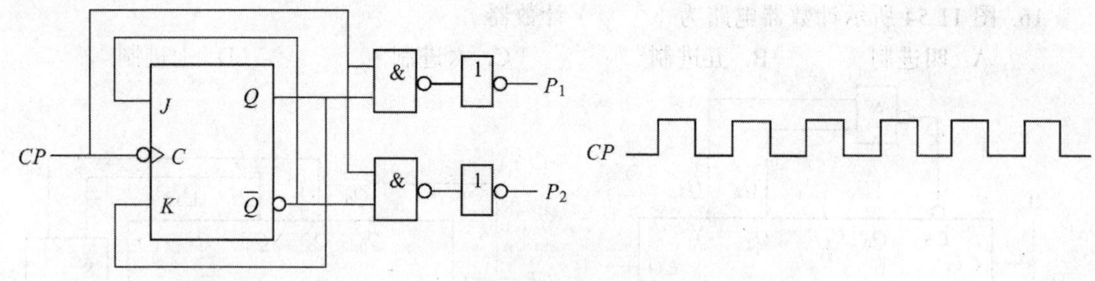

图 11.58　习题 2 图

3. 逻辑电路和输入波形如图 11.59 所示，设 JK 触发器初始状态为 0。试画出 Q 和 Z 的波形图。

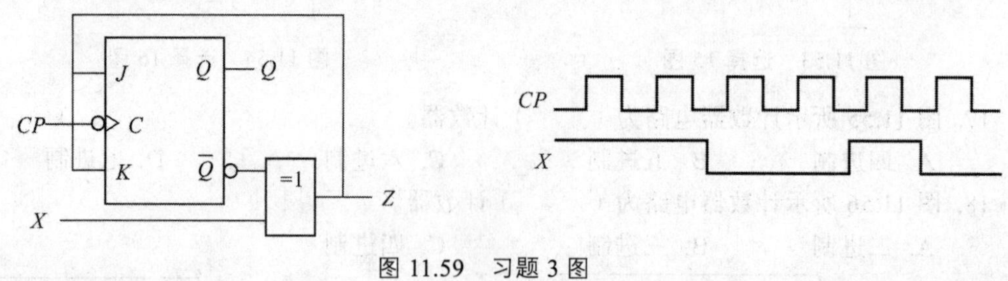

图 11.59　习题 3 图

4. 逻辑电路和 CP 脉冲如图 11.60 所示，试写出状态转换表和输出 Z 的逻辑表达式，画出输出 Q_0、Q_1 及 Z 的波形图，计算 Z 的脉宽 t_W 和周期 T（设 CP 脉冲频率为 1 kHz，各触发器初始状态均为 "0"）。

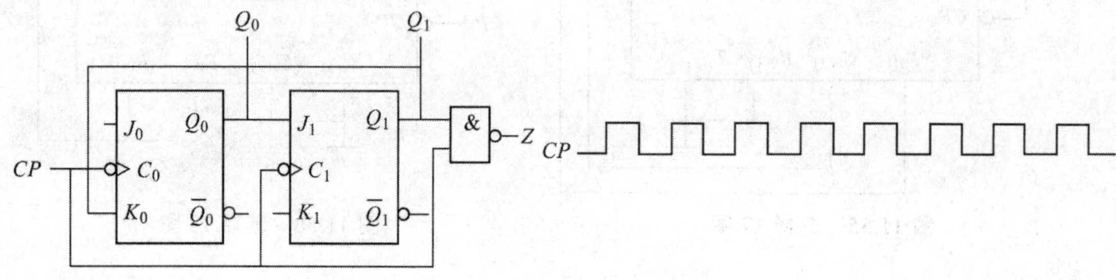

图 11.60　习题 4 图

5. 逻辑电路和输入波形如图 11.61 所示，试写出驱动方程、状态方程，画出输出状态 Q 的波形图。设初始状态 Q 为 0。

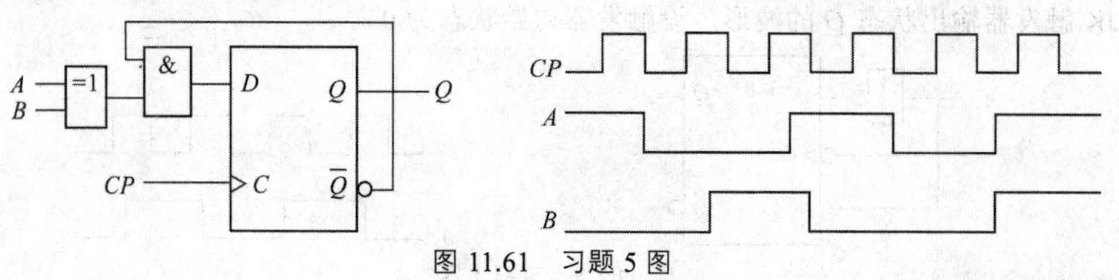

图 11.61　习题 5 图

6. 逻辑电路和输入波形如图 11.62 所示，试写出驱动方程、状态方程，画出输出状态 Q 的波形图（设初始状态 Q 为 0）。

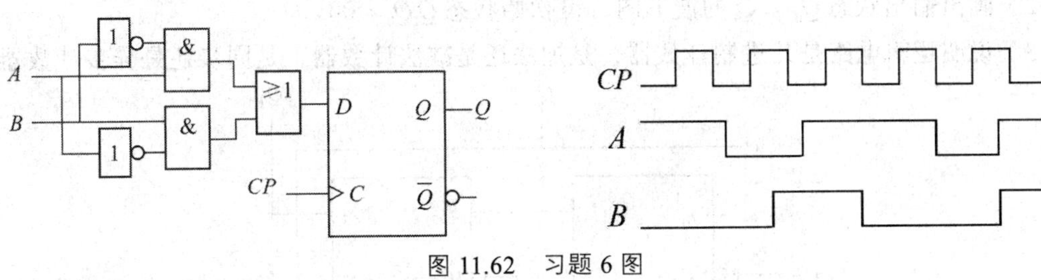

图 11.62　习题 6 图

7. 逻辑电路和输入波形如图 11.63 所示，试写出驱动方程、状态方程，画出输出状态 Q_0、Q_1 的波形图（设初始状态 $Q_1Q_0=00$）。

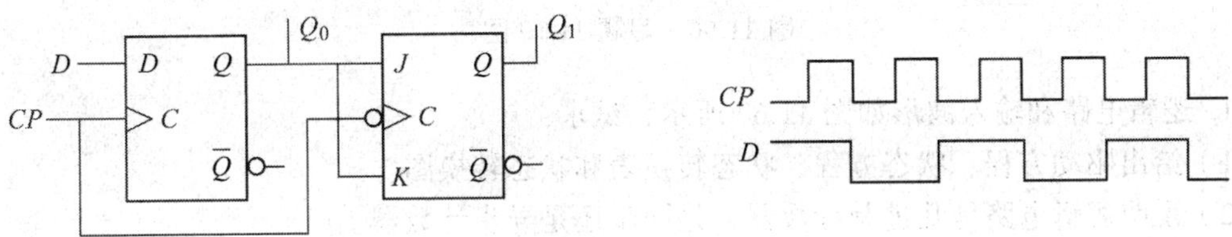

图 11.63　习题 7 图

8. 如图 11.64 所示为三分之二分频电路（即当输入 3 个脉冲 CP 时，输出端 Z 则输出 2 个脉冲），试画出状态 Q_0、Q_1 和输出 Z 波形。设初始状态 $Q_1Q_0=00$。

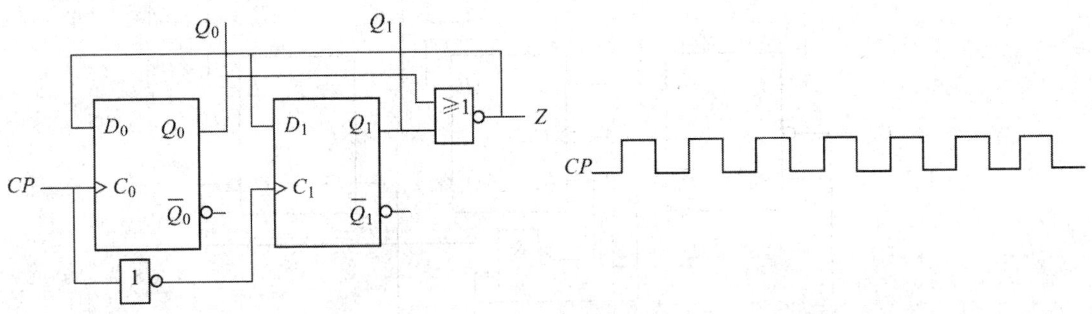

图 11.64　习题 8 图

9. 逻辑电路和输入波形如图 11.65 所示，试画出输出状态 Q_0、Q_1 的波形图，并说明此电路的功能。设初始状态 $Q_1Q_0=00$。

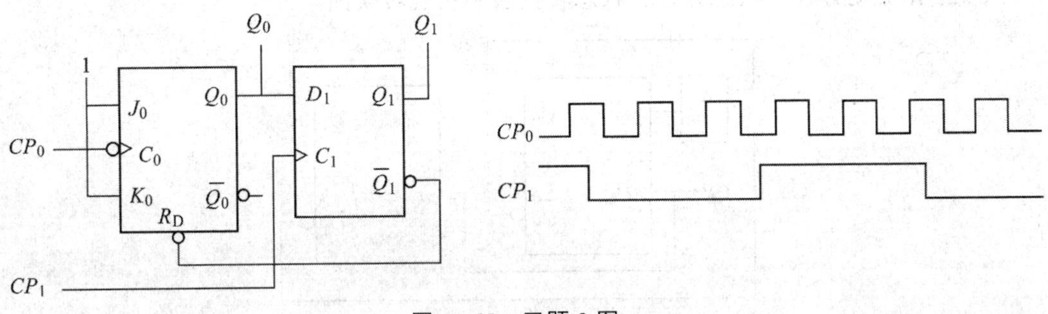

图 11.65　习题 9 图

10. 逻辑电路和输入波形如图 11.66 所示，试求：

（1）给出驱动方程、状态方程、状态转换表和状态转换图。

（2）画出输出状态 Q_0、Q_1 的波形图，设初始状态 $Q_1Q_0=00$。

（3）说明逻辑电路是几进制计数器，是加法还是减法计数器，是同步还是异步计数器。

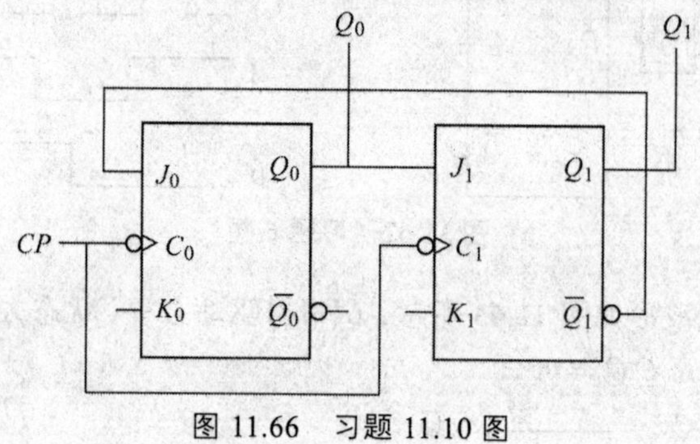

图 11.66　习题 11.10 图

11. 逻辑电路和输入波形如图 11.67 所示，试求：

（1）给出驱动方程、状态方程、状态转换表和状态转换图。

（2）说明逻辑电路是几进制计数器，是同步还是异步计数器。

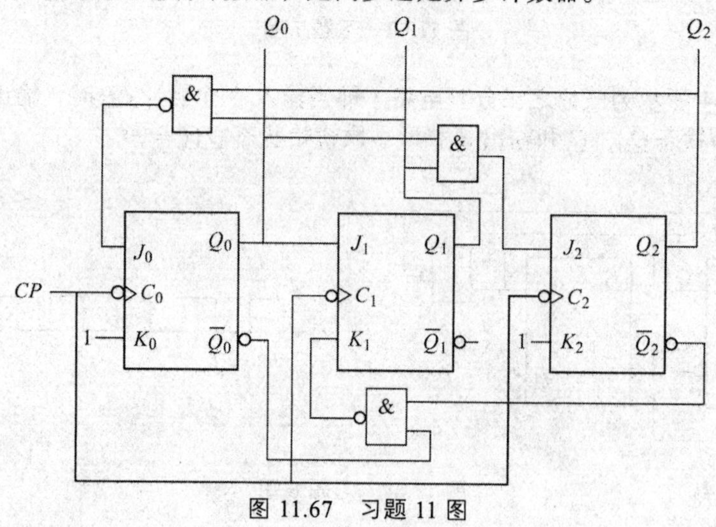

图 11.67　习题 11 图

12. 逻辑电路和输入波形如图 11.68 所示，试求：

（1）给出驱动方程、状态方程、状态转换表和状态转换图。

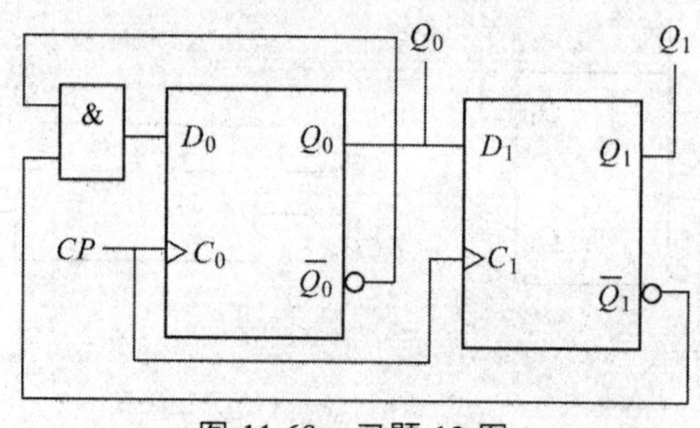

图 11.68　习题 12 图

（2）画出输出状态 Q_0、Q_1、Q_2 的波形图。

（3）说明逻辑电路是几进制计数器，是加法还是减法计数器，是同步还是异步计数器。

13. 逻辑电路和输入波形如图 11.69 所示，试求：

（1）给出 *CP* 方程、驱动方程、状态方程、状态转换表和状态转换图。

（2）画出输出状态 Q_0、Q_1、Q_2 的波形图。

（3）说明逻辑电路是几进制计数器，是加法还是减法计数器，是同步还是异步计数器。

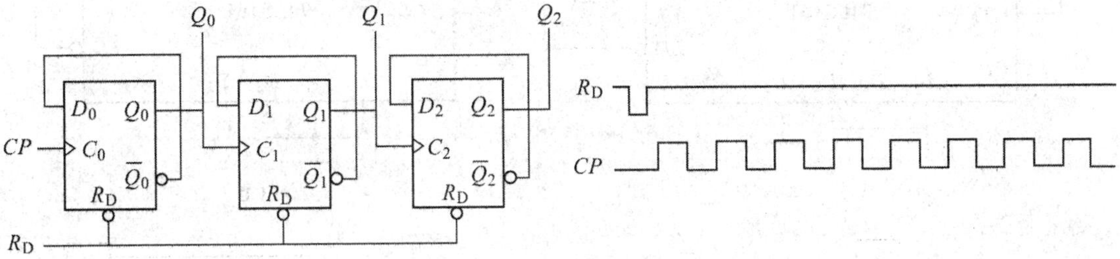

图 11.69　习题 13 图

14. 时序逻辑电路如图 11.70 所示，试求：

（1）写出电路的输出方程、驱动方程和状态方程。

（2）列出 X=1 时的逻辑状态表，画出状态 Q_0、Q_1 和输出 Z 的波形图。

（3）若 X=0，则电路的工作情况如何？设各 JK 触发器初始状态为 0。

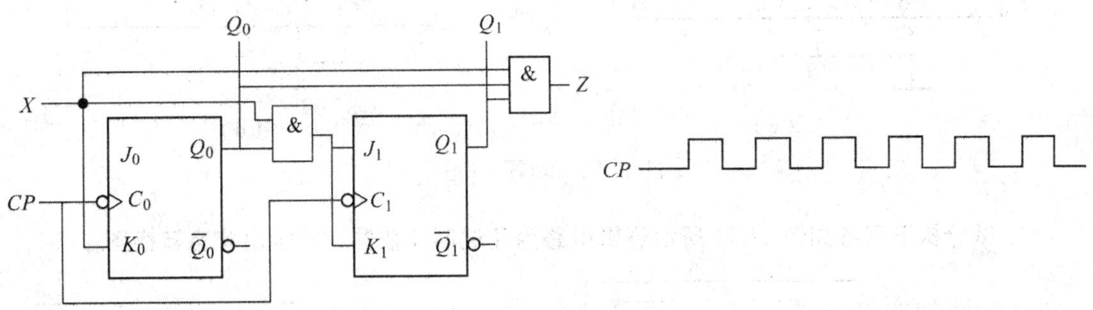

图 11.70　习题 14 图

15. 时序逻辑电路和输入波形如图 11.71 所示。试画出输出状态 Q_0、Q_1、Q_2 的波形图。设各触发器初始状态为 0。

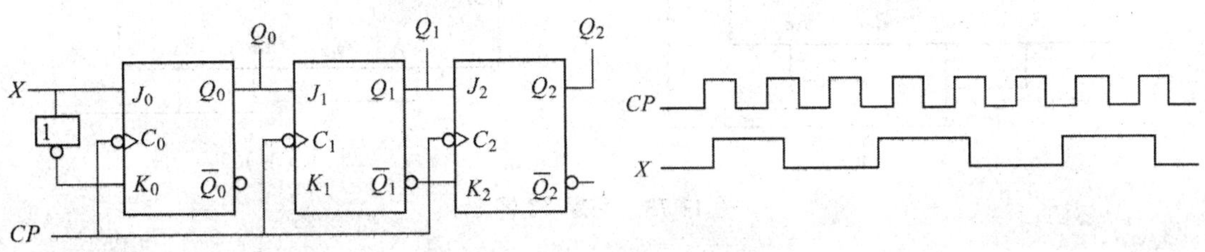

图 11.71　习题 15 图

16. 试分析下列各如图 11.72 所示逻辑电路为几进制计数器，并画出状态转换图。

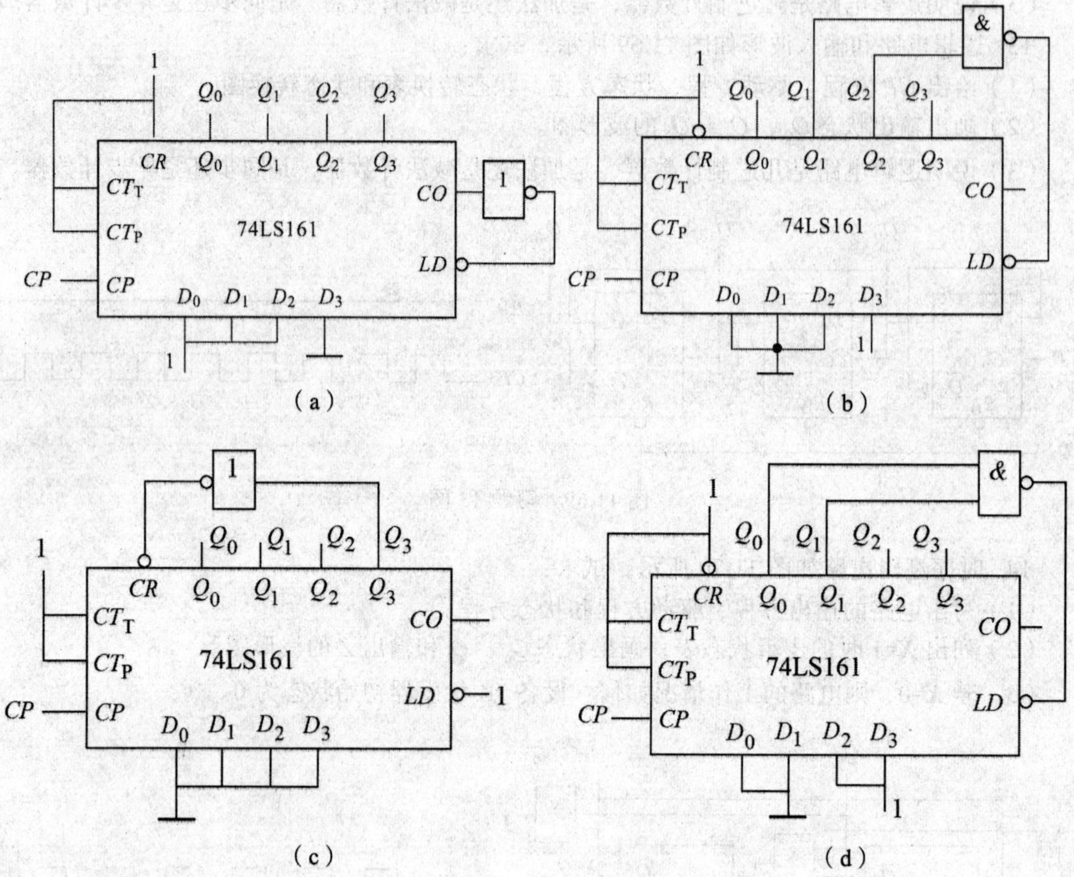

（a）（b）

（c）（d）

图 11.72　习题 16 图

17. 试分析下列各如图 11.73 所示逻辑电路为几进制计数器，并画出状态转换图。

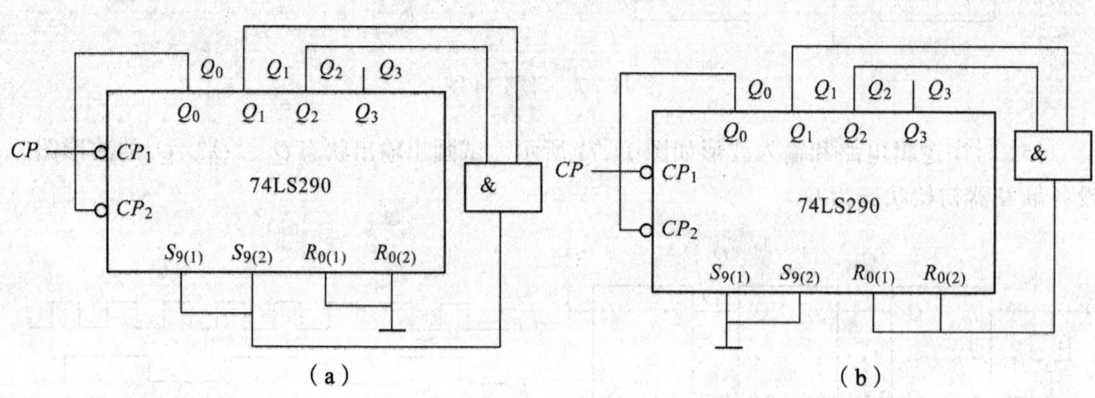

（a）（b）

图 11.73　习题 17 图

18. 试分析下列各如图 11.74 所示逻辑电路为几进制计数器。

19. 试分析下列各如图 11.75 所示逻辑电路为几进制计数器。

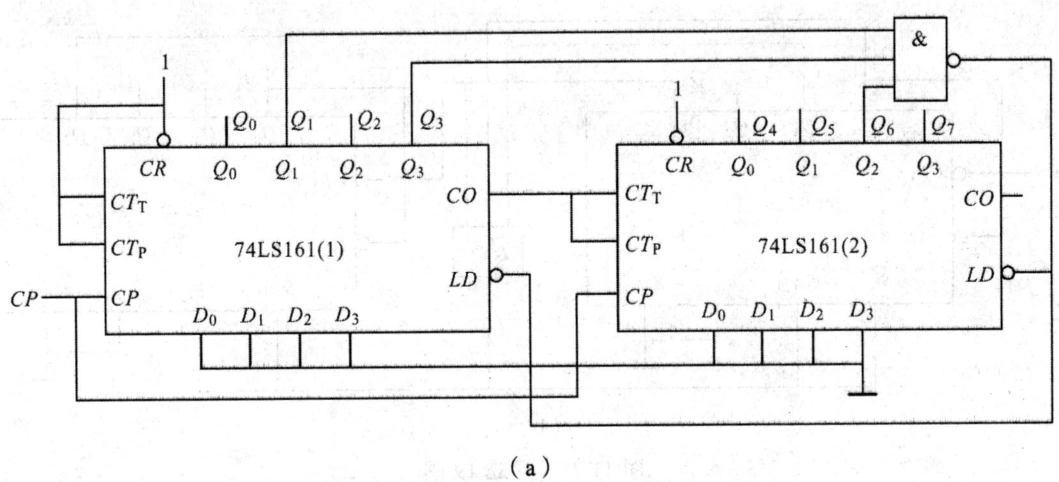

（a）

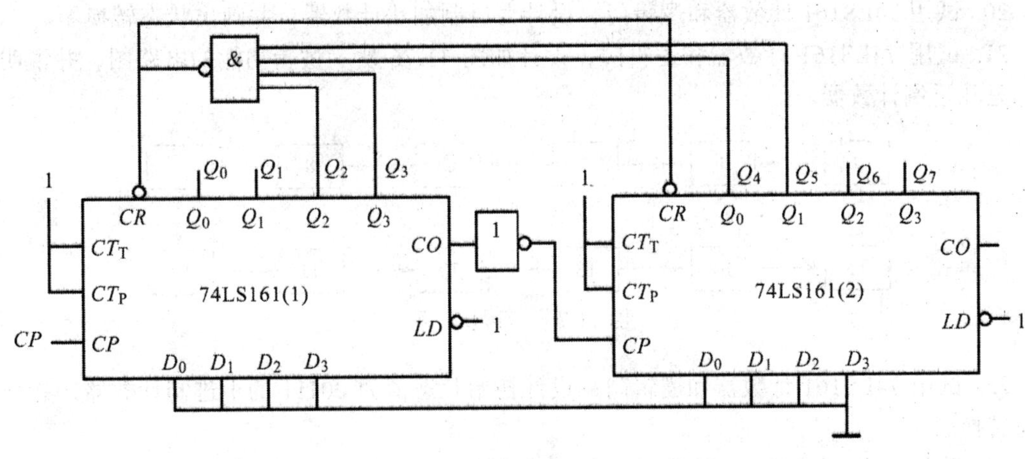

（b）

图 11.74　习题 18 图

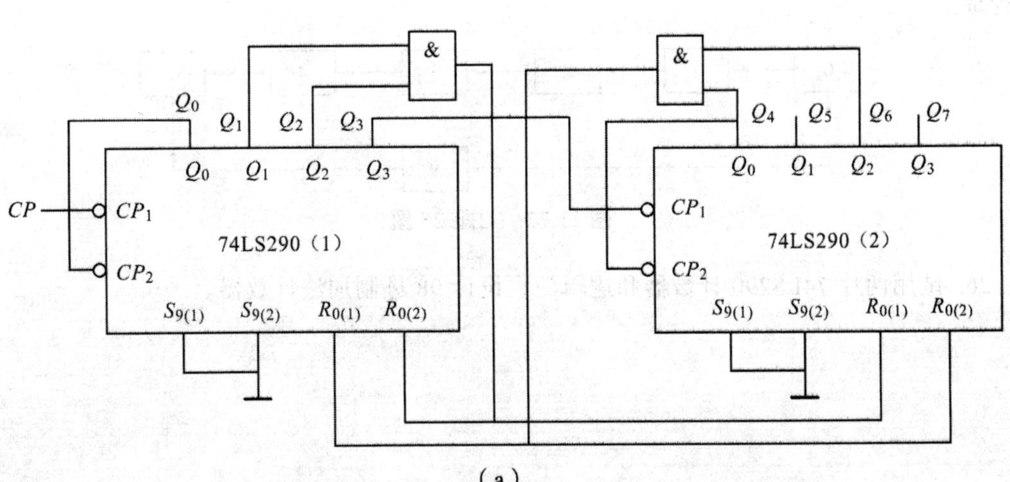

（a）

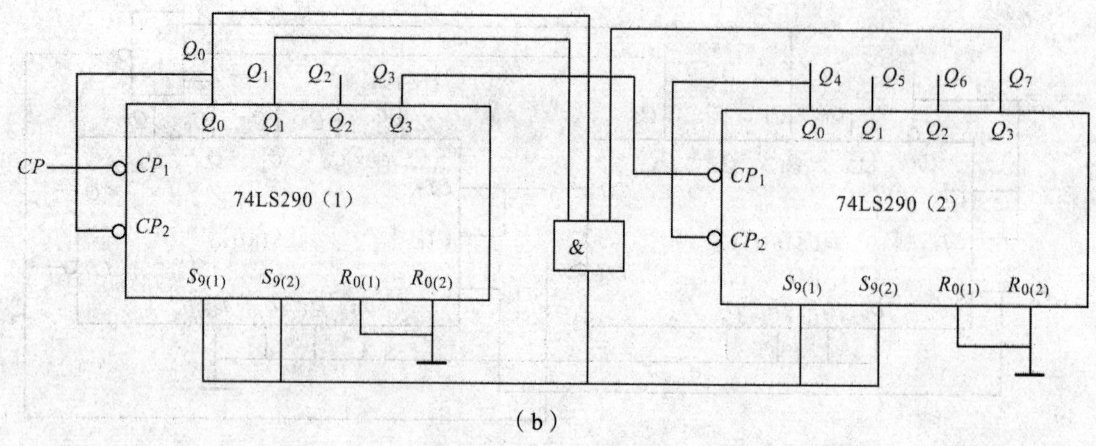

（b）

图 11.75　习题 19 图

20. 试用 74LS161 计数器和逻辑门，设计九进制加法计数器，并画出状态转换图。

21. 试用 74LS161 计数器和逻辑门，设计如图 11.76 所示逻辑功能的电路图，并说明其电路是几进制计数器。

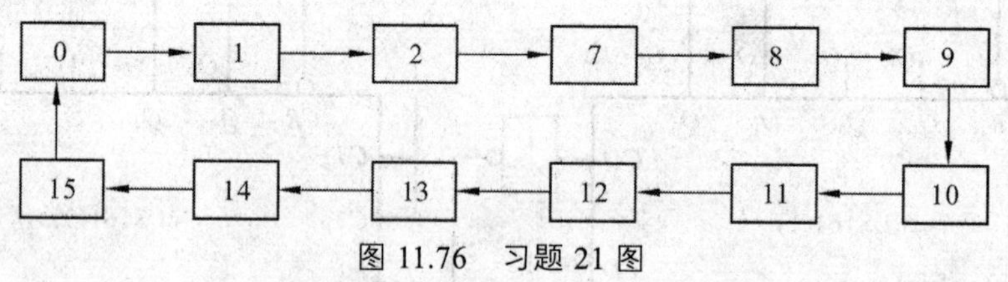

图 11.76　习题 21 图

22. 试用 74LS161 计数器和逻辑门，设计初始状态值为 00111 的十进制计数器，并列出状态转换表。

23. 试用两片 74LS161 计数器和逻辑门，设计 222 进制加法计数器。

24. 试用 74LS290 计数器和逻辑门，设计五进制加法计数器，并画出状态转换图。

25. 试用 74LS290 设计设计如图 11.76 所示逻辑功能的电路图，并说明其电路是几进制计数器。

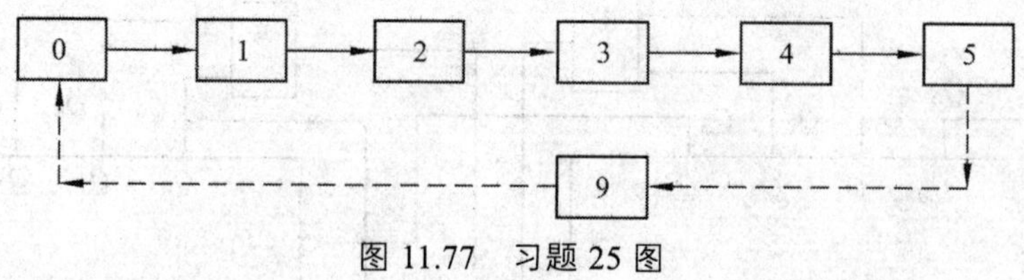

图 11.77　习题 25 图

26. 试用两片 74LS290 计数器和逻辑门，设计 98 进制加法计数器。

部分习题参考答案

第1章

2. $U_1 = 20\text{ V}$； $U_2 = -10\text{ V}$； $U_3 = -30\text{ V}$； $U_S = 40\text{ V}$
3. $U_{AB} = -9\text{ V}$
4. (a) $U = 11\text{ V}$；(b) $U = 8\text{ V}$；(c) $U = 16.5\text{ V}$；(d) $U = -15\text{ V}$
5. $I_1 = 2\text{ A}$； $I_2 = 1\text{ A}$； $I_3 = -4\text{ A}$
6. $I_1 = 1\text{ A}$； $I_2 = -4\text{ A}$； $I_3 = -8\text{ A}$； $I_4 = -10\text{ A}$； $I_5 = 7\text{ A}$； $U = 100\text{ V}$
7. $I_2 = -11\text{ A}$； $I_3 = 0\text{ A}$； $I_5 = -7\text{ A}$； $I_6 = -3\text{ A}$
8. $I_4 = -1.75\text{ A}$； $I_5 = 3.75\text{ A}$
9. $U = -3\text{ V}$； $I = -3\text{ A}$
10. $U = -4\text{ V}$； $I = 2\text{ A}$
11. (a) $R = 9\,\Omega$；(b) $R = 12\,\Omega$；(c) $R = 5\,\Omega$；(d) $R = 31.5\,\Omega$
12. (a) $R = 9\,\Omega$；(b) $R = 12.6\,\Omega$；(c) $R = 5\,\Omega$；(d) $R = 31.5\,\Omega$
13. (a) $U = 0\text{ V}$； $I = 0.806\text{ A}$；(b) $U = 25\text{ V}$； $I = 3.75\text{ A}$
14. $I_1 = 5.33\text{ A}$； $I_2 = 1.33\text{ A}$； $U = -67\text{ V}$
15. $V_A = 6\text{ V}$； $V_B = 9\text{ V}$； $V_{AB} = -2\text{ V}$
16. $V_A = 19\text{ V}$
17. 开关S打开时，$V_A = 10\text{ V}$，$V_B = 12\text{ V}$；开关闭合时，$V_A = 10\text{ V}$，$V_B = 8\text{ V}$
18. $V_A = 10\text{ V}$； $V_B = 6\text{ V}$； $V_C = 10\text{ V}$； $U_{AB} = 4\text{ V}$； $I_1 = 0\text{ A}$； $I_2 = 1\text{ A}$
19. $U_S = 46\text{ V}$； $P_{U_S} = -92\text{ W}$
20. $R_1 = 18\,\Omega$； $P = 6\text{ W}$

第2章

1. (a) $U_{AB} = 12\text{ V}$；(b) $I = -1.6\text{ A}$；(c) $I = -0.5\text{ A}$
2. (a) $U_{AB} = 12\text{ V}$；(b) $U_{AB} = -5\text{ V}$；
4. (a) $I = \frac{10}{3}\text{ A} = 3.33\text{ A}$； $U = 4\text{ V}$；(b) $I = 2\text{ A}$； $U = -8\text{ V}$
5. $I_1 = 2\text{ A}$； $I_2 = 0\text{ A}$； $I_3 = 2\text{ A}$
6. $U = 7\text{ V}$；
7. $I = 10\text{ A}$
8. (a) $I = 0.5\text{ A}$；(b) $I = -\frac{33}{16}\text{ A} = -2.0625\text{ A}$；
9. (a) $U_{AB} = 9\text{ V}$；(b) $U_{AB} = -2\text{ V}$；
10. $U_S = 12\text{ V}$
11. (a) $U_{AB} = -24\text{ V}$；(b) $I_{AB} = -3\text{ V}$
12. $I = \frac{8}{3}\text{ A} = 2.67\text{ A}$

13. $R_X = 2\,\Omega$

14.（a）$P_{max} = 1.26\text{ W}$；（b）$R_L = 20\,\Omega$； $P_{max} = 120.05\text{ W}$

15. $I_L = 0.75\text{ A}$

第 3 章

2.（1）$12.5\angle -2.6°$；（2）$22.5\angle 36°$

6. $U = 226.27\text{ V}$

7. $R = X_L = 4\,\Omega$

8.（a）$A_0 : 10\sqrt{2}\text{ A}$；（b）$V_0 : 80\text{ V}$；（c）$A_0 : 2\text{ A}$；（d）$V_0 : 10\sqrt{2}\text{ V}$；（e）$A_0 : 10\text{ A}$， $V_0 : 100\sqrt{2}\text{ V}$

9. $X_{L2} = 67.24\,\Omega$

10. $I = 5\sqrt{3}\text{ A}$

11. $\dot{I}_2 = 10\sqrt{2}\angle -45°\text{ A}$

12. $u = 53\sqrt{2}\sin(\omega t - 45°)\text{ V}$； $i_1 = 11.3\sqrt{2}\sin(\omega t + 12.7°)\text{ A}$； $i_2 = 7.8\sqrt{2}\sin(\omega t - 10.7°)\text{ A}$

13. $A : 10\sqrt{2}\text{ A}$； $R = X_C = 10\sqrt{2}\,\Omega$， $X_L = 7.07\,\Omega$

14. $V_0 : 2\text{ V}$； $\dot{I}_1 = \sqrt{2}\angle -45°\text{ A}$； $\dot{I}_2 = \sqrt{2}\angle 45°\text{ A}$

15. $i = 2.83\sqrt{2}\sin(\omega t - 53°)\text{ A}$；$u_L = 169.7\sqrt{2}\sin(\omega t + 36.87°)\text{ V}$；$u_C = 113.2\sqrt{2}\sin(\omega t - 143°)\text{ V}$

16. $\dot{I} = 1.02\angle 11.6°\text{ A}$；$\dot{I}_1 = 1\angle 0°\text{ A}$；$\dot{I}_2 = 0.02\angle 90°\text{ A}$；$\dot{U}_L = 21\angle 101°\text{ V}$；$\dot{U}_C = \dot{U}_R = 200\angle 0°\text{ V}$；$\dot{U} = 196\angle 6°\text{ V}$； $u = 196\sqrt{2}\sin(206t + 6°)\text{ V}$

17. $\dot{I} = 1.732\angle 30°\text{ A}$； $\dot{I}_1 = 1\angle 60°\text{ A}$

18. $\dot{I}_S = 1\angle 90°\text{ A}$； $\dot{I}_1 = \sqrt{2}\angle 135°\text{ A}$； $\dot{I}_2 = 1\text{ A}$

19. $\dot{I} = 1.26\angle -154°\text{ A}$

20. $I = 6\text{ A}$

21. $R = 12\,\Omega$； $X_L = 16\,\Omega$； $L = 0.05\text{ H}$； $\cos\varphi = 0.6$

22. $\dot{I}_1 = 3.2\angle -7.7°\text{ A}$； $\dot{I}_2 = 0.53\angle 54.7°\text{ A}$；电压源提供的功率为 − 0.147 W（实际为消耗功率）

23.（1）$I = 12.5\text{ A}$； $Q = 1\,650\text{ Var}$

$I = 10.52\text{ A}$； $Q = 551.37\text{ Var}$； $S = 2314.4\text{ VA}$

24.（1）$R = 14.92\,\Omega$；$L = 0.051\text{ H}$；（2）$C = 61.4\,\mu\text{F}$

25. $P_1 = 1\,534.5\text{ W}$

26. 第一条支路的有功功率 $P_1 = 596.43\text{ W}$；第二条支路的有功功率 $P_2 = 499.85\text{ W}$

27. $L = 0.993\text{ H}$； $\cos\varphi = 0.848$

28. $f_0 = 1091.8\text{ Hz}$； $Z = 1.176\times 10^{11}\,\Omega$

29. $C = 5.33\,\mu\text{F}$； $\dot{U} = 25\angle 60°\text{ V}$； $\dot{I}_R = 5\angle 60°\text{ A}$； $\dot{I}_L = 0.33\angle -30°\text{ A}$； $\dot{I}_C = 0.33\angle 150°\text{ A}$

30. $Z_L = (8.29 + \text{j}3.45)\,\Omega$时取得最大功率 $P_{max} = 142.3\text{ W}$

31. $L = 0.016\text{ H}$； $R = 0.167\,\Omega$

第 4 章

1. $U_P = 206.25\text{ V}$, $U_l = 347.24\text{ V}$, $I_P = 6.875\text{ A}$

2. $\dot{U}_{AB}=391\angle-0.22°$ V； $\dot{U}_{BC}=391\angle-120.22°$ V； $\dot{U}_{CA}=391\angle119.78°$ V； $\dot{I}_{N}=0$ A

3. $I_1=18.86$ A； $I_P=10.89$ A； $U_1=380$ V； $U_P=217.8$ V； $P=12\ 449.49$ W； $Q=0$ Var； $\cos\varphi=1$

4. $P=600.16$ W； $Q=793.76$ Var； $S=995.11$ VA； $\cos\varphi=0.603$

5.（1） $I_l=14.545$ A； $I_N=0$ A

（2） $\dot{I}_A=27.27\angle0°$ A； $\dot{I}_B=27.27\angle-120°$ A； $\dot{I}_C=18.18\angle120°$ A； $\dot{I}_N=9.09\angle-60°$ A

（3）若 c 线断开

$\dot{I}_A=27.27\angle0°$ A； $\dot{I}_B=27.27\angle-120°$ A； $\dot{I}_C=0$ A； $\dot{I}_N=27.27\angle-60°$ A

（4）当各相负载全部用电，中线断开，会造成各相负载的相电压不平衡，有的相的灯变亮，有的相的灯变暗。

6.（a）190 V；（b）380 V；（c）190 V；（b）380 V

7.（a）1.727 A；（b）1.154 A；（c）2 A；（b）1.732 A

第 5 章

1. $i(0_+)=2.37$ A； $i_L(0_+)=2$ A； $u(0_+)=2.5$ V； $u_L(0_+)=-1$ V

2. $i(0_+)=0.9$ A； $i_C(0_+)=-0.15$ A； $u_C(0_+)=1.5$ V

3. $i(0_+)=-1.8$ A； $u_C(0_+)=22.4$ V； $u(0_+)=27.2$ V； $\tau=8$ s

4. $i(0_+)=3.64$ A； $u(0_+)=17.45$ V； $\tau=0.125$ s

5. $i(\infty)=2.25$ A； $i_L(\infty)=1.5$ A； $u(\infty)=3$ V； $u_L(\infty)=0$ V

6. $i(\infty)=1$ A； $i_C(\infty)=0$ A； $u_C(\infty)=1$ V

7. $i(t)=(1.5+2.625e^{-2t})$ A $(t\geqslant0)$； $i_L(t)=1.5e^{-2t}$ A $(t\geqslant0)$

$u_L(t)=-9e^{-2t}$ V $(t\geqslant0)$； $u(t)=(3+4.5e^{-2t})$ V $(t\geqslant0)$

8. $i(t)=(1.33+0.083e^{-t})$ A $(t\geqslant0)$； $i_C(t)=-0.5e^{-t}$ A $(t\geqslant0)$

$u_C(t)=(0.33+0.67e^{-t})$ A $(t\geqslant0)$

9. $i_L(t)=2-e^{-\frac{20}{3}t}=(2-e^{-6.67t})$ A $(t\geqslant0)$； $i(t)=(-1-0.67e^{-6.67t})$ A $(t\geqslant0)$

$u_L(t)=133.33e^{-6.67t}$ V $(t\geqslant0)$

10. $i_4(t)=(0.5+1.5e^{-10t})$ A $(t\geqslant0)$； $u_C(t)=30e^{-10t}$ V $(t\geqslant0)$ 图略

11. $i(t)=1.75e^{-0.22t}$ A $(t\geqslant0)$； $u_C(t)=(48-15.75e^{-0.22t})$ V $(t\geqslant0)$

$u(t)=(32-7e^{-0.22t})$ V $(t\geqslant0)$

12. $i_L(t)=(1.33-0.281e^{-2t})$ A $(t\geqslant0)$； $u_L(t)=-5.83e^{-2t}$ V $(t\geqslant0)$

$u_5(t)=(6.67+1.39e^{-2t})$ V $(t\geqslant0)$

13. $i_L(t)=(1-1.331e^{-1250t})$ A $(t\geqslant0)$； $u_2(t)=6.67e^{-1250t}$ V $(t\geqslant0)$

第 6 章

3. 二极管两端的开路电压如下图所示：

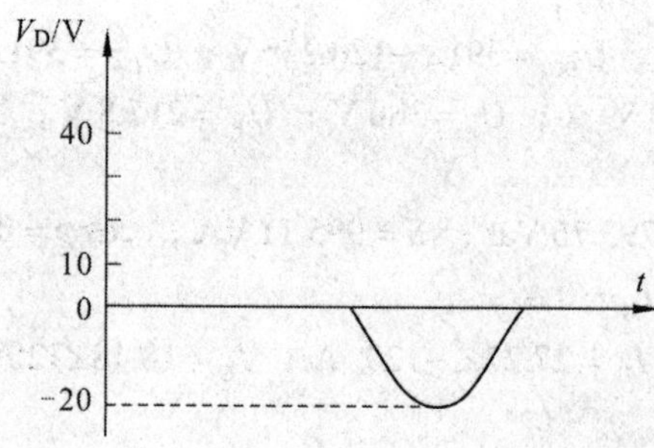

4.（1）D1 管、D2 管导通，$V_P = 0\ V$，$I_{D1} = I_{D2} = 2\ mA$，$I_R = 4\ mA$

（2）D2 管导通、D1 管截止，$V_P = 0\ V$，$I_R = I_{D2} = 4\ mA$，$I_{D1} = 0\ mA$

（3）D1 管、D2 管导通，$V_P = 6\ V$，$I_{D1} = I_{D2} = 1\ mA$，$I_R = 2\ mA$

7.（a）$U_o = 18\ V$；（b）$U_o = 6.7\ V$；（c）$U_o = 1.4\ V$；（d）$U_o = 6\ V$；（e）$U_o = 0.7\ V$；（f）$U_o = 0.7\ V$

8. $I = 3\ mA$

9. 稳定状态下 $I_{LMAX} = 55\ mA$，即最大数值不能超过 55 mA

10.（1）稳压管稳定电压，$I_D = 0.75\ mA$；（2）稳压管截止，$I_D = 0\ mA$；（3）稳压管稳定电压，$I_D = 0\ mA$

12. 有 0.7 V，15 V，6.7 V，9.7 V，3 V，6 V

13.（1）$U_o = 90\ V$；$I_L = 45\ mA$；

（2）$I_D = 22.5\ mA$；$U_{DRM} = 100\sqrt{2}\ V$。

14. （1）$I_o = 3\ mA$；$I_Z = 6\ mA$；

（2）$U_2 = 25\ V$；

（3）$I_D = 4.5\ mA$；$U_{DRM} = 25\sqrt{2}\ V$

第 7 章

1.（a）截止区；（b）饱和区；（c）放大区

2. 不能，制造工艺不同，发射区的掺杂浓度远远的大于集电区的掺杂浓度，集电区面积大。

5.（1）$I_B = 0.047\ mA$；$I_C = 1.88\ mA$；$U_{CE} = 6.36\ V$；$r_{be} = 0.853\ k\Omega$；

（3）$r_i \approx 0.85\ k\Omega$；$r_o \approx 3\ k\Omega$；$A_u \approx -93.79$

6.（1）$I_B = 0.0175\ mA$；$I_C = 1.05\ mA$；$U_{CE} = 5.7\ V$；$r_{be} = 1.78\ k\Omega$；

（2）图略 $r_i \approx 0.836\ k\Omega$；$r_o \approx 3.3\ k\Omega$；（3）$R_L = \infty$ 时，$A_u \approx -264.5$；$R_L = 5.1\ k\Omega$ 时，$A_u \approx -160.6$

7.（1）$I_B = 0.0486\ mA$；$I_C = 3.2\ mA$；$U_{CE} = 8.64\ V$；$r_{be} = 0.836\ k\Omega$；

（2）图略；$r_i \approx 6.22\ k\Omega$；$r_o \approx 3.9\ k\Omega$；（3）$A_u \approx -14.85$；$A_{uS} \approx -13.8$

8.（1）图略，$r_i \approx 100\ M\Omega$；$r_o \approx 30\ k\Omega$；$A_u \approx -21$（2）$A_{uf} \approx -8.75$

9. 图略，$A_u \approx 1$；$r_i = 2.35\ M\Omega$；$r_O \approx 1.365\ k\Omega$

10. 图略，$r_{i2} = 0.99\ k\Omega$；$A_u \approx 15\,480$；$r_i \approx 1.13\ k\Omega$；$r_o \approx 7.5\ k\Omega$

11. 图略，$r_{i2} = 5.33\ k\Omega$；$A_{u1} \approx 1$；$A_{u2} \approx -2.7$；$A_u \approx -2.7$；$r \approx 10\ M\Omega$；$r_o \approx 2\ k\Omega$

第 8 章

4. $u_{o1} = 4.5\ V$；$u_{o2} = -2.25\ V$；$u_{o3} = -2.25\ V$

5. $u_o = -\left(\frac{R_2}{R_1} + \frac{2R_2}{R} + 1\right)(u_{i1} - u_{i2})$

6.（a）$u_o = 8\text{ V}$；（b）$u_o = 8\text{ V}$

7. $u_o = -0.5u_i$

8.（1）运算放大器 A_1：反相比例放大器；A_2：反相过零比较器；A_3：电压跟随器。

（2）

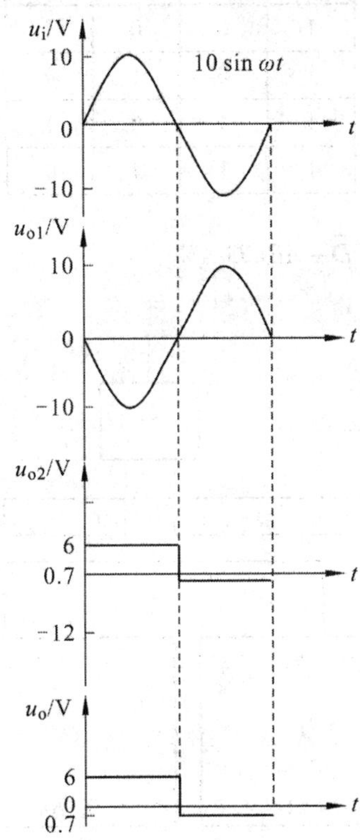

第 9 章

3.（1）$Y = \overline{B}$；（2）$Y = B$；（3）$Y = \overline{B}C + B\overline{C}$

6.（a）$Y = A\overline{B} + \overline{A}B$；（b）$Y = \overline{A}\overline{B} + AB$

8.（a）$Y_1 = ABC$；（b）$Y_2 = A + B + \overline{C}$

9. $Y = AC + B\overline{C}$

10.（1）$Y = A + C + BD + \overline{B}EF$；

（2）$Y = A$；

（3）$Y = A + C$；

（4）$Y = \overline{C}$

第 10 章

1. $Y = AB + \overline{A}\overline{B} = A \odot B$

4. $Y = \overline{A}\overline{B}\overline{C} + AB + BC + AC = \overline{\overline{\overline{A}\overline{B}\overline{C}} \cdot \overline{AB} \cdot \overline{BC} \cdot \overline{AC}}$

5. $Y = \overline{A}B\overline{C} + A\overline{B}\overline{C} + A\overline{B}C + AB\overline{C}$

6. $Y = ABC + A\overline{B}C + AB\overline{C}$

7.

A	B	C	Y
0	0	0	1
0	0	1	0
0	1	0	1
0	1	1	0
1	0	0	1
1	0	1	0
1	1	0	1
1	1	1	0

10. $Y = A\bar{B}CD + AB\bar{C}D + ABC\bar{D} + ABCD$

11.

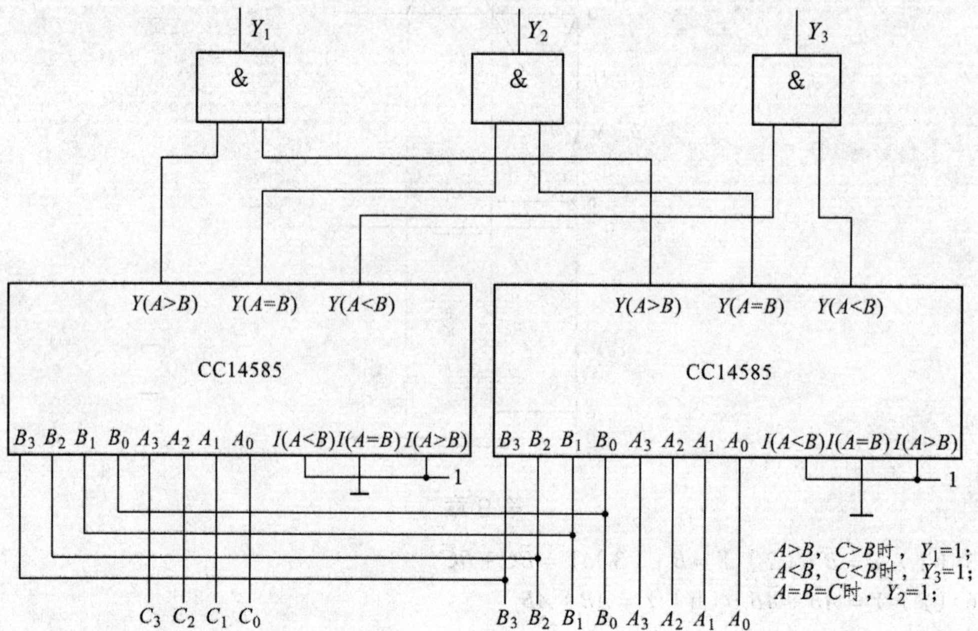

14. $Y=\bar{A}\bar{B}C\bar{D}+\bar{A}B\bar{C}D+ABC\bar{D}+A\bar{B}D$

15. $Y=A\bar{B}CD+\bar{A}BD+\bar{A}BC+AB\bar{D}$

第 11 章

1.

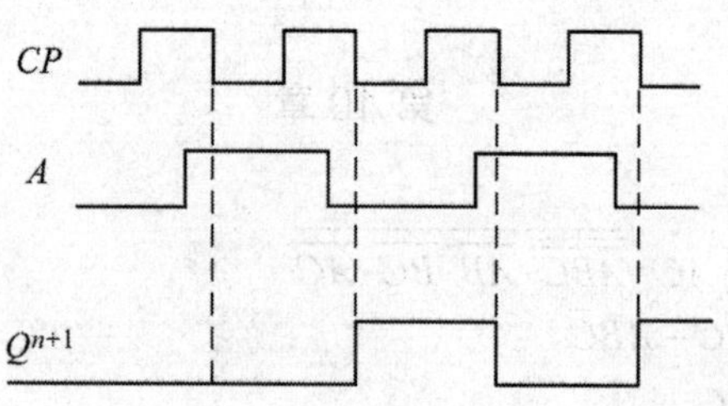

3.

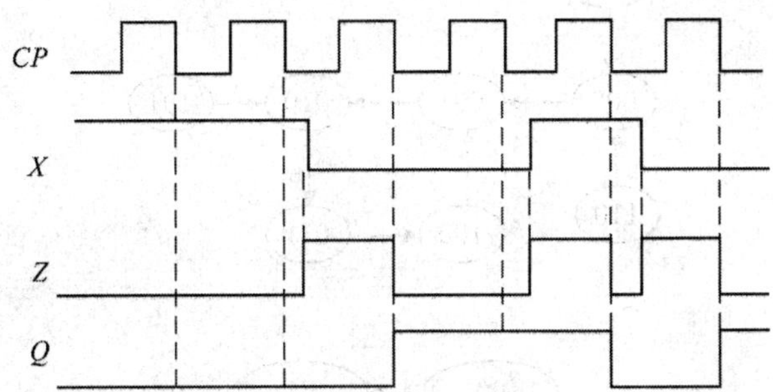

4. $Z=\overline{CP\bullet Q_1}$　Z 的周期 $T=0.003\text{ s}$，$t_W=0.0025\text{ s}$

5.

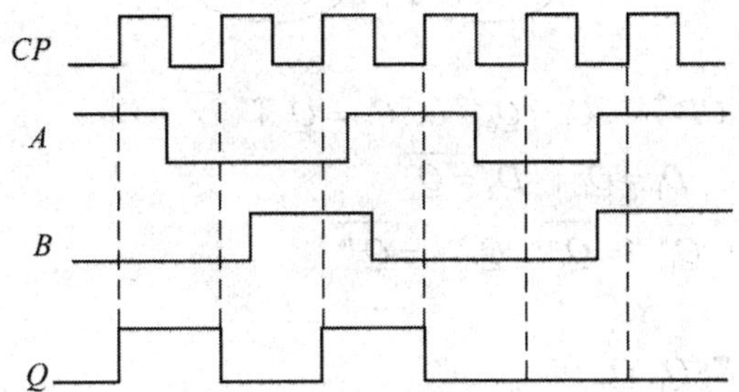

6. 驱动方程：$D=A\oplus B$ 状态方程 $Q^{n+1}=A\oplus B$

8.

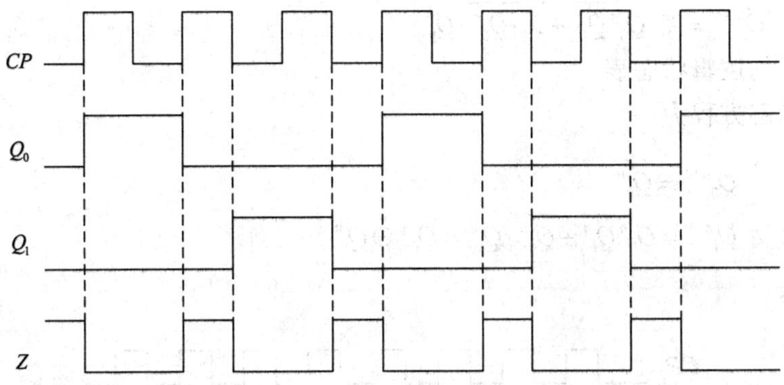

10. 状态转换图：

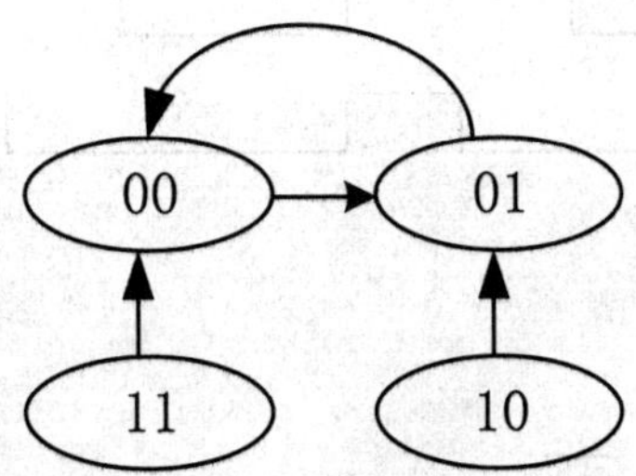

11. 状态转换图如下图所示：

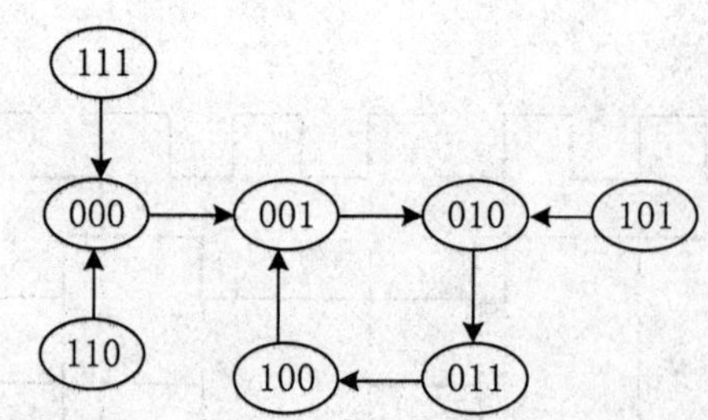

12. 状态转换图：

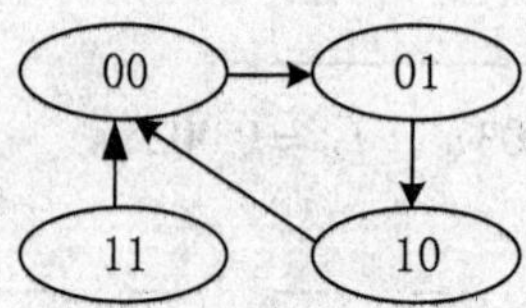

13.

（1）时钟方程：$C_0 = CP\uparrow$，$C_1 = Q_0\uparrow$，$C_2 = Q_1\uparrow$

驱动方程：$D_0 = \overline{Q_0}$ 、$D_1 = \overline{Q_1}$ 、$D_2 = \overline{Q_2}$

状态方程 $Q_0{}^{n+1} = \overline{Q_0{}^n}$；$Q_1{}^{n+1} = \overline{Q_1{}^n}$；$Q_2{}^{n+1} = \overline{Q_2{}^n}$

14.

（1）输出方程：$Z = X \cdot Q_1 \cdot Q_0$

驱动方程：$J_0 = K_0 = X$ 、$J_1 = K_1 = Q_0^n \cdot X$

状态方程：$Q_0{}^{n+1} = X \cdot \overline{Q_0{}^n} + \bar{X} \cdot Q_0{}^n$

$$Q_1{}^{n+1} = X \cdot Q_0{}^n \overline{Q_1{}^n} + \overline{X \cdot Q_0{}^n} \cdot Q_1{}^n$$

（2）X=1 时的逻辑状态表

X=1 时的状态方程为

$$Q_0{}^{n+1} = \overline{Q_0{}^n}$$
$$Q_1{}^{n+1} = Q_0{}^n \overline{Q_1{}^n} + \overline{Q_0{}^n} \cdot Q_1{}^n = Q_0{}^n \oplus Q_1{}^n$$

波形图如下：

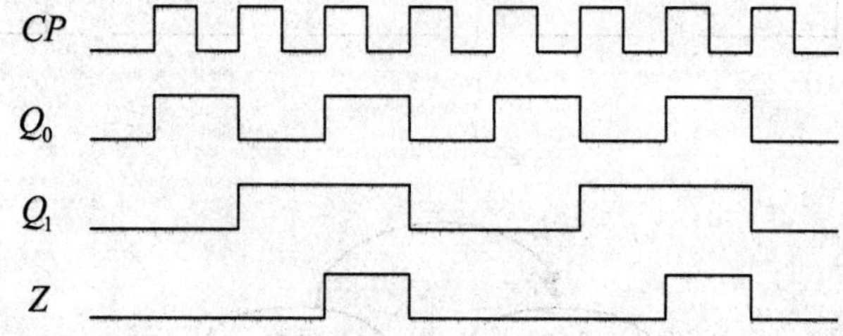

（3）

X=0 时的状态方程为

$$Q_0{}^{n+1} = Q_0{}^n$$
$$Q_1{}^{n+1} = Q_0{}^n \overline{Q_1{}^n} + \overline{Q_0{}^n} \cdot Q_1{}^n = Q_0{}^n \oplus Q_1{}^n$$

状态转换图如下：

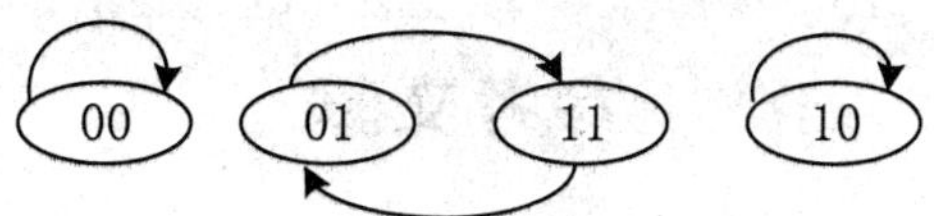

X=0 时，电路的功能为一个不能自启动的二进制计数器.

16.

（a）九进制计数器；（b）七进制计数器；（c）八进制计数器；（d）四进制计数器

17.

（a）状态转换图

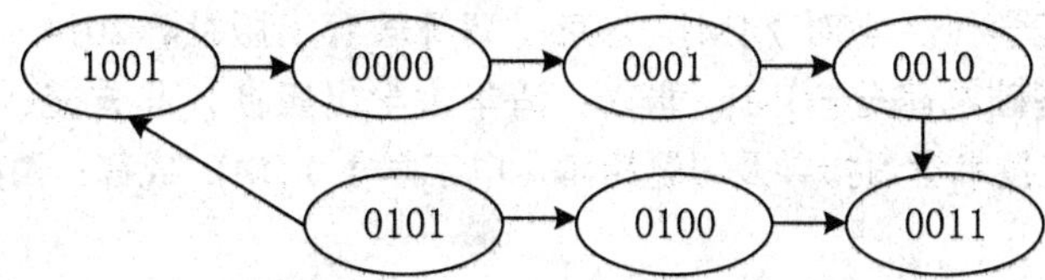

（b）状态转换图

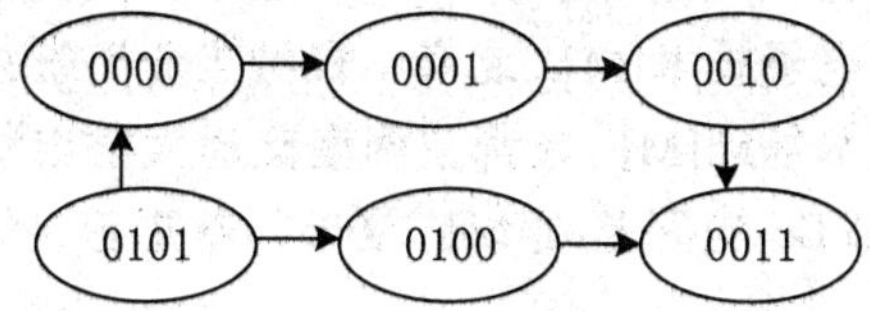

19.（a）65 进制计数器

21. 12 进制计数器

24.

状态转换图

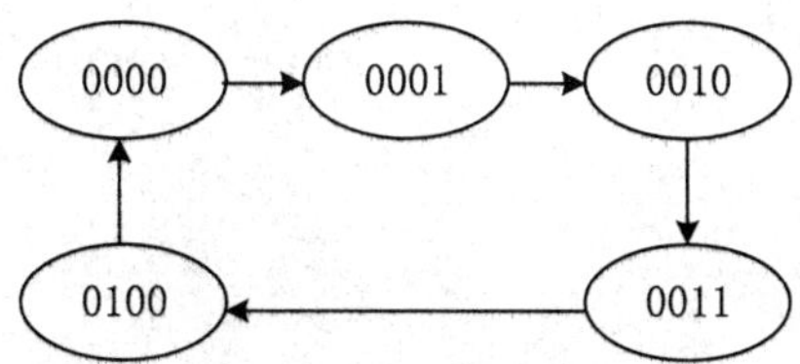

25.

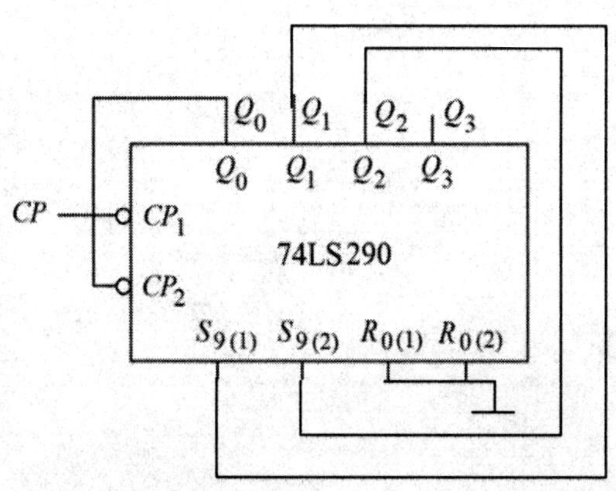

参考文献

[1] 王英. 电工技术基础（电工学Ⅰ）[M]. 北京：机械工业出版社，2016.

[2] 王英. 电工技术基础（电工学Ⅰ）（网络教育精品教材）[M]. 成都：西南交通大学出版社，2012.

[3] 邱关源. 电路[M]. 北京：高等教育出版社，2016.

[4] 康华光. 电子技术基础[M]. 北京：高等教育出版社，2013.

[5] 唐介. 电工学（少学时）[M]. 北京：高等教育出版社，2014.

[6] 闻跃等. 基础电路分析[M]. 北京：清华大学出版社，北方交通大学出版社，2003.

[7] 王英. 电工技术学习指导及习题精解（电工学Ⅰ）[M]. 成都：西南交通大学出版社，2015.

[8] 余孟尝. 数字电子技术基础简明教程[M]. 北京：高等教育出版社，2002.

[9] 李春茂. 电子技术基础（电工学Ⅱ）[M]. 北京：机械工业出版社，2016.

[10] 李忠波，韩晓明. 电子技术[M]. 北京：机械工业出版社，1998.

[11] 王英. 模拟电子技术基础[M]. 成都：西南交通大学出版社，2000.

[12] THOMAS L. FLOYD. 电路基础[M]. 夏琳，施惠琼，译. 6 版. 北京：清华大学出版社，2006.

[13] 刘全忠. 电工学习题精解[M]. 北京：科学出版社，2002.